AN ATLAS OF GRAPHS

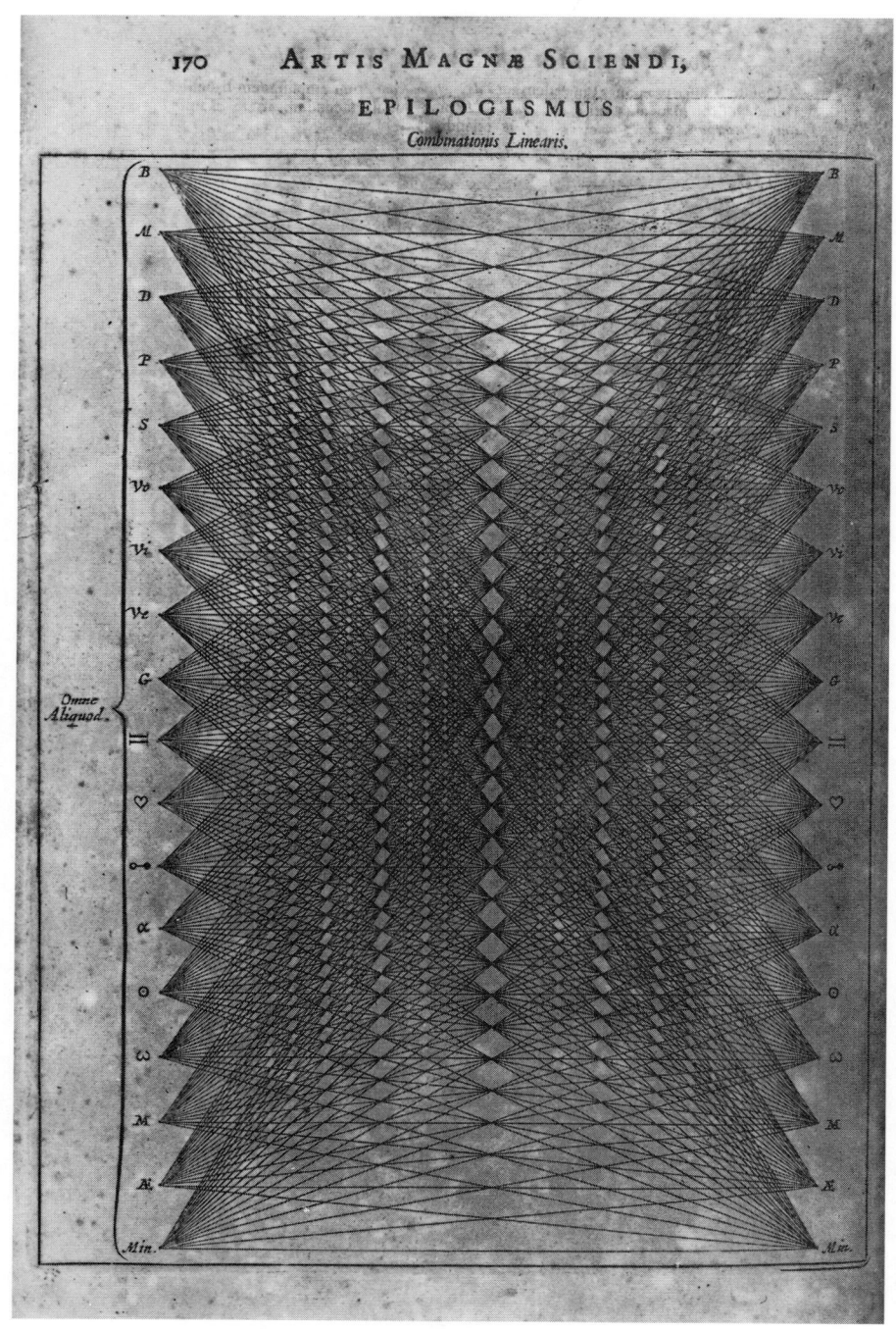

An early drawing of the complete bipartite graph $K_{18,18}$, used for theological exposition by Athanasius Kircher in his *Ars Magna Sciendi sive Combinatoria* (1669) [courtesy, Bodleian Library, Oxford, ref. B. 5. 10. Art].

AN ATLAS OF GRAPHS

RONALD C. READ

Professor Emeritus
Department of Combinatorics and Optimization
University of Waterloo

and

ROBIN J. WILSON

Senior Lecturer
Faculty of Mathematics
The Open University

CLARENDON PRESS · OXFORD
1998

Oxford University Press, Great Clarendon Street, Oxford OX2 6DP
Oxford New York
Athens Auckland Bangkok Bogota Buenos Aires Calcutta
Cape Town Chennai Dar es Salaam Delhi Florence Hong Kong Istanbul
Karachi Kuala Lumpur Madrid Melbourne Mexico City Mumbai
Nairobi Paris São Paolo Singapore Taipei Tokyo Toronto Warsaw
and associated companies in
Berlin Ibadan

Oxford is a registered trade mark of Oxford University Press

Published in the United States
by Oxford University Press Inc., New York

© Oxford University Press, 1998

All rights reserved. No part of this publication may be reproduced,
stored in a retrieval system, or transmitted, in any form or by any means,
without the prior permission in writing of Oxford University Press.
Within the UK, exceptions are allowed in respect of any fair dealing for the
purpose of research or private study, or criticism or review, as permitted
under the Copyright, Designs and Patents Act, 1988, or in the case of
reprographic reproduction in accordance with the terms of licences
issued by the Copyright Licensing Agency. Enquiries concerning
reproduction outside those terms and in other countries should be sent to
the Rights Department, Oxford University Press,
at the address above.

This book is sold subject to the condition that it shall not, by way
of trade or otherwise, be lent, re-sold, hired out, or otherwise circulated
without the publisher's prior consent in any form of binding or cover
other than that in which it is published and without a similar condition
including this condition being imposed on the subsequent purchaser.

A catalogue record for this book is available from the British Library

Library of Congress Cataloging in Publication Data
(Data available)

ISBN 0 19 853289 X

Typeset by the authors

Printed in India by
The Thomson Press

Now go, write it before them in a table, and note it in a book.
Isaiah 30:8

Preface

The purpose of this *Atlas* is to present pictures of, and information about, graphs and digraphs, for researchers in graph theory. It contains
- pictures of over 10000 graphs,
- tables giving the number of graphs or digraphs with a given property,
- tables of parameters associated with many of the pictured graphs and digraphs.

For example, if you need to see the cubic graphs with 14 vertices or the tournaments with 7 vertices, if you need to find the number of connected graphs with 17 vertices or identity trees with 29 vertices, or if you need the diameter or number of automorphisms of a given graph with 7 vertices, you will find what you want in this *Atlas*.

In a work such as this, containing large amounts of data, it is possible that mistakes have occurred. We have tried to ensure that the data are free of errors, but accept no responsibility for any loss of time, money, patience or temper occurring as a result of any mistakes that may have crept into the pages of this *Atlas*. Furthermore, each author wishes it to be understood that any mistakes are entirely the fault of the other author.

Inevitably the reaction of several readers to this book will be "Why didn't they include ...?". We apologize to such readers for having omitted their favourite families of graphs or graph parameters, but it would have been impossible to include everything that anyone could possibly want. We have tried to present most of the graphs and parameters that are in frequent use, but would be happy to receive suggestions for additional material to be incorporated into a possible second edition. In the meantime, *Quod scripsimus, scripsimus*.

Acknowledgements

It is impossible to name all those who have helped in the compilation of the *Atlas* in one way or another, but we should like to thank some of our colleagues who have been particularly helpful. In particular, we thank the London Mathematical Society for financial support, and also:
— William Wingate for much help when the book was in its early stages;
— Gordon Royle for much information, and especially for his lists of snarks;
— Brendan McKay for much information about regular graphs, and especially for his most useful programme NAUTY;
— Stefan Burr, for his help with Ramsey numbers;
— Ron Dupuis, for generating the list of identity trees;
— David Gregory, for checking the lists of tournaments;
— Ralph Stanton, for publishing an article about this *Atlas* in the *Bulletin of the Institute of Combinatorics and its Applications*;
— Toni Cokayne, for preparing many of the tables;
— also David Singmaster, Curtis Barefoot, Steve Hedetniemi and Tim Walsh.

Ronald C. Read
Robin J. Wilson
June 1998

Contents

Italic entries refer to the pictures of graphs

1	**GRAPHS**	**1**
	Tables of graph numbers	3
	Graphs: 1–7 vertices	8
	Table of parameters for graphs	31
	Degree sequences of graphs with up to 8 vertices	55
2	**TREES**	**63**
	Table of tree numbers	64
	Trees: 1–12 vertices	65
	Homeomorphically irreducible trees: 1–16 vertices	84
	Identity trees: 7–14 vertices	97
	Binary trees: 1–7 vertices	101
	Table of parameters for trees	115
3	**REGULAR GRAPHS**	**125**
	Tables of regular graph numbers	126
	Connected cubic graphs: 4–14 vertices	127
	Connected quartic graphs: 5–11 vertices	145
	Connected quintic graphs: 6–10 vertices	154
	Connected sextic graphs: 7–10 vertices	156
	Connected bicubic graphs: 4–16 vertices	157
	Cubic polyhedral graphs: 8–18 vertices	159
	Connected cubic transitive graphs: 4–34 vertices	161
	Connected quartic transitive graphs: 5–19 vertices	164
	Symmetric cubic graphs: 4–54 vertices	167
	Table of parameters for regular graphs	169
4	**TYPES OF GRAPH**	**189**
	Tables of graph numbers	190
	Connected bipartite graphs: 2–8 vertices	191
	Eulerian graphs: 1–8 vertices	197
	Self-complementary graphs: 4–9 vertices	203
	Connected triangle-free graphs: 6–10 vertices	205
	Unicyclic graphs: 3–9 vertices	213
	Connected line graphs: 1–8 vertices	221
5	**PLANAR GRAPHS**	**229**
	2-connected plane graphs: 3–7 vertices	230
	3-connected plane graphs: 4–8 vertices	246
	Outerplanar graphs: 3–9 vertices	254

x Contents

6	**SPECIAL GRAPHS**	**263**
	Platonic and Archimedean graphs	266
	Prisms, antiprisms and Möbius ladders	270
	Cages	271
	Non-Hamiltonian cubic graphs	274
	Generalized Petersen graphs	275
	Snarks	276
	Graphs drawn with minimum crossings	282
	Miscellaneous regular graphs	284
	Miscellaneous graphs	287
	Forbidden sets	288
7	**DIGRAPHS**	**289**
	Tables of digraph numbers	291
	Digraphs: 1–4 vertices	292
	Acyclic digraphs: 1–5 vertices	298
	Eulerian digraphs: 1–5 vertices	306
	2-regular digraphs: 3–7 vertices	309
	Self-complementary digraphs: 1–5 vertices	313
	Tournaments: 1–7 vertices	317
	Weakly connected transitive digraphs: 1–4 vertices	327
	Table of parameters for digraphs	331
8	**SIGNED GRAPHS**	**335**
	Signed graphs: 1–5 vertices	336
	Signed trees: 1–7 vertices	354
	Table of parameters for signed graphs	364
9	**RAMSEY NUMBERS**	**373**
	Diagonal Ramsey numbers: 1–7 edges	374
	Additional diagonal Ramsey numbers	380
10	**POLYNOMIALS**	**381**
	Table of chromatic polynomials for graphs	382
	Table of chromatic polynomials for cubic graphs	388
	Table of chromatic polynomials for quartic graphs	397
	Table of spectral polynomials for graphs	402
	Table of spectral polynomials for trees	420
	Table of spectral polynomials for cubic graphs	433
	Table of spectral polynomials for quartic graphs	442

NOTES AND REFERENCES   **447**

INDEX OF DEFINITIONS   **453**

Index of abbreviations

We list here the abbreviations for the various types of graphs depicted in this *Atlas*.

A	acyclic digraphs	298
B	connected bipartite graphs	191
Bc	connected bicubic graphs	157
Bn	binary trees	101
C	connected cubic graphs	127
Cp	convex cubic polyhedral graphs	159
Ct	connected cubic transitive graphs	161
D	digraphs	292
E	Eulerian graphs	197
Ed	Eulerian digraphs	306
F	connected quintic graphs	154
G	graphs	8
H	homeomorphically irreducible trees	84
Id	identity trees	97
L	connected line graphs	203
Op	outerplanar graphs	230
P	2-connected plane graphs	239
Q	connected quartic graphs	145
Qt	connected quartic transitive graphs	164
R	diagonal Ramsey numbers	374
Rd	2-regular digraphs	309
S	signed graphs	336
Sc	self-complementary graphs	211
Sd	self-complementary digraphs	313
St	signed trees	354
T	trees	65
Tc	3-connected plane graphs	255
Td	weakly connected transitive digraphs (topologies)	327
Tf	connected triangle-free graphs	213
Tn	tournaments	317
U	unicyclic graphs	221
X	connected sextic graphs	156

1 GRAPHS

A **graph** $G = (V, E)$ consists of a non-empty finite set V of elements, called **vertices**, and a set E of pairs of distinct elements of V, called **edges**. Any graph can be represented as a diagram, with vertices represented by points and edges represented by lines joining the corresponding pairs of points. The following diagram depicts a graph with seven vertices and nine edges.

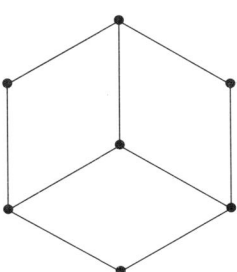

This graph is in one piece, and is **connected**; a graph that splits into two or more connected pieces (called **components**) is **disconnected**. If G is a connected graph, its **vertex-connectivity** $\kappa(G)$ is the minimum number of vertices whose removal yields a disconnected graph, and its **edge-connectivity** $\lambda(G)$ is the minimum number of edges whose removal yields a disconnected graph. G is **k-connected** if $\kappa(G) \geq k$ and is **k-edge-connected** if $\lambda(G) \geq k$. The above graph is 2-connected and 2-edge-connected.

The number of edges meeting at a vertex is the **degree** of the vertex; the above graph has three vertices of degree 2, and four vertices of degree 3. We list these degrees in non-decreasing order, as $2^3.3^4$ or 2223333; this list is the **degree sequence** of the graph.

Two vertices of G are **adjacent** if they are joined by an edge, and two edges are **adjacent** if they share a common vertex. The **complement** of G is the graph with vertex set V in which two vertices are adjacent if and only if they are *not* adjacent in G. The **clique number** of G is the maximum number of mutually adjacent vertices in G, and the **independence number** of G is the maximum number of mutually non-adjacent vertices; the above graph has clique number 2 and independence number 4. An **automorphism** (or **symmetry**) of G is a permutation of V that preserves the adjacency of vertices. If the vertices of G are $v_1, \ldots, v_n$, then the **adjacency matrix** $\mathbf{A}(G)$ is the matrix (a_{ij}), where a_{ij} is 1 if v_i and v_j are adjacent, and 0 if not. The **spectral polynomial** of G is the characteristic polynomial of $\mathbf{A}(G)$, and is independent of the labelling of the vertices.

2 Graphs

A sequence of k distinct edges of G of the form $uv, vw, wx, \ldots, yz$ is a **trail of length** k; if, in addition, the vertices $u, v, w, \ldots, z$ are distinct, then the trail is a **path**. The **diameter** of G is max $d(x, y)$ $(x, y \in V)$, where $d(x, y)$ is the number of edges in a shortest path between x and y; the above graph has diameter 3. A sequence of distinct edges of the form $uv, vw, wx, \ldots, yz, zu$ is a **closed trail**; if, in addition, the vertices $u, v, w, \ldots, z$ are distinct, then the closed trail is a **cycle**. The **girth** of G is the length of the shortest cycle in G, and the **circumference** of G is the length of the longest cycle. The above graph has girth 4 and circumference 6.

The **chromatic number** of G is the least number of colours needed to colour its vertices so that adjacent vertices are differently coloured, and the **chromatic index** of G is the least number of colours needed to colour its edges so that adjacent edges are differently coloured. The above graph has chromatic number 2 and chromatic index 3. A graph is **uniquely colourable** if it has only one vertex colouring, up to a permutation of the colours. The **chromatic polynomial** $P_G(\lambda)$ of G gives the number of vertex-colourings of G with λ colours.

A graph G is **bipartite** if its vertex set V can be partitioned into two sets X and Y so that each edge joins a vertex in X and a vertex in Y; equivalently, each cycle of G has even length. G is **Eulerian** if it has a closed trail that includes each edge exactly once; equivalently, G is connected and each vertex has even degree. G is **Hamiltonian** if it has a cycle that includes each vertex exactly once. G is **planar** if it can be drawn in the plane so that no two edges meet, except at a vertex at which both are incident. G is a **forest** if it has no cycles, and a connected forest is a **tree**. The above graph is bipartite and planar, but is not Eulerian, Hamiltonian, or a forest.

Pages 3–7 list the numbers of graphs, connected graphs, 2-connected graphs and 3-connected graphs, with a given number of vertices and/or edges. Pages 8–30 depict the 1252 graphs with up to 7 vertices, together with their degree sequences. Each graph is assigned a number (such as G581) and appears with its degree sequence. The graphs are listed

- in increasing order of the number of vertices;
- for a fixed number of vertices, in increasing order of the number of edges;
- for fixed numbers of vertices and edges, in increasing order of the degree sequence—for example, $1^3.2^2.3$ precedes $1^2.2^4$, since $111223 < 112222$;
- for fixed degree sequence, in increasing number of automorphisms.

Pages 31–54 list some important parameters for the graphs depicted on pages 8–30, and pages 55–62 list all possible degree sequences of graphs with up to 8 vertices, together with their frequencies (the number of graphs with the given degree sequence).

Tables of graph numbers

Graphs with n vertices, for n = 1, 2, . . . , 25

n	graphs
1	1
2	2
3	4
4	11
5	34
6	156
7	1044
8	12346
9	2 74668
10	120 05168
11	10189 97864
12	16 50911 72592
13	5050 20313 67952
14	29 05415 56572 35488
15	31426 48596 98043 08768
16	640 01015 70452 75578 94928
17	24 59358 64153 53293 26837 19776
18	1 78757 77251 45611 70054 78781 90848
19	24637 80925 31250 04524 38300 74914 32768
20	6454 90122 79579 98418 56164 63849 07427 49440
21	3222 02728 99808 98343 35022 44253 75528 36160 97664
22	3070 84648 30941 44300 63756 85171 87105 41058 66578 14272
23	5599 24939 69979 20805 97976 38081 94621 79812 27634 84589 81632
24	19570 49063 02078 44792 21748 62416 72625 60041 22075 26706 33657 54368
25	1 31331 39356 98955 19432 16154 84058 16890 14638 92147 06146 48338 04585 76384

4 Graphs

Connected graphs with n vertices, for n = 1, 2, ..., 25

n	connected graphs
1	1
2	1
3	2
4	6
5	21
6	112
7	853
8	11117
9	2 61080
10	117 16571
11	10067 00565
12	16 40598 30476
13	5033 59078 69219
14	29 00348 74628 48061
15	31397 38114 27612 41960
16	639 69560 11322 51761 76277
17	24 58718 31682 08402 65195 28568
18	1 78733 17252 48899 08889 02005 76580
19	24636 02142 93998 67655 32265 07596 81644
20	6454 65483 19872 27994 26731 12879 45022 83004
21	3221 96273 85046 58981 82320 44119 08215 73234 36797
22	3070 81426 21757 29723 89556 84543 99186 82950 95501 71755
23	5599 43868 82108 80679 65169 46729 81026 45124 90467 68525 69700
24	19570 43463 52067 86942 41449 39394 11275 95390 46378 87524 67290 14803
25	1 31331 19786 44292 67343 03846 15711 21231 90135 75463 49778 70337 47441 10480

2-connected graphs with n vertices, for n = 3, 4, . . . , 20

n	2-connected graphs
3	1
4	3
5	10
6	56
7	468
8	7123
9	1 94066
10	97 43542
11	9009 69091
12	15 36203 33545
13	4843 29391 50704
14	28 36182 44883 94169
15	30995 89080 60333 80784
16	635 01635 42910 95975 04951
17	24 48520 79292 07337 60104 11280
18	1 78316 05940 69429 92595 28247 34641
19	24603 88705 13509 45867 49281 66639 58981
20	6449 97704 30459 87615 31891 39098 95833 04810

3-connected graphs with n vertices, for n = 4, 5, . . . , 20

n	3-connected graphs
4	1
5	3
6	17
7	136
8	2388
9	80890
10	51 14079
11	5732 73505
12	11 30951 67034
13	3958 25505 75765
14	24 90844 57930 58442
15	28560 40514 34958 19079
16	603 64410 13017 72230 14724
17	23 74039 33018 79995 83095 30349
18	1 75032 31373 55778 19015 80820 29500
19	24333 35881 36993 71350 71522 11074 64003
20	6408 11613 27875 27544 85012 44396 35795 01421

Graphs

The numbers of graphs with n vertices and e edges, for n = 1, ..., 10 and all values of e

e \ n	1	2	3	4	5	6	7	8	9	10
0	1	1	1	1	1	1	1	1	1	1
1		1	1	1	1	1	1	1	1	1
2			1	2	2	2	2	2	2	2
3			1	3	4	5	5	5	5	5
4				2	6	9	10	11	11	11
5				1	6	15	21	24	25	26
6					1	6	21	41	56	63	66
7						4	24	65	115	148	165
8						2	24	97	221	345	428
9						1	21	131	402	771	1103
10						1	15	148	663	1637	2769
11							9	148	980	3252	6759
12							5	131	1312	5995	15772
13							2	97	1557	10120	34663
14							1	65	1646	15615	71318
15							1	41	1557	21933	136433
16								21	1312	27987	241577
17								10	980	32403	395166
18								5	663	34040	596191
19								2	402	32403	828728
20								1	221	27987	1061159
21								1	115	21933	1251389
22									56	15615	1358852
23									24	10120	1358859
24									11	5995	1251385
25									5	3252	1061159
26									2	1637	828728
27									1	771	596191
28									1	345	395166
29										148	241577
30										63	136433
31										25	71318
32										11	34663
33										5	15772
34										2	6759
35										1	2769
36										1	1103
37											428
38											165
39											66
40											26
41											11
42											5
43											2
44											1
45											1

The numbers of connected graphs with n vertices and e edges, for n = 1, ..., 10 and all values of e

e \ n	1	2	3	4	5	6	7	8	9	10
0	1	0	0	0	0	0	0	0	0	0
1		1	0	0	0	0	0	0	0	0
2			1	0	0	0	0	0	0	0
3			1	2	0	0	0	0	0	0
4				2	3	0	0	0	0	0
5				1	5	6	0	0	0	0
6				1	5	13	11	0	0	0
7					4	19	33	23	0	0
8					2	22	67	89	47	0
9					1	20	107	236	240	106
10					1	14	132	486	797	657
11						9	138	814	2075	2678
12						5	126	1169	4495	8548
13						2	95	1454	8404	22950
14						1	64	1579	13855	53863
15						1	40	1515	20303	112618
16							21	1290	26691	211866
17							10	970	31400	361342
18							5	658	33366	561106
19							2	400	31996	795630
20							1	220	27764	1032754
21							1	114	21817	1229228
22								56	15558	1343120
23								24	10096	1348674
24								11	5984	1245369
25								5	3247	1057896
26								2	1635	827086
27								1	770	595418
28								1	344	394820
29									148	241428
30									63	136370
31									25	71293
32									11	34652
33									5	15767
34									2	6757
35									1	2768
36									1	1102
37										428
38										165
39										66
40										26
41										11
42										5
43										2
44										1
45										1

8 Graphs

Graphs: 1 to 5 vertices

1 - 3 vertices

	G1	G2	G3	G4	G5	G6	G7
	0	0^2	1^2	0^3	0.1^2	$1^2.2$	2^3

4 vertices

G8	G9	G10	G11	G12	G13	G14
0^4	$0^2.1^2$	$0.1^2.2$	1^4	0.2^3	$1^3.3$	$1^2.2^2$

G15	G16	G17	G18
$1.2^2.3$	2^4	$2^2.3^2$	3^4

5 vertices

G19	G20	G21	G22	G23	G24	G25
0^5	$0^3.1^2$	$0^2.1^2.2$	0.1^4	$0^2.2^3$	$0.1^3.3$	$0.1^2.2^2$

G26	G27	G28	G29	G30	G31	G32	G33
$1^4.2$	$0.1.2^2.3$	0.2^4	$1^4.4$	$1^3.2.3$	$1^2.2^3$	$1^2.2^3$	$0.2^2.3^2$

G34	G35	G36	G37	G38	G39	G40	G41
$1^2.2^2.4$	$1^2.2.3^2$	$1.2^3.3$	$1.2^3.3$	2^5	0.3^4	$1.2^2.3.4$	$1.2.3^3$

G42	G43	G44	G45	G46	G47	G48	G49
$2^4.4$	$2^3.3^2$	$2^3.3^2$	$1.3^3.4$	$2^3.4^2$	$2^2.3^2.4$	2.3^4	$2.3^2.4^2$

G50	G51	G52
$3^4.4$	$3^2.4^3$	4^5

Graphs: 6 vertices

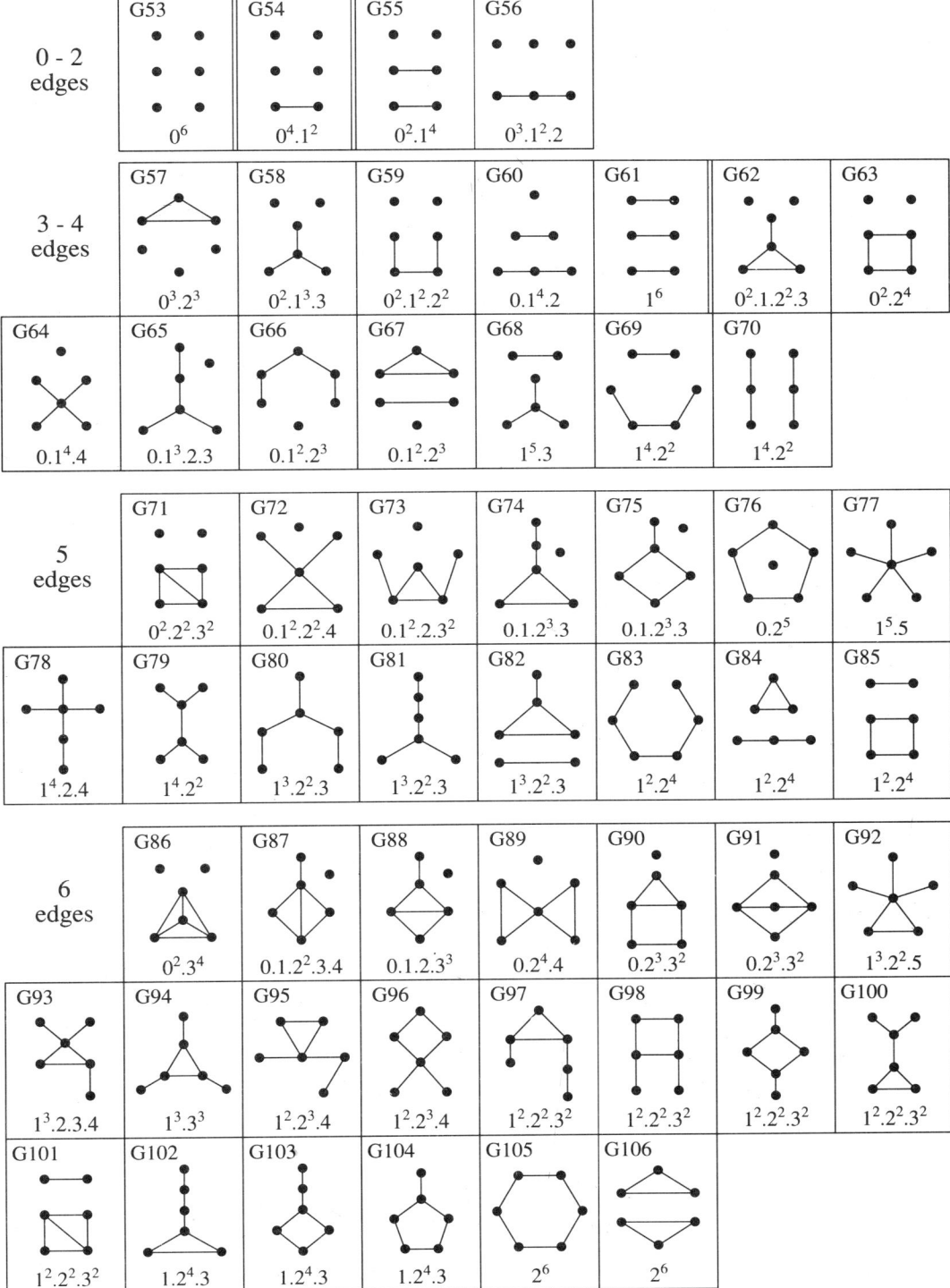

10 Graphs

Graphs: 6 vertices

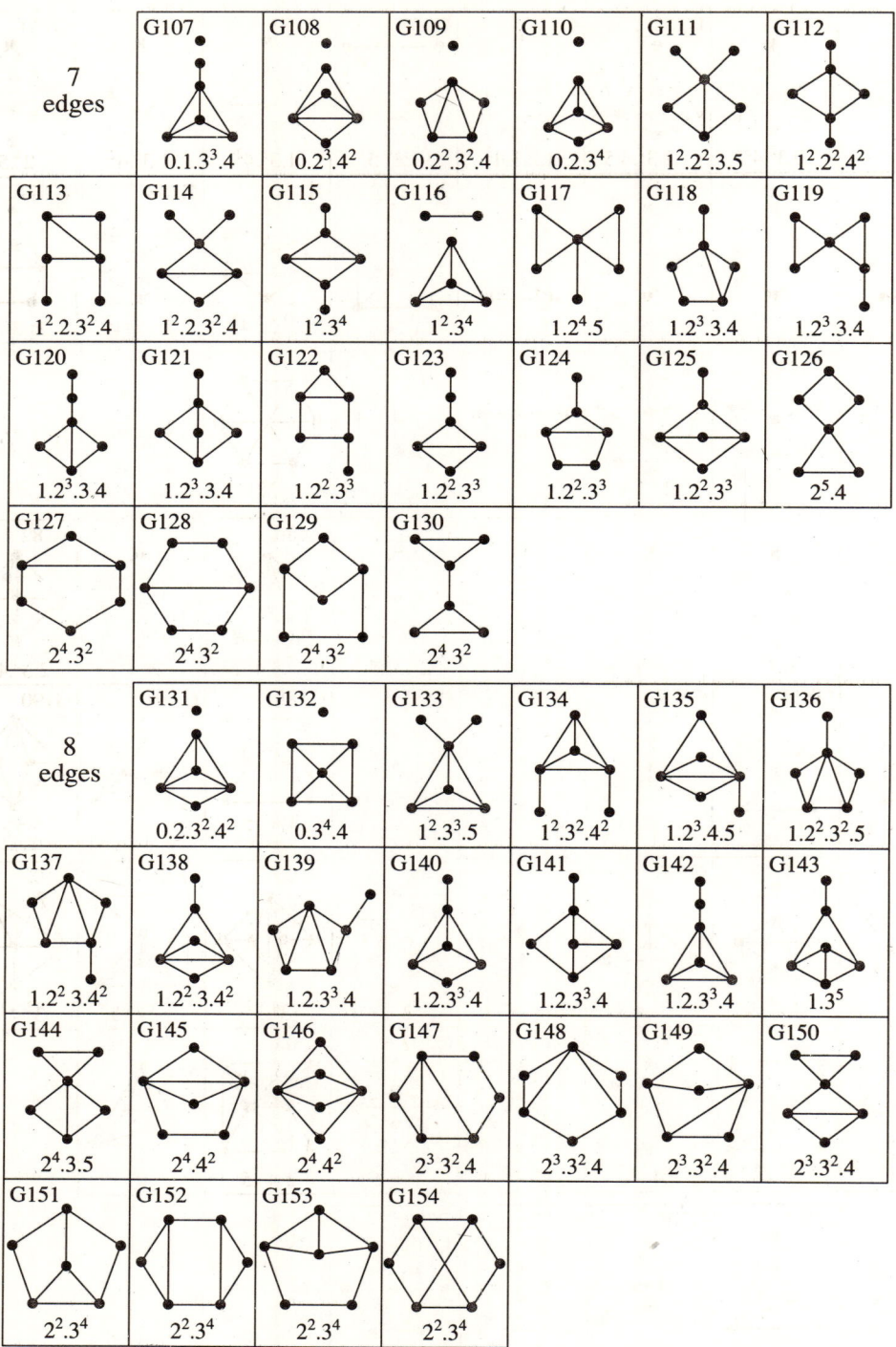

Graphs: 6 vertices

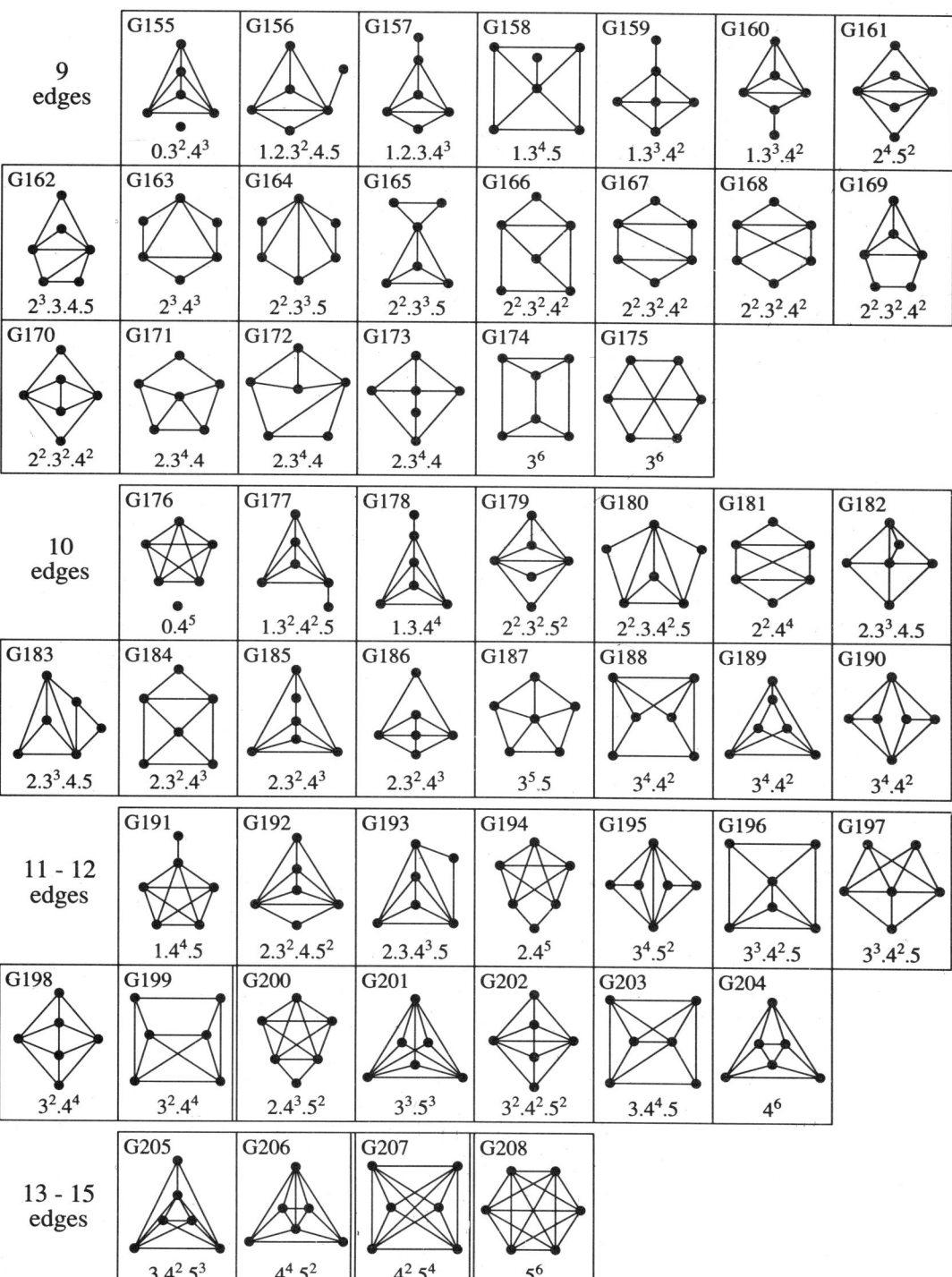

12 Graphs

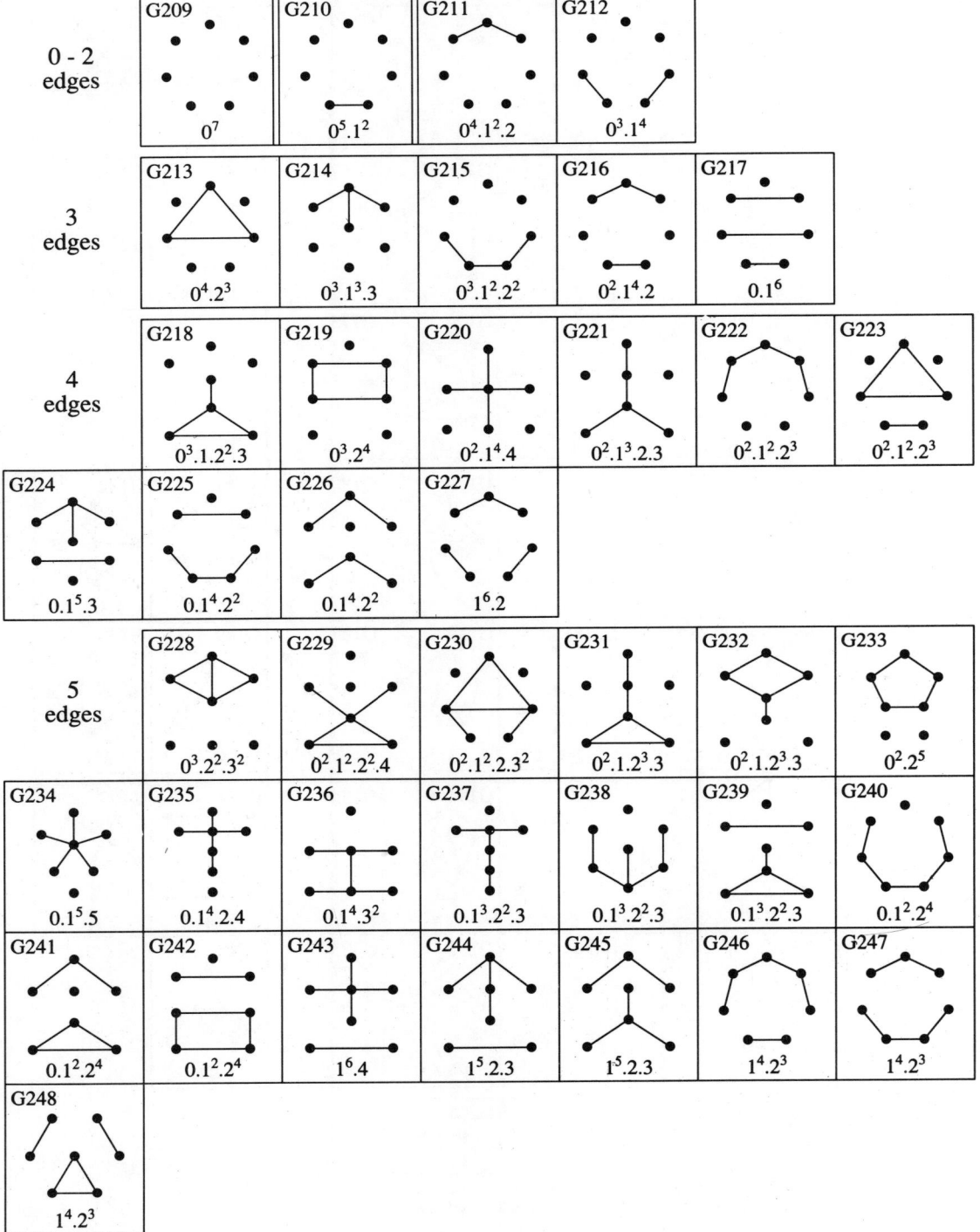

Graphs: 7 vertices

	G249 $0^3.3^4$	G250 $0^2.1.2^2.3.4$	G251 $0^2.1.2.3^3$	G252 $0^2.2^4.4$	G253 $0^2.2^3.3^2$	G254 $0^2.2^3.3^2$
6 edges						

G255 $0.1^3.2^2.5$	G256 $0.1^3.2.3.4$	G257 $0.1^3.3^3$	G258 $0.1^2.2^3.4$	G259 $0.1^2.2^3.4$	G260 $0.1^2.2^2.3^2$	G261 $0.1^2.2^2.3^2$
G262 $0.1^2.2^2.3^2$	G263 $0.1^2.2^2.3^2$	G264 $0.1^2.2^2.3^2$	G265 $0.1.2^4.3$	G266 $0.1.2^4.3$	G267 $0.1.2^4.3$	G268 0.2^6
G269 0.2^6	G270 $1^6.6$	G271 $1^5.2.5$	G272 $1^5.3.4$	G273 $1^4.2^2.4$	G274 $1^4.2^2.4$	G275 $1^4.2^2.4$
G276 $1^4.2.3^2$	G277 $1^4.2.3^2$	G278 $1^4.2.3^2$	G279 $1^3.2^3.3$	G280 $1^3.2^3.3$	G281 $1^3.2^3.3$	G282 $1^3.2^3.3$
G283 $1^3.2^3.3$	G284 $1^3.2^3.3$	G285 $1^3.2^3.3$	G286 $1^2.2^5$	G287 $1^2.2^5$	G288 $1^2.2^5$	G289 $1^2.2^5$

	G290 $0^2.1.3^3.4$	G291 $0^2.2^3.4^2$	G292 $0^2.2^3.4^2$	G293 $0^2.2.3^4$	G294 $0.1^2.2^2.3.5$	G295 $0.1^2.2^2.4^2$
7 edges						

| G296 $0.1^2.2.3^2.4$ | G297 $0.1^2.2.3^2.4$ | G298 $0.1^2.3^4$ | G299 $0.1^2.3^4$ | G300 $0.1.2^4.5$ | G301 $0.1.2^3.3.4$ | G302 $0.1.2^3.3.4$ |

14 Graphs

Graphs: 7 vertices

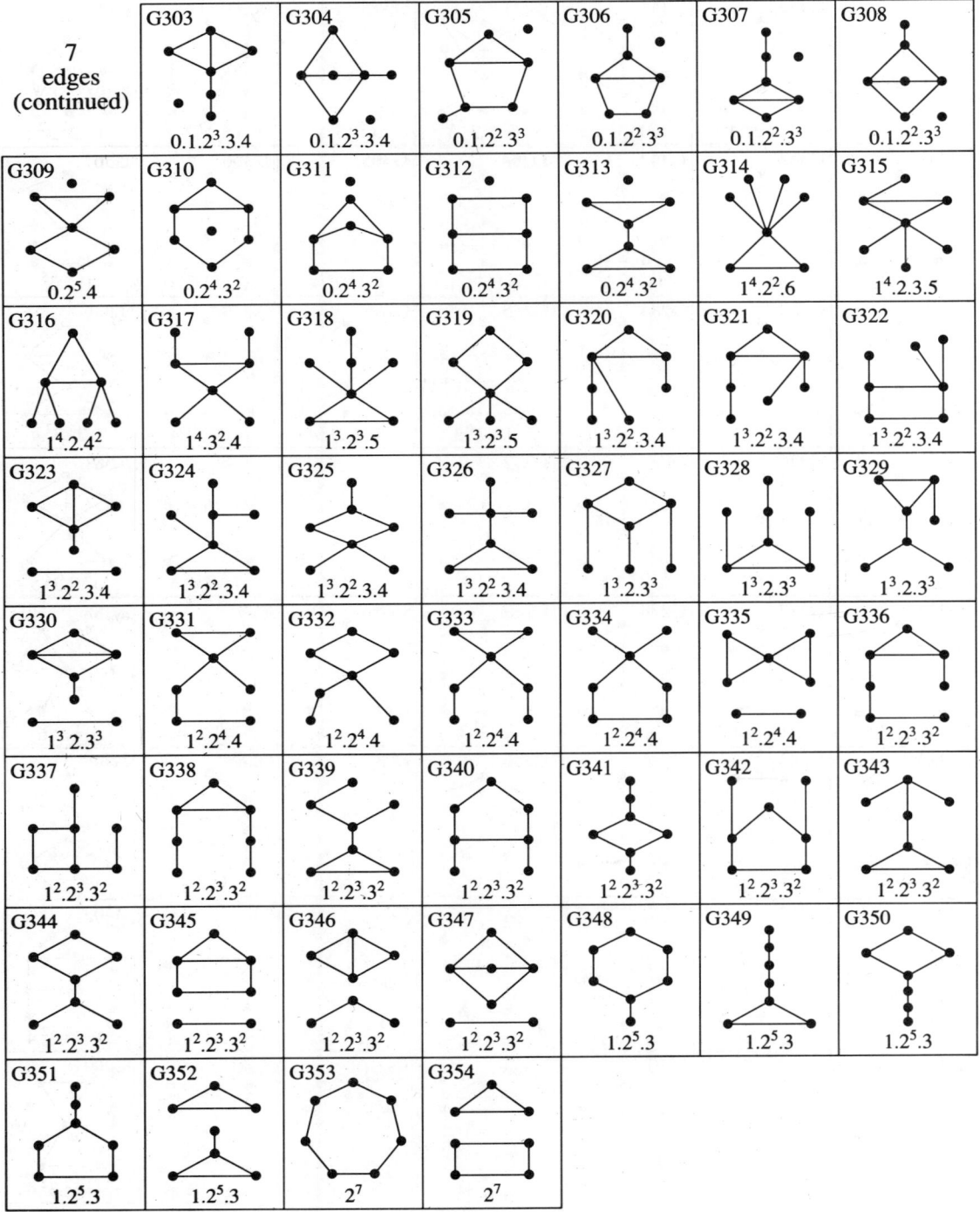

Graphs: 7 vertices

8 edges

G355 $0^2.2.3^2.4^2$	G356 $0^2.3^4.4$	G357 $0.1^2.3^3.5$	G358 $0.1^2.3^2.4^2$	G359 $0.1.2^3.4.5$	G360 $0.1.2^2.3^2.5$
G361 $0.1.2^2.3.4^2$	G362 $0.1.2^2.3.4^2$	G363 $0.1.2.3^3.4$	G364 $0.1.2.3^3.4$	G365 $0.1.2.3^3.4$	G366 $0.1.2.3^3.4$	G367 $0.1.3^5$
G368 $0.2^4.3.5$	G369 $0.2^4.4^2$	G370 $0.2^4.4^2$	G371 $0.2^3.3^2.4$	G372 $0.2^3.3^2.4$	G373 $0.2^3.3^2.4$	G374 $0.2^3.3^2.4$
G375 $0.2^2.3^4$	G376 $0.2^2.3^4$	G377 $0.2^2.3^4$	G378 $0.2^2.3^4$	G379 $1^3.2^2.3.6$	G380 $1^3.2^2.4.5$	G381 $1^3.2.3^2.5$
G382 $1^3.2.3^2.5$	G383 $1^3.2.3.4^2$	G384 $1^3.2.3.4^2$	G385 $1^3.3^3.4$	G386 $1^3.3^3.4$	G387 $1^3.3^3.4$	G388 $1^2.2^4.6$
G389 $1^2.2^3.3.5$	G390 $1^2.2^3.3.5$	G391 $1^2.2^3.3.5$	G392 $1^2.2^3.3.5$	G393 $1^2.2^3.4^2$	G394 $1^2.2^3.4^2$	G395 $1^2.2^3.4^2$
G396 $1^2.2^3.4^2$	G397 $1^2.2^3.4^2$	G398 $1^2.2^2.3^2.4$	G399 $1^2.2^2.3^2.4$	G400 $1^2.2^2.3^2.4$	G401 $1^2.2^2.3^2.4$	G402 $1^2.2^2.3^2.4$
G403 $1^2.2^2.3^2.4$	G404 $1^2.2^2.3^2.4$	G405 $1^2.2^2.3^2.4$	G406 $1^2.2^2.3^2.4$	G407 $1^2.2^2.3^2.4$	G408 $1^2.2^2.3^2.4$	G409 $1^2.2^2.3^2.4$

16 Graphs

Graphs: 7 vertices

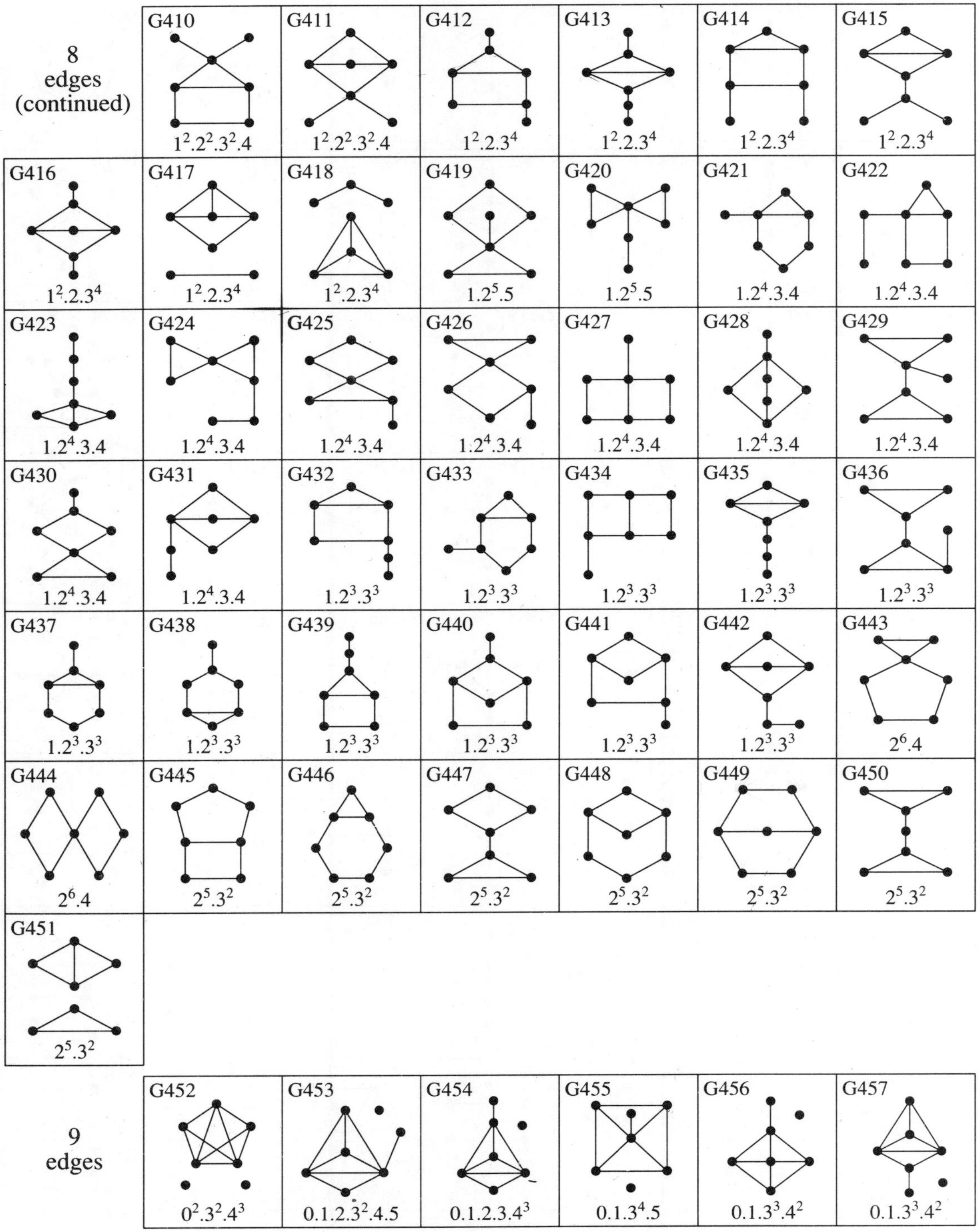

8 edges (continued)

G410 $1^2.2^2.3^2.4$	G411 $1^2.2^2.3^2.4$	G412 $1^2.2.3^4$	G413 $1^2.2.3^4$	G414 $1^2.2.3^4$	G415 $1^2.2.3^4$
G416 $1^2.2.3^4$	G417 $1^2.2.3^4$	G418 $1^2.2.3^4$	G419 $1.2^5.5$	G420 $1.2^5.5$	G421 $1.2^4.3.4$	G422 $1.2^4.3.4$
G423 $1.2^4.3.4$	G424 $1.2^4.3.4$	G425 $1.2^4.3.4$	G426 $1.2^4.3.4$	G427 $1.2^4.3.4$	G428 $1.2^4.3.4$	G429 $1.2^4.3.4$
G430 $1.2^4.3.4$	G431 $1.2^4.3.4$	G432 $1.2^3.3^3$	G433 $1.2^3.3^3$	G434 $1.2^3.3^3$	G435 $1.2^3.3^3$	G436 $1.2^3.3^3$
G437 $1.2^3.3^3$	G438 $1.2^3.3^3$	G439 $1.2^3.3^3$	G440 $1.2^3.3^3$	G441 $1.2^3.3^3$	G442 $1.2^3.3^3$	G443 $2^6.4$
G444 $2^6.4$	G445 $2^5.3^2$	G446 $2^5.3^2$	G447 $2^5.3^2$	G448 $2^5.3^2$	G449 $2^5.3^2$	G450 $2^5.3^2$
G451 $2^5.3^2$						

9 edges

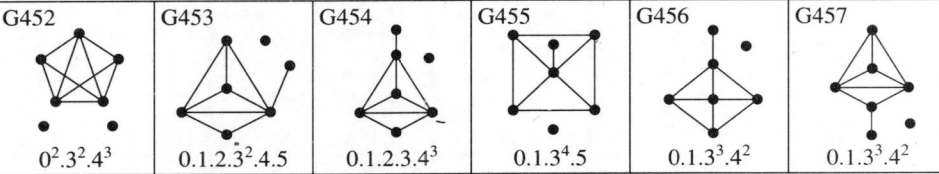

G452 $0^2.3^2.4^3$	G453 $0.1.2.3^2.4.5$	G454 $0.1.2.3.4^3$	G455 $0.1.3^4.5$	G456 $0.1.3^3.4^2$	G457 $0.1.3^3.4^2$

Graphs: 7 vertices

G458 $0.2^4.5^2$	G459 $0.2^3.3.4.5$	G460 $0.2^3.4^3$	G461 $0.2^2.3^3.5$	G462 $0.2^2.3^3.5$	G463 $0.2^2.3^2.4^2$	G464 $0.2^2.3^2.4^2$
G465 $0.2^2.3^2.4^2$	G466 $0.2^2.3^2.4^2$	G467 $0.2^2.3^2.4^2$	G468 $0.2.3^4.4$	G469 $0.2.3^4.4$	G470 $0.2.3^4.4$	G471 0.3^6
G472 0.3^6	G473 $1^3.3^3.6$	G474 $1^3.3^2.4.5$	G475 $1^3.3.4^3$	G476 $1^2.2^3.4.6$	G477 $1^2.2^3.5^2$	G478 $1^2.2^2.3^2.6$
G479 $1^2.2^2.3.4.5$	G480 $1^2.2^2.3.4.5$	G481 $1^2.2^2.3.4.5$	G482 $1^2.2^2.4^3$	G483 $1^2.2^2.4^3$	G484 $1^2.2.3^3.5$	G485 $1^2.2.3^3.5$
G486 $1^2.2.3^3.5$	G487 $1^2.2.3^3.5$	G488 $1^2.2.3^2.4^2$	G489 $1^2.2.3^2.4^2$	G490 $1^2.2.3^2.4^2$	G491 $1^2.2.3^2.4^2$	G492 $1^2.2.3^2.4^2$
G493 $1^2.2.3^2.4^2$	G494 $1^2.2.3^2.4^2$	G495 $1^2.2.3^2.4^2$	G496 $1^2.2.3^2.4^2$	G497 $1^2.3^4.4$	G498 $1^2.3^4.4$	G499 $1^2.3^4.4$
G500 $1^2.3^4.4$	G501 $1^2.3^4.4$	G502 $1^2.3^4.4$	G503 $1.2^4.3.6$	G504 $1.2^4.4.5$	G505 $1.2^4.4.5$	G506 $1.2^4.4.5$
G507 $1.2^4.4.5$	G508 $1.2^3.3^2.5$	G509 $1.2^3.3^2.5$	G510 $1.2^3.3^2.5$	G511 $1.2^3.3^2.5$	G512 $1.2^3.3^2.5$	G513 $1.2^3.3^2.5$
G514 $1.2^3.3^2.5$	G515 $1.2^3.3.4^2$	G516 $1.2^3.3.4^2$	G517 $1.2^3.3.4^2$	G518 $1.2^3.3.4^2$	G519 $1.2^3.3.4^2$	G520 $1.2^3.3.4^2$

Graphs: 7 vertices

9 edges (continued)	G521 $1.2^3.3.4^2$	G522 $1.2^3.3.4^2$	G523 $1.2^3.3.4^2$	G524 $1.2^3.3.4^2$	G525 $1.2^3.3.4^2$	G526 $1.2^2.3^3.4$
G527 $1.2^2.3^3.4$	G528 $1.2^2.3^3.4$	G529 $1.2^2.3^3.4$	G530 $1.2^2.3^3.4$	G531 $1.2^2.3^3.4$	G532 $1.2^2.3^3.4$	G533 $1.2^2.3^3.4$
G534 $1.2^2.3^3.4$	G535 $1.2^2.3^3.4$	G536 $1.2^2.3^3.4$	G537 $1.2^2.3^3.4$	G538 $1.2^2.3^3.4$	G539 $1.2^2.3^3.4$	G540 $1.2^2.3^3.4$
G541 $1.2^2.3^3.4$	G542 $1.2^2.3^3.4$	G543 $1.2^2.3^3.4$	G544 $1.2^2.3^3.4$	G545 $1.2^2.3^3.4$	G546 $1.2.3^5$	G547 $1.2.3^5$
G548 $1.2.3^5$	G549 $1.2.3^5$	G550 $1.2.3^5$	G551 $2^6.6$	G552 $2^5.3.5$	G553 $2^5.3.5$	G554 $2^5.3.5$
G555 $2^5.4^2$	G556 $2^5.4^2$	G557 $2^5.4^2$	G558 $2^5.4^2$	G559 $2^4.3^2.4$	G560 $2^4.3^2.4$	G561 $2^4.3^2.4$
G562 $2^4.3^2.4$	G563 $2^4.3^2.4$	G564 $2^4.3^2.4$	G565 $2^4.3^2.4$	G566 $2^4.3^2.4$	G567 $2^4.3^2.4$	G568 $2^4.3^2.4$
G569 $2^4.3^2.4$	G570 $2^4.3^2.4$	G571 $2^4.3^2.4$	G572 $2^3.3^4$	G573 $2^3.3^4$	G574 $2^3.3^4$	G575 $2^3.3^4$
G576 $2^3.3^4$	G577 $2^3.3^4$	G578 $2^3.3^4$	G579 $2^3.3^4$	G580 $2^3.3^4$	G581 $2^3.3^4$	G582 $2^3.3^4$

Graphs: 7 vertices

10 edges

Graph	Degree sequence
G583	$0^2.4^5$
G584	$0.1.3^2.4^2.5$
G585	$0.1.3.4^4$
G586	$0.2^2.3^2.5^2$
G587	$0.2^2.3.4^2.5$
G588	$0.2^2.4^4$
G589	$0.2.3^3.4.5$
G590	$0.2.3^3.4.5$
G591	$0.2.3^2.4^3$
G592	$0.2.3^2.4^3$
G593	$0.2.3^2.4^3$
G594	$0.3^5.5$
G595	$0.3^4.4^2$
G596	$0.3^4.4^2$
G597	$0.3^4.4^2$
G598	$1^2.2.3^2.4.6$
G599	$1^2.2.3^2.5^2$
G600	$1^2.2.3.4^2.5$
G601	$1^2.2.3.4^2.5$
G602	$1^2.2.4^4$
G603	$1^2.3^4.6$
G604	$1^2.3^3.4.5$
G605	$1^2.3^3.4.5$
G606	$1^2.3^3.4.5$
G607	$1^2.3^2.4^3$
G608	$1^2.3^2.4^3$
G609	$1^2.3^2.4^3$
G610	$1^2.3^2.4^3$
G611	$1^2.3^2.4^3$
G612	$1.2^4.5.6$
G613	$1.2^3.3.4.6$
G614	$1.2^3.3.5^2$
G615	$1.2^3.3.5^2$
G616	$1.2^3.4^2.5$
G617	$1.2^3.4^2.5$
G618	$1.2^2.3^3.6$
G619	$1.2^2.3^3.6$
G620	$1.2^2.3^2.4.5$
G621	$1.2^2.3^2.4.5$
G622	$1.2^2.3^2.4.5$
G623	$1.2^2.3^2.4.5$
G624	$1.2^2.3^2.4.5$
G625	$1.2^2.3^2.4.5$
G626	$1.2^2.3^2.4.5$
G627	$1.2^2.3^2.4.5$
G628	$1.2^2.3^2.4.5$
G629	$1.2^2.3^2.4.5$
G630	$1.2^2.3^2.4.5$
G631	$1.2^2.3^2.4.5$
G632	$1.2^2.3.4^3$
G633	$1.2^2.3.4^3$
G634	$1.2^2.3.4^3$
G635	$1.2^2.3.4^3$
G636	$1.2^2.3.4^3$
G637	$1.2^2.3.4^3$
G638	$1.2^2.3.4^3$
G639	$1.2^2.3.4^3$
G640	$1.2.3^4.5$
G641	$1.2.3^4.5$
G642	$1.2.3^4.5$
G643	$1.2.3^4.5$
G644	$1.2.3^4.5$

20 Graphs

Graphs: 7 vertices

10 edges (continued)

G645 $1.2.3^4.5$	G646 $1.2.3^3.4^2$	G647 $1.2.3^3.4^2$	G648 $1.2.3^3.4^2$	G649 $1.2.3^3.4^2$	G650 $1.2.3^3.4^2$	
G651 $1.2.3^3.4^2$	G652 $1.2.3^3.4^2$	G653 $1.2.3^3.4^2$	G654 $1.2.3^3.4^2$	G655 $1.2.3^3.4^2$	G656 $1.2.3^3.4^2$	G657 $1.2.3^3.4^2$
G658 $1.2.3^3.4^2$	G659 $1.2.3^3.4^2$	G660 $1.2.3^3.4^2$	G661 $1.2.3^3.4^2$	G662 $1.2.3^3.4^2$	G663 $1.3^5.4$	G664 $1.3^5.4$
G665 $1.3^5.4$	G666 $1.3^5.4$	G667 $1.3^5.4$	G668 $2^5.4.6$	G669 $2^5.5^2$	G670 $2^5.5^2$	G671 $2^4.3^2.6$
G672 $2^4.3^2.6$	G673 $2^4.3.4.5$	G674 $2^4.3.4.5$	G675 $2^4.3.4.5$	G676 $2^4.3.4.5$	G677 $2^4.3.4.5$	G678 $2^4.3.4.5$
G679 $2^4.4^3$	G680 $2^4.4^3$	G681 $2^4.4^3$	G682 $2^3.3^3.5$	G683 $2^3.3^3.5$	G684 $2^3.3^3.5$	G685 $2^3.3^3.5$
G686 $2^3.3^3.5$	G687 $2^3.3^3.5$	G688 $2^3.3^3.5$	G689 $2^3.3^3.5$	G690 $2^3.3^2.4^2$	G691 $2^3.3^2.4^2$	G692 $2^3.3^2.4^2$
G693 $2^3.3^2.4^2$	G694 $2^3.3^2.4^2$	G695 $2^3.3^2.4^2$	G696 $2^3.3^2.4^2$	G697 $2^3.3^2.4^2$	G698 $2^3.3^2.4^2$	G699 $2^3.3^2.4^2$
G700 $2^3.3^2.4^2$	G701 $2^3.3^2.4^2$	G702 $2^3.3^2.4^2$	G703 $2^3.3^2.4^2$	G704 $2^3.3^2.4^2$	G705 $2^3.3^2.4^2$	G706 $2^3.3^2.4^2$

Graphs: 7 vertices

G707 $2^3.3^2.4^2$	G708 $2^3.3^2.4^2$	G709 $2^2.3^4.4$	G710 $2^2.3^4.4$	G711 $2^2.3^4.4$	G712 $2^2.3^4.4$	G713 $2^2.3^4.4$
G714 $2^2.3^4.4$	G715 $2^2.3^4.4$	G716 $2^2.3^4.4$	G717 $2^2.3^4.4$	G718 $2^2.3^4.4$	G719 $2^2.3^4.4$	G720 $2^2.3^4.4$
G721 $2^2.3^4.4$	G722 $2^2.3^4.4$	G723 $2^2.3^4.4$	G724 $2^2.3^4.4$	G725 $2^2.3^4.4$	G726 $2^2.3^4.4$	G727 2.3^6
G728 2.3^6	G729 2.3^6	G730 2.3^6				

11 edges

	G731 $0.1.4^4.5$	G732 $0.2.3^2.4.5^2$	G733 $0.2.3.4^3.5$	G734 $0.2.4^5$	G735 $0.3^4.5^2$	G736 $0.3^3.4^2.5$
G737 $0.3^3.4^2.5$	G738 $0.3^2.4^4$	G739 $0.3^2.4^4$	G740 $1^2.3^2.4^2.6$	G741 $1^2.3^2.4.5^2$	G742 $1^2.3.4^3.5$	G743 $1^2.3.4^3.5$
G744 $1^2.4^5$	G745 $1^2.4^5$	G746 $1.2^2.3^2.5.6$	G747 $1.2^2.3.4^2.6$	G748 $1.2^2.3.4.5^2$	G749 $1.2^2.3.4.5^2$	G750 $1.2^2.4^3.5$
G751 $1.2^2.4^3.5$	G752 $1.2.3^3.4.6$	G753 $1.2.3^3.4.6$	G754 $1.2.3^3.5^2$	G755 $1.2.3^3.5^2$	G756 $1.2.3^3.5^2$	G757 $1.2.3^2.4^2.5$

Graphs: 7 vertices

11 edges (continued)

G758 $1.2.3^2.4^2.5$	G759 $1.2.3^2.4^2.5$	G760 $1.2.3^2.4^2.5$	G761 $1.2.3^2.4^2.5$	G762 $1.2.3^2.4^2.5$	G763 $1.2.3^2.4^2.5$	
G764 $1.2.3^2.4^2.5$	G765 $1.2.3^2.4^2.5$	G766 $1.2.3^2.4^2.5$	G767 $1.2.3^2.4^2.5$	G768 $1.2.3^2.4^2.5$	G769 $1.2.3.4^4$	G770 $1.2.3.4^4$
G771 $1.2.3.4^4$	G772 $1.2.3.4^4$	G773 $1.2.3.4^4$	G774 $1.2.3.4^4$	G775 $1.3^5.6$	G776 $1.3^4.4.5$	G777 $1.3^4.4.5$
G778 $1.3^4.4.5$	G779 $1.3^4.4.5$	G780 $1.3^4.4.5$	G781 $1.3^4.4.5$	G782 $1.3^3.4^3$	G783 $1.3^3.4^3$	G784 $1.3^3.4^3$
G785 $1.3^3.4^3$	G786 $1.3^3.4^3$	G787 $1.3^3.4^3$	G788 $1.3^3.4^3$	G789 $1.3^3.4^3$	G790 $2^5.6^2$	G791 $2^4.3.5.6$
G792 $2^4.4^2.6$	G793 $2^4.4.5^2$	G794 $2^3.3^2.4.6$	G795 $2^3.3^2.4.6$	G796 $2^3.3^2.4.6$	G797 $2^3.3^2.5^2$	G798 $2^3.3^2.5^2$
G799 $2^3.3^2.5^2$	G800 $2^3.3^2.5^2$	G801 $2^3.3^2.5^2$	G802 $2^3.3.4^2.5$	G803 $2^3.3.4^2.5$	G804 $2^3.3.4^2.5$	G805 $2^3.3.4^2.5$
G806 $2^3.3.4^2.5$	G807 $2^3.3.4^2.5$	G808 $2^3.3.4^2.5$	G809 $2^3.3.4^2.5$	G810 $2^3.4^4$	G811 $2^3.4^4$	G812 $2^3.4^4$
G813 $2^2.3^4.6$	G814 $2^2.3^4.6$	G815 $2^2.3^4.6$	G816 $2^2.3^3.4.5$	G817 $2^2.3^3.4.5$	G818 $2^2.3^3.4.5$	G819 $2^2.3^3.4.5$

Graphs: 7 vertices

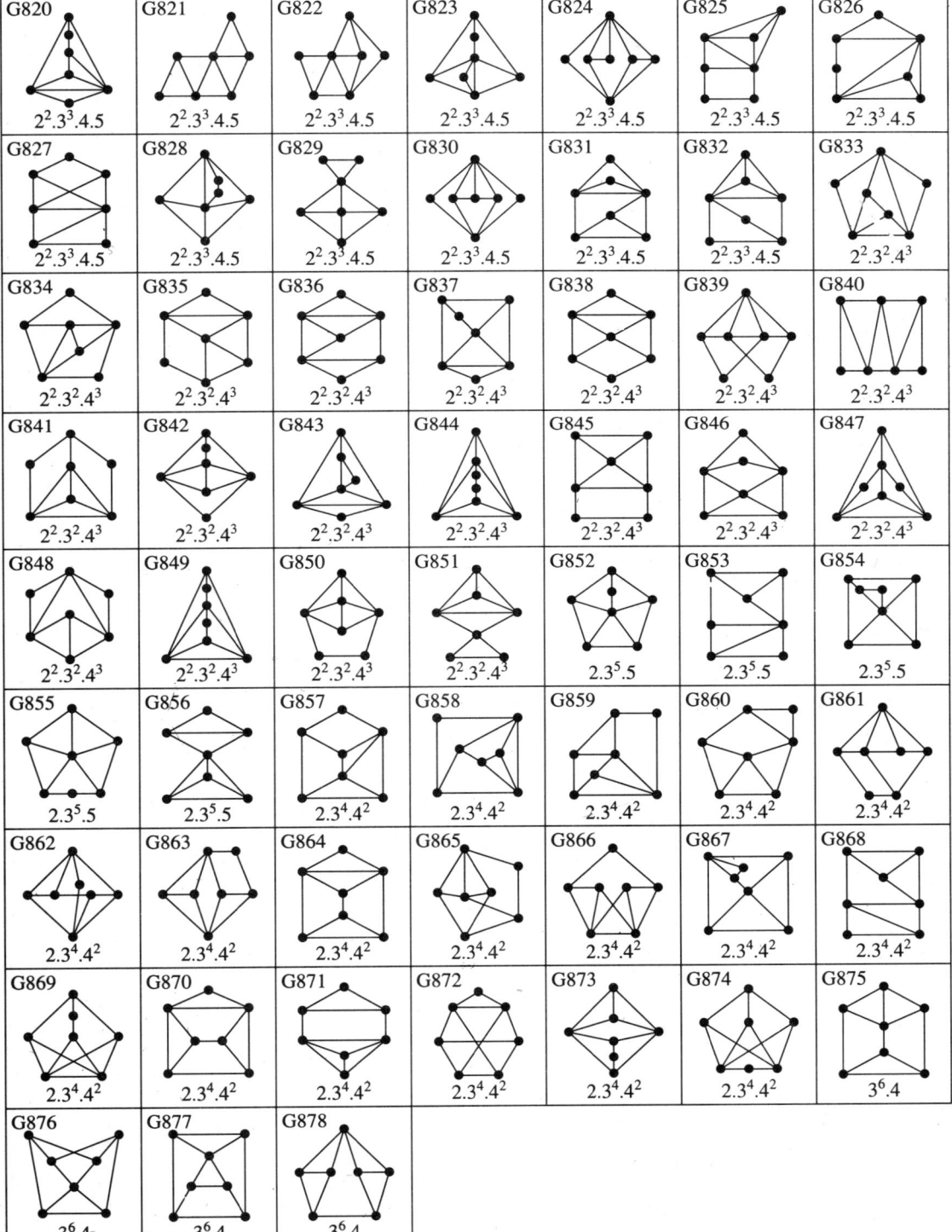

24 Graphs

Graphs: 7 vertices

12 edges

ID	Signature
G879	$0.2.4^3.5^2$
G880	$0.3^3.5^3$
G881	$0.3^2.4^2.5^2$
G882	$0.3.4^4.5$
G883	0.4^6
G884	$1^2.4^4.6$
G885	$1^2.4^3.5^2$
G886	$1.2.3^2.4.5.6$
G887	$1.2.3^2.5^3$
G888	$1.2.3.4^3.6$
G889	$1.2.3.4^2.5^2$
G890	$1.2.3.4^2.5^2$
G891	$1.2.3.4^2.5^2$
G892	$1.2.4^4.5$
G893	$1.2.4^4.5$
G894	$1.2.4^4.5$
G895	$1.2.4^4.5$
G896	$1.3^4.5.6$
G897	$1.3^3.4^2.6$
G898	$1.3^3.4^2.6$
G899	$1.3^3.4.5^2$
G900	$1.3^3.4.5^2$
G901	$1.3^3.4.5^2$
G902	$1.3^3.4.5^2$
G903	$1.3^2.4^3.5$
G904	$1.3^2.4^3.5$
G905	$1.3^2.4^3.5$
G906	$1.3^2.4^3.5$
G907	$1.3^2.4^3.5$
G908	$1.3^2.4^3.5$
G909	$1.3^2.4^3.5$
G910	$1.3.4^5$
G911	$1.3^2.4^3.5$
G912	$1.3.4^5$
G913	$2^3.3^2.6^2$
G914	$2^3.3.4.5.6$
G915	$2^3.3.5^3$
G916	$2^3.4^3.6$
G917	$2^3.4^2.5^2$
G918	$2^3.4^2.5^2$
G919	$2^2.3^3.5.6$
G920	$2^2.3^3.5.6$
G921	$2^2.3^2.4^2.6$
G922	$2^2.3^2.4^2.6$
G923	$2^2.3^2.4^2.6$
G924	$2^2.3^2.4^2.6$
G925	$2^2.3^2.4^2.6$
G926	$2^2.3^2.4.5^2$
G927	$2^2.3^2.4.5^2$
G928	$2^2.3^2.4.5^2$
G929	$2^2.3^2.4.5^2$
G930	$2^2.3^2.4.5^2$
G931	$2^2.3^2.4.5^2$
G932	$2^2.3^2.4.5^2$
G933	$2^2.3^2.4.5^2$
G934	$2^2.3^2.4.5^2$
G935	$2^2.3.4^3.5$
G936	$2^2.3.4^3.5$
G937	$2^2.3.4^3.5$
G938	$2^2.3.4^3.5$
G939	$2^2.3.4^3.5$
G940	$2^2.3.4^3.5$

Graphs: 7 vertices

G941 $2^2.3.4^3.5$	G942 $2^2.3.4^3.5$	G943 $2^2.3.4^3.5$	G944 $2^2.3.4^3.5$	G945 $2^2.3.4^3.5$	G946 $2^2.4^5$	G947 $2^2.4^5$
G948 $2^2.4^5$	G949 $2^2.4^5$	G950 $2.3^4.4.6$	G951 $2.3^4.4.6$	G952 $2.3^4.4.6$	G953 $2.3^4.5^2$	G954 $2.3^4.5^2$
G955 $2.3^4.5^2$	G956 $2.3^4.5^2$	G957 $2.3^4.5^2$	G958 $2.3^4.5^2$	G959 $2.3^3.4^2.5$	G960 $2.3^3.4^2.5$	G961 $2.3^3.4^2.5$
G962 $2.3^3.4^2.5$	G963 $2.3^3.4^2.5$	G964 $2.3^3.4^2.5$	G965 $2.3^3.4^2.5$	G966 $2.3^3.4^2.5$	G967 $2.3^3.4^2.5$	G968 $2.3^3.4^2.5$
G969 $2.3^3.4^2.5$	G970 $2.3^3.4^2.5$	G971 $2.3^3.4^2.5$	G972 $2.3^3.4^2.5$	G973 $2.3^3.4^2.5$	G974 $2.3^3.4^2.5$	G975 $2.3^3.4^2.5$
G976 $2.3^3.4^2.5$	G977 $2.3^3.4^2.5$	G978 $2.3^3.4^2.5$	G979 $2.3^2.4^4$	G980 $2.3^2.4^4$	G981 $2.3^2.4^4$	G982 $2.3^2.4^4$
G983 $2.3^2.4^4$	G984 $2.3^2.4^4$	G985 $2.3^2.4^4$	G986 $2.3^2.4^4$	G987 $2.3^2.4^4$	G988 $2.3^2.4^4$	G989 $2.3^2.4^4$
G990 $2.3^2.4^4$	G991 $2.3^2.4^4$	G992 $3^5.4.5$	G993 $3^5.4.5$	G994 $3^5.4.5$	G995 $3^5.4.5$	G996 $3^5.4.5$

26 Graphs

Graphs: 7 vertices

12 edges (continued)

| G997 $3^4.4^3$ | G998 $3^4.4^3$ | G999 $3^4.4^3$ | G1000 $3^4.4^3$ | G1001 $3^4.4^3$ | G1002 $3^4.4^3$ |
| G1003 $3^4.4^3$ | G1004 $3^4.4^3$ | G1005 $3^4.4^3$ | G1006 $3^4.4^3$ | G1007 $3^4.4^3$ | G1008 $3^6.6$ | G1009 $3^6.6$ |

13 edges

G1010 $0.3.4^2.5^3$	G1011 $0.4^4.5^2$	G1012 $1.2.4^2.5^3$	G1013 $1.2.4^3.5.6$	G1014 $1.3^3.5^2.6$	G1015 $1.3^2.4^2.5.6$
G1016 $1.3^2.4.5^3$	G1017 $1.3^2.4.5^3$	G1018 $1.3.4^4.6$	G1019 $1.3.4^3.5^2$	G1020 $1.3.4^3.5^2$	G1021 $1.3.4^3.5^2$	G1022 $1.3.4^3.5^2$
G1023 $1.4^5.5$	G1024 $1.4^5.5$	G1025 $2^2.3^2.4.6^2$	G1026 $2^2.3^2.5^2.6$	G1027 $2^2.3.4^2.5.6$	G1028 $2^2.3.4^2.5.6$	G1029 $2^2.3.4.5^3$
G1030 $2^2.3.4.5^3$	G1031 $2^2.4^4.6$	G1032 $2^2.4^4.6$	G1033 $2^2.4^3.5^2$	G1034 $2^2.4^3.5^2$	G1035 $2^2.4^3.5^2$	G1036 $2^2.4^3.5^2$
G1037 $2^2.4^3.5^2$	G1038 $2.3^4.6^2$	G1039 $2.3^3.4.5.6$	G1040 $2.3^3.4.5.6$	G1041 $2.3^3.4.5.6$	G1042 $2.3^3.4.5.6$	G1043 $2.3^3.5^3$
G1044 $2.3^3.5^3$	G1045 $2.3^3.5^3$	G1046 $2.3^2.4^3.6$	G1047 $2.3^2.4^3.6$	G1048 $2.3^2.4^3.6$	G1049 $2.3^2.4^3.6$	G1050 $2.3^2.4^2.5^2$

Graphs: 7 vertices

G1051 $2.3^2.4^2.5^2$	G1052 $2.3^2.4^2.5^2$	G1053 $2.3^2.4^2.5^2$	G1054 $2.3^2.4^2.5^2$	G1055 $2.3^2.4^2.5^2$	G1056 $2.3^2.4^2.5^2$	G1057 $2.3^2.4^2.5^2$
G1058 $2.3^2.4^2.5^2$	G1059 $2.3^2.4^2.5^2$	G1060 $2.3^2.4^2.5^2$	G1061 $2.3^2.4^2.5^2$	G1062 $2.3^2.4^2.5^2$	G1063 $2.3^2.4^2.5^2$	G1064 $2.3.4^4.5$
G1065 $2.3.4^4.5$	G1066 $2.3.4^4.5$	G1067 $2.3.4^4.5$	G1068 $2.3.4^4.5$	G1069 $2.3.4^4.5$	G1070 $2.3.4^4.5$	G1071 $2.3.4^4.5$
G1072 $2.3.4^4.5$	G1073 $2.3.4^4.5$	G1074 $2.3.4^4.5$	G1075 2.4^6	G1076 2.4^6	G1077 $3^5.5.6$	G1078 $3^4.4^2.6$
G1079 $3^4.4^2.6$	G1080 $3^4.4^2.6$	G1081 $3^4.4^2.6$	G1082 $3^4.4.5^2$	G1083 $3^4.4.5^2$	G1084 $3^4.4.5^2$	G1085 $3^4.4.5^2$
G1086 $3^4.4.5^2$	G1087 $3^4.4.5^2$	G1088 $3^4.4.5^2$	G1089 $3^3.4^3.5$	G1090 $3^3.4^3.5$	G1091 $3^3.4^3.5$	G1092 $3^3.4^3.5$
G1093 $3^3.4^3.5$	G1094 $3^3.4^3.5$	G1095 $3^3.4^3.5$	G1096 $3^3.4^3.5$	G1097 $3^3.4^3.5$	G1098 $3^3.4^3.5$	G1099 $3^3.4^3.5$
G1100 $3^2.4^5$	G1101 $3^2.4^5$	G1102 $3^2.4^5$	G1103 $3^2.4^5$	G1104 $3^2.4^5$	G1105 $3^2.4^5$	G1106 $3^2.4^5$

28 Graphs

Graphs: 7 vertices

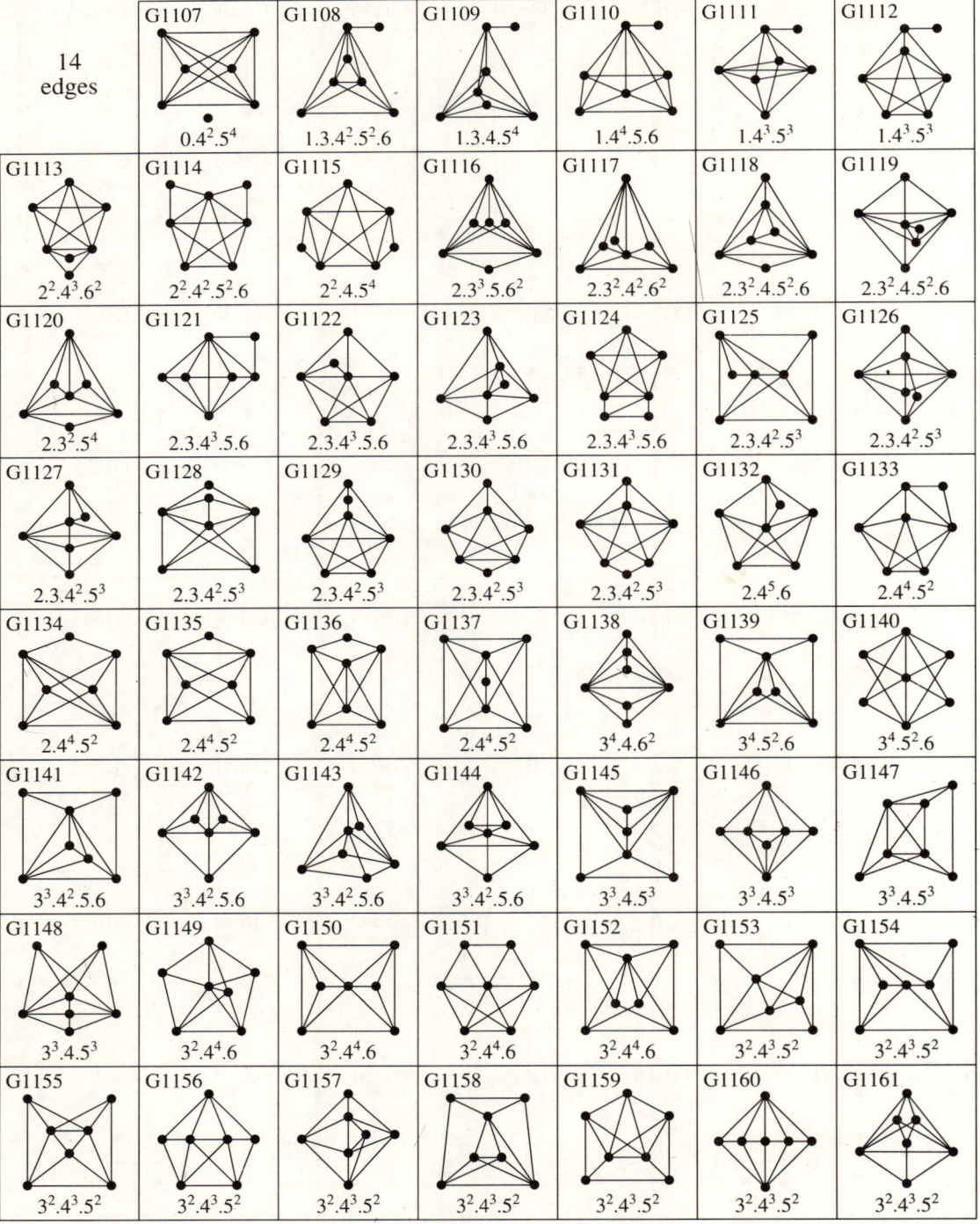

Graphs: 7 vertices

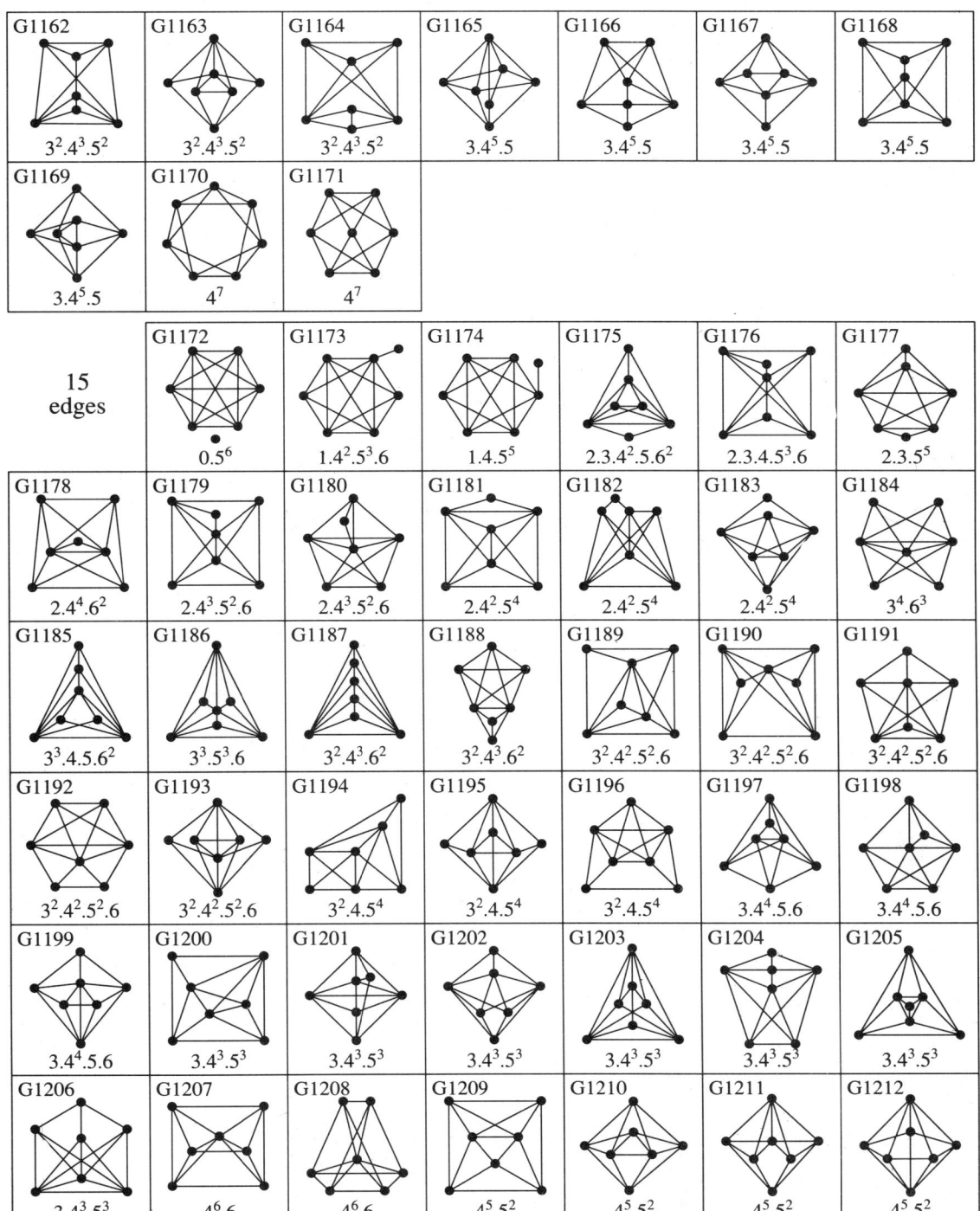

30 Graphs

Graphs: 7 vertices

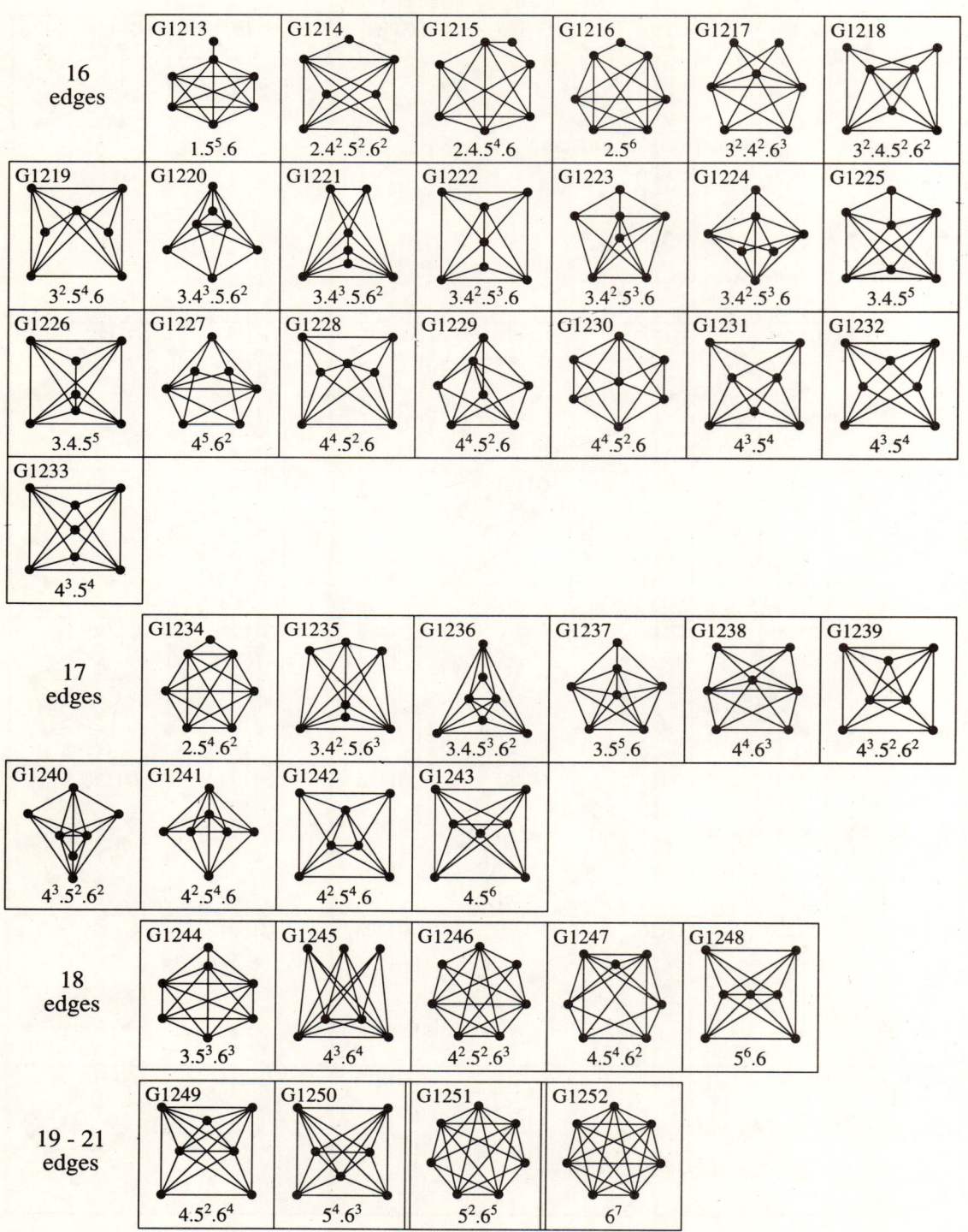

Table of parameters for graphs

The following table lists some important parameters for the graphs depicted on pages 8–30. For each graph G we use the following notation; the terms are defined on pages 1–2.

graph : the **graph number**, as given on pages 8–30

n : the number of **vertices** of G

e : the number of **edges** of G

deg : the **degree sequence** of G; for typographical reasons, a degree sequence such as $1^3.2^2.3$ is presented as 111223

k : the number of **connected components** of G

g : the **girth** of G

s : the number of cycles of shortest length

c : the **circumference** of G

d : the **diameter** of G

cl : the **clique number** of G

in : the **independence number** of G

vc : the **vertex-connectivity** of G

ec : the **edge-connectivity** of G

aut : the number of **automorphisms** of G

comp : the **complement** of G

props : some important properties of G:

    b = **bipartite**
    e = **Eulerian**
    f = **forest** (other than a tree)
    h = **Hamiltonian**
    p = **planar**
    t = **tree**
    u = **uniquely colourable**

χ : the **chromatic number** of G

χ' : the **chromatic index** of G

CP : the code number of the **chromatic polynomial** of G

SP : the code number of the **spectral polynomial** of G (these polynomials are listed separately in Chapter 10)

Parameters for graphs

graph	n	e	deg	k	g	s	c	d	cl	in	vc	ec	aut	comp	props	χ	χ'	CP	SP
G1	1	0	0	1	-	-	-	0	1	1	-	-	1	G1	beptu	1	0	1	1
G2	2	0	00	2	-	-	-	-	1	2	-	-	2	G3	bfpu	1	0	2	2
G3	2	1	11	1	-	-	1	2	2	1	1	1	2	G2	bptu	2	1	3	3
G4	3	0	000	3	-	-	-	-	1	3	-	-	6	G7	bfpu	1	0	4	4
G5	3	1	011	2	-	-	-	-	2	2	-	-	2	G6	bfp	2	1	5	5
G6	3	2	112	1	-	-	-	2	2	2	1	1	2	G5	bptu	2	2	6	6
G7	3	3	222	1	3	1	3	1	3	1	2	2	6	G4	ehpu	3	3	7	7
G8	4	0	0000	4	-	-	-	-	1	4	-	-	24	G18	bfpu	1	0	8	8
G9	4	1	0011	3	-	-	-	-	2	3	-	-	4	G17	bfp	2	1	9	9
G10	4	2	0112	2	-	-	-	-	2	3	-	-	2	G15	bfp	2	2	10	10
G11	4	2	1111	2	-	-	-	-	2	2	-	-	8	G16	bfp	2	1	10	11
G12	4	3	0222	2	3	1	3	-	3	2	-	-	6	G13	p	3	3	11	12
G13	4	3	1113	1	-	-	-	2	2	3	1	1	6	G12	bptu	2	3	12	13
G14	4	3	1122	1	-	-	-	3	2	2	1	1	2	G14	bptu	2	2	12	14
G15	4	4	1223	1	3	1	3	2	3	2	1	1	2	G10	p	3	3	13	15
G16	4	4	2222	1	4	1	4	2	2	2	2	2	8	G11	behpu	2	2	14	16
G17	4	5	2233	1	3	2	4	2	3	2	2	2	4	G9	hpu	3	3	15	17
G18	4	6	3333	1	3	4	4	1	4	1	3	3	24	G8	hpu	4	3	16	18
G19	5	0	00000	5	-	-	-	-	1	5	-	-	120	G52	bfpu	1	0	17	19
G20	5	1	00011	4	-	-	-	-	2	4	-	-	12	G51	bfp	2	1	18	20
G21	5	2	00112	3	-	-	-	-	2	4	-	-	4	G49	bfp	2	2	19	21
G22	5	2	01111	3	-	-	-	-	2	3	-	-	8	G50	bfp	2	1	19	22
G23	5	3	00222	3	3	1	3	-	3	3	-	-	12	G46	p	3	3	20	23
G24	5	3	01113	2	-	-	-	-	2	4	-	-	6	G45	bfp	2	3	21	24
G25	5	3	01122	2	-	-	-	-	2	3	-	-	2	G47	bfp	2	2	21	25
G26	5	3	11112	2	-	-	-	-	2	3	-	-	4	G48	bfp	2	2	21	26
G27	5	4	01223	2	3	1	3	-	3	3	-	-	2	G40	p	3	3	22	27
G28	5	4	02222	2	4	1	4	-	2	3	-	-	8	G42	bp	2	2	23	28
G29	5	4	11114	1	-	-	-	2	2	4	1	1	24	G39	bptu	2	4	24	28
G30	5	4	11123	1	-	-	-	3	2	3	1	1	2	G41	bptu	2	3	24	29
G31	5	4	11222	1	-	-	-	4	2	3	1	1	2	G43	bptu	2	2	24	30
G32	5	4	11222	2	3	1	3	-	3	2	-	-	12	G44	p	3	3	22	31
G33	5	5	02233	2	3	2	4	-	3	3	-	-	4	G34	p	3	3	25	32
G34	5	5	11224	1	3	1	3	2	3	3	1	1	4	G33	p	3	4	26	33
G35	5	5	11233	1	3	1	3	3	3	3	1	1	2	G35	p	3	3	26	34
G36	5	5	12223	1	3	1	3	3	3	3	1	1	2	G37	p	3	3	26	35
G37	5	5	12223	1	4	1	4	3	2	3	1	1	2	G36	bpu	2	3	27	36
G38	5	5	22222	1	5	1	5	2	2	2	2	2	10	G38	ehp	3	3	28	37
G39	5	6	03333	2	3	4	4	-	4	2	-	-	24	G29	p	4	3	29	38
G40	5	6	12234	1	3	2	4	2	3	3	1	1	2	G27	p	3	4	30	39
G41	5	6	12333	1	3	2	4	3	3	2	1	1	2	G30	p	3	3	30	40
G42	5	6	22224	1	3	2	3	2	3	2	1	2	8	G28	ep	3	4	30	41
G43	5	6	22233	1	3	1	5	2	3	2	2	2	2	G31	hp	3	3	31	42
G44	5	6	22233	1	4	3	4	2	2	3	2	2	12	G32	bpu	2	3	32	43
G45	5	7	13334	1	3	4	4	2	4	2	1	1	6	G24	p	4	4	33	44
G46	5	7	22244	1	3	3	4	2	3	3	2	2	12	G23	epu	3	4	34	45
G47	5	7	22334	1	3	3	5	2	3	2	2	2	2	G25	hpu	3	4	34	46
G48	5	7	23333	1	3	2	5	2	3	2	2	2	4	G26	hp	3	3	35	47
G49	5	8	23344	1	3	5	5	2	4	2	2	2	4	G21	hp	4	4	36	48
G50	5	8	33334	1	3	4	5	2	3	2	3	3	8	G22	hpu	3	4	37	49
G51	5	9	33444	1	3	7	5	2	4	2	3	3	12	G20	hpu	4	5	38	50
G52	5	10	44444	1	3	10	5	1	5	1	4	4	120	G19	ehu	5	5	39	51

Table of parameters for graphs

graph	n	e	deg	k	g	s	c	d	cl	in	vc	ec	aut	comp	props	χ	χ'	CP	SP
G53	6	0	000000	6	-	-	-	-	1	6	-	-	720	G208	bfpu	1	-	40	52
G54	6	1	000011	5	-	-	-	-	2	5	-	-	48	G207	bfp	2	1	41	53
G55	6	2	001111	4	-	-	-	-	2	4	-	-	16	G206	bfp	2	1	42	54
G56	6	2	000112	4	-	-	-	-	2	5	-	-	12	G205	bfp	2	2	42	55
G57	6	3	000222	4	3	1	3	-	3	4	-	-	36	G201	p	3	3	43	56
G58	6	3	001113	3	-	-	-	-	2	5	-	-	12	G200	bfp	2	3	44	57
G59	6	3	001122	3	-	-	-	-	2	4	-	-	4	G202	bfp	2	2	44	58
G60	6	3	011112	3	-	-	-	-	2	4	-	-	4	G203	bfp	2	2	44	59
G61	6	3	111111	3	-	-	-	-	2	3	-	-	48	G204	bfp	2	1	44	60
G62	6	4	001223	3	3	1	3	-	3	4	-	-	4	G192	p	3	3	45	61
G63	6	4	002222	3	4	1	4	-	2	4	-	-	16	G195	bp	2	2	46	62
G64	6	4	011114	2	-	-	-	-	2	5	-	-	24	G191	bfp	2	4	47	62
G65	6	4	011123	2	-	-	-	-	2	4	-	-	2	G193	bfp	2	3	47	63
G66	6	4	011222	2	-	-	-	-	2	4	-	-	2	G196	bfp	2	2	47	64
G67	6	4	011222	3	3	1	3	-	3	3	-	-	12	G197	p	3	3	45	65
G68	6	4	111113	2	-	-	-	-	2	4	-	-	12	G194	bfp	2	3	47	64
G69	6	4	111122	2	-	-	-	-	2	3	-	-	4	G198	bfp	2	2	47	66
G70	6	4	111122	2	-	-	-	-	2	4	-	-	8	G199	bfp	2	2	47	67
G71	6	5	002233	3	3	2	4	-	3	4	-	-	8	G179	p	3	3	48	68
G72	6	5	011224	2	3	1	3	-	3	4	-	-	4	G177	p	3	4	49	69
G73	6	5	011233	2	3	1	3	-	3	4	-	-	2	G180	p	3	3	49	70
G74	6	5	012223	2	3	1	3	-	3	3	-	-	2	G182	p	3	3	49	71
G75	6	5	012223	2	4	1	4	-	2	4	-	-	2	G183	bp	2	3	50	72
G76	6	5	022222	2	5	1	5	-	2	3	-	-	10	G187	p	3	3	51	73
G77	6	5	111115	1	-	-	-	2	2	5	1	1	120	G176	bptu	2	5	52	74
G78	6	5	111124	1	-	-	-	3	2	4	1	1	6	G178	bptu	2	4	52	75
G79	6	5	111133	1	-	-	-	3	2	4	1	1	8	G181	bptu	2	3	52	76
G80	6	5	111223	1	-	-	-	4	2	3	1	1	2	G184	bptu	2	3	52	77
G81	6	5	111223	1	-	-	-	4	2	4	1	1	2	G185	bptu	2	3	52	78
G82	6	5	111223	2	3	1	3	-	3	3	-	-	4	G186	p	3	3	49	79
G83	6	5	112222	1	-	-	-	5	2	3	1	1	2	G188	bptu	2	2	52	80
G84	6	5	112222	2	3	1	3	-	3	3	-	-	12	G189	p	3	3	49	81
G85	6	5	112222	2	4	1	4	-	2	3	-	-	16	G190	bp	2	2	50	76
G86	6	6	003333	3	3	4	4	-	4	3	-	-	48	G161	p	4	3	53	82
G87	6	6	012234	2	3	2	4	-	3	4	-	-	2	G156	p	3	4	54	83
G88	6	6	012333	2	3	2	4	-	3	3	-	-	2	G162	p	3	3	54	84
G89	6	6	022224	2	3	2	3	-	3	3	-	-	8	G158	p	3	4	54	85
G90	6	6	022233	2	3	1	5	-	3	3	-	-	2	G164	p	3	3	55	86
G91	6	6	022233	2	4	3	4	-	2	4	-	-	12	G165	bp	2	3	56	87
G92	6	6	111225	1	3	1	3	2	3	4	1	1	12	G155	p	3	5	57	88
G93	6	6	111234	1	3	1	3	3	3	4	1	1	2	G157	p	3	4	57	89
G94	6	6	111333	1	3	1	3	3	3	3	1	1	6	G163	p	3	3	57	90
G95	6	6	112224	1	3	1	3	3	3	3	1	1	2	G159	p	3	4	57	91
G96	6	6	112224	1	4	1	4	3	2	4	1	1	4	G160	bpu	2	4	58	92
G97	6	6	112233	1	3	1	3	4	3	3	1	1	1	G166	p	3	3	57	93
G98	6	6	112233	1	4	1	4	3	2	4	1	1	2	G167	bpu	2	3	58	94
G99	6	6	112233	1	4	1	4	4	2	4	1	1	4	G169	bpu	2	3	58	95
G100	6	6	112233	1	3	1	3	3	3	3	1	1	4	G168	p	3	3	57	96
G101	6	6	112233	2	3	2	4	-	3	3	-	-	8	G170	p	3	3	54	85
G102	6	6	122223	1	3	1	3	4	3	3	1	1	2	G173	p	3	3	57	97
G103	6	6	122223	1	4	1	4	4	2	3	1	1	2	G172	bpu	2	3	58	98
G104	6	6	122223	1	5	1	5	3	2	3	1	1	2	G171	p	3	3	59	99

34 Graphs

graph	n	e	deg	k	g	s	c	d	cl	in	vc	ec	aut	comp	props	χ	χ'	CP	SP
G105	6	6	222222	1	6	1	6	3	2	3	2	2	12	G174	behpu	2	2	60	100
G106	6	6	222222	2	3	2	3	-	3	2	-	-	72	G175	p	3	3	54	101
G107	6	7	013334	2	3	4	4	-	4	3	-	-	6	G135	p	4	4	61	102
G108	6	7	022244	2	3	3	4	-	3	4	-	-	12	G133	p	3	4	62	103
G109	6	7	022334	2	3	3	5	-	3	3	-	-	2	G136	p	3	4	62	104
G110	6	7	023333	2	3	2	5	-	3	3	-	-	4	G144	p	3	4	63	105
G111	6	7	112235	1	3	2	4	2	3	4	1	1	4	G131	p	3	5	64	106
G112	6	7	112244	1	3	2	4	3	3	4	1	1	4	G134	p	3	4	64	107
G113	6	7	112334	1	3	2	4	3	3	3	1	1	1	G137	p	3	4	64	108
G114	6	7	112334	1	3	2	4	3	3	3	1	1	4	G138	p	3	4	64	109
G115	6	7	113333	1	3	2	4	4	3	3	1	1	4	G145	p	3	3	64	110
G116	6	7	113333	2	3	4	4	-	4	2	-	-	48	G146	p	4	3	61	111
G117	6	7	122225	1	3	2	3	2	3	3	1	1	8	G132	p	3	5	64	110
G118	6	7	122234	1	3	1	5	3	3	3	1	1	1	G139	p	3	4	65	112
G119	6	7	122234	1	3	2	3	3	3	3	1	1	2	G140	p	3	4	64	113
G120	6	7	122234	1	3	2	4	3	3	3	1	1	2	G141	p	3	4	64	114
G121	6	7	122234	1	4	3	4	3	2	4	1	1	6	G142	bpu	2	4	66	115
G122	6	7	122333	1	3	1	5	3	3	3	1	1	1	G147	p	3	3	65	116
G123	6	7	122333	1	3	2	4	4	3	3	1	1	2	G149	p	3	3	64	117
G124	6	7	122333	1	3	1	5	3	3	3	1	1	2	G148	p	3	3	65	118
G125	6	7	122333	1	4	3	4	3	2	3	1	1	4	G150	bpu	2	3	66	119
G126	6	7	222224	1	3	1	4	3	3	3	1	2	4	G143	ep	3	4	65	120
G127	6	7	222233	1	3	1	6	3	3	3	2	2	2	G151	hp	3	3	67	121
G128	6	7	222233	1	4	2	6	3	2	3	2	2	4	G152	bhpu	2	3	68	122
G129	6	7	222233	1	4	1	5	2	2	3	2	2	4	G153	p	3	3	69	123
G130	6	7	222233	1	3	2	3	3	3	2	1	1	8	G154	p	3	3	64	124
G131	6	8	023344	2	3	5	5	-	4	3	-	-	4	G111	p	4	4	70	125
G132	6	8	033334	2	3	4	5	-	3	3	-	-	8	G117	p	3	4	71	126
G133	6	8	113335	1	3	4	4	2	4	3	1	1	12	G108	p	4	5	72	127
G134	6	8	113344	1	3	4	4	3	4	3	1	1	4	G112	p	4	4	72	128
G135	6	8	122245	1	3	3	4	2	3	4	1	1	6	G107	p	3	5	73	129
G136	6	8	122335	1	3	3	5	2	3	3	1	1	2	G109	p	3	5	73	130
G137	6	8	122344	1	3	3	5	3	3	3	1	1	1	G113	p	3	4	73	131
G138	6	8	122344	1	3	3	4	3	3	3	1	1	4	G114	p	3	4	73	132
G139	6	8	123334	1	3	3	5	3	3	3	1	1	1	G118	p	3	4	73	133
G140	6	8	123334	1	3	2	5	3	3	3	1	1	2	G119	p	3	4	74	134
G141	6	8	123334	1	3	2	5	3	3	3	1	1	2	G120	p	3	4	74	135
G142	6	8	123334	1	3	4	4	3	4	2	1	1	6	G121	p	4	4	72	136
G143	6	8	133333	1	3	2	5	3	3	3	1	1	4	G126	p	3	4	74	137
G144	6	8	222235	1	3	3	4	2	3	3	1	2	4	G110	p	3	5	73	138
G145	6	8	222244	1	3	2	5	3	3	3	2	2	4	G115	ep	3	4	75	139
G146	6	8	222244	1	4	6	4	2	2	4	2	2	48	G116	bepu	2	4	76	140
G147	6	8	222334	1	3	2	6	3	3	3	2	2	1	G122	hp	3	4	75	141
G148	6	8	222334	1	3	2	6	3	3	3	2	2	2	G124	hp	3	4	75	142
G149	6	8	222334	1	3	1	5	3	3	3	2	2	2	G123	p	3	4	77	143
G150	6	8	222334	1	3	4	3	3	3	2	1	2	4	G125	p	3	4	73	144
G151	6	8	223333	1	3	1	6	2	3	3	2	2	2	G127	hp	3	3	78	145
G152	6	8	223333	1	3	2	6	3	3	2	2	2	4	G128	hp	3	3	75	146
G153	6	8	223333	1	3	2	6	2	3	2	2	2	4	G129	hp	3	3	79	147
G154	6	8	223333	1	4	5	6	3	2	3	2	2	8	G130	bhpu	2	3	80	148
G155	6	9	033444	2	3	7	5	-	4	3	-	-	12	G92	p	4	5	81	149
G156	6	9	123345	1	3	5	5	2	4	3	1	1	2	G87	p	4	5	82	150

Table of parameters for graphs

graph	n	e	deg	k	g	s	c	d	cl	in	vc	ec	aut	comp	props	χ	χ'	CP	SP
G157	6	9	123444	1	3	5	5	3	4	3	1	1	2	G93	p	4	4	82	151
G158	6	9	133335	1	3	4	5	2	3	3	1	1	8	G89	p	3	5	83	152
G159	6	9	133344	1	3	4	5	3	3	3	1	1	2	G95	p	3	4	83	153
G160	6	9	133344	1	3	5	5	3	4	2	1	1	4	G96	p	4	4	82	154
G161	6	9	222255	1	3	4	4	2	3	4	2	2	48	G86	pu	3	5	84	155
G162	6	9	222345	1	3	4	5	2	3	3	2	2	2	G88	pu	3	5	84	156
G163	6	9	222444	1	3	4	6	2	3	3	2	2	6	G94	ehpu	3	4	84	157
G164	6	9	223335	1	3	4	6	2	3	3	2	2	2	G90	hpu	3	5	84	158
G165	6	9	223335	1	3	5	4	2	4	2	1	2	12	G91	p	4	5	82	159
G166	6	9	223344	1	3	3	6	2	3	3	2	2	1	G97	hp	3	4	85	160
G167	6	9	223344	1	3	4	6	3	3	2	2	2	2	G98	hpu	3	4	84	161
G168	6	9	223344	1	3	3	6	3	3	3	2	2	4	G100	hp	3	4	85	162
G169	6	9	223344	1	3	4	6	2	4	2	2	2	4	G99	hp	4	4	86	163
G170	6	9	223344	1	3	2	5	2	3	3	2	2	8	G101	p	3	4	87	164
G171	6	9	233334	1	3	3	6	2	3	2	2	2	2	G104	hpu	3	4	88	165
G172	6	9	233334	1	3	3	6	2	3	2	2	2	2	G103	hp	3	4	85	166
G173	6	9	233334	1	3	2	6	2	3	3	2	2	2	G102	hp	3	4	89	167
G174	6	9	333333	1	3	2	6	2	3	2	3	3	12	G105	hp	3	3	90	168
G175	6	9	333333	1	4	9	6	2	2	3	3	3	72	G106	bhu	2	3	91	169
G176	6	10	044444	2	3	10	5	-	5	2	-	-	120	G77	-	5	5	92	170
G177	6	10	133445	1	3	7	5	2	4	3	1	1	4	G72	p	4	5	93	171
G178	6	10	134444	1	3	7	5	3	4	2	1	1	6	G78	p	4	5	93	172
G179	6	10	223355	1	3	6	5	2	4	3	2	2	8	G71	p	4	5	94	173
G180	6	10	223445	1	3	6	6	2	4	3	2	2	2	G73	hp	4	5	94	174
G181	6	10	224444	1	3	6	6	3	4	2	2	2	8	G79	ehp	4	4	94	175
G182	6	10	233345	1	3	5	6	2	3	3	2	2	2	G74	hpu	3	5	95	176
G183	6	10	233345	1	3	6	6	2	4	2	2	2	2	G75	hp	4	5	94	177
G184	6	10	233444	1	3	5	6	2	3	2	2	2	2	G80	hpu	3	4	95	178
G185	6	10	233444	1	3	5	6	2	4	2	2	2	2	G81	hp	4	4	96	179
G186	6	10	233444	1	3	4	6	2	3	3	2	2	4	G82	hp	3	4	97	180
G187	6	10	333335	1	3	5	6	2	3	2	3	3	10	G76	hp	4	5	96	181
G188	6	10	333344	1	3	4	6	2	3	2	3	3	2	G83	hpu	3	4	98	182
G189	6	10	333344	1	3	3	6	2	3	3	3	3	12	G84	h	3	4	99	183
G190	6	10	333344	1	3	4	6	2	3	2	2	3	16	G85	hp	3	4	97	184
G191	6	11	144445	1	3	10	5	2	5	2	1	1	24	G64	-	5	5	100	185
G192	6	11	233455	1	3	8	6	2	4	3	2	2	4	G62	hp	4	5	101	186
G193	6	11	234445	1	3	8	6	2	4	2	2	2	2	G65	hp	4	5	101	187
G194	6	11	244444	1	3	7	6	2	4	2	2	2	12	G68	eh	4	5	102	188
G195	6	11	333355	1	3	8	6	2	4	2	2	3	16	G63	hp	4	5	101	189
G196	6	11	333445	1	3	7	6	2	4	2	3	3	2	G66	hp	4	5	102	190
G197	6	11	333445	1	3	6	6	2	3	3	3	3	12	G67	hu	3	5	103	191
G198	6	11	334444	1	3	6	6	2	3	2	3	3	4	G69	hpu	3	4	103	192
G199	6	11	334444	1	3	6	6	2	4	2	3	3	8	G70	h	4	4	104	193
G200	6	12	244455	1	3	11	6	2	5	2	2	2	12	G58	h	5	5	105	194
G201	6	12	333555	1	3	10	6	2	4	3	3	3	36	G57	hu	4	5	106	195
G202	6	12	334455	1	3	10	6	2	4	2	3	3	4	G59	hpu	4	5	106	196
G203	6	12	344445	1	3	9	6	2	4	2	3	3	4	G60	h	4	5	107	197
G204	6	12	444444	1	3	8	6	2	3	2	4	4	48	G61	ehpu	3	4	108	198
G205	6	13	344555	1	3	13	6	2	5	2	3	3	12	G56	h	5	5	109	199
G206	6	13	444455	1	3	12	6	2	4	2	4	4	16	G55	hu	4	5	110	200
G207	6	14	445555	1	3	16	6	2	5	2	4	4	48	G54	hu	5	5	111	201
G208	6	15	555555	1	3	20	6	1	6	1	5	5	720	G53	hu	6	5	112	202

36 Graphs

graph	n	e	deg	k	g	s	c	d	cl	in	vc	ec	aut	comp	props	χ	χ'	CP	SP
G209	7	0	0000000	7	-	-	-	-	1	7	-	-	5040	G1252	bfpu	1	0	113	203
G210	7	1	0000011	6	-	-	-	-	2	6	-	-	240	G1251	bfp	2	1	114	204
G211	7	2	0000112	5	-	-	-	-	2	6	-	-	48	G1249	bfp	2	2	115	205
G212	7	2	0001111	5	-	-	-	-	2	5	-	-	48	G1250	bfp	2	1	115	206
G213	7	3	0000222	5	3	1	3	-	3	5	-	-	144	G1245	p	3	3	116	207
G214	7	3	0001113	4	-	-	-	-	2	6	-	-	36	G1244	bfp	2	3	117	208
G215	7	3	0001122	4	-	-	-	-	2	5	-	-	12	G1246	bfp	2	2	117	209
G216	7	3	0011112	4	-	-	-	-	2	5	-	-	8	G1247	bfp	2	2	117	210
G217	7	3	0111111	4	-	-	-	-	2	4	-	-	48	G1248	bfp	2	1	117	211
G218	7	4	0001223	4	3	1	3	-	3	5	-	-	12	G1235	p	3	3	118	212
G219	7	4	0002222	4	4	1	4	-	2	5	-	-	48	G1238	bp	2	2	119	213
G220	7	4	0011114	3	-	-	-	-	2	6	-	-	48	G1234	bfp	2	4	120	213
G221	7	4	0011123	3	-	-	-	-	2	5	-	-	4	G1236	bfp	2	3	120	214
G222	7	4	0011222	3	-	-	-	-	2	5	-	-	4	G1239	bfp	2	2	120	215
G223	7	4	0011222	4	3	1	3	-	3	4	-	-	24	G1240	p	3	3	118	216
G224	7	4	0111113	3	-	-	-	-	2	5	-	-	12	G1237	bfp	2	3	120	215
G225	7	4	0111122	3	-	-	-	-	2	4	-	-	4	G1241	bfp	2	2	120	217
G226	7	4	0111122	3	-	-	-	-	2	5	-	-	8	G1242	bfp	2	2	120	218
G227	7	4	1111112	3	-	-	-	-	2	4	-	-	16	G1243	bfp	2	2	120	219
G228	7	5	0002233	4	3	2	4	-	3	5	-	-	24	G1217	p	3	3	121	220
G229	7	5	0011224	3	3	1	3	-	3	5	-	-	8	G1214	p	3	4	122	221
G230	7	5	0011233	3	3	1	3	-	3	5	-	-	4	G1218	p	3	3	122	222
G231	7	5	0012223	3	3	1	3	-	3	4	-	-	4	G1220	p	3	3	122	223
G232	7	5	0012223	3	4	1	4	-	2	5	-	-	4	G1221	bp	2	3	123	224
G233	7	5	0022222	3	5	1	5	-	2	4	-	-	20	G1227	p	3	3	124	225
G234	7	5	0111115	2	-	-	-	-	2	6	-	-	120	G1213	bfp	2	5	125	226
G235	7	5	0111124	2	-	-	-	-	2	5	-	-	6	G1215	bfp	2	4	125	227
G236	7	5	0111133	2	-	-	-	-	2	5	-	-	8	G1219	bfp	2	3	125	228
G237	7	5	0111223	2	-	-	-	-	2	5	-	-	2	G1223	bfp	2	3	125	229
G238	7	5	0111223	2	-	-	-	-	2	4	-	-	2	G1222	bfp	2	3	125	230
G239	7	5	0111223	3	3	1	3	-	3	4	-	-	4	G1224	p	3	3	122	231
G240	7	5	0112222	2	-	-	-	-	2	4	-	-	2	G1228	bfp	2	2	125	232
G241	7	5	0112222	3	3	1	3	-	3	4	-	-	12	G1229	p	3	3	122	233
G242	7	5	0112222	3	4	1	4	-	2	4	-	-	16	G1230	bp	2	2	123	228
G243	7	5	1111114	2	-	-	-	-	2	5	-	-	48	G1216	bfp	2	4	125	228
G244	7	5	1111123	2	-	-	-	-	2	4	-	-	4	G1225	bfp	2	3	125	234
G245	7	5	1111123	2	-	-	-	-	2	5	-	-	12	G1226	bfp	2	3	125	235
G246	7	5	1111222	2	-	-	-	-	2	4	-	-	4	G1231	bfp	2	2	125	236
G247	7	5	1111222	2	-	-	-	-	2	4	-	-	4	G1232	bfp	2	2	125	237
G248	7	5	1111222	3	3	1	3	-	3	3	-	-	48	G1233	p	3	3	122	238
G249	7	6	0003333	4	3	4	4	-	4	4	-	-	144	G1184	p	4	3	126	239
G250	7	6	0012234	3	3	2	4	-	3	5	-	-	4	G1175	p	3	4	127	240
G251	7	6	0012333	3	3	2	4	-	3	4	-	-	4	G1185	p	3	3	127	241
G252	7	6	0022224	3	3	2	3	-	3	4	-	-	16	G1178	p	3	4	127	242
G253	7	6	0022233	3	3	1	5	-	3	4	-	-	4	G1187	p	3	3	128	243
G254	7	6	0022233	3	4	3	4	-	2	5	-	-	24	G1188	bp	2	3	129	244
G255	7	6	0111225	2	3	1	3	-	3	5	-	-	12	G1173	p	3	5	130	245
G256	7	6	0111234	2	3	1	3	-	3	5	-	-	2	G1176	p	3	4	130	246
G257	7	6	0111333	2	3	1	3	-	3	4	-	-	6	G1186	p	3	3	130	247
G258	7	6	0112224	2	3	1	3	-	3	4	-	-	2	G1179	p	3	4	130	248
G259	7	6	0112224	2	4	1	4	-	2	5	-	-	4	G1180	bp	2	4	131	249
G260	7	6	0112233	2	3	1	3	-	3	4	-	-	1	G1189	p	3	3	130	250
G261	7	6	0112233	2	4	1	4	-	2	4	-	-	2	G1190	bp	2	3	131	251
G262	7	6	0112233	2	3	1	3	-	3	4	-	-	4	G1191	p	3	3	130	252
G263	7	6	0112233	2	4	1	4	-	2	5	-	-	4	G1192	bp	2	3	131	253

Table of parameters for graphs

graph	n	e	deg	k	g	s	c	d	cl	in	vc	ec	aut	comp	props	χ	χ'	CP	SP
G264	7	6	0112233	3	3	2	4	-	3	4	-	-	8	G1193	p	3	3	127	242
G265	7	6	0122223	2	3	1	3	-	3	4	-	-	2	G1197	p	3	3	130	254
G266	7	6	0122223	2	4	1	4	-	2	4	-	-	2	G1198	bp	2	3	131	255
G267	7	6	0122223	2	5	1	5	-	2	4	-	-	2	G1199	p	3	3	132	256
G268	7	6	0222222	2	6	1	6	-	2	4	-	-	12	G1207	bp	2	2	133	257
G269	7	6	0222222	3	3	2	3	-	3	3	-	-	72	G1208	p	3	3	127	258
G270	7	6	1111116	1	-	-	-	2	2	6	1	1	720	G1172	bptu	2	6	134	244
G271	7	6	1111125	1	-	-	-	3	2	5	1	1	24	G1174	bptu	2	5	134	249
G272	7	6	1111134	1	-	-	-	3	2	5	1	1	12	G1177	bptu	2	4	134	255
G273	7	6	1111224	1	-	-	-	4	2	4	1	1	4	G1181	bptu	2	4	134	259
G274	7	6	1111224	1	-	-	-	4	2	5	1	1	6	G1182	bptu	2	4	134	260
G275	7	6	1111224	2	3	1	3	-	3	4	-	-	8	G1183	p	3	4	130	261
G276	7	6	1111233	1	-	-	-	4	2	4	1	1	2	G1194	bptu	2	3	134	262
G277	7	6	1111233	2	3	1	3	-	3	4	-	-	4	G1195	p	3	3	130	263
G278	7	6	1111233	1	-	-	-	4	2	5	1	1	8	G1196	bptu	2	3	134	264
G279	7	6	1112223	1	-	-	-	5	2	4	1	1	1	G1200	bptu	2	3	134	265
G280	7	6	1112223	1	-	-	-	5	2	4	1	1	2	G1201	bptu	2	3	134	266
G281	7	6	1112223	2	4	1	4	-	2	4	-	-	4	G1204	bp	2	3	131	259
G282	7	6	1112223	2	3	1	3	-	3	4	-	-	4	G1203	p	3	3	130	267
G283	7	6	1112223	2	3	1	3	-	3	3	-	-	4	G1202	p	3	3	130	268
G284	7	6	1112223	1	-	-	-	4	2	4	1	1	6	G1205	bptu	2	3	134	257
G285	7	6	1112223	2	3	1	3	-	3	4	-	-	36	G1206	p	3	3	130	269
G286	7	6	1122222	1	-	-	-	6	2	4	1	1	2	G1209	bptu	2	2	134	270
G287	7	6	1122222	2	3	1	3	-	3	3	-	-	12	G1210	p	3	3	130	271
G288	7	6	1122222	2	4	1	4	-	2	4	-	-	16	G1211	bp	2	2	131	264
G289	7	6	1122222	2	5	1	5	-	2	3	-	-	20	G1212	p	3	3	132	272
G290	7	7	0013334	3	3	4	4	-	4	4	-	-	12	G1116	p	4	4	135	273
G291	7	7	0022244	3	3	3	4	-	3	5	-	-	24	G1113	p	3	4	136	274
G292	7	7	0022334	3	3	3	5	-	3	4	-	-	4	G1117	p	3	4	136	275
G293	7	7	0023333	3	3	2	5	-	3	4	-	-	8	G1138	p	3	4	137	276
G294	7	7	0112235	2	3	2	4	-	3	5	-	-	4	G1108	p	3	5	138	277
G295	7	7	0112244	2	3	2	4	-	3	5	-	-	4	G1114	p	3	4	138	278
G296	7	7	0112334	2	3	2	4	-	3	4	-	-	1	G1118	p	3	4	138	279
G297	7	7	0112334	2	3	2	4	-	3	4	-	-	4	G1119	p	3	4	138	280
G298	7	7	0113333	2	3	2	4	-	3	4	-	-	4	G1139	p	3	3	138	281
G299	7	7	0113333	3	3	4	4	-	4	3	-	-	48	G1140	p	4	3	135	282
G300	7	7	0122225	2	3	2	3	-	3	4	-	-	8	G1110	p	3	5	138	281
G301	7	7	0122234	2	3	1	5	-	3	4	-	-	1	G1121	p	3	4	139	283
G302	7	7	0122234	2	3	2	3	-	3	4	-	-	2	G1123	p	3	4	138	284
G303	7	7	0122234	2	3	2	4	-	3	4	-	-	2	G1122	p	3	4	138	285
G304	7	7	0122234	2	4	3	4	-	2	5	-	-	6	G1124	bp	2	4	140	286
G305	7	7	0122333	2	3	1	5	-	3	4	-	-	1	G1141	p	3	3	139	287
G306	7	7	0122333	2	3	1	5	-	3	4	-	-	2	G1142	p	3	3	139	288
G307	7	7	0122333	2	3	2	4	-	3	4	-	-	2	G1143	p	3	3	138	289
G308	7	7	0122333	2	4	3	4	-	2	4	-	-	4	G1144	bp	2	3	140	290
G309	7	7	0222224	2	3	1	4	-	3	4	-	-	4	G1132	p	3	4	139	291
G310	7	7	0222233	2	3	1	6	-	3	4	-	-	2	G1149	p	3	3	141	292
G311	7	7	0222233	2	4	1	5	-	2	4	-	-	4	G1151	p	3	3	142	293
G312	7	7	0222233	2	4	2	6	-	2	4	-	-	4	G1150	bp	2	3	143	294
G313	7	7	0222233	2	3	2	3	-	3	3	-	-	8	G1152	p	3	3	138	295
G314	7	7	1111226	1	3	1	3	2	3	5	1	1	48	G1107	p	3	6	144	296
G315	7	7	1111235	1	3	1	3	3	3	5	1	1	6	G1109	p	3	5	144	297
G316	7	7	1111244	1	3	1	3	3	3	5	1	1	8	G1115	p	3	4	144	288
G317	7	7	1111334	1	3	1	3	3	3	4	1	1	4	G1120	p	3	4	144	298
G318	7	7	1112225	1	3	1	3	3	3	4	1	1	4	G1111	p	3	5	144	299

38 Graphs

graph	n	e	deg	k	g	s	c	d	cl	in	vc	ec	aut	comp	props	χ	χ'	CP	SP
G319	7	7	1112225	1	4	1	4	3	2	5	1	1	12	G1112	bpu	2	5	145	300
G320	7	7	1112234	1	3	1	3	4	3	4	1	1	1	G1125	p	3	4	144	301
G321	7	7	1112234	1	3	1	3	4	3	4	1	1	2	G1126	p	3	4	144	302
G322	7	7	1112234	1	4	1	4	3	2	4	1	1	2	G1127	bpu	2	4	145	303
G323	7	7	1112234	2	3	2	4	-	3	4	-	-	4	G1128	p	3	4	138	304
G324	7	7	1112234	1	3	1	3	3	3	4	1	1	4	G1130	p	3	4	144	305
G325	7	7	1112234	1	4	1	4	4	2	5	1	1	4	G1129	bpu	2	4	145	306
G326	7	7	1112234	1	3	1	3	3	3	4	1	1	12	G1131	p	3	4	144	307
G327	7	7	1112333	1	4	1	4	4	2	4	1	1	2	G1145	bpu	2	3	145	308
G328	7	7	1112333	1	3	1	3	4	3	4	1	1	2	G1146	p	3	3	144	292
G329	7	7	1112333	1	3	1	3	4	3	4	1	1	2	G1147	p	3	3	144	309
G330	7	7	1112333	2	3	2	4	-	3	3	-	-	4	G1148	p	3	3	138	310
G331	7	7	1122224	1	3	1	3	4	3	4	1	1	2	G1134	p	3	4	144	311
G332	7	7	1122224	1	4	1	4	4	2	4	1	1	2	G1133	bpu	2	4	145	312
G333	7	7	1122224	1	3	1	3	4	3	3	1	1	4	G1135	p	3	4	144	313
G334	7	7	1122224	1	5	1	5	3	2	4	1	1	4	G1136	p	3	4	146	314
G335	7	7	1122224	2	3	2	3	-	3	3	-	-	16	G1137	p	3	4	138	315
G336	7	7	1122233	1	3	1	3	5	3	4	1	1	1	G1153	p	3	3	144	316
G337	7	7	1122233	1	4	1	4	4	2	4	1	1	1	G1154	bpu	2	3	145	317
G338	7	7	1122233	1	3	1	3	5	3	3	1	1	2	G1155	p	3	3	144	318
G339	7	7	1122233	1	3	1	3	4	3	3	1	1	2	G1157	p	3	3	144	319
G340	7	7	1122233	1	5	1	5	3	2	4	1	1	2	G1156	p	3	3	146	320
G341	7	7	1122233	1	4	1	4	5	2	4	1	1	2	G1158	bpu	2	3	145	321
G342	7	7	1122233	1	5	1	5	4	2	4	1	1	2	G1159	p	3	3	146	322
G343	7	7	1122233	1	3	1	3	4	3	4	1	1	4	G1161	p	3	3	144	323
G344	7	7	1122233	1	4	1	4	4	2	4	1	1	4	G1162	bpu	2	3	145	324
G345	7	7	1122233	2	3	1	5	-	3	3	-	-	4	G1160	p	3	3	139	325
G346	7	7	1122233	2	3	2	4	-	3	4	-	-	8	G1163	p	3	3	138	326
G347	7	7	1122233	2	4	3	4	-	2	4	-	-	24	G1164	bp	2	3	140	300
G348	7	7	1222223	1	6	1	6	4	2	4	1	1	2	G1168	bpu	2	3	147	327
G349	7	7	1222223	1	3	1	3	5	3	3	1	1	2	G1165	p	3	3	144	328
G350	7	7	1222223	1	4	1	4	5	2	4	1	1	2	G1166	bpu	2	3	145	329
G351	7	7	1222223	1	5	1	5	4	2	3	1	1	2	G1167	p	3	3	146	330
G352	7	7	1222223	2	3	2	3	-	3	3	-	-	12	G1169	p	3	3	138	331
G353	7	7	2222222	1	7	1	7	3	2	3	2	2	14	G1170	ehp	3	3	148	332
G354	7	7	2222222	2	3	1	4	-	3	3	-	-	48	G1171	p	3	3	139	333
G355	7	8	0023344	3	3	5	4	-	4	4	-	-	8	G1025	p	4	4	149	334
G356	7	8	0033334	3	3	4	5	-	3	4	-	-	16	G1038	p	3	4	150	335
G357	7	8	0113335	2	3	4	4	-	4	4	-	-	12	G1014	p	4	5	151	336
G358	7	8	0113344	2	3	4	4	-	4	4	-	-	4	G1026	p	4	4	151	337
G359	7	8	0122245	2	3	3	4	-	3	5	-	-	6	G1013	p	3	5	152	338
G360	7	8	0122335	2	3	3	5	-	3	4	-	-	2	G1015	p	3	5	152	339
G361	7	8	0122344	2	3	3	5	-	3	4	-	-	1	G1027	p	3	4	152	340
G362	7	8	0122344	2	3	3	4	-	3	4	-	-	4	G1028	p	3	4	152	341
G363	7	8	0123334	2	3	3	5	-	3	4	-	-	1	G1039	p	3	4	152	342
G364	7	8	0123334	2	3	2	5	-	3	4	-	-	2	G1040	p	3	4	153	343
G365	7	8	0123334	2	3	2	5	-	3	4	-	-	2	G1041	p	3	4	153	344
G366	7	8	0123334	2	3	4	4	-	4	3	-	-	6	G1042	p	4	4	151	345
G367	7	8	0133333	2	3	2	5	-	3	4	-	-	4	G1077	p	3	4	153	346
G368	7	8	0222235	2	3	3	4	-	3	4	-	-	4	G1018	p	3	5	152	347
G369	7	8	0222244	2	3	2	5	-	3	4	-	-	4	G1031	p	3	4	154	348
G370	7	8	0222244	2	4	6	4	-	2	5	-	-	48	G1032	bp	2	4	155	349
G371	7	8	0222334	2	3	2	6	-	3	4	-	-	1	G1046	p	3	4	154	350
G372	7	8	0222334	2	3	2	6	-	3	4	-	-	2	G1047	p	3	4	154	351
G373	7	8	0222334	2	3	1	5	-	3	4	-	-	2	G1048	p	3	4	156	352

Table of parameters for graphs

graph	n	e	deg	k	g	s	c	d	cl	in	vc	ec	aut	comp	props	χ	χ'	CP	SP
G374	7	8	0222334	2	3	3	4	-	3	3	-	-	4	G1049	p	3	4	152	353
G375	7	8	0223333	2	3	1	6	-	3	4	-	-	2	G1078	p	3	3	157	354
G376	7	8	0223333	2	3	2	6	-	3	3	-	-	4	G1079	p	3	3	158	355
G377	7	8	0223333	2	3	2	6	-	3	3	-	-	4	G1080	p	3	3	154	356
G378	7	8	0223333	2	4	5	6	-	2	4	-	-	8	G1081	bp	2	3	159	357
G379	7	8	1112236	1	3	2	4	2	3	5	1	1	12	G1010	p	3	6	160	343
G380	7	8	1112245	1	3	2	4	3	3	5	1	1	4	G1012	p	3	5	160	348
G381	7	8	1112335	1	3	2	4	3	3	4	1	1	2	G1016	p	3	5	160	358
G382	7	8	1112335	1	3	2	4	3	3	4	1	1	12	G1017	p	3	5	160	359
G383	7	8	1112344	1	3	2	4	3	3	4	1	1	2	G1029	p	3	4	160	360
G384	7	8	1112344	1	3	2	4	3	3	4	1	1	2	G1030	p	3	4	160	361
G385	7	8	1113334	1	3	2	4	4	3	4	1	1	2	G1043	p	3	4	160	351
G386	7	8	1113334	1	3	2	4	4	3	4	1	1	4	G1044	p	3	4	160	362
G387	7	8	1113334	2	3	4	4	-	4	3	-	-	12	G1045	p	4	4	151	363
G388	7	8	1122226	1	3	2	3	2	3	4	1	1	16	G1011	p	3	6	160	364
G389	7	8	1122235	1	3	2	3	3	3	4	1	1	2	G1020	p	3	5	160	365
G390	7	8	1122235	1	3	1	5	3	3	4	1	1	2	G1021	p	3	5	161	366
G391	7	8	1122235	1	3	2	4	3	3	4	1	1	2	G1019	p	3	5	160	361
G392	7	8	1122235	1	4	3	4	3	2	5	1	1	12	G1022	bpu	2	5	162	367
G393	7	8	1122244	1	3	1	5	3	3	4	1	1	2	G1033	p	3	4	161	368
G394	7	8	1122244	1	3	2	4	4	3	4	1	1	2	G1034	p	3	4	160	369
G395	7	8	1122244	1	3	2	3	3	3	4	1	1	4	G1035	p	3	4	160	370
G396	7	8	1122244	1	4	3	4	4	2	5	1	1	12	G1036	bpu	2	4	162	371
G397	7	8	1122244	2	3	3	4	-	3	4	-	-	24	G1037	p	3	4	152	372
G398	7	8	1122334	1	3	1	5	3	3	4	1	1	1	G1051	p	3	4	161	373
G399	7	8	1122334	1	3	2	4	4	3	3	1	1	1	G1053	p	3	4	160	374
G400	7	8	1122334	1	3	2	4	4	3	4	1	1	1	G1052	p	3	4	160	365
G401	7	8	1122334	1	3	1	5	3	3	4	1	1	1	G1054	p	3	4	161	375
G402	7	8	1122334	1	3	1	5	4	3	4	1	1	1	G1050	p	3	4	161	376
G403	7	8	1122334	1	3	2	4	4	3	3	1	1	2	G1057	p	3	4	160	377
G404	7	8	1122334	1	3	2	3	4	3	4	1	1	2	G1056	p	3	4	160	378
G405	7	8	1122334	1	4	3	4	3	2	4	1	1	2	G1058	bpu	2	4	162	379
G406	7	8	1122334	1	3	1	5	3	3	4	1	1	2	G1055	p	3	4	161	380
G407	7	8	1122334	2	3	3	5	-	3	3	-	-	4	G1059	p	3	4	152	381
G408	7	8	1122334	1	3	2	4	3	3	4	1	1	4	G1062	p	3	4	160	356
G409	7	8	1122334	1	3	2	3	3	3	3	1	1	4	G1060	p	3	4	160	382
G410	7	8	1122334	1	3	1	5	3	3	4	1	1	4	G1061	p	3	4	161	383
G411	7	8	1122334	1	4	3	4	3	2	4	1	1	8	G1063	bpu	2	4	162	384
G412	7	8	1123333	1	3	1	5	4	3	4	1	1	1	G1082	p	3	3	161	385
G413	7	8	1123333	1	3	2	4	5	3	3	1	1	2	G1084	p	3	3	160	386
G414	7	8	1123333	1	3	1	5	3	3	3	1	1	2	G1083	p	3	3	161	387
G415	7	8	1123333	1	3	2	4	4	3	4	1	1	4	G1085	p	3	3	160	388
G416	7	8	1123333	1	4	3	4	4	2	4	1	1	4	G1086	bpu	2	3	162	389
G417	7	8	1123333	2	3	2	5	-	3	3	-	-	8	G1087	p	3	4	153	364
G418	7	8	1123333	2	3	4	4	-	4	3	-	-	48	G1088	p	4	3	151	390
G419	7	8	1222225	1	3	1	4	3	3	4	1	1	4	G1023	p	3	5	161	391
G420	7	8	1222225	1	3	2	3	3	3	3	1	1	8	G1024	p	3	5	160	392
G421	7	8	1222234	1	3	1	6	3	3	4	1	1	1	G1064	p	3	4	163	393
G422	7	8	1222234	1	3	1	5	4	3	3	1	1	1	G1065	p	3	4	161	394
G423	7	8	1222234	1	3	2	4	4	3	4	1	1	2	G1066	p	3	4	160	370
G424	7	8	1222234	1	3	2	3	4	3	3	1	1	2	G1067	p	3	4	160	395
G425	7	8	1222234	1	3	1	4	4	3	4	1	1	2	G1070	p	3	4	161	396
G426	7	8	1222234	1	3	1	4	3	3	3	1	1	2	G1069	p	3	4	161	397
G427	7	8	1222234	1	4	2	6	3	2	4	1	1	2	G1071	bpu	2	4	164	398
G428	7	8	1222234	1	4	1	5	3	2	4	1	1	2	G1068	p	3	4	165	399

40 Graphs

graph	n	e	deg	k	g	s	c	d	cl	in	vc	ec	aut	comp	props	χ	χ'	CP	SP
G429	7	8	1222234	1	3	2	3	3	3	3	1	1	4	G1072	p	3	4	160	400
G430	7	8	1222234	1	3	1	4	4	3	4	1	1	4	G1073	p	3	4	161	401
G431	7	8	1222234	1	4	3	4	4	2	4	1	1	6	G1074	bpu	2	4	162	402
G432	7	8	1222333	1	3	1	5	4	3	3	1	1	1	G1089	p	3	3	161	403
G433	7	8	1222333	1	3	1	6	3	3	3	1	1	1	G1090	p	3	3	163	404
G434	7	8	1222333	1	4	2	6	4	2	4	1	1	1	G1091	bpu	2	3	164	405
G435	7	8	1222333	1	3	2	4	5	3	3	1	1	2	G1092	p	3	3	160	406
G436	7	8	1222333	1	3	2	3	4	3	3	1	1	2	G1094	p	3	3	160	407
G437	7	8	1222333	1	3	1	6	4	3	3	1	1	2	G1095	p	3	3	163	408
G438	7	8	1222333	1	3	1	6	4	3	4	1	1	2	G1096	p	3	3	163	409
G439	7	8	1222333	1	3	1	5	4	3	3	1	1	2	G1093	p	3	3	161	410
G440	7	8	1222333	1	4	1	5	3	2	4	1	1	2	G1097	p	3	3	165	411
G441	7	8	1222333	1	4	1	5	3	2	4	1	1	2	G1098	p	3	3	165	412
G442	7	8	1222333	1	4	3	4	4	2	4	1	1	4	G1099	bpu	2	3	162	413
G443	7	8	2222224	1	3	1	5	3	3	3	1	2	4	G1075	ep	3	4	163	409
G444	7	8	2222224	1	4	2	4	4	2	4	1	2	8	G1076	bepu	2	4	164	414
G445	7	8	2222233	1	4	1	7	3	2	3	2	2	2	G1101	hp	3	3	166	415
G446	7	8	2222233	1	3	1	7	3	3	3	2	2	2	G1100	hp	3	3	167	416
G447	7	8	2222233	1	3	1	4	4	3	3	1	1	4	G1102	p	3	3	161	417
G448	7	8	2222233	1	4	1	6	3	2	4	2	2	4	G1103	bpu	2	3	168	418
G449	7	8	2222233	1	5	2	6	3	2	3	2	2	4	G1104	p	3	3	169	419
G450	7	8	2222233	1	3	2	3	4	3	3	1	1	8	G1105	p	3	3	160	420
G451	7	8	2222233	2	3	3	4	-	3	3	-	-	24	G1106	p	3	3	152	421
G452	7	9	0033444	3	3	7	5	-	4	4	-	-	24	G913	p	4	5	170	422
G453	7	9	0123345	2	3	5	5	-	4	4	-	-	2	G886	p	4	5	171	423
G454	7	9	0123444	2	3	5	5	-	4	4	-	-	2	G914	p	4	4	171	424
G455	7	9	0133335	2	3	4	5	-	3	4	-	-	8	G896	p	3	5	172	425
G456	7	9	0133344	2	3	4	5	-	3	4	-	-	2	G919	p	3	4	172	426
G457	7	9	0133344	2	3	5	5	-	4	3	-	-	4	G920	p	4	4	171	427
G458	7	9	0222255	2	3	4	4	-	3	5	-	-	48	G884	p	3	5	173	428
G459	7	9	0222345	2	3	4	5	-	3	4	-	-	2	G888	p	3	5	173	429
G460	7	9	0222444	2	3	4	6	-	3	4	-	-	6	G916	p	3	4	173	430
G461	7	9	0223335	2	3	4	6	-	3	4	-	-	2	G897	p	3	5	173	431
G462	7	9	0223335	2	3	5	4	-	4	3	-	-	12	G898	p	4	5	171	432
G463	7	9	0223344	2	3	3	6	-	3	4	-	-	1	G921	p	3	4	174	433
G464	7	9	0223344	2	3	4	6	-	3	3	-	-	2	G922	p	3	4	173	434
G465	7	9	0223344	2	3	3	6	-	3	4	-	-	4	G924	p	3	4	174	435
G466	7	9	0223344	2	3	4	6	-	4	3	-	-	4	G923	p	4	4	175	436
G467	7	9	0223344	2	3	2	5	-	3	4	-	-	8	G925	p	3	4	176	437
G468	7	9	0233334	2	3	3	6	-	3	3	-	-	2	G951	p	3	4	177	438
G469	7	9	0233334	2	3	3	6	-	3	4	-	-	2	G952	p	3	4	174	439
G470	7	9	0233334	2	3	2	6	-	3	4	-	-	2	G950	p	3	4	178	440
G471	7	9	0333333	2	3	2	6	-	3	3	-	-	12	G1008	p	3	3	179	441
G472	7	9	0333333	2	4	9	6	-	2	4	-	-	72	G1009	bp	2	3	180	442
G473	7	9	1113336	1	3	4	4	2	4	4	1	1	36	G880	p	4	6	181	443
G474	7	9	1113345	1	3	4	4	3	4	4	1	1	4	G887	p	4	5	181	444
G475	7	9	1113444	1	3	4	4	3	4	4	1	1	6	G915	p	4	4	181	430
G476	7	9	1122246	1	3	3	4	2	3	5	1	1	12	G879	p	3	6	182	445
G477	7	9	1122255	1	3	3	4	3	3	5	1	1	12	G885	p	3	5	182	446
G478	7	9	1122336	1	3	3	5	2	3	4	1	1	4	G881	p	3	6	182	447
G479	7	9	1122345	1	3	3	5	3	3	4	1	1	1	G889	p	3	5	182	448
G480	7	9	1122345	1	3	3	4	3	3	4	1	1	2	G891	p	3	5	182	449
G481	7	9	1122345	1	3	3	5	3	3	4	1	1	2	G890	p	3	5	182	450
G482	7	9	1122444	1	3	3	5	3	3	4	1	1	2	G917	p	3	4	182	451
G483	7	9	1122444	1	3	3	4	3	3	4	1	1	8	G918	p	3	4	182	452

Table of parameters for graphs 41

graph	n	e	deg	k	g	s	c	d	cl	in	vc	ec	aut	comp	props	χ	χ'	CP	SP
G484	7	9	1123335	1	3	3	5	3	3	4	1	1	1	G899	p	3	5	182	453
G485	7	9	1123335	1	3	2	5	3	3	4	1	1	4	G900	p	3	5	183	454
G486	7	9	1123335	1	3	2	5	3	3	4	1	1	4	G901	p	3	5	183	455
G487	7	9	1123335	1	3	4	4	3	4	3	1	1	6	G902	p	4	5	181	456
G488	7	9	1123344	1	3	3	5	3	3	3	1	1	1	G927	p	3	4	182	457
G489	7	9	1123344	1	3	3	5	4	3	4	1	1	1	G928	p	3	4	182	458
G490	7	9	1123344	1	3	2	5	3	3	4	1	1	1	G926	p	3	4	183	459
G491	7	9	1123344	1	3	4	4	4	4	3	1	1	2	G929	p	4	4	181	460
G492	7	9	1123344	1	3	3	5	3	3	4	1	1	2	G930	p	3	4	182	461
G493	7	9	1123344	1	3	2	5	3	3	4	1	1	4	G931	p	3	4	183	462
G494	7	9	1123344	1	3	3	4	4	3	3	1	1	4	G932	p	3	4	182	463
G495	7	9	1123344	1	3	2	5	4	3	4	1	1	4	G933	p	3	4	183	464
G496	7	9	1123344	2	3	5	5	-	4	3	-	-	8	G934	p	4	4	171	465
G497	7	9	1133334	1	3	3	5	4	3	3	1	1	2	G955	p	3	4	182	466
G498	7	9	1133334	1	3	2	5	4	3	4	1	1	2	G953	p	3	4	183	467
G499	7	9	1133334	1	3	2	5	3	3	4	1	1	2	G954	p	3	4	183	468
G500	7	9	1133334	1	3	2	5	3	3	4	1	1	8	G956	p	3	4	183	469
G501	7	9	1133334	1	3	4	4	3	4	3	1	1	12	G957	p	4	4	181	470
G502	7	9	1133334	2	3	4	5	-	3	3	-	-	16	G958	p	3	4	172	436
G503	7	9	1222236	1	3	3	4	2	3	4	1	1	4	G882	p	3	6	182	471
G504	7	9	1222245	1	3	2	5	3	3	4	1	1	2	G892	p	3	5	184	472
G505	7	9	1222245	1	3	3	4	3	3	4	1	1	4	G893	p	3	5	182	473
G506	7	9	1222245	1	3	3	4	3	3	4	1	1	6	G894	p	3	5	182	474
G507	7	9	1222245	1	4	6	4	3	2	5	1	1	24	G895	bpu	2	5	185	475
G508	7	9	1222335	1	3	2	6	3	3	4	1	1	1	G903	p	3	5	184	476
G509	7	9	1222335	1	3	3	5	3	3	3	1	1	2	G907	p	3	5	182	457
G510	7	9	1222335	1	3	3	4	3	3	3	1	1	2	G908	p	3	5	182	477
G511	7	9	1222335	1	3	3	4	3	3	4	1	1	2	G906	p	3	5	182	478
G512	7	9	1222335	1	3	2	6	3	3	4	1	1	2	G904	p	3	5	184	479
G513	7	9	1222335	1	3	1	5	3	3	4	1	1	2	G905	p	3	5	186	480
G514	7	9	1222335	1	3	3	4	3	3	3	1	1	4	G909	p	3	5	182	481
G515	7	9	1222344	1	3	3	5	4	3	3	1	1	1	G938	p	3	4	182	482
G516	7	9	1222344	1	3	2	6	3	3	4	1	1	1	G935	p	3	4	184	483
G517	7	9	1222344	1	3	2	6	3	3	4	1	1	1	G936	p	3	4	184	484
G518	7	9	1222344	1	3	2	6	3	3	4	1	1	1	G937	p	3	4	184	485
G519	7	9	1222344	1	3	2	5	3	3	3	1	1	2	G941	p	3	4	184	486
G520	7	9	1222344	1	3	2	5	3	3	4	1	1	2	G942	p	3	4	184	487
G521	7	9	1222344	1	3	3	4	3	3	3	1	1	2	G939	p	3	4	182	488
G522	7	9	1222344	1	3	1	5	3	3	4	1	1	2	G940	p	3	4	186	489
G523	7	9	1222344	1	3	1	5	3	3	4	1	1	2	G943	p	3	4	186	490
G524	7	9	1222344	1	3	3	4	4	3	4	1	1	4	G944	p	3	4	182	491
G525	7	9	1222344	1	4	6	4	3	2	4	1	1	12	G945	bpu	2	4	185	492
G526	7	9	1223334	1	3	3	5	4	3	3	1	1	1	G960	p	3	4	182	493
G527	7	9	1223334	1	3	2	6	3	3	4	1	1	1	G962	p	3	4	184	494
G528	7	9	1223334	1	3	2	6	4	3	4	1	1	1	G964	p	3	4	184	495
G529	7	9	1223334	1	3	2	6	4	3	3	1	1	1	G961	p	3	4	184	496
G530	7	9	1223334	1	3	2	6	3	3	3	1	1	1	G963	p	3	4	184	497
G531	7	9	1223334	1	3	1	6	3	3	4	1	1	1	G965	p	3	4	187	498
G532	7	9	1223334	1	3	1	5	3	3	3	1	1	1	G959	p	3	4	186	499
G533	7	9	1223334	1	3	2	6	3	3	3	1	1	1	G966	p	3	4	184	500
G534	7	9	1223334	1	3	2	5	4	3	4	1	1	2	G970	p	3	4	183	501
G535	7	9	1223334	1	3	2	6	3	3	3	1	1	2	G974	p	3	4	188	502
G536	7	9	1223334	1	3	3	4	4	3	3	1	1	2	G975	p	3	4	182	503
G537	7	9	1223334	1	3	2	5	4	3	3	1	1	2	G969	p	3	4	183	504
G538	7	9	1223334	1	3	2	6	3	3	3	1	1	2	G973	p	3	4	188	505

42 Graphs

graph	n	e	deg	k	g	s	c	d	cl	in	vc	ec	aut	comp	props	χ	χ'	CP	SP
G539	7	9	1223334	1	3	1	6	3	3	3	1	1	2	G968	p	3	4	187	506
G540	7	9	1223334	1	3	1	5	3	3	4	1	1	2	G967	p	3	4	186	507
G541	7	9	1223334	1	3	2	6	3	3	3	1	1	2	G972	p	3	4	184	508
G542	7	9	1223334	1	4	5	6	3	2	4	1	1	2	G976	bpu	2	4	189	509
G543	7	9	1223334	1	3	1	6	3	3	4	1	1	2	G971	p	3	4	187	510
G544	7	9	1223334	1	3	3	4	4	3	3	1	1	4	G977	p	3	4	182	511
G545	7	9	1223334	1	3	4	4	4	4	3	1	1	6	G978	p	4	4	181	512
G546	7	9	1233333	1	3	1	6	3	3	3	1	1	1	G992	p	3	3	187	513
G547	7	9	1233333	1	3	2	6	3	3	3	1	1	2	G994	p	3	3	188	514
G548	7	9	1233333	1	3	2	6	4	3	3	1	1	2	G993	p	3	3	184	515
G549	7	9	1233333	1	3	2	5	4	3	3	1	1	4	G995	p	3	3	183	516
G550	7	9	1233333	1	4	5	6	4	2	4	1	1	4	G996	bpu	2	3	189	517
G551	7	9	2222226	1	3	3	3	2	3	3	1	2	48	G883	ep	3	6	182	518
G552	7	9	2222235	1	3	2	5	3	3	3	1	2	2	G910	p	3	5	184	519
G553	7	9	2222235	1	3	2	4	3	3	4	1	2	4	G911	p	3	5	184	520
G554	7	9	2222235	1	3	1	4	3	3	4	1	2	12	G912	p	3	5	186	521
G555	7	9	2222244	1	3	1	6	3	3	3	2	2	4	G946	ep	3	4	190	522
G556	7	9	2222244	1	3	2	6	3	3	4	2	2	4	G947	ep	3	4	191	497
G557	7	9	2222244	1	3	3	3	3	3	3	1	2	8	G948	ep	3	4	182	523
G558	7	9	2222244	1	4	3	5	2	2	4	2	2	12	G949	ep	3	4	192	524
G559	7	9	2222334	1	3	2	7	3	3	3	2	2	1	G980	hp	3	4	191	514
G560	7	9	2222334	1	3	1	6	3	3	3	2	2	1	G981	p	3	4	193	525
G561	7	9	2222334	1	3	1	7	3	3	3	2	2	1	G979	hp	3	4	190	526
G562	7	9	2222334	1	3	2	5	3	3	3	1	2	2	G985	p	3	4	184	527
G563	7	9	2222334	1	3	2	7	3	3	3	2	2	2	G983	hp	3	4	191	528
G564	7	9	2222334	1	3	1	6	3	3	4	2	2	2	G984	p	3	4	193	529
G565	7	9	2222334	1	4	4	6	3	2	4	2	2	2	G986	bpu	2	4	194	530
G566	7	9	2222334	1	3	1	7	3	3	3	2	2	2	G982	hp	3	4	190	531
G567	7	9	2222334	1	3	3	4	3	3	3	1	1	4	G988	p	3	4	182	532
G568	7	9	2222334	1	3	2	4	4	3	3	1	2	4	G987	p	3	4	184	533
G569	7	9	2222334	1	3	2	5	3	3	3	1	2	4	G989	p	3	4	184	515
G570	7	9	2222334	1	3	1	4	3	3	3	1	2	8	G990	p	3	4	186	534
G571	7	9	2222334	1	4	2	5	2	2	4	2	2	8	G991	p	3	4	195	535
G572	7	9	2223333	1	3	1	7	3	3	3	2	2	1	G997	hp	3	3	196	536
G573	7	9	2223333	1	4	2	7	3	2	3	2	2	2	G998	hp	3	3	197	537
G574	7	9	2223333	1	3	1	7	3	3	3	2	2	2	G999	hp	3	3	190	538
G575	7	9	2223333	1	3	2	7	3	3	3	2	2	2	G1000	hp	3	3	191	539
G576	7	9	2223333	1	3	3	4	4	3	3	1	1	4	G1004	p	3	3	182	540
G577	7	9	2223333	1	3	2	7	3	3	3	2	2	4	G1003	hp	3	3	198	541
G578	7	9	2223333	1	4	3	7	3	2	3	2	2	4	G1002	hp	3	3	199	542
G579	7	9	2223333	1	3	1	6	3	3	3	2	2	4	G1001	p	3	3	193	543
G580	7	9	2223333	1	3	1	6	2	3	3	2	2	6	G1005	p	3	3	200	544
G581	7	9	2223333	1	4	3	6	3	2	4	2	2	6	G1006	bpu	2	3	201	545
G582	7	9	2223333	2	3	5	4	-	4	2	-	-	144	G1007	p	4	3	171	546
G583	7	10	0044444	3	3	10	5	-	5	3	-	-	240	G790	-	5	5	202	547
G584	7	10	0133445	2	3	7	5	-	4	4	-	-	4	G746	p	4	5	203	548
G585	7	10	0134444	2	3	7	5	-	4	3	-	-	6	G791	p	4	5	203	549
G586	7	10	0223355	2	3	6	5	-	4	4	-	-	8	G740	p	4	5	204	550
G587	7	10	0223445	2	3	6	6	-	4	4	-	-	2	G747	p	4	5	204	551
G588	7	10	0224444	2	3	6	6	-	4	3	-	-	8	G792	p	4	5	204	552
G589	7	10	0233345	2	3	6	6	-	4	3	-	-	2	G752	p	4	5	204	553
G590	7	10	0233345	2	3	5	6	-	3	4	-	-	2	G753	p	3	5	205	554
G591	7	10	0233444	2	3	5	6	-	4	3	-	-	2	G794	p	4	4	206	555
G592	7	10	0233444	2	3	5	6	-	3	3	-	-	2	G795	p	3	4	205	556
G593	7	10	0233444	2	3	4	6	-	3	4	-	-	4	G796	p	3	4	207	557

Table of parameters for graphs

graph	n	e	deg	k	g	s	c	d	cl	in	vc	ec	aut	comp	props	χ	χ'	CP	SP
G594	7	10	0333335	2	3	5	6	-	3	3	-	-	10	G775	p	4	5	206	558
G595	7	10	0333344	2	3	4	6	-	3	3	-	-	2	G813	p	3	4	208	559
G596	7	10	0333344	2	3	3	6	-	3	4	-	-	12	G814	-	3	4	209	560
G597	7	10	0333344	2	3	4	6	-	3	3	-	-	16	G815	p	3	4	207	561
G598	7	10	1123346	1	3	5	5	2	4	4	1	1	4	G732	p	4	6	210	562
G599	7	10	1123355	1	3	5	5	3	4	4	1	1	4	G741	p	4	5	210	563
G600	7	10	1123445	1	3	5	5	3	4	4	1	1	1	G748	p	4	5	210	564
G601	7	10	1123445	1	3	5	5	3	4	4	1	1	4	G749	p	4	5	210	565
G602	7	10	1124444	1	3	5	5	3	4	3	1	1	4	G793	p	4	4	210	566
G603	7	10	1133336	1	3	4	5	2	3	4	1	1	16	G735	p	3	6	211	567
G604	7	10	1133345	1	3	4	5	3	3	4	1	1	2	G755	p	3	5	211	568
G605	7	10	1133345	1	3	5	5	3	4	3	1	1	2	G754	p	4	5	210	569
G606	7	10	1133345	1	3	4	5	3	3	4	1	1	4	G756	p	3	5	211	570
G607	7	10	1133444	1	3	4	5	3	3	3	1	1	2	G797	p	3	4	211	571
G608	7	10	1133444	1	3	5	5	4	4	3	1	1	2	G798	p	4	4	210	572
G609	7	10	1133444	1	3	4	5	4	3	4	1	1	4	G799	p	3	4	211	573
G610	7	10	1133444	1	3	5	5	3	4	3	1	1	8	G800	p	4	4	210	574
G611	7	10	1133444	2	3	7	5	-	4	3	-	-	24	G801	p	4	5	203	575
G612	7	10	1222256	1	3	4	4	2	3	5	1	1	24	G731	p	3	6	212	557
G613	7	10	1222346	1	3	4	5	2	3	4	1	1	2	G733	p	3	6	212	568
G614	7	10	1222355	1	3	4	5	3	3	4	1	1	2	G742	p	3	5	212	576
G615	7	10	1222355	1	3	4	4	3	3	4	1	1	12	G743	p	3	5	212	577
G616	7	10	1222445	1	3	4	5	3	3	4	1	1	2	G750	p	3	5	212	578
G617	7	10	1222445	1	3	4	6	3	3	4	1	1	2	G751	p	3	5	212	579
G618	7	10	1223336	1	3	4	6	2	3	4	1	1	2	G736	p	3	6	212	580
G619	7	10	1223336	1	3	5	4	2	4	3	1	1	12	G737	p	4	6	210	581
G620	7	10	1223345	1	3	3	6	3	3	4	1	1	1	G761	p	3	5	213	582
G621	7	10	1223345	1	3	4	5	3	3	3	1	1	1	G757	p	3	5	212	583
G622	7	10	1223345	1	3	4	6	3	3	3	1	1	1	G758	p	3	5	212	584
G623	7	10	1223345	1	3	4	6	3	3	4	1	1	1	G759	p	3	5	212	585
G624	7	10	1223345	1	3	3	6	3	3	4	1	1	1	G760	p	3	5	213	586
G625	7	10	1223345	1	3	5	5	3	4	3	1	1	2	G762	p	4	5	210	572
G626	7	10	1223345	1	3	4	6	3	4	3	1	1	2	G765	p	4	5	214	587
G627	7	10	1223345	1	3	4	6	3	3	3	1	1	2	G766	p	3	5	212	588
G628	7	10	1223345	1	3	4	5	3	3	4	1	1	2	G764	p	3	5	212	589
G629	7	10	1223345	1	3	3	6	3	3	4	1	1	2	G763	p	3	5	213	590
G630	7	10	1223345	1	3	5	4	3	4	3	1	1	4	G767	p	4	5	210	591
G631	7	10	1223345	1	3	2	5	3	3	4	1	1	4	G768	p	3	5	215	592
G632	7	10	1223444	1	3	4	6	3	3	3	1	1	1	G803	p	3	4	212	593
G633	7	10	1223444	1	3	3	6	3	3	3	1	1	1	G804	p	3	4	213	594
G634	7	10	1223444	1	3	3	6	3	3	4	1	1	1	G802	p	3	4	213	595
G635	7	10	1223444	1	3	3	6	3	3	3	1	1	2	G806	p	3	4	213	596
G636	7	10	1223444	1	3	5	5	4	4	3	1	1	2	G805	p	4	4	210	597
G637	7	10	1223444	1	3	4	6	3	4	3	1	1	2	G807	p	4	4	214	598
G638	7	10	1223444	1	3	4	6	3	3	3	1	1	2	G808	p	3	4	212	599
G639	7	10	1223444	1	3	2	5	3	3	4	1	1	4	G809	p	3	4	215	600
G640	7	10	1233335	1	3	4	6	3	3	3	1	1	1	G776	p	3	5	212	601
G641	7	10	1233335	1	3	2	6	3	3	4	1	1	2	G778	p	3	5	216	602
G642	7	10	1233335	1	3	3	6	3	3	3	1	1	2	G777	p	3	5	217	603
G643	7	10	1233335	1	3	3	6	3	3	3	1	1	2	G779	p	3	5	213	604
G644	7	10	1233335	1	3	5	4	3	4	3	1	1	6	G780	p	4	5	210	605
G645	7	10	1233335	1	3	4	5	3	3	3	1	1	8	G781	p	3	5	211	606
G646	7	10	1233344	1	3	4	6	4	3	3	1	1	1	G816	p	3	4	212	607
G647	7	10	1233344	1	3	3	6	3	3	3	1	1	1	G817	p	3	4	213	608
G648	7	10	1233344	1	3	3	6	3	3	3	1	1	1	G818	p	3	4	217	609

44 Graphs

graph	n	e	deg	k	g	s	c	d	cl	in	vc	ec	aut	comp	props	χ	χ'	CP	SP
G649	7	10	1233344	1	3	3	6	3	3	3	1	1	1	G819	p	3	4	213	610
G650	7	10	1233344	1	3	3	6	3	3	3	1	1	1	G820	p	3	4	217	611
G651	7	10	1233344	1	3	2	6	3	3	3	1	1	1	G821	p	3	4	216	612
G652	7	10	1233344	1	3	3	6	3	3	3	1	1	1	G822	p	3	4	213	613
G653	7	10	1233344	1	3	4	6	3	4	3	1	1	2	G823	p	4	4	214	614
G654	7	10	1233344	1	3	4	5	4	3	3	1	1	2	G824	p	3	4	211	615
G655	7	10	1233344	1	3	2	6	3	3	4	1	1	2	G826	p	3	4	216	616
G656	7	10	1233344	1	3	2	6	3	3	4	1	1	2	G825	p	3	4	216	617
G657	7	10	1233344	1	3	3	6	3	3	3	1	1	2	G827	p	3	4	213	618
G658	7	10	1233344	1	3	3	6	3	3	3	1	1	2	G828	p	3	4	213	619
G659	7	10	1233344	1	3	5	5	4	4	3	1	1	4	G830	p	4	4	210	581
G660	7	10	1233344	1	3	3	6	4	3	3	1	1	4	G831	p	3	4	213	620
G661	7	10	1233344	1	3	3	6	4	3	4	1	1	4	G832	p	3	4	213	621
G662	7	10	1233344	1	3	2	5	3	3	3	1	1	4	G829	p	3	4	215	622
G663	7	10	1333334	1	3	3	6	3	3	3	1	1	2	G852	p	3	4	217	623
G664	7	10	1333334	1	3	2	6	3	3	3	1	1	2	G853	p	3	4	216	624
G665	7	10	1333334	1	3	3	6	3	3	3	1	1	2	G854	p	3	4	213	625
G666	7	10	1333334	1	3	2	6	3	3	3	1	1	2	G855	p	3	4	218	626
G667	7	10	1333334	1	4	9	6	3	2	4	1	1	12	G856	bpu	2	4	219	627
G668	7	10	2222246	1	3	4	4	2	3	4	1	2	12	G734	ep	3	6	212	615
G669	7	10	2222255	1	3	3	5	2	3	4	2	2	12	G744	p	3	5	220	628
G670	7	10	2222255	1	4	10	4	2	2	5	2	2	240	G745	bpu	2	5	221	629
G671	7	10	2222336	1	3	4	5	2	3	3	1	2	4	G738	p	3	6	212	630
G672	7	10	2222336	1	3	4	4	2	3	4	1	2	8	G739	p	3	6	212	631
G673	7	10	2222345	1	3	3	6	3	3	3	2	2	1	G769	p	3	5	220	632
G674	7	10	2222345	1	3	3	6	3	3	4	2	2	2	G770	p	3	5	220	633
G675	7	10	2222345	1	3	4	5	3	3	3	1	2	2	G772	p	3	5	212	634
G676	7	10	2222345	1	3	3	6	2	3	4	2	2	2	G771	p	3	5	220	635
G677	7	10	2222345	1	3	2	5	2	3	4	2	2	4	G773	p	3	5	222	636
G678	7	10	2222345	1	3	1	5	2	3	4	2	2	6	G774	p	3	5	223	637
G679	7	10	2222444	1	3	3	7	3	3	3	2	2	2	G810	ehp	3	4	220	638
G680	7	10	2222444	1	3	2	6	2	3	4	2	2	4	G811	ep	3	4	222	639
G681	7	10	2222444	1	3	4	4	3	3	3	1	2	8	G812	ep	3	4	212	640
G682	7	10	2223335	1	3	3	7	3	3	3	2	2	1	G782	hp	3	5	220	641
G683	7	10	2223335	1	3	3	7	3	3	3	2	2	1	G783	hp	3	5	220	642
G684	7	10	2223335	1	3	2	6	3	3	4	2	2	2	G785	p	3	5	222	643
G685	7	10	2223335	1	3	2	6	3	3	3	2	2	2	G784	p	3	5	222	639
G686	7	10	2223335	1	3	3	5	3	3	3	1	2	4	G787	p	3	5	213	644
G687	7	10	2223335	1	3	3	5	3	3	3	1	2	4	G788	p	3	5	213	645
G688	7	10	2223335	1	3	4	4	3	3	3	1	2	4	G786	p	3	5	212	646
G689	7	10	2223335	1	3	4	4	3	4	3	1	2	12	G789	p	4	5	214	647
G690	7	10	2223344	1	3	3	7	3	3	3	2	2	1	G833	hp	3	4	220	625
G691	7	10	2223344	1	3	3	7	3	3	3	2	2	1	G834	hp	3	4	224	648
G692	7	10	2223344	1	3	2	7	3	3	3	2	2	1	G835	hp	3	4	225	649
G693	7	10	2223344	1	3	2	7	3	3	3	2	2	1	G836	hp	3	4	226	650
G694	7	10	2223344	1	3	3	7	3	3	3	2	2	1	G837	hp	3	4	220	651
G695	7	10	2223344	1	3	2	6	3	3	4	2	2	2	G841	p	3	4	225	652
G696	7	10	2223344	1	3	4	5	3	3	3	1	2	2	G842	p	3	4	212	653
G697	7	10	2223344	1	3	2	6	2	3	3	2	2	2	G838	p	3	4	225	654
G698	7	10	2223344	1	3	2	6	3	3	3	2	2	2	G843	p	3	4	222	655
G699	7	10	2223344	1	3	3	7	3	3	3	2	2	2	G839	hp	3	4	220	656
G700	7	10	2223344	1	3	1	7	3	3	3	2	2	2	G840	hp	3	4	227	657
G701	7	10	2223344	1	3	1	6	2	3	4	2	2	2	G844	p	3	4	228	658
G702	7	10	2223344	1	3	2	6	3	3	3	2	2	2	G845	p	3	4	222	659
G703	7	10	2223344	1	3	3	7	3	3	3	2	2	4	G846	hp	3	4	224	623

Table of parameters for graphs 45

graph	n	e	deg	k	g	s	c	d	cl	in	vc	ec	aut	comp	props	χ	χ'	CP	SP
G704	7	10	2223344	1	3	4	7	3	4	3	2	2	4	G847	hp	4	4	229	660
G705	7	10	2223344	1	3	2	7	3	3	3	2	2	4	G848	hp	3	4	226	661
G706	7	10	2223344	1	3	3	6	3	3	3	2	2	4	G849	p	3	4	220	662
G707	7	10	2223344	1	3	2	6	2	3	3	2	2	4	G850	p	3	4	225	663
G708	7	10	2223344	1	4	8	6	3	2	4	2	2	8	G851	bpu	2	4	230	664
G709	7	10	2233334	1	3	2	7	2	3	3	2	2	1	G857	hp	3	4	231	665
G710	7	10	2233334	1	3	3	7	3	3	3	2	2	1	G858	hp	3	4	220	666
G711	7	10	2233334	1	3	2	7	3	3	3	2	2	1	G859	hp	3	4	225	667
G712	7	10	2233334	1	3	1	7	3	3	3	2	2	1	G860	hp	3	4	232	668
G713	7	10	2233334	1	3	2	7	3	3	3	2	2	1	G861	hp	3	4	225	669
G714	7	10	2233334	1	3	3	7	3	3	3	2	2	2	G862	hp	3	4	233	670
G715	7	10	2233334	1	3	2	7	3	3	3	2	2	2	G863	hp	3	4	234	671
G716	7	10	2233334	1	3	3	7	3	3	3	2	2	2	G865	hp	3	4	224	672
G717	7	10	2233334	1	3	2	7	3	3	3	2	2	2	G864	hp	3	4	234	673
G718	7	10	2233334	1	3	2	7	3	3	3	2	2	2	G867	hp	3	4	226	674
G719	7	10	2233334	1	3	1	7	2	3	3	2	2	2	G866	hp	3	4	235	675
G720	7	10	2233334	1	3	1	7	3	3	3	2	2	2	G868	hp	3	4	227	676
G721	7	10	2233334	1	3	2	6	2	3	3	2	2	4	G869	p	3	4	236	677
G722	7	10	2233334	1	3	2	7	3	3	3	2	2	4	G870	hp	3	4	234	678
G723	7	10	2233334	1	4	7	6	3	2	4	2	2	4	G871	bpu	2	4	237	679
G724	7	10	2233334	1	3	4	4	4	3	3	1	2	8	G872	p	3	4	212	680
G725	7	10	2233334	1	3	3	5	3	3	3	1	2	8	G873	p	3	4	213	681
G726	7	10	2233334	1	3	5	4	3	4	2	1	1	12	G874	p	4	4	210	682
G727	7	10	2333333	1	3	1	7	3	3	3	2	2	2	G875	hp	3	4	238	683
G728	7	10	2333333	1	3	3	7	3	3	3	2	2	4	G876	hp	3	4	224	684
G729	7	10	2333333	1	3	2	7	2	3	3	2	2	4	G877	hp	3	4	239	685
G730	7	10	2333333	1	4	5	7	2	2	3	2	2	8	G878	h	3	4	240	686
G731	7	11	0144445	2	3	10	5	-	5	3	-	-	24	G612	-	5	5	241	687
G732	7	11	0233455	2	3	8	6	-	4	4	-	-	4	G598	p	4	5	242	688
G733	7	11	0234445	2	3	8	6	-	4	3	-	-	2	G613	p	4	5	242	689
G734	7	11	0244444	2	3	7	6	-	4	3	-	-	12	G668	-	4	5	243	690
G735	7	11	0333355	2	3	8	6	-	4	3	-	-	16	G603	p	4	5	242	691
G736	7	11	0333445	2	3	7	6	-	4	3	-	-	2	G618	p	4	5	243	692
G737	7	11	0333445	2	3	6	6	-	3	4	-	-	12	G619	-	3	5	244	693
G738	7	11	0334444	2	3	6	6	-	3	3	-	-	4	G671	p	3	4	244	694
G739	7	11	0334444	2	3	6	6	-	4	3	-	-	8	G672	-	4	4	245	695
G740	7	11	1133446	1	3	7	5	2	4	4	1	1	8	G586	p	4	6	246	692
G741	7	11	1133455	1	3	7	5	3	4	4	1	1	4	G599	p	4	5	246	696
G742	7	11	1134445	1	3	7	5	3	4	3	1	1	2	G614	p	4	5	246	697
G743	7	11	1134445	1	3	7	5	3	4	3	1	1	12	G615	p	4	5	246	698
G744	7	11	1144445	1	3	7	5	4	4	3	1	1	12	G669	p	4	5	246	699
G745	7	11	1144444	2	3	10	5	-	5	2	-	-	240	G670	-	5	5	241	700
G746	7	11	1223356	1	3	6	5	2	4	4	1	1	4	G584	p	4	6	247	701
G747	7	11	1223446	1	3	6	6	2	4	4	1	1	2	G587	p	4	6	247	702
G748	7	11	1223455	1	3	6	6	3	4	4	1	1	1	G600	p	4	5	247	703
G749	7	11	1223455	1	3	6	5	3	4	4	1	1	4	G601	p	4	5	247	704
G750	7	11	1224445	1	3	6	6	3	4	3	1	1	2	G616	p	4	5	247	705
G751	7	11	1224445	1	3	6	6	3	4	3	1	1	2	G617	p	4	5	247	706
G752	7	11	1233346	1	3	5	6	2	3	4	1	1	2	G589	p	3	6	248	707
G753	7	11	1233346	1	3	6	6	2	4	3	1	1	2	G590	p	4	6	247	708
G754	7	11	1233355	1	3	5	6	3	3	4	1	1	2	G605	p	3	5	248	709
G755	7	11	1233355	1	3	6	6	3	4	3	1	1	2	G604	p	4	5	247	710
G756	7	11	1233355	1	3	6	5	3	4	3	1	1	4	G606	p	4	5	247	711
G757	7	11	1233445	1	3	5	6	3	3	3	1	1	1	G621	p	3	5	248	712
G758	7	11	1233445	1	3	5	6	3	3	3	1	1	1	G622	p	3	5	248	713

46 Graphs

graph	n	e	deg	k	g	s	c	d	cl	in	vc	ec	aut	comp	props	χ	χ'	CP	SP
G759	7	11	1233445	1	3	5	6	3	4	3	1	1	1	G623	p	4	5	249	714
G760	7	11	1233445	1	3	6	6	3	4	3	1	1	1	G624	p	4	5	247	715
G761	7	11	1233445	1	3	6	6	3	4	3	1	1	1	G620	p	4	5	247	708
G762	7	11	1233445	1	3	4	6	3	3	4	1	1	2	G625	p	3	5	250	716
G763	7	11	1233445	1	3	6	6	3	4	3	1	1	2	G629	p	4	5	247	717
G764	7	11	1233445	1	3	5	6	3	4	3	1	1	2	G628	p	4	5	249	718
G765	7	11	1233445	1	3	5	6	3	3	4	1	1	2	G626	p	3	5	248	719
G766	7	11	1233445	1	3	5	6	3	3	3	1	1	2	G627	p	3	5	248	720
G767	7	11	1233445	1	3	4	6	3	3	4	1	1	4	G630	p	3	5	250	721
G768	7	11	1233445	1	3	7	5	3	4	3	1	1	4	G631	p	4	5	246	722
G769	7	11	1234444	1	3	5	6	3	3	3	1	1	1	G673	p	3	4	248	723
G770	7	11	1234444	1	3	5	6	3	4	3	1	1	2	G674	p	4	4	249	724
G771	7	11	1234444	1	3	5	6	3	4	3	1	1	2	G676	p	4	4	249	725
G772	7	11	1234444	1	3	4	6	3	3	3	1	1	2	G675	p	3	4	250	726
G773	7	11	1234444	1	3	6	6	4	4	3	1	1	4	G677	p	4	4	247	727
G774	7	11	1234444	1	3	7	5	4	4	3	1	1	6	G678	p	4	5	246	728
G775	7	11	1333336	1	3	5	6	2	3	3	1	1	10	G594	p	4	6	249	729
G776	7	11	1333345	1	3	4	6	3	3	3	1	1	1	G640	p	3	5	251	730
G777	7	11	1333345	1	3	5	6	3	3	3	1	1	2	G642	p	4	5	249	731
G778	7	11	1333345	1	3	6	6	3	4	3	1	1	2	G641	p	4	5	247	732
G779	7	11	1333345	1	3	5	6	3	3	3	1	1	2	G643	p	3	5	248	733
G780	7	11	1333345	1	3	3	6	3	3	4	1	1	6	G644	-	3	5	252	734
G781	7	11	1333345	1	3	4	6	3	3	3	1	1	8	G645	p	3	5	250	735
G782	7	11	1333444	1	3	4	6	3	3	3	1	1	1	G682	p	3	4	251	736
G783	7	11	1333444	1	3	4	6	3	3	3	1	1	1	G683	p	3	4	251	737
G784	7	11	1333444	1	3	5	6	3	3	3	1	1	2	G685	p	3	4	248	738
G785	7	11	1333444	1	3	5	6	3	4	3	1	1	2	G684	p	4	4	249	739
G786	7	11	1333444	1	3	3	6	3	3	3	1	1	4	G688	-	3	4	252	740
G787	7	11	1333444	1	3	4	6	3	3	3	1	1	4	G686	p	3	4	250	741
G788	7	11	1333444	1	3	4	6	3	3	3	1	1	4	G687	p	3	4	250	742
G789	7	11	1333444	1	3	3	6	3	3	4	1	1	12	G689	-	3	4	252	743
G790	7	11	2222266	1	3	5	4	2	3	5	2	2	240	G583	epu	3	6	253	747
G791	7	11	2222356	1	3	5	5	2	3	4	2	2	6	G585	pu	3	6	253	745
G792	7	11	2222446	1	3	5	5	2	3	4	2	2	8	G588	epu	3	6	253	746
G793	7	11	2222455	1	3	5	6	2	3	4	2	2	4	G602	pu	3	5	253	744
G794	7	11	2223346	1	3	5	6	2	3	4	2	2	2	G591	pu	3	6	253	748
G795	7	11	2223346	1	3	5	6	2	3	3	2	2	2	G592	pu	3	6	253	749
G796	7	11	2223346	1	3	6	5	2	4	3	1	2	4	G593	p	4	6	247	750
G797	7	11	2223355	1	3	5	6	3	3	3	2	2	2	G607	pu	3	5	253	751
G798	7	11	2223355	1	3	4	6	2	3	4	2	2	2	G608	p	3	5	254	752
G799	7	11	2223355	1	3	5	6	2	4	3	2	2	4	G609	p	4	5	255	720
G800	7	11	2223355	1	3	4	6	3	3	4	2	2	8	G610	p	3	5	254	753
G801	7	11	2223355	1	3	2	5	2	3	4	2	2	24	G611	p	3	5	256	754
G802	7	11	2223445	1	3	5	7	3	4	3	2	2	1	G634	hp	4	5	255	755
G803	7	11	2223445	1	3	4	7	3	3	3	2	2	1	G632	hp	3	5	254	756
G804	7	11	2223445	1	3	5	7	3	3	3	2	2	1	G633	hpu	3	5	253	757
G805	7	11	2223445	1	3	3	6	2	3	4	2	2	2	G636	p	3	5	257	758
G806	7	11	2223445	1	3	5	6	3	3	3	2	2	2	G635	pu	3	5	253	759
G807	7	11	2223445	1	3	4	6	2	3	4	2	2	2	G637	p	3	5	254	760
G808	7	11	2223445	1	3	4	6	2	3	3	2	2	2	G638	p	3	5	254	761
G809	7	11	2223445	1	3	6	5	3	4	3	1	2	4	G639	p	4	5	247	762
G810	7	11	2224444	1	3	4	7	3	3	3	2	2	2	G679	ehp	3	4	254	763
G811	7	11	2224444	1	3	5	7	3	4	3	2	2	4	G680	ehp	4	4	255	738
G812	7	11	2224444	1	3	3	6	3	3	3	2	2	8	G681	ep	3	4	257	764
G813	7	11	2233336	1	3	5	7	2	3	3	2	2	2	G595	hpu	3	6	253	765

Table of parameters for graphs 47

graph	n	e	deg	k	g	s	c	d	cl	in	vc	ec	aut	comp	props	χ	χ'	CP	SP
G814	7	11	2233336	1	3	6	4	2	4	3	1	2	12	G596	p	4	6	247	766
G815	7	11	2233336	1	3	5	5	2	3	3	1	2	16	G597	p	3	6	248	738
G816	7	11	2233345	1	3	3	7	2	3	3	2	2	1	G646	hp	3	5	258	767
G817	7	11	2233345	1	3	4	7	2	3	3	2	2	1	G647	hp	3	5	254	768
G818	7	11	2233345	1	3	4	7	2	3	3	2	2	1	G648	hpu	3	5	259	769
G819	7	11	2233345	1	3	4	7	3	3	3	2	2	1	G649	hp	3	5	254	770
G820	7	11	2233345	1	3	4	7	3	3	3	2	2	1	G650	hpu	3	5	259	771
G821	7	11	2233345	1	3	5	7	3	3	3	2	2	1	G651	hpu	3	5	253	772
G822	7	11	2233345	1	3	4	7	3	3	3	2	2	1	G652	hp	3	5	254	773
G823	7	11	2233345	1	3	3	6	3	3	4	2	2	2	G653	p	3	5	258	774
G824	7	11	2233345	1	3	3	6	2	3	3	2	2	2	G654	p	3	5	257	775
G825	7	11	2233345	1	3	5	7	3	4	3	2	2	2	G656	hp	4	5	255	776
G826	7	11	2233345	1	3	5	7	2	4	3	2	2	2	G655	hp	4	5	255	777
G827	7	11	2233345	1	3	4	7	3	3	3	2	2	2	G657	hp	3	5	254	778
G828	7	11	2233345	1	3	4	7	3	3	3	2	2	2	G658	hp	3	5	260	779
G829	7	11	2233345	1	3	5	5	3	3	3	1	2	4	G662	p	3	5	248	780
G830	7	11	2233345	1	3	2	6	2	3	4	2	2	4	G659	p	3	5	261	781
G831	7	11	2233345	1	3	4	6	2	3	3	2	2	4	G660	p	3	5	254	782
G832	7	11	2233345	1	3	4	6	2	4	3	2	2	4	G661	p	4	5	262	783
G833	7	11	2233444	1	3	3	7	2	3	3	2	2	1	G690	hp	3	4	258	784
G834	7	11	2233444	1	3	3	7	2	3	3	2	2	1	G691	hp	3	4	263	785
G835	7	11	2233444	1	3	4	7	3	3	3	2	2	1	G692	hpu	3	4	259	786
G836	7	11	2233444	1	3	4	7	3	3	3	2	2	1	G693	hp	3	4	254	787
G837	7	11	2233444	1	3	3	7	3	3	3	2	2	1	G694	hp	3	4	258	788
G838	7	11	2233444	1	3	4	7	3	3	3	2	2	2	G697	hpu	3	4	259	789
G839	7	11	2233444	1	3	3	7	3	3	3	2	2	2	G699	hp	3	4	264	790
G840	7	11	2233444	1	3	5	7	3	3	3	2	2	2	G700	hpu	3	4	253	791
G841	7	11	2233444	1	3	4	7	2	4	3	2	2	2	G695	hp	4	4	265	792
G842	7	11	2233444	1	3	2	7	3	3	3	2	2	2	G696	hp	3	4	266	793
G843	7	11	2233444	1	3	4	7	3	3	3	2	2	2	G698	hp	3	4	254	794
G844	7	11	2233444	1	3	5	7	3	4	3	2	2	2	G701	hp	4	4	267	795
G845	7	11	2233444	1	3	4	7	3	3	3	2	2	2	G702	hp	3	4	260	796
G846	7	11	2233444	1	3	3	6	2	3	3	2	2	4	G703	pu	3	4	268	797
G847	7	11	2233444	1	3	2	6	2	3	4	2	2	4	G704	p	3	4	269	798
G848	7	11	2233444	1	3	4	7	2	3	3	2	2	4	G705	hp	3	4	254	799
G849	7	11	2233444	1	3	3	7	3	3	3	2	2	4	G706	hp	3	4	264	800
G850	7	11	2233444	1	3	4	7	2	3	3	2	2	4	G707	hp	3	4	270	801
G851	7	11	2233444	1	3	6	5	3	4	2	1	2	8	G708	p	4	4	247	802
G852	7	11	2333335	1	3	3	7	2	3	3	2	2	2	G663	hp	3	5	263	797
G853	7	11	2333335	1	3	4	7	3	3	3	2	2	2	G664	hp	3	5	254	803
G854	7	11	2333335	1	3	3	7	2	3	3	2	2	2	G665	hp	3	5	258	784
G855	7	11	2333335	1	3	4	7	3	3	3	2	2	2	G666	hp	3	5	270	804
G856	7	11	2333335	1	3	6	4	3	4	2	1	2	12	G667	p	4	5	247	805
G857	7	11	2333344	1	3	3	7	2	3	3	2	2	1	G709	hpu	3	4	271	806
G858	7	11	2333344	1	3	2	7	3	3	3	2	2	1	G710	hp	3	4	272	807
G859	7	11	2333344	1	3	3	7	2	3	3	2	2	1	G711	hp	3	4	273	808
G860	7	11	2333344	1	3	4	7	3	3	3	2	2	1	G712	hpu	3	4	259	809
G861	7	11	2333344	1	3	3	7	3	3	3	2	2	1	G713	hp	3	4	273	810
G862	7	11	2333344	1	3	2	7	2	3	3	2	2	2	G714	hp	3	4	274	811
G863	7	11	2333344	1	3	3	7	2	3	3	2	2	2	G715	hp	3	4	263	812
G864	7	11	2333344	1	3	3	7	3	3	3	2	2	2	G717	hp	3	4	263	813
G865	7	11	2333344	1	3	2	7	2	3	3	2	2	2	G716	h	3	4	275	814
G866	7	11	2333344	1	3	4	7	2	3	3	2	2	2	G719	hpu	3	4	276	815
G867	7	11	2333344	1	3	3	7	3	3	3	2	2	2	G718	hp	3	4	258	816
G868	7	11	2333344	1	3	4	7	3	3	3	2	2	2	G720	hp	3	4	254	817

48 Graphs

graph	n	e	deg	k	g	s	c	d	cl	in	vc	ec	aut	comp	props	χ	χ'	CP	SP
G869	7	11	2333344	1	3	3	7	2	3	3	2	2	4	G721	h	3	4	277	818
G870	7	11	2333344	1	3	3	7	2	3	3	2	2	4	G722	hp	3	4	263	819
G871	7	11	2333344	1	3	5	7	3	4	2	2	2	4	G723	hp	4	4	255	820
G872	7	11	2333344	1	3	1	7	2	3	3	2	2	8	G724	hp	3	4	278	821
G873	7	11	2333344	1	3	2	7	3	3	3	2	2	8	G725	hp	3	4	266	822
G874	7	11	2333344	1	4	12	6	3	2	4	2	2	12	G726	bu	2	4	279	823
G875	7	11	3333334	1	3	3	7	2	3	3	3	3	2	G727	hp	3	4	277	824
G876	7	11	3333334	1	3	1	7	2	3	3	3	3	4	G728	h	3	4	280	825
G877	7	11	3333334	1	3	2	7	2	3	3	3	3	4	G729	hp	3	4	281	826
G878	7	11	3333334	1	3	4	7	2	3	2	2	3	8	G730	hp	4	4	265	827
G879	7	12	0244455	2	3	11	6	-	5	3	-	-	12	G476	-	5	5	282	828
G880	7	12	0333555	2	3	10	6	-	4	4	-	-	36	G473	-	4	5	283	829
G881	7	12	0334455	2	3	10	6	-	4	3	-	-	4	G478	p	4	5	283	830
G882	7	12	0344445	2	3	9	6	-	4	3	-	-	4	G503	-	4	5	284	831
G883	7	12	0444444	2	3	8	6	-	3	3	-	-	48	G551	p	3	4	285	832
G884	7	12	1144446	1	3	10	5	2	5	3	1	1	48	G458	-	5	6	286	833
G885	7	12	1144455	1	3	10	5	3	5	3	1	1	12	G477	-	5	5	286	834
G886	7	12	1233456	1	3	8	6	2	4	4	1	1	2	G453	p	4	6	287	835
G887	7	12	1233555	1	3	8	6	3	4	4	1	1	4	G474	p	4	5	287	836
G888	7	12	1234446	1	3	8	6	2	4	3	1	1	2	G459	p	4	6	287	837
G889	7	12	1234455	1	3	8	6	3	4	3	1	1	1	G479	p	4	5	287	838
G890	7	12	1234455	1	3	8	6	3	4	3	1	1	2	G481	p	4	5	287	839
G891	7	12	1234455	1	3	8	6	3	4	3	1	1	2	G480	p	4	5	287	840
G892	7	12	1244445	1	3	8	6	3	4	3	1	1	2	G504	p	4	5	287	841
G893	7	12	1244445	1	3	7	6	3	4	3	1	1	4	G505	-	4	5	288	842
G894	7	12	1244445	1	3	7	6	3	4	3	1	1	6	G506	-	4	5	288	843
G895	7	12	1244445	1	3	10	5	3	5	2	1	1	24	G507	-	5	5	286	844
G896	7	12	1333356	1	3	8	6	2	4	3	1	1	8	G455	p	4	6	287	845
G897	7	12	1333446	1	3	7	6	2	4	3	1	1	2	G461	p	4	6	288	846
G898	7	12	1333446	1	3	6	6	2	3	4	1	1	12	G462	-	3	6	289	847
G899	7	12	1333455	1	3	7	6	3	4	3	1	1	1	G484	p	4	5	288	848
G900	7	12	1333455	1	3	8	6	3	4	3	1	1	4	G485	p	4	5	287	849
G901	7	12	1333455	1	3	8	6	3	4	3	1	1	4	G486	p	4	5	287	850
G902	7	12	1333455	1	3	6	6	3	3	4	1	1	6	G487	-	3	5	289	851
G903	7	12	1334445	1	3	7	6	3	4	3	1	1	1	G508	p	4	5	288	852
G904	7	12	1334445	1	3	7	6	3	4	3	1	1	2	G512	p	4	5	288	853
G905	7	12	1334445	1	3	8	6	3	4	3	1	1	2	G513	p	4	5	287	854
G906	7	12	1334445	1	3	6	6	3	4	3	1	1	2	G511	-	4	5	290	855
G907	7	12	1334445	1	3	6	6	3	3	3	1	1	2	G509	p	3	5	289	856
G908	7	12	1334445	1	3	6	6	3	3	3	1	1	2	G510	p	3	5	289	857
G909	7	12	1334445	1	3	6	6	3	3	3	1	1	4	G514	-	3	5	289	858
G910	7	12	1344444	1	3	6	6	3	3	3	1	1	2	G552	p	3	4	289	859
G911	7	12	1344444	1	3	6	6	3	4	3	1	1	4	G553	-	4	4	290	860
G912	7	12	1344444	1	3	7	6	3	4	3	1	1	12	G554	-	4	5	288	861
G913	7	12	2223366	1	3	7	5	2	4	4	2	2	24	G452	p	4	6	291	862
G914	7	12	2223456	1	3	7	6	2	4	4	2	2	2	G454	p	4	6	291	863
G915	7	12	2223555	1	3	7	6	2	4	4	2	2	6	G475	p	4	5	291	864
G916	7	12	2224446	1	3	7	6	2	4	3	2	2	6	G460	ep	4	6	291	864
G917	7	12	2224455	1	3	7	7	3	4	3	2	2	2	G482	hp	4	5	291	865
G918	7	12	2224455	1	3	7	6	3	4	3	2	2	8	G483	p	4	5	291	866
G919	7	12	2233356	1	3	7	6	2	4	3	2	2	2	G456	p	4	6	291	852
G920	7	12	2233356	1	3	6	6	2	3	4	2	2	4	G457	pu	3	6	292	867
G921	7	12	2233446	1	3	7	7	2	4	3	2	2	1	G463	hp	4	6	291	868
G922	7	12	2233446	1	3	6	7	2	3	3	2	2	2	G464	hpu	3	6	292	869
G923	7	12	2233446	1	3	6	6	2	3	4	2	2	4	G466	pu	3	6	292	870

Table of parameters for graphs

graph	n	e	deg	k	g	s	c	d	cl	in	vc	ec	aut	comp	props	χ	χ'	CP	SP
G924	7	12	2233446	1	3	7	6	2	4	3	2	2	4	G465	p	4	6	291	871
G925	7	12	2233446	1	3	8	5	2	4	3	1	2	8	G467	p	4	6	287	872
G926	7	12	2233455	1	3	7	7	3	4	3	2	2	1	G490	hp	4	5	291	873
G927	7	12	2233455	1	3	6	7	2	3	3	2	2	1	G488	hpu	3	5	292	874
G928	7	12	2233455	1	3	6	7	2	4	3	2	2	1	G489	hp	4	5	293	875
G929	7	12	2233455	1	3	5	6	2	3	4	2	2	2	G491	p	3	5	294	876
G930	7	12	2233455	1	3	6	7	3	4	3	2	2	2	G492	hp	4	5	293	877
G931	7	12	2233455	1	3	7	7	2	4	3	2	2	4	G493	hp	4	5	291	878
G932	7	12	2233455	1	3	6	6	2	3	3	2	2	4	G494	pu	3	5	292	879
G933	7	12	2233455	1	3	7	7	2	4	3	2	2	4	G495	hp	4	5	295	853
G934	7	12	2233455	1	3	4	6	2	3	4	2	2	8	G496	p	3	5	296	880
G935	7	12	2234445	1	3	6	7	2	4	3	2	2	1	G516	hp	4	5	293	881
G936	7	12	2234445	1	3	6	7	3	3	3	2	2	1	G517	hpu	3	5	292	882
G937	7	12	2234445	1	3	6	7	3	4	3	2	2	1	G518	hp	4	5	293	883
G938	7	12	2234445	1	3	5	7	2	3	3	2	2	1	G515	hp	3	5	294	884
G939	7	12	2234445	1	3	5	7	3	3	3	2	2	2	G521	hp	3	5	294	885
G940	7	12	2234445	1	3	7	7	3	4	3	2	2	2	G522	hp	4	5	291	886
G941	7	12	2234445	1	3	6	7	2	3	3	2	2	2	G519	hpu	3	5	292	887
G942	7	12	2234445	1	3	6	7	3	4	3	2	2	2	G520	hp	4	5	293	888
G943	7	12	2234445	1	3	7	7	3	4	3	2	2	2	G523	hp	4	5	295	889
G944	7	12	2234445	1	3	5	6	2	4	3	2	2	4	G524	p	4	5	297	890
G945	7	12	2234445	1	3	8	5	3	4	2	1	2	12	G525	p	4	5	287	891
G946	7	12	2244444	1	3	6	7	3	3	3	2	2	4	G555	ehpu	3	4	292	892
G947	7	12	2244444	1	3	5	7	2	4	3	2	2	4	G556	eh	4	4	298	893
G948	7	12	2244444	1	3	4	7	3	3	3	2	2	8	G557	eh	3	4	299	894
G949	7	12	2244444	1	3	7	7	2	4	2	2	2	12	G558	eh	4	5	300	895
G950	7	12	2333346	1	3	7	7	2	4	3	2	2	2	G470	hp	4	6	291	896
G951	7	12	2333346	1	3	6	7	2	3	3	2	2	2	G468	hp	4	6	293	897
G952	7	12	2333346	1	3	6	7	2	3	3	2	2	2	G469	hpu	3	6	292	898
G953	7	12	2333355	1	3	6	7	2	4	3	2	2	2	G498	hp	4	5	293	899
G954	7	12	2333355	1	3	6	7	3	3	3	2	2	2	G499	hpu	3	5	292	900
G955	7	12	2333355	1	3	5	7	2	3	3	2	2	2	G497	hpu	3	5	301	901
G956	7	12	2333355	1	3	6	7	3	4	3	2	2	8	G500	hp	4	5	293	902
G957	7	12	2333355	1	3	4	6	3	3	4	2	2	12	G501	-	3	5	302	903
G958	7	12	2333355	1	3	4	6	2	3	3	2	2	16	G502	p	3	5	296	904
G959	7	12	2333445	1	3	6	7	3	3	3	2	2	1	G532	hpu	3	5	292	905
G960	7	12	2333445	1	3	4	7	2	3	3	2	2	1	G526	hp	3	5	302	906
G961	7	12	2333445	1	3	5	7	2	3	3	2	2	1	G529	hpu	3	5	301	907
G962	7	12	2333445	1	3	5	7	3	3	3	2	2	1	G527	hpu	3	5	301	908
G963	7	12	2333445	1	3	5	7	2	3	3	2	2	1	G530	hpu	3	5	301	909
G964	7	12	2333445	1	3	5	7	2	4	3	2	2	1	G528	hp	4	5	298	910
G965	7	12	2333445	1	3	6	7	2	4	3	2	2	1	G531	hp	4	5	303	911
G966	7	12	2333445	1	3	5	7	3	3	3	2	2	1	G533	hp	3	5	304	912
G967	7	12	2333445	1	3	6	7	2	4	3	2	2	2	G540	hp	4	5	293	913
G968	7	12	2333445	1	3	6	7	3	3	3	2	2	2	G539	hp	4	5	293	914
G969	7	12	2333445	1	3	5	7	2	3	3	2	2	2	G537	hp	3	5	294	915
G970	7	12	2333445	1	3	5	7	2	3	3	2	2	2	G534	hp	3	5	294	916
G971	7	12	2333445	1	3	6	7	3	4	3	2	2	2	G543	hp	4	5	303	917
G972	7	12	2333445	1	3	5	7	2	3	3	2	2	2	G541	hp	3	5	304	918
G973	7	12	2333445	1	3	5	7	2	3	3	2	2	2	G538	hu	3	5	305	919
G974	7	12	2333445	1	3	5	7	2	3	3	2	2	2	G535	hp	4	5	298	920
G975	7	12	2333445	1	3	4	7	2	3	3	2	2	2	G536	h	3	5	302	921
G976	7	12	2333445	1	3	7	7	3	4	2	2	2	2	G542	hp	4	5	291	922
G977	7	12	2333445	1	3	4	7	2	3	3	2	2	4	G544	h	3	5	306	923
G978	7	12	2333445	1	3	3	6	2	3	4	2	2	6	G545	-	3	5	307	924

50 Graphs

graph	n	e	deg	k	g	s	c	d	cl	in	vc	ec	aut	comp	props	χ	χ'	CP	SP
G979	7	12	2334444	1	3	5	7	3	3	3	2	2	1	G561	hpu	3	4	301	925
G980	7	12	2334444	1	3	4	7	2	3	3	2	2	1	G559	hpu	3	4	308	926
G981	7	12	2334444	1	3	5	7	2	3	3	2	2	1	G560	hpu	3	4	305	927
G982	7	12	2334444	1	3	5	7	2	3	3	2	2	2	G566	hpu	3	4	301	928
G983	7	12	2334444	1	3	4	7	2	3	3	2	2	2	G563	h	3	4	309	929
G984	7	12	2334444	1	3	5	7	2	4	3	2	2	2	G564	h	4	4	310	930
G985	7	12	2334444	1	3	4	7	3	3	3	2	2	2	G562	hp	3	4	306	931
G986	7	12	2334444	1	3	6	7	3	4	2	2	2	2	G565	hp	4	4	293	932
G987	7	12	2334444	1	3	4	7	2	3	3	2	2	4	G568	h	3	4	302	933
G988	7	12	2334444	1	3	3	7	3	3	3	2	2	4	G567	h	3	4	311	934
G989	7	12	2334444	1	3	4	7	2	3	3	2	2	4	G569	hp	3	4	306	935
G990	7	12	2334444	1	3	5	7	3	3	3	2	2	8	G570	hp	3	4	294	936
G991	7	12	2334444	1	3	6	7	2	4	2	2	2	8	G571	h	4	4	312	937
G992	7	12	3333345	1	3	5	7	2	3	3	3	3	1	G546	hpu	3	5	305	938
G993	7	12	3333345	1	3	4	7	2	3	3	3	3	2	G548	hp	3	5	309	935
G994	7	12	3333345	1	3	4	7	2	3	3	2	3	2	G547	hu	3	5	313	926
G995	7	12	3333345	1	3	4	7	2	3	3	2	3	4	G549	hp	3	5	302	939
G996	7	12	3333345	1	3	6	7	2	4	2	2	3	4	G550	hp	4	5	293	940
G997	7	12	3333444	1	3	4	7	2	3	3	3	3	1	G572	hpu	3	4	313	941
G998	7	12	3333444	1	3	5	7	2	3	2	3	3	2	G573	hp	4	4	310	942
G999	7	12	3333444	1	3	4	7	2	3	3	3	3	2	G574	hp	3	4	309	943
G1000	7	12	3333444	1	3	3	7	2	3	3	3	3	2	G575	h	3	4	314	944
G1001	7	12	3333444	1	3	4	7	2	3	3	3	3	4	G579	h	3	4	315	945
G1002	7	12	3333444	1	3	5	7	2	3	2	3	3	4	G578	hp	4	4	298	946
G1003	7	12	3333444	1	3	3	7	2	3	3	3	3	4	G577	h	3	4	316	947
G1004	7	12	3333444	1	3	2	7	2	3	3	3	3	4	G576	h	3	4	317	948
G1005	7	12	3333444	1	3	4	7	2	3	3	3	3	6	G580	hp	4	4	318	949
G1006	7	12	3333444	1	3	5	7	2	4	2	3	3	6	G581	hp	4	4	310	950
G1007	7	12	3333444	1	4	18	6	2	2	4	3	3	144	G582	bu	2	4	319	951
G1008	7	12	3333336	1	3	6	7	2	3	3	3	3	12	G471	hpu	3	6	320	937
G1009	7	12	3333336	1	3	8	4	2	4	2	1	3	72	G472	p	4	6	287	952
G1010	7	13	0344555	2	3	13	6	-	5	3	-	-	12	G379	-	5	5	321	953
G1011	7	13	0444455	2	3	12	6	-	4	3	-	-	16	G388	-	4	5	322	954
G1012	7	13	1244555	1	3	11	6	3	5	3	1	1	4	G380	-	5	5	323	955
G1013	7	13	1244456	1	3	11	6	2	5	3	1	1	6	G359	-	5	6	323	956
G1014	7	13	1333556	1	3	10	6	2	4	4	1	1	12	G357	-	4	6	324	957
G1015	7	13	1334456	1	3	10	6	2	4	3	1	1	2	G360	p	4	6	324	958
G1016	7	13	1334555	1	3	10	6	3	4	3	1	1	2	G381	p	4	5	324	959
G1017	7	13	1334555	1	3	10	6	3	4	3	1	1	12	G382	-	4	5	324	960
G1018	7	13	1344446	1	3	9	6	2	4	3	1	1	4	G368	-	4	6	325	961
G1019	7	13	1344455	1	3	9	6	3	4	3	1	1	4	G391	-	4	5	325	962
G1020	7	13	1344455	1	3	9	6	3	4	3	1	1	2	G389	-	4	5	325	963
G1021	7	13	1344455	1	3	10	6	3	4	3	1	1	2	G390	p	4	5	324	964
G1022	7	13	1344455	1	3	11	6	3	5	2	1	1	12	G392	-	5	5	323	965
G1023	7	13	1444445	1	3	9	6	3	4	3	1	1	4	G419	-	4	5	325	966
G1024	7	13	1444445	1	3	8	6	3	3	3	1	1	8	G420	p	3	5	326	967
G1025	7	13	2233466	1	3	9	6	2	4	4	2	2	8	G355	p	4	6	327	968
G1026	7	13	2233556	1	3	9	6	2	4	4	2	2	4	G358	p	4	6	327	969
G1027	7	13	2234456	1	3	9	7	2	4	3	2	2	1	G361	hp	4	6	327	970
G1028	7	13	2234456	1	3	9	6	2	4	3	2	2	4	G362	p	4	6	327	971
G1029	7	13	2234555	1	3	9	7	2	4	3	2	2	2	G383	hp	4	5	327	972
G1030	7	13	2234555	1	3	9	7	3	4	3	2	2	2	G384	hp	4	5	327	973
G1031	7	13	2244446	1	3	9	7	2	4	3	2	2	4	G369	ehp	4	6	327	974
G1032	7	13	2244446	1	3	11	5	2	5	2	1	2	48	G370	e	5	6	323	975
G1033	7	13	2244455	1	3	9	7	3	4	3	2	2	2	G393	hp	4	5	327	976

Table of parameters for graphs 51

graph	n	e	deg	k	g	s	c	d	cl	in	vc	ec	aut	comp	props	χ	χ'	CP	SP
G1034	7	13	2244455	1	3	8	7	2	4	3	2	2	2	G394	h	4	5	328	977
G1035	7	13	2244455	1	3	8	7	3	4	3	2	2	4	G395	h	4	5	328	978
G1036	7	13	2244455	1	3	10	7	2	5	2	2	2	12	G396	h	5	5	329	979
G1037	7	13	2244455	1	3	7	6	2	4	3	2	2	24	G397	-	4	5	330	980
G1038	7	13	2333366	1	3	9	6	2	4	3	2	2	16	G356	p	4	6	327	981
G1039	7	13	2333456	1	3	8	7	2	4	3	2	2	1	G363	hp	4	6	328	982
G1040	7	13	2333456	1	3	9	7	2	4	3	2	2	2	G364	hp	4	6	327	983
G1041	7	13	2333456	1	3	9	7	2	4	3	2	2	2	G365	hp	4	6	327	984
G1042	7	13	2333456	1	3	7	6	2	3	4	2	2	6	G366	u	3	6	331	985
G1043	7	13	2333555	1	3	8	7	2	4	3	2	2	2	G385	hp	4	5	328	986
G1044	7	13	2333555	1	3	8	7	2	4	3	2	2	4	G386	h	4	5	332	987
G1045	7	13	2333555	1	3	6	6	2	3	4	2	2	12	G387	-	3	5	333	988
G1046	7	13	2334446	1	3	8	7	2	4	3	2	2	1	G371	hp	4	6	328	989
G1047	7	13	2334446	1	3	9	7	2	4	3	2	2	2	G373	hp	4	6	327	990
G1048	7	13	2334446	1	3	8	7	2	4	3	2	2	2	G372	hp	4	6	328	986
G1049	7	13	2334446	1	3	7	7	2	3	3	2	2	4	G374	hu	3	6	331	991
G1050	7	13	2334455	1	3	8	7	2	4	3	2	2	1	G402	hp	4	5	332	992
G1051	7	13	2334455	1	3	8	7	2	4	3	2	2	1	G398	hp	4	5	328	993
G1052	7	13	2334455	1	3	7	7	2	4	3	2	2	1	G400	hp	4	5	334	994
G1053	7	13	2334455	1	3	7	7	2	3	3	2	2	1	G399	hpu	3	5	331	995
G1054	7	13	2334455	1	3	8	7	3	4	3	2	2	1	G401	hp	4	5	328	996
G1055	7	13	2334455	1	3	8	7	3	4	3	2	2	2	G406	hp	4	5	332	997
G1056	7	13	2334455	1	3	7	7	2	4	3	2	2	2	G404	h	4	5	334	998
G1057	7	13	2334455	1	3	7	7	2	3	3	2	2	2	G403	hu	3	5	331	999
G1058	7	13	2334455	1	3	9	7	3	4	2	2	2	2	G405	hp	4	5	327	1000
G1059	7	13	2334455	1	3	6	7	2	3	3	2	2	4	G407	hp	3	5	333	1001
G1060	7	13	2334455	1	3	7	7	2	3	3	2	2	4	G409	hpu	3	5	331	1002
G1061	7	13	2334455	1	3	8	7	2	4	3	2	2	4	G410	hp	4	5	332	1003
G1062	7	13	2334455	1	3	7	7	3	4	3	2	2	4	G408	h	4	5	334	1004
G1063	7	13	2334455	1	3	9	7	3	4	2	2	2	8	G411	hp	4	5	327	1005
G1064	7	13	2344445	1	3	7	7	2	4	3	2	2	1	G421	h	4	5	335	1006
G1065	7	13	2344445	1	3	7	7	2	3	3	2	2	1	G422	hpu	3	5	331	1007
G1066	7	13	2344445	1	3	6	7	2	4	3	2	2	2	G423	h	4	5	336	1008
G1067	7	13	2344445	1	3	6	7	2	3	3	2	2	2	G424	h	3	5	337	1009
G1068	7	13	2344445	1	3	8	7	2	4	2	2	2	2	G428	h	4	5	338	1010
G1069	7	13	2344445	1	3	7	7	3	3	3	2	2	2	G426	hpu	3	5	331	1011
G1070	7	13	2344445	1	3	7	7	2	4	3	2	2	2	G425	h	4	5	334	1012
G1071	7	13	2344445	1	3	8	7	3	4	2	2	2	2	G427	hp	4	5	328	1013
G1072	7	13	2344445	1	3	6	7	3	3	3	2	2	4	G429	h	3	5	337	1014
G1073	7	13	2344445	1	3	7	7	2	4	3	2	2	4	G430	h	4	5	335	1015
G1074	7	13	2344445	1	3	8	7	2	4	2	2	2	6	G431	h	4	5	328	1016
G1075	7	13	2444444	1	3	6	7	2	3	3	2	2	4	G443	ehpu	3	5	339	1017
G1076	7	13	2444444	1	3	7	7	2	4	2	2	2	8	G444	eh	4	5	334	1018
G1077	7	13	3333356	1	3	8	7	2	4	3	2	3	4	G367	hp	4	6	328	1019
G1078	7	13	3333446	1	3	8	7	2	4	3	3	3	2	G375	hp	4	6	332	1020
G1079	7	13	3333446	1	3	7	7	2	3	3	3	3	4	G376	h	4	6	335	1021
G1080	7	13	3333446	1	3	7	7	2	3	3	3	3	4	G377	hpu	3	6	340	1022
G1081	7	13	3333446	1	3	9	7	2	4	2	3	3	8	G378	hp	4	6	327	1023
G1082	7	13	3333455	1	3	7	7	2	4	3	3	3	1	G412	hp	4	5	335	1024
G1083	7	13	3333455	1	3	7	7	2	3	3	3	3	2	G414	hpu	3	5	340	1025
G1084	7	13	3333455	1	3	6	7	2	3	3	3	3	2	G413	hpu	3	5	339	1026
G1085	7	13	3333455	1	3	6	7	2	4	3	3	3	4	G415	h	4	5	341	1027
G1086	7	13	3333455	1	3	8	7	2	4	2	3	3	4	G416	hp	4	5	328	1028
G1087	7	13	3333455	1	3	6	7	2	3	3	2	3	8	G417	hp	3	5	333	1029
G1088	7	13	3333455	1	3	4	6	2	3	4	3	3	48	G418	-	3	5	342	1030

52 Graphs

graph	n	e	deg	k	g	s	c	d	cl	in	vc	ec	aut	comp	props	χ	χ'	CP	SP
G1089	7	13	3334445	1	3	6	7	2	3	3	3	3	1	G432	hpu	3	5	339	1031
G1090	7	13	3334445	1	3	6	7	2	3	3	3	3	1	G433	hu	3	5	343	1032
G1091	7	13	3334445	1	3	7	7	2	4	2	3	3	1	G434	hp	4	5	335	1033
G1092	7	13	3334445	1	3	5	7	2	3	3	3	3	2	G435	hu	3	5	344	1034
G1093	7	13	3334445	1	3	6	7	2	3	3	3	3	2	G439	hpu	3	5	339	1035
G1094	7	13	3334445	1	3	5	7	2	3	3	3	3	2	G436	h	3	5	345	1036
G1095	7	13	3334445	1	3	6	7	2	3	3	3	3	2	G437	hp	4	5	341	1037
G1096	7	13	3334445	1	3	6	7	2	4	3	3	3	2	G438	h	4	5	346	1017
G1097	7	13	3334445	1	3	7	7	2	3	2	3	3	2	G440	hp	4	5	335	1038
G1098	7	13	3334445	1	3	7	7	2	4	2	3	3	2	G441	h	4	5	347	1039
G1099	7	13	3334445	1	3	7	7	2	4	2	2	3	4	G442	hp	4	5	334	1040
G1100	7	13	3344444	1	3	5	7	2	3	3	3	3	2	G446	hu	3	5	348	1041
G1101	7	13	3344444	1	3	6	7	2	3	2	3	3	2	G445	hp	4	5	341	1042
G1102	7	13	3344444	1	3	5	7	2	3	3	3	3	4	G447	h	3	5	345	1043
G1103	7	13	3344444	1	3	6	7	2	4	2	3	3	4	G448	h	4	5	346	1044
G1104	7	13	3344444	1	3	6	7	2	3	2	3	3	4	G449	hp	4	5	346	1045
G1105	7	13	3344444	1	3	4	7	2	3	3	3	3	8	G450	h	3	5	349	1046
G1106	7	13	3344444	1	3	3	7	2	3	3	3	3	24	G451	h	3	5	350	1047
G1107	7	14	0445555	2	3	16	6	-	5	3	-	-	48	G314	-	5	5	351	1048
G1108	7	14	1344556	1	3	13	6	2	5	3	1	1	4	G294	-	5	6	352	1049
G1109	7	14	1345555	1	3	13	6	3	5	3	1	1	6	G315	-	5	5	352	1050
G1110	7	14	1444456	1	3	12	6	2	4	3	1	1	8	G300	-	4	6	353	1051
G1111	7	14	1444455	1	3	12	6	3	4	3	1	1	4	G318	-	4	5	353	1052
G1112	7	14	1444555	1	3	13	6	3	5	2	1	1	12	G319	-	5	5	352	1053
G1113	7	14	2244466	1	3	12	6	2	5	3	2	2	24	G291	e	5	6	354	1054
G1114	7	14	2244556	1	3	12	7	2	5	3	2	2	4	G295	h	5	6	354	1055
G1115	7	14	2245555	1	3	12	7	3	5	3	2	2	8	G316	h	5	5	354	1056
G1116	7	14	2333566	1	3	11	6	2	4	4	2	2	12	G290	-	4	6	355	1057
G1117	7	14	2334466	1	3	11	7	2	4	3	2	2	4	G292	hp	4	6	355	1058
G1118	7	14	2334556	1	3	11	7	2	4	3	2	2	1	G296	hp	4	6	355	1059
G1119	7	14	2334556	1	3	11	7	2	4	3	2	2	4	G297	h	4	6	355	1060
G1120	7	14	2335555	1	3	11	7	2	4	3	2	2	4	G317	hp	4	5	355	1061
G1121	7	14	2344456	1	3	11	7	2	4	3	2	2	1	G301	hp	4	6	355	1062
G1122	7	14	2344456	1	3	10	7	2	4	3	2	2	2	G303	h	4	6	356	1063
G1123	7	14	2344456	1	3	10	7	2	4	3	2	2	2	G302	h	4	6	356	1064
G1124	7	14	2344456	1	3	12	7	2	5	2	2	2	6	G304	h	5	6	354	1065
G1125	7	14	2344555	1	3	10	7	2	4	3	2	2	1	G320	h	4	5	356	1066
G1126	7	14	2344555	1	3	10	7	2	4	3	2	2	2	G321	h	4	5	357	1067
G1127	7	14	2344555	1	3	11	7	3	4	2	2	2	2	G322	hp	4	5	355	1068
G1128	7	14	2344555	1	3	9	7	2	4	3	2	2	4	G323	h	4	5	358	1069
G1129	7	14	2344555	1	3	11	7	2	5	2	2	2	4	G325	h	5	5	359	1070
G1130	7	14	2344555	1	3	10	7	3	4	3	2	2	4	G324	h	4	5	356	1071
G1131	7	14	2344555	1	3	10	7	3	4	3	2	2	12	G326	h	4	5	357	1072
G1132	7	14	2444446	1	3	10	7	2	4	3	2	2	4	G309	eh	4	6	356	1073
G1133	7	14	2444455	1	3	10	7	2	4	2	2	2	2	G332	h	4	5	356	1074
G1134	7	14	2444455	1	3	9	7	2	4	3	2	2	2	G331	h	4	5	360	1075
G1135	7	14	2444455	1	3	9	7	2	3	3	2	2	4	G333	hpu	3	5	361	1076
G1136	7	14	2444455	1	3	10	7	2	4	2	2	2	4	G334	h	4	5	362	1077
G1137	7	14	2444455	1	3	8	7	2	3	3	2	2	16	G335	h	3	5	363	1078
G1138	7	14	3333466	1	3	11	7	2	4	3	2	3	8	G293	hp	4	6	355	1079
G1139	7	14	3333556	1	3	10	7	2	4	3	3	3	4	G298	h	4	6	357	1080
G1140	7	14	3333556	1	3	8	6	2	3	4	3	3	48	G299	u	3	6	364	1081
G1141	7	14	3334456	1	3	10	7	2	4	3	3	3	1	G305	hp	4	6	357	1082
G1142	7	14	3334456	1	3	10	7	2	4	3	3	3	2	G306	hp	4	6	357	1083
G1143	7	14	3334456	1	3	9	7	2	4	3	3	3	2	G307	h	4	6	360	1084

Table of parameters for graphs 53

graph	n	e	deg	k	g	s	c	d	cl	in	vc	ec	aut	comp	props	χ	χ'	CP	SP
G1144	7	14	3334456	1	3	11	7	2	4	2	2	3	4	G308	hp	4	6	355	1085
G1145	7	14	3334555	1	3	10	7	2	4	2	3	3	2	G327	hp	4	5	357	1086
G1146	7	14	3334555	1	3	9	7	2	4	3	3	3	2	G328	hp	4	5	360	1087
G1147	7	14	3334555	1	3	9	7	2	4	3	3	3	2	G329	h	4	5	365	1088
G1148	7	14	3334555	1	3	8	7	2	3	3	3	3	4	G330	hu	3	5	364	1089
G1149	7	14	3344446	1	3	9	7	2	4	3	3	3	2	G310	h	4	6	365	1087
G1150	7	14	3344446	1	3	10	7	2	4	2	3	3	4	G312	hp	4	6	357	1090
G1151	7	14	3344446	1	3	10	7	2	4	2	3	3	4	G311	h	4	6	362	1091
G1152	7	14	3344446	1	3	8	7	2	3	3	3	3	8	G313	hu	3	6	366	1092
G1153	7	14	3344455	1	3	8	7	2	4	3	3	3	1	G336	h	4	5	367	1093
G1154	7	14	3344455	1	3	9	7	2	4	2	3	3	1	G337	hp	4	5	360	1094
G1155	7	14	3344455	1	3	8	7	2	3	3	3	3	2	G338	hu	3	5	366	1095
G1156	7	14	3344455	1	3	9	7	2	4	2	3	3	2	G340	h	4	5	365	1096
G1157	7	14	3344455	1	3	8	7	2	3	3	3	3	2	G339	hu	3	5	366	1097
G1158	7	14	3344455	1	3	9	7	2	4	2	3	3	2	G341	h	4	5	365	1098
G1159	7	14	3344455	1	3	9	7	2	4	2	3	3	2	G342	h	4	5	368	1099
G1160	7	14	3344455	1	3	8	7	2	3	3	3	3	4	G345	hpu	3	5	364	1100
G1161	7	14	3344455	1	3	8	7	2	4	3	3	3	4	G343	h	4	5	369	1101
G1162	7	14	3344455	1	3	9	7	2	4	2	3	3	4	G344	h	4	5	365	1102
G1163	7	14	3344455	1	3	7	7	2	4	3	3	3	8	G346	h	4	5	370	1103
G1164	7	14	3344455	1	3	9	7	2	4	2	2	3	24	G347	h	4	5	358	1104
G1165	7	14	3444445	1	3	7	7	2	3	3	3	3	2	G349	hu	3	5	371	1105
G1166	7	14	3444445	1	3	8	7	2	4	2	3	3	2	G350	h	4	5	367	1106
G1167	7	14	3444445	1	3	8	7	2	3	2	3	3	2	G351	hp	4	5	367	1107
G1168	7	14	3444445	1	3	8	7	2	4	2	3	3	2	G348	h	4	5	369	1108
G1169	7	14	3444445	1	3	6	7	2	3	3	3	3	12	G352	h	3	5	372	1109
G1170	7	14	4444444	1	3	7	7	2	3	2	4	4	14	G353	eh	4	5	373	1110
G1171	7	14	4444444	1	3	6	7	2	3	3	3	4	48	G354	eh	3	5	372	1111
G1172	7	15	0555555	2	3	20	6	-	6	2	-	-	720	G270	-	6	5	374	1112
G1173	7	15	1445556	1	3	16	6	2	5	3	1	1	12	G255	-	5	6	375	1113
G1174	7	15	1455555	1	3	16	6	3	5	2	1	1	24	G271	-	5	5	375	1114
G1175	7	15	2344566	1	3	14	7	2	5	2	2	2	4	G250	h	5	6	376	1115
G1176	7	15	2345556	1	3	14	7	2	5	3	2	2	2	G256	h	5	6	376	1116
G1177	7	15	2355555	1	3	14	7	3	5	2	2	2	12	G272	h	5	5	376	1117
G1178	7	15	2444466	1	3	13	7	2	4	3	2	2	16	G252	eh	4	6	377	1118
G1179	7	15	2444556	1	3	13	7	2	4	3	2	2	2	G258	h	4	6	377	1119
G1180	7	15	2444556	1	3	14	7	2	5	2	2	2	4	G259	h	5	6	376	1120
G1181	7	15	2445555	1	3	13	7	2	4	2	2	2	4	G273	h	4	5	377	1121
G1182	7	15	2445555	1	3	13	7	2	5	2	2	2	6	G274	h	5	5	378	1122
G1183	7	15	2445555	1	3	12	7	2	4	3	2	2	8	G275	h	4	5	379	1123
G1184	7	15	3333666	1	3	13	6	2	4	4	3	3	144	G249	u	4	6	380	1124
G1185	7	15	3334566	1	3	13	7	2	4	3	3	3	4	G251	hu	4	6	380	1125
G1186	7	15	3335556	1	3	13	7	2	4	3	3	3	6	G257	hpu	4	6	380	1126
G1187	7	15	3344466	1	3	13	7	2	4	3	3	3	4	G253	hpu	4	6	380	1127
G1188	7	15	3344466	1	3	14	7	2	5	2	2	3	24	G254	h	5	6	376	1128
G1189	7	15	3344556	1	3	12	7	2	4	3	3	3	1	G260	h	4	6	381	1129
G1190	7	15	3344556	1	3	13	7	2	4	2	3	3	2	G261	hpu	4	6	380	1130
G1191	7	15	3344556	1	3	12	7	2	4	3	3	3	4	G262	h	4	6	381	1131
G1192	7	15	3344556	1	3	13	7	2	5	2	3	3	4	G263	h	5	6	378	1132
G1193	7	15	3344556	1	3	11	7	2	4	3	3	3	8	G264	h	4	6	382	1133
G1194	7	15	3345555	1	3	12	7	2	4	2	3	3	2	G276	h	4	5	381	1134
G1195	7	15	3345555	1	3	11	7	2	4	3	3	3	4	G277	h	4	5	382	1135
G1196	7	15	3345555	1	3	12	7	2	5	2	3	3	8	G278	h	5	5	383	1136
G1197	7	15	3444456	1	3	11	7	2	4	3	3	3	2	G265	h	4	6	384	1137
G1198	7	15	3444456	1	3	12	7	2	4	2	3	3	2	G266	h	4	6	381	1138

54 Graphs

graph	n	e	deg	k	g	s	c	d	cl	in	vc	ec	aut	comp	props	χ	χ'	CP	SP
G1199	7	15	3444456	1	3	12	7	2	4	2	3	3	2	G267	hu	4	6	385	1139
G1200	7	15	3444555	1	3	11	7	2	4	2	3	3	1	G279	h	4	5	384	1140
G1201	7	15	3444555	1	3	11	7	2	4	2	3	3	2	G280	h	4	5	386	1141
G1202	7	15	3444555	1	3	10	7	2	3	3	3	3	4	G283	hu	3	5	387	1142
G1203	7	15	3444555	1	3	10	7	2	4	3	3	3	4	G282	h	4	5	388	1143
G1204	7	15	3444555	1	3	11	7	2	4	2	3	3	4	G281	h	4	5	382	1144
G1205	7	15	3444555	1	3	11	7	2	4	2	3	3	6	G284	hp	4	5	382	1145
G1206	7	15	3444555	1	3	10	7	2	4	3	3	3	36	G285	h	4	5	389	1146
G1207	7	15	4444446	1	3	11	7	2	4	2	4	4	12	G268	eh	4	6	386	1145
G1208	7	15	4444446	1	3	9	7	2	3	3	4	4	72	G269	ehu	3	6	390	1147
G1209	7	15	4444455	1	3	10	7	2	4	2	4	4	2	G286	h	4	5	388	1148
G1210	7	15	4444455	1	3	9	7	2	3	3	4	4	12	G287	hu	3	5	390	1149
G1211	7	15	4444455	1	3	10	7	2	4	2	3	4	16	G288	h	4	5	388	1150
G1212	7	15	4444455	1	3	10	7	2	3	2	4	4	20	G289	hp	4	5	391	1151
G1213	7	16	1555556	1	3	20	6	2	6	2	1	1	120	G234	-	6	6	392	1152
G1214	7	16	2445566	1	3	17	7	2	5	3	2	2	8	G229	h	5	6	393	1153
G1215	7	16	2455556	1	3	17	7	2	5	2	2	2	6	G235	h	5	6	393	1154
G1216	7	16	2555555	1	3	16	7	2	5	2	2	2	48	G243	h	5	6	394	1155
G1217	7	16	3344666	1	3	16	7	2	5	3	3	3	24	G228	h	5	6	394	1155
G1218	7	16	3345566	1	3	16	7	2	5	3	3	3	4	G230	h	5	6	394	1156
G1219	7	16	3355556	1	3	16	7	2	5	2	3	3	8	G236	h	5	6	394	1157
G1220	7	16	3444566	1	3	15	7	2	4	3	3	3	4	G231	hu	4	6	395	1158
G1221	7	16	3444566	1	3	16	7	2	5	2	3	3	4	G232	h	5	6	394	1159
G1222	7	16	3445556	1	3	15	7	2	4	2	3	3	2	G238	hu	4	6	395	1160
G1223	7	16	3445556	1	3	15	7	2	5	2	3	3	2	G237	h	5	6	396	1161
G1224	7	16	3445556	1	3	14	7	2	4	3	3	3	4	G239	h	4	6	397	1162
G1225	7	16	3455555	1	3	14	7	2	4	2	3	3	4	G244	h	4	6	397	1163
G1226	7	16	3455555	1	3	14	7	2	5	2	3	3	12	G245	h	5	6	398	1164
G1227	7	16	4444466	1	3	15	7	2	4	2	4	4	20	G233	eh	5	6	396	1165
G1228	7	16	4444556	1	3	14	7	2	4	2	4	4	2	G240	hu	4	6	399	1166
G1229	7	16	4444556	1	3	13	7	2	4	3	4	4	12	G241	h	4	6	400	1167
G1230	7	16	4444556	1	3	14	7	2	4	2	3	4	16	G242	h	4	6	397	1168
G1231	7	16	4445555	1	3	13	7	2	4	2	4	4	4	G246	h	4	6	401	1169
G1232	7	16	4445555	1	3	13	7	2	4	2	4	4	4	G247	h	4	6	400	1170
G1233	7	16	4445555	1	3	12	7	2	3	3	4	4	48	G248	hu	3	6	402	1171
G1234	7	17	2555566	1	3	21	7	2	6	2	2	2	48	G220	h	6	6	403	1172
G1235	7	17	3445666	1	3	19	7	2	5	3	3	3	12	G218	h	5	6	404	1173
G1236	7	17	3455566	1	3	19	7	2	5	2	3	3	4	G221	h	5	6	404	1174
G1237	7	17	3555556	1	3	18	7	2	5	2	3	3	12	G224	h	5	6	405	1175
G1238	7	17	4444666	1	3	19	7	2	5	2	3	4	48	G219	eh	5	6	404	1176
G1239	7	17	4445566	1	3	18	7	2	5	2	4	4	4	G222	h	5	6	405	1177
G1240	7	17	4445566	1	3	17	7	2	4	3	4	4	24	G223	hu	4	6	406	1178
G1241	7	17	4455556	1	3	17	7	2	4	2	4	4	4	G225	hu	4	6	406	1179
G1242	7	17	4455556	1	3	17	7	2	5	2	4	4	8	G226	h	5	6	407	1180
G1243	7	17	4555555	1	3	16	7	2	4	2	4	4	16	G227	h	4	6	408	1181
G1244	7	18	3555666	1	3	23	7	2	6	2	3	3	36	G214	h	6	6	409	1182
G1245	7	18	4446666	1	3	22	7	2	5	3	4	4	144	G213	ehu	5	6	410	1183
G1246	7	18	4455666	1	3	22	7	2	5	2	4	4	12	G215	hu	5	6	410	1184
G1247	7	18	4555566	1	3	21	7	2	5	2	4	4	8	G216	h	5	6	411	1185
G1248	7	18	5555556	1	3	20	7	2	4	2	5	5	48	G217	hu	4	6	412	1186
G1249	7	19	4556666	1	3	26	7	2	6	2	4	4	48	G211	h	6	6	413	1187
G1250	7	19	5555666	1	3	25	7	2	5	2	5	5	48	G212	hu	5	6	414	1188
G1251	7	20	5566666	1	3	30	7	2	6	2	5	5	240	G210	hu	6	7	415	1189
G1252	7	21	6666666	1	3	35	7	1	7	1	6	6	5040	G209	ehu	7	6	416	1190

Degree sequences of graphs with up to 8 vertices

deg	freq	deg	freq	deg	freq	deg	freq	deg	freq
0	1	000000	1	113344	1	444444	1	0112244	1
00	1	000011	1	122223	3	444455	1	0112334	2
11	1	000112	1	122225	1	445555	1	0113333	2
000	1	000222	1	122234	4	555555	1	0113335	1
011	1	001111	1	122245	1	0000000	1	0113344	1
112	1	001113	1	122333	4	0000011	1	0122223	3
222	1	001122	1	122335	1	0000112	1	0122225	1
0000	1	001223	1	122344	2	0000222	1	0122234	4
0011	1	002222	1	123334	4	0001111	1	0122245	1
0112	1	002233	1	123345	1	0001113	1	0122333	4
0222	1	003333	1	123444	1	0001122	1	0122335	1
1111	1	011112	1	133333	1	0001223	1	0122344	2
1113	1	011114	1	133335	1	0002222	1	0123334	4
1122	1	011123	1	133344	2	0002233	1	0123345	1
1223	1	011222	2	133445	1	0003333	1	0123444	1
2222	1	011224	1	134444	1	0011112	1	0133333	1
2233	1	011233	1	144445	1	0011114	1	0133335	1
3333	1	012223	2	222222	2	0011123	1	0133344	2
00000	1	012234	1	222224	1	0011222	2	0133445	1
00011	1	012333	1	222233	4	0011224	1	0134444	1
00112	1	013334	1	222235	1	0011233	1	0144445	1
00222	1	022222	1	222244	2	0012223	2	0222222	2
01111	1	022224	1	222255	1	0012234	1	0222224	1
01113	1	022233	2	222334	4	0012333	1	0222233	4
01122	1	022244	1	222345	1	0013334	1	0222235	1
01223	1	022334	1	222444	1	0022222	1	0222244	2
02222	1	023333	1	223333	4	0022224	1	0222255	1
02233	1	023344	1	223335	2	0022233	2	0222334	4
03333	1	033334	1	223344	5	0022244	1	0222345	1
11112	1	033444	1	223355	1	0022334	1	0222444	1
11114	1	044444	1	223445	1	0023333	1	0223333	4
11123	1	111111	1	224444	1	0023344	1	0223335	2
11222	2	111113	1	233334	3	0033334	1	0223344	5
11224	1	111115	1	233345	2	0033444	1	0223355	1
11233	1	111122	2	233444	3	0044444	1	0223445	1
12223	2	111124	1	233455	1	0111111	1	0224444	1
12234	1	111133	1	234445	1	0111113	1	0233334	3
12333	1	111223	3	244444	1	0111115	1	0233345	2
13334	1	111225	1	244455	1	0111122	2	0233444	3
22222	1	111234	1	333333	2	0111124	1	0233455	1
22224	1	111333	1	333335	1	0111133	1	0234445	1
22233	2	112222	3	333344	3	0111223	3	0244444	1
22244	1	112224	2	333355	1	0111225	1	0244455	1
22334	1	112233	5	333445	2	0111234	1	0333333	2
23333	1	112235	1	333555	1	0111333	1	0333335	1
23344	1	112244	1	334444	2	0112222	3	0333344	3
33334	1	112334	2	334455	1	0112224	2	0333355	1
33444	1	113333	2	344445	1	0112233	5	0333445	2
44444	1	113335	1	344555	1	0112235	1	0333555	1

56 Graphs

deg	freq	deg	freq	deg	freq	deg	freq	deg	freq
0334444	2	1123445	2	1333444	8	2233444	19	3333444	11
0334455	1	1124444	1	1333446	2	2233446	5	3333446	4
0344445	1	1133334	6	1333455	4	2233455	9	3333455	7
0344555	1	1133336	1	1333556	1	2233466	1	3333466	1
0444444	1	1133345	3	1334445	7	2233556	1	3333556	2
0444455	1	1133444	5	1334456	1	2234445	11	3333666	1
0445555	1	1133446	1	1334555	2	2234456	2	3334445	11
0555555	1	1133455	1	1344444	3	2234555	2	3334456	4
1111112	1	1134445	2	1344446	1	2244444	4	3334555	4
1111114	1	1144444	2	1344455	4	2244446	2	3334566	1
1111116	1	1144446	1	1344556	1	2244455	5	3335556	1
1111123	2	1144455	1	1345555	1	2244466	1	3344444	7
1111125	1	1222223	5	1444445	2	2244556	1	3344446	4
1111134	1	1222225	2	1444456	1	2245555	1	3344455	12
1111222	3	1222234	11	1444555	2	2333333	4	3344466	2
1111224	3	1222236	1	1445556	1	2333335	5	3344556	5
1111226	1	1222245	4	1455555	1	2333344	18	3344666	1
1111233	3	1222256	1	1555556	1	2333346	3	3345555	3
1111235	1	1222333	11	2222222	2	2333355	6	3345566	1
1111244	1	1222335	7	2222224	2	2333366	1	3355556	1
1111334	1	1222344	11	2222226	1	2333445	20	3444445	5
1112223	7	1222346	1	2222233	7	2333456	4	3444456	3
1112225	2	1222355	2	2222235	3	2333555	3	3444555	7
1112234	7	1222445	2	2222244	4	2333566	1	3444566	2
1112236	1	1223334	20	2222246	1	2334444	13	3445556	3
1112245	1	1223336	2	2222255	2	2334446	4	3445666	1
1112333	4	1223345	12	2222266	1	2334455	14	3455555	2
1112335	2	1223356	1	2222334	13	2334466	1	3455566	1
1112344	2	1223444	8	2222336	2	2334556	2	3555556	1
1113334	3	1223446	1	2222345	6	2335555	1	3555666	1
1113336	1	1223455	2	2222356	1	2344445	11	4444444	2
1113345	1	1224445	2	2222444	3	2344456	4	4444446	2
1113444	1	1233333	5	2222446	1	2344555	7	4444455	4
1122222	4	1233335	6	2222455	1	2344566	1	4444466	1
1122224	5	1233344	17	2223333	11	2345556	1	4444556	3
1122226	1	1233346	2	2223335	8	2355555	1	4444666	1
1122233	12	1233355	3	2223344	19	2444444	2	4445555	3
1122235	4	1233445	12	2223346	3	2444446	1	4445566	2
1122244	5	1233456	1	2223355	5	2444455	5	4446666	1
1122246	1	1233555	1	2223366	1	2444466	1	4455556	2
1122255	1	1234444	6	2223445	8	2444556	2	4455666	1
1122334	14	1234446	1	2223456	1	2445555	3	4555555	1
1122336	1	1234455	3	2223555	1	2445566	1	4555566	1
1122345	3	1244445	4	2224444	3	2455556	1	4556666	1
1122444	2	1244456	1	2224446	1	2555555	1	5555556	1
1123333	7	1244555	1	2224455	2	2555566	1	5555666	1
1123335	4	1333334	5	2233334	18	3333334	4	5566666	1
1123344	9	1333336	1	2233336	3	3333336	2	6666666	1
1123346	1	1333345	6	2233345	17	3333345	5		
1123355	1	1333356	1	2233356	2	3333356	1		

Degree sequences of graphs with up to 8 vertices

deg	freq	deg	freq	deg	freq	deg	freq
00000000	1	00122225	1	01111112	1	01144444	2
00000011	1	00122234	4	01111114	1	01144446	1
00000112	1	00122245	1	01111116	1	01144455	1
00000222	1	00122333	4	01111123	2	01222223	5
00001111	1	00122335	1	01111125	1	01222225	2
00001113	1	00122344	2	01111134	1	01222234	11
00001122	1	00123334	4	01111222	3	01222236	1
00001223	1	00123345	1	01111224	3	01222245	4
00002222	1	00123444	1	01111226	1	01222256	1
00002233	1	00133333	1	01111233	3	01222333	11
00003333	1	00133335	1	01111235	1	01222335	7
00011112	1	00133344	2	01111244	1	01222344	11
00011114	1	00133445	1	01111334	1	01222346	1
00011123	1	00134444	1	01112223	7	01222355	2
00011222	2	00144445	1	01112225	2	01222445	2
00011224	1	00222222	2	01112234	7	01223334	20
00011233	1	00222224	1	01112236	1	01223336	2
00012223	2	00222233	4	01112245	1	01223345	12
00012234	1	00222235	1	01112333	4	01223356	1
00012333	1	00222244	2	01112335	2	01223444	8
00013334	1	00222255	1	01112344	2	01223446	1
00022222	1	00222334	4	01113334	3	01223455	2
00022224	1	00222345	1	01113336	1	01224445	2
00022233	2	00222444	1	01113345	1	01233333	5
00022244	1	00223333	4	01113444	1	01233335	6
00022334	1	00223335	2	01122222	4	01233344	17
00023333	1	00223344	5	01122224	5	01233346	2
00023344	1	00223355	1	01122226	1	01233355	3
00033334	1	00223445	1	01122233	12	01233445	12
00033444	1	00224444	1	01122235	4	01233456	1
00044444	1	00233334	3	01122244	5	01233555	1
00111111	1	00233345	2	01122246	1	01234444	6
00111113	1	00233444	3	01122255	1	01234446	1
00111115	1	00233455	1	01122334	14	01234455	3
00111122	2	00234445	1	01122336	1	01244445	4
00111124	1	00244444	1	01122345	3	01244456	1
00111133	1	00244455	1	01122444	2	01244555	1
00111223	3	00333333	2	01123333	7	01333334	5
00111225	1	00333335	1	01123335	4	01333336	1
00111234	1	00333344	3	01123344	9	01333345	6
00111333	1	00333355	1	01123346	1	01333356	1
00112222	3	00333445	2	01123355	1	01333444	8
00112224	2	00333555	1	01123445	2	01333446	2
00112233	5	00334444	2	01124444	1	01333455	4
00112235	1	00334455	1	01133334	6	01333556	1
00112244	1	00344445	1	01133336	1	01334445	7
00112334	2	00344555	1	01133345	3	01334456	1
00113333	2	00444444	1	01133444	5	01334555	2
00113335	1	00444455	1	01133446	1	01344444	3
00113344	1	00445555	1	01133455	1	01344446	1
00122223	3	00555555	1	01134445	2	01344455	4

58 Graphs

deg	freq	deg	freq	deg	freq	deg	freq
01344556	1	02244466	1	03344446	4	11111245	1
01345555	1	02244556	1	03344455	12	11111333	2
01444445	2	02245555	1	03344466	2	11111335	1
01444456	1	02333333	4	03344556	5	11111344	1
01444555	2	02333335	5	03344666	1	11112222	5
01445556	1	02333344	18	03345555	3	11112224	7
01455555	1	02333346	3	03345566	1	11112226	2
01555556	1	02333355	6	03355556	1	11112233	12
02222222	2	02333366	1	03444445	5	11112235	7
02222224	2	02333445	20	03444456	3	11112237	1
02222226	1	02333456	4	03444555	7	11112244	5
02222233	7	02333555	3	03444566	2	11112246	1
02222235	3	02333566	1	03445556	3	11112255	1
02222244	4	02334444	13	03445666	1	11112334	9
02222246	1	02334446	4	03455555	2	11112336	2
02222255	2	02334455	14	03455566	1	11112345	3
02222266	1	02334466	1	03555556	1	11112444	1
02222334	13	02334556	2	03555666	1	11113333	4
02222336	2	02335555	1	04444444	2	11113335	3
02222345	6	02344445	11	04444446	2	11113337	1
02222356	1	02344456	4	04444455	4	11113344	4
02222444	3	02344555	7	04444466	1	11113346	1
02222446	1	02344566	1	04444556	3	11113355	1
02222455	1	02345556	1	04444666	1	11113445	1
02223333	11	02355555	1	04445555	3	11114444	1
02223335	8	02444444	2	04445566	2	11122223	12
02223344	19	02444446	1	04446666	1	11122225	5
02223346	3	02444455	5	04455556	2	11122227	1
02223355	5	02444466	1	04455666	1	11122234	22
02223366	1	02444556	2	04555555	1	11122236	4
02223445	8	02445555	3	04555566	1	11122245	7
02223456	1	02445566	1	04556666	1	11122247	1
02223555	1	02455556	1	05555556	1	11122256	1
02224444	3	02555555	1	05555666	1	11122333	18
02224446	1	02555566	1	05566666	1	11122335	14
02224455	2	03333334	4	06666666	1	11122337	1
02233334	18	03333336	2	11111111	1	11122344	17
02233336	3	03333345	5	11111113	1	11122346	3
02233345	17	03333356	1	11111115	1	11122355	2
02233356	2	03333444	11	11111117	1	11122445	4
02233444	19	03333446	4	11111122	2	11123334	22
02233446	5	03333455	7	11111124	2	11123336	4
02233455	9	03333466	1	11111126	1	11123345	14
02233466	1	03333556	2	11111133	2	11123347	1
02233556	1	03333666	1	11111135	1	11123356	1
02234445	11	03334445	11	11111144	1	11123444	8
02234456	2	03334456	4	11111223	5	11123446	2
02234555	2	03334555	4	11111225	3	11123455	2
02244444	4	03334566	1	11111227	1	11124445	2
02244446	2	03335556	1	11111234	4	11133333	5
02244455	5	03344444	7	11111236	1	11133335	6

Degree sequences of graphs with up to 8 vertices

deg	freq	deg	freq	deg	freq	deg	freq
11133337	1	11233345	43	11444455	8	12233344	110
11133344	12	11233347	2	11444457	1	12233346	30
11133346	3	11233356	5	11444466	1	12233355	29
11133355	2	11233444	40	11444556	3	12233357	2
11133445	9	11233446	12	11445555	5	12233366	3
11133447	1	11233455	20	11445557	1	12233445	115
11133456	1	11233457	1	11445566	1	12233447	5
11133555	1	11233466	1	11455556	2	12233456	27
11134444	4	11233556	2	11555555	2	12233467	1
11134446	2	11234445	25	11555557	1	12233555	11
11134455	2	11234447	1	11555566	1	12233557	1
11144445	3	11234456	5	12222223	8	12233566	2
11144447	1	11234555	4	12222225	4	12234444	40
11144456	1	11244444	7	12222227	1	12234446	19
11144555	1	11244446	4	12222234	24	12234455	45
11222222	6	11244455	9	12222236	5	12234457	2
11222224	9	11244457	1	12222245	11	12234466	3
11222226	2	11244466	1	12222247	1	12234556	8
11222233	27	11244556	2	12222256	4	12235555	2
11222235	15	11245555	1	12222267	1	12244445	24
11222237	1	11333333	7	12222333	29	12244447	2
11222244	15	11333335	9	12222335	29	12244456	12
11222246	4	11333337	1	12222337	2	12244467	1
11222255	5	11333344	26	12222344	40	12244555	11
11222257	1	11333346	6	12222346	11	12244557	1
11222266	1	11333355	8	12222355	11	12244566	2
11222334	51	11333357	1	12222357	1	12245556	2
11222336	7	11333366	1	12222366	2	12255555	1
11222345	27	11333445	30	12222445	14	12333334	43
11222347	1	11333447	2	12222447	1	12333336	9
11222356	3	11333456	6	12222456	3	12333345	79
11222444	10	11333555	5	12222555	1	12333347	3
11222446	2	11333557	1	12223334	79	12333356	15
11222455	4	11333566	1	12223336	13	12333367	1
11223333	29	11334444	19	12223345	75	12333444	86
11223335	28	11334446	7	12223347	3	12333446	36
11223337	2	11334455	19	12223356	12	12333455	65
11223344	60	11334457	1	12223367	1	12333457	4
11223346	12	11334466	1	12223444	42	12333466	6
11223355	13	11334556	3	12223446	14	12333556	12
11223357	1	11335555	2	12223455	23	12333567	1
11223366	1	11344445	16	12223457	1	12333666	1
11223445	28	11344447	1	12223466	2	12334445	109
11223447	1	11344456	6	12223556	2	12334447	4
11223456	3	11344555	9	12224445	16	12334456	42
11223555	2	11344557	1	12224447	1	12334467	1
11224444	8	11344566	1	12224456	4	12334555	31
11224446	2	11345556	2	12224555	3	12334557	2
11224455	5	11355555	1	12233333	25	12334566	5
11233334	39	11444444	4	12233335	42	12335556	4
11233336	6	11444446	2	12233337	3	12344444	27

60 Graphs

deg	freq	deg	freq	deg	freq	deg	freq
12344446	20	13334666	2	14446667	1	22223366	5
12344455	64	13335555	5	14455555	7	22223377	1
12344457	4	13335557	1	14455557	2	22223445	46
12344466	6	13335566	2	14455566	7	22223447	3
12344556	27	13344445	56	14455667	1	22223456	13
12344567	1	13344447	4	14456666	2	22223467	1
12344666	1	13344456	36	14555556	5	22223555	5
12345555	13	13344467	2	14555567	1	22223557	1
12345557	1	13344555	41	14555666	4	22223566	1
12345566	3	13344557	5	14556667	1	22224444	13
12355556	3	13344566	12	14566666	1	22224446	5
12444445	18	13344667	1	15555555	1	22224455	14
12444447	1	13345556	14	15555557	1	22224457	1
12444456	15	13345567	1	15555566	2	22224466	2
12444467	1	13345666	2	15555667	1	22224556	2
12444555	20	13355555	4	15556666	2	22225555	2
12444557	2	13355557	1	15566667	1	22233334	67
12444566	5	13355566	2	15666666	1	22233336	15
12445556	12	13444444	10	16666667	1	22233345	99
12445567	1	13444446	10	22222222	3	22233347	7
12445666	1	13444455	39	22222224	3	22233356	20
12455555	6	13444457	3	22222226	1	22233367	2
12455557	1	13444466	6	22222233	13	22233444	87
12455566	3	13444556	30	22222235	7	22233446	41
12555556	4	13444567	2	22222237	1	22233455	66
12555567	1	13444666	3	22222244	9	22233457	7
12555666	1	13445555	21	22222246	3	22233466	9
13333333	4	13445557	3	22222255	4	22233477	1
13333335	9	13445566	12	22222257	1	22233556	11
13333337	2	13445667	1	22222266	2	22233567	1
13333344	29	13446666	1	22222277	1	22233666	1
13333346	10	13455556	11	22222334	31	22234445	71
13333355	11	13455567	1	22222336	7	22234447	4
13333357	1	13455666	3	22222345	23	22234456	31
13333366	2	13555555	3	22222347	2	22234467	2
13333445	58	13555557	1	22222356	6	22234555	20
13333447	4	13555566	4	22222367	1	22234557	2
13333456	20	13555667	1	22222444	9	22234566	4
13333467	1	13556666	1	22222446	4	22235556	3
13333555	10	14444445	8	22222455	6	22244444	14
13333557	2	14444447	2	22222457	1	22244446	10
13333566	4	14444456	9	22222466	1	22244455	26
13333667	1	14444467	1	22222556	1	22244457	3
13334444	37	14444555	15	22223333	28	22244466	5
13334446	22	14444557	3	22223335	31	22244477	1
13334455	57	14444566	6	22223337	3	22244556	11
13334457	4	14444667	1	22223344	69	22244567	1
13334466	7	14445556	13	22223346	21	22244666	1
13334556	19	14445567	2	22223355	23	22245555	5
13334567	1	14445666	4	22223357	3	22245557	1

Degree sequences of graphs with up to 8 vertices 61

deg	freq	deg	freq	deg	freq	deg	freq
22245566	2	22444457	6	23344446	58	24444567	6
22255556	1	22444466	8	23344455	184	24444666	6
22333333	20	22444477	1	23344457	20	24444677	1
22333335	35	22444556	29	23344466	30	24445555	31
22333337	4	22444567	3	23344477	2	24445557	8
22333344	117	22444666	2	23344556	115	24445566	28
22333346	39	22445555	23	23344567	12	24445577	2
22333355	43	22445557	5	23344666	9	24445667	4
22333357	5	22445566	13	23344677	1	24446666	3
22333366	8	22445577	1	23345555	46	24446677	1
22333377	1	22445667	1	23345557	8	24455556	29
22333445	184	22446666	1	23345566	28	24455567	7
22333447	12	22455556	11	23345577	1	24455666	14
22333456	64	22455567	2	23345667	2	24455677	1
22333467	4	22455666	2	23346666	1	24456667	2
22333555	26	22555555	4	23355556	14	24466666	1
22333557	5	22555557	2	23355567	2	24555555	7
22333566	9	22555566	5	23355666	4	24555557	3
22333577	1	22555577	1	23444445	71	24555566	15
22333667	1	22555667	1	23444447	5	24555577	1
22334444	94	22556666	1	23444456	79	24555667	4
22334446	57	23333334	29	23444467	6	24556666	7
22334455	149	23333336	8	23444555	99	24556677	1
22334457	14	23333345	71	23444557	17	24566667	1
22334466	19	23333347	5	23444566	43	24666666	1
22334477	1	23333356	18	23444577	2	25555556	4
22334556	45	23333367	2	23444667	3	25555567	2
22334567	3	23333444	96	23445556	75	25555666	5
22334666	2	23333446	56	23445567	12	25555677	1
22335555	14	23333455	94	23445666	1	25556667	2
22335557	2	23333457	11	23446667	1	25566666	3
22335566	5	23333466	16	23455555	23	25566677	1
22344445	94	23333477	1	23455557	6	25666667	1
22344447	7	23333556	24	23455566	27	26666666	1
22344456	65	23333567	4	23455577	1	26666677	1
22344467	4	23333666	3	23455667	3	33333333	6
22344555	66	23333677	1	23456666	3	33333335	7
22344557	9	23334445	184	23555556	11	33333337	2
22344566	20	23334447	11	23555567	4	33333344	28
22344577	1	23334456	109	23555666	7	33333346	10
22344667	1	23334467	7	23555677	1	33333355	13
22345556	23	23334555	71	23556667	1	33333357	2
22345567	2	23334557	11	23566666	1	33333366	4
22345666	2	23334566	25	24444444	7	33333377	1
22355555	6	23334577	1	24444446	9	33333445	61
22355557	1	23334667	2	24444455	35	33333447	7
22355566	4	23335556	16	24444457	5	33333456	27
22444444	13	23335567	2	24444466	9	33333467	3
22444446	11	23335666	2	24444477	1	33333555	14
22444455	43	23344444	61	24444556	42	33333557	4

62 Graphs

deg	freq	deg	freq	deg	freq	deg	freq
33333566	7	33444677	2	34555556	24	44555555	13
33333577	1	33445555	69	34555567	11	44555557	7
33333667	2	33445557	19	34555666	22	44555566	27
33333777	1	33445566	60	34555677	4	44555577	4
33334444	50	33445577	5	34556667	7	44555667	12
33334446	37	33445667	9	34556777	1	44555777	2
33334455	94	33445777	1	34566666	4	44556666	12
33334457	13	33446666	4	34566677	1	44556677	5
33334466	19	33446677	1	34666667	1	44557777	1
33334477	2	33455556	40	35555555	3	44566667	3
33334556	40	33455567	11	35555557	2	44566777	1
33334567	6	33455666	17	35555566	9	44666666	2
33334666	4	33455677	2	35555577	1	44666677	1
33334677	1	33456667	2	35555667	5	45555556	8
33335555	13	33466666	1	35555777	1	45555567	5
33335557	3	33555555	9	35556666	7	45555666	12
33335566	8	33555557	4	35556677	2	45555677	3
33335577	1	33555566	15	35566667	3	45556667	7
33335667	1	33555577	2	35566777	1	45556777	2
33336666	1	33555667	5	35666666	2	45566666	3
33344445	96	33555777	1	35666677	1	45567777	1
33344447	11	33556666	5	36666667	1	45666667	2
33344456	86	33556677	1	36666777	1	45666777	1
33344467	8	33566667	1	44444444	6	46666666	1
33344555	87	33666666	1	44444446	4	46666677	1
33344557	19	34444445	29	44444455	20	46667777	1
33344566	40	34444447	4	44444457	4	55555555	3
33344577	3	34444456	43	44444466	7	55555557	2
33344667	5	34444467	5	44444477	2	55555566	6
33344777	1	34444555	67	44444556	25	55555577	2
33345556	42	34444557	18	44444567	5	55555667	4
33345567	8	34444566	39	44444666	5	55555777	1
33345666	8	34444577	3	44444677	1	55556666	5
33345677	1	34444667	6	44445555	28	55556677	3
33346667	1	34444777	1	44445557	11	55557777	1
33355555	9	34445556	79	44445566	29	55566667	3
33355557	3	34445567	20	44445577	4	55566777	2
33355566	10	34445666	22	44445667	7	55577777	1
33355577	1	34445677	4	44445777	1	55666666	2
33355667	2	34446667	3	44446666	4	55666677	2
33356666	1	34446777	1	44446677	2	55667777	1
33444444	28	34455555	31	44447777	1	56666667	1
33444446	29	34455557	13	44455556	29	56666777	1
33444455	117	34455566	51	44455567	11	56677777	1
33444457	18	34455577	4	44455666	18	66666666	1
33444466	26	34455667	14	44455677	4	66666677	1
33444477	3	34455777	1	44456667	4	66667777	1
33444556	110	34456666	9	44456777	1	66777777	1
33444567	17	34456677	2	44466666	2	77777777	1
33444666	12	34466667	1	44466677	1		

2 TREES

A **tree** is a connected graph that has no cycles. If a tree has n vertices, then it has $n-1$ edges, and any tree with more than one vertex has at least two **end-vertices** (vertices of degree 1). In any tree, there is a unique path between any two given vertices, and the removal of any edge disconnects the tree.

A **rooted tree** is a tree in which a particular vertex, the **root**, has been singled out. A tree is **homeomorphically irreducible** if it has no vertices of degree 2. An **identity tree** is a tree whose only automorphism is the identity map—that is, a tree with no non-trivial symmetries. For example, tree (a) below is homeomorphically irreducible, and tree (b) is an identity tree. A **binary tree** is a rooted tree in which at each vertex there can be a left upward branch or a right upward branch, or both or neither (see tree (c)).

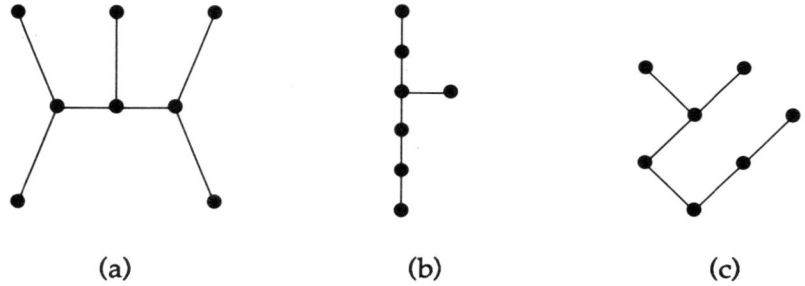

(a)   (b)   (c)

If we remove from a tree all the end-vertices and their incident edges, we obtain a smaller tree. Repeating this procedure as often as possible, we eventually obtain either a single vertex, or a pair of adjacent vertices. In the former case, the tree is **central**; in the latter case, it is **bicentral**. Tree (a) above is central; tree (b) is bicentral.

The weight of a vertex v is the maximum number of edges in a branch emanating from v. Any tree has either one vertex, or a pair of adjacent vertices, of minimum weight. In the former case, the tree is **centroidal**; in the latter case, it is **bicentroidal**. Trees (a) and (b) above are both bicentroidal.

Page 64 lists the numbers of trees, rooted trees, homeomorphically irreducible trees and identity trees with a given number of vertices. Pages 65–83 depict the 987 trees with up to 12 vertices, together with their degree sequences; the white vertices indicate the possible distinct rootings for the given tree. Pages 84–96 depict the homeomorphically irreducible trees with up to 16 vertices; pages 97–100 depict the identity trees with up to 14 vertices; and pages 101–114 depict the binary trees with up to 7 vertices. Pages 115–122 list a number of important parameters for the trees depicted on pages 65–83.

Table of tree numbers

Trees, rooted trees, homeomorphically irreducible trees and identity trees, with n vertices, for n = 1, 2, . . . , 30

n	trees	rooted trees	hom. irred.	identity
1	1	1	1	1
2	1	1	1	0
3	1	2	0	0
4	2	4	1	0
5	3	9	1	0
6	6	20	2	0
7	11	48	2	1
8	23	115	4	1
9	47	286	5	3
10	106	719	10	6
11	235	1842	14	15
12	551	4766	26	29
13	1301	12486	42	67
14	3159	32973	78	139
15	7741	87811	132	310
16	19320	2 35381	249	667
17	48629	6 34847	445	1480
18	1 23867	17 21159	842	3244
19	3 17955	46 88676	1561	7241
20	8 23065	128 26228	2988	16104
21	21 44505	352 24832	5671	36192
22	56 23756	970 55181	10981	81435
23	148 28074	2682 82855	21209	1 84452
24	392 99897	7437 24984	41472	4 18870
25	1046 36890	20671 74645	81181	9 55860
26	2797 93450	57596 36510	1 60176	21 87664
27	7510 65460	1 60837 34329	3 16749	50 25990
28	20234 43032	4 50070 66269	6 29933	115 80130
29	54695 66585	12 61865 54308	12 56070	267 65230
30	1 48308 71802	35 44268 47597	25 15169	620 27433

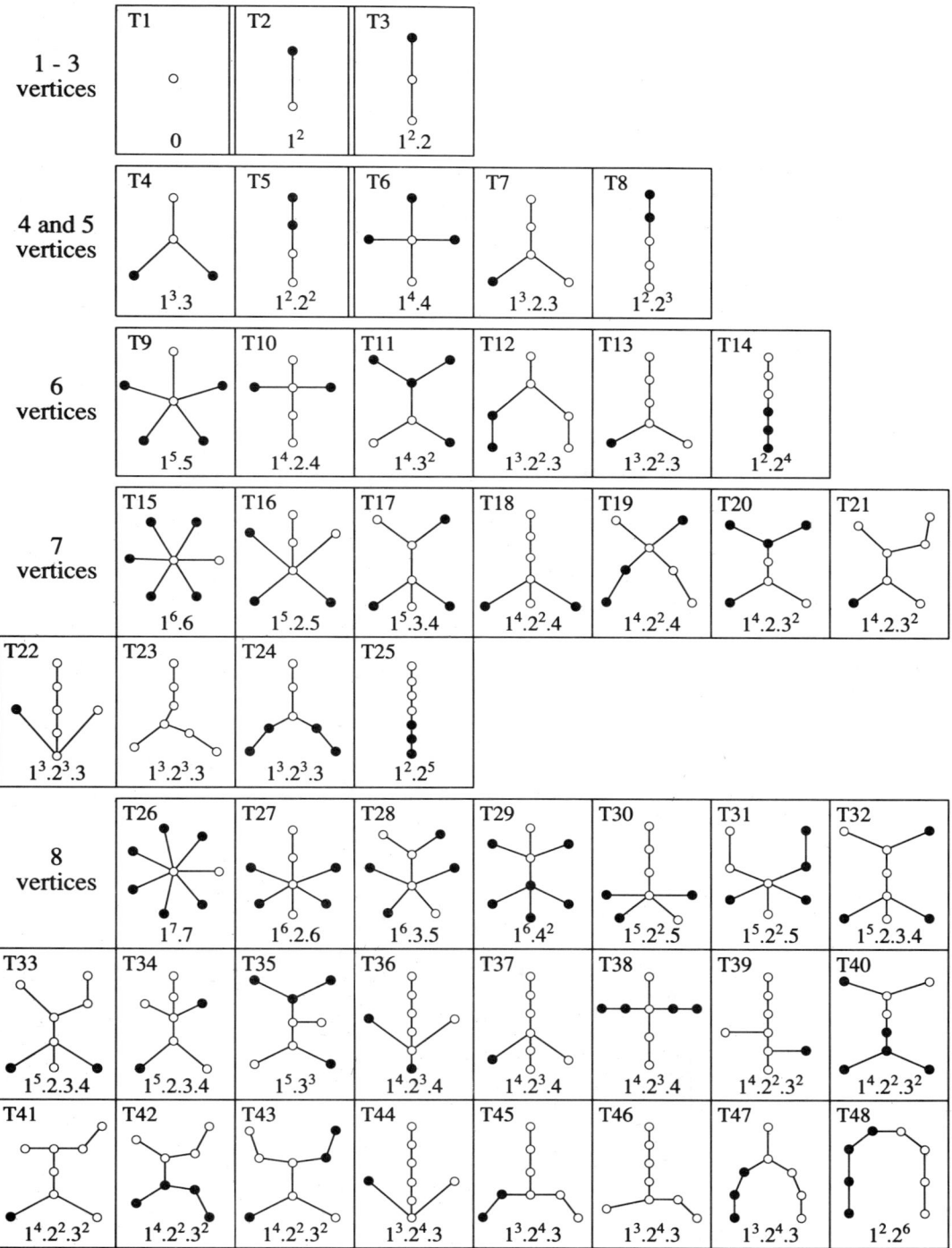

Trees: 9 vertices

T49 $1^8.8$	T50 $1^7.2.7$	T51 $1^7.3.6$	T52 $1^7.4.5$	T53 $1^6.2^2.6$	T54 $1^6.2^2.6$	T55 $1^6.2.3.5$
T56 $1^6.2.3.5$	T57 $1^6.2.3.5$	T58 $1^6.2.4^2$	T59 $1^6.2.4^2$	T60 $1^6.3^2.4$	T61 $1^6.3^2.4$	T62 $1^5.2^3.5$
T63 $1^5.2^3.5$	T64 $1^5.2^3.5$	T65 $1^5.2^2.3.4$	T66 $1^5.2^2.3.4$	T67 $1^5.2^2.3.4$	T68 $1^5.2^2.3.4$	T69 $1^5.2^2.3.4$
T70 $1^5.2^2.3.4$	T71 $1^5.2^2.3.4$	T72 $1^5.2^2.3.4$	T73 $1^5.2.3^3$	T74 $1^5.2.3^3$	T75 $1^5.2.3^3$	T76 $1^4.2^4.4$
T77 $1^4.2^4.4$	T78 $1^4.2^4.4$	T79 $1^4.2^4.4$	T80 $1^4.2^4.4$	T81 $1^4.2^3.3^2$	T82 $1^4.2^3.3^2$	T83 $1^4.2^3.3^2$
T84 $1^4.2^3.3^2$	T85 $1^4.2^3.3^2$	T86 $1^4.2^3.3^2$	T87 $1^4.2^3.3^2$	T88 $1^4.2^3.3^2$	T89 $1^4.2^3.3^2$	T90 $1^3.2^5.3$
T91 $1^3.2^5.3$	T92 $1^3.2^5.3$	T93 $1^3.2^5.3$	T94 $1^3.2^5.3$	T95 $1^2.2^7$		

Trees: 10 vertices

T96 $1^9.9$	T97 $1^8.2.8$	T98 $1^8.3.7$	T99 $1^8.4.6$	T100 $1^8.5^2$	T101 $1^7.2^2.7$	T102 $1^7.2^2.7$
T103 $1^7.2.3.6$	T104 $1^7.2.3.6$	T105 $1^7.2.3.6$	T106 $1^7.2.4.5$	T107 $1^7.2.4.5$	T108 $1^7.2.4.5$	T109 $1^7.3^2.5$
T110 $1^7.3^2.5$	T111 $1^7.3.4^2$	T112 $1^7.3.4^2$	T113 $1^6.2^3.6$	T114 $1^6.2^3.6$	T115 $1^6.2^3.6$	T116 $1^6.2^2.3.5$
T117 $1^6.2^2.3.5$	T118 $1^6.2^2.3.5$	T119 $1^6.2^2.3.5$	T120 $1^6.2^2.3.5$	T121 $1^6.2^2.3.5$	T122 $1^6.2^2.3.5$	T123 $1^6.2^2.3.5$
T124 $1^6.2^2.4^2$	T125 $1^6.2^2.4^2$	T126 $1^6.2^2.4^2$	T127 $1^6.2^2.4^2$	T128 $1^6.2^2.4^2$	T129 $1^6.2.3^2.4$	T130 $1^6.2.3^2.4$
T131 $1^6.2.3^2.4$	T132 $1^6.2.3^2.4$	T133 $1^6.2.3^2.4$	T134 $1^6.2.3^2.4$	T135 $1^6.2.3^2.4$	T136 $1^6.2.3^2.4$	T137 $1^6.3^4$
T138 $1^6.3^4$	T139 $1^5.2^4.5$	T140 $1^5.2^4.5$	T141 $1^5.2^4.5$	T142 $1^5.2^4.5$	T143 $1^5.2^4.5$	T144 $1^5.2^3.3.4$
T145 $1^5.2^3.3.4$	T146 $1^5.2^3.3.4$	T147 $1^5.2^3.3.4$	T148 $1^5.2^3.3.4$	T149 $1^5.2^3.3.4$	T150 $1^5.2^3.3.4$	T151 $1^5.2^3.3.4$

68 Trees

Trees: 10 vertices

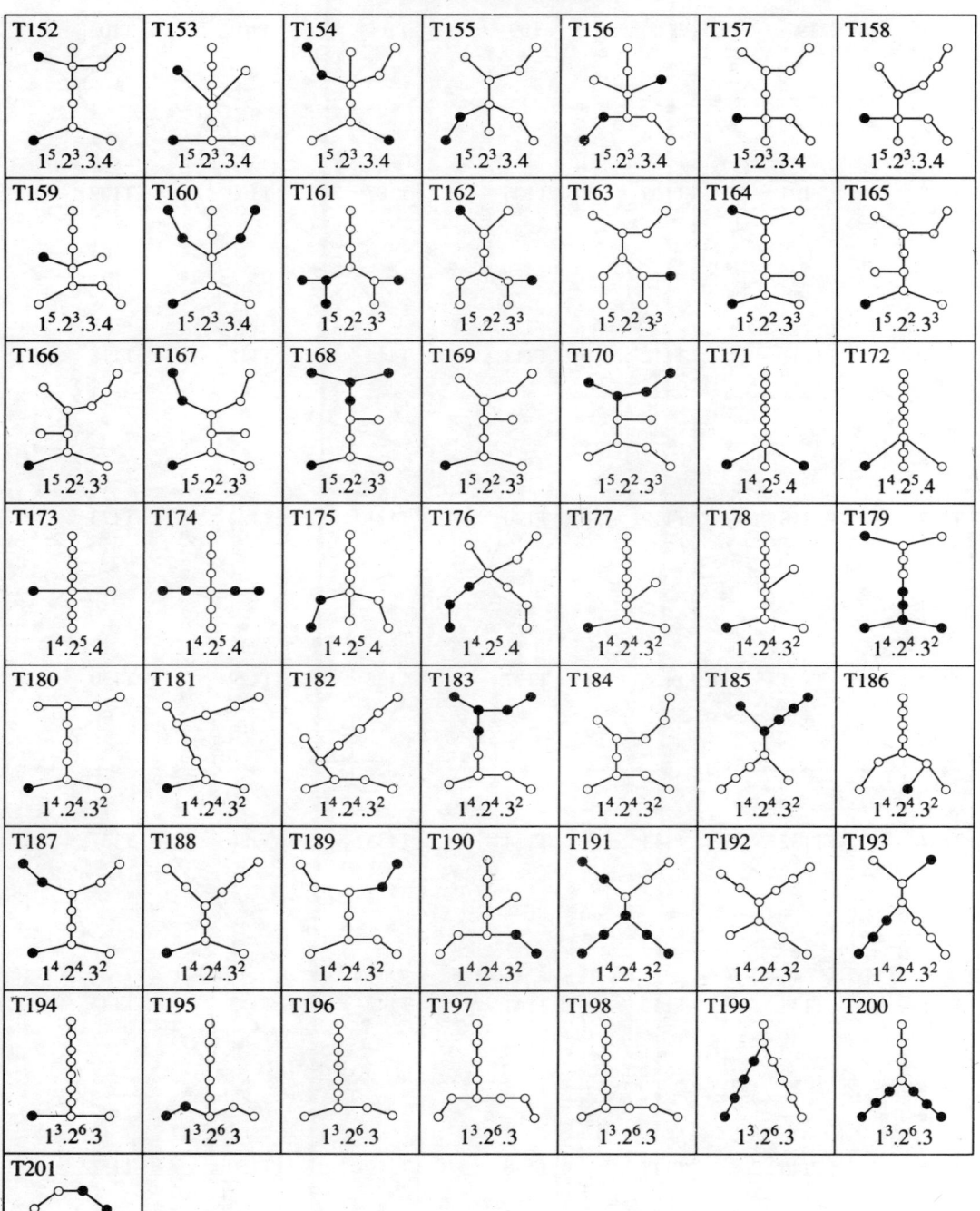

Trees: 11 vertices

T202 $1^{10}.10$	T203 $1^9.2.9$	T204 $1^9.3.8$	T205 $1^9.4.7$	T206 $1^9.5.6$	T207 $1^8.2^2.8$	T208 $1^8.2^2.8$
T209 $1^8.2.3.7$	T210 $1^8.2.3.7$	T211 $1^8.2.3.7$	T212 $1^8.2.4.6$	T213 $1^8.2.4.6$	T214 $1^8.2.4.6$	T215 $1^8.2.5^2$
T216 $1^8.2.5^2$	T217 $1^8.3^2.6$	T218 $1^8.3^2.6$	T219 $1^8.3.4.5$	T220 $1^8.3.4.5$	T221 $1^8.3.4.5$	T222 $1^8.4^3$
T223 $1^7.2^3.7$	T224 $1^7.2^3.7$	T225 $1^7.2^3.7$	T226 $1^7.2^2.3.6$	T227 $1^7.2^2.3.6$	T228 $1^7.2^2.3.6$	T229 $1^7.2^2.3.6$
T230 $1^7.2^2.3.6$	T231 $1^7.2^2.3.6$	T232 $1^7.2^2.3.6$	T233 $1^7.2^2.3.6$	T234 $1^7.2^2.4.5$	T235 $1^7.2^2.4.5$	T236 $1^7.2^2.4.5$
T237 $1^7.2^2.4.5$	T238 $1^7.2^2.4.5$	T239 $1^7.2^2.4.5$	T240 $1^7.2^2.4.5$	T241 $1^7.2^2.4.5$	T242 $1^7.2.3^2.5$	T243 $1^7.2.3^2.5$
T244 $1^7.2.3^2.5$	T245 $1^7.2.3^2.5$	T246 $1^7.2.3^2.5$	T247 $1^7.2.3^2.5$	T248 $1^7.2.3^2.5$	T249 $1^7.2.3^2.5$	T250 $1^7.2.3.4^2$

Trees: 11 vertices

T251 $1^7.2.3.4^2$	T252 $1^7.2.3.4^2$	T253 $1^7.2.3.4^2$	T254 $1^7.2.3.4^2$	T255 $1^7.2.3.4^2$	T256 $1^7.2.3.4^2$	T257 $1^7.2.3.4^2$
T258 $1^7.3^3.4$	T259 $1^7.3^3.4$	T260 $1^7.3^3.4$	T261 $1^7.3^3.4$	T262 $1^6.2^4.6$	T263 $1^6.2^4.6$	T264 $1^6.2^4.6$
T265 $1^6.2^4.6$	T266 $1^6.2^4.6$	T267 $1^6.2^3.3.5$	T268 $1^6.2^3.3.5$	T269 $1^6.2^3.3.5$	T270 $1^6.2^3.3.5$	T271 $1^6.2^3.3.5$
T272 $1^6.2^3.3.5$	T273 $1^6.2^3.3.5$	T274 $1^6.2^3.3.5$	T275 $1^6.2^3.3.5$	T276 $1^6.2^3.3.5$	T277 $1^6.2^3.3.5$	T278 $1^6.2^3.3.5$
T279 $1^6.2^3.3.5$	T280 $1^6.2^3.3.5$	T281 $1^6.2^3.3.5$	T282 $1^6.2^3.3.5$	T283 $1^6.2^3.3.5$	T284 $1^6.2^3.4^2$	T285 $1^6.2^3.4^2$
T286 $1^6.2^3.4^2$	T287 $1^6.2^3.4^2$	T288 $1^6.2^3.4^2$	T289 $1^6.2^3.4^2$	T290 $1^6.2^3.4^2$	T291 $1^6.2^3.4^2$	T292 $1^6.2^3.4^2$
T293 $1^6.2^3.4^2$	T294 $1^6.2^2.3^2.4$	T295 $1^6.2^2.3^2.4$	T296 $1^6.2^2.3^2.4$	T297 $1^6.2^2.3^2.4$	T298 $1^6.2^2.3^2.4$	T299 $1^6.2^2.3^2.4$

Trees: 11 vertices

T300 $1^6.2^2.3^2.4$	T301 $1^6.2^2.3^2.4$	T302 $1^6.2^2.3^2.4$	T303 $1^6.2^2.3^2.4$	T304 $1^6.2^2.3^2.4$	T305 $1^6.2^2.3^2.4$	T306 $1^6.2^2.3^2.4$
T307 $1^6.2^2.3^2.4$	T308 $1^6.2^2.3^2.4$	T309 $1^6.2^2.3^2.4$	T310 $1^6.2^2.3^2.4$	T311 $1^6.2^2.3^2.4$	T312 $1^6.2^2.3^2.4$	T313 $1^6.2^2.3^2.4$
T314 $1^6.2^2.3^2.4$	T315 $1^6.2^2.3^2.4$	T316 $1^6.2^2.3^2.4$	T317 $1^6.2^2.3^2.4$	T318 $1^6.2^2.3^2.4$	T319 $1^6.2^2.3^2.4$	T320 $1^6.2^2.3^2.4$
T321 $1^6.2^2.3^2.4$	T322 $1^6.2.3^4$	T323 $1^6.2.3^4$	T324 $1^6.2.3^4$	T325 $1^6.2.3^4$	T326 $1^6.2.3^4$	T327 $1^6.2.3^4$
T328 $1^5.2^5.5$	T329 $1^5.2^5.5$	T330 $1^5.2^5.5$	T331 $1^5.2^5.5$	T332 $1^5.2^5.5$	T333 $1^5.2^5.5$	T334 $1^5.2^5.5$
T335 $1^5.2^4.3.4$	T336 $1^5.2^4.3.4$	T337 $1^5.2^4.3.4$	T338 $1^5.2^4.3.4$	T339 $1^5.2^4.3.4$	T340 $1^5.2^4.3.4$	T341 $1^5.2^4.3.4$
T342 $1^5.2^4.3.4$	T343 $1^5.2^4.3.4$	T344 $1^5.2^4.3.4$	T345 $1^5.2^4.3.4$	T346 $1^5.2^4.3.4$	T347 $1^5.2^4.3.4$	T348 $1^5.2^4.3.4$

72 Trees

Trees: 11 vertices

T349 $1^5.2^4.3.4$	T350 $1^5.2^4.3.4$	T351 $1^5.2^4.3.4$	T352 $1^5.2^4.3.4$	T353 $1^5.2^4.3.4$	T354 $1^5.2^4.3.4$	T355 $1^5.2^4.3.4$
T356 $1^5.2^4.3.4$	T357 $1^5.2^4.3.4$	T358 $1^5.2^4.3.4$	T359 $1^5.2^4.3.4$	T360 $1^5.2^4.3.4$	T361 $1^5.2^4.3.4$	T362 $1^5.2^4.3.4$
T363 $1^5.2^4.3.4$	T364 $1^5.2^4.3.4$	T365 $1^5.2^4.3.4$	T366 $1^5.2^4.3.4$	T367 $1^5.2^4.3.4$	T368 $1^5.2^3.3^3$	T369 $1^5.2^3.3^3$
T370 $1^5.2^3.3^3$	T371 $1^5.2^3.3^3$	T372 $1^5.2^3.3^3$	T373 $1^5.2^3.3^3$	T374 $1^5.2^3.3^3$	T375 $1^5.2^3.3^3$	T376 $1^5.2^3.3^3$
T377 $1^5.2^3.3^3$	T378 $1^5.2^3.3^3$	T379 $1^5.2^3.3^3$	T380 $1^5.2^3.3^3$	T381 $1^5.2^3.3^3$	T382 $1^5.2^3.3^3$	T383 $1^5.2^3.3^3$
T384 $1^5.2^3.3^3$	T385 $1^5.2^3.3^3$	T386 $1^5.2^3.3^3$	T387 $1^5.2^3.3^3$	T388 $1^5.2^3.3^3$	T389 $1^5.2^3.3^3$	T390 $1^5.2^3.3^3$
T391 $1^5.2^3.3^3$	T392 $1^4.2^6.4$	T393 $1^4.2^6.4$	T394 $1^4.2^6.4$	T395 $1^4.2^6.4$	T396 $1^4.2^6.4$	T397 $1^4.2^6.4$

Trees: 11 vertices

T398 $1^4.2^6.4$	T399 $1^4.2^6.4$	T400 $1^4.2^6.4$	T401 $1^4.2^5.3^2$	T402 $1^4.2^5.3^2$	T403 $1^4.2^5.3^2$	T404 $1^4.2^5.3^2$
T405 $1^4.2^5.3^2$	T406 $1^4.2^5.3^2$	T407 $1^4.2^5.3^2$	T408 $1^4.2^5.3^2$	T409 $1^4.2^5.3^2$	T410 $1^4.2^5.3^2$	T411 $1^4.2^5.3^2$
T412 $1^4.2^5.3^2$	T413 $1^4.2^5.3^2$	T414 $1^4.2^5.3^2$	T415 $1^4.2^5.3^2$	T416 $1^4.2^5.3^2$	T417 $1^4.2^5.3^2$	T418 $1^4.2^5.3^2$
T419 $1^4.2^5.3^2$	T420 $1^4.2^5.3^2$	T421 $1^4.2^5.3^2$	T422 $1^4.2^5.3^2$	T423 $1^4.2^5.3^2$	T424 $1^4.2^5.3^2$	T425 $1^4.2^5.3^2$
T426 $1^4.2^5.3^2$	T427 $1^4.2^5.3^2$	T428 $1^3.2^7.3$	T429 $1^3.2^7.3$	T430 $1^3.2^7.3$	T431 $1^3.2^7.3$	T432 $1^3.2^7.3$
T433 $1^3.2^7.3$	T434 $1^3.2^7.3$	T435 $1^3.2^7.3$	T436 $1^2.2^9$			

Trees: 12 vertices

T437 $1^{11}.11$	T438 $1^{10}.2.10$	T439 $1^{10}.3.9$	T440 $1^{10}.4.8$	T441 $1^{10}.5.7$	T442 $1^{10}.6^2$	T443 $1^9.2^2.9$
T444 $1^9.2^2.9$	T445 $1^9.2.3.8$	T446 $1^9.2.3.8$	T447 $1^9.2.3.8$	T448 $1^9.2.4.7$	T449 $1^9.2.4.7$	T450 $1^9.2.4.7$
T451 $1^9.2.5.6$	T452 $1^9.2.5.6$	T453 $1^9.2.5.6$	T454 $1^9.3^2.7$	T455 $1^9.3^2.7$	T456 $1^9.3.4.6$	T457 $1^9.3.4.6$
T458 $1^9.3.4.6$	T459 $1^9.3.5^2$	T460 $1^9.3.5^2$	T461 $1^9.4^2.5$	T462 $1^9.4^2.5$	T463 $1^8.2^3.8$	T464 $1^8.2^3.8$
T465 $1^8.2^3.8$	T466 $1^8.2^2.3.7$	T467 $1^8.2^2.3.7$	T468 $1^8.2^2.3.7$	T469 $1^8.2^2.3.7$	T470 $1^8.2^2.3.7$	T471 $1^8.2^2.3.7$
T472 $1^8.2^2.3.7$	T473 $1^8.2^2.3.7$	T474 $1^8.2^2.4.6$	T475 $1^8.2^2.4.6$	T476 $1^8.2^2.4.6$	T477 $1^8.2^2.4.6$	T478 $1^8.2^2.4.6$
T479 $1^8.2^2.4.6$	T480 $1^8.2^2.4.6$	T481 $1^8.2^2.4.6$	T482 $1^8.2^2.5^2$	T483 $1^8.2^2.5^2$	T484 $1^8.2^2.5^2$	T485 $1^8.2^2.5^2$
T486 $1^8.2^2.5^2$	T487 $1^8.2.3^2.6$	T488 $1^8.2.3^2.6$	T489 $1^8.2.3^2.6$	T490 $1^8.2.3^2.6$	T491 $1^8.2.3^2.6$	T492 $1^8.2.3^2.6$

Trees: 12 vertices

T493 $1^8.2.3^2.6$	T494 $1^8.2.3^2.6$	T495 $1^8.2.3.4.5$	T496 $1^8.2.3.4.5$	T497 $1^8.2.3.4.5$	T498 $1^8.2.3.4.5$	T499 $1^8.2.3.4.5$
T500 $1^8.2.3.4.5$	T501 $1^8.2.3.4.5$	T502 $1^8.2.3.4.5$	T503 $1^8.2.3.4.5$	T504 $1^8.2.3.4.5$	T505 $1^8.2.3.4.5$	T506 $1^8.2.3.4.5$
T507 $1^8.2.3.4.5$	T508 $1^8.2.3.4.5$	T509 $1^8.2.3.4.5$	T510 $1^8.2.4^3$	T511 $1^8.2.4^3$	T512 $1^8.2.4^3$	T513 $1^8.3^3.5$
T514 $1^8.3^3.5$	T515 $1^8.3^3.5$	T516 $1^8.3^3.5$	T517 $1^8.3^2.4^2$	T518 $1^8.3^2.4^2$	T519 $1^8.3^2.4^2$	T520 $1^8.3^2.4^2$
T521 $1^8.3^2.4^2$	T522 $1^8.3^2.4^2$	T523 $1^7.2^4.7$	T524 $1^7.2^4.7$	T525 $1^7.2^4.7$	T526 $1^7.2^4.7$	T527 $1^7.2^4.7$
T528 $1^7.2^3.3.6$	T529 $1^7.2^3.3.6$	T530 $1^7.2^3.3.6$	T531 $1^7.2^3.3.6$	T532 $1^7.2^3.3.6$	T533 $1^7.2^3.3.6$	T534 $1^7.2^3.3.6$
T535 $1^7.2^3.3.6$	T536 $1^7.2^3.3.6$	T537 $1^7.2^3.3.6$	T538 $1^7.2^3.3.6$	T539 $1^7.2^3.3.6$	T540 $1^7.2^3.3.6$	T541 $1^7.2^3.3.6$
T542 $1^7.2^3.3.6$	T543 $1^7.2^3.3.6$	T544 $1^7.2^3.3.6$	T545 $1^7.2^3.4.5$	T546 $1^7.2^3.4.5$	T547 $1^7.2^3.4.5$	T548 $1^7.2^3.4.5$

76 Trees

Trees: 12 vertices

T549 $1^7.2^3.4.5$	T550 $1^7.2^3.4.5$	T551 $1^7.2^3.4.5$	T552 $1^7.2^3.4.5$	T553 $1^7.2^3.4.5$	T554 $1^7.2^3.4.5$	T555 $1^7.2^3.4.5$
T556 $1^7.2^3.4.5$	T557 $1^7.2^3.4.5$	T558 $1^7.2^3.4.5$	T559 $1^7.2^3.4.5$	T560 $1^7.2^3.4.5$	T561 $1^7.2^3.4.5$	T562 $1^7.2^3.4.5$
T563 $1^7.2^2.3^2.5$	T564 $1^7.2^2.3^2.5$	T565 $1^7.2^2.3^2.5$	T566 $1^7.2^2.3^2.5$	T567 $1^7.2^2.3^2.5$	T568 $1^7.2^2.3^2.5$	T569 $1^7.2^2.3^2.5$
T570 $1^7.2^2.3^2.5$	T571 $1^7.2^2.3^2.5$	T572 $1^7.2^2.3^2.5$	T573 $1^7.2^2.3^2.5$	T574 $1^7.2^2.3^2.5$	T575 $1^7.2^2.3^2.5$	T576 $1^7.2^2.3^2.5$
T577 $1^7.2^2.3^2.5$	T578 $1^7.2^2.3^2.5$	T579 $1^7.2^2.3^2.5$	T580 $1^7.2^2.3^2.5$	T581 $1^7.2^2.3^2.5$	T582 $1^7.2^2.3^2.5$	T583 $1^7.2^2.3^2.5$
T584 $1^7.2^2.3^2.5$	T585 $1^7.2^2.3^2.5$	T586 $1^7.2^2.3^2.5$	T587 $1^7.2^2.3^2.5$	T588 $1^7.2^2.3^2.5$	T589 $1^7.2^2.3^2.5$	T590 $1^7.2^2.3^2.5$
T591 $1^7.2^2.3.4^2$	T592 $1^7.2^2.3.4^2$	T593 $1^7.2^2.3.4^2$	T594 $1^7.2^2.3.4^2$	T595 $1^7.2^2.3.4^2$	T596 $1^7.2^2.3.4^2$	T597 $1^7.2^2.3.4^2$
T598 $1^7.2^2.3.4^2$	T599 $1^7.2^2.3.4^2$	T600 $1^7.2^2.3.4^2$	T601 $1^7.2^2.3.4^2$	T602 $1^7.2^2.3.4^2$	T603 $1^7.2^2.3.4^2$	T604 $1^7.2^2.3.4^2$

Trees: 12 vertices

T605 $1^7.2^2.3.4^2$	T606 $1^7.2^2.3.4^2$	T607 $1^7.2^2.3.4^2$	T608 $1^7.2^2.3.4^2$	T609 $1^7.2^2.3.4^2$	T610 $1^7.2^2.3.4^2$	T611 $1^7.2^2.3.4^2$
T612 $1^7.2^2.3.4^2$	T613 $1^7.2^2.3.4^2$	T614 $1^7.2^2.3.4^2$	T615 $1^7.2^2.3.4^2$	T616 $1^7.2^2.3.4^2$	T617 $1^7.2^2.3.4^2$	T618 $1^7.2^2.3.4^2$
T619 $1^7.2.3^3.4$	T620 $1^7.2.3^3.4$	T621 $1^7.2.3^3.4$	T622 $1^7.2.3^3.4$	T623 $1^7.2.3^3.4$	T624 $1^7.2.3^3.4$	T625 $1^7.2.3^3.4$
T626 $1^7.2.3^3.4$	T627 $1^7.2.3^3.4$	T628 $1^7.2.3^3.4$	T629 $1^7.2.3^3.4$	T630 $1^7.2.3^3.4$	T631 $1^7.2.3^3.4$	T632 $1^7.2.3^3.4$
T633 $1^7.2.3^3.4$	T634 $1^7.2.3^3.4$	T635 $1^7.2.3^3.4$	T636 $1^7.2.3^3.4$	T637 $1^7.2.3^3.4$	T638 $1^7.2.3^3.4$	T639 $1^7.2.3^3.4$
T640 $1^7.3^5$	T641 $1^7.3^5$	T642 $1^6.2^5.6$	T643 $1^6.2^5.6$	T644 $1^6.2^5.6$	T645 $1^6.2^5.6$	T646 $1^6.2^5.6$
T647 $1^6.2^5.6$	T648 $1^6.2^5.6$	T649 $1^6.2^4.3.5$	T650 $1^6.2^4.3.5$	T651 $1^6.2^4.3.5$	T652 $1^6.2^4.3.5$	T653 $1^6.2^4.3.5$
T654 $1^6.2^4.3.5$	T655 $1^6.2^4.3.5$	T656 $1^6.2^4.3.5$	T657 $1^6.2^4.3.5$	T658 $1^6.2^4.3.5$	T659 $1^6.2^4.3.5$	T660 $1^6.2^4.3.5$

78 Trees

Trees: 12 vertices

T661 $1^6.2^4.3.5.$	T662 $1^6.2^4.3.5$	T663 $1^6.2^4.3.5$	T664 $1^6.2^4.3.5$	T665 $1^6.2^4.3.5$	T666 $1^6.2^4.3.5$	T667 $1^6.2^4.3.5$
T668 $1^6.2^4.3.5$	T669 $1^6.2^4.3.5$	T670 $1^6.2^4.3.5$	T671 $1^6.2^4.3.5$	T672 $1^6.2^4.3.5$	T673 $1^6.2^4.3.5$	T674 $1^6.2^4.3.5$
T675 $1^6.2^4.3.5$	T676 $1^6.2^4.3.5$	T677 $1^6.2^4.3.5$	T678 $1^6.2^4.3.5$	T679 $1^6.2^4.3.5$	T680 $1^6.2^4.3.5$	T681 $1^6.2^4.3.5$
T682 $1^6.2^4.3.5$	T683 $1^6.2^4.4^2$	T684 $1^6.2^4.4^2$	T685 $1^6.2^4.4^2$	T686 $1^6.2^4.4^2$	T687 $1^6.2^4.4^2$	T688 $1^6.2^4.4^2$
T689 $1^6.2^4.4^2$	T690 $1^6.2^4.4^2$	T691 $1^6.2^4.4^2$	T692 $1^6.2^4.4^2$	T693 $1^6.2^4.4^2$	T694 $1^6.2^4.4^2$	T695 $1^6.2^4.4^2$
T696 $1^6.2^4.4^2$	T697 $1^6.2^4.4^2$	T698 $1^6.2^4.4^2$	T699 $1^6.2^4.4^2$	T700 $1^6.2^4.4^2$	T701 $1^6.2^4.4^2$	T702 $1^6.2^4.4^2$
T703 $1^6.2^3.3^2.4$	T704 $1^6.2^3.3^2.4$	T705 $1^6.2^3.3^2.4$	T706 $1^6.2^3.3^2.4$	T707 $1^6.2^3.3^2.4$	T708 $1^6.2^3.3^2.4$	T709 $1^6.2^3.3^2.4$
T710 $1^6.2^3.3^2.4$	T711 $1^6.2^3.3^2.4$	T712 $1^6.2^3.3^2.4$	T713 $1^6.2^3.3^2.4$	T714 $1^6.2^3.3^2.4$	T715 $1^6.2^3.3^2.4$	T716 $1^6.2^3.3^2.4$

Trees: 12 vertices

T717 $1^6.2^3.3^2.4.$	T718 $1^6.2^3.3^2.4$	T719 $1^6.2^3.3^2.4$	T720 $1^6.2^3.3^2.4$	T721 $1^6.2^3.3^2.4$	T722 $1^6.2^3.3^2.4$	T723 $1^6.2^3.3^2.4$
T724 $1^6.2^3.3^2.4$	T725 $1^6.2^3.3^2.4$	T726 $1^6.2^3.3^2.4$	T727 $1^6.2^3.3^2.4$	T728 $1^6.2^3.3^2.4$	T729 $1^6.2^3.3^2.4$	T730 $1^6.2^3.3^2.4$
T731 $1^6.2^3.3^2.4$	T732 $1^6.2^3.3^2.4$	T733 $1^6.2^3.3^2.4$	T734 $1^6.2^3.3^2.4$	T735 $1^6.2^3.3^2.4$	T736 $1^6.2^3.3^2.4$	T737 $1^6.2^3.3^2.4$
T738 $1^6.2^3.3^2.4$	T739 $1^6.2^3.3^2.4$	T740 $1^6.2^3.3^2.4$	T741 $1^6.2^3.3^2.4$	T742 $1^6.2^3.3^2.4$	T743 $1^6.2^3.3^2.4$	T744 $1^6.2^3.3^2.4$
T745 $1^6.2^3.3^2.4$	T746 $1^6.2^3.3^2.4$	T747 $1^6.2^3.3^2.4$	T748 $1^6.2^3.3^2.4$	T749 $1^6.2^3.3^2.4$	T750 $1^6.2^3.3^2.4$	T751 $1^6.2^3.3^2.4$
T752 $1^6.2^3.3^2.4$	T753 $1^6.2^3.3^2.4$	T754 $1^6.2^3.3^2.4$	T755 $1^6.2^3.3^2.4$	T756 $1^6.2^3.3^2.4$	T757 $1^6.2^3.3^2.4$	T758 $1^6.2^3.3^2.4$
T759 $1^6.2^3.3^2.4$	T760 $1^6.2^3.3^2.4$	T761 $1^6.2^3.3^2.4$	T762 $1^6.2^3.3^2.4$	T763 $1^6.2^3.3^2.4$	T764 $1^6.2^3.3^2.4$	T765 $1^6.2^3.3^2.4$
T766 $1^6.2^3.3^2.4$	T767 $1^6.2^3.3^2.4$	T768 $1^6.2^3.3^2.4$	T769 $1^6.2^3.3^2.4$	T770 $1^6.2^3.3^2.4$	T771 $1^6.2^3.3^2.4$	T772 $1^6.2^3.3^2.4$

80 Trees

Trees: 12 vertices

T773 $1^6.2^3.3^2.4.$	T774 $1^6.2^3.3^2.4$	T775 $1^6.2^3.3^2.4$	T776 $1^6.2^2.3^4$	T777 $1^6.2^2.3^4$	T778 $1^6.2^2.3^4$	T779 $1^6.2^2.3^4$
T780 $1^6.2^2.3^4$	T781 $1^6.2^2.3^4$	T782 $1^6.2^2.3^4$	T783 $1^6.2^2.3^4$	T784 $1^6.2^2.3^4$	T785 $1^6.2^2.3^4$	T786 $1^6.2^2.3^4$
T787 $1^6.2^2.3^4$	T788 $1^6.2^2.3^4$	T789 $1^6.2^2.3^4$	T790 $1^6.2^2.3^4$	T791 $1^6.2^2.3^4$	T792 $1^6.2^2.3^4$	T793 $1^6.2^2.3^4$
T794 $1^6.2^2.3^4$	T795 $1^6.2^2.3^4$	T796 $1^6.2^2.3^4$	T797 $1^6.2^2.3^4$	T798 $1^6.2^2.3^4$	T799 $1^6.2^2.3^4$	T800 $1^5.2^6.5$
T801 $1^5.2^6.5$	T802 $1^5.2^6.5$	T803 $1^5.2^6.5$	T804 $1^5.2^6.5$	T805 $1^5.2^6.5$	T806 $1^5.2^6.5$	T807 $1^5.2^6.5$
T808 $1^5.2^6.5$	T809 $1^5.2^6.5$	T810 $1^5.2^5.3.4$	T811 $1^5.2^5.3.4$	T812 $1^5.2^5.3.4$	T813 $1^5.2^5.3.4$	T814 $1^5.2^5.3.4$
T815 $1^5.2^5.3.4$	T816 $1^5.2^5.3.4$	T817 $1^5.2^5.3.4$	T818 $1^5.2^5.3.4$	T819 $1^5.2^5.3.4$	T820 $1^5.2^5.3.4$	T821 $1^5.2^5.3.4$
T822 $1^5.2^5.3.4$	T823 $1^5.2^5.3.4$	T824 $1^5.2^5.3.4$	T825 $1^5.2^5.3.4$	T826 $1^5.2^5.3.4$	T827 $1^5.2^5.3.4$	T828 $1^5.2^5.3.4$

Trees: 12 vertices

T829 $1^5.2^5.3.4.$	T830 $1^5.2^5.3.4$	T831 $1^5.2^5.3.4$	T832 $1^5.2^5.3.4$	T833 $1^5.2^5.3.4$	T834 $1^5.2^5.3.4$	T835 $1^5.2^5.3.4$
T836 $1^5.2^5.3.4$	T837 $1^5.2^5.3.4$	T838 $1^5.2^5.3.4$	T839 $1^5.2^5.3.4$	T840 $1^5.2^5.3.4$	T841 $1^5.2^5.3.4$	T842 $1^5.2^5.3.4$
T843 $1^5.2^5.3.4$	T844 $1^5.2^5.3.4$	T845 $1^5.2^5.3.4$	T846 $1^5.2^5.3.4$	T847 $1^5.2^5.3.4$	T848 $1^5.2^5.3.4$	T849 $1^5.2^5.3.4$
T850 $1^5.2^5.3.4$	T851 $1^5.2^5.3.4$	T852 $1^5.2^5.3.4$	T853 $1^5.2^5.3.4$	T854 $1^5.2^5.3.4$	T855 $1^5.2^5.3.4$	T856 $1^5.2^5.3.4$
T857 $1^5.2^5.3.4$	T858 $1^5.2^5.3.4$	T859 $1^5.2^5.3.4$	T860 $1^5.2^5.3.4$	T861 $1^5.2^5.3.4$	T862 $1^5.2^5.3.4$	T863 $1^5.2^5.3.4$
T864 $1^5.2^5.3.4$	T865 $1^5.2^5.3.4$	T866 $1^5.2^5.3.4$	T867 $1^5.2^5.3.4$	T868 $1^5.2^4.3^3$	T869 $1^5.2^4.3^3$	T870 $1^5.2^4.3^3$
T871 $1^5.2^4.3^3$	T872 $1^5.2^4.3^3$	T873 $1^5.2^4.3^3$	T874 $1^5.2^4.3^3$	T875 $1^5.2^4.3^3$	T876 $1^5.2^4.3^3$	T877 $1^5.2^4.3^3$
T878 $1^5.2^4.3^3$	T879 $1^5.2^4.3^3$	T880 $1^5.2^4.3^3$	T881 $1^5.2^4.3^3$	T882 $1^5.2^4.3^3$	T883 $1^5.2^4.3^3$	T884 $1^5.2^4.3^3$

Trees: 12 vertices

T885 $1^5.2^4.3^3$	T886 $1^5.2^4.3^3$	T887 $1^5.2^4.3^3$	T888 $1^5.2^4.3^3$	T889 $1^5.2^4.3^3$	T890 $1^5.2^4.3^3$	T891 $1^5.2^4.3^3$
T892 $1^5.2^4.3^3$	T893 $1^5.2^4.3^3$	T894 $1^5.2^4.3^3$	T895 $1^5.2^4.3^3$	T896 $1^5.2^4.3^3$	T897 $1^5.2^4.3^3$	T898 $1^5.2^4.3^3$
T899 $1^5.2^4.3^3$	T900 $1^5.2^4.3^3$	T901 $1^5.2^4.3^3$	T902 $1^5.2^4.3^3$	T903 $1^5.2^4.3^3$	T904 $1^5.2^4.3^3$	T905 $1^5.2^4.3^3$
T906 $1^5.2^4.3^3$	T907 $1^5.2^4.3^3$	T908 $1^5.2^4.3^3$	T909 $1^5.2^4.3^3$	T910 $1^5.2^4.3^3$	T911 $1^5.2^4.3^3$	T912 $1^5.2^4.3^3$
T913 $1^5.2^4.3^3$	T914 $1^5.2^4.3^3$	T915 $1^5.2^4.3^3$	T916 $1^5.2^4.3^3$	T917 $1^5.2^4.3^3$	T918 $1^5.2^4.3^3$	T919 $1^5.2^4.3^3$
T920 $1^5.2^4.3^3$	T921 $1^5.2^4.3^3$	T922 $1^5.2^4.3^3$	T923 $1^4.2^7.4$	T924 $1^4.2^7.4$	T925 $1^4.2^7.4$	T926 $1^4.2^7.4$
T927 $1^4.2^7.4$	T928 $1^4.2^7.4$	T929 $1^4.2^7.4$	T930 $1^4.2^7.4$	T931 $1^4.2^7.4$	T932 $1^4.2^7.4$	T933 $1^4.2^7.4$
T934 $1^4.2^6.3^2$	T935 $1^4.2^6.3^2$	T936 $1^4.2^6.3^2$	T937 $1^4.2^6.3^2$	T938 $1^4.2^6.3^2$	T939 $1^4.2^6.3^2$	T940 $1^4.2^6.3^2$

Trees: 12 vertices

T941 $1^4.2^6.3^2$	T942 $1^4.2^6.3^2$	T943 $1^4.2^6.3^2$	T944 $1^4.2^6.3^2$	T945 $1^4.2^6.3^2$	T946 $1^4.2^6.3^2$	T947 $1^4.2^6.3^2$
T948 $1^4.2^6.3^2$	T949 $1^4.2^6.3^2$	T950 $1^4.2^6.3^2$	T951 $1^4.2^6.3^2$	T952 $1^4.2^6.3^2$	T953 $1^4.2^6.3^2$	T954 $1^4.2^6.3^2$
T955 $1^4.2^6.3^2$	T956 $1^4.2^6.3^2$	T957 $1^4.2^6.3^2$	T958 $1^4.2^6.3^2$	T959 $1^4.2^6.3^2$	T960 $1^4.2^6.3^2$	T961 $1^4.2^6.3^2$
T962 $1^4.2^6.3^2$	T963 $1^4.2^6.3^2$	T964 $1^4.2^6.3^2$	T965 $1^4.2^6.3^2$	T966 $1^4.2^6.3^2$	T967 $1^4.2^6.3^2$	T968 $1^4.2^6.3^2$
T969 $1^4.2^6.3^2$	T970 $1^4.2^6.3^2$	T971 $1^4.2^6.3^2$	T972 $1^4.2^6.3^2$	T973 $1^4.2^6.3^2$	T974 $1^4.2^6.3^2$	T975 $1^4.2^6.3^2$
T976 $1^4.2^6.3^2$	T977 $1^3.2^8.3$	T978 $1^3.2^8.3$	T979 $1^3.2^8.3$	T980 $1^3.2^8.3$	T981 $1^3.2^8.3$	T982 $1^3.2^8.3$
T983 $1^3.2^8.3$	T984 $1^3.2^8.3$	T985 $1^3.2^8.3$	T986 $1^3.2^8.3$	T987 $1^2.2^{10}$		

84 Trees

Homeomorphically irreducible trees: 1 - 11 vertices

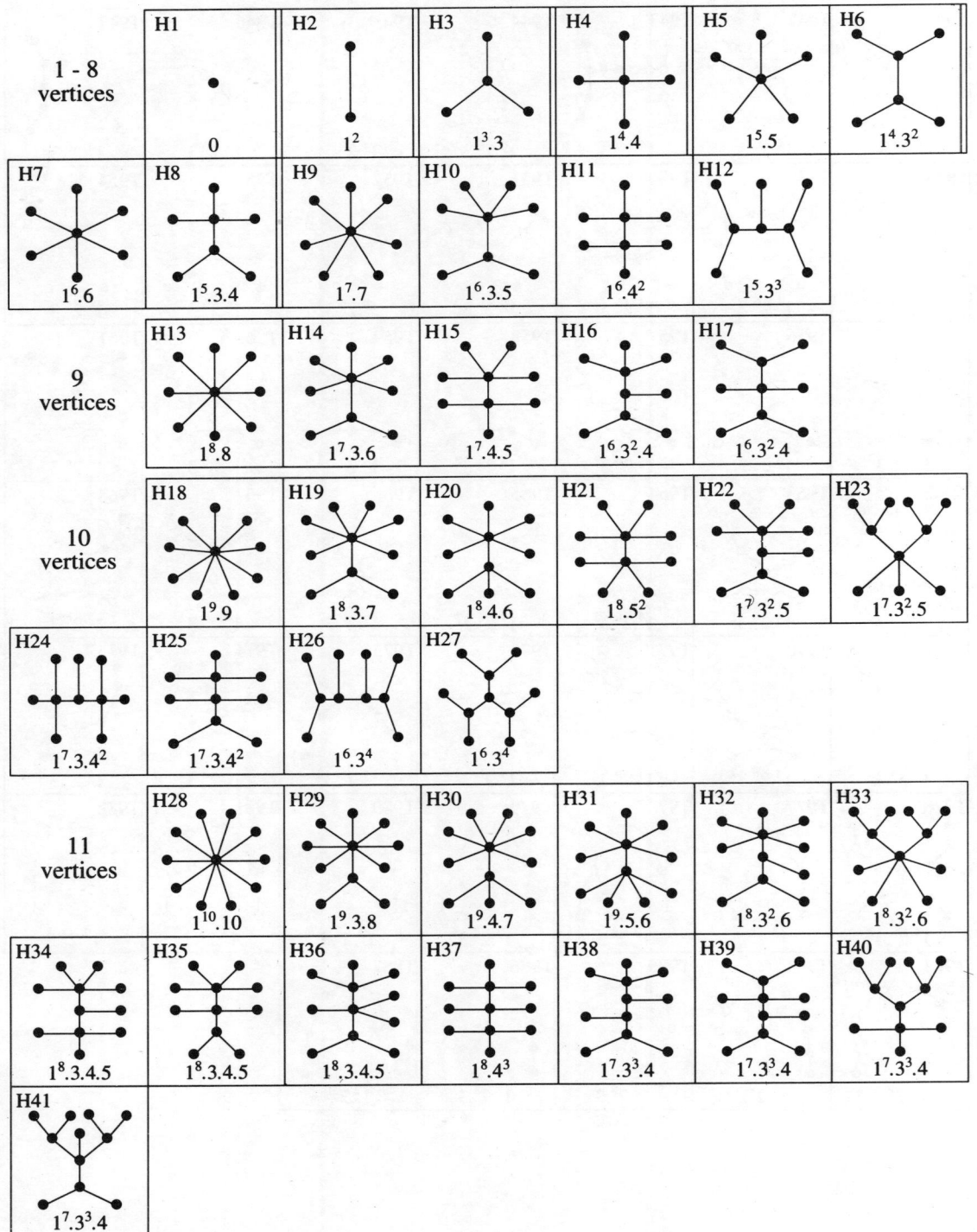

Homeomorphically irreducible trees: 12 - 13 vertices

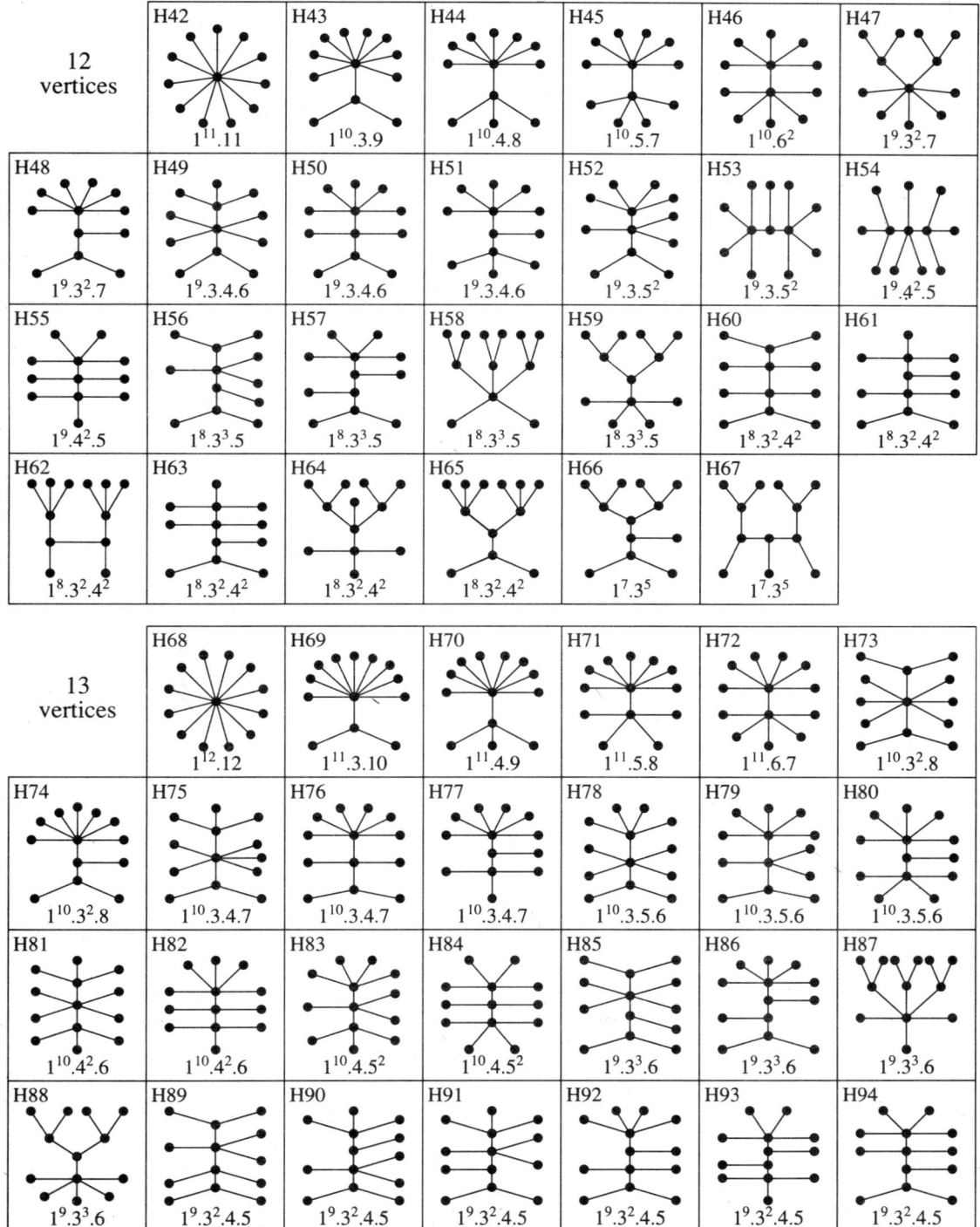

Homeomorphically irreducible trees: 13 - 14 vertices

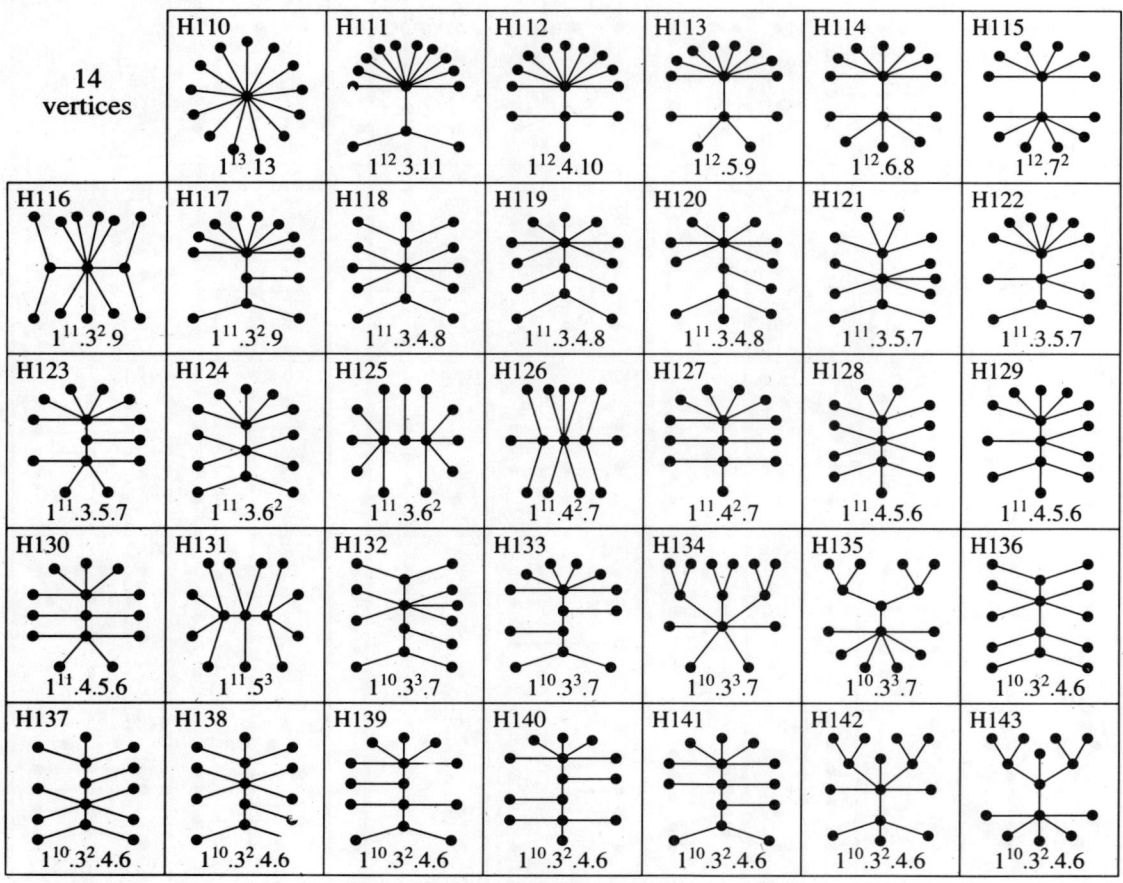

Homeomorphically irreducible trees: 14 vertices

H144 $1^{10}.3^2.4.6$	H145 $1^{10}.3^2.2$	H146 $1^{10}.3^2.5^2$	H147 $1^{10}.3^2.5^2$	H148 $1^{10}.3^2.5^2$	H149 $1^{10}.3^2.5^2$	H150 $1^{10}.3^2.5^2$
H151 $1^{10}.3.4^2.5$	H152 $1^{10}.3.4^2.5$	H153 $1^{10}.3.4^2.5$	H154 $1^{10}.3.4^2.5$	H155 $1^{10}.3.4^2.5$	H156 $1^{10}.3.4^2.5$	H157 $1^{10}.3.4^2.5$
H158 $1^{10}.3.4^2.5$	H159 $1^{10}.3.4^2.5$	H160 $1^{10}.4^4$	H161 $1^{10}.4^4$	H162 $1^9.3^4.5$	H163 $1^9.3^4.5$	H164 $1^9.3^4.5$
H165 $1^9.3^4.5$	H166 $1^9.3^4.5$	H167 $1^9.3^4.5$	H168 $1^9.3^4.5$	H169 $1^9.3^4.5$	H170 $1^9.3^3.4^2$	H171 $1^9.3^3.4^2$
H172 $1^9.3^3.4^2$	H173 $1^9.3^3.4^2$	H174 $1^9.3^3.4^2$	H175 $1^9.3^3.4^2$	H176 $1^9.3^3.4^2$	H177 $1^9.3^3.4^2$	H178 $1^9.3^3.4^2$
H179 $1^9.3^3.4^2$	H180 $1^9.3^3.4^2$	H181 $1^9.3^3.4^2$	H182 $1^9.3^3.4^2$	H183 $1^9.3^3.4^2$	H184 $1^8.3^6$	H185 $1^8.3^6$
H186 $1^8.3^6$	H187 $1^8.3^6$					

88 Trees

Homeomorphically irreducible trees: 15 vertices

H188 $1^{14}.14$	H189 $1^{13}.12$	H190 $1^{13}.4.11$	H191 $1^{13}.5.10$	H192 $1^{13}.6.9$	H193 $1^{13}.7.8$	H194 $1^{12}.3^2.10$
H195 $1^{12}.3^2.10$	H196 $1^{12}.3.4.9$	H197 $1^{12}.3.4.9$	H198 $1^{12}.3.4.9$	H199 $1^{12}.3.5.8$	H200 $1^{12}.3.5.8$	H201 $1^{12}.3.5.8$
H202 $1^{12}.3.6.7$	H203 $1^{12}.3.6.7$	H204 $1^{12}.3.6.7$	H205 $1^{12}.4.4.8$	H206 $1^{12}.4.4.8$	H207 $1^{12}.4.5.7$	H208 $1^{12}.4.5.7$
H209 $1^{12}.4.5.7$	H210 $1^{12}.4.6^2$	H211 $1^{12}.4.6^2$	H212 $1^{12}.5^2.6$	H213 $1^{12}.5^2.6$	H214 $1^{11}.3^3.8$	H215 $1^{11}.3^3.8$
H216 $1^{11}.3^3.8$	H217 $1^{11}.3^3.8$	H218 $1^{11}.3^2.4.7$	H219 $1^{11}.3^2.4.7$	H220 $1^{11}.3^2.4.7$	H221 $1^{11}.3^2.4.7$	H222 $1^{11}.3^2.4.7$
H223 $1^{11}.3^2.4.7$	H224 $1^{11}.3^2.4.7$	H225 $1^{11}.3^2.4.7$	H226 $1^{11}.3^2.4.7$	H227 $1^{11}.3^2.5.6$	H228 $1^{11}.3^2.5.6$	H229 $1^{11}.3^2.5.6$
H230 $1^{11}.3^2.5.6$	H231 $1^{11}.3^2.5.6$	H232 $1^{11}.3^2.5.6$	H233 $1^{11}.3^2.5.6$	H234 $1^{11}.3^2.5.6$	H235 $1^{11}.3^2.5.6$	H236 $1^{11}.3.4^2.6$

Homeomorphically irreducible trees: 15 vertices

H237 $1^{11}.3.4^2.6$	H238 $1^{11}.3.4^2.6$	H239 $1^{11}.3.4^2.6$	H240 $1^{11}.3.4^2.6$	H241 $1^{11}.3.4^2.6$	H242 $1^{11}.3.4^2.6$	H243 $1^{11}.3.4^2.6$
H244 $1^{11}.3.4^2.6$	H245 $1^{11}.3.4.5^2$	H246 $1^{11}.3.4.5^2$	H247 $1^{11}.3.4.5^2$	H248 $1^{11}.3.4.5^2$	H249 $1^{11}.3.4.5^2$	H250 $1^{11}.3.4.5^2$
H251 $1^{11}.3.4.5^2$	H252 $1^{11}.3.4.5^2$	H253 $1^{11}.3.4.5^2$	H254 $1^{11}.4^3.5$	H255 $1^{11}.4^3.5$	H256 $1^{11}.4^3.5$	H257 $1^{11}.4^3.5$
H258 $1^{10}.3^4.6$	H259 $1^{10}.3^4.6$	H260 $1^{10}.3^4.6$	H261 $1^{10}.3^4.6$	H262 $1^{10}.3^4.6$	H263 $1^{10}.3^4.6$	H264 $1^{10}.3^4.6$
H265 $1^{10}.3^4.6$	H266 $1^{10}.3^3.4.5$	H267 $1^{10}.3^3.4.5$	H268 $1^{10}.3^3.4.5$	H269 $1^{10}.3^3.4.5$	H270 $1^{10}.3^3.4.5$	H271 $1^{10}.3^3.4.5$
H272 $1^{10}.3^3.4.5$	H273 $1^{10}.3^3.4.5$	H274 $1^{10}.3^3.4.5$	H275 $1^{10}.3^3.4.5$	H276 $1^{10}.3^3.4.5$	H277 $1^{10}.3^3.4.5$	H278 $1^{10}.3^3.4.5$
H279 $1^{10}.3^3.4.5$	H280 $1^{10}.3^3.4.5$	H281 $1^{10}.3^3.4.5$	H282 $1^{10}.3^3.4.5$	H283 $1^{10}.3^3.4.5$	H284 $1^{10}.3^3.4.5$	H285 $1^{10}.3^3.4.5$

Homeomorphically irreducible trees: 15 vertices

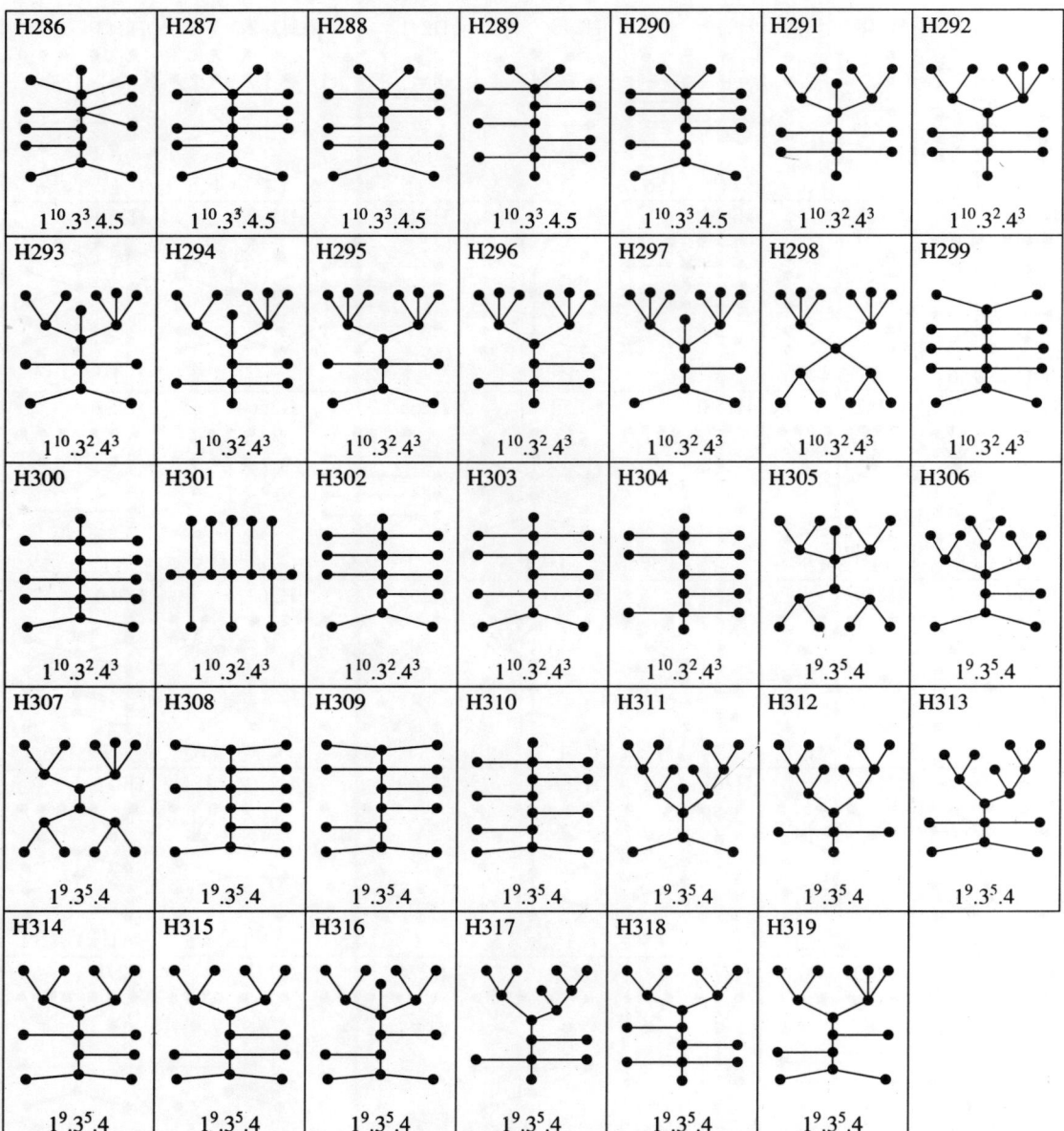

Homeomorphically irreducible trees: 16 vertices

H320 $1^{15}.15$	H321 $1^{14}.3.13$	H322 $1^{14}.4.12$	H323 $1^{14}.5.11$	H324 $1^{14}.6.10$	H325 $1^{14}.7.9$	H326 $1^{14}.8^2$
H327 $1^{13}.3^2.11$	H328 $1^{13}.3^2.11$	H329 $1^{13}.3.4.10$	H330 $1^{13}.3.4.10$	H331 $1^{13}.3.4.10$	H332 $1^{13}.3.5.9$	H333 $1^{13}.3.5.9$
H334 $1^{13}.3.5.9$	H335 $1^{13}.3.6.8$	H336 $1^{13}.3.6.8$	H337 $1^{13}.3.6.8$	H338 $1^{13}.3.7^2$	H339 $1^{13}.3.7^2$	H340 $1^{13}.4^2.9$
H341 $1^{13}.4^2.9$	H342 $1^{13}.4.5.8$	H343 $1^{13}.4.5.8$	H344 $1^{13}.4.5.8$	H345 $1^{13}.4.6.7$	H346 $1^{13}.4.6.7$	H347 $1^{13}.4.6.7$
H348 $1^{13}.5^2.7$	H349 $1^{13}.5^2.7$	H350 $1^{13}.5.6^2$	H351 $1^{13}.5.6^2$	H352 $1^{12}.3^3.9$	H353 $1^{12}.3^3.9$	H354 $1^{12}.3^3.9$
H355 $1^{12}.3^3.9$	H356 $1^{12}.3^2.4.8$	H357 $1^{12}.3^2.4.8$	H358 $1^{12}.3^2.4.8$	H359 $1^{12}.3^2.4.8$	H360 $1^{12}.3^2.4.8$	H361 $1^{12}.3^2.4.8$

92 Trees

Homeomorphically irreducible trees: 16 vertices

H362 $1^{12}.3^2.4.8$	H363 $1^{12}.3^2.4.8$	H364 $1^{12}.3^2.4.8$	H365 $1^{12}.3^2.5.7$	H366 $1^{12}.3^2.5.7$	H367 $1^{12}.3^2.5.7$	H368 $1^{12}.3^2.5.7$
H369 $1^{12}.3^2.5.7$	H370 $1^{12}.3^2.5.7$	H371 $1^{12}.3^2.5.7$	H372 $1^{12}.3^2.5.7$	H373 $1^{12}.3^2.5.7$	H374 $1^{12}.3^2.6^2$	H375 $1^{12}.3^2.6^2$
H376 $1^{12}.3^2.6^2$	H377 $1^{12}.3^2.6^2$	H378 $1^{12}.3^2.6^2$	H379 $1^{12}.3^2.6^2$	H380 $1^{12}.3.4^2.7$	H381 $1^{12}.3.4^2.7$	H382 $1^{12}.3.4^2.7$
H383 $1^{12}.3.4^2.7$	H384 $1^{12}.3.4^2.7$	H385 $1^{12}.3.4^2.7$	H386 $1^{12}.3.4^2.7$	H387 $1^{12}.3.4^2.7$	H388 $1^{12}.3.4^2.7$	H389 $1^{12}.3.4.5.6$
H390 $1^{12}.3.4.5.6$	H391 $1^{12}.3.4.5.6$	H392 $1^{12}.3.4.5.6$	H393 $1^{12}.3.4.5.6$	H394 $1^{12}.3.4.5.6$	H395 $1^{12}.3.4.5.6$	H396 $1^{12}.3.4.5.6$
H397 $1^{12}.3.4.5.6$	H398 $1^{12}.3.4.5.6$	H399 $1^{12}.3.4.5.6$	H400 $1^{12}.3.4.5.6$	H401 $1^{12}.3.4.5.6$	H402 $1^{12}.3.4.5.6$	H403 $1^{12}.3.4.5.6$

Homeomorphically irreducible trees: 16 vertices

H404 $1^{12}.3.4.5.6$	H405 $1^{12}.3.5^3$	H406 $1^{12}.3.5^3$	H407 $1^{12}.3.5^3$	H408 $1^{12}.3.5^3$	H409 $1^{12}.4^3.6$	H410 $1^{12}.4^3.6$
H411 $1^{12}.4^3.6$	H412 $1^{12}.4^3.6$	H413 $1^{12}.4^2.5^2$	H414 $1^{12}.4^2.5^2$	H415 $1^{12}.4^2.5^2$	H416 $1^{12}.4^2.5^2$	H417 $1^{12}.4^2.5^2$
H418 $1^{12}.4^2.5^2$	H419 $1^{11}.3^4.7$	H420 $1^{11}.3^4.7$	H421 $1^{11}.3^4.7$	H422 $1^{11}.3^4.7$	H423 $1^{11}.3^4.7$	H424 $1^{11}.3^4.7$
H425 $1^{11}.3^4.7$	H426 $1^{11}.3^4.7$	H427 $1^{11}.3^3.4.6$	H428 $1^{11}.3^3.4.6$	H429 $1^{11}.3^3.4.6$	H430 $1^{11}.3^3.4.6$	H431 $1^{11}.3^3.4.6$
H432 $1^{11}.3^3.4.6$	H433 $1^{11}.3^3.4.6$	H434 $1^{11}.3^3.4.6$	H435 $1^{11}.3^3.4.6$	H436 $1^{11}.3^3.4.6$	H437 $1^{11}.3^3.4.6$	H438 $1^{11}.3^3.4.6$
H439 $1^{11}.3^3.4.6$	H440 $1^{11}.3^3.4.6$	H441 $1^{11}.3^3.4.6$	H442 $1^{11}.3^3.4.6$	H443 $1^{11}.3^3.4.6$	H444 $1^{11}.3^3.4.6$	H445 $1^{11}.3^3.4.6$

94 Trees

Homeomorphically irreducible trees: 16 vertices

H446 $1^{11}.3^3.4.6$	H447 $1^{11}.3^3.4.6$	H448 $1^{11}.3^3.4.6$	H449 $1^{11}.3^3.4.6$	H450 $1^{11}.3^3.4.6$	H451 $1^{11}.3^3.4.6$	H452 $1^{11}.3^3.5^2$
H453 $1^{11}.3^3.5^2$	H454 $1^{11}.3^3.5^2$	H455 $1^{11}.3^3.5^2$	H456 $1^{11}.3^3.5^2$	H457 $1^{11}.3^3.5^2$	H458 $1^{11}.3^3.5^2$	H459 $1^{11}.3^3.5^2$
H460 $1^{11}.3^3.5^2$	H461 $1^{11}.3^3.5^2$	H462 $1^{11}.3^3.5^2$	H463 $1^{11}.3^3.5^2$	H464 $1^{11}.3^3.5^2$	H465 $1^{11}.3^3.5^2$	H466 $1^{11}.3^2.4^2.5$
H467 $1^{11}.3^2.4^2.5$	H468 $1^{11}.3^2.4^2.5$	H469 $1^{11}.3^2.4^2.5$	H470 $1^{11}.3^2.4^2.5$	H471 $1^{11}.3^2.4^2.5$	H472 $1^{11}.3^2.4^2.5$	H473 $1^{11}.3^2.4^2.5$
H474 $1^{11}.3^2.4^2.5$	H475 $1^{11}.3^2.4^2.5$	H476 $1^{11}.3^2.4^2.5$	H477 $1^{11}.3^2.4^2.5$	H478 $1^{11}.3^2.4^2.5$	H479 $1^{11}.3^2.4^2.5$	H480 $1^{11}.3^2.4^2.5$
H481 $1^{11}.3^2.4^2.5$	H482 $1^{11}.3^2.4^2.5$	H483 $1^{11}.3^2.4^2.5$	H484 $1^{11}.3^2.4^2.5$	H485 $1^{11}.3^2.4^2.5$	H486 $1^{11}.3^2.4^2.5$	H487 $1^{11}.3^2.4^2.5$

Homeomorphically irreducible trees: 16 vertices

H488 $1^{11}.3^2.4^2.5$	H489 $1^{11}.3^2.4^2.5$	H490 $1^{11}.3^2.4^2.5$	H491 $1^{11}.3^2.4^2.5$	H492 $1^{11}.3^2.4^2.5$	H493 $1^{11}.3^2.4^2.5$	H494 $1^{11}.3^2.4^2.5$
H495 $1^{11}.3^2.4^2.5$	H496 $1^{11}.3^2.4^2.5$	H497 $1^{11}.3^2.4^2.5$	H498 $1^{11}.3^2.4^2.5$	H499 $1^{11}.3^2.4^2.5$	H500 $1^{11}.3^2.4^2.5$	H501 $1^{11}.3^2.4^2.5$
H502 $1^{11}.3.4^4$	H503 $1^{11}.3.4^4$	H504 $1^{11}.3.4^4$	H505 $1^{11}.3.4^4$	H506 $1^{11}.3.4^4$	H507 $1^{11}.3.4^4$	H508 $1^{11}.3.4^4$
H509 $1^{11}.3.4^4$	H510 $1^{10}.3^5.5$	H511 $1^{10}.3^5.5$	H512 $1^{10}.3^5.5$	H513 $1^{10}.3^5.5$	H514 $1^{10}.3^5.5$	H515 $1^{10}.3^5.5$
H516 $1^{10}.3^5.5$	H517 $1^{10}.3^5.5$	H518 $1^{10}.3^5.5$	H519 $1^{10}.3^5.5$	H520 $1^{10}.3^5.5$	H521 $1^{10}.3^5.5$	H522 $1^{10}.3^5.5$
H523 $1^{10}.3^5.5$	H524 $1^{10}.3^5.5$	H525 $1^{10}.3^5.5$	H526 $1^{10}.3^4.4^2$	H527 $1^{10}.3^4.4^2$	H528 $1^{10}.3^4.4^2$	H529 $1^{10}.3^4.4^2$

Homeomorphically irreducible trees: 16 vertices

H530 $1^{10}.3^4.4^2$	H531 $1^{10}.3^4.4^2$	H532 $1^{10}.3^4.4^2$	H533 $1^{10}.3^4.4^2$	H534 $1^{10}.3^4.4^2$	H535 $1^{10}.3^4.4^2$	H536 $1^{10}.3^4.4^2$
H537 $1^{10}.3^4.4^2$	H538 $1^{10}.3^4.4^2$	H539 $1^{10}.3^4.4^2$	H540 $1^{10}.3^4.4^2$	H541 $1^{10}.3^4.4^2$	H542 $1^{10}.3^4.4^2$	H543 $1^{10}.3^4.4^2$
H544 $1^{10}.3^4.4^2$	H545 $1^{10}.3^4.4^2$	H546 $1^{10}.3^4.4^2$	H547 $1^{10}.3^4.4^2$	H548 $1^{10}.3^4.4^2$	H549 $1^{10}.3^4.4^2$	H550 $1^{10}.3^4.4^2$
H551 $1^{10}.3^4.4^2$	H552 $1^{10}.3^4.4^2$	H553 $1^{10}.3^4.4^2$	H554 $1^{10}.3^4.4^2$	H555 $1^{10}.3^4.4^2$	H556 $1^{10}.3^4.4^2$	H557 $1^{10}.3^4.4^2$
H558 $1^{10}.3^4.4^2$	H559 $1^{10}.3^4.4^2$	H560 $1^{10}.3^4.4^2$	H561 $1^{10}.3^4.4^2$	H562 $1^{10}.3^4.4^2$	H563 $1^9.3^7$	H564 $1^9.3^7$
H565 $1^9.3^7$	H566 $1^9.3^7$	H567 $1^9.3^7$	H568 $1^9.3^7$			

Identity trees: 7 - 12 vertices

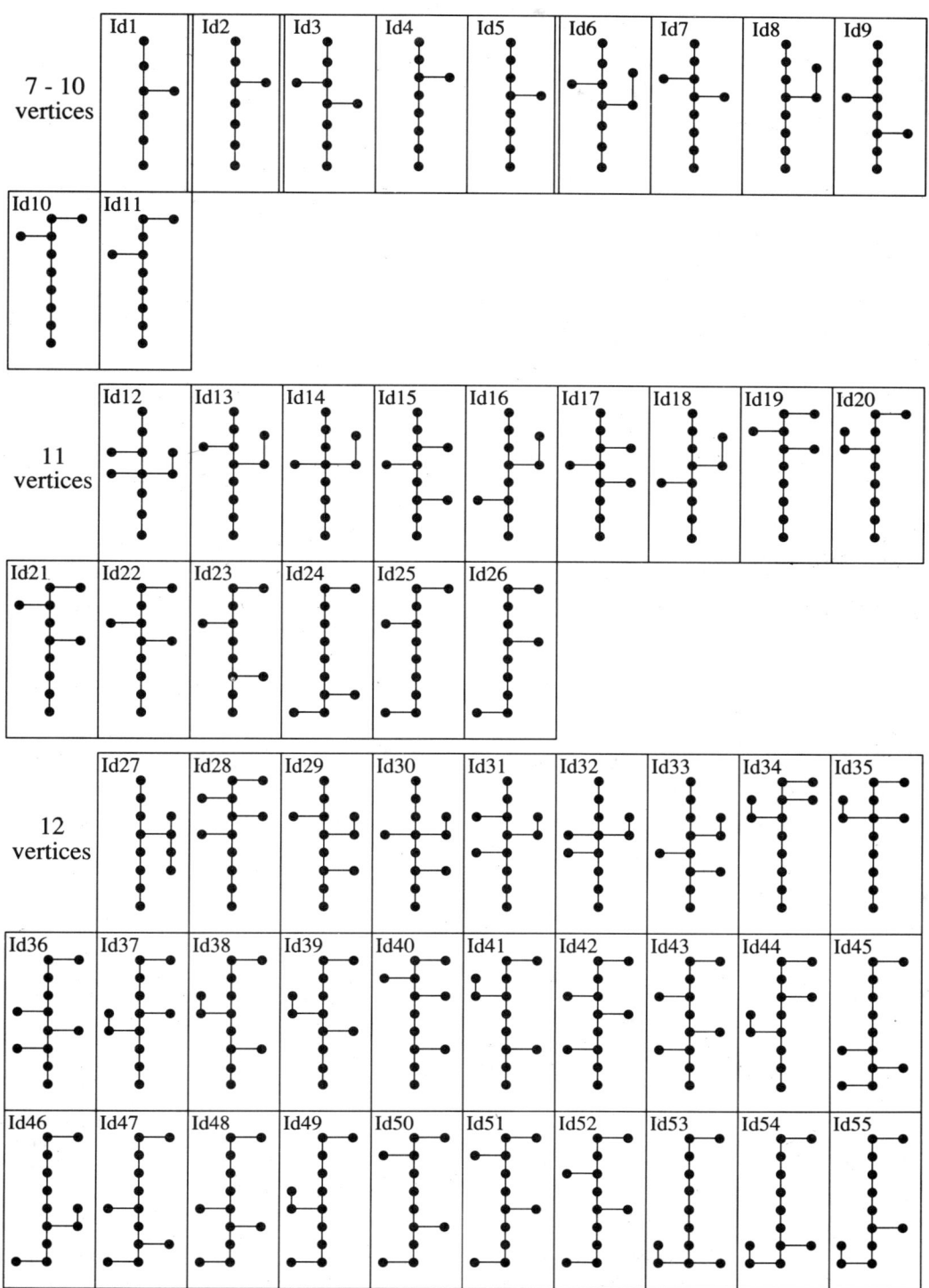

98 Trees

Identity trees: 13 vertices

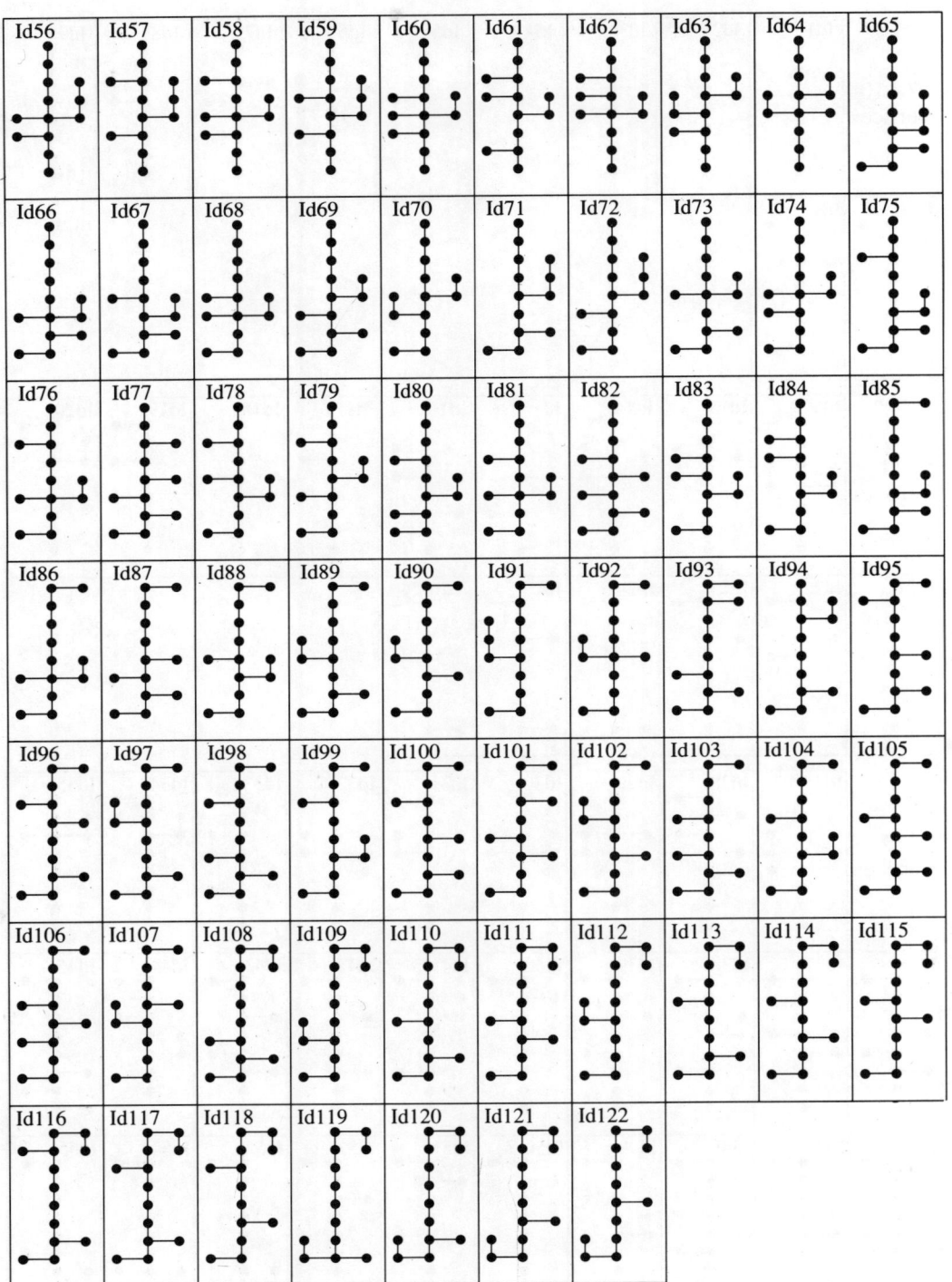

Identity trees: 14 vertices

100 Trees

Identity trees: 14 vertices

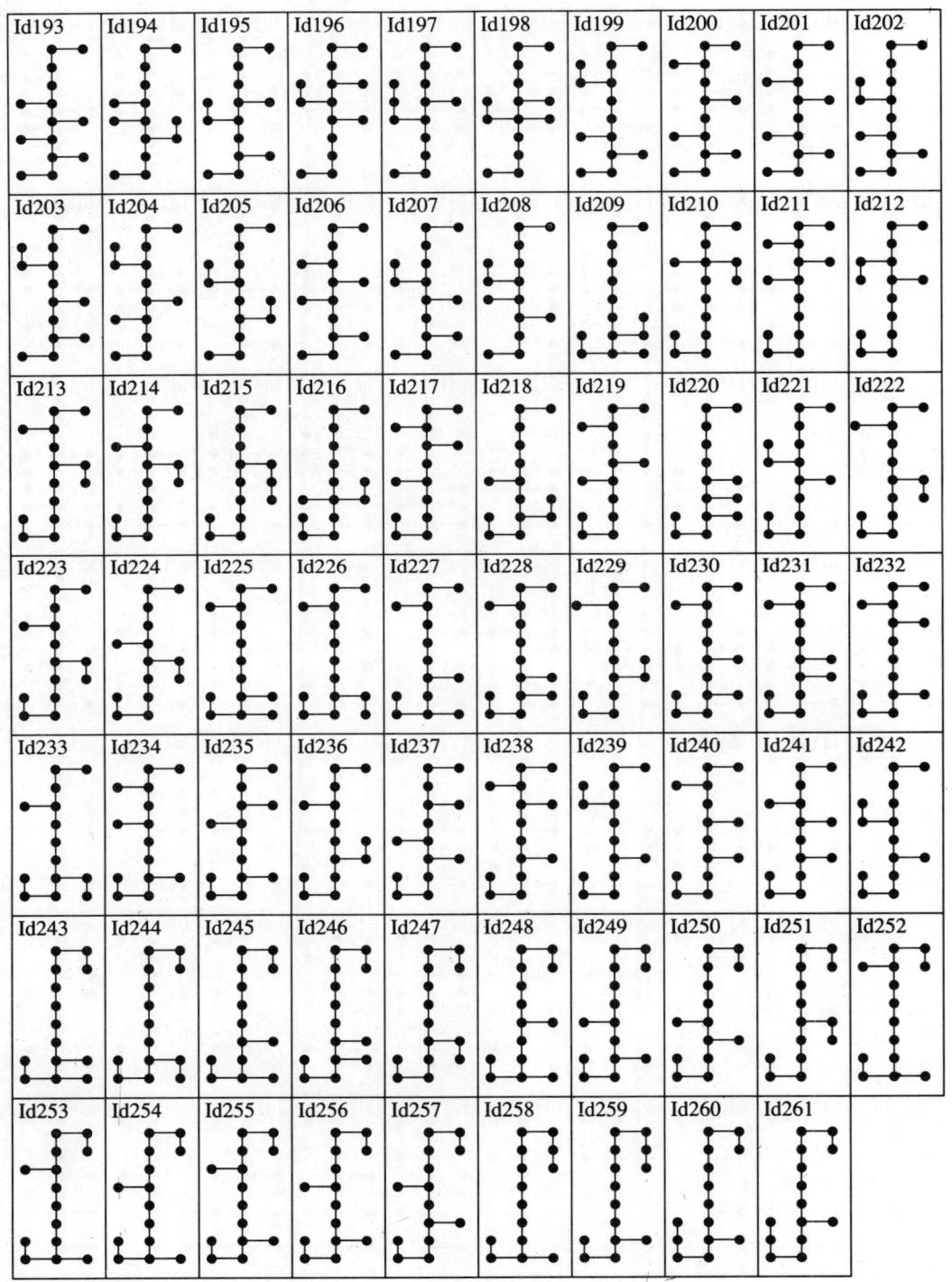

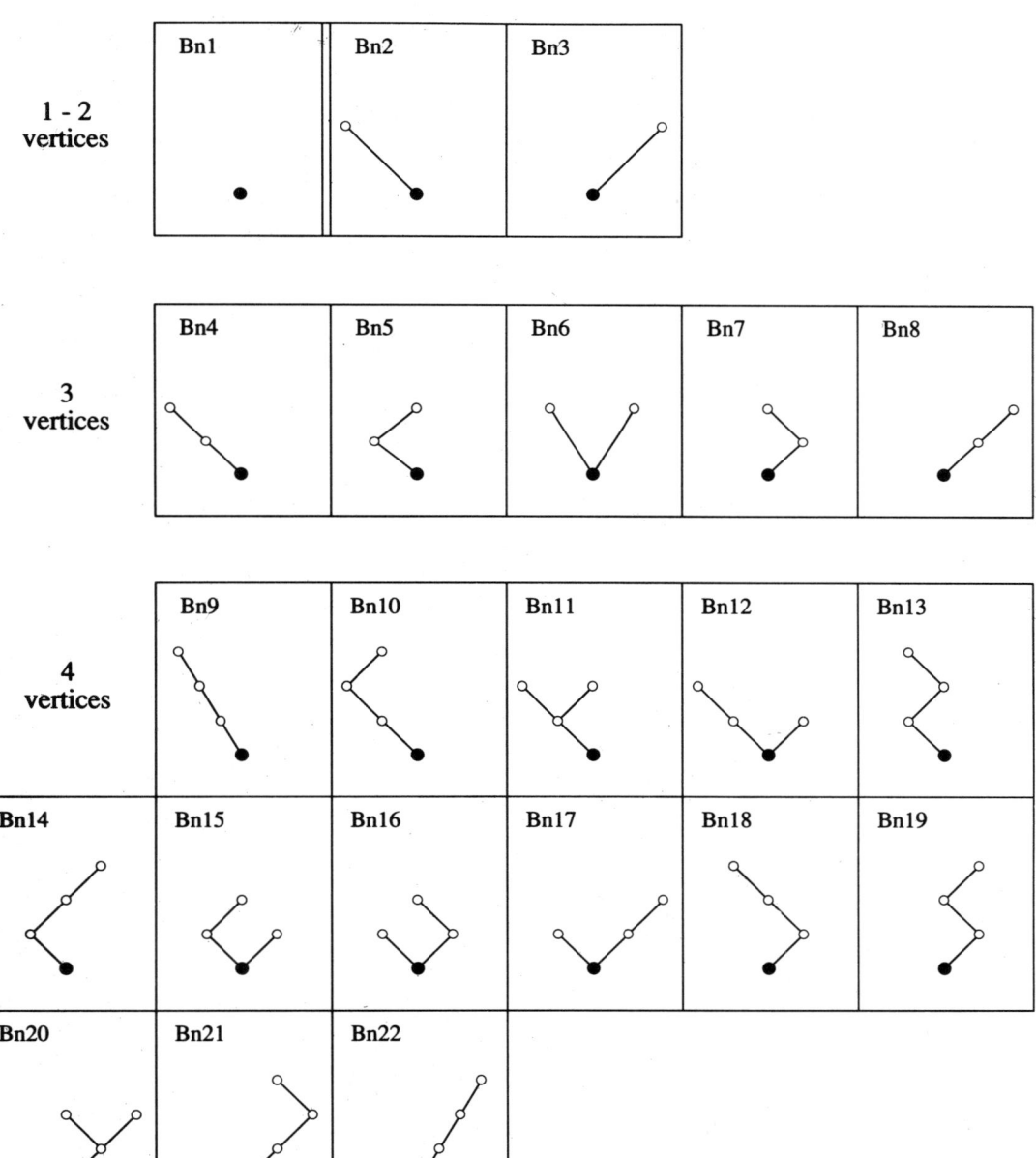

Binary trees: 5 vertices

Binary trees: 6 vertices

Binary trees: 6 vertices

Binary trees: 6 vertices

Binary trees: 7 vertices

Binary trees: 7 vertices

Binary trees: 7 vertices

Binary trees: 7 vertices

Binary trees: 7 vertices

Binary trees: 7 vertices

112 Trees

Binary trees: 7 vertices

Binary trees: 7 vertices

Binary trees: 7 vertices

Table of parameters for trees

The following table lists some important parameters for the trees depicted on pages 65–83. For each tree T we use the following notation; the terms are defined on page 63. Note that the chromatic polynomials of trees are not listed, since the chromatic polynomial of any tree with n vertices is simply $\lambda(\lambda - 1)^{n-1}$.

- *tree* : the **tree number**, as given on pages 65–83.
- n : the number of **vertices** of T
- e : the number of **edges** of T
- *deg* : the **degree sequence** of T
  (X denotes 10, E denotes 11)
- d : the **diameter** of T
- *in* : the **independence number** of T
- *aut* : the number of **automorphisms** of T
- *props* : some important properties of T:
  - B = **bicentral**
  - b = **bicentroidal**
  - C = **central**
  - c = **centroidal**
  - h = **homeomorphically irreducible**
  - i = **identity tree**
- *SP* : the code number of the **spectral polynomial** of T
  (these polynomials are listed separately in Chapter 10)

Parameters for trees

tree	n	deg	d	in	aut	props	SP	tree	n	deg	d	in	aut	props	SP
T1	1	0	0	1	1	Cchi	1	T56	9	111111235	4	6	24	Cc	55
T2	2	11	1	1	2	Bbh	2	T57	9	111111235	4	6	12	Cc	56
T3	3	112	2	2	2	Cc	3	T58	9	111111244	4	7	72	Cc	57
T4	4	1113	2	3	6	Cch	4	T59	9	111111244	4	6	12	Cc	58
T5	4	1122	3	2	2	Bb	5	T60	9	111111334	4	6	12	Cch	59
T6	5	11114	2	4	24	Cch	6	T61	9	111111334	4	6	16	Cch	60
T7	5	11123	3	3	2	Bc	7	T62	9	111112225	5	6	24	Bc	61
T8	5	11222	4	3	2	Cc	8	T63	9	111112225	5	6	6	Bc	62
T9	6	111115	2	5	120	Cch	9	T64	9	111112225	4	5	12	Cc	63
T10	6	111124	3	4	6	Bc	10	T65	9	111112234	5	6	6	Bc	64
T11	6	111133	3	4	8	Bbh	11	T66	9	111112234	5	6	12	Bc	65
T12	6	111223	4	3	2	Cc	12	T67	9	111112234	5	6	6	Bc	66
T13	6	111223	4	4	2	Cb	13	T68	9	111112234	5	6	4	Bc	67
T14	6	112222	5	3	2	Bb	14	T69	9	111112234	5	6	4	Bc	68
T15	7	1111116	2	6	720	Cch	15	T70	9	111112234	5	5	2	Bc	69
T16	7	1111125	3	5	24	Bc	16	T71	9	111112234	4	6	12	Cc	67
T17	7	1111134	3	5	12	Bch	17	T72	9	111112234	4	5	4	Cc	70
T18	7	1111224	4	5	6	Cc	18	T73	9	111112333	5	6	4	Bc	71
T19	7	1111224	4	4	4	Cc	19	T74	9	111112333	5	5	2	Bc	72
T20	7	1111233	4	5	8	Cc	20	T75	9	111112333	4	6	8	Cc	73
T21	7	1111233	4	4	2	Cc	21	T76	9	111122224	6	6	6	Cc	71
T22	7	1112223	5	4	2	Bc	22	T77	9	111122224	5	5	2	Bc	74
T23	7	1112223	5	4	1	Bci	23	T78	9	111122224	6	5	2	Cc	72
T24	7	1112223	4	4	6	Cc	24	T79	9	111122224	6	6	4	Cc	73
T25	7	1122222	6	4	2	Cc	25	T80	9	111122224	4	5	24	Cc	75
T26	8	11111117	2	7	5040	Cch	26	T81	9	111122233	5	5	2	Bc	76
T27	8	11111126	3	6	120	Bc	27	T82	9	111122233	6	5	2	Cc	77
T28	8	11111135	3	6	48	Bch	28	T83	9	111122233	6	6	8	Cc	78
T29	8	11111144	3	6	72	Bbh	29	T84	9	111122233	6	5	2	Cc	79
T30	8	11111225	4	6	24	Cc	29	T85	9	111122233	6	6	2	Cc	80
T31	8	11111225	4	5	12	Cc	30	T86	9	111122233	5	5	4	Bc	77
T32	8	11111234	4	6	12	Cb	31	T87	9	111122233	5	5	2	Bc	81
T33	8	11111234	4	5	6	Cb	32	T88	9	111122233	6	5	2	Cc	82
T34	8	11111234	4	5	4	Cc	33	T89	9	111122233	6	5	1	Cci	83
T35	8	11111333	4	5	8	Cch	34	T90	9	111222223	7	5	2	Bc	84
T36	8	11112224	5	5	6	Bb	35	T91	9	111222223	7	5	1	Bci	85
T37	8	11112224	5	5	2	Bc	36	T92	9	111222223	7	5	1	Bci	86
T38	8	11112224	4	4	6	Cc	37	T93	9	111222223	6	5	2	Cc	87
T39	8	11112233	5	5	2	Bc	38	T94	9	111222223	6	5	2	Cc	88
T40	8	11112233	5	5	8	Bb	39	T95	9	112222222	8	5	2	Cc	89
T41	8	11112233	5	5	2	Bb	40	T96	10	1111111119	2	9	362880	Cch	90
T42	8	11112233	5	4	2	Bb	41	T97	10	1111111128	3	8	5040	Bc	91
T43	8	11112233	4	5	4	Cc	42	T98	10	1111111137	3	8	1440	Bch	92
T44	8	11122223	6	5	2	Cb	43	T99	10	1111111146	3	8	720	Bch	93
T45	8	11122223	5	4	2	Bc	44	T100	10	1111111155	3	8	1152	Bbh	94
T46	8	11122223	6	4	1	Cbi	45	T101	10	1111111227	4	8	720	Cc	95
T47	8	11122223	6	5	2	Cc	46	T102	10	1111111227	4	7	240	Cc	96
T48	8	11222222	7	4	2	Bb	47	T103	10	1111111236	4	8	240	Cc	97
T49	9	111111118	2	8	40320	Cch	48	T104	10	1111111236	4	7	120	Cc	98
T50	9	111111127	3	7	720	Bc	49	T105	10	1111111236	4	7	48	Cc	99
T51	9	111111136	3	7	240	Bch	50	T106	10	1111111245	4	8	144	Cb	100
T52	9	111111145	3	7	144	Bch	51	T107	10	1111111245	4	7	48	Cb	101
T53	9	111111226	4	7	120	Cc	52	T108	10	1111111245	4	7	36	Cc	102
T54	9	111111226	4	6	48	Cc	53	T109	10	1111111335	4	7	48	Cbh	103
T55	9	111111235	4	7	48	Cc	54	T110	10	1111111335	4	7	48	Cch	104

Table of parameters for trees

tree	n	deg	d	in	aut	props	SP	tree	n	deg	d	in	aut	props	SP
T111	10	1111111344	4	7	72	Cch	105	T166	10	1111122333	6	6	2	Cb	158
T112	10	1111111344	4	7	24	Cch	106	T167	10	1111122333	5	6	4	Bb	159
T113	10	1111112226	5	7	120	Bc	107	T168	10	1111122333	6	7	8	Cc	160
T114	10	1111112226	5	7	24	Bc	108	T169	10	1111122333	6	6	2	Cc	161
T115	10	1111112226	4	6	36	Cc	109	T170	10	1111122333	6	5	2	Cc	162
T116	10	1111112235	5	7	24	Bb	106	T171	10	1111222224	7	6	6	Bb	163
T117	10	1111112235	5	7	48	Bb	110	T172	10	1111222224	7	6	2	Bb	164
T118	10	1111112235	5	7	24	Bb	105	T173	10	1111222224	7	6	2	Bc	165
T119	10	1111112235	5	7	12	Bc	111	T174	10	1111222224	5	5	6	Bc	166
T120	10	1111112235	5	7	12	Bc	112	T175	10	1111222224	6	5	2	Cc	167
T121	10	1111112235	5	6	6	Bc	113	T176	10	1111222224	6	6	2	Cc	168
T122	10	1111112235	4	7	48	Cb	114	T177	10	1111222233	7	6	2	Bb	169
T123	10	1111112235	4	6	8	Cc	115	T178	10	1111222233	7	6	2	Bc	170
T124	10	1111112244	5	7	12	Bc	116	T179	10	1111222233	7	6	8	Bb	171
T125	10	1111112244	5	7	72	Bb	117	T180	10	1111222233	7	6	2	Bb	172
T126	10	1111112244	5	7	12	Bb	118	T181	10	1111222233	7	6	2	Bb	173
T127	10	1111112244	5	6	8	Bb	119	T182	10	1111222233	7	5	1	Bci	174
T128	10	1111112244	4	6	12	Cc	120	T183	10	1111222233	7	5	2	Bb	175
T129	10	1111112334	5	7	12	Bc	121	T184	10	1111222233	7	6	1	Bbi	169
T130	10	1111112334	5	6	6	Bc	122	T185	10	1111222233	7	6	2	Bb	176
T131	10	1111112334	5	7	12	Bb	123	T186	10	1111222233	6	6	2	Cc	176
T132	10	1111112334	5	7	8	Bc	124	T187	10	1111222233	6	6	4	Cb	177
T133	10	1111112334	5	6	4	Bc	125	T188	10	1111222233	6	6	2	Cc	178
T134	10	1111112334	5	6	4	Bb	126	T189	10	1111222233	6	5	2	Cb	179
T135	10	1111112334	4	7	12	Cc	127	T190	10	1111222233	6	6	2	Cb	180
T136	10	1111112334	4	6	8	Cc	128	T191	10	1111222233	5	5	8	Bb	181
T137	10	1111113333	5	6	8	Bbh	129	T192	10	1111222233	6	5	1	Cci	182
T138	10	1111113333	4	7	48	Cch	130	T193	10	1111222233	6	6	4	Cc	183
T139	10	1111122225	6	7	24	Cb	131	T194	10	1112222223	8	6	2	Cb	184
T140	10	1111122225	5	6	4	Bc	132	T195	10	1112222223	7	5	2	Bb	185
T141	10	1111122225	6	6	6	Cc	133	T196	10	1112222223	8	5	1	Cbi	186
T142	10	1111122225	6	7	12	Cc	134	T197	10	1112222223	7	5	1	Bci	187
T143	10	1111122225	4	5	24	Cc	135	T198	10	1112222223	8	6	1	Cbi	188
T144	10	1111122234	5	6	6	Bc	136	T199	10	1112222223	8	5	2	Cc	189
T145	10	1111122234	6	6	6	Cc	137	T200	10	1112222223	6	6	6	Cc	190
T146	10	1111122234	6	7	12	Cb	138	T201	10	1122222222	9	5	2	Bb	191
T147	10	1111122234	6	6	6	Cb	139	T202	11	1111111111X	2	10	3628800	Cch	192
T148	10	1111122234	6	7	6	Cb	140	T203	11	11111111129	3	9	40320	Bc	193
T149	10	1111122234	5	6	12	Bb	141	T204	11	11111111138	3	9	10080	Bch	194
T150	10	1111122234	5	6	2	Bc	142	T205	11	11111111147	3	9	4320	Bch	195
T151	10	1111122234	6	6	4	Cc	143	T206	11	11111111156	3	9	2880	Bch	196
T152	10	1111122234	6	6	4	Cb	144	T207	11	11111111228	4	9	5040	Cc	197
T153	10	1111122234	6	7	4	Cc	145	T208	11	11111111228	4	8	1440	Cc	198
T154	10	1111122234	5	6	4	Bc	146	T209	11	11111111237	4	9	1440	Cc	196
T155	10	1111122234	5	5	2	Bc	147	T210	11	11111111237	4	8	720	Cc	199
T156	10	1111122234	5	6	4	Bb	148	T211	11	11111111237	4	8	240	Cc	200
T157	10	1111122234	6	6	2	Cb	149	T212	11	11111111246	4	9	720	Cc	201
T158	10	1111122234	6	6	2	Cb	150	T213	11	11111111246	4	8	240	Cc	202
T159	10	1111122234	6	6	2	Cc	151	T214	11	11111111246	4	8	144	Cc	203
T160	10	1111122234	4	6	12	Cc	152	T215	11	11111111255	4	9	1152	Cc	204
T161	10	1111122333	5	6	8	Bc	153	T216	11	11111111255	4	8	144	Cc	205
T162	10	1111122333	5	6	4	Bc	154	T217	11	11111111336	4	8	240	Cch	206
T163	10	1111122333	5	6	2	Bc	155	T218	11	11111111336	4	8	192	Cch	207
T164	10	1111122333	6	6	4	Cb	156	T219	11	11111111345	4	8	144	Cch	208
T165	10	1111122333	6	6	2	Cb	157	T220	11	11111111345	4	8	96	Cch	209

tree	n	deg	d	in	aut	props	SP	tree	n	deg	d	in	aut	props	SP
T221	11	11111111345	4	8	72	Cch	210	T276	11	11111122235	6	8	12	Cc	259
T222	11	11111111444	4	8	144	Cch	211	T277	11	11111122235	5	7	8	Bc	243
T223	11	11111112227	5	8	720	Bc	212	T278	11	11111122235	5	6	4	Bc	260
T224	11	11111112227	5	8	120	Bc	213	T279	11	11111122235	6	7	6	Cc	261
T225	11	11111112227	4	7	144	Cc	214	T280	11	11111122235	6	7	6	Cc	262
T226	11	11111112236	5	8	120	Bc	215	T281	11	11111122235	5	7	12	Bc	263
T227	11	11111112236	5	8	240	Bc	216	T282	11	11111122235	6	7	6	Cc	264
T228	11	11111112236	5	8	120	Bc	217	T283	11	11111122235	4	6	12	Cc	265
T229	11	11111112236	5	8	48	Bc	218	T284	11	11111122244	5	7	6	Bc	266
T230	11	11111112236	5	8	48	Bc	219	T285	11	11111122244	6	7	12	Cc	267
T231	11	11111112236	5	7	24	Bc	220	T286	11	11111122244	6	8	72	Cc	268
T232	11	11111112236	4	8	240	Cc	221	T287	11	11111122244	6	7	12	Cc	269
T233	11	11111112236	4	7	24	Cc	222	T288	11	11111122244	6	8	12	Cc	270
T234	11	11111112245	5	8	48	Bc	223	T289	11	11111122244	5	7	12	Bc	271
T235	11	11111112245	5	8	144	Bc	224	T290	11	11111122244	5	6	4	Bc	272
T236	11	11111112245	5	8	48	Bc	225	T291	11	11111122244	6	7	8	Cc	273
T237	11	11111112245	5	8	36	Bc	226	T292	11	11111122244	6	7	4	Cc	274
T238	11	11111112245	5	8	36	Bc	227	T293	11	11111122244	4	7	36	Cc	275
T239	11	11111112245	5	7	12	Bc	228	T294	11	11111122334	5	7	12	Bc	276
T240	11	11111112245	4	7	48	Cc	229	T295	11	11111122334	5	7	12	Bc	277
T241	11	11111112245	4	7	24	Cc	230	T296	11	11111122334	5	7	6	Bc	278
T242	11	11111112335	5	8	48	Bc	231	T297	11	11111122334	6	7	12	Cc	279
T243	11	11111112335	5	7	24	Bc	232	T298	11	11111122334	6	7	6	Cc	280
T244	11	11111112335	5	8	48	Bc	233	T299	11	11111122334	6	7	6	Cc	281
T245	11	11111112335	5	8	24	Bc	234	T300	11	11111122334	5	7	12	Bc	282
T246	11	11111112335	5	7	12	Bc	235	T301	11	11111122334	6	7	12	Cc	283
T247	11	11111112335	5	7	12	Bc	236	T302	11	11111122334	6	8	12	Cc	284
T248	11	11111112335	4	8	48	Cc	234	T303	11	11111122334	6	7	6	Cc	285
T249	11	11111112335	4	7	16	Cc	237	T304	11	11111122334	5	7	8	Bc	286
T250	11	11111112344	5	8	24	Bc	238	T305	11	11111122334	5	7	4	Bc	278
T251	11	11111112344	5	7	12	Bc	239	T306	11	11111122334	5	6	2	Bc	287
T252	11	11111112344	5	8	36	Bc	240	T307	11	11111122334	5	7	12	Bc	279
T253	11	11111112344	5	7	12	Bc	241	T308	11	11111122334	5	7	4	Bc	288
T254	11	11111112344	5	8	24	Bc	242	T309	11	11111122334	6	7	8	Cc	289
T255	11	11111112344	5	7	8	Bc	243	T310	11	11111122334	6	7	4	Cc	290
T256	11	11111112344	4	8	72	Cc	238	T311	11	11111122334	6	7	4	Cc	288
T257	11	11111112344	4	7	12	Cc	244	T312	11	11111122334	5	7	8	Bc	291
T258	11	11111113334	5	7	12	Bch	245	T313	11	11111122334	6	7	4	Cc	292
T259	11	11111113334	5	7	8	Bch	246	T314	11	11111122334	6	7	4	Cc	278
T260	11	11111113334	4	8	48	Cch	247	T315	11	11111122334	6	8	16	Cc	293
T261	11	11111113334	4	7	48	Cch	248	T316	11	11111122334	6	7	4	Cc	290
T262	11	11111122226	6	8	120	Cc	209	T317	11	11111122334	6	7	4	Cc	294
T263	11	11111122226	5	7	12	Bc	249	T318	11	11111122334	5	6	4	Bc	295
T264	11	11111122226	6	7	24	Cc	250	T319	11	11111122334	6	6	2	Cc	296
T265	11	11111122226	6	8	48	Cc	251	T320	11	11111122334	6	6	4	Cc	297
T266	11	11111122226	4	6	48	Cc	252	T321	11	11111122334	4	7	16	Cc	298
T267	11	11111122235	5	7	24	Bc	253	T322	11	11111123333	5	7	16	Bc	299
T268	11	11111122235	6	7	24	Cc	254	T323	11	11111123333	5	7	8	Bc	300
T269	11	11111122235	6	8	48	Cc	242	T324	11	11111123333	5	7	4	Bc	301
T270	11	11111122235	6	7	24	Cc	255	T325	11	11111123333	6	7	8	Cc	302
T271	11	11111122235	6	8	24	Cc	256	T326	11	11111123333	6	7	4	Cc	303
T272	11	11111122235	5	7	48	Bc	257	T327	11	11111123333	6	6	2	Cc	304
T273	11	11111122235	5	7	4	Bc	258	T328	11	11111222225	7	7	24	Bc	305
T274	11	11111122235	6	7	12	Cc	244	T329	11	11111222225	7	7	6	Bc	306
T275	11	11111122235	6	7	12	Cc	241	T330	11	11111222225	7	7	6	Bc	307

Table of parameters for trees

tree	n	deg	d	in	aut	props	SP	tree	n	deg	d	in	aut	props	SP
T331	11	11111222225	5	6	6	Bc	308	T386	11	11111222333	6	7	4	Cc	351
T332	11	11111222225	6	6	4	Cc	272	T387	11	11111222333	6	6	2	Cc	334
T333	11	11111222225	6	7	4	Cc	309	T388	11	11111222333	6	7	4	Cc	352
T334	11	11111222225	4	6	120	Cc	310	T389	11	11111222333	6	6	2	Cc	353
T335	11	11111222234	7	7	6	Bc	311	T390	11	11111222333	6	6	2	Cc	354
T336	11	11111222234	7	7	6	Bc	312	T391	11	11111222333	6	6	2	Cc	355
T337	11	11111222234	7	7	12	Bc	313	T392	11	11112222224	8	7	6	Cc	339
T338	11	11111222234	7	7	6	Bc	314	T393	11	11112222224	7	6	2	Bc	353
T339	11	11111222234	7	7	6	Bc	315	T394	11	11112222224	8	6	2	Cc	345
T340	11	11111222234	7	7	4	Bc	301	T395	11	11112222224	7	6	1	Bci	356
T341	11	11111222234	7	7	4	Bc	299	T396	11	11112222224	8	7	2	Cc	357
T342	11	11111222234	7	6	2	Bc	316	T397	11	11112222224	8	6	4	Cc	358
T343	11	11111222234	7	7	4	Bc	302	T398	11	11112222224	6	6	6	Cc	359
T344	11	11111222234	7	6	2	Bc	317	T399	11	11112222224	6	7	6	Cc	360
T345	11	11111222234	7	7	2	Bc	318	T400	11	11112222224	6	6	4	Cc	361
T346	11	11111222234	7	6	2	Bc	319	T401	11	11112222233	7	6	2	Bc	362
T347	11	11111222234	7	7	4	Bc	303	T402	11	11112222233	8	6	2	Cc	363
T348	11	11111222234	7	7	2	Bc	311	T403	11	11112222233	7	6	2	Bc	364
T349	11	11111222234	7	7	2	Bc	320	T404	11	11112222233	8	7	2	Cc	365
T350	11	11111222234	6	7	6	Cc	321	T405	11	11112222233	8	7	8	Cc	366
T351	11	11111222234	6	7	12	Cc	322	T406	11	11112222233	8	6	2	Cc	367
T352	11	11111222234	6	7	6	Cc	303	T407	11	11112222233	8	7	2	Cc	368
T353	11	11111222234	5	6	4	Bc	323	T408	11	11112222233	8	6	2	Cc	369
T354	11	11111222234	6	6	2	Cc	324	T409	11	11112222233	7	6	2	Bc	370
T355	11	11111222234	6	6	4	Cc	325	T410	11	11112222233	7	6	4	Bc	371
T356	11	11111222234	6	7	2	Cc	321	T411	11	11112222233	7	6	2	Bc	372
T357	11	11111222234	5	6	12	Bc	326	T412	11	11112222233	7	6	2	Bc	373
T358	11	11111222234	5	6	6	Bc	327	T413	11	11112222233	7	6	1	Bci	374
T359	11	11111222234	6	6	2	Cc	328	T414	11	11112222233	8	6	1	Cci	375
T360	11	11111222234	6	6	2	Cc	329	T415	11	11112222233	8	6	2	Cc	376
T361	11	11111222234	5	6	4	Bc	330	T416	11	11112222233	8	6	1	Cci	377
T362	11	11111222234	6	6	4	Cc	325	T417	11	11112222233	8	6	1	Cci	378
T363	11	11111222234	6	7	4	Cc	331	T418	11	11112222233	7	6	2	Bc	379
T364	11	11111222234	6	6	2	Cc	324	T419	11	11112222233	7	6	2	Bc	363
T365	11	11111222234	6	6	1	Cci	332	T420	11	11112222233	7	6	1	Bci	375
T366	11	11111222234	6	7	12	Cc	300	T421	11	11112222233	7	6	1	Bci	380
T367	11	11111222234	6	7	4	Cc	333	T422	11	11112222233	8	7	2	Cc	381
T368	11	11111222333	7	6	2	Bc	334	T423	11	11112222233	8	6	1	Cci	382
T369	11	11111222333	7	7	4	Bc	335	T424	11	11112222233	6	7	4	Cc	383
T370	11	11111222333	7	6	2	Bc	336	T425	11	11112222233	6	6	8	Cc	384
T371	11	11111222333	7	7	2	Bc	337	T426	11	11112222233	6	6	2	Cc	385
T372	11	11111222333	7	7	4	Bc	338	T427	11	11112222233	6	6	2	Cc	386
T373	11	11111222333	7	7	2	Bc	339	T428	11	11122222223	9	6	2	Bc	387
T374	11	11111222333	7	7	2	Bc	340	T429	11	11122222223	9	6	1	Bci	388
T375	11	11111222333	7	6	2	Bc	341	T430	11	11122222223	9	6	1	Bci	389
T376	11	11111222333	7	6	1	Bci	342	T431	11	11122222223	9	6	1	Bci	390
T377	11	11111222333	7	6	1	Bci	343	T432	11	11122222223	8	6	2	Cc	391
T378	11	11111222333	6	7	8	Cc	344	T433	11	11122222223	7	6	2	Bc	392
T379	11	11111222333	6	7	4	Cc	337	T434	11	11122222223	8	6	1	Cci	393
T380	11	11111222333	6	6	2	Cc	345	T435	11	11122222223	8	6	2	Cc	394
T381	11	11111222333	6	7	2	Cc	346	T436	11	11222222222	10	6	2	Cc	395
T382	11	11111222333	5	6	4	Bc	347	T437	12	11111111111E	2	11	39916800	Cch	396
T383	11	11111222333	6	6	4	Cc	348	T438	12	11111111112X	3	10	362880	Bc	397
T384	11	11111222333	6	6	2	Cc	349	T439	12	111111111139	3	10	80640	Bch	398
T385	11	11111222333	6	7	8	Cc	350	T440	12	111111111148	3	10	30240	Bch	399

120 Trees

tree	n	deg	d	in	aut	props	SP	tree	n	deg	d	in	aut	props	SP
T441	12	111111111157	3	10	17280	Bch	400	T496	12	111111112345	5	8	48	Bc	453
T442	12	111111111166	3	10	28800	Bbh	401	T497	12	111111112345	5	9	144	Bc	454
T443	12	111111111229	4	10	40320	Cc	402	T498	12	111111112345	5	8	48	Bc	455
T444	12	111111111229	4	9	10080	Cc	403	T499	12	111111112345	5	9	144	Bb	456
T445	12	111111111238	4	10	10080	Cc	404	T500	12	111111112345	5	9	96	Bb	454
T446	12	111111111238	4	9	5040	Cc	405	T501	12	111111112345	5	9	72	Bc	457
T448	12	111111111247	4	10	4320	Cc	406	T502	12	111111112345	5	8	36	Bc	458
T447	12	111111111238	4	9	1440	Cc	407	T503	12	111111112345	5	8	36	Bb	459
T449	12	111111111247	4	9	1440	Cc	408	T504	12	111111112345	5	9	72	Bc	460
T450	12	111111111247	4	9	720	Cc	409	T505	12	111111112345	5	8	24	Bc	461
T451	12	111111111256	4	10	2880	Cb	410	T506	12	111111112345	5	8	24	Bb	462
T452	12	111111111256	4	9	720	Cb	411	T507	12	111111112345	4	9	144	Cc	463
T453	12	111111111256	4	9	576	Cc	412	T508	12	111111112345	4	8	48	Cc	464
T454	12	111111111337	4	9	1440	Cch	413	T509	12	111111112345	4	8	24	Cc	465
T455	12	111111111337	4	9	960	Cch	414	T510	12	111111112444	5	9	72	Bc	466
T456	12	111111111346	4	9	720	Cbh	415	T511	12	111111112444	5	8	24	Bc	467
T457	12	111111111346	4	9	480	Cbh	416	T512	12	111111112444	4	8	72	Cc	468
T458	12	111111111346	4	9	288	Cch	417	T513	12	111111113335	5	8	48	Bch	469
T459	12	111111111355	4	9	1152	Cch	418	T514	12	111111113335	5	8	24	Bch	470
T460	12	111111111355	4	9	288	Cch	419	T515	12	111111113335	4	9	192	Cch	471
T461	12	111111111445	4	9	288	Cch	420	T516	12	111111113335	4	8	96	Cch	472
T462	12	111111111445	4	9	432	Cch	421	T517	12	111111113344	5	8	24	Bch	473
T463	12	111111112228	5	9	5040	Bc	422	T518	12	111111113344	5	8	72	Bbh	474
T464	12	111111112228	5	9	720	Bc	423	T519	12	111111113344	5	8	24	Bbh	475
T465	12	111111112228	4	8	720	Cc	424	T520	12	111111113344	5	8	32	Bbh	476
T466	12	111111112237	5	9	720	Bc	425	T521	12	111111113344	4	9	144	Cch	477
T467	12	111111112237	5	9	1440	Bc	426	T522	12	111111113344	4	8	48	Cch	478
T468	12	111111112237	5	9	720	Bc	427	T523	12	111111122227	6	9	720	Cc	479
T469	12	111111112237	5	9	240	Bc	428	T524	12	111111122227	5	8	48	Bc	480
T470	12	111111112237	5	9	240	Bc	429	T525	12	111111122227	6	8	120	Cc	481
T471	12	111111112237	5	8	120	Bc	430	T526	12	111111122227	6	9	240	Cc	482
T472	12	111111112237	4	9	1440	Cc	431	T527	12	111111122227	4	7	144	Cc	483
T473	12	111111112237	4	8	96	Cc	432	T528	12	111111122236	5	8	120	Bb	484
T474	12	111111112246	5	9	240	Bb	433	T529	12	111111122236	6	8	120	Cb	485
T475	12	111111112246	5	9	720	Bb	434	T530	12	111111122236	6	9	240	Cb	486
T476	12	111111112246	5	9	240	Bb	435	T531	12	111111122236	6	8	120	Cb	487
T477	12	111111112246	5	9	144	Bc	436	T532	12	111111122236	6	9	120	Cb	488
T478	12	111111112246	5	9	144	Bc	437	T533	12	111111122236	5	8	240	Bb	489
T479	12	111111112246	5	8	48	Bc	438	T534	12	111111122236	5	8	12	Bc	490
T480	12	111111112246	4	8	240	Cb	439	T535	12	111111122236	6	8	48	Cc	491
T481	12	111111112246	4	8	72	Cc	440	T536	12	111111122236	6	8	48	Cc	492
T482	12	111111112255	5	9	144	Bc	441	T537	12	111111122236	6	9	48	Cc	493
T483	12	111111112255	5	9	1152	Bb	442	T538	12	111111122236	5	8	24	Bc	494
T484	12	111111112255	5	9	144	Bb	443	T539	12	111111122236	5	7	12	Bc	495
T485	12	111111112255	5	8	72	Bb	444	T540	12	111111122236	6	8	24	Cc	496
T486	12	111111112255	4	8	96	Cc	445	T541	12	111111122236	6	8	24	Cc	497
T487	12	111111112336	5	9	240	Bb	446	T542	12	111111122236	5	8	48	Bc	498
T488	12	111111112336	5	8	120	Bb	447	T543	12	111111122236	6	8	24	Cc	499
T489	12	111111112336	5	9	240	Bb	448	T544	12	111111122236	4	7	24	Cc	500
T490	12	111111112336	5	9	96	Bc	441	T545	12	111111122245	5	8	24	Bc	501
T491	12	111111112336	5	8	48	Bc	449	T546	12	111111122245	6	8	48	Cc	502
T492	12	111111112336	5	8	48	Bc	450	T547	12	111111122245	6	9	144	Cb	503
T493	12	111111112336	4	9	240	Cb	421	T548	12	111111122245	6	8	48	Cb	504
T494	12	111111112336	4	8	48	Cc	451	T549	12	111111122245	6	9	48	Cb	466
T495	12	111111112345	5	9	96	Bc	452	T550	12	111111122245	5	8	48	Bb	505

Table of parameters for trees

tree	n	deg	d	in	aut	props	SP	tree	n	deg	d	in	aut	props	SP
T551	12	111111122245	5	8	12	Bc	506	T606	12	111111122344	6	8	24	Cb	555
T552	12	111111122245	6	8	36	Cc	507	T607	12	111111122344	6	9	24	Cc	556
T553	12	111111122245	6	8	36	Cb	508	T608	12	111111122344	6	8	12	Cc	557
T554	12	111111122245	6	9	36	Cc	509	T609	12	111111122344	6	8	12	Cc	558
T555	12	111111122245	5	8	24	Bc	510	T610	12	111111122344	5	8	12	Bc	559
T556	12	111111122245	5	7	8	Bc	511	T611	12	111111122344	5	7	4	Bc	560
T557	12	111111122245	5	7	12	Bb	512	T612	12	111111122344	6	8	8	Cb	561
T558	12	111111122245	6	8	12	Cb	513	T613	12	111111122344	6	8	8	Cb	562
T559	12	111111122245	6	8	12	Cb	514	T614	12	111111122344	5	7	8	Bb	563
T560	12	111111122245	6	8	12	Cc	515	T615	12	111111122344	6	8	8	Cc	564
T561	12	111111122245	4	8	144	Cc	516	T616	12	111111122344	6	7	8	Cc	565
T562	12	111111122245	4	7	36	Cc	517	T617	12	111111122344	6	7	4	Cc	566
T563	12	111111122335	5	8	48	Bc	518	T618	12	111111122344	4	8	24	Cc	567
T564	12	111111122335	5	8	48	Bc	519	T619	12	111111123334	5	8	24	Bc	568
T565	12	111111122335	5	8	24	Bc	520	T620	12	111111123334	5	8	12	Bc	569
T566	12	111111122335	6	8	48	Cc	521	T621	12	111111123334	5	8	12	Bc	570
T567	12	111111122335	6	8	24	Cc	475	T622	12	111111123334	6	8	12	Cb	571
T568	12	111111122335	6	8	24	Cc	473	T623	12	111111123334	6	8	12	Cb	572
T569	12	111111122335	5	8	48	Bc	522	T624	12	111111123334	6	7	6	Cb	573
T570	12	111111122335	6	8	48	Cb	523	T625	12	111111123334	5	8	12	Bb	574
T571	12	111111122335	6	9	48	Cb	524	T626	12	111111123334	6	8	12	Cc	575
T572	12	111111122335	6	8	24	Cb	474	T627	12	111111123334	5	8	16	Bc	576
T573	12	111111122335	5	8	48	Bb	525	T628	12	111111123334	5	7	8	Bc	577
T574	12	111111122335	5	8	16	Bc	526	T629	12	111111123334	5	8	48	Bc	578
T575	12	111111122335	5	8	8	Bc	527	T630	12	111111123334	5	8	16	Bc	576
T576	12	111111122335	5	7	4	Bc	528	T631	12	111111123334	5	7	4	Bc	579
T577	12	111111122335	5	8	12	Bb	529	T632	12	111111123334	5	8	8	Bb	580
T578	12	111111122335	6	8	24	Cc	473	T633	12	111111123334	6	8	8	Cb	581
T579	12	111111122335	6	8	12	Cc	530	T634	12	111111123334	6	8	8	Cb	570
T580	12	111111122335	6	8	12	Cc	531	T635	12	111111123334	6	7	4	Cb	582
T581	12	111111122335	5	8	24	Bc	532	T636	12	111111123334	6	8	8	Cc	583
T582	12	111111122335	6	8	12	Cb	533	T637	12	111111123334	6	7	4	Cc	584
T583	12	111111122335	6	8	12	Cc	534	T638	12	111111123334	6	7	4	Cc	585
T584	12	111111122335	6	9	48	Cc	477	T639	12	111111123334	4	8	48	Cc	586
T585	12	111111122335	6	8	12	Cb	535	T640	12	111111133333	5	8	16	Bch	587
T586	12	111111122335	6	8	12	Cc	536	T641	12	111111133333	6	7	8	Cch	588
T587	12	111111122335	5	7	8	Bc	537	T642	12	111111222226	7	8	120	Bb	589
T588	12	111111122335	6	7	6	Cb	538	T643	12	111111222226	7	8	24	Bc	590
T589	12	111111122335	6	7	12	Cc	539	T644	12	111111222226	7	8	24	Bc	591
T590	12	111111122335	4	7	16	Cc	540	T645	12	111111222226	5	7	12	Bc	592
T591	12	111111122344	5	8	72	Bc	541	T646	12	111111222226	6	7	12	Cc	593
T592	12	111111122344	5	8	12	Bc	542	T647	12	111111222226	6	8	12	Cc	594
T593	12	111111122344	5	8	12	Bc	543	T648	12	111111222226	4	6	120	Cc	595
T594	12	111111122344	5	7	6	Bc	544	T649	12	111111222235	7	8	24	Bc	564
T595	12	111111122344	5	8	36	Bc	545	T650	12	111111222235	7	8	24	Bb	596
T596	12	111111122344	5	8	12	Bc	546	T651	12	111111222235	7	8	48	Bb	597
T597	12	111111122344	6	8	24	Cc	547	T652	12	111111222235	7	8	24	Bb	598
T598	12	111111122344	6	8	12	Cc	548	T653	12	111111222235	7	8	24	Bb	599
T599	12	111111122344	6	8	12	Cc	549	T654	12	111111222235	7	8	12	Bc	562
T600	12	111111122344	5	8	24	Bc	550	T655	12	111111222235	7	8	12	Bc	600
T601	12	111111122344	6	8	36	Cb	551	T656	12	111111222235	7	7	6	Bb	601
T602	12	111111122344	6	8	12	Cb	552	T657	12	111111222235	7	8	12	Bb	602
T603	12	111111122344	6	8	12	Cb	548	T658	12	111111222235	7	7	6	Bb	603
T604	12	111111122344	5	7	12	Bb	553	T659	12	111111222235	7	8	6	Bb	604
T605	12	111111122344	6	9	72	Cc	554	T660	12	111111222235	7	7	6	Bc	605

122 Trees

tree	n	deg	d	in	aut	props	SP	tree	n	deg	d	in	aut	props	SP
T661	12	111111222235	7	8	12	Bc	606	T716	12	111111222334	7	8	4	Bb	656
T662	12	111111222235	7	8	6	Bc	564	T717	12	111111222334	7	7	4	Bc	657
T663	12	111111222235	7	8	6	Bc	607	T718	12	111111222334	7	7	4	Bb	658
T664	12	111111222235	6	8	24	Cc	608	T719	12	111111222334	7	8	4	Bb	648
T665	12	111111222235	6	8	48	Cb	609	T720	12	111111222334	7	8	8	Bc	659
T666	12	111111222235	6	8	24	Cb	610	T721	12	111111222334	7	8	4	Bc	660
T667	12	111111222235	5	7	4	Bc	611	T722	12	111111222334	7	8	4	Bc	587
T668	12	111111222235	6	7	4	Cc	612	T723	12	111111222334	7	8	4	Bb	646
T669	12	111111222235	6	7	8	Cc	613	T724	12	111111222334	7	8	4	Bb	661
T670	12	111111222235	6	8	4	Cc	614	T725	12	111111222334	7	7	4	Bc	588
T671	12	111111222235	5	7	12	Bc	615	T726	12	111111222334	7	7	2	Bc	662
T672	12	111111222235	5	6	6	Bc	616	T727	12	111111222334	7	7	2	Bc	663
T673	12	111111222235	6	7	4	Cc	617	T728	12	111111222334	7	7	2	Bb	664
T674	12	111111222235	6	7	4	Cc	618	T729	12	111111222334	7	7	4	Bc	665
T675	12	111111222235	5	7	8	Bc	619	T730	12	111111222334	7	7	2	Bc	666
T676	12	111111222235	6	7	12	Cb	553	T731	12	111111222334	7	7	2	Bc	667
T677	12	111111222235	6	8	12	Cc	567	T732	12	111111222334	7	7	2	Bb	668
T678	12	111111222235	6	7	6	Cb	620	T733	12	111111222334	6	8	12	Cc	669
T679	12	111111222235	6	7	2	Cc	621	T734	12	111111222334	6	8	12	Cc	670
T680	12	111111222235	6	8	48	Cc	622	T735	12	111111222334	6	7	6	Cc	671
T681	12	111111222235	6	8	8	Cc	623	T736	12	111111222334	6	8	6	Cc	672
T682	12	111111222235	4	7	48	Cc	624	T737	12	111111222334	5	7	12	Bc	673
T683	12	111111222244	7	8	12	Bc	625	T738	12	111111222334	6	7	12	Cb	674
T684	12	111111222244	7	8	12	Bc	626	T739	12	111111222334	6	7	6	Cb	675
T685	12	111111222244	7	8	72	Bb	627	T740	12	111111222334	6	8	12	Cb	676
T686	12	111111222244	7	8	12	Bb	628	T741	12	111111222334	6	8	12	Cc	677
T687	12	111111222244	7	8	12	Bb	629	T742	12	111111222334	6	8	12	Cc	678
T688	12	111111222244	7	7	4	Bc	630	T743	12	111111222334	6	7	6	Cc	679
T689	12	111111222244	7	7	8	Bb	631	T744	12	111111222334	6	8	12	Cc	680
T690	12	111111222244	7	8	4	Bb	632	T745	12	111111222334	5	7	8	Bc	681
T691	12	111111222244	7	8	8	Bb	633	T746	12	111111222334	6	7	8	Cc	682
T692	12	111111222244	5	7	12	Bc	634	T747	12	111111222334	5	7	8	Bc	683
T693	12	111111222244	6	7	6	Cc	635	T748	12	111111222334	5	7	4	Bc	684
T694	12	111111222244	6	7	12	Cb	636	T749	12	111111222334	6	7	4	Cc	685
T695	12	111111222244	6	8	6	Cc	637	T750	12	111111222334	6	7	2	Cc	663
T696	12	111111222244	5	7	36	Bc	638	T751	12	111111222334	6	7	2	Cc	686
T697	12	111111222244	5	7	12	Bc	639	T752	12	111111222334	5	7	4	Bc	687
T698	12	111111222244	6	7	4	Cb	640	T753	12	111111222334	6	7	4	Cb	655
T699	12	111111222244	6	7	4	Cb	641	T754	12	111111222334	6	8	4	Cb	688
T700	12	111111222244	5	6	8	Bb	642	T755	12	111111222334	5	7	4	Bb	689
T701	12	111111222244	6	7	2	Cc	643	T756	12	111111222334	6	7	8	Cb	690
T702	12	111111222244	6	8	12	Cc	644	T757	12	111111222334	6	7	4	Cb	683
T703	12	111111222334	7	7	6	Bb	645	T758	12	111111222334	6	7	4	Cb	691
T704	12	111111222334	7	8	12	Bb	646	T759	12	111111222334	6	7	2	Cc	667
T705	12	111111222334	7	7	6	Bb	647	T760	12	111111222334	6	8	8	Cc	692
T706	12	111111222334	7	8	6	Bb	648	T761	12	111111222334	6	7	4	Cb	693
T707	12	111111222334	7	8	12	Bc	649	T762	12	111111222334	6	8	8	Cc	672
T708	12	111111222334	7	8	6	Bc	650	T763	12	111111222334	6	7	4	Cc	694
T709	12	111111222334	7	8	6	Bc	646	T764	12	111111222334	6	7	2	Cc	695
T710	12	111111222334	7	8	12	Bb	651	T765	12	111111222334	6	8	12	Cc	692
T711	12	111111222334	7	8	12	Bb	652	T766	12	111111222334	6	8	4	Cc	696
T712	12	111111222334	7	7	6	Bb	653	T767	12	111111222334	5	7	12	Bc	697
T713	12	111111222334	7	7	4	Bb	654	T768	12	111111222334	6	6	2	Cb	698
T714	12	111111222334	7	8	8	Bb	648	T769	12	111111222334	6	7	4	Cc	699
T715	12	111111222334	7	7	4	Bb	655	T770	12	111111222334	6	7	4	Cc	689

Table of parameters for trees

tree	n	deg	d	in	aut	props	SP	tree	n	deg	d	in	aut	props	SP
T771	12	111111222334	6	7	2	Cc	700	T826	12	111112222234	8	7	4	Cc	752
T772	12	111111222334	6	7	4	Cc	701	T827	12	111112222234	7	6	2	Bb	753
T773	12	111111222334	6	6	2	Cc	702	T828	12	111112222234	7	7	4	Bb	754
T774	12	111111222334	6	7	6	Cc	703	T829	12	111112222234	7	6	2	Bb	755
T775	12	111111222334	6	7	2	Cc	704	T830	12	111112222234	7	7	2	Bb	722
T776	12	111111223333	7	7	4	Bc	705	T831	12	111112222234	7	7	4	Bc	756
T777	12	111111223333	7	7	2	Bc	706	T832	12	111112222234	7	7	4	Bb	757
T778	12	111111223333	7	7	2	Bc	707	T833	12	111112222234	7	7	4	Bb	758
T779	12	111111223333	7	7	8	Bb	708	T834	12	111112222234	7	7	2	Bc	759
T780	12	111111223333	7	8	4	Bb	709	T835	12	111112222234	8	7	2	Cc	723
T781	12	111111223333	7	7	2	Bb	710	T836	12	111112222234	8	7	2	Cb	760
T782	12	111111223333	7	8	8	Bb	711	T837	12	111112222234	8	7	2	Cb	710
T783	12	111111223333	7	7	2	Bb	712	T838	12	111112222234	8	7	2	Cb	712
T784	12	111111223333	7	6	2	Bb	713	T839	12	111112222234	7	7	2	Bb	761
T785	12	111111223333	6	8	16	Cc	714	T840	12	111112222234	7	6	1	Bci	762
T786	12	111111223333	6	7	8	Cc	715	T841	12	111112222234	8	7	2	Cc	763
T787	12	111111223333	6	8	8	Cc	716	T842	12	111112222234	8	7	2	Cb	764
T788	12	111111223333	5	7	16	Bc	717	T843	12	111112222234	8	7	2	Cc	765
T789	12	111111223333	6	7	4	Cb	718	T844	12	111112222234	7	7	6	Bc	766
T790	12	111111223333	6	8	4	Cb	719	T845	12	111112222234	7	7	2	Bc	767
T791	12	111111223333	6	7	2	Cb	720	T846	12	111112222234	7	7	2	Bc	707
T792	12	111111223333	5	7	8	Bb	721	T847	12	111112222234	7	7	1	Bci	723
T793	12	111111223333	6	7	4	Cc	715	T848	12	111112222234	7	7	1	Bci	768
T794	12	111111223333	6	7	4	Cc	722	T849	12	111112222234	7	7	2	Bb	769
T795	12	111111223333	6	7	2	Cc	723	T850	12	111112222234	8	8	2	Cb	719
T796	12	111111223333	6	7	4	Cc	724	T851	12	111112222234	8	7	2	Cb	770
T797	12	111111223333	6	8	16	Cc	725	T852	12	111112222234	8	7	2	Cc	771
T798	12	111111223333	6	7	4	Cc	726	T853	12	111112222234	6	8	12	Cc	714
T799	12	111111223333	6	7	4	Cc	727	T854	12	111112222234	6	7	4	Cc	772
T800	12	111112222225	8	8	24	Cb	728	T855	12	111112222234	6	7	12	Cc	773
T801	12	111112222225	7	7	4	Bc	729	T856	12	111112222234	6	8	4	Cc	716
T802	12	111112222225	8	7	6	Cb	730	T857	12	111112222234	6	7	4	Cc	756
T803	12	111112222225	7	7	2	Bc	731	T858	12	111112222234	6	6	6	Cc	774
T804	12	111112222225	8	8	6	Cc	732	T859	12	111112222234	6	7	6	Cc	775
T805	12	111112222225	8	7	12	Cc	733	T860	12	111112222234	5	6	12	Bc	776
T806	12	111112222225	5	6	24	Bc	734	T861	12	111112222234	6	6	4	Cb	777
T807	12	111112222225	6	6	6	Cc	735	T862	12	111112222234	6	6	2	Cb	778
T808	12	111112222225	6	8	12	Cc	586	T863	12	111112222234	6	7	2	Cc	772
T809	12	111112222225	6	7	4	Cc	736	T864	12	111112222234	6	7	4	Cc	779
T810	12	111112222234	7	7	6	Bc	737	T865	12	111112222234	6	7	2	Cc	780
T811	12	111112222234	8	7	6	Cb	738	T866	12	111112222234	6	6	2	Cc	781
T812	12	111112222234	7	7	6	Bc	739	T867	12	111112222234	6	7	4	Cc	782
T813	12	111112222234	8	8	6	Cc	711	T868	12	111112222333	7	7	8	Bc	783
T814	12	111112222234	8	8	12	Cb	740	T869	12	111112222333	7	7	2	Bb	784
T815	12	111112222234	8	7	6	Cb	741	T870	12	111112222333	7	7	4	Bb	785
T816	12	111112222234	8	8	6	Cb	742	T871	12	111112222333	7	7	2	Bb	786
T817	12	111112222234	8	7	6	Cb	743	T872	12	111112222333	7	7	2	Bb	787
T818	12	111112222234	7	7	12	Bb	744	T873	12	111112222333	7	7	2	Bc	788
T819	12	111112222234	7	7	6	Bb	745	T874	12	111112222333	8	7	2	Cc	789
T820	12	111112222234	7	7	2	Bc	746	T875	12	111112222333	8	7	4	Cb	790
T821	12	111112222234	8	7	4	Cb	747	T876	12	111112222333	8	7	2	Cb	791
T822	12	111112222234	7	7	2	Bc	748	T877	12	111112222333	8	7	2	Cb	792
T823	12	111112222234	8	8	4	Cc	749	T878	12	111112222333	8	7	2	Cb	793
T824	12	111112222234	8	7	4	Cb	750	T879	12	111112222333	7	7	4	Bb	794
T825	12	111112222234	8	8	4	Cb	751	T880	12	111112222333	7	7	2	Bb	795

124 Trees

tree	n	deg	d	in	aut	props	SP	tree	n	deg	d	in	aut	props	SP
T881	12	111112222333	7	7	4	Bc	796	T935	12	111122222233	9	7	2	Bb	838
T882	12	111112222333	7	7	4	Bc	797	T936	12	111122222233	9	7	2	Bc	839
T883	12	111112222333	7	7	2	Bc	798	T937	12	111122222233	9	7	8	Bb	840
T884	12	111112222333	7	7	2	Bc	799	T938	12	111122222233	9	7	2	Bb	841
T885	12	111112222333	8	8	4	Cb	800	T939	12	111122222233	9	7	2	Bb	842
T886	12	111112222333	8	7	2	Cb	801	T940	12	111122222233	9	7	2	Bb	843
T887	12	111112222333	8	8	2	Cb	802	T941	12	111122222233	9	6	1	Bbi	844
T888	12	111112222333	8	7	2	Cb	803	T942	12	111122222233	9	7	1	Bci	845
T889	12	111112222333	7	7	4	Bb	804	T943	12	111122222233	9	6	2	Bb	846
T890	12	111112222333	7	7	2	Bb	805	T944	12	111122222233	9	7	1	Bbi	847
T891	12	111112222333	8	7	8	Cc	806	T945	12	111122222233	9	6	1	Bbi	848
T892	12	111112222333	8	7	2	Cb	807	T946	12	111122222233	9	7	1	Bci	849
T893	12	111112222333	8	7	2	Cc	808	T947	12	111122222233	9	7	2	Bb	850
T894	12	111112222333	8	7	2	Cc	793	T948	12	111122222233	9	7	1	Bbi	851
T895	12	111112222333	7	7	4	Bc	795	T949	12	111122222233	9	6	2	Bb	852
T896	12	111112222333	7	7	2	Bc	809	T950	12	111122222233	8	7	2	Cb	853
T897	12	111112222333	7	7	2	Bc	810	T951	12	111122222233	7	7	2	Bc	854
T898	12	111112222333	7	6	2	Bb	811	T952	12	111122222233	8	7	2	Cc	855
T899	12	111112222333	7	7	2	Bc	812	T953	12	111122222233	8	7	4	Cb	847
T900	12	111112222333	7	7	2	Bc	813	T954	12	111122222233	8	7	2	Cb	850
T901	12	111112222333	7	6	1	Bci	814	T955	12	111122222233	8	7	2	Cc	845
T902	12	111112222333	7	7	1	Bci	815	T956	12	111122222233	7	6	2	Bc	856
T903	12	111112222333	8	6	1	Cbi	816	T957	12	111122222233	8	7	2	Cc	857
T904	12	111112222333	8	7	1	Cbi	795	T958	12	111122222233	8	6	2	Cb	858
T905	12	111112222333	8	6	1	Cbi	817	T959	12	111122222233	8	7	2	Cb	859
T906	12	111112222333	7	6	1	Bbi	818	T960	12	111122222233	8	6	2	Cb	844
T907	12	111112222333	8	7	2	Cc	819	T961	12	111122222233	7	6	8	Bb	860
T908	12	111112222333	8	7	1	Cci	813	T962	12	111122222233	7	6	2	Bb	861
T909	12	111112222333	7	7	4	Bc	820	T963	12	111122222233	7	6	1	Bci	862
T910	12	111112222333	7	7	2	Bc	789	T964	12	111122222233	8	6	1	Cci	863
T911	12	111112222333	7	7	2	Bc	821	T965	12	111122222233	8	6	1	Cbi	864
T912	12	111112222333	8	7	2	Cc	822	T966	12	111122222233	8	6	1	Cci	865
T913	12	111112222333	6	7	4	Cb	809	T967	12	111122222233	7	7	4	Bc	851
T914	12	111112222333	6	7	2	Cb	823	T968	12	111122222233	7	7	2	Bc	849
T915	12	111112222333	6	7	4	Cc	824	T969	12	111122222233	7	7	2	Bc	866
T916	12	111112222333	6	8	8	Cc	825	T970	12	111122222233	8	7	2	Cc	867
T917	12	111112222333	6	7	4	Cc	822	T971	12	111122222233	8	7	1	Cbi	853
T918	12	111112222333	6	7	2	Cc	826	T972	12	111122222233	8	6	1	Cbi	868
T919	12	111112222333	6	7	8	Cc	827	T973	12	111122222233	7	6	2	Bb	869
T920	12	111112222333	6	6	2	Cc	828	T974	12	111122222233	8	7	1	Cci	870
T921	12	111112222333	6	7	4	Cc	829	T975	12	111122222233	8	7	4	Cc	871
T922	12	111112222333	6	6	2	Cc	830	T976	12	111122222233	6	7	4	Cc	872
T923	12	111122222224	9	7	6	Bb	831	T977	12	111222222223	10	7	2	Cb	873
T924	12	111122222224	9	7	2	Bb	813	T978	12	111222222223	9	6	2	Bb	874
T925	12	111122222224	9	7	2	Bb	805	T979	12	111222222223	10	6	1	Cbi	875
T926	12	111122222224	9	7	2	Bc	826	T980	12	111222222223	9	6	1	Bbi	876
T927	12	111122222224	7	6	6	Bc	832	T981	12	111222222223	10	7	1	Cbi	877
T928	12	111122222224	8	6	2	Cb	833	T982	12	111222222223	10	6	1	Bci	878
T929	12	111122222224	7	7	2	Bc	834	T983	12	111222222223	9	6	1	Cbi	879
T930	12	111122222224	7	6	2	Bc	835	T984	12	111222222223	10	7	2	Cc	880
T931	12	111122222224	8	7	1	Cci	815	T985	12	111222222223	8	7	2	Cc	881
T932	12	111122222224	8	6	2	Cc	830	T986	12	111222222223	8	6	2	Cc	882
T933	12	111122222224	6	7	6	Cc	836	T987	12	112222222222	11	6	2	Bb	883
T934	12	111122222233	9	7	2	Bb	837								

3 REGULAR GRAPHS

A graph is **regular** if all its vertices have the same degree; in particular, graphs that are regular of degree 3, 4, 5 and 6 are called, respectively, **cubic**, **quartic**, **quintic** and **sextic**. An example of each type is shown below.

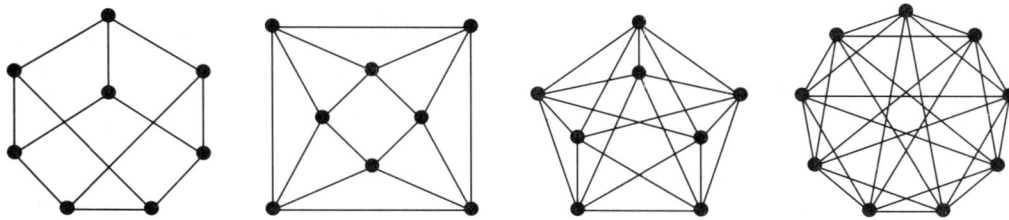

A regular graph is **polyhedral** if its vertices and edges correspond to the vertices and edges of a 3-dimensional polyhedron—that is, it is planar and 3-connected. A **bicubic** graph is a graph that is both bipartite and cubic. The following polyhedral graphs are both cubic, but only the first is bicubic.

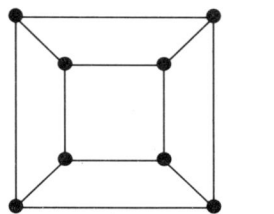 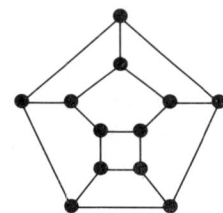

A regular graph G is **transitive** if, for each pair of vertices v and w, there is an automorphism of G that maps v to w; similarly, G is **edge-transitive** if, for each pair of edges e and f, there is an automorphism of G that maps e to f. A **symmetric graph** is a connected cubic graph that is both transitive and edge-transitive. The above polyhedral graphs are symmetric.

Page 126 lists the numbers of cubic and quartic graphs with a given number of vertices. Pages 127–156 depict the connected cubic graphs with up to 14 vertices, quartic graphs with up to 11 vertices, and quintic and sextic graphs with up to 10 vertices. Pages 157–160 depict the connected bicubic graphs with up to 16 vertices and the cubic polyhedral graphs (without triangles) with up to 18 vertices. Pages 161–168 depict the connected cubic transitive graphs with up to 34 vertices, quartic transitive graphs with up to 19 vertices, and symmetric graphs with up to 54 vertices. Pages 169–188 list some important parameters for the cubic and quartic graphs depicted on pages 127–156.

Tables of regular graph numbers

Cubic graphs, connected cubic graphs and connected cubic transitive graphs with n vertices, for n = 4, 6, ..., 40.

n	cubic	connected cubic	transitive
4	1	1	1
6	2	2	2
8	6	5	2
10	21	19	3
12	94	85	4
14	540	509	3
16	4207	4060	4
18	42110	41301	5
20	5 16344	5 10489	7
22	73 73924	73 19447	3
24	1185 73592	1179 40535	11
26	21032 05738	20944 80864	5
28	4 06341 85402	4 04971 38011	6
30	84 78713 97424	84 54802 28069	10
32	1898 71490 95005	1894 15221 84590	10
34	45403 28216 88754	45309 01620 62723	5
36	11 54432 96124 85981	11 52339 20725 41432	12
38	310 96445 38361 98311	310 46724 41655 39782	5
40	8845 30317 25137 81271	8832 73631 89377 56165	12

Quartic graphs, connected quartic graphs and connected quartic transitive graphs with n vertices, for n = 5, 6, ..., 15.

n	quartic	connected quartic	transitive
5	1	1	1
6	1	1	1
7	2	2	1
8	6	6	3
9	16	16	3
10	60	59	3
11	266	265	2
12	1547	1544	10
13	10786	10778	3
14	88193	88168	5
15	8 05579	8 05491	7

Connected cubic graphs: 4–14 vertices

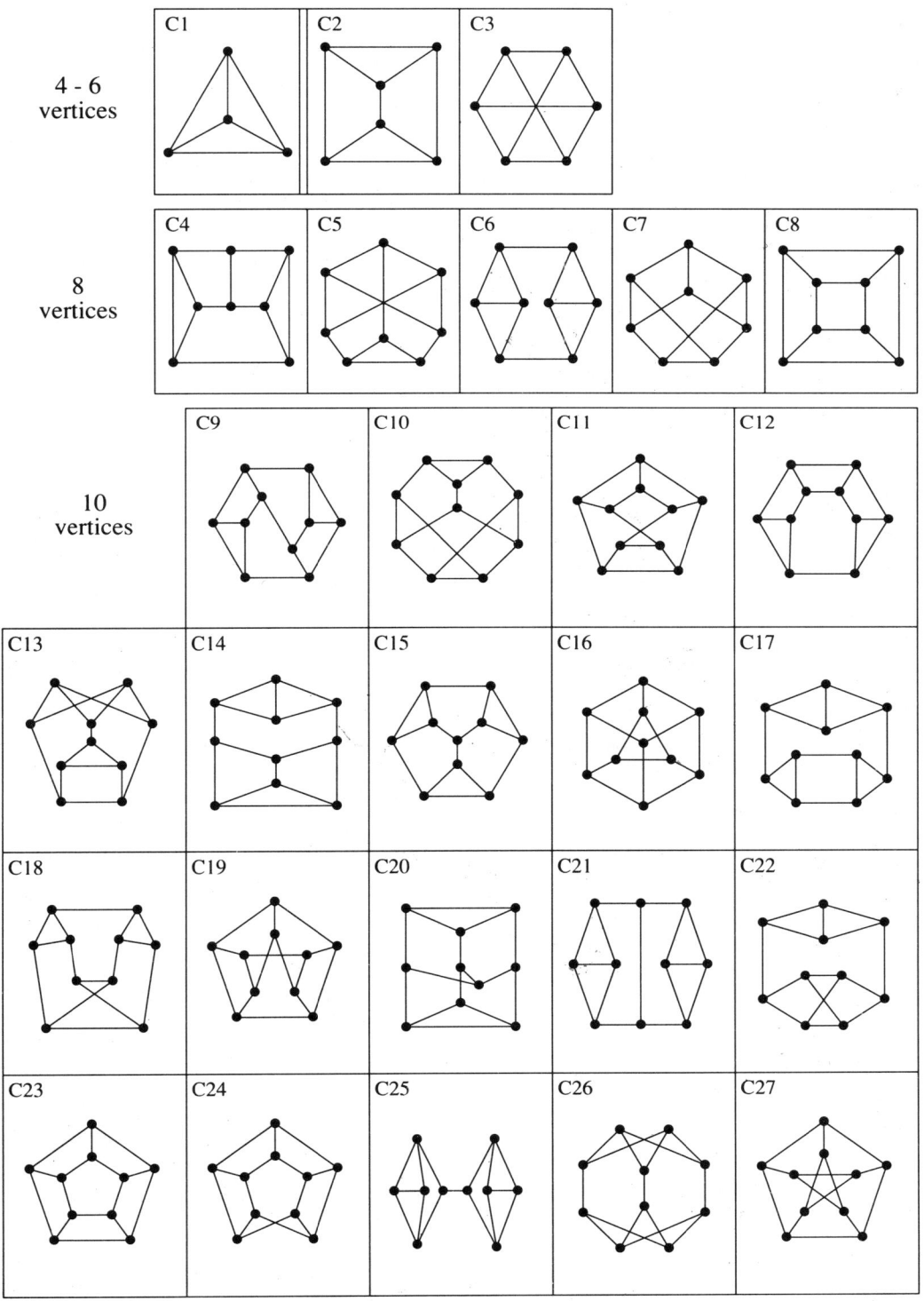

128 Regular graphs

Connected cubic graphs: 12 vertices

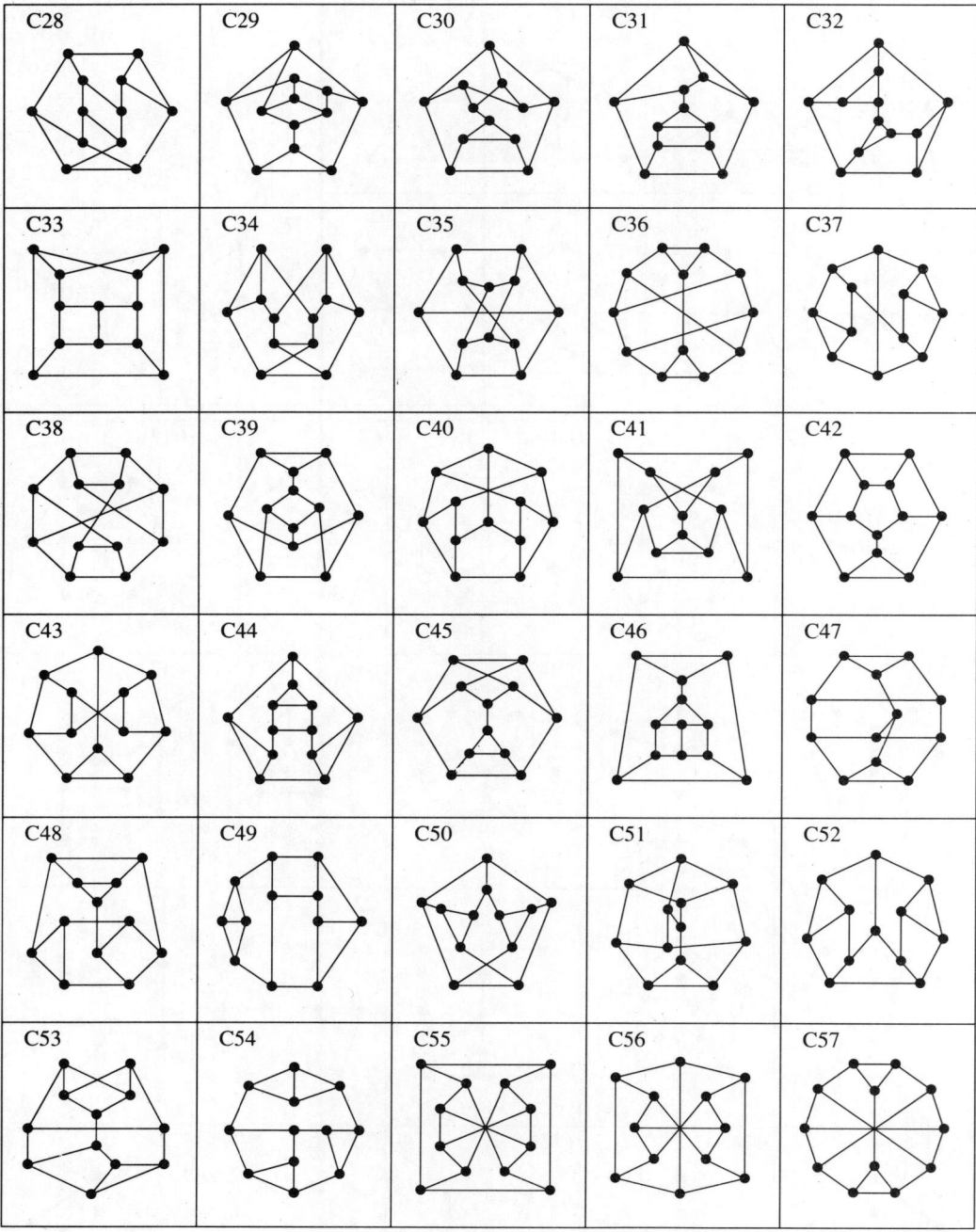

Connected cubic graphs: 12 vertices

130   Regular graphs

Connected cubic graphs: 12 vertices

Connected cubic graphs: 14 vertices

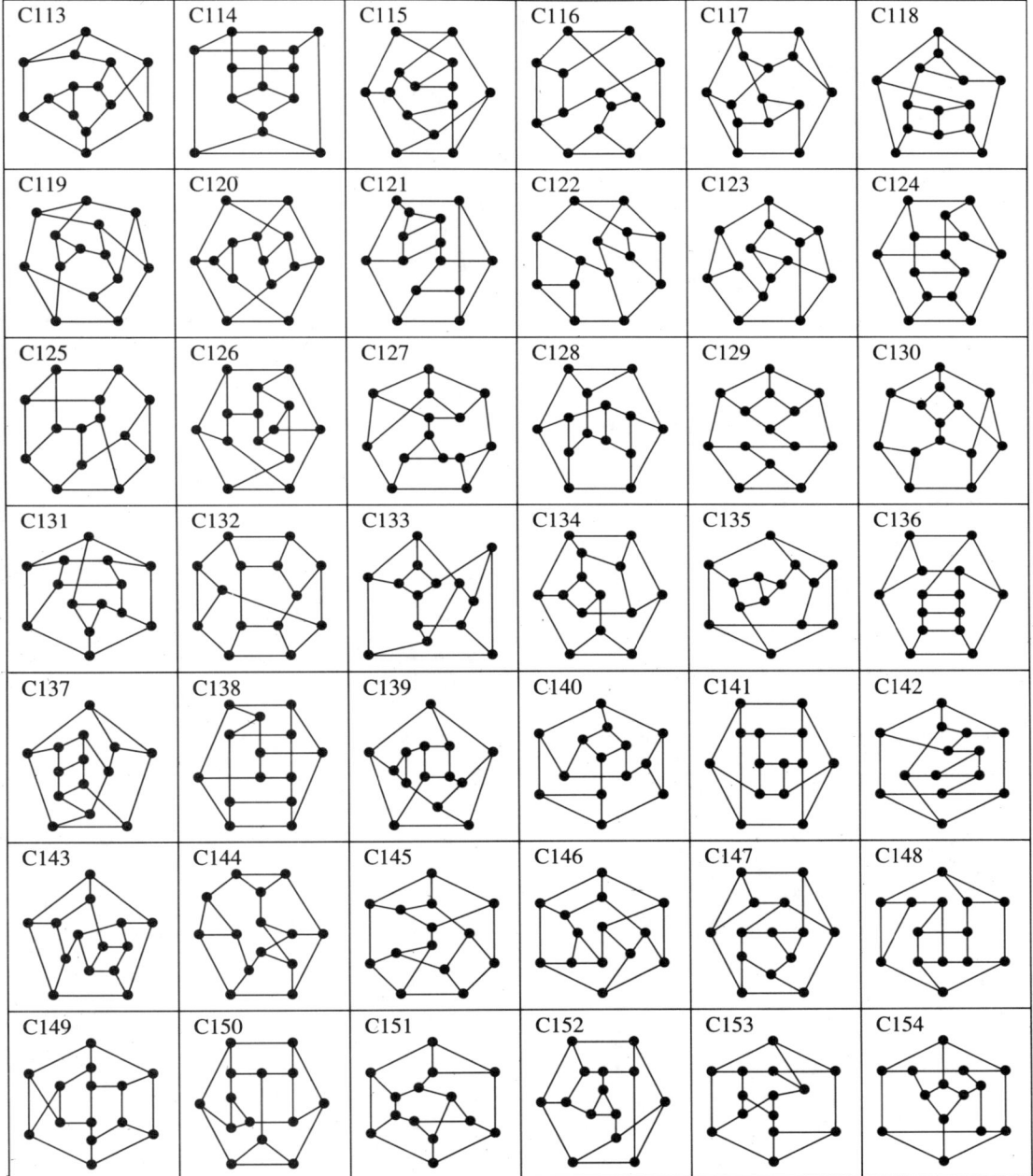

132 Regular graphs

Connected cubic graphs: 14 vertices

Connected cubic graphs: 14 vertices

134 Regular graphs

Connected cubic graphs: 14 vertices

Connected cubic graphs: 14 vertices

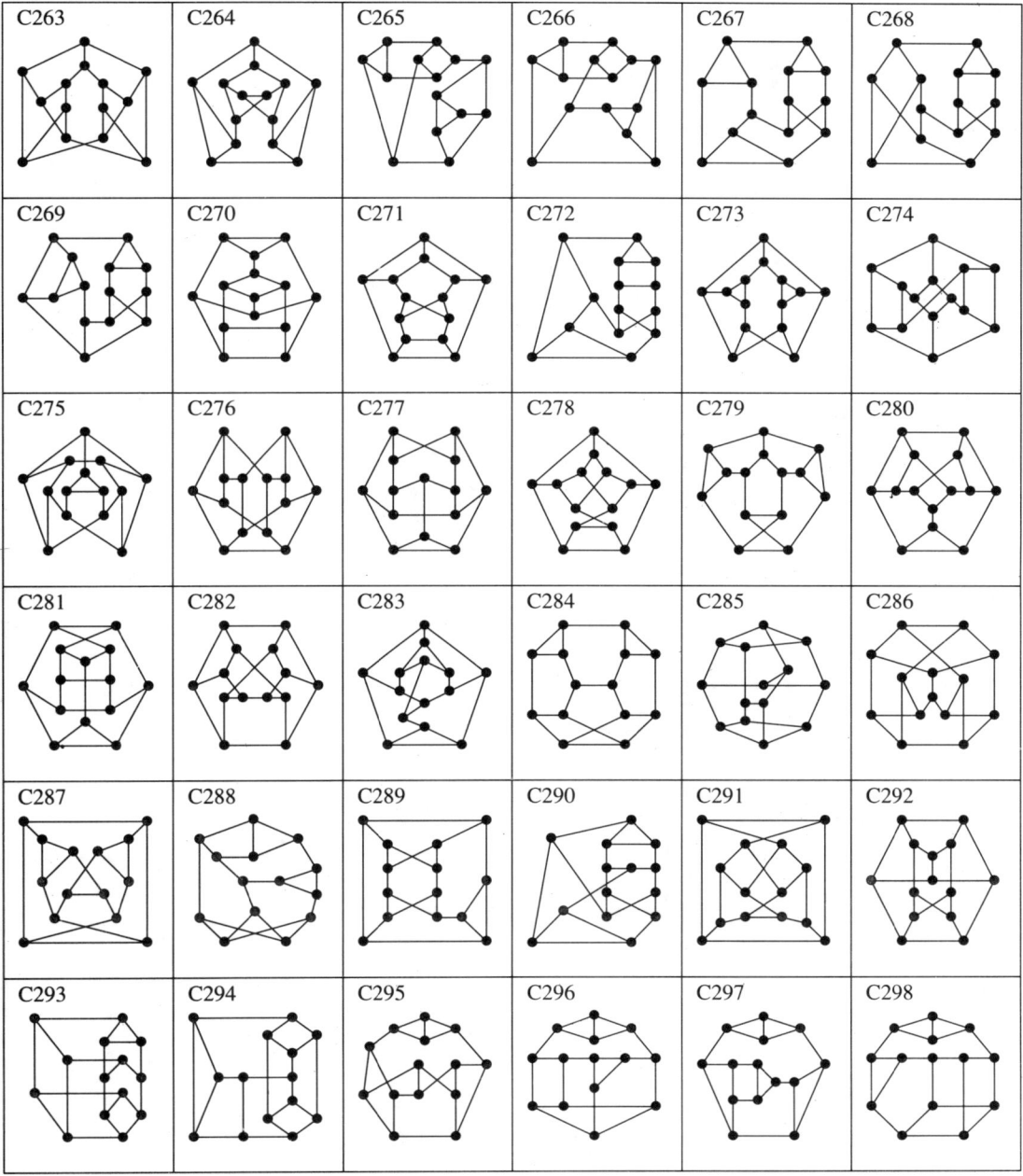

136 Regular graphs

Connected cubic graphs: 14 vertices

Connected cubic graphs: 14 vertices

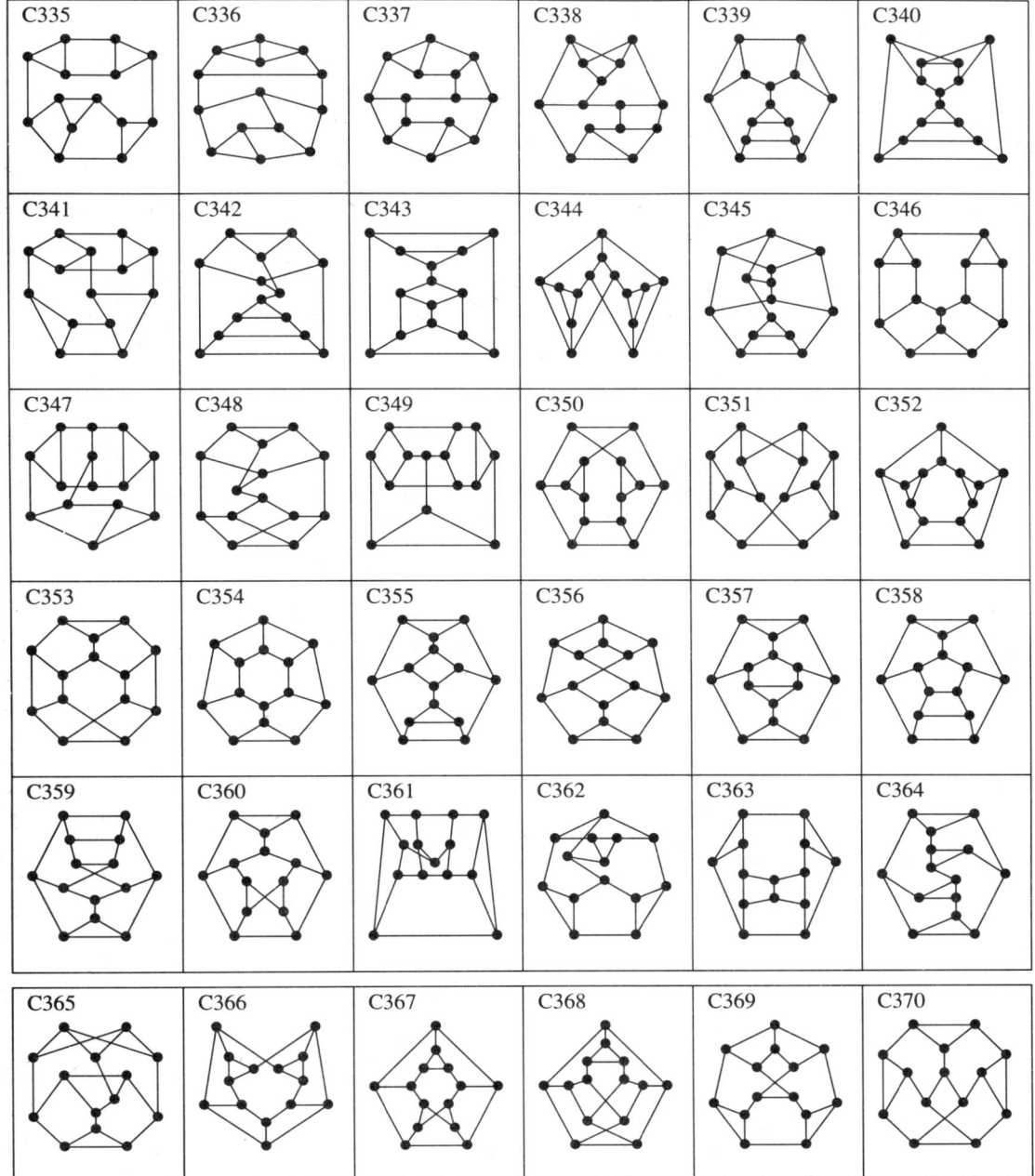

138 Regular graphs

Connected cubic graphs: 14 vertices

Connected cubic graphs: 14 vertices

140 Regular graphs

Connected cubic graphs: 14 vertices

Connected cubic graphs: 14 vertices

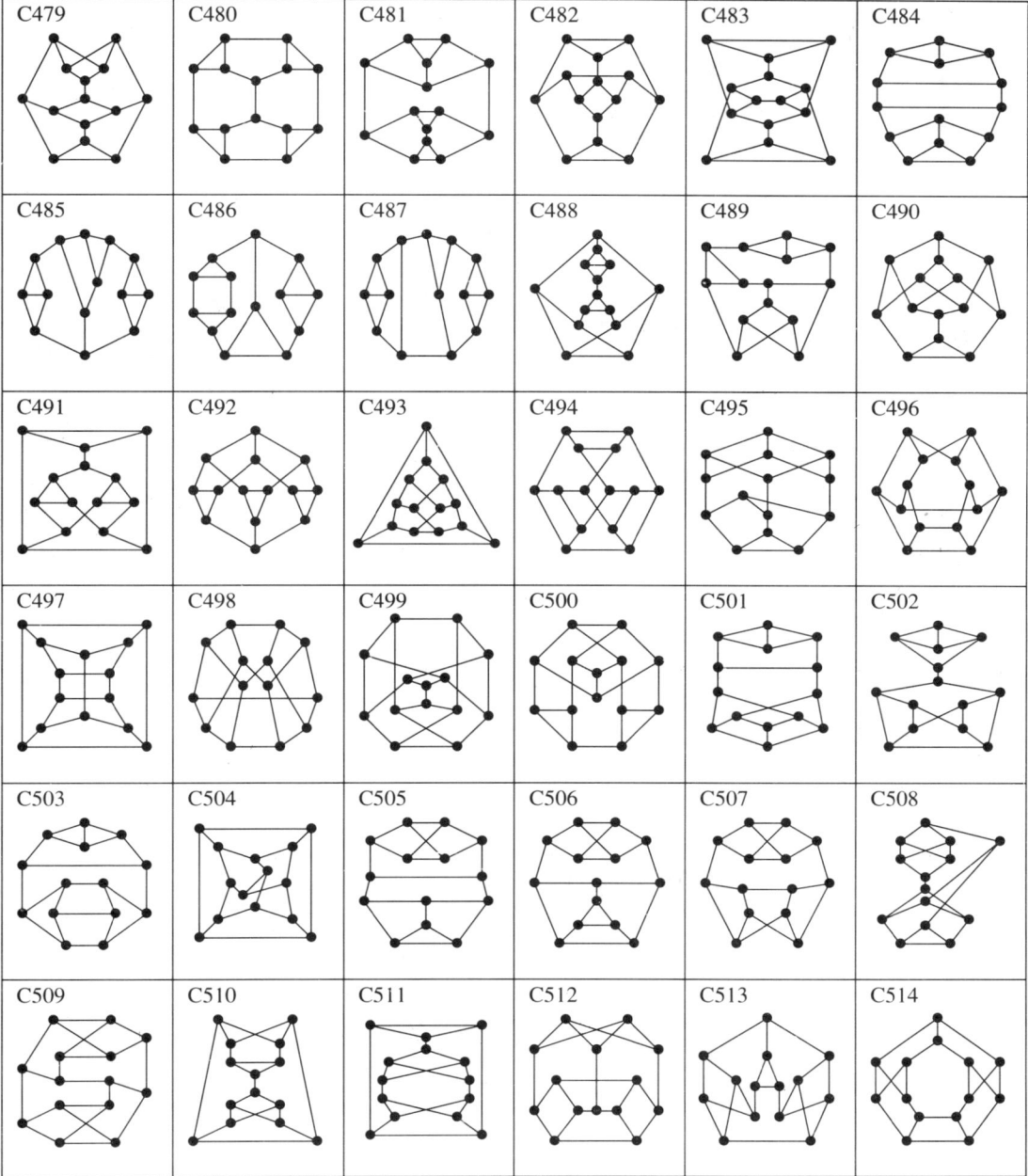

142 Regular graphs

Connected cubic graphs: 14 vertices

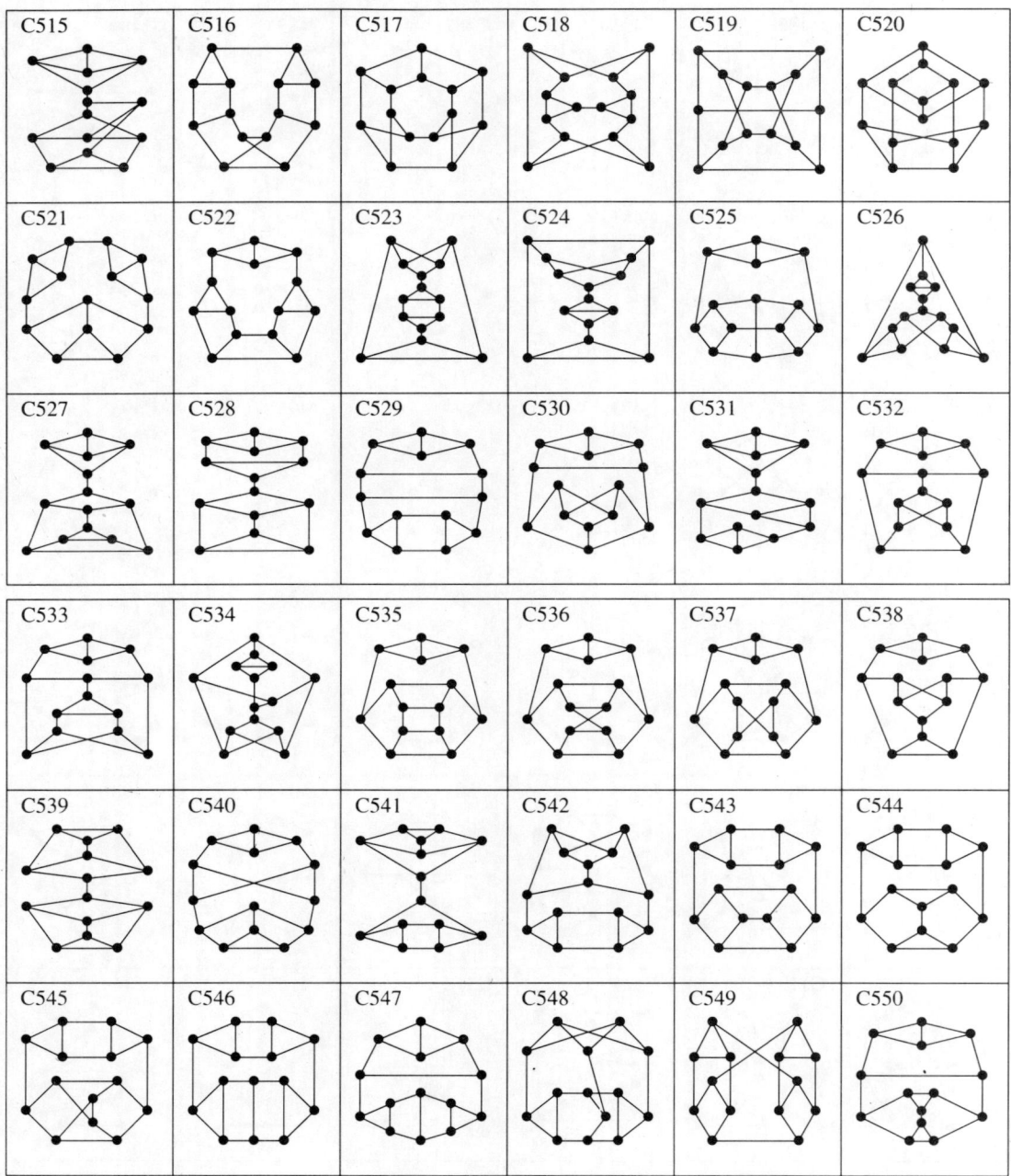

Connected cubic graphs: 14 vertices

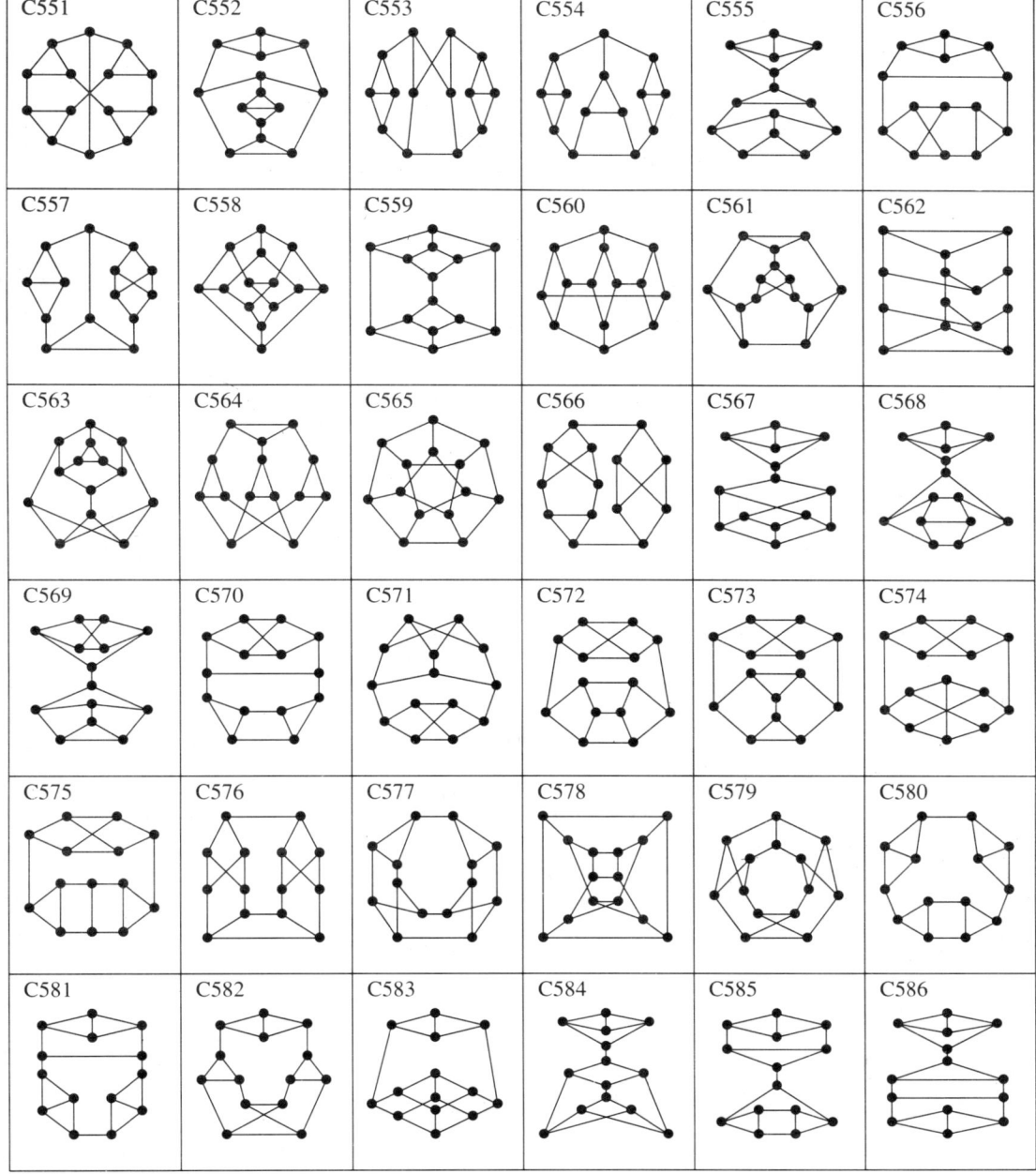

Connected cubic graphs: 14 vertices

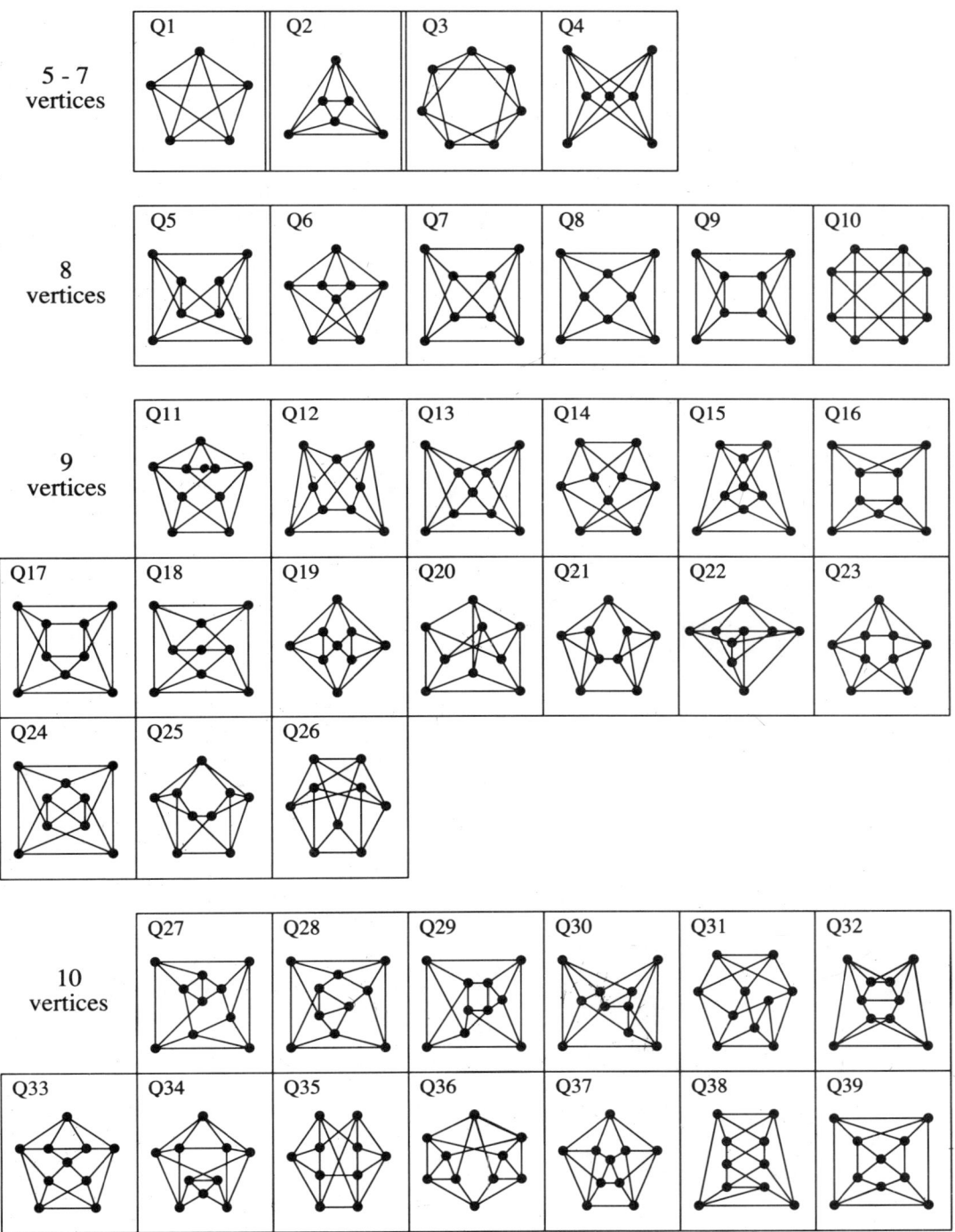

Connected quartic graphs: 10 vertices

Connected quartic graphs: 11 vertices

148   Regular graphs

Connected quartic graphs: 11 vertices

Connected quartic graphs: 11 vertices

150 Regular graphs

Connected quartic graphs: 11 vertices

Connected quartic graphs: 11 vertices

152 Regular graphs

Connected quartic graphs: 11 vertices

Connected quartic graphs: 11 vertices

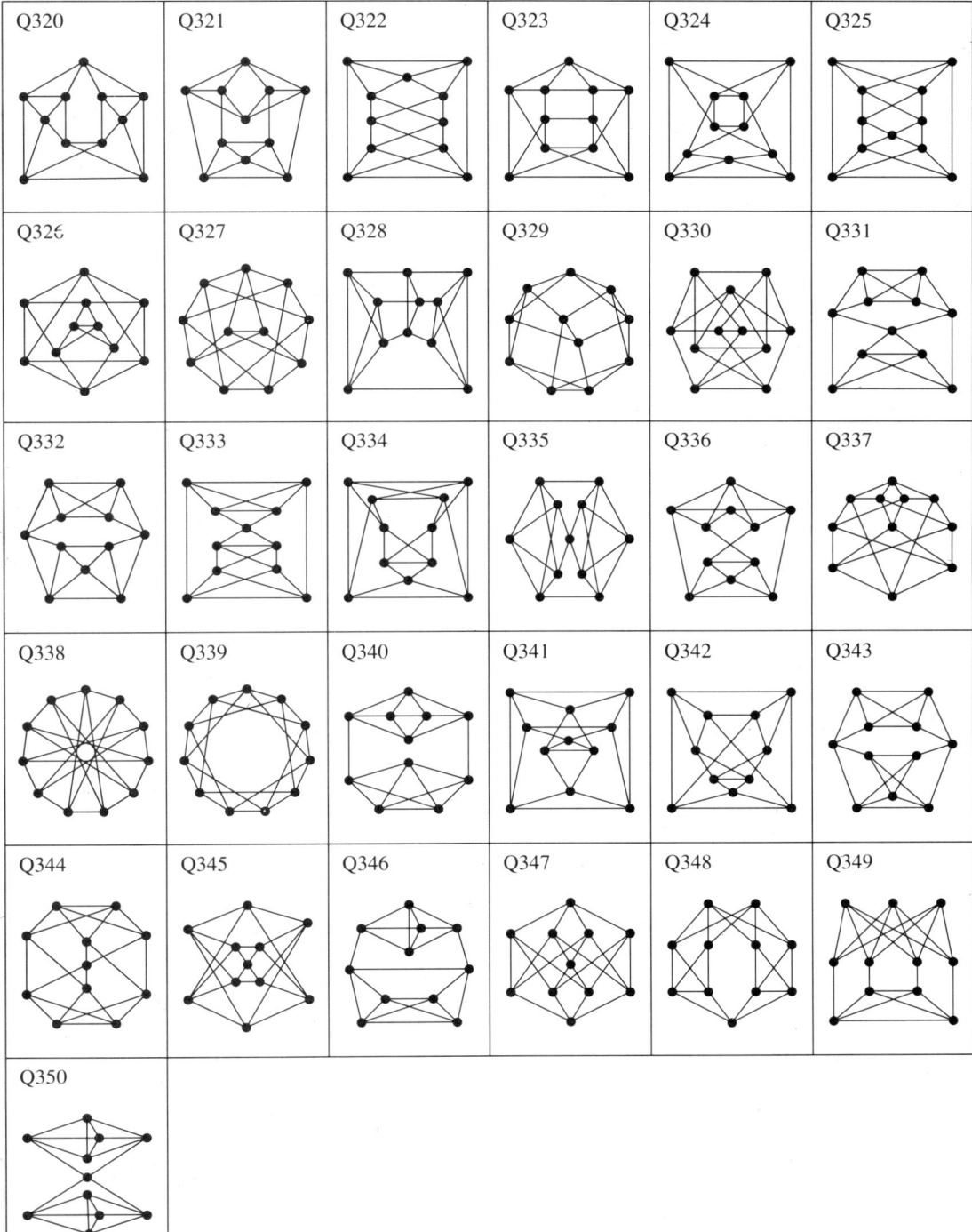

154 Regular graphs

Connected quintic graphs: 6 - 10 vertices

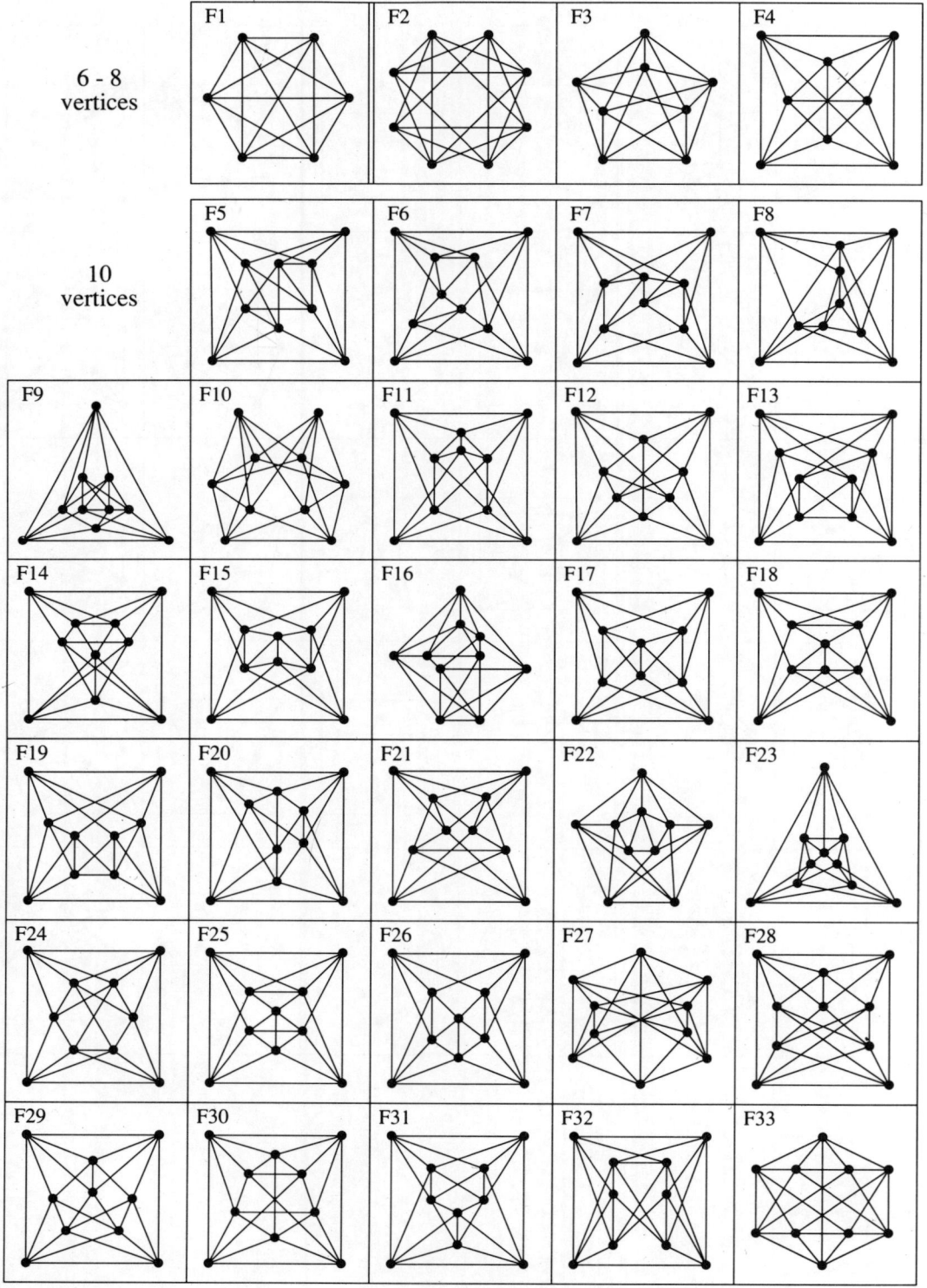

Connected quintic graphs: 10 vertices

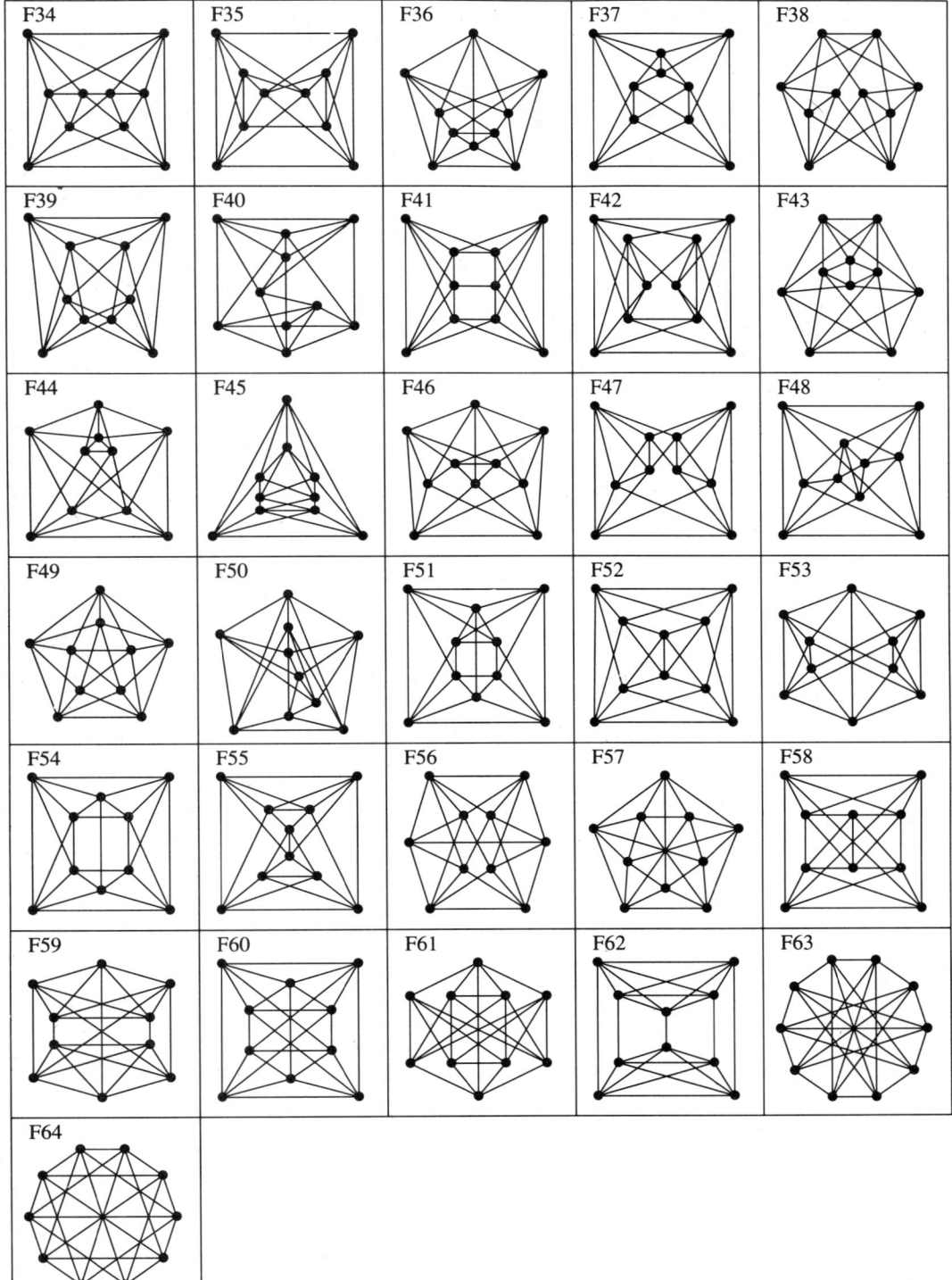

Connected sextic graphs: 7 - 10 vertices

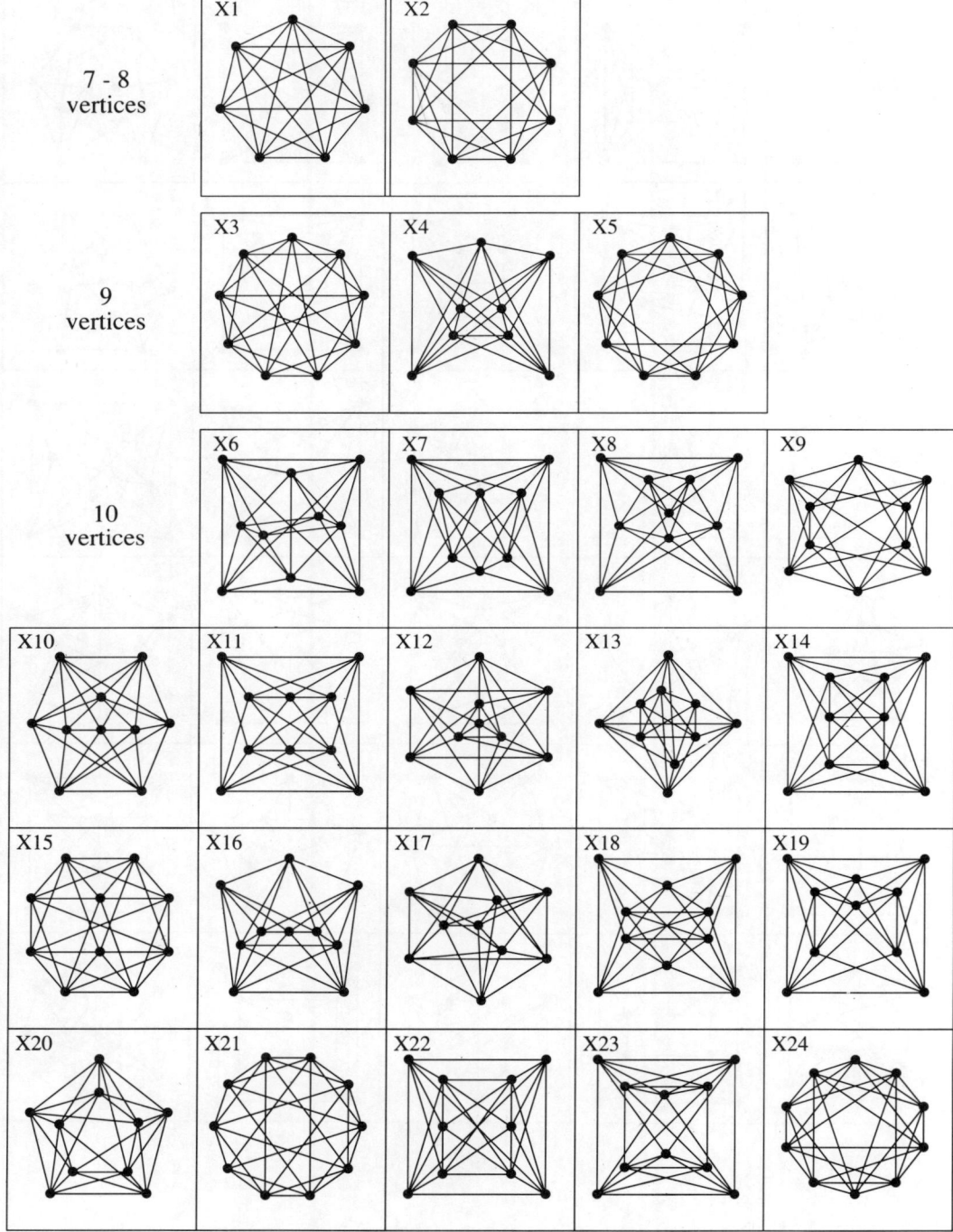

Connected bicubic graphs: 4 - 14 vertices

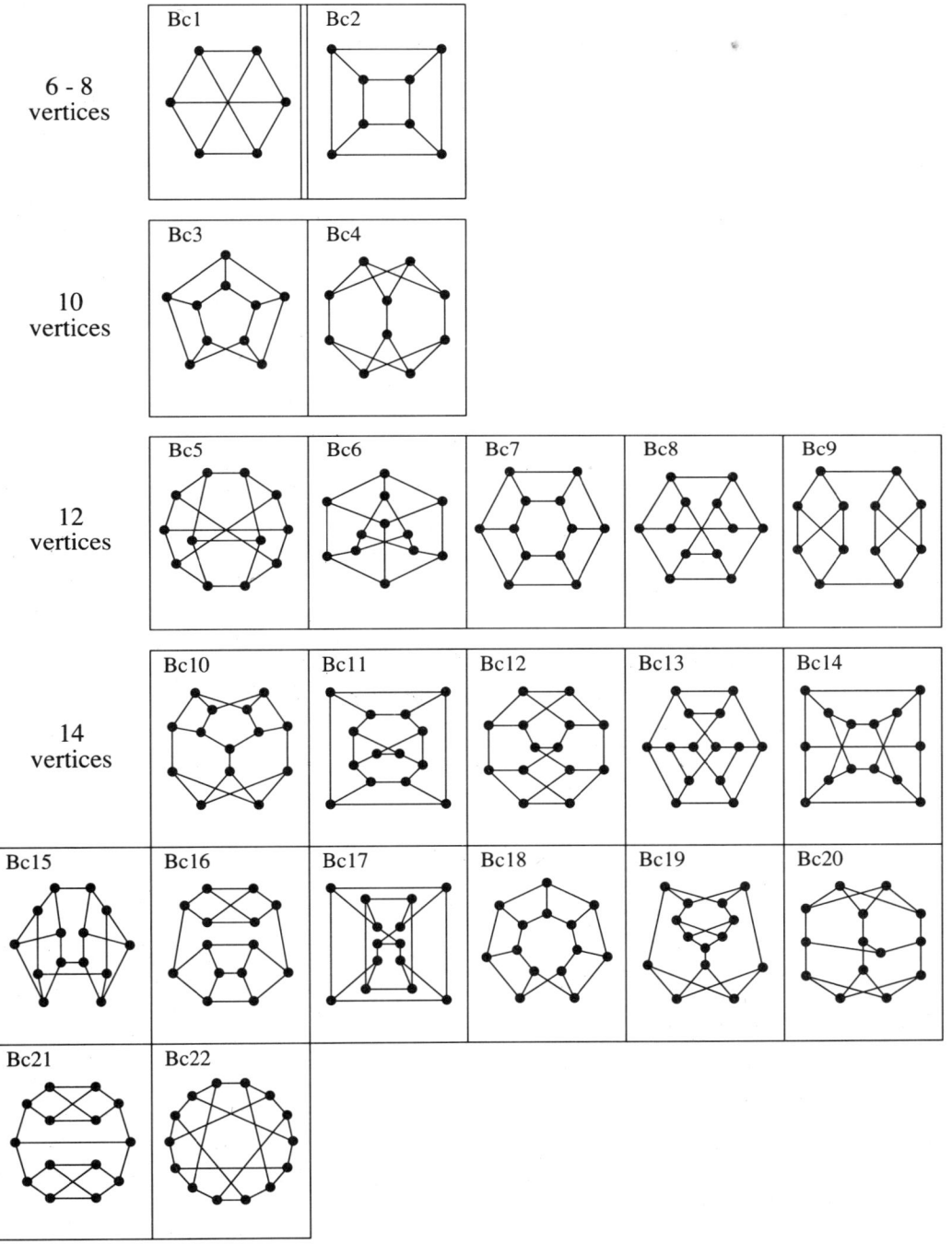

158 Regular graphs

Connected bicubic graphs: 16 vertices

Cubic polyhedral graphs: 8 - 16 vertices
(without triangles)

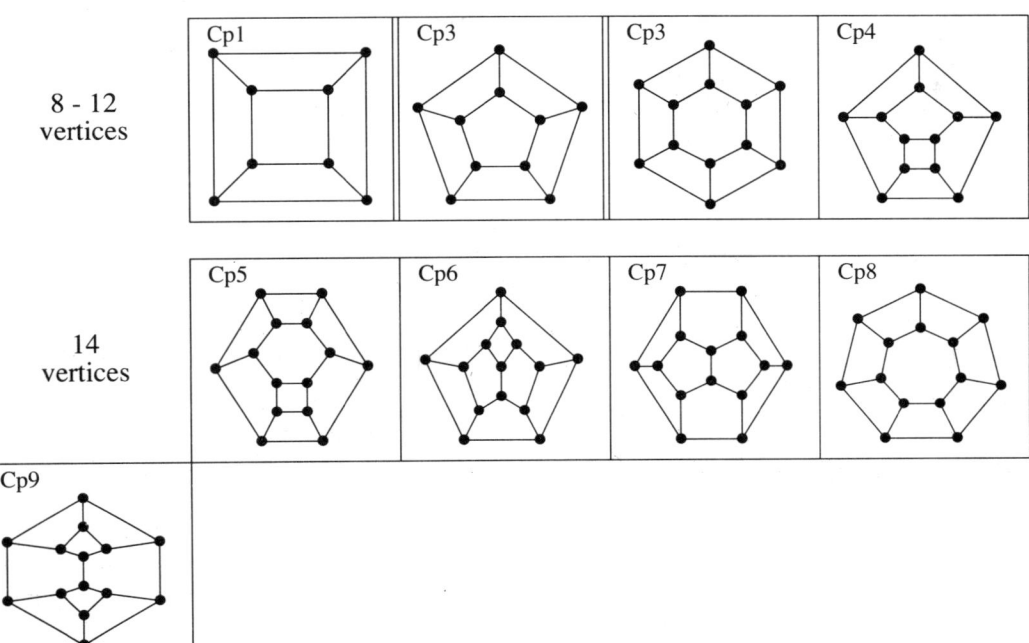

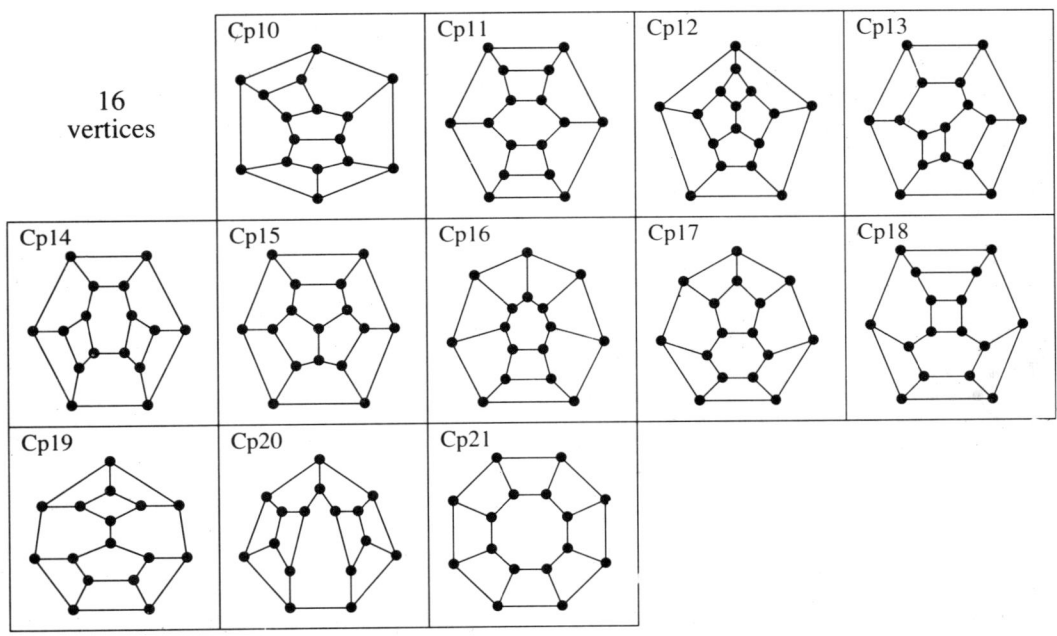

Cubic polyhedral graphs: 18 vertices
(without triangles)

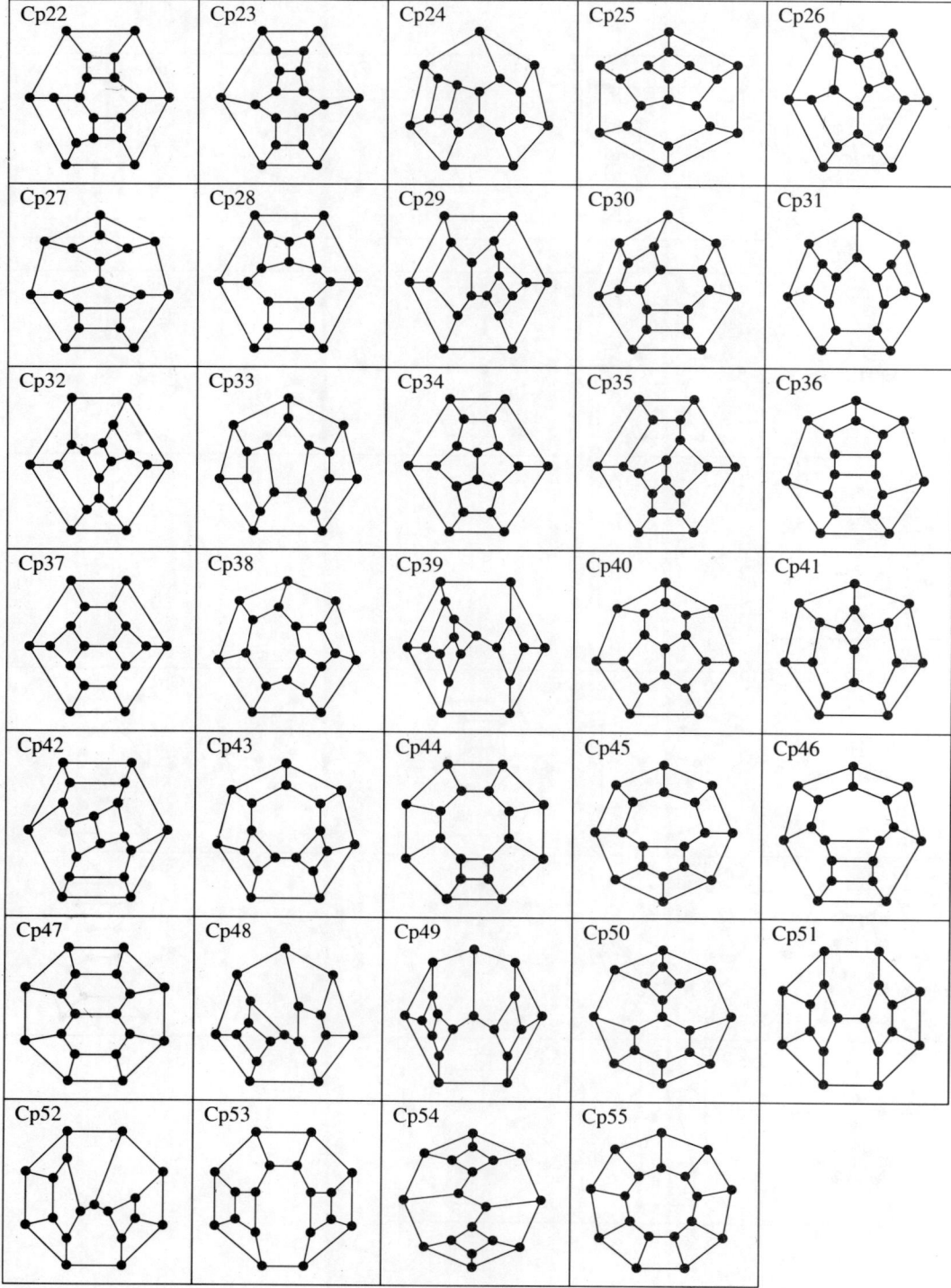

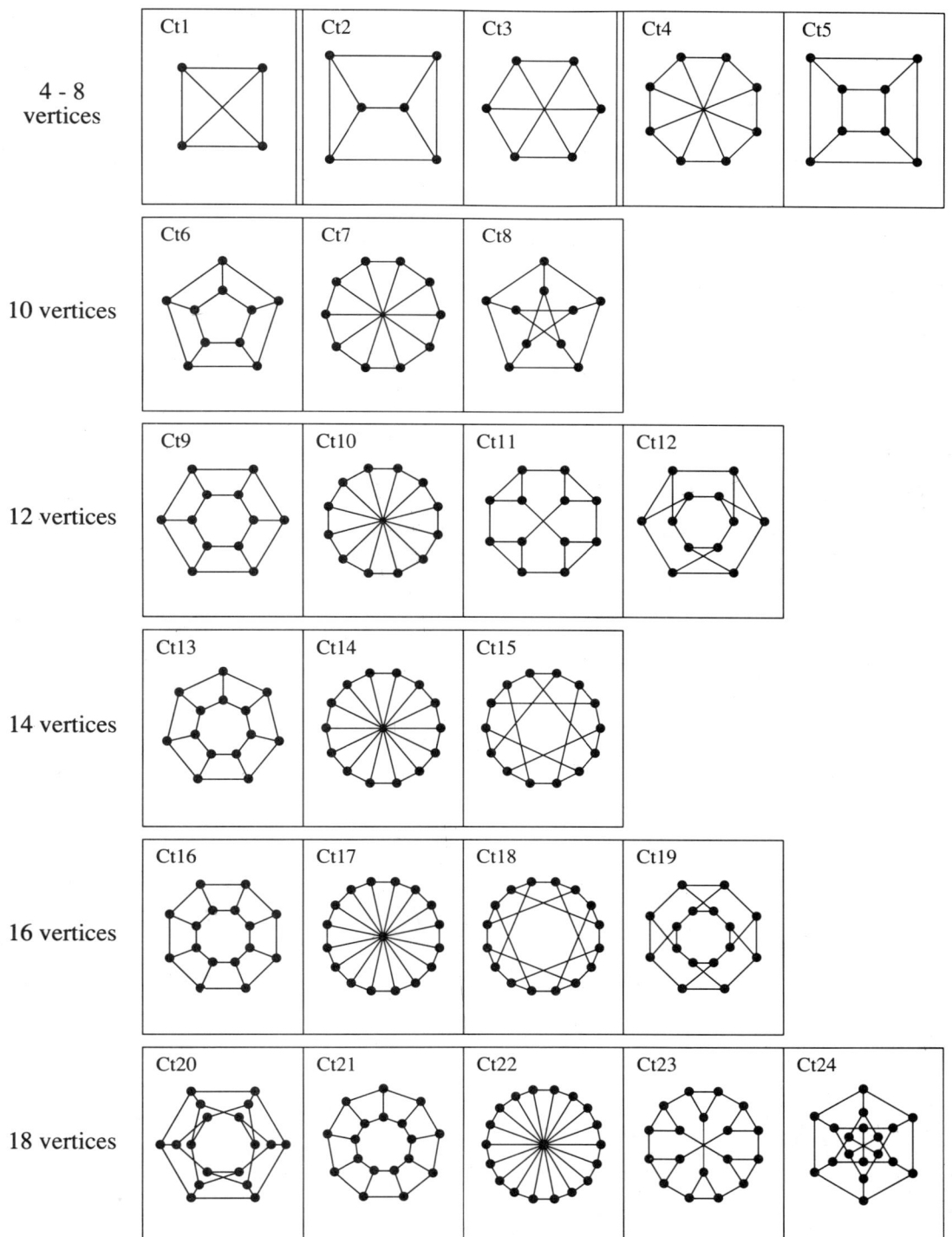

162 Regular graphs

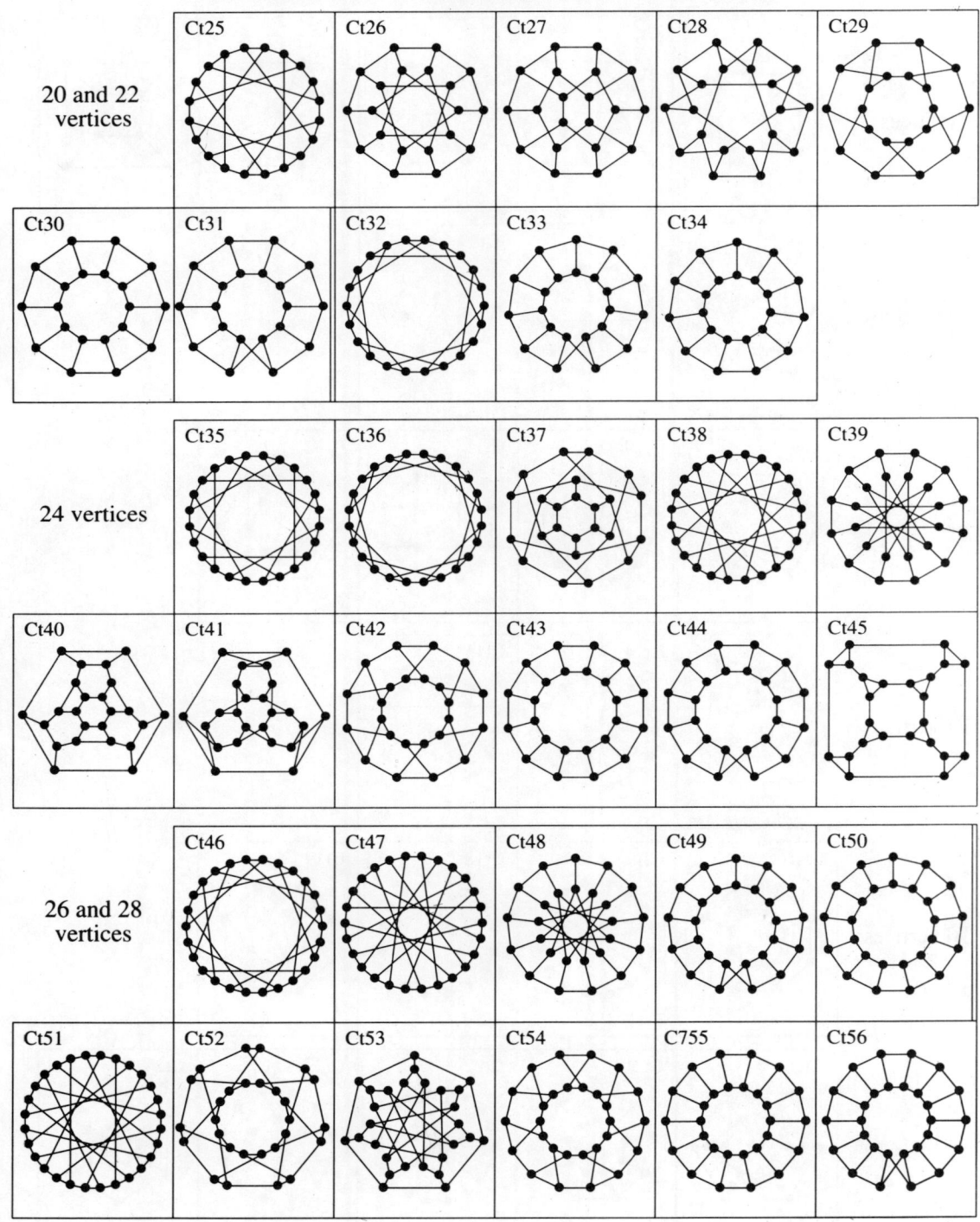

Connected cubic transitive graphs: 30 - 34 vertices

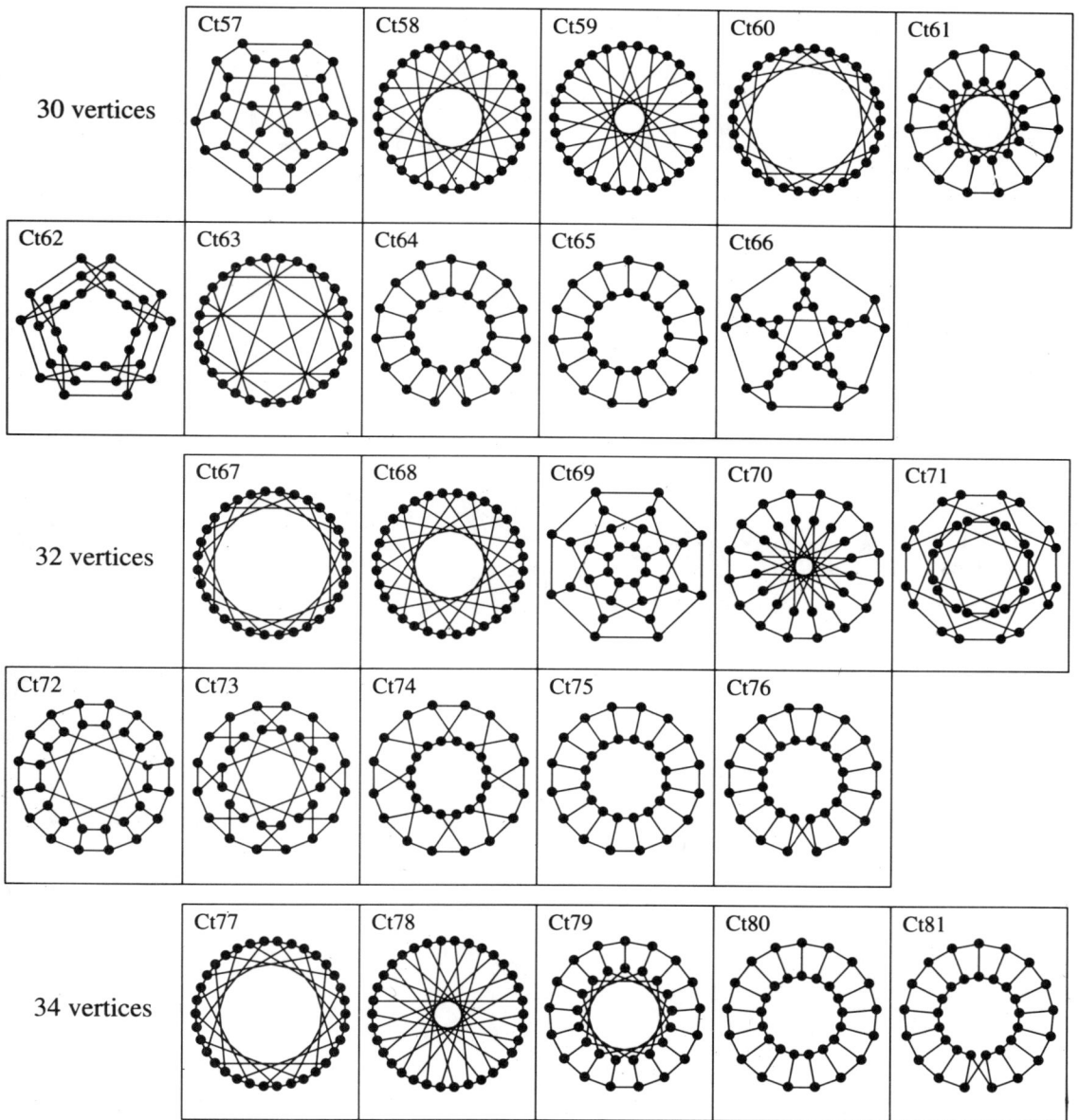

164 Regular graphs

Connected quartic transitive graphs: 5 - 13 vertices

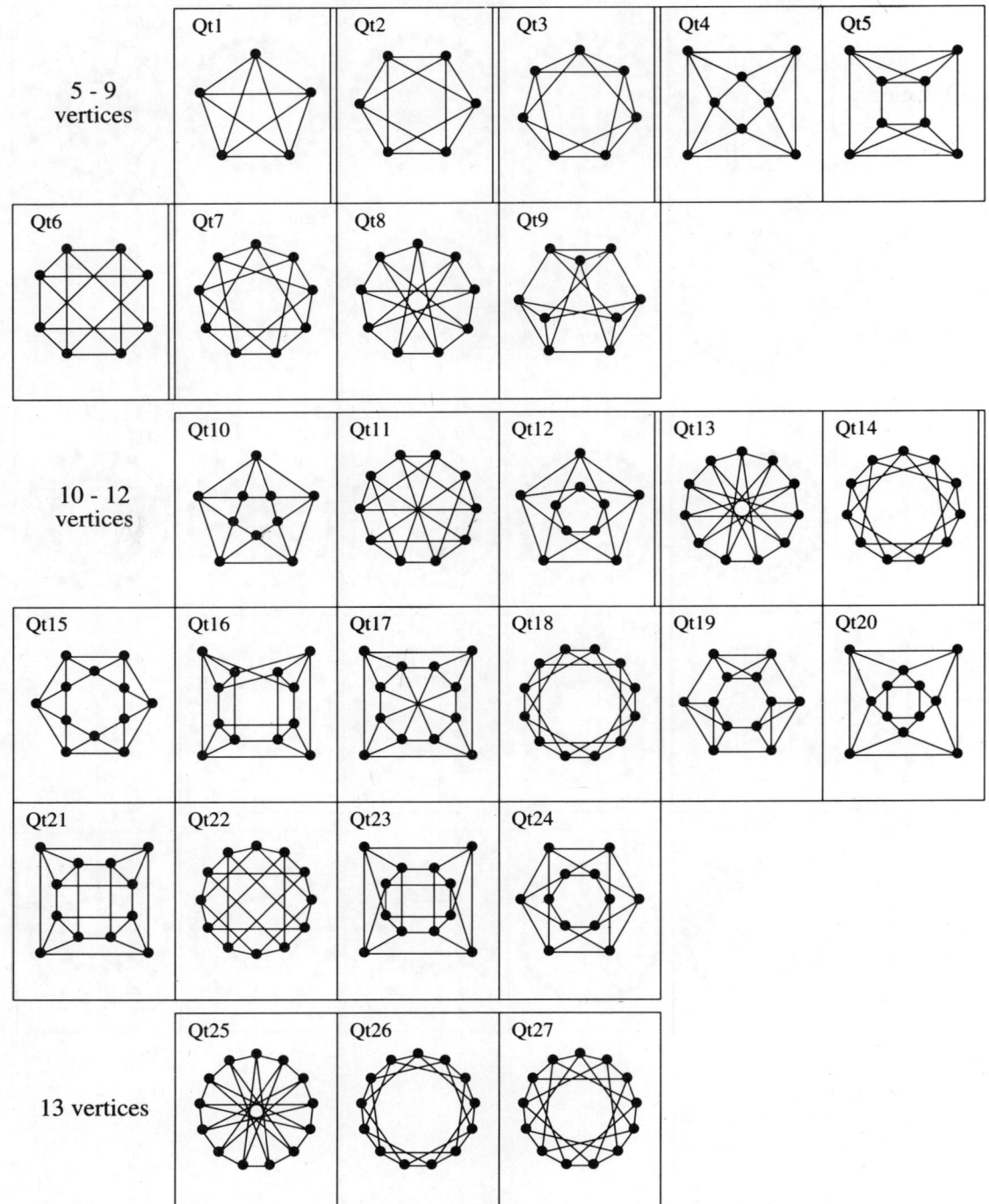

Connected quartic transitive graphs: 14 - 16 vertices

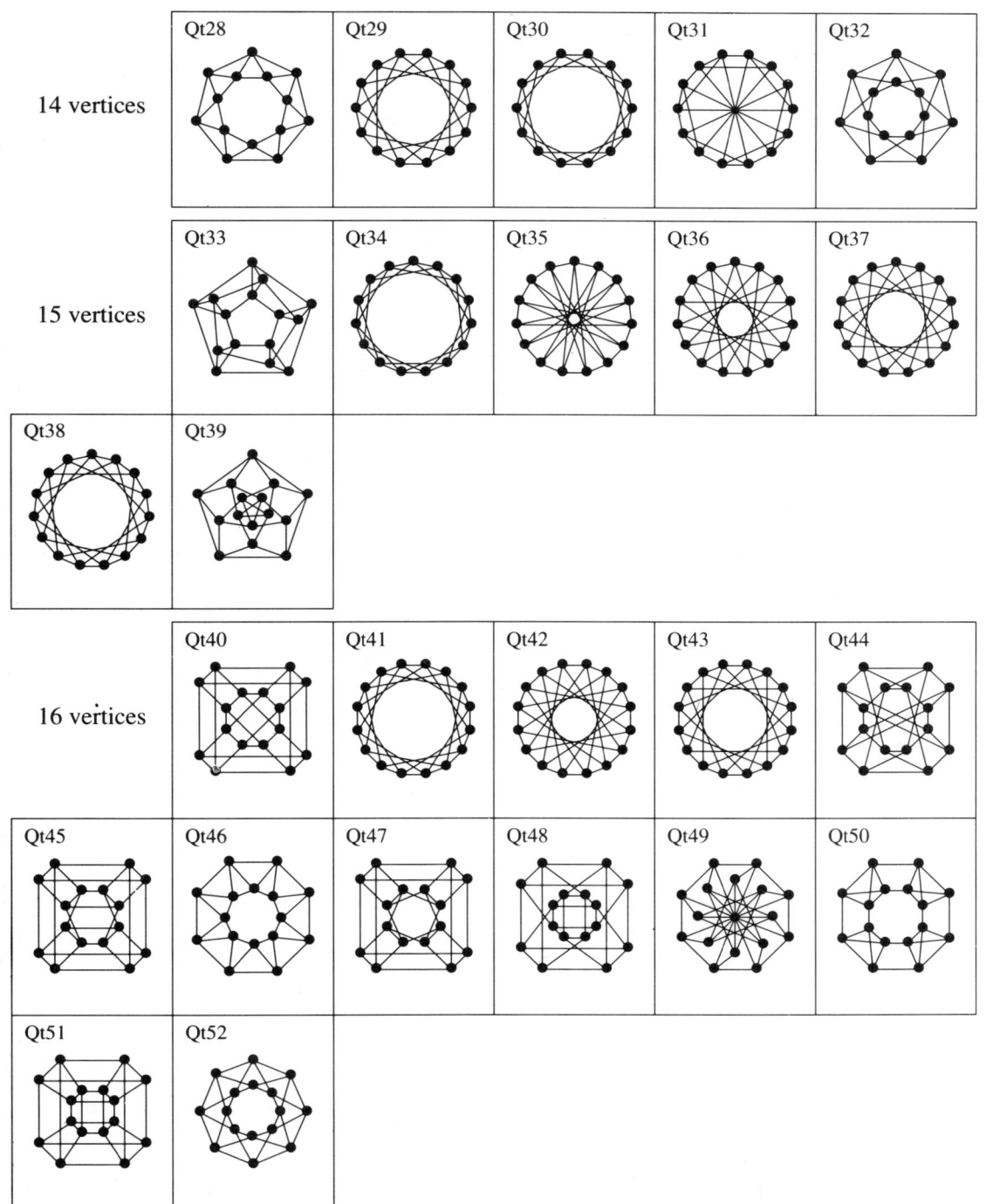

166 Regular graphs

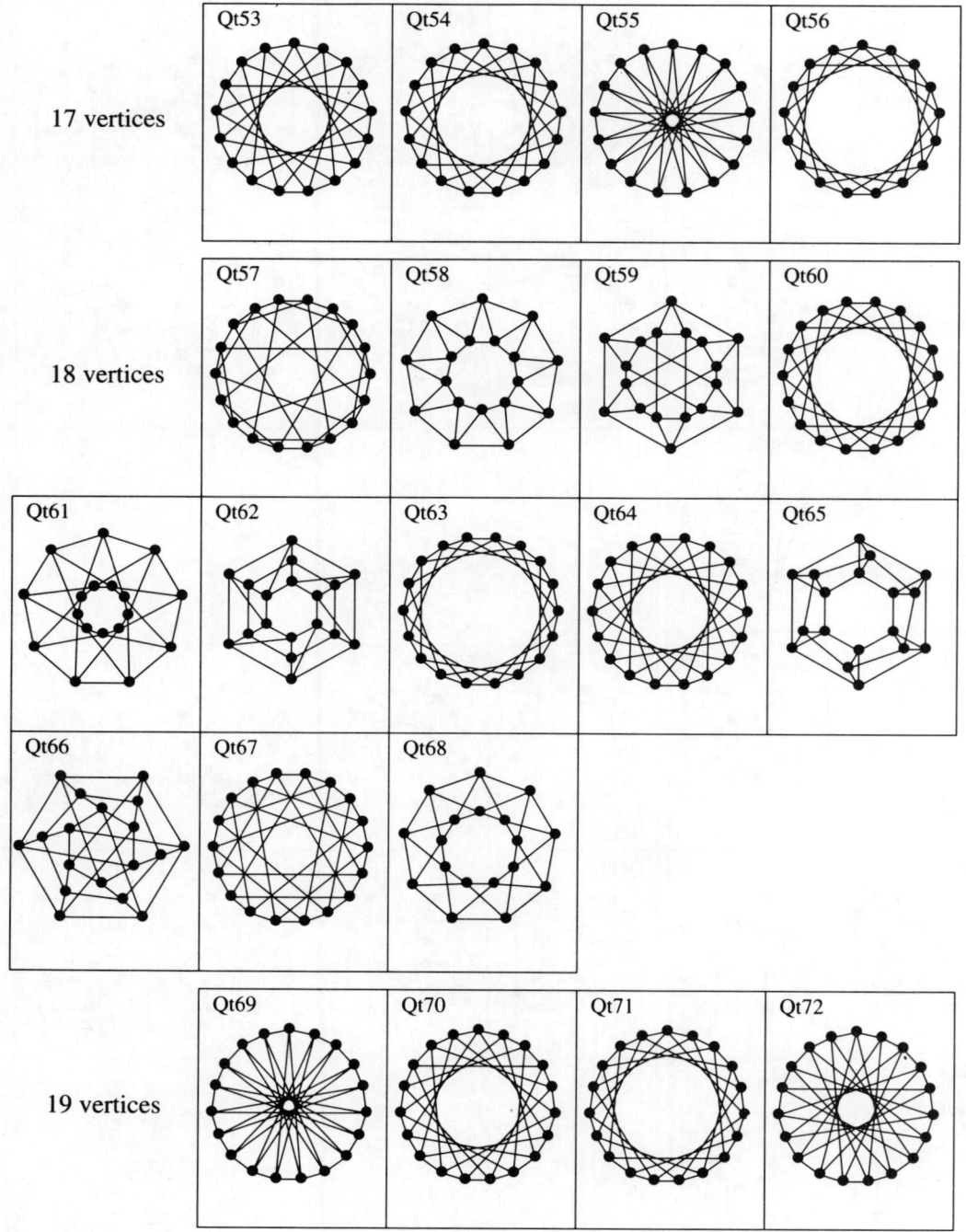

Connected quartic transitive graphs: 17 - 19 vertices

Symmetric cubic graphs: 4 - 28 vertices

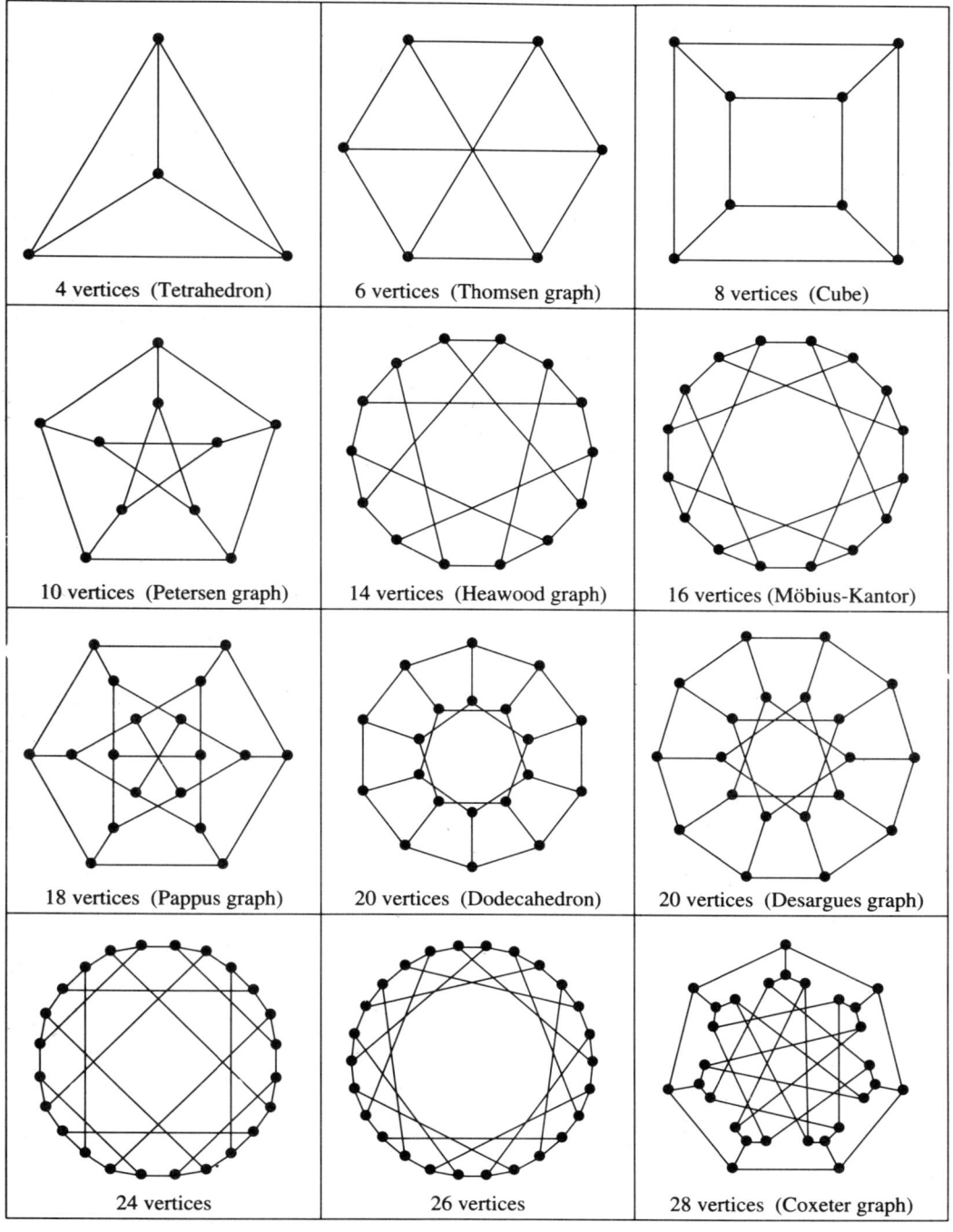

168 Regular graphs

Symmetric cubic graphs: 30 - 54 vertices

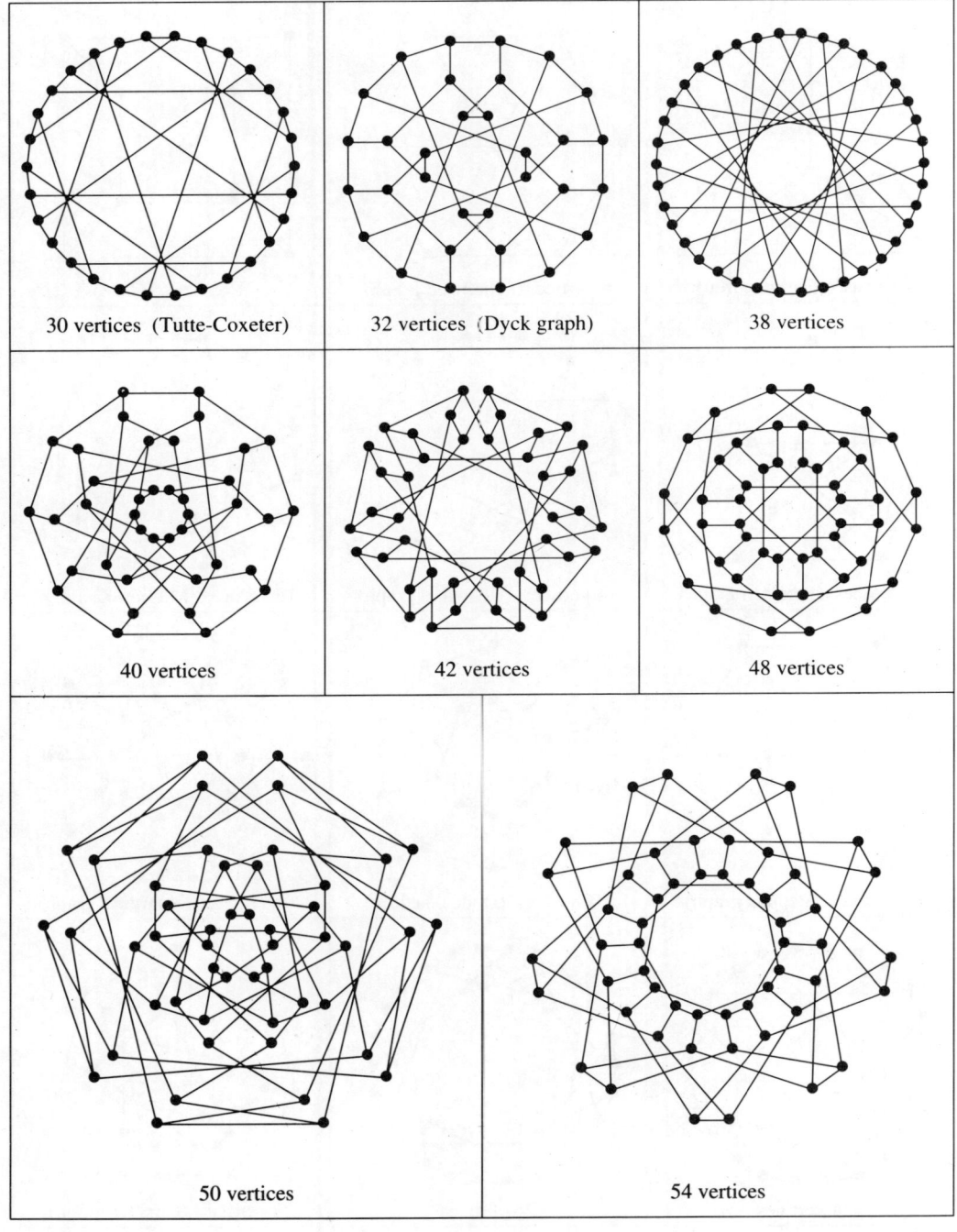

30 vertices (Tutte-Coxeter)

32 vertices (Dyck graph)

38 vertices

40 vertices

42 vertices

48 vertices

50 vertices

54 vertices

Table of parameters for regular graphs

The following tables list some important parameters for the connected cubic and quartic graphs depicted on pages 127–153. For each graph G we use the following notation; the terms are defined on pages 1–2. The chromatic and spectral polynomials of these cubic and quartic graphs are listed in Chapter 10.

graph : the **graph number**, as given on pages 127–153

n : the number of **vertices** of G

g : the **girth** of G

s : the number of cycles of shortest length

c : the **circumference** of G

d : the **diameter** of G

cl : the **clique number** of G

in : the **independence number** of G

vc : the **vertex-connectivity** of G

ec : the **edge-connectivity** of G

aut : the number of **automorphisms** of G

props : some important properties of G:

b = **bipartite**

h = **Hamiltonian**

p = **planar**

u = **uniquely colourable**

χ : the **chromatic number** of G

χ' : the **chromatic index** of G

170 Regular graphs

Parameters for cubic graphs

graph	n	g	s	c	d	cl	in	vc	ec	aut	props	χ	χ'
C1	4	3	4	4	1	4	1	3	3	24	hpu	4	3
C2	6	3	2	6	2	3	2	3	3	12	hp	3	3
C3	6	4	9	6	2	2	3	3	3	72	bhu	2	3
C4	8	3	2	8	3	3	3	3	3	4	hp	3	3
C5	8	3	1	8	2	3	3	3	3	12	h	3	3
C6	8	3	4	8	3	3	3	2	2	16	hp	3	3
C7	8	4	4	8	2	2	3	3	3	16	h	3	3
C8	8	4	6	8	3	2	4	3	3	48	bhpu	2	3
C9	10	3	2	10	3	3	4	3	3	2	hp	3	3
C10	10	3	1	10	3	3	4	3	3	2	h	3	3
C11	10	4	3	10	3	2	4	3	3	4	h	3	3
C12	10	3	2	10	3	3	4	3	3	4	hp	3	3
C13	10	3	1	10	3	3	4	3	3	4	h	3	3
C14	10	3	3	10	4	3	4	2	2	4	hp	3	3
C15	10	3	3	10	3	3	4	3	3	6	hp	3	3
C16	10	3	1	10	3	3	4	3	3	6	hp	3	3
C17	10	3	4	10	3	3	4	2	2	8	hp	3	3
C18	10	3	2	10	3	3	4	3	3	8	h	3	3
C19	10	4	2	10	3	2	4	3	3	8	h	3	3
C20	10	3	2	10	3	3	4	3	3	12	h	3	3
C21	10	3	4	10	4	3	4	2	2	16	hp	3	3
C22	10	3	2	10	3	3	4	2	2	16	h	3	3
C23	10	4	5	10	3	2	4	3	3	20	hp	3	3
C24	10	4	5	10	3	2	5	3	3	20	bhu	2	3
C25	10	3	4	5	5	3	4	1	1	32	p	3	3
C26	10	4	6	10	3	2	5	3	3	48	bhu	2	3
C27	10	5	12	9	2	2	4	3	3	120	-	3	4
C28	12	3	1	12	3	3	5	3	3	1	h	3	4
C29	12	3	1	12	4	3	5	3	3	1	h	3	3
C30	12	3	1	12	4	3	5	3	3	1	h	3	3
C31	12	3	2	12	4	3	5	3	3	1	hp	3	4
C32	12	3	3	12	4	3	5	3	3	1	hp	3	4
C33	12	4	3	12	3	2	5	3	3	2	h	3	4
C34	12	3	2	12	3	3	5	3	3	2	h	3	4
C35	12	4	3	12	3	2	5	3	3	2	h	3	4
C36	12	3	2	12	3	3	5	3	3	2	h	3	3
C37	12	3	2	12	4	3	5	3	3	2	hp	3	4
C38	12	4	2	12	3	2	5	3	3	2	h	3	4
C39	12	3	1	12	3	3	5	3	3	2	h	3	4
C40	12	4	2	12	3	2	5	3	3	2	h	3	4
C41	12	3	1	12	3	3	5	3	3	2	h	3	4
C42	12	3	1	12	4	3	5	3	3	2	hp	3	4
C43	12	3	1	12	3	3	5	3	3	2	h	3	3
C44	12	3	3	12	4	3	5	3	3	2	hp	3	4
C45	12	3	1	12	4	3	5	3	3	2	h	3	4
C46	12	3	1	12	4	3	5	3	3	2	hp	3	4
C47	12	3	2	12	4	3	5	3	3	2	h	3	3
C48	12	3	2	12	4	3	5	3	3	2	h	3	3
C49	12	3	3	12	4	3	5	2	2	2	hp	3	4
C50	12	3	2	12	4	3	5	3	3	2	h	3	4
C51	12	3	1	12	3	3	5	3	3	2	h	3	3
C52	12	3	2	12	4	3	5	3	3	2	hp	3	4

Table of parameters for regular graphs

graph	n	g	s	c	d	cl	in	vc	ec	aut	props	χ	χ'
C53	12	3	1	12	4	3	5	3	3	2	h	3	3
C54	12	3	4	12	4	3	5	2	2	2	hp	3	3
C55	12	4	4	12	3	2	5	3	3	4	h	3	4
C56	12	4	4	12	3	2	5	3	3	4	h	3	3
C57	12	3	2	12	3	3	5	3	3	4	h	3	4
C58	12	3	1	12	3	3	5	3	3	4	h	3	4
C59	12	3	2	12	4	3	5	3	3	4	hp	3	4
C60	12	3	2	12	4	3	5	3	3	4	hp	3	3
C61	12	3	1	12	4	3	5	3	3	4	h	3	3
C62	12	4	2	12	3	2	5	3	3	4	h	3	3
C63	12	3	2	12	4	3	5	3	3	4	hp	3	3
C64	12	3	3	12	3	3	5	3	3	4	h	3	3
C65	12	3	2	12	3	3	5	3	3	4	h	3	3
C66	12	4	5	12	3	2	5	3	3	4	h	3	3
C67	12	3	2	12	4	3	5	3	3	4	h	3	4
C68	12	3	3	12	4	3	5	2	2	4	hp	3	4
C69	12	3	3	12	4	3	5	2	2	4	h	3	3
C70	12	4	1	12	3	2	5	3	3	4	h	3	3
C71	12	3	3	12	5	3	5	2	2	4	hp	3	4
C72	12	3	2	12	4	3	5	2	2	4	h	3	3
C73	12	3	2	12	5	3	5	2	2	4	hp	3	3
C74	12	3	3	12	4	3	5	2	2	4	hp	3	4
C75	12	4	3	12	3	2	5	3	3	8	h	3	3
C76	12	4	1	12	3	2	5	3	3	8	h	3	4
C77	12	4	4	12	3	2	5	3	3	8	hp	3	4
C78	12	3	5	12	4	3	5	2	2	8	hp	3	4
C79	12	3	1	12	3	3	5	3	3	8	h	3	3
C80	12	3	2	12	4	3	5	2	2	8	h	3	3
C81	12	4	4	12	4	2	6	3	3	8	bhu	2	3
C82	12	3	2	12	4	3	5	2	2	8	hp	3	3
C83	12	3	4	12	4	3	4	2	2	8	hp	3	4
C84	12	3	2	12	4	3	5	2	2	8	h	3	4
C85	12	3	4	12	4	3	4	2	2	8	hp	3	4
C86	12	3	3	12	4	3	5	2	2	8	h	3	3
C87	12	3	1	12	4	3	5	2	2	8	h	3	3
C88	12	3	4	12	4	3	5	2	2	8	hp	3	3
C89	12	3	3	7	6	3	5	1	1	8	p	3	3
C90	12	3	1	12	3	3	5	3	3	12	h	3	3
C91	12	4	6	12	4	2	6	3	3	12	bhu	2	3
C92	12	3	2	12	4	3	4	3	3	12	hp	3	3
C93	12	3	1	11	3	3	5	3	3	12	-	3	3
C94	12	4	6	12	3	2	5	3	3	16	h	3	3
C95	12	4	2	12	3	2	5	3	3	16	h	3	3
C96	12	5	8	12	3	2	5	3	3	16	h	3	3
C97	12	3	4	12	5	3	4	2	2	16	hp	3	3
C98	12	3	2	12	4	3	5	2	2	16	h	3	3
C99	12	3	4	12	4	3	4	2	2	16	hp	3	3
C100	12	3	4	7	5	3	5	1	1	16	p	3	3
C101	12	3	5	7	6	3	5	1	1	16	p	3	3
C102	12	3	2	12	4	3	5	2	2	16	h	3	3
C103	12	5	9	12	3	2	5	3	3	18	h	3	3
C104	12	4	6	12	3	2	5	3	3	24	h	3	3

172 Regular graphs

graph	n	g	s	c	d	cl	in	vc	ec	aut	props	χ	χ'
C105	12	3	4	12	3	3	4	3	3	24	hp	3	3
C106	12	4	6	12	4	2	6	3	3	24	bhpu	2	3
C107	12	3	4	12	5	3	5	2	2	32	hp	3	3
C108	12	3	2	7	5	3	5	1	1	32	-	3	3
C109	12	3	3	12	3	3	5	3	3	36	h	3	3
C110	12	4	3	12	3	2	6	3	3	48	bhu	2	3
C111	12	3	6	12	4	3	4	2	2	48	hp	3	3
C112	12	4	10	12	4	2	6	2	2	64	bhu	2	3
C113	14	3	2	14	4	3	5	3	3	1	h	3	3
C114	14	3	1	14	4	3	6	3	3	1	h	3	3
C115	14	3	1	14	4	3	6	3	3	1	h	3	3
C116	14	3	1	14	4	3	6	3	3	1	h	3	3
C117	14	3	2	14	4	3	6	3	3	1	h	3	3
C118	14	3	1	14	4	3	6	3	3	1	h	3	3
C119	14	3	1	14	4	3	6	3	3	1	h	3	3
C120	14	3	1	14	4	3	6	3	3	1	h	3	3
C121	14	3	1	14	4	3	6	3	3	1	h	3	3
C122	14	3	1	14	4	3	6	3	3	1	h	3	3
C123	14	3	2	14	4	3	6	3	3	1	h	3	3
C124	14	4	3	14	4	2	6	3	3	1	h	3	3
C125	14	3	1	14	4	3	6	3	3	1	h	3	3
C126	14	4	3	14	4	2	6	3	3	1	h	3	3
C127	14	3	2	14	4	3	6	3	3	1	h	3	3
C128	14	3	1	14	4	3	6	3	3	1	h	3	3
C129	14	3	1	14	5	3	6	3	3	1	hp	3	3
C130	14	3	1	14	4	3	6	3	3	1	h	3	3
C131	14	3	1	14	4	3	6	3	3	1	h	3	3
C132	14	3	1	14	4	3	6	3	3	1	hp	3	3
C133	14	4	3	14	4	2	6	3	3	1	h	3	3
C134	14	3	1	14	4	3	6	3	3	1	h	3	3
C135	14	3	1	14	4	3	6	3	3	1	h	3	3
C136	14	3	1	14	4	3	6	3	3	1	h	3	3
C137	14	3	1	14	4	3	6	3	3	1	h	3	3
C138	14	4	1	14	4	2	6	3	3	1	h	3	3
C139	14	3	1	14	4	3	6	3	3	1	h	3	3
C140	14	3	2	14	4	3	6	3	3	1	h	3	3
C141	14	4	2	14	4	2	6	3	3	1	h	3	3
C142	14	3	1	14	4	3	6	3	3	1	h	3	3
C143	14	4	3	14	4	2	6	3	3	1	h	3	3
C144	14	3	2	14	4	3	6	3	3	1	h	3	3
C145	14	4	3	14	4	2	6	3	3	1	h	3	3
C146	14	3	1	14	4	3	6	3	3	1	h	3	3
C147	14	3	2	14	4	3	6	3	3	1	h	3	3
C148	14	3	2	14	4	3	6	3	3	1	h	3	3
C149	14	4	3	14	4	2	6	3	3	1	h	3	3
C150	14	3	2	14	4	3	6	3	3	1	h	3	3
C151	14	3	1	14	4	3	6	3	3	1	h	3	3
C152	14	3	1	14	4	3	6	3	3	1	h	3	3
C153	14	3	1	14	4	3	6	3	3	1	h	3	3
C154	14	4	2	14	4	2	6	3	3	1	h	3	3
C155	14	4	2	14	4	2	6	3	3	1	h	3	3
C156	14	3	1	14	4	3	6	3	3	1	h	3	3

graph	n	g	s	c	d	cl	in	vc	ec	aut	props	χ	χ'
C157	14	3	2	14	4	3	6	3	3	1	h	3	3
C158	14	4	2	14	4	2	6	3	3	1	h	3	3
C159	14	4	3	14	4	2	6	3	3	1	h	3	3
C160	14	4	3	14	4	2	6	3	3	1	h	3	3
C161	14	3	1	14	4	3	6	3	3	1	h	3	3
C162	14	3	2	14	4	3	6	3	3	1	h	3	3
C163	14	3	1	14	4	3	6	3	3	1	h	3	3
C164	14	4	2	14	4	2	6	3	3	1	h	3	3
C165	14	3	1	14	4	3	6	3	3	1	h	3	3
C166	14	3	1	14	4	3	6	3	3	1	h	3	3
C167	14	3	2	14	5	3	6	3	3	1	hp	3	3
C168	14	3	2	14	5	3	6	3	3	1	hp	3	3
C169	14	3	1	14	4	3	6	3	3	1	h	3	3
C170	14	3	3	14	5	3	6	2	2	1	hp	3	3
C171	14	3	1	14	4	3	6	3	3	1	hp	3	3
C172	14	3	2	14	4	3	5	3	3	1	h	3	3
C173	14	3	1	14	4	3	6	3	3	1	h	3	3
C174	14	3	3	14	4	3	6	3	3	1	hp	3	3
C175	14	3	1	14	4	3	6	3	3	1	h	3	3
C176	14	3	1	14	4	3	6	3	3	1	h	3	3
C177	14	3	2	14	4	3	6	3	3	1	h	3	3
C178	14	3	1	14	4	3	6	3	3	1	h	3	3
C179	14	3	2	14	4	3	6	3	3	1	h	3	3
C180	14	3	3	14	4	3	6	3	3	1	hp	3	3
C181	14	3	2	14	4	3	6	3	3	1	h	3	3
C182	14	3	3	14	4	3	6	3	3	1	hp	3	3
C183	14	3	2	14	4	3	6	3	3	1	h	3	3
C184	14	3	1	14	4	3	6	3	3	1	h	3	3
C185	14	3	2	14	4	3	6	3	3	1	h	3	3
C186	14	3	1	14	4	3	6	3	3	1	h	3	3
C187	14	3	2	14	4	3	6	3	3	1	hp	3	3
C188	14	3	1	14	4	3	6	3	3	1	h	3	3
C189	14	3	2	14	4	3	6	3	3	1	h	3	3
C190	14	3	2	14	5	3	6	2	2	1	hp	3	3
C191	14	3	2	14	4	3	6	3	3	1	hp	3	3
C192	14	3	2	14	4	3	6	3	3	1	hp	3	3
C193	14	3	3	14	4	3	6	3	3	1	hp	3	3
C194	14	3	2	14	4	3	6	3	3	1	h	3	3
C195	14	3	2	14	4	3	6	3	3	1	h	3	3
C196	14	3	2	14	4	3	6	3	3	1	h	3	3
C197	14	3	1	14	4	3	6	3	3	1	h	3	3
C198	14	3	1	14	4	3	6	3	3	1	h	3	3
C199	14	3	3	14	4	3	6	3	3	1	h	3	3
C200	14	3	1	14	4	3	6	3	3	1	h	3	3
C201	14	3	1	14	4	3	6	3	3	1	h	3	3
C202	14	3	3	14	4	3	5	3	3	1	hp	3	3
C203	14	3	1	14	4	3	6	3	3	1	h	3	3
C204	14	3	2	14	4	3	6	3	3	1	hp	3	3
C205	14	3	1	14	4	3	6	3	3	1	h	3	3
C206	14	3	2	14	4	3	6	3	3	1	h	3	3
C207	14	3	1	14	4	3	6	3	3	1	h	3	3
C208	14	3	1	14	4	3	6	3	3	1	h	3	3

174 Regular graphs

graph	n	g	s	c	d	cl	in	vc	ec	aut	props	χ	χ'
C209	14	3	1	14	4	3	6	3	3	1	h	3	3
C210	14	3	3	14	4	3	6	3	3	1	hp	3	3
C211	14	3	3	14	4	3	6	3	3	1	hp	3	3
C212	14	3	2	14	4	3	6	3	3	1	h	3	3
C213	14	3	1	14	4	3	6	3	3	1	h	3	3
C214	14	3	3	14	4	3	6	3	3	1	h	3	3
C215	14	3	3	14	4	3	6	3	3	1	h	3	3
C216	14	3	3	14	4	3	5	3	3	2	h	3	3
C217	14	4	1	14	3	2	6	3	3	2	h	3	3
C218	14	4	1	14	3	2	6	3	3	2	h	3	3
C219	14	4	1	14	3	2	6	3	3	2	h	3	3
C220	14	4	2	14	4	2	6	3	3	2	h	3	3
C221	14	4	1	14	3	2	6	3	3	2	h	3	3
C222	14	4	2	14	3	2	6	3	3	2	h	3	3
C223	14	3	1	14	4	3	6	3	3	2	h	3	3
C224	14	3	1	14	3	3	6	3	3	2	h	3	3
C225	14	3	1	14	4	3	6	3	3	2	h	3	3
C226	14	3	3	14	4	3	5	3	3	2	h	3	3
C927	14	4	1	14	4	2	6	3	3	2	h	3	3
C228	14	3	1	14	4	3	6	3	3	2	h	3	3
C229	14	5	7	14	3	2	6	3	3	2	h	3	3
C230	14	3	1	14	4	3	6	3	3	2	h	3	3
C231	14	4	4	14	4	2	6	3	3	2	h	3	3
C232	14	3	2	14	4	3	6	3	3	2	h	3	3
C233	14	4	5	14	4	2	6	3	3	2	h	3	3
C234	14	4	4	14	4	2	6	3	3	2	h	3	3
C235	14	3	2	14	4	3	6	3	3	2	hp	3	3
C236	14	3	1	14	4	3	6	3	3	2	h	3	3
C237	14	4	4	14	4	2	6	3	3	2	h	3	3
C238	14	4	4	14	4	2	6	3	3	2	h	3	3
C239	14	3	2	14	4	3	6	3	3	2	h	3	3
C240	14	3	2	14	4	3	6	3	3	2	hp	3	3
C241	14	3	2	14	4	3	6	3	3	2	h	3	3
C242	14	4	4	14	4	2	6	3	3	2	h	3	3
C243	14	3	1	14	4	3	6	3	3	2	h	3	3
C244	14	3	2	14	4	3	6	3	3	2	h	3	3
C245	14	4	3	14	4	2	6	3	3	2	h	3	3
C246	14	4	3	14	3	2	6	3	3	2	h	3	3
C247	14	3	1	14	4	3	6	3	3	2	h	3	3
C248	14	3	1	14	4	3	6	3	3	2	h	3	3
C249	14	4	3	14	4	2	6	3	3	2	h	3	3
C250	14	4	5	14	4	2	6	3	3	2	h	3	3
C251	14	3	2	14	4	3	6	3	3	2	h	3	3
C252	14	3	1	14	4	3	6	3	3	2	h	3	3
C253	14	4	5	14	4	2	6	3	3	2	h	3	3
C254	14	3	1	14	4	3	6	3	3	2	h	3	3
C255	14	3	2	14	4	3	6	3	3	2	h	3	3
C256	14	4	5	14	4	2	6	3	3	2	h	3	3
C257	14	3	2	14	4	3	6	3	3	2	h	3	3
C258	14	4	2	14	4	2	6	3	3	2	h	3	3
C259	14	4	4	14	4	2	6	3	3	2	h	3	3
C260	14	4	2	14	4	2	6	3	3	2	h	3	3

Table of parameters for regular graphs

graph	n	g	s	c	d	cl	in	vc	ec	aut	props	χ	χ'
C261	14	4	2	14	4	2	6	3	3	2	h	3	3
C262	14	4	2	14	3	2	6	3	3	2	h	3	3
C263	14	4	2	14	4	2	6	3	3	2	h	3	3
C264	14	3	2	14	4	3	6	3	3	2	h	3	3
C265	14	3	2	14	5	3	6	2	2	2	h	3	3
C266	14	3	2	14	4	3	6	3	3	2	h	3	3
C267	14	3	3	14	4	3	6	3	3	2	h	3	3
C268	14	3	1	14	4	3	6	3	3	2	h	3	3
C269	14	3	2	14	4	3	6	3	3	2	h	3	3
C270	14	3	1	14	4	3	6	3	3	2	h	3	3
C271	14	4	4	14	4	2	6	3	3	2	h	3	3
C272	14	3	2	14	4	3	6	3	3	2	h	3	3
C273	14	3	2	14	4	3	6	3	3	2	h	3	3
C274	14	4	3	14	4	2	6	3	3	2	h	3	3
C275	14	3	1	14	4	3	6	3	3	2	h	3	3
C276	14	4	2	14	4	2	6	3	3	2	h	3	3
C277	14	3	1	14	3	3	6	3	3	2	h	3	3
C278	14	4	1	14	4	2	6	3	3	2	h	3	3
C279	14	3	2	14	4	3	6	3	3	2	h	3	3
C280	14	3	1	14	4	3	6	3	3	2	h	3	3
C281	14	3	1	14	4	3	6	3	3	2	h	3	3
C282	14	4	2	14	4	2	6	3	3	2	h	3	3
C283	14	3	1	14	4	3	6	3	3	2	h	3	3
C284	14	3	2	14	4	3	6	3	3	2	h	3	3
C285	14	4	2	14	4	2	6	3	3	2	h	3	3
C286	14	4	2	14	3	2	6	3	3	2	h	3	3
C287	14	3	2	14	4	3	6	3	3	2	h	3	3
C288	14	3	2	14	4	3	6	3	3	2	h	3	3
C289	14	3	1	14	4	3	6	3	3	2	h	3	3
C290	14	3	2	14	4	3	6	3	3	2	h	3	3
C291	14	4	1	14	3	2	6	3	3	2	h	3	3
C292	14	4	1	14	3	2	6	3	3	2	h	3	3
C293	14	3	1	14	4	3	6	3	3	2	h	3	3
C294	14	3	1	14	4	3	6	3	3	2	h	3	3
C295	14	3	2	14	4	3	6	2	2	2	h	3	3
C296	14	3	3	14	4	3	6	2	2	2	h	3	3
C297	14	3	4	14	5	3	6	2	2	2	hp	3	3
C298	14	3	3	14	4	3	6	2	2	2	h	3	3
C299	14	3	4	14	5	3	5	2	2	2	hp	3	3
C300	14	3	4	14	5	3	6	2	2	2	hp	3	3
C301	14	3	3	14	5	3	6	2	2	2	hp	3	3
C302	14	3	3	14	5	3	6	2	2	2	hp	3	3
C303	14	3	3	14	5	3	6	2	2	2	hp	3	3
C304	14	3	3	14	5	3	6	2	2	2	hp	3	3
C305	14	3	4	14	5	3	6	2	2	2	hp	3	3
C306	14	3	2	14	5	3	6	2	2	2	h	3	3
C307	14	3	4	14	5	3	5	2	2	2	hp	3	3
C308	14	3	2	14	4	3	6	2	2	2	h	3	3
C309	14	3	3	14	4	3	6	2	2	2	hp	3	3
C310	14	3	3	14	4	3	5	2	2	2	h	3	3
C311	14	3	3	14	4	3	6	2	2	2	h	3	3
C312	14	3	3	14	5	3	6	2	2	2	h	3	3

176 Regular graphs

graph	n	g	s	c	d	cl	in	vc	ec	aut	props	χ	χ'
C313	14	3	2	14	4	3	6	2	2	2	h	3	3
C314	14	3	3	14	4	3	6	2	2	2	h	3	3
C315	14	3	4	14	4	3	5	2	2	2	hp	3	3
C316	14	3	4	14	5	3	6	2	2	2	hp	3	3
C317	14	3	1	14	5	3	6	2	2	2	h	3	3
C318	14	3	2	14	5	3	6	3	3	2	hp	3	3
C319	14	3	1	14	4	3	6	3	3	2	h	3	3
C320	14	3	2	14	5	3	6	2	2	2	hp	3	3
C321	14	3	2	14	5	3	6	3	3	2	hp	3	3
C322	14	3	1	14	4	3	6	3	3	2	h	3	3
C323	14	3	2	14	5	3	6	3	3	2	hp	3	3
C324	14	3	2	14	5	3	6	3	3	2	hp	3	3
C325	14	3	1	14	4	3	6	3	3	2	h	3	3
C326	14	3	3	14	4	3	5	3	3	2	hp	3	3
C327	14	3	1	14	4	3	6	3	3	2	hp	3	3
C328	14	3	2	14	4	3	5	3	3	2	hp	3	3
C329	14	3	1	14	4	3	6	3	3	2	h	3	3
C330	14	3	3	14	4	3	6	3	3	2	hp	3	3
C331	14	3	2	14	5	3	6	3	3	2	h	3	3
C332	14	3	2	14	4	3	6	3	3	2	h	3	3
C333	14	3	2	14	4	3	6	3	3	2	hp	3	3
C334	14	3	3	14	5	3	6	2	2	2	hp	3	3
C335	14	3	4	14	5	3	5	2	2	2	hp	3	3
C336	14	3	3	14	5	3	6	2	2	2	hp	3	3
C337	14	3	2	14	5	3	6	3	3	2	hp	3	3
C338	14	3	1	14	4	3	6	3	3	2	h	3	3
C339	14	3	3	14	4	3	6	3	3	2	hp	3	3
C340	14	3	1	14	4	3	6	3	3	2	h	3	3
C341	14	3	2	14	4	3	6	3	3	2	h	3	3
C342	14	3	2	14	4	3	6	3	3	2	h	3	3
C343	14	3	1	14	4	3	6	3	3	2	hp	3	3
C344	14	3	2	14	4	3	6	3	3	2	h	3	3
C345	14	3	1	14	4	3	6	3	3	2	h	3	3
C346	14	3	3	14	4	3	5	3	3	2	hp	3	3
C347	14	3	3	14	4	3	6	3	3	2	h	3	3
C348	14	3	1	14	4	3	6	3	3	2	h	3	3
C349	14	3	2	14	4	3	6	3	3	2	h	3	3
C350	14	3	2	14	4	3	5	3	3	2	h	3	3
C351	14	3	2	14	4	3	6	3	3	2	hp	3	3
C352	14	3	2	14	4	3	5	3	3	2	hp	3	3
C353	14	3	1	14	4	3	6	3	3	2	h	3	3
C354	14	3	1	14	4	3	6	3	3	2	hp	3	3
C355	14	3	2	14	4	3	6	3	3	2	hp	3	3
C356	14	3	1	14	4	3	6	3	3	2	h	3	3
C357	14	3	3	14	4	3	5	3	3	2	hp	3	3
C358	14	3	1	14	4	3	6	3	3	2	hp	3	3
C359	14	3	1	14	4	3	6	3	3	2	h	3	3
C360	14	3	1	14	4	3	6	3	3	2	h	3	3
C361	14	3	1	14	4	3	6	3	3	2	h	3	3
C362	14	3	3	14	4	3	5	3	3	2	h	3	3
C363	14	3	2	14	4	3	6	3	3	2	hp	3	3
C364	14	3	4	14	4	3	5	3	3	2	hp	3	3

Table of parameters for regular graphs

graph	n	g	s	c	d	cl	in	vc	ec	aut	props	χ	χ'
C365	14	3	1	14	4	3	6	3	3	2	h	3	3
C366	14	3	2	14	4	3	6	3	3	2	h	3	3
C367	14	3	1	14	4	3	5	3	3	2	h	3	3
C368	14	3	1	14	4	3	6	3	3	2	h	3	3
C369	14	3	2	14	4	3	6	3	3	2	h	3	3
C370	14	3	3	14	4	3	5	3	3	2	h	3	3
C371	14	3	4	14	4	3	5	3	3	2	hp	3	3
C372	14	3	3	14	4	3	5	3	3	2	h	3	3
C373	14	3	3	14	4	3	6	3	3	2	hp	3	3
C374	14	3	4	14	5	3	6	2	2	2	hp	3	3
C375	14	5	8	14	4	2	6	3	3	4	h	3	3
C376	14	4	1	14	3	2	6	3	3	4	h	3	3
C377	14	3	2	14	4	3	5	3	3	4	h	3	3
C378	14	4	2	14	4	2	6	3	3	4	h	3	3
C379	14	3	2	14	4	3	5	3	3	4	h	3	3
C380	14	4	1	14	3	2	6	3	3	4	h	3	3
C381	14	3	2	13	4	3	6	3	3	4	-	3	4
C382	14	5	6	14	3	2	6	3	3	4	h	3	3
C383	14	5	6	14	3	2	6	3	3	4	h	3	3
C384	14	3	2	14	5	3	6	2	2	4	h	3	3
C385	14	3	1	14	5	3	6	2	2	4	h	3	3
C386	14	3	2	14	5	3	6	2	2	4	h	3	3
C387	14	4	4	14	4	2	6	3	3	4	h	3	3
C388	14	4	4	14	4	2	6	3	3	4	h	3	3
C389	14	4	5	14	4	2	7	3	3	4	bhu	2	3
C390	14	4	2	14	3	2	6	3	3	4	h	3	3
C391	14	3	1	14	4	3	6	3	3	4	h	3	3
C392	14	3	1	14	4	3	6	3	3	4	h	3	3
C393	14	3	1	14	5	3	6	2	2	4	hp	3	3
C394	14	3	2	14	5	3	6	2	2	4	hp	3	3
C395	14	4	4	14	4	2	6	3	3	4	h	3	3
C396	14	4	4	14	4	2	6	3	3	4	hp	3	3
C397	14	4	2	14	4	2	6	3	3	4	h	3	3
C398	14	4	4	14	4	2	7	3	3	4	bhu	2	3
C399	14	3	2	14	4	3	6	3	3	4	hp	3	3
C400	14	4	5	14	4	2	6	3	3	4	hp	3	3
C401	14	4	6	14	4	2	7	3	3	4	bhu	2	3
C402	14	3	2	14	4	3	6	3	3	4	h	3	3
C403	14	4	5	14	4	2	6	3	3	4	h	3	3
C404	14	4	5	14	4	2	6	3	3	4	h	3	3
C405	14	3	1	14	4	3	6	3	3	4	h	3	3
C406	14	3	1	14	5	3	6	2	2	4	h	3	3
C407	14	3	2	14	5	3	6	2	2	4	h	3	3
C408	14	3	1	14	5	3	6	2	2	4	h	3	3
C409	14	4	6	14	4	2	6	3	3	4	h	3	3
C410	14	3	2	14	4	3	6	3	3	4	h	3	3
C411	14	4	5	14	4	2	6	3	3	4	h	3	3
C412	14	3	1	14	4	3	6	3	3	4	h	3	3
C413	14	3	1	14	4	3	6	3	3	4	h	3	3
C414	14	4	6	14	4	2	6	3	3	4	h	3	3
C415	14	4	4	14	4	2	6	3	3	4	h	3	3
C416	14	4	4	14	4	2	6	3	3	4	h	3	3

178 Regular graphs

graph	n	g	s	c	d	cl	in	vc	ec	aut	props	χ	χ'
C417	14	3	1	14	4	3	6	3	3	4	h	3	3
C418	14	4	4	14	4	2	6	3	3	4	h	3	3
C419	14	3	1	14	4	3	6	3	3	4	h	3	3
C420	14	3	1	14	4	3	6	3	3	4	h	3	3
C421	14	4	5	14	4	2	6	3	3	4	h	3	3
C422	14	3	2	14	4	3	5	3	3	4	h	3	3
C423	14	4	3	14	4	2	6	3	3	4	h	3	3
C424	14	4	3	14	4	2	6	3	3	4	h	3	3
C425	14	3	1	14	4	3	6	3	3	4	h	3	3
C426	14	3	3	14	4	3	5	3	3	4	h	3	3
C427	14	3	2	14	3	3	6	3	3	4	h	3	3
C428	14	3	3	14	5	3	5	2	2	4	h	3	3
C429	14	4	2	14	4	2	6	3	3	4	h	3	3
C430	14	3	1	14	4	3	6	3	3	4	h	3	3
C431	14	3	1	14	4	3	6	3	3	4	h	3	3
C432	14	3	1	14	4	3	6	3	3	4	h	3	3
C433	14	4	3	14	3	2	6	3	3	4	h	3	3
C434	14	3	1	14	3	3	6	3	3	4	h	3	3
C435	14	4	2	14	3	2	6	3	3	4	h	3	3
C436	14	3	2	14	4	3	6	3	3	4	h	3	3
C437	14	3	5	14	4	3	5	2	2	4	hp	3	3
C438	14	3	2	14	4	3	6	2	2	4	h	3	3
C439	14	3	3	14	5	3	6	2	2	4	h	3	3
C440	14	3	4	14	4	3	6	2	2	4	hp	3	3
C441	14	3	4	14	4	3	6	2	2	4	h	3	3
C442	14	3	3	9	6	3	6	1	1	4	p	3	4
C443	14	3	4	9	6	3	6	1	1	4	p	3	4
C444	14	3	3	14	5	3	5	2	2	4	hp	3	3
C445	14	3	2	14	5	3	6	2	2	4	h	3	3
C446	14	3	2	14	4	3	6	2	2	4	h	3	3
C447	14	3	3	14	4	3	6	2	2	4	h	3	3
C448	14	3	4	14	4	3	5	2	2	4	hp	3	3
C449	14	3	3	14	5	3	6	2	2	4	h	3	3
C450	14	3	4	14	4	3	5	2	2	4	hp	3	3
C451	14	3	2	14	4	3	6	2	2	4	h	3	3
C452	14	3	2	14	5	3	6	2	2	4	hp	3	3
C453	14	3	3	14	4	3	5	2	2	4	h	3	3
C454	14	3	4	14	4	3	5	2	2	4	h	3	3
C455	14	3	2	14	5	3	6	2	2	4	h	3	3
C456	14	3	2	14	4	3	6	2	2	4	h	3	3
C457	14	3	4	14	5	3	5	2	2	4	hp	3	3
C458	14	3	3	14	5	3	5	2	2	4	h	3	3
C459	14	3	3	14	5	3	5	2	2	4	hp	3	3
C460	14	3	3	14	5	3	6	2	2	4	hp	3	3
C461	14	3	4	14	4	3	5	2	2	4	h	3	3
C462	14	3	2	14	4	3	6	2	2	4	h	3	3
C463	14	3	5	14	5	3	5	2	2	4	hp	3	3
C464	14	3	2	14	6	3	6	2	2	4	hp	3	3
C465	14	3	3	14	4	3	5	3	3	4	h	3	3
C466	14	3	3	14	5	3	5	2	2	4	hp	3	3
C467	14	3	3	14	5	3	5	2	2	4	hp	3	3
C468	14	3	2	14	4	3	6	2	2	4	h	3	3

Table of parameters for regular graphs

graph	n	g	s	c	d	cl	in	vc	ec	aut	props	χ	χ'
C469	14	3	3	14	4	3	5	2	2	4	h	3	3
C470	14	3	3	14	5	3	6	2	2	4	hp	3	3
C471	14	3	3	14	5	3	6	2	2	4	hp	3	3
C472	14	3	2	14	4	3	6	3	3	4	hp	3	3
C473	14	3	2	14	4	3	6	3	3	4	hp	3	3
C474	14	3	1	14	4	3	6	3	3	4	h	3	3
C475	14	3	2	14	4	3	6	3	3	4	h	3	3
C476	14	3	1	13	4	3	6	3	3	4	-	3	4
C477	14	3	2	14	4	3	6	3	3	4	h	3	3
C478	14	3	2	14	4	3	6	3	3	4	h	3	3
C479	14	3	1	14	4	3	6	3	3	4	h	3	3
C480	14	3	4	14	4	3	5	3	3	4	hp	3	3
C481	14	3	3	14	5	3	5	2	2	4	hp	3	3
C482	14	3	2	14	4	3	6	3	3	4	h	3	3
C483	14	3	2	14	4	3	6	3	3	4	h	3	3
C484	14	3	3	14	6	3	5	2	2	4	hp	3	3
C485	14	3	5	14	5	3	6	2	2	4	hp	3	3
C486	14	3	5	14	5	3	5	2	2	4	hp	3	3
C487	14	3	5	14	5	3	5	2	2	4	hp	3	3
C488	14	3	3	14	4	3	6	2	2	4	h	3	3
C489	14	3	3	14	4	3	6	2	2	4	h	3	3
C490	14	3	1	14	4	3	6	3	3	4	h	3	3
C491	14	3	3	14	4	3	6	3	3	4	h	3	3
C492	14	3	3	14	4	3	6	3	3	6	hp	3	3
C493	14	3	1	14	3	3	5	3	3	6	h	3	3
C494	14	4	3	14	4	2	7	3	3	6	bhu	2	3
C495	14	3	1	14	4	3	6	3	3	6	h	3	3
C496	14	4	2	14	3	2	6	3	3	8	h	3	3
C497	14	4	2	14	4	2	6	3	3	8	h	3	3
C498	14	5	8	14	3	2	5	3	3	8	h	3	3
C499	14	5	4	14	3	2	6	3	3	8	h	3	3
C500	14	3	2	13	3	3	5	3	3	8	-	3	4
C501	14	3	2	14	5	3	5	2	2	8	h	3	3
C502	14	3	2	9	6	3	6	1	1	8	-	3	4
C503	14	3	2	14	5	3	6	2	2	8	hp	3	3
C504	14	4	1	14	4	2	6	3	3	8	h	3	3
C505	14	3	1	14	5	3	6	2	2	8	h	3	3
C506	14	3	1	14	5	3	6	2	2	8	h	3	3
C507	14	4	8	14	4	2	6	2	2	8	h	3	3
C508	14	3	1	14	4	3	6	2	2	8	h	3	3
C509	14	4	6	14	4	2	6	3	3	8	h	3	3
C510	14	3	1	14	4	3	6	3	3	8	h	3	3
C511	14	3	1	14	4	3	6	3	3	8	h	3	3
C512	14	4	5	14	4	2	6	3	3	8	h	3	3
C513	14	3	1	14	4	3	6	3	3	8	h	3	3
C514	14	4	3	14	4	2	6	3	3	8	h	3	3
C515	14	3	3	9	6	3	6	1	1	8	-	3	4
C516	14	3	2	14	4	3	5	3	3	8	h	3	3
C517	14	4	4	14	4	2	6	3	3	8	h	3	3
C518	14	3	2	14	4	3	6	3	3	8	h	3	3
C519	14	4	4	14	4	2	7	3	3	8	bhu	2	3

180 Regular graphs

graph	n	g	s	c	d	cl	in	vc	ec	aut	props	χ	χ'
C520	14	4	4	14	3	2	6	3	3	8	h	3	3
C521	14	3	5	14	5	3	5	2	2	8	hp	3	3
C522	14	3	4	14	4	3	6	2	2	8	hp	3	3
C523	14	3	3	14	4	3	6	2	2	8	h	3	3
C524	14	3	3	14	4	3	6	2	2	8	h	3	3
C525	14	3	2	14	4	3	6	2	2	8	h	3	3
C526	14	3	4	14	4	3	6	2	2	8	h	3	3
C527	14	3	3	9	6	3	6	1	1	8	p	3	4
C528	14	3	4	7	7	3	6	1	1	8	p	3	4
C529	14	3	4	14	5	3	5	2	2	8	hp	3	3
C530	14	3	2	14	5	3	6	2	2	8	h	3	3
C531	14	3	5	9	6	3	6	1	1	8	p	3	4
C532	14	3	2	14	5	3	6	2	2	8	h	3	3
C533	14	3	3	14	5	3	6	2	2	8	h	3	3
C534	14	3	2	14	4	3	6	2	2	8	h	3	3
C535	14	3	2	14	4	3	6	2	2	8	hp	3	3
C536	14	3	2	14	4	3	6	2	2	8	h	3	3
C537	14	3	2	14	4	3	5	2	2	8	h	3	3
C538	14	3	3	14	5	3	6	2	2	8	h	3	3
C539	14	3	2	7	7	3	6	1	1	8	p	3	4
C540	14	3	3	14	6	3	6	2	2	8	hp	3	3
C541	14	3	3	7	6	3	6	1	1	8	p	3	4
C542	14	3	2	14	4	3	6	2	2	8	h	3	3
C543	14	3	2	14	5	3	6	2	2	8	hp	3	3
C544	14	3	4	14	4	3	5	2	2	8	hp	3	3
C545	14	3	2	14	4	3	5	2	2	8	h	3	3
C546	14	3	4	14	4	3	5	2	2	8	hp	3	3
C547	14	3	4	14	5	3	5	2	2	8	hp	3	3
C548	14	3	2	14	4	3	6	3	3	8	h	3	3
C549	14	3	2	14	4	3	6	3	3	8	h	3	3
C550	14	3	4	14	5	3	5	2	2	8	hp	3	3
C551	14	3	4	14	4	3	5	3	3	8	h	3	3
C552	14	3	5	14	5	3	5	2	2	8	hp	3	3
C553	14	3	4	14	5	3	6	2	2	8	hp	3	3
C554	14	3	5	14	4	3	5	2	2	8	hp	3	3
C555	14	3	4	9	7	3	6	1	1	8	p	3	4
C556	14	3	3	14	5	3	6	2	2	8	h	3	3
C557	14	3	3	14	5	3	6	2	2	8	h	3	3
C558	14	5	6	14	4	2	6	3	3	12	h	3	3
C559	14	4	6	14	5	2	7	3	3	12	bhpu	2	3
C560	14	4	3	14	4	2	6	3	3	12	hp	3	3
C561	14	3	3	14	4	3	6	3	3	12	h	3	3
C562	14	3	2	14	4	3	5	3	3	12	h	3	3
C563	14	3	1	14	4	3	6	3	3	12	h	3	3
C564	14	3	4	14	3	3	5	3	3	12	h	3	3
C565	14	5	7	14	3	2	5	3	3	14	h	3	3
C566	14	3	1	14	4	3	6	2	2	16	h	3	3
C567	14	3	2	9	6	3	6	1	1	16	-	3	4
C568	14	3	2	9	6	3	6	1	1	16	p	3	4
C569	14	3	1	7	6	3	6	1	1	16	-	3	4
C570	14	3	2	14	5	3	6	2	2	16	h	3	3

Table of parameters for regular graphs

graph	n	g	s	c	d	cl	in	vc	ec	aut	props	χ	χ'
C571	14	4	8	14	4	2	6	2	2	16	h	3	3
C572	14	4	9	14	5	2	7	2	2	16	bhu	2	3
C573	14	3	2	14	4	3	6	2	2	16	h	3	3
C574	14	4	7	14	4	2	6	2	2	16	h	3	3
C575	14	3	2	14	4	3	6	2	2	16	h	3	3
C576	14	4	7	14	4	2	6	3	3	16	h	3	3
C577	14	3	2	14	4	3	6	3	3	16	h	3	3
C578	14	4	2	14	4	2	7	3	3	16	bhu	2	3
C579	14	4	3	14	3	2	6	3	3	16	h	3	3
C580	14	3	6	14	5	3	5	2	2	16	hp	3	3
C581	14	3	6	14	5	3	5	2	2	16	hp	3	3
C582	14	3	4	14	4	3	5	2	2	16	h	3	3
C583	14	3	2	14	4	3	6	2	2	16	h	3	3
C584	14	3	2	9	6	3	6	1	1	16	-	3	4
C585	14	3	5	7	6	3	5	1	1	16	p	3	4
C586	14	3	5	9	7	3	5	1	1	16	p	3	4
C587	14	3	2	14	5	3	6	2	2	16	h	3	3
C588	14	3	4	14	6	3	6	2	2	16	hp	3	3
C589	14	3	2	13	4	3	6	2	2	16	-	3	4
C590	14	3	5	9	6	3	5	1	1	16	p	3	4
C591	14	3	4	14	5	3	5	2	2	16	hp	3	3
C592	14	3	4	14	5	3	6	2	2	16	hp	3	3
C593	14	3	4	9	6	3	6	1	1	16	p	3	4
C594	14	3	4	9	6	3	5	1	1	16	p	3	4
C595	14	3	4	14	6	3	5	2	2	16	hp	3	3
C596	14	3	4	14	5	3	6	2	2	16	h	3	3
C597	14	3	6	14	5	3	5	2	2	16	hp	3	3
C598	14	3	4	14	5	3	5	2	2	16	h	3	3
C599	14	3	4	14	5	3	6	2	2	16	hp	3	3
C600	14	3	3	9	6	3	6	1	1	16	-	3	4
C601	14	3	2	14	3	3	6	3	3	24	h	3	3
C602	14	4	3	13	3	2	6	3	3	24	-	3	4
C603	14	4	7	14	4	2	6	3	3	28	hp	3	3
C604	14	4	7	14	4	2	7	3	3	28	bhu	2	3
C605	14	3	3	9	6	3	6	1	1	32	-	3	4
C606	14	3	2	14	5	3	6	2	2	32	h	3	3
C607	14	4	7	14	4	2	7	3	3	32	bhu	2	3
C608	14	3	4	14	5	3	6	2	2	32	h	3	3
C609	14	3	6	9	6	3	5	1	1	32	p	3	4
C610	14	3	2	14	4	3	6	2	2	32	h	3	3
C611	14	3	3	7	6	3	6	1	1	32	-	3	4
C612	14	3	4	9	7	3	6	1	1	32	p	3	4
C613	14	3	4	7	5	3	5	1	1	32	p	3	4
C614	14	3	2	7	5	3	6	1	1	32	-	3	4
C615	14	3	6	7	7	3	5	1	1	32	p	3	4
C616	14	4	6	14	4	2	7	3	3	48	bhu	2	3
C617	14	4	10	14	5	2	7	2	2	64	bhu	2	3
C618	14	3	6	5	8	3	6	1	1	64	p	3	4
C619	14	3	6	10	4	3	6	2	2	96	p	3	3
C620	14	4	10	7	5	2	6	1	1	128	-	3	4
C621	14	6	28	14	3	2	7	3	3	336	bhu	2	3

Parameters for quartic graphs

graph	n	g	s	c	d	cl	in	vc	ec	aut	props	χ	χ'
Q1	5	3	10	5	1	5	1	4	4	120	hu	5	5
Q2	6	3	8	6	2	3	2	4	4	48	hpu	3	4
Q3	7	3	7	7	2	3	2	4	4	14	h	4	5
Q4	7	3	2	7	2	3	3	3	4	48	h	3	5
Q5	8	3	2	8	2	3	3	4	4	4	hu	3	4
Q6	8	3	7	8	2	3	3	3	4	12	h	4	4
Q7	8	3	4	8	2	3	3	3	4	16	h	3	4
Q8	8	3	8	8	2	3	2	4	4	16	hp	4	4
Q9	8	3	8	8	2	4	2	4	4	48	h	4	4
Q10	8	4	36	8	2	2	4	4	4	1152	bhu	2	4
Q11	9	3	7	9	2	3	3	4	4	2	hu	3	5
Q12	9	3	6	9	2	3	3	4	4	2	h	4	5
Q13	9	3	5	9	2	3	3	4	4	2	hu	3	5
Q14	9	3	7	9	2	3	3	3	4	4	h	4	5
Q15	9	3	5	9	2	3	3	4	4	4	hu	3	5
Q16	9	3	8	9	2	4	3	4	4	8	h	4	5
Q17	9	3	6	9	2	3	3	4	4	8	h	3	5
Q18	9	3	4	9	2	3	4	4	4	8	h	3	5
Q19	9	3	8	9	2	3	3	3	4	12	hpu	3	5
Q20	9	3	4	9	2	3	3	4	4	12	h	4	5
Q21	9	3	10	9	2	4	3	3	4	16	h	4	5
Q22	9	3	2	9	2	3	4	4	4	16	h	3	5
Q23	9	3	9	9	2	3	3	4	4	18	hu	3	5
Q24	9	3	3	9	2	3	3	4	4	18	h	3	5
Q25	9	3	2	9	2	3	3	3	4	32	h	4	5
Q26	9	3	6	9	2	3	3	4	4	72	h	3	5
Q27	10	3	7	10	3	3	3	4	4	1	h	4	4
Q28	10	3	6	10	3	3	4	4	4	1	h	3	4
Q29	10	3	6	10	2	3	3	4	4	1	h	4	4
Q30	10	3	5	10	2	3	4	4	4	1	h	3	4
Q31	10	3	7	10	2	3	3	3	4	2	h	4	4
Q32	10	3	8	10	3	4	3	4	4	2	h	4	4
Q33	10	3	8	10	3	3	3	3	4	2	h	4	4
Q34	10	3	8	10	3	3	3	4	4	2	h	4	4
Q35	10	3	6	10	3	3	3	4	4	2	h	4	4
Q36	10	3	6	10	3	3	4	4	4	2	h	3	4
Q37	10	3	7	10	2	3	3	4	4	2	h	4	4
Q38	10	3	5	10	3	3	4	4	4	2	h	3	4
Q39	10	3	7	10	2	3	3	4	4	2	h	4	4
Q40	10	3	5	10	2	3	4	4	4	2	h	4	4
Q41	10	3	4	10	3	3	4	4	4	2	h	3	4
Q42	10	3	5	10	3	3	4	4	4	2	h	3	4
Q43	10	3	6	10	3	3	4	4	4	2	h	3	4
Q44	10	3	5	10	2	3	3	4	4	2	h	4	4
Q45	10	3	5	10	2	3	4	4	4	2	h	3	4
Q46	10	3	4	10	2	3	4	4	4	2	h	3	4
Q47	10	3	4	10	2	3	4	4	4	2	h	3	4
Q48	10	3	3	10	2	3	4	4	4	2	h	3	4
Q49	10	3	10	10	3	4	3	3	4	4	h	4	4
Q50	10	3	8	10	3	3	4	3	4	4	h	3	4

Table of parameters for regular graphs

graph	n	g	s	c	d	cl	in	vc	ec	aut	props	χ	χ'
Q51	10	3	6	10	3	3	4	3	4	4	h	3	4
Q52	10	3	8	10	3	3	3	4	4	4	hp	4	4
Q53	10	3	6	10	2	3	4	4	4	4	h	3	4
Q54	10	3	6	10	3	3	4	4	4	4	h	3	4
Q55	10	3	6	10	3	3	3	4	4	4	h	4	4
Q56	10	3	6	10	2	3	3	4	4	4	h	4	4
Q57	10	3	4	10	3	3	4	4	4	4	h	3	4
Q58	10	3	6	10	3	3	3	4	4	4	h	4	4
Q59	10	3	6	10	2	3	3	4	4	4	h	4	4
Q60	10	3	4	10	2	3	4	4	4	4	h	3	4
Q61	10	3	4	10	2	3	3	4	4	4	h	4	4
Q62	10	3	3	10	3	3	4	4	4	4	h	3	4
Q63	10	3	2	10	3	3	4	4	4	4	h	3	4
Q64	10	3	10	10	3	4	3	3	4	8	h	4	4
Q65	10	3	9	10	3	4	3	3	4	8	h	4	4
Q66	10	3	7	10	3	3	4	3	4	8	h	3	4
Q67	10	3	5	10	2	3	4	3	4	8	h	4	4
Q68	10	3	8	10	3	3	3	4	4	8	h	4	4
Q69	10	3	2	10	2	3	4	4	4	8	h	3	4
Q70	10	3	2	10	2	3	4	4	4	8	h	3	4
Q71	10	3	5	10	2	3	3	4	4	10	h	4	4
Q72	10	3	7	10	3	4	4	3	4	12	h	4	4
Q73	10	3	8	10	3	3	3	3	4	16	h	4	4
Q74	10	3	8	10	2	4	3	4	4	16	h	4	4
Q75	10	3	8	10	3	3	4	4	4	16	hp	3	4
Q76	10	3	4	10	3	3	4	4	4	16	h	3	4
Q77	10	3	4	10	3	3	3	4	4	16	h	4	4
Q78	10	3	4	10	2	3	4	4	4	16	h	3	4
Q79	10	3	10	10	3	3	3	4	4	20	hp	4	4
Q80	10	3	4	10	2	3	4	4	4	32	h	3	4
Q81	10	3	6	10	3	3	4	3	4	48	h	3	4
Q82	10	3	12	10	3	4	3	2	4	64	h	4	4
Q83	10	3	14	10	3	4	3	2	2	144	hu	4	5
Q84	10	4	30	10	3	2	5	4	4	240	bhu	2	4
Q85	10	4	25	10	2	2	4	4	4	320	h	3	4
Q86	11	3	8	11	3	4	4	4	4	1	h	4	5
Q87	11	3	8	11	3	3	4	3	4	1	hu	3	5
Q88	11	3	8	11	3	3	4	4	4	1	hu	3	5
Q89	11	3	7	11	3	3	4	4	4	1	hu	3	5
Q90	11	3	7	11	3	3	4	4	4	1	hu	3	5
Q91	11	3	8	11	3	3	4	4	4	1	hu	3	5
Q92	11	3	7	11	3	3	4	4	4	1	hu	3	5
Q93	11	3	7	11	3	3	4	4	4	1	hu	3	5
Q94	11	3	6	11	3	3	4	4	4	1	h	3	5
Q95	11	3	6	11	3	3	4	4	4	1	hu	3	5
Q96	11	3	7	11	3	3	4	4	4	1	hu	3	5
Q97	11	3	7	11	3	3	4	4	4	1	h	3	5
Q98	11	3	6	11	3	3	4	4	4	1	h	3	5
Q99	11	3	6	11	3	3	4	4	4	1	hu	3	5
Q100	11	3	6	11	3	3	4	4	4	1	h	3	5

Regular graphs

graph	n	g	s	c	d	cl	in	vc	ec	aut	props	χ	χ'
Q101	11	3	6	11	3	3	4	4	4	1	h	3	5
Q102	11	3	7	11	3	3	4	4	4	1	h	3	5
Q103	11	3	6	11	3	3	4	4	4	1	hu	3	5
Q104	11	3	5	11	3	3	4	4	4	1	hu	3	5
Q105	11	3	5	11	3	3	4	4	4	1	h	3	5
Q106	11	3	5	11	3	3	4	4	4	1	hu	3	5
Q107	11	3	6	11	3	3	4	4	4	1	hu	3	5
Q108	11	3	7	11	3	3	4	4	4	1	h	4	5
Q109	11	3	7	11	3	3	4	4	4	1	h	4	5
Q110	11	3	7	11	3	3	4	4	4	1	hu	3	5
Q111	11	3	7	11	3	3	4	4	4	1	hu	3	5
Q112	11	3	6	11	3	3	4	4	4	1	h	3	5
Q113	11	3	6	11	3	3	4	4	4	1	hu	3	5
Q114	11	3	5	11	3	3	4	4	4	1	hu	3	5
Q115	11	3	6	11	3	3	4	4	4	1	hu	3	5
Q116	11	3	6	11	3	3	4	4	4	1	h	4	5
Q117	11	3	6	11	3	3	4	4	4	1	hu	3	5
Q118	11	3	6	11	3	3	4	4	4	1	h	3	5
Q119	11	3	6	11	3	3	4	4	4	1	hu	3	5
Q120	11	3	7	11	3	3	4	4	4	1	hu	3	5
Q121	11	3	6	11	3	3	4	4	4	1	hu	3	5
Q122	11	3	5	11	3	3	4	4	4	1	h	3	5
Q123	11	3	4	11	3	3	4	4	4	1	h	3	5
Q124	11	3	5	11	3	3	4	4	4	1	h	3	5
Q125	11	3	6	11	3	3	4	4	4	1	hu	3	5
Q126	11	3	5	11	3	3	4	4	4	1	h	3	5
Q127	11	3	6	11	3	3	4	4	4	1	h	3	5
Q128	11	3	4	11	3	3	4	4	4	1	h	3	5
Q129	11	3	5	11	3	3	4	4	4	1	h	3	5
Q130	11	3	5	11	3	3	4	4	4	1	hu	3	5
Q131	11	3	4	11	3	3	4	4	4	1	h	3	5
Q132	11	3	4	11	3	3	4	4	4	1	h	3	5
Q133	11	3	4	11	3	3	4	4	4	1	hu	3	5
Q134	11	3	5	11	3	3	4	4	4	1	hu	3	5
Q135	11	3	5	11	3	3	4	4	4	1	hu	3	5
Q136	11	3	3	11	3	3	4	4	4	1	hu	3	5
Q137	11	3	5	11	3	3	4	4	4	1	h	3	5
Q138	11	3	4	11	3	3	4	4	4	1	h	3	5
Q139	11	3	6	11	3	3	4	4	4	1	h	4	5
Q140	11	3	4	11	3	3	4	4	4	1	hu	3	5
Q141	11	3	5	11	3	3	4	4	4	1	hu	3	5
Q142	11	3	4	11	3	3	4	4	4	1	h	3	5
Q143	11	3	3	11	3	3	4	4	4	1	h	3	5
Q144	11	3	4	11	2	3	4	4	4	1	h	3	5
Q145	11	3	5	11	3	3	4	4	4	1	h	3	5
Q146	11	3	5	11	3	3	4	4	4	1	h	3	5
Q147	11	3	4	11	3	3	4	4	4	1	h	3	5
Q148	11	3	3	11	3	3	4	4	4	1	h	3	5
Q149	11	3	4	11	3	3	4	4	4	1	h	3	5
Q150	11	3	3	11	3	3	4	4	4	1	h	3	5

Table of parameters for regular graphs

graph	n	g	s	c	d	cl	in	vc	ec	aut	props	χ	χ'
Q151	11	3	10	11	3	4	4	3	4	2	h	4	5
Q152	11	3	10	11	3	4	4	3	4	2	h	4	5
Q153	11	3	9	11	3	4	4	3	4	2	h	4	5
Q154	11	3	7	11	3	3	4	3	4	2	h	3	5
Q155	11	3	6	11	3	3	4	3	4	2	h	3	5
Q156	11	3	8	11	3	3	4	3	4	2	h	4	5
Q157	11	3	7	11	3	3	4	3	4	2	h	4	5
Q158	11	3	7	11	3	3	4	3	4	2	h	3	5
Q159	11	3	8	11	3	3	4	3	4	2	h	4	5
Q160	11	3	6	11	3	3	4	3	4	2	h	4	5
Q161	11	3	6	11	3	3	4	3	4	2	h	3	5
Q162	11	3	9	11	3	4	3	4	4	2	h	4	5
Q163	11	3	7	11	3	4	4	4	4	2	h	4	5
Q164	11	3	8	11	3	4	4	4	4	2	h	4	5
Q165	11	3	9	11	3	3	4	3	4	2	hp	4	5
Q166	11	3	7	11	3	3	4	3	4	2	hu	3	5
Q167	11	3	8	11	3	3	4	4	4	2	hu	3	5
Q168	11	3	8	11	3	3	4	4	4	2	hu	3	5
Q169	11	3	8	11	3	3	4	4	4	2	h	3	5
Q170	11	3	8	11	3	3	4	3	4	2	hu	3	5
Q171	11	3	9	11	3	3	4	4	4	2	hu	3	5
Q172	11	3	9	11	3	3	3	4	4	2	h	4	5
Q173	11	3	7	11	3	3	4	4	4	2	hu	3	5
Q174	11	3	8	11	3	3	3	4	4	2	h	4	5
Q175	11	3	6	11	3	3	4	4	4	2	h	3	5
Q176	11	3	7	11	3	3	4	4	4	2	h	4	5
Q177	11	3	8	11	3	3	4	4	4	2	h	4	5
Q178	11	3	6	11	3	3	4	4	4	2	h	3	5
Q179	11	3	7	11	3	3	4	4	4	2	h	3	5
Q180	11	3	6	11	3	3	4	4	4	2	h	3	5
Q181	11	3	5	11	3	3	4	4	4	2	h	3	5
Q182	11	3	6	11	3	3	4	4	4	2	hu	3	5
Q183	11	3	5	11	3	3	4	4	4	2	h	3	5
Q184	11	3	6	11	3	3	4	4	4	2	h	3	5
Q185	11	3	8	11	3	3	4	4	4	2	h	4	5
Q186	11	3	7	11	3	3	4	4	4	2	hu	3	5
Q187	11	3	7	11	3	3	4	4	4	2	h	4	5
Q188	11	3	7	11	3	3	4	4	4	2	hu	3	5
Q189	11	3	5	11	3	3	4	4	4	2	h	3	5
Q190	11	3	5	11	3	3	4	4	4	2	h	3	5
Q191	11	3	4	11	3	3	4	4	4	2	h	3	5
Q192	11	3	7	11	3	3	4	4	4	2	hu	3	5
Q193	11	3	5	11	3	3	4	4	4	2	h	3	5
Q194	11	3	7	11	3	3	4	4	4	2	h	4	5
Q195	11	3	5	11	2	3	4	4	4	2	hu	3	5
Q196	11	3	5	11	3	3	4	4	4	2	h	3	5
Q197	11	3	5	11	3	3	4	4	4	2	h	3	5
Q198	11	3	5	11	3	3	4	4	4	2	h	3	5
Q199	11	3	5	11	3	3	4	4	4	2	h	3	5
Q200	11	3	5	11	3	3	4	4	4	2	h	3	5

186 Regular graphs

graph	n	g	s	c	d	cl	in	vc	ec	aut	props	χ	χ'
Q201	11	3	6	11	3	3	4	4	4	2	h	3	5
Q202	11	3	5	11	3	3	4	4	4	2	h	3	5
Q203	11	3	3	11	3	3	4	4	4	2	h	3	5
Q204	11	3	4	11	3	3	4	4	4	2	h	3	5
Q205	11	3	4	11	3	3	5	4	4	2	h	3	5
Q206	11	3	4	11	3	3	4	4	4	2	h	3	5
Q207	11	3	6	11	3	3	4	4	4	2	h	4	5
Q208	11	3	5	11	2	3	4	4	4	2	hu	3	5
Q209	11	3	5	11	3	3	4	4	4	2	h	3	5
Q210	11	3	6	11	3	3	4	4	4	2	h	3	5
Q211	11	3	4	11	2	3	4	4	4	2	h	3	5
Q212	11	3	4	11	3	3	4	4	4	2	h	3	5
Q213	11	3	6	11	3	3	4	4	4	2	hu	3	5
Q214	11	3	6	11	3	3	4	4	4	2	h	3	5
Q215	11	3	6	11	2	3	4	4	4	2	h	4	5
Q216	11	3	6	11	2	3	4	4	4	2	hu	3	5
Q217	11	3	5	11	2	3	4	4	4	2	h	3	5
Q218	11	3	7	11	3	3	4	4	4	2	h	4	5
Q219	11	3	4	11	2	3	4	4	4	2	hu	3	5
Q220	11	3	3	11	3	3	5	4	4	2	h	3	5
Q221	11	3	5	11	3	3	4	4	4	2	h	3	5
Q222	11	3	6	11	3	3	4	4	4	2	h	3	5
Q223	11	3	5	11	3	3	4	4	4	2	hu	3	5
Q224	11	3	3	11	3	3	4	4	4	2	h	4	5
Q225	11	3	6	11	2	3	4	4	4	2	hu	3	5
Q226	11	3	4	11	2	3	4	4	4	2	h	3	5
Q227	11	3	5	11	3	3	4	4	4	2	h	4	5
Q228	11	3	5	11	2	3	4	4	4	2	hu	3	5
Q229	11	3	5	11	3	3	4	4	4	2	hu	3	5
Q230	11	3	6	11	3	3	4	4	4	2	h	3	5
Q231	11	3	5	11	3	3	4	4	4	2	h	3	5
Q232	11	3	5	11	2	3	4	4	4	2	h	3	5
Q233	11	3	4	11	3	3	4	4	4	2	h	3	5
Q234	11	3	4	11	2	3	4	4	4	2	h	3	5
Q235	11	3	2	11	3	3	4	4	4	2	h	3	5
Q236	11	3	2	11	3	3	5	4	4	2	h	3	5
Q237	11	3	3	11	2	3	4	4	4	2	h	3	5
Q238	11	3	2	11	3	3	4	4	4	2	h	3	5
Q239	11	3	3	11	2	3	4	4	4	2	h	3	5
Q240	11	3	2	11	2	3	4	4	4	2	h	3	5
Q241	11	3	3	11	3	3	4	4	4	2	h	3	5
Q242	11	3	3	11	3	3	4	4	4	2	h	3	5
Q243	11	3	9	11	3	4	4	3	4	4	h	4	5
Q244	11	3	9	11	3	4	4	3	4	4	h	4	5
Q245	11	3	10	11	3	4	3	3	4	4	h	4	5
Q246	11	3	7	11	3	3	4	3	4	4	h	3	5
Q247	11	3	7	11	3	3	4	3	4	4	h	3	5
Q248	11	3	8	11	3	4	4	3	4	4	h	4	5
Q249	11	3	9	11	3	3	4	3	4	4	h	4	5
Q250	11	3	7	11	3	3	4	3	4	4	h	4	5

Table of parameters for regular graphs

graph	n	g	s	c	d	cl	in	vc	ec	aut	props	χ	χ'
Q251	11	3	9	11	3	3	4	3	4	4	h	4	5
Q252	11	3	6	11	3	3	4	3	4	4	h	3	5
Q253	11	3	6	11	3	3	4	3	4	4	h	4	5
Q254	11	3	7	11	3	3	4	3	4	4	h	4	5
Q255	11	3	5	11	3	3	4	3	4	4	h	3	5
Q256	11	3	7	11	3	3	4	3	4	4	h	4	5
Q257	11	3	6	11	3	4	4	4	4	4	h	4	5
Q258	11	3	9	11	3	4	3	4	4	4	h	4	5
Q259	11	3	7	11	3	4	4	4	4	4	h	4	5
Q260	11	3	10	11	3	3	4	3	4	4	hpu	3	5
Q261	11	3	9	11	3	3	4	3	4	4	h	3	5
Q262	11	3	6	11	3	3	4	3	4	4	h	3	5
Q263	11	3	8	11	3	3	4	3	4	4	h	3	5
Q264	11	3	7	11	3	3	4	4	4	4	h	3	5
Q265	11	3	5	11	3	3	4	4	4	4	h	3	5
Q266	11	3	8	11	3	3	4	4	4	4	hpu	3	5
Q267	11	3	8	11	3	3	3	4	4	4	h	4	5
Q268	11	3	6	11	3	3	4	4	4	4	hu	3	5
Q269	11	3	6	11	3	3	4	4	4	4	h	4	5
Q270	11	3	7	11	3	3	4	4	4	4	h	3	5
Q271	11	3	7	11	2	3	3	4	4	4	h	4	5
Q272	11	3	4	11	3	3	4	4	4	4	h	3	5
Q273	11	3	2	11	3	3	5	4	4	4	h	3	5
Q274	11	3	5	11	3	3	4	4	4	4	h	3	5
Q275	11	3	6	11	2	3	4	4	4	4	h	3	5
Q276	11	3	5	11	3	3	4	4	4	4	h	3	5
Q277	11	3	3	11	3	3	5	4	4	4	h	3	5
Q278	11	3	2	11	2	3	4	4	4	4	h	3	5
Q279	11	3	4	11	3	3	4	4	4	4	h	3	5
Q280	11	3	6	11	3	3	4	4	4	4	h	4	5
Q281	11	3	4	11	3	3	4	4	4	4	h	3	5
Q282	11	3	6	11	3	3	4	4	4	4	hu	3	5
Q283	11	3	3	11	3	3	4	4	4	4	h	3	5
Q284	11	3	5	11	3	3	4	4	4	4	h	4	5
Q285	11	3	3	11	2	3	4	4	4	4	h	4	5
Q286	11	3	7	11	3	3	4	4	4	4	h	4	5
Q287	11	3	5	11	2	3	4	4	4	4	h	4	5
Q288	11	3	6	11	3	3	4	4	4	4	h	3	5
Q289	11	3	6	11	2	3	4	4	4	4	h	3	5
Q290	11	3	4	11	2	3	4	4	4	4	h	3	5
Q291	11	3	4	11	2	3	4	4	4	4	h	3	5
Q292	11	3	4	11	3	3	4	4	4	4	h	3	5
Q293	11	3	3	11	2	3	4	4	4	4	h	3	5
Q294	11	3	3	11	3	3	4	4	4	4	h	3	5
Q295	11	3	4	11	3	3	4	4	4	4	h	3	5
Q296	11	3	2	11	3	3	5	4	4	4	h	3	5
Q297	11	3	4	11	3	3	4	4	4	4	h	3	5
Q298	11	3	1	11	2	3	4	4	4	4	h	3	5
Q299	11	3	2	11	3	3	5	4	4	4	h	3	5
Q300	11	3	1	11	3	3	5	4	4	4	h	3	5

Regular graphs

graph	n	g	s	c	d	cl	in	vc	ec	aut	props	χ	χ'
Q301	11	3	8	11	3	4	4	3	4	6	h	4	5
Q302	11	3	4	11	3	3	4	4	4	6	h	3	5
Q303	11	3	3	11	2	3	4	4	4	6	h	3	5
Q304	11	3	4	11	3	3	4	4	4	8	h	3	5
Q305	11	3	4	11	2	3	4	4	4	8	h	4	5
Q306	11	3	4	11	3	3	5	4	4	8	h	3	5
Q307	11	3	4	11	3	3	4	4	4	8	h	4	5
Q308	11	3	2	11	2	3	4	4	4	8	h	3	5
Q309	11	3	10	11	3	4	4	3	4	8	h	4	5
Q310	11	3	11	11	3	4	3	3	4	8	h	4	5
Q311	11	3	8	11	3	4	4	3	4	8	h	4	5
Q312	11	3	9	11	3	4	4	3	4	8	h	4	5
Q313	11	3	9	11	3	4	4	3	4	8	h	4	5
Q314	11	3	7	11	3	3	4	3	4	8	h	4	5
Q315	11	3	7	11	3	3	4	3	4	8	h	3	5
Q316	11	3	5	11	3	3	5	3	4	8	h	3	5
Q317	11	3	8	11	3	3	4	3	4	8	h	4	5
Q318	11	3	8	11	3	3	3	3	4	8	h	4	5
Q319	11	3	6	11	2	3	4	3	4	8	h	4	5
Q320	11	3	8	11	3	3	4	3	4	8	h	4	5
Q321	11	3	8	11	3	3	4	4	4	8	h	3	5
Q322	11	3	5	11	3	3	4	4	4	8	h	3	5
Q323	11	3	3	11	3	3	5	4	4	8	h	3	5
Q324	11	3	3	11	2	3	4	4	4	8	h	3	5
Q325	11	3	6	11	3	3	4	4	4	8	h	3	5
Q326	11	3	7	11	3	3	4	3	4	12	h	4	5
Q327	11	3	5	11	2	3	4	3	4	12	h	4	5
Q328	11	3	9	11	3	4	3	4	4	12	h	4	5
Q329	11	3	6	11	3	3	4	4	4	12	h	3	5
Q330	11	3	1	11	2	3	4	4	4	12	h	4	5
Q331	11	3	11	11	3	4	3	2	4	16	h	4	5
Q332	11	3	12	11	3	4	3	2	4	16	h	4	5
Q333	11	3	10	11	3	4	4	3	4	16	h	4	5
Q334	11	3	4	11	3	3	4	3	4	16	h	3	5
Q335	11	3	8	11	3	3	4	3	4	16	h	3	5
Q336	11	3	8	11	3	3	4	4	4	16	h	4	5
Q337	11	3	2	11	3	3	5	4	4	16	h	3	5
Q338	11	3	11	11	3	3	3	4	4	22	h	4	5
Q339	11	4	22	11	2	2	4	4	4	22	h	3	5
Q340	11	3	13	11	3	4	4	2	2	24	h	4	5
Q341	11	3	8	11	2	3	3	3	4	24	h	4	5
Q342	11	3	6	11	2	3	4	3	4	24	h	3	5
Q343	11	3	10	11	3	4	4	2	4	32	h	4	5
Q344	11	3	6	11	3	3	4	3	4	32	h	3	5
Q345	11	3	2	11	3	3	5	4	4	32	h	3	5
Q346	11	3	13	11	3	4	3	2	2	48	h	4	5
Q347	11	4	24	11	3	2	5	4	4	48	h	3	5
Q348	11	3	6	11	3	3	5	3	4	64	h	3	5
Q349	11	3	4	11	2	4	4	4	4	144	h	4	5
Q350	11	3	14	6	4	4	4	1	2	288	-	4	5

4 TYPES OF GRAPH

Recall that a graph G is **bipartite** if its vertex set V can be partitioned into two sets X and Y so that each edge joins a vertex in X and a vertex in Y, and that G is **Hamiltonian** if it has a cycle that includes each vertex exactly once. G is an **even** graph if each vertex has even degree; thus, a connected even graph is an **Eulerian** graph. G is **self-complementary** if G is isomorphic to its complement; the number of vertices in a self-complementary graph must be of the form $4r$ or $4r + 1$, where r is an integer. G is **triangle-free** if it has no cycles of length 3, and **unicyclic** if G contains only one cycle.

The **line graph** $L(G)$ of a connected graph G is the graph whose vertices are in one-one correspondence with the edges of G, two vertices of $L(G)$ being adjacent if and only if the corresponding edges of G are adjacent; with the single exception of the complete graph K_3 and the complete bipartite graph $K_{1,3}$ (graphs G7 and G13), two different connected graphs cannot have the same line graph. The following diagrams depict a graph and its line graph.

G   L(G)

Page 190 lists the numbers of bipartite graphs and even / Eulerian graphs with up to 16 vertices, the numbers of connected unicyclic graphs, self-complementary graphs and connected line graphs with up to 20 vertices, and the number of Hamiltonian graphs with up to 11 vertices. Pages 191–196 depict the connected bipartite graphs with up to 8 vertices; the vertices in the sets X and Y are coloured black and white and their degree sequences are listed separately. Pages 197–202 depict the Eulerian graphs with up to 8 vertices; pages 203–204 depict the self-complementary graphs with up to 9 vertices; pages 205–212 depict the connected triangle-free graphs with up to 10 vertices (none of degree less than 3); and pages 213–220 depict the unicyclic graphs with up to 9 vertices. Pages 221–228 depict the connected line graphs with up to 8 vertices; the number of the graph, tree or unicyclic graph of which the depicted graph is the line graph is given in the top right-hand corner.

Tables of graph numbers

Bipartite graphs, connected bipartite graphs, connected unicyclic graphs and self-complementary graphs with n vertices, for n = 1, 2, ..., 20

n	bipartite	conn. bipartite	unicyclic	self-comp.
1	1	1	0	1
2	2	1	0	0
3	3	1	1	0
4	7	3	2	1
5	13	5	5	2
6	35	17	13	0
7	88	44	33	0
8	303	182	89	10
9	1119	730	240	36
10	5479	4032	657	0
11	32303	25598	1806	0
12	2 51135	2 12780	5026	720
13	25 27712	22 41780	13999	5600
14	339 85853	311 93324	39260	0
15	6118 46940	5752 52112	1 10381	0
16	1 48646 50924	1 42182 09962	3 11465	7 03760
17	48 82227 21992	47 27404 25319	8 80840	112 20000
18	2171 20492 75198	2120 88875 76786	24 97405	0
19	1 30830 06796 11469	1 28609 91138 07999	70 93751	0
20	106 89796 51896 74291	105 56792 16757 18772	201 87313	91683 31776

Even graphs, Eulerian graphs and connected line graphs with n vertices, for n = 1, 2, ..., 16, and Hamiltonian graphs with n vertices, for n = 1, 2, ..., 11

n	even	Eulerian	line graph	Hamiltonian
1	1	1	1	1
2	1	0	1	0
3	2	1	2	1
4	3	1	5	3
5	7	4	12	8
6	16	8	30	48
7	54	37	79	383
8	243	184	227	6196
9	2038	1782	710	1 77083
10	33120	31026	2322	93 05118
11	11 82004	11 48626	8071	8831 56024
12	877 23296	865 39128	29503	—
13	1 28861 93064	1 27984 35868	1 12822	—
14	363 30570 74584	362 01696 92289	4 50141	—
15	1 94400 01507 34320	1 94036 70058 24561	18 67871	—
16	1967 88144 83294 07496	1965 93743 52887 38165	80 37472	—

Connected bipartite graphs: 2 - 6 vertices

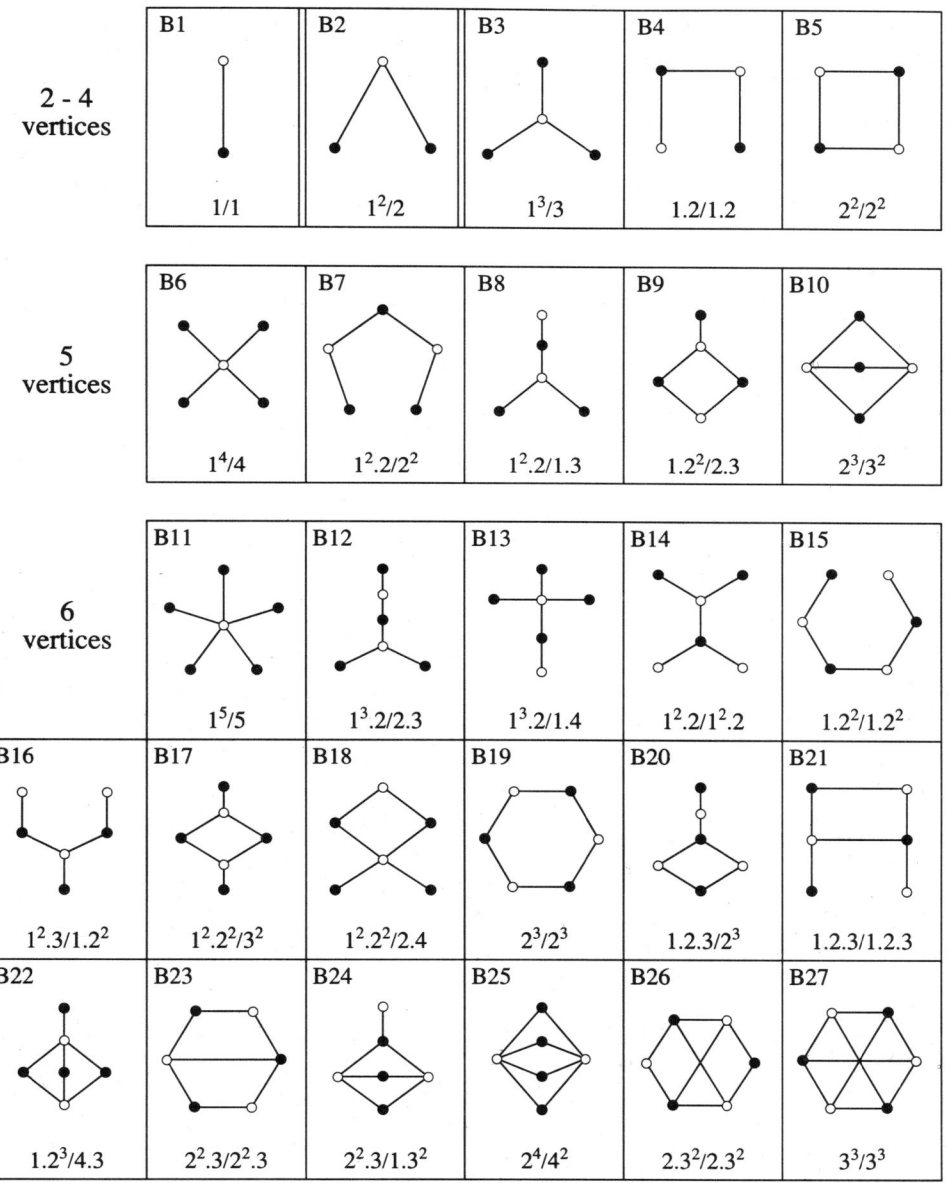

Connected bipartite graphs: 7 vertices

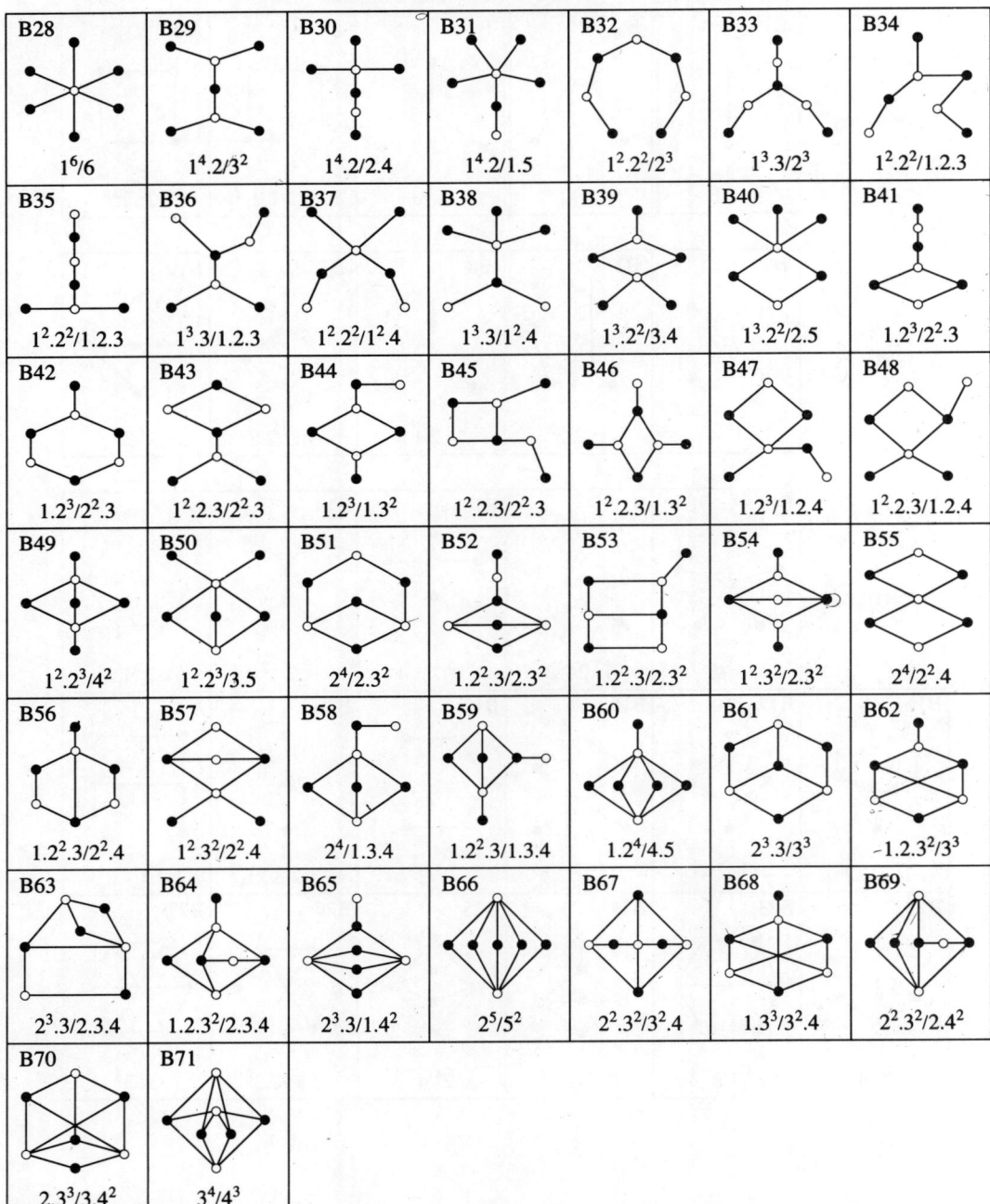

Connected bipartite graphs: 8 vertices

B72 $1^7/7$	B73 $1^5.2/3.4$	B74 $1^5.2/2.5$	B75 $1^5.2/1.6$	B76 $1^3.2^2/2^2.3$	B77 $1^3.2^2/2^2.3$	B78 $1^4.3/2^2.3$
B79 $1^3.2^2/1.3^2$	B80 $1^4.3/1.3^2$	B81 $1^3.2^2/1.2.4$	B82 $1^3.2^2/1.2.4$	B83 $1^4.3/1.2.4$	B84 $1^3.2^2/1^2.5$	B85 $1^4.3/1^2.5$
B86 $1.2^3/1.2^3$	B87 $1.2^3/1^2.2.3$	B88 $1.2^3/1^2.2.3$	B89 $1^2.2.3/1^2.2.3$	B90 $1^2.2.3/1^2.2.3$	B91 $1^2.2.3/1^2.2.3$	B92 $1.2^3/1^3.4$
B93 $1^2.2.3/1^3.4$	B94 $1^3.4/1^3.4$	B95 $1^4.2^2/4^2$	B96 $1^4.2^2/3.5$	B97 $1^4.2^2/2.6$	B98 $1^2.2^3/3.2.3$	B99 $1^3.2.3/3.2.3$
B100 $1^2.2^3/2.3^2$	B101 $1^2.2^3/2.3^2$	B102 $1^3.2.3/2.3^2$	B103 $1^2.2^3/2^2.4$	B104 $1^2.2^3/2^2.4$	B105 $1^3.2.3/2^2.4$	B106 $1^3.2.3/2^2.4$
B107 $1^2.2^3/1.3.4$	B108 $1^2.2^3/1.3.4$	B109 $1^3.2.3/1.3.4$	B110 $1^2.2^3/1.2.5$	B111 $1^3.2.3/1.2.5$	B112 $2^4/2^4$	B113 $2^4/1.2^2.3$
B114 $2^4/1.2^2.3$	B115 $1.2^2.3/1.2^2.3$	B116 $1.2^2.3/1.2^2.3$	B117 $1.2^2.3/1.2^2.3$	B118 $1.2^2.3/1.2^2.3$	B119 $1.2^2.3/1.2^2.3$	B120 $2^4/1^2.3^2$

Types of graph

Connected bipartite graphs: 8 vertices

B121 $1.2^2.3/1^2.3^2$	B122 $1.2^2.3/1^2.3^2$	B123 $1^2.3^2/1^2.3^2$	B124 $2^4/1^2.2.4$	B125 $1.2^2.3/1^2.2.4$	B126 $1.2^2.3/1^2.2.4$	B127 $1^2.3^2/1^2.2.4$
B128 $1^2.2.4/1^2.2.4$	B129 $1^3.2^3/4.5$	B130 $1^3.2^3/3.6$	B131 $1.2^4/3^3$	B132 $1^2.2^2.3/3^3$	B133 $1^2.2^2.3/3^3$	B134 $1^3.3^2/3^3$
B135 $1.2^4/2.3.4$	B136 $1.2^4/2.3.4$	B137 $1.2^4/2.3.4$	B138 $1^2.2^2.3/2.3.4$	B139 $1^2.2^2.3/2.3.4$	B140 $1^2.2^2.3/2.3.4$	B141 $1^3.3^2/2.3.4$
B142 $1.2^4/1.4^2$	B143 $1^2.2^2.3/1.4^2$	B144 $1.2^4/2^2.5$	B145 $1^2.2^2.3/2^2.5$	B146 $1^3.3^2/2^2.5$	B147 $1.2^4/1.3.5$	B148 $1^2.2^2.3/1.3.5$
B149 $2^3.3/2^3.3$	B150 $2^3.3/2^3.3$	B151 $2^3.3/2^3.3$	B152 $2^3.3/1.2.3^2$	B153 $2^3.3/1.2.3^2$	B154 $2^3.3/1.2.3^2$	B155 $2^3.3/1.2.3^2$
B156 $1.2.3^2/1.2.3^2$	B157 $1.2.3^2/1.2.3^2$	B158 $1.2.3^2/1.2.3^2$	B159 $2^3.3/1.2^2.4$	B160 $2^3.3/1.2^2.4$	B161 $1.2.3^2/1.2^2.4$	B162 $1.2.3^2/1.2^2.4$
B163 $1.2^2.4/1.2^2.4$	B164 $2^3.3/1^2.3.4$	B165 $2^3.3/1^2.3.4$	B166 $1.2.3^2/1^2.3.4$	B167 $1.2^2.4/1^2.3.4$	B168 $1^2.2^4/5^2$	B169 $1^2.2^4/4.6$

Connected bipartite graphs: 8 vertices

B170 $2^5/3^2.4$	B171 $1.2^3.3/3^2.4$	B172 $1.2^3.3/3^2.4$	B173 $1^2.2.3^2/3^2.4$	B174 $1^2.2.3^2/3^2.4$	B175 $2^5/2.4^2$	B176 $1.2^3.3/2.4^2$
B177 $1.2^3.3/2.4^2$	B178 $1^2.2.3^2/2.4^2$	B179 $2^5/2.3.5$	B180 $1.2^3.3/2.3.5$	B181 $1^2.2.3^2/2.3.5$	B182 $2^5/1.4.5$	B183 $1.2^3.3/1.4.5$
B184 $2^2.3^2/2^2.3^2$	B185 $2^2.3^2/2^2.3^2$	B186 $2^2.3^2/2^2.3^2$	B187 $2^2.3^2/2^2.3^2$	B188 $2^2.3^2/1.3^3$	B189 $2^2.3^2/1.3^3$	B190 $1.3^3/1.3^3$
B191 $2^2.3^2/2^3.4$	B192 $2^2.3^2/2^3.4$	B193 $1.3^3/2^3.4$	B194 $2^3.4/2^3.4$	B195 $2^2.3^2/1.2.3.4$	B196 $2^2.3^2/1.2.3.4$	B197 $2^2.3^2/1.2.3.4$
B198 $1.3^3/1.2.3.4$	B199 $2^3.4/1.2.3.4$	B200 $1.2.3.4/1.2.3.4$	B201 $2^2.3^2/1^2.4^2$	B202 $2^3.4/1^2.4^2$	B203 $1.2^5/5.6$	B204 $2^4.3/3.4^2$
B205 $1.2^2.3^2/3.4^2$	B206 $1.2^2.3^2/3.4^2$	B207 $1^2.3^3/3.4^2$	B208 $2^4.3/3^2.5$	B209 $1.2^2.3^2/3^2.5$	B210 $1^2.3^3/3^2.5$	B211 $2^4.3/2.4.5$
B212 $1.2^2.3^2/2.4.5$	B213 $2^4.3/1.5^2$	B214 $2.3^3/2.3^3$	B215 $2.3^3/2.3^3$	B216 $2.3^3/2^2.3.4$	B217 $2.3^3/2^2.3.4$	B218 $2^2.3.4/2^2.3.4$

196 Types of graph

Connected bipartite graphs: 8 vertices

B219 $2^2.3.4/2^2.3.4$	B220 $2.3^3/1.3^2.4$	B221 $2.3^3/1.3^2.4$	B222 $2^2.3.4/1.3^2.4$	B223 $1.3^2.4/1.3^2.4$	B224 $2.3^3/1.2.4^2$
B225 $2^2.3.4/1.2.4^2$	B226 $2^6/6^2$	B227 $2^3.3^2/4^3$	B228 $1.2.3^3/4^3$	B229 $2^3.3^2/3.4.5$	B230 $1.2.3^3/3.4.5$
B231 $2^3.3^2/2.5^2$	B232 $3^4/3^4$	B233 $3^4/2.3^2.4$	B234 $2.3^2.4/2.3^2.4$	B235 $2.3^2.4/2.3^2.4$	B236 $3^4/2^2.4^2$
B237 $2.3^2.4/2^2.4^2$	B238 $2^2.4^2/2^2.4^2$	B239 $3^4/1.3.4^2$	B240 $2.3^2.4/1.3.4^2$	B241 $2^2.3^3/4^2.5$	B242 $1.3^4/4^2.5$
B243 $2^2.3^3/3.5^2$	B244 $3^3.4/3^3.4$	B245 $3^3.4/2.3.4^2$	B246 $2.3.4^2/2.3.4^2$	B247 $3^3.4/1.4^3$	B248 $2.3^4/4.5^2$
B249 $3^2.4^2/3^2.4^2$	B250 $3^2.4^2/2.4^3$	B251 $3^5/5^3$	B252 $3.4^3/3.4^3$	B253 $4^4/4^4$	

Eulerian graphs: 1 - 7 vertices

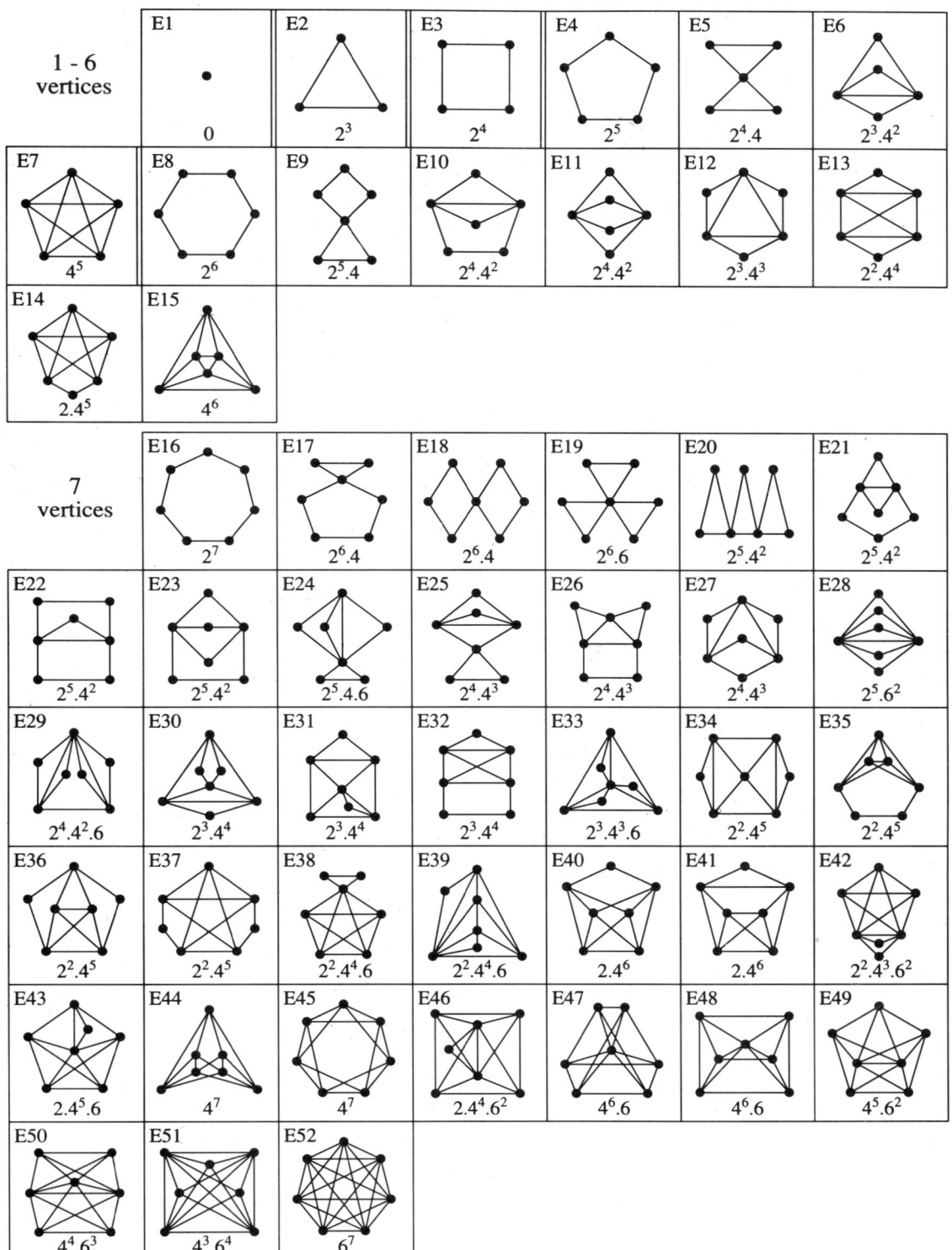

198 Types of graph

Eulerian graphs: 8 vertices

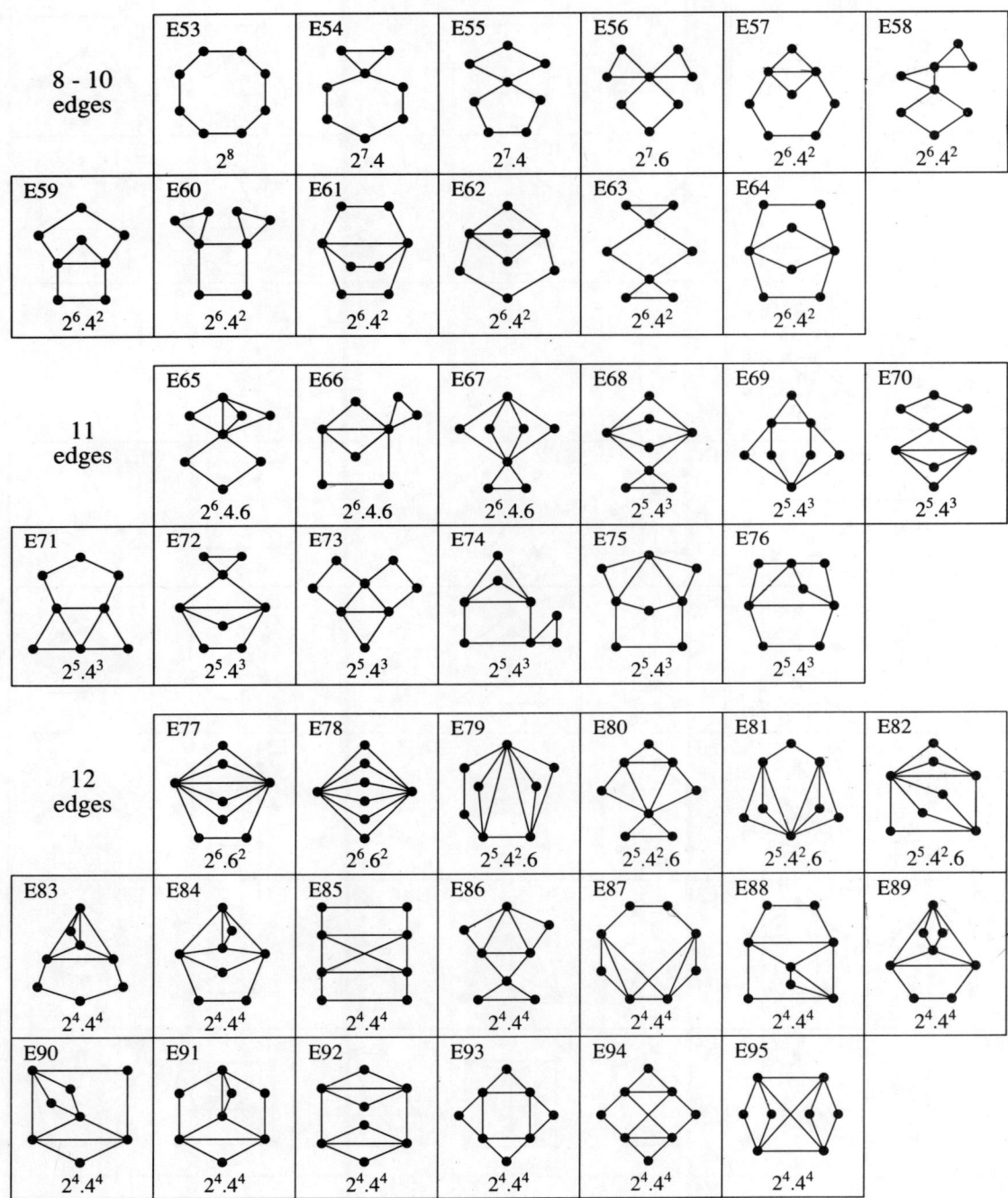

Eulerian graphs: 8 vertices

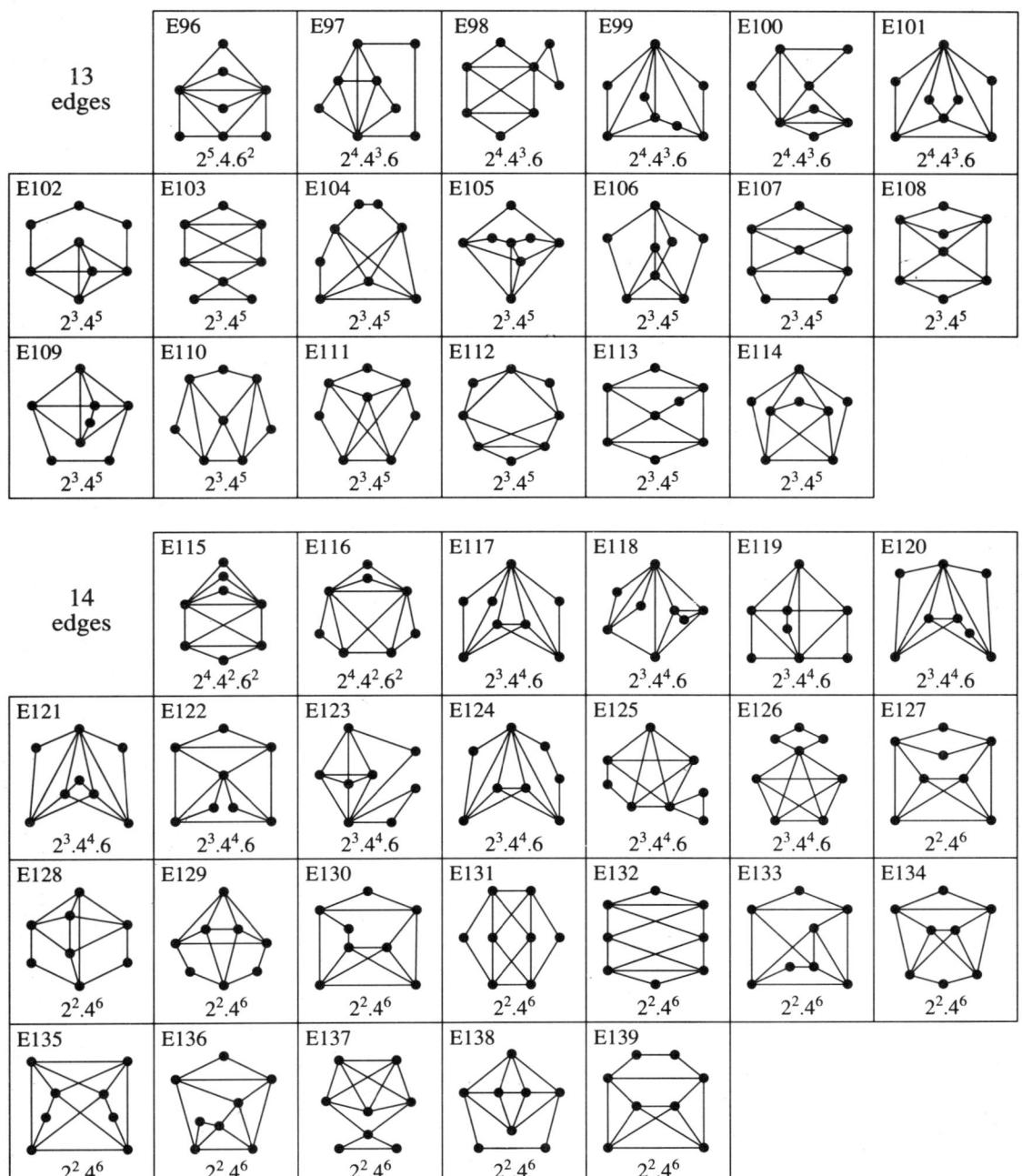

Types of graph

Eulerian graphs: 8 vertices

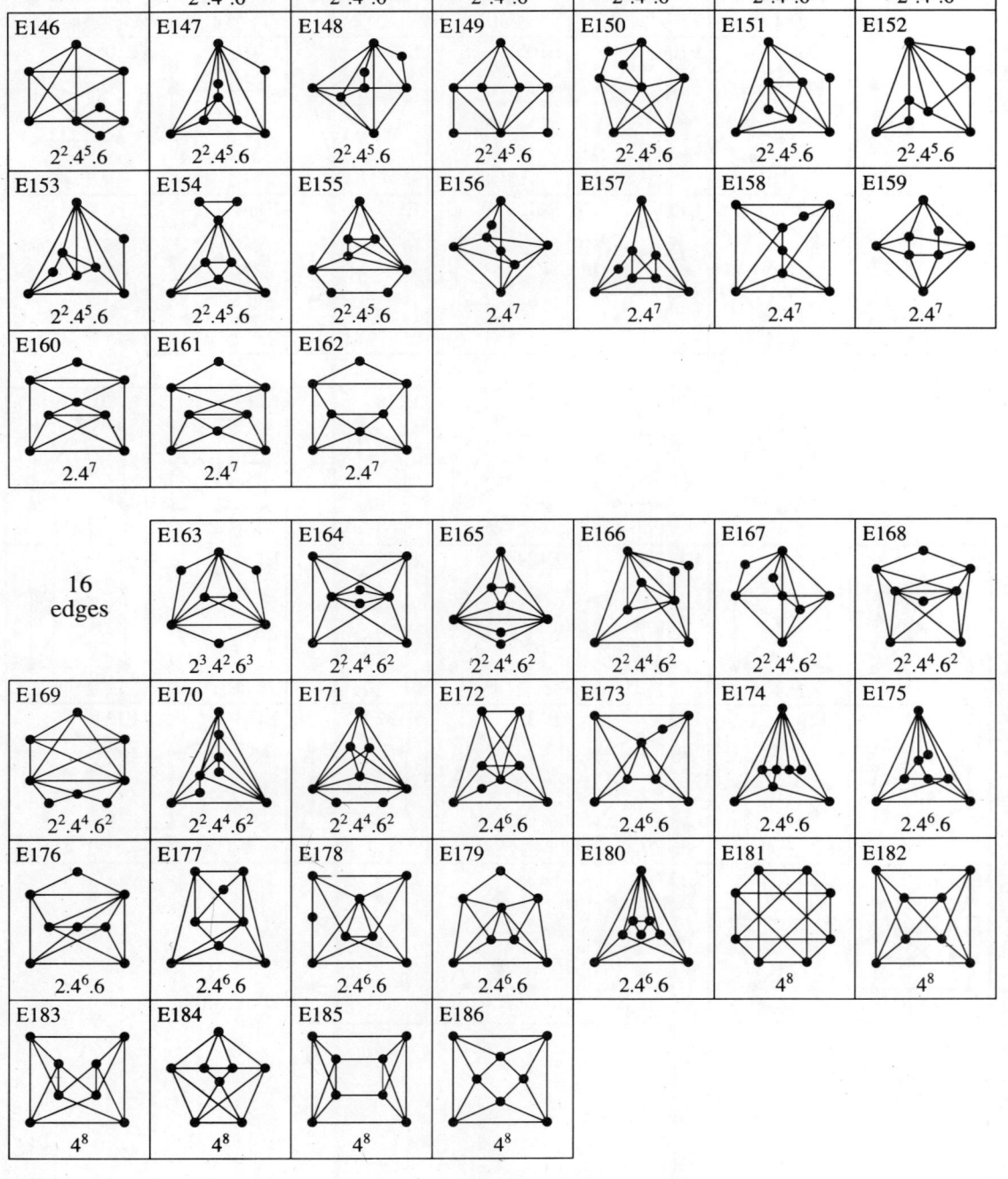

Eulerian graphs: 8 vertices

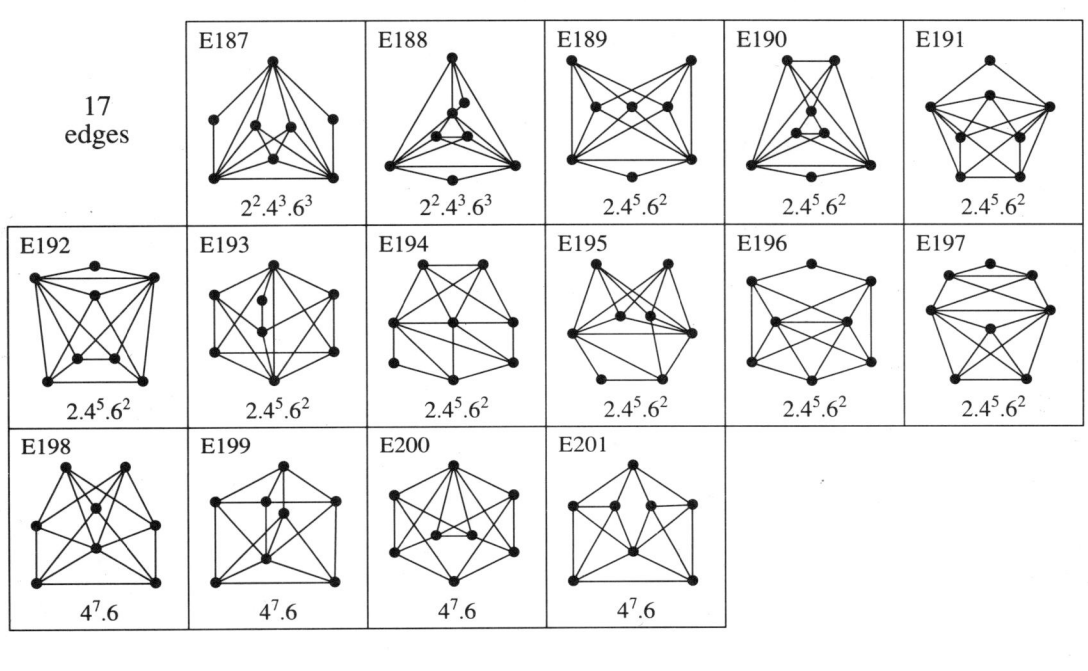

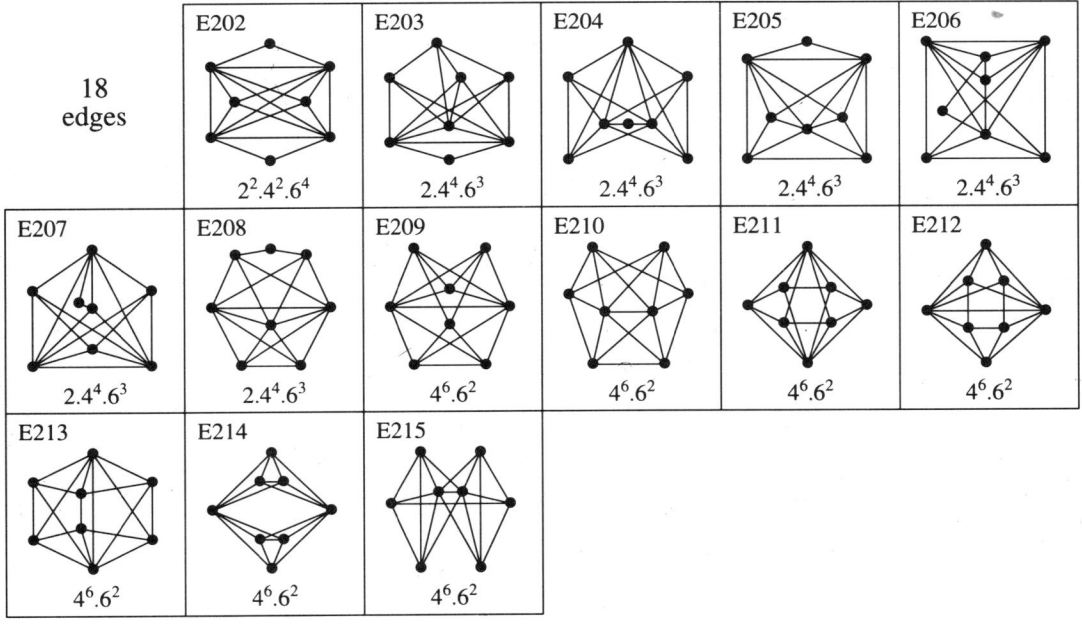

Eulerian graphs: 8 vertices

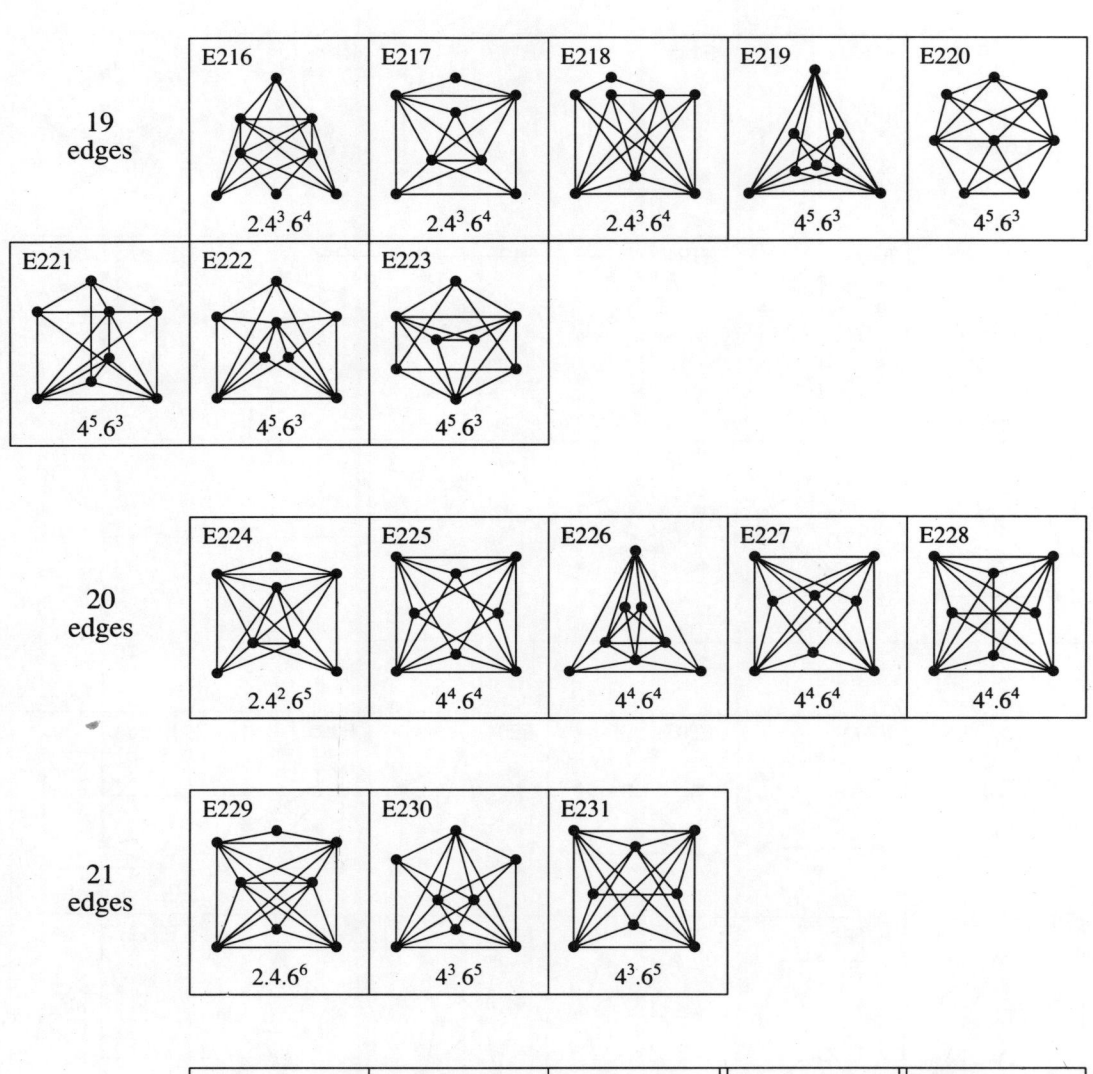

Self-complementary graphs: 4, 5 and 8 vertices

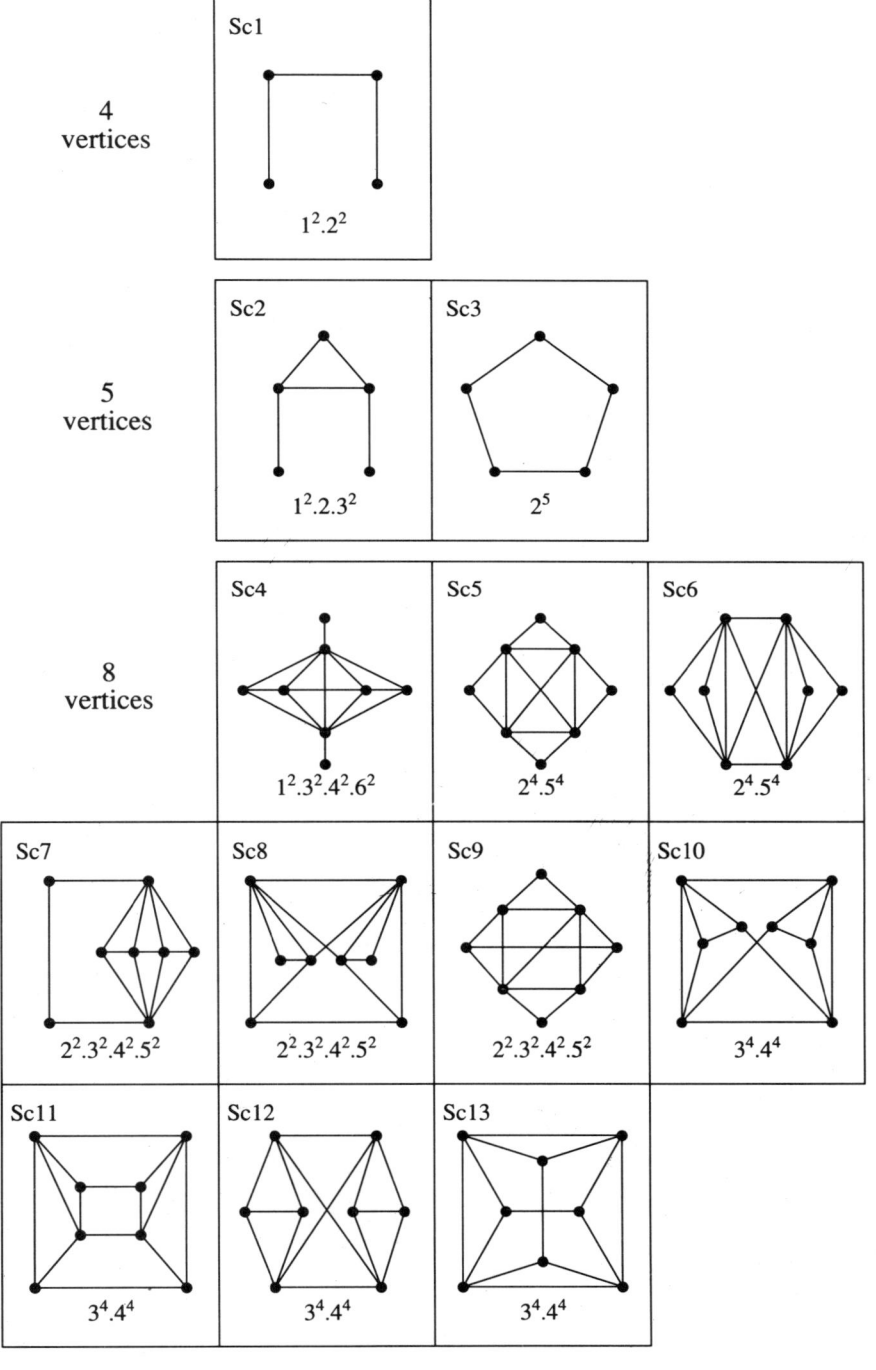

Self-complementary graphs: 9 vertices

Sc14 $1^2.3^2.4.5^2.7^2$	Sc15 $1^2.4^5.7^2$	Sc16 $2^4.4.6^4$	Sc17 $2^4.4.6^4$	Sc18 $2^2.3^2.4.5^2.6^2$	Sc19 $2^2.3^2.4.5^2.6^2$
Sc20 $2^2.3^2.4.5^2.6^2$	Sc21 $2^2.3^2.4.5^2.6^2$	Sc22 $2^2.3^2.4.5^2.6^2$	Sc23 $2^2.3^2.4.5^2.6^2$	Sc24 $2^2.4^5.6^2$	Sc25 $2^2.4^5.6^2$
Sc26 $2^2.4^5.6^2$	Sc27 $2^2.4^5.6^2$	Sc28 $3^4.4.5^4$	Sc29 $3^4.4.5^4$	Sc30 $3^4.4.5^4$	Sc31 $3^4.4.5^4$
Sc32 $3^4.4.5^4$	Sc33 $3^4.4.5^4$	Sc34 $3^4.4.5^4$	Sc35 $3^4.4.5^4$	Sc36 $3^4.4.5^4$	Sc37 $3^2.4^5.5^2$
Sc38 $3^2.4^5.5^2$	Sc39 $3^2.4^5.5^2$	Sc40 $3^2.4^5.5^2$	Sc41 $3^2.4^5.5^2$	Sc42 $3^2.4^5.5^2$	Sc43 $3^2.4^5.5^2$
Sc44 $3^2.4^5.5^2$	Sc45 $3^2.4^5.5^2$	Sc46 4^9	Sc47 4^9	Sc48 4^9	Sc49 4^9

Connected triangle-free graphs: 6 - 9 vertices

(with no vertices of degree < 3)

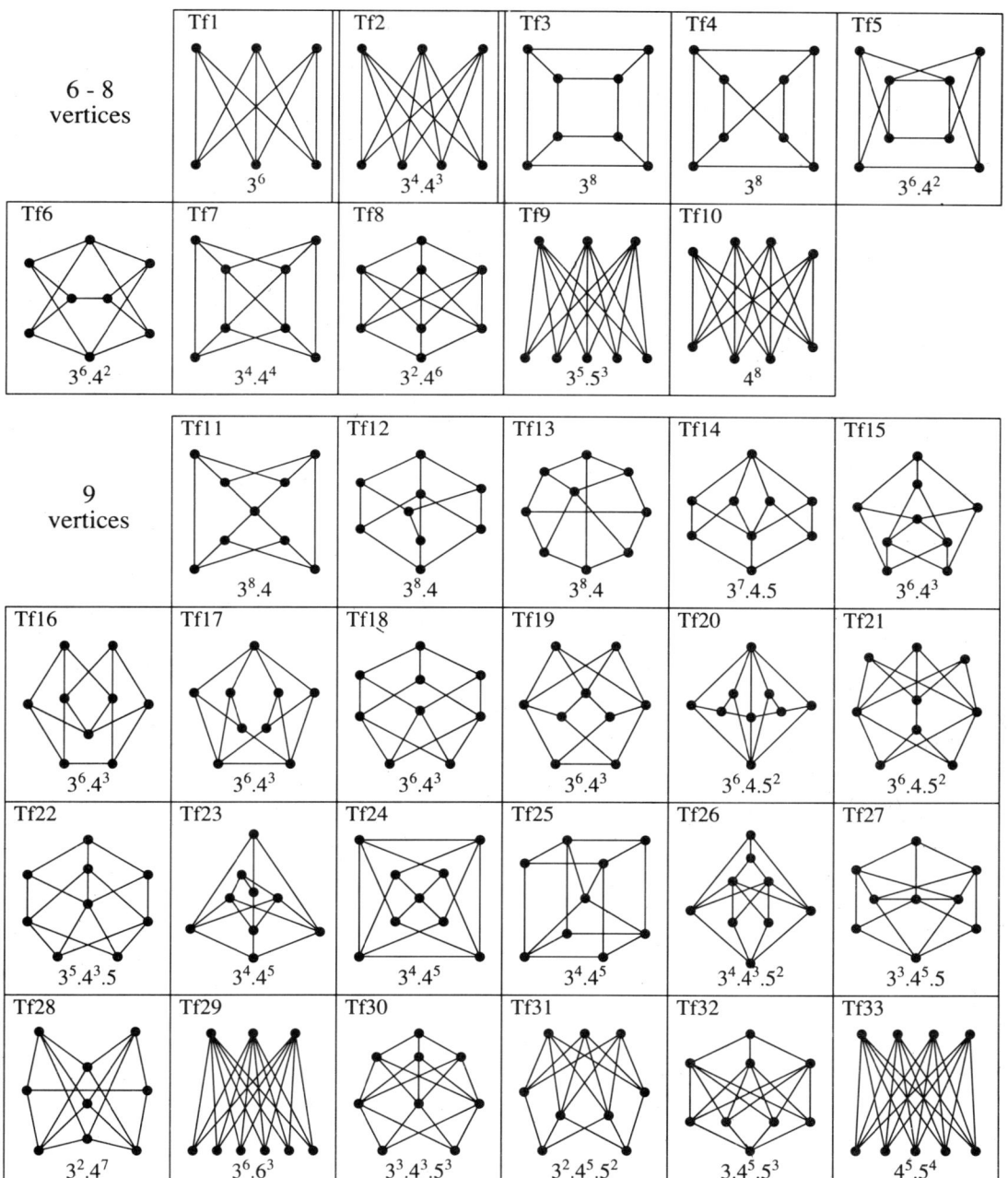

206 Types of graph

Connected triangle-free graphs: 10 vertices

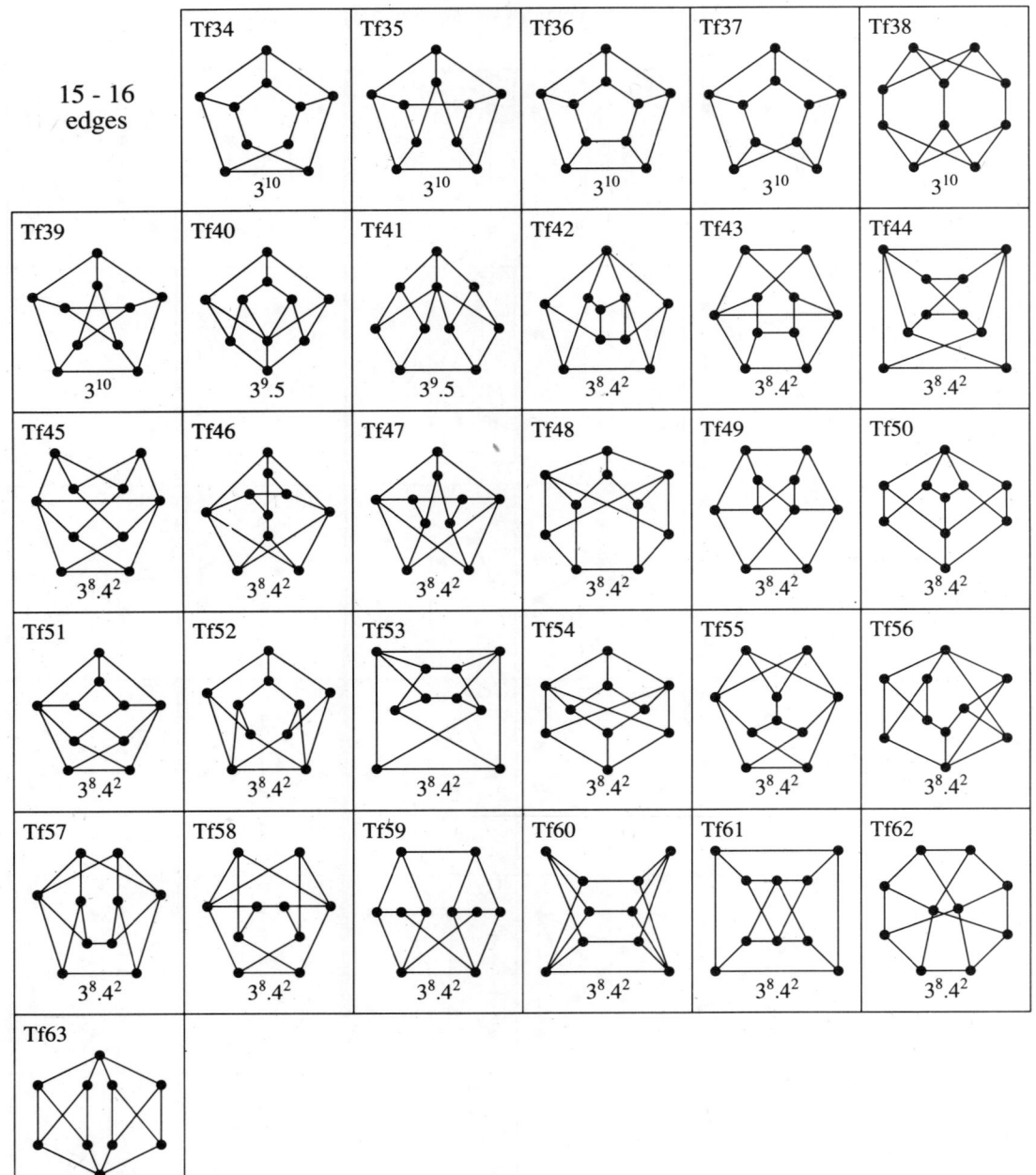

Connected triangle-free graphs: 10 vertices

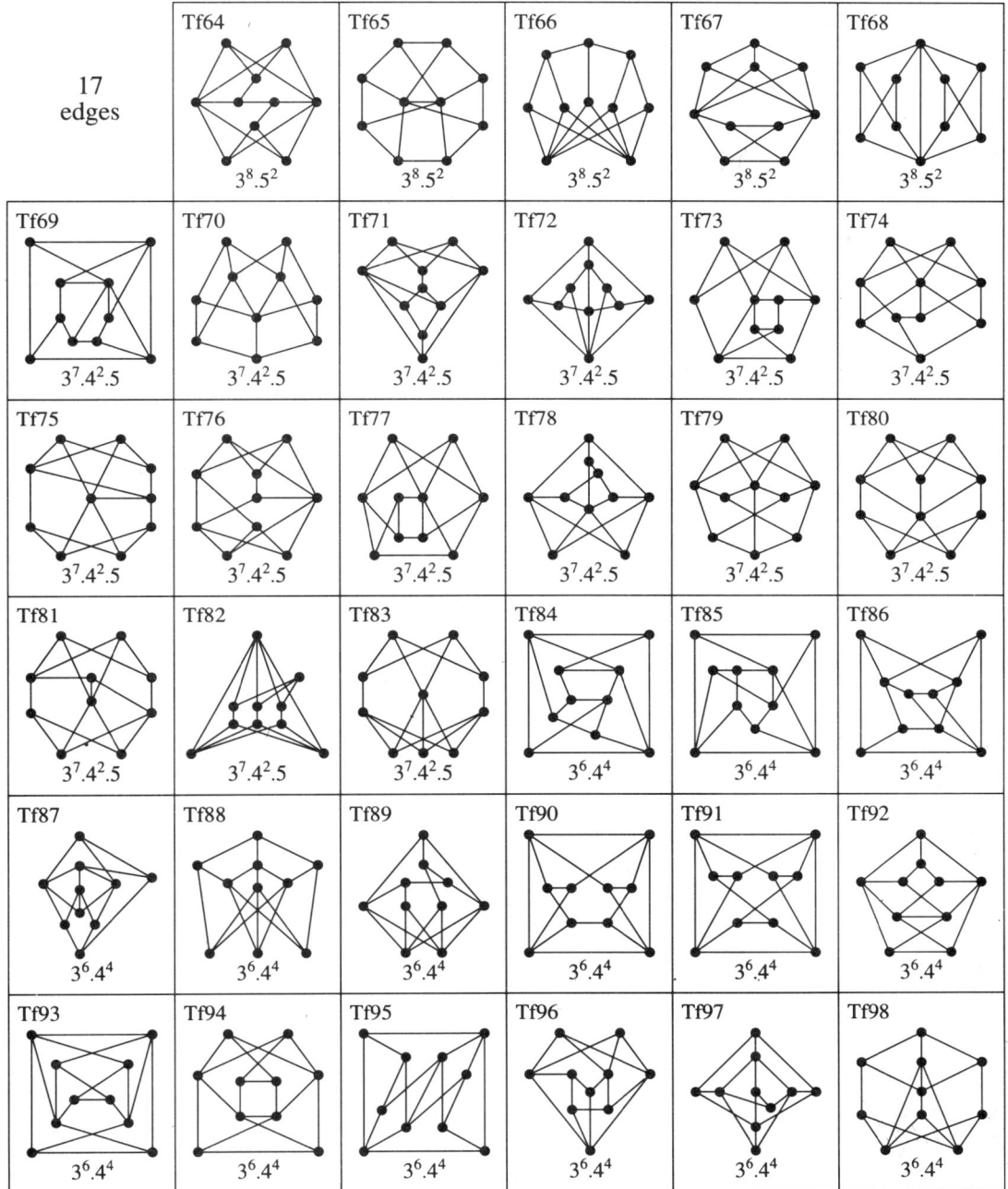

208 Types of graph

Connected triangle-free graphs: 10 vertices

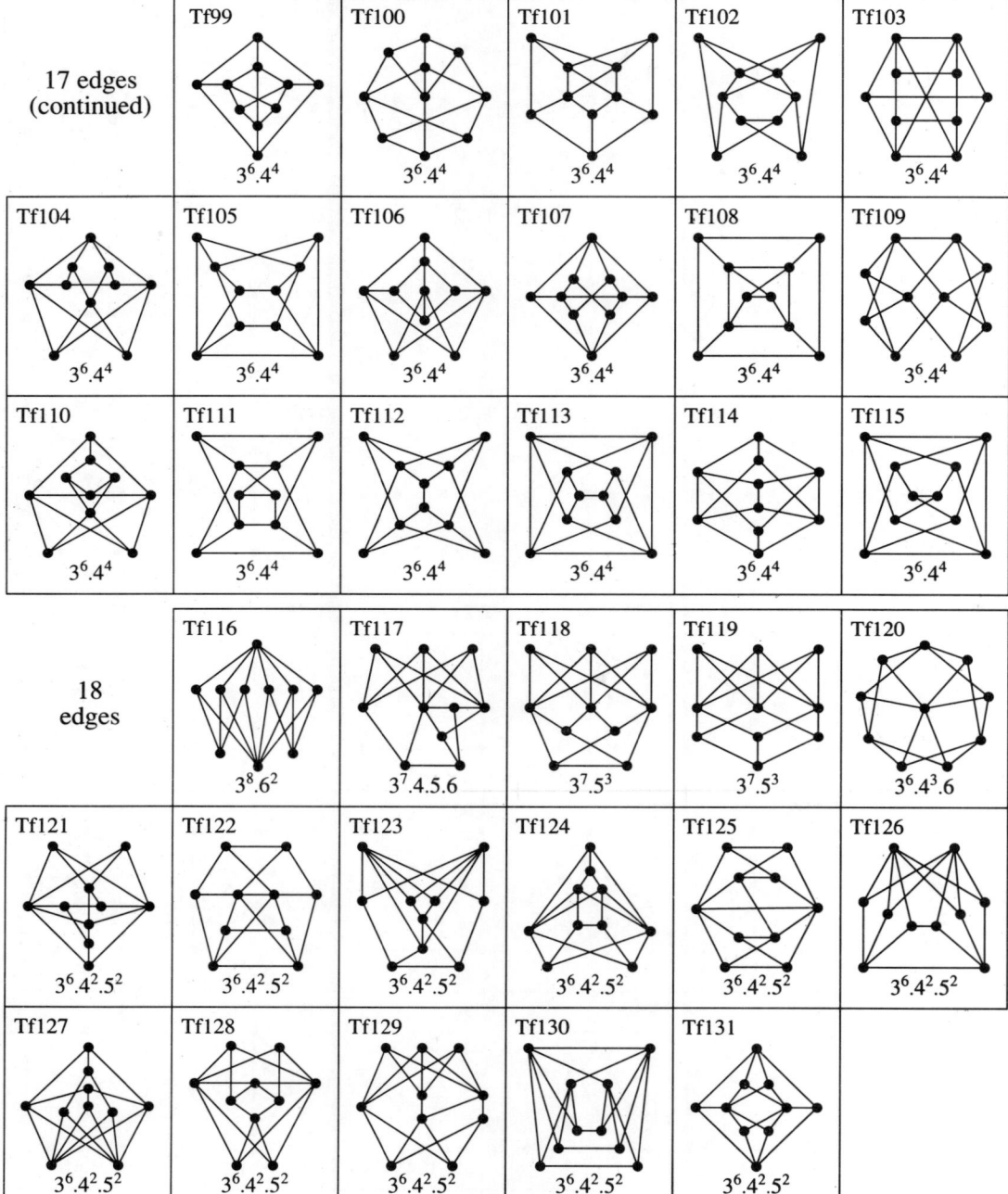

Connected triangle-free graphs: 10 vertices

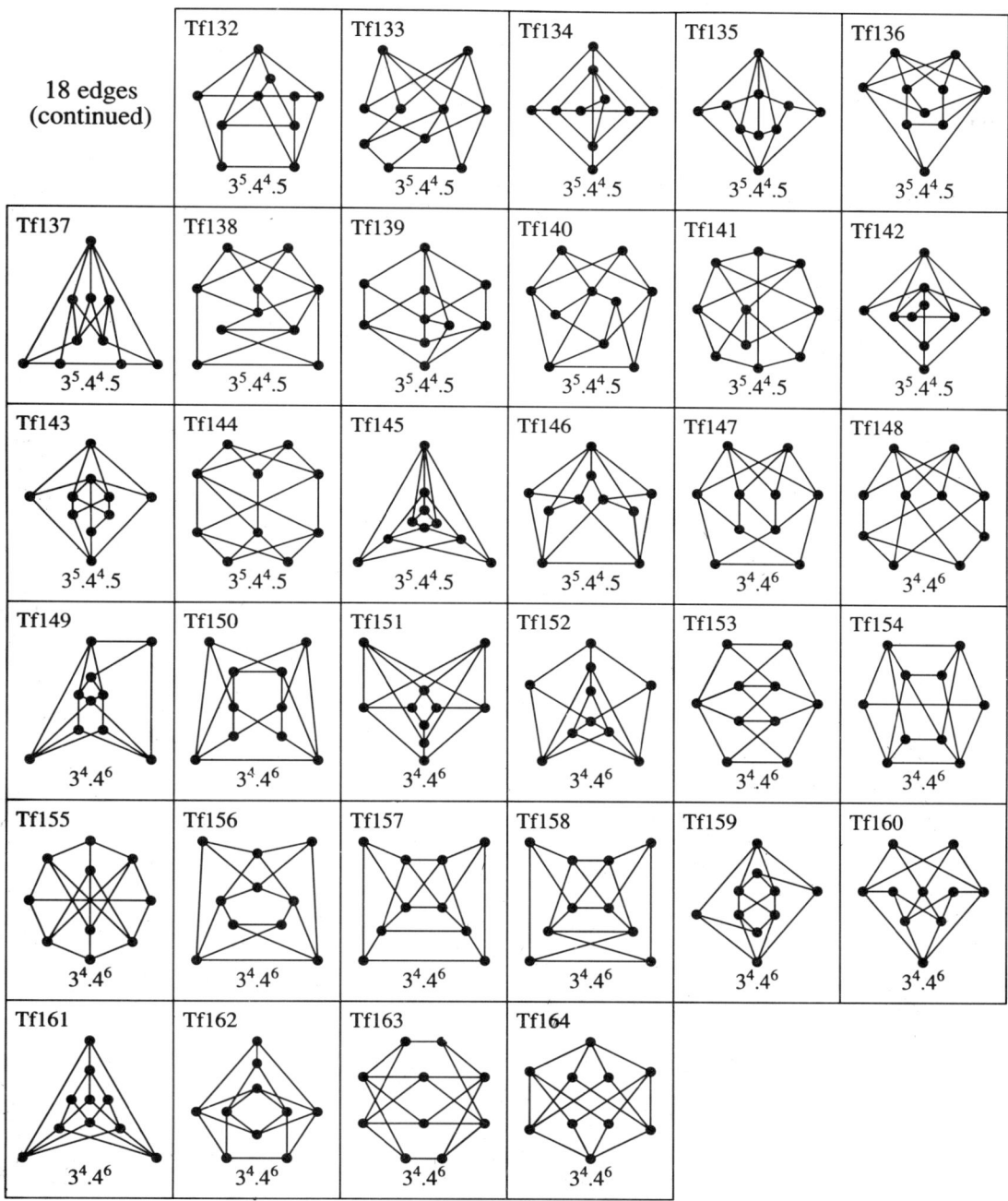

210 Types of graph

Connected triangle-free graphs: 10 vertices

19 edges

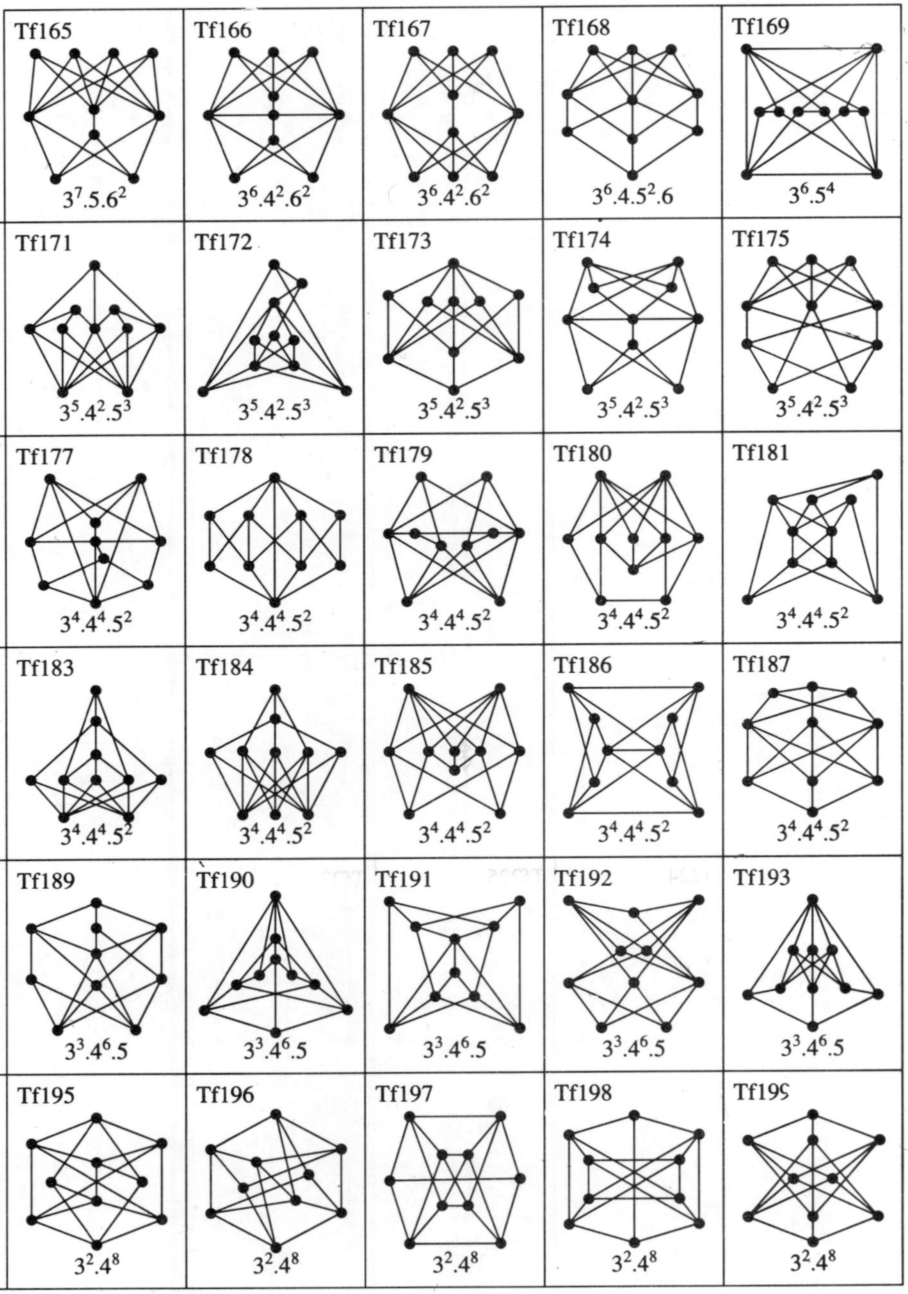

Tf165 $3^7.5.6^2$	Tf166 $3^6.4^2.6^2$	Tf167 $3^6.4^2.6^2$	Tf168 $3^6.4.5^2.6$	Tf169 $3^6.5^4$
Tf170 $3^5.4^3.5.6$	Tf171 $3^5.4^2.5^3$	Tf172 $3^5.4^2.5^3$	Tf173 $3^5.4^2.5^3$	Tf174 $3^5.4^2.5^3$	Tf175 $3^5.4^2.5^3$
Tf176 $3^4.4^4.5^2$	Tf177 $3^4.4^4.5^2$	Tf178 $3^4.4^4.5^2$	Tf179 $3^4.4^4.5^2$	Tf180 $3^4.4^4.5^2$	Tf181 $3^4.4^4.5^2$
Tf182 $3^4.4^4.5^2$	Tf183 $3^4.4^4.5^2$	Tf184 $3^4.4^4.5^2$	Tf185 $3^4.4^4.5^2$	Tf186 $3^4.4^4.5^2$	Tf187 $3^4.4^4.5^2$
Tf188 $3^3.4^6.5$	Tf189 $3^3.4^6.5$	Tf190 $3^3.4^6.5$	Tf191 $3^3.4^6.5$	Tf192 $3^3.4^6.5$	Tf193 $3^3.4^6.5$
Tf194 $3^3.4^6.5$	Tf195 $3^2.4^8$	Tf196 $3^2.4^8$	Tf197 $3^2.4^8$	Tf198 $3^2.4^8$	Tf199 $3^2.4^8$

Connected triangle-free graphs: 10 vertices

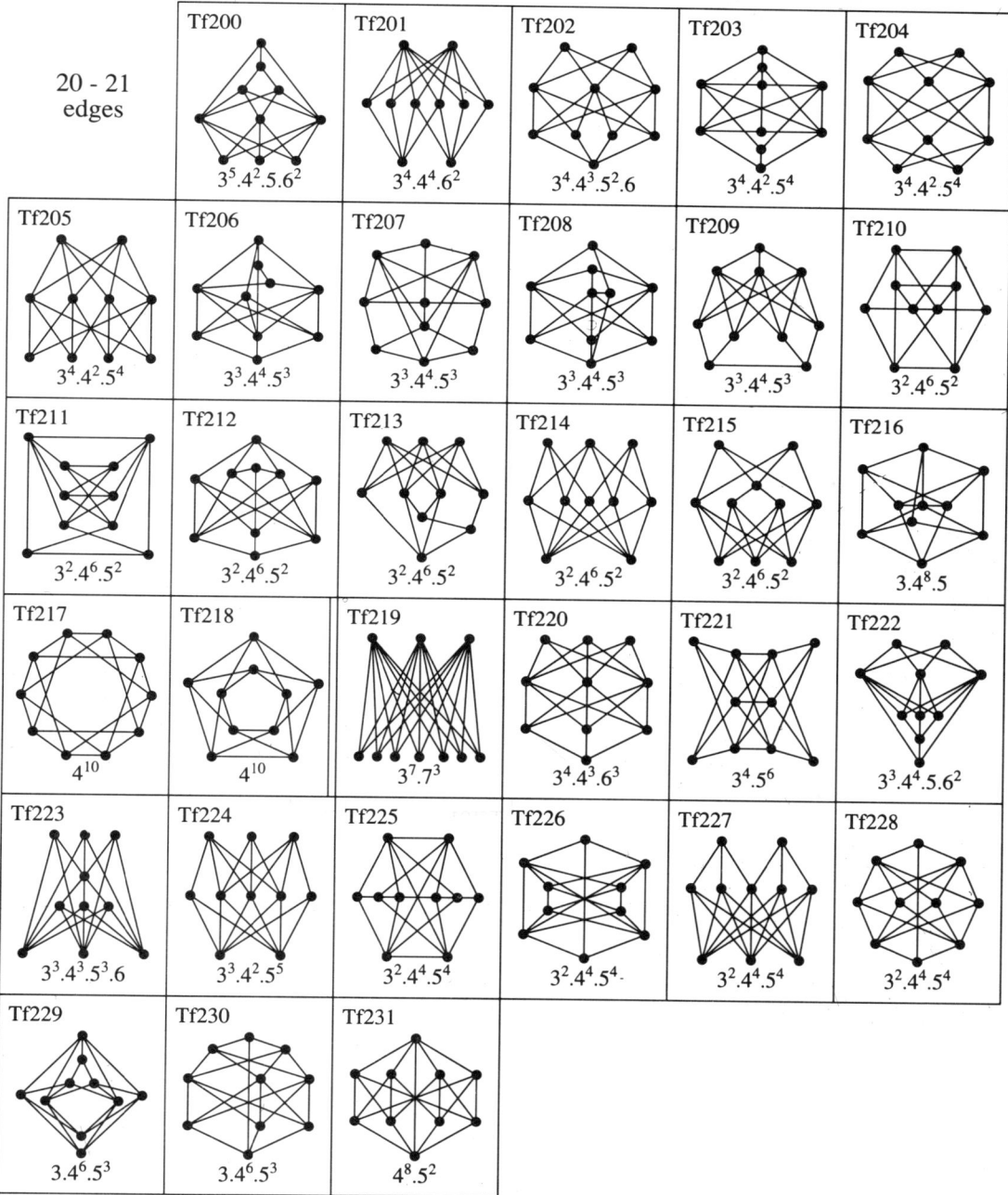

212 Types of graph

Connected triangle-free graphs: 10 vertices

22 edges

Tf232	Tf233	Tf234	Tf235	Tf236
$3^2.4^5.6^3$	$3^2.4^4.5^2.6^2$	$3^2.4^2.5^6$	$3.4^4.5^5$	$4^6.5^4$

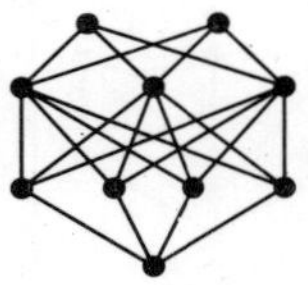

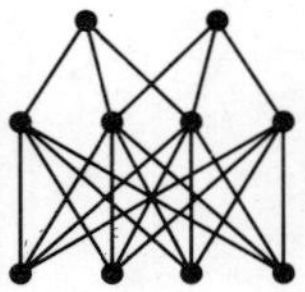

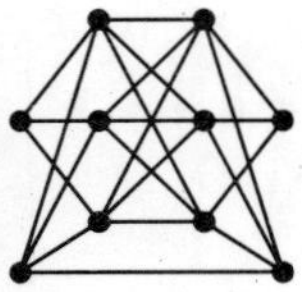

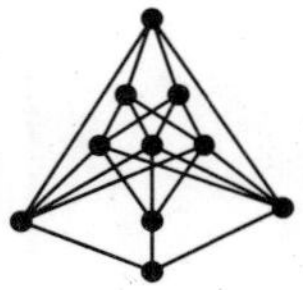

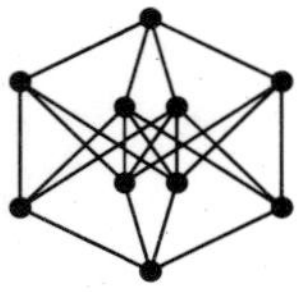

23 edges

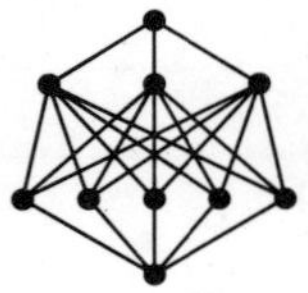

Tf237	Tf238	Tf239
$3.4^5.5.6^3$	$3.4^2.5^7$	$4^4.5^6$

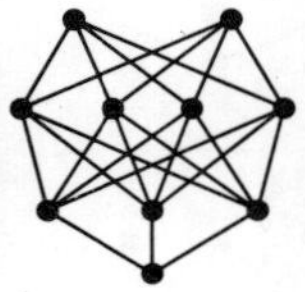

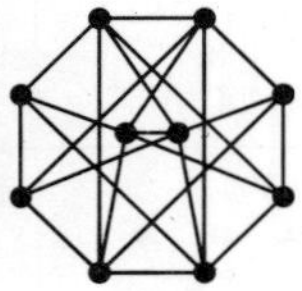

24 - 25 edges

Tf240	Tf241	Tf242
$4^6.6^4$	$4^2.5^8$	5^{10}

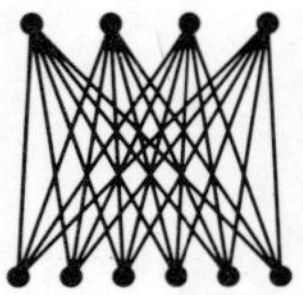

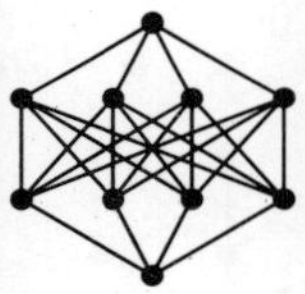

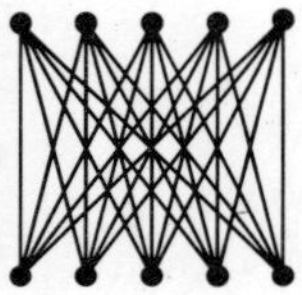

Unicyclic graphs: 3 - 7 vertices

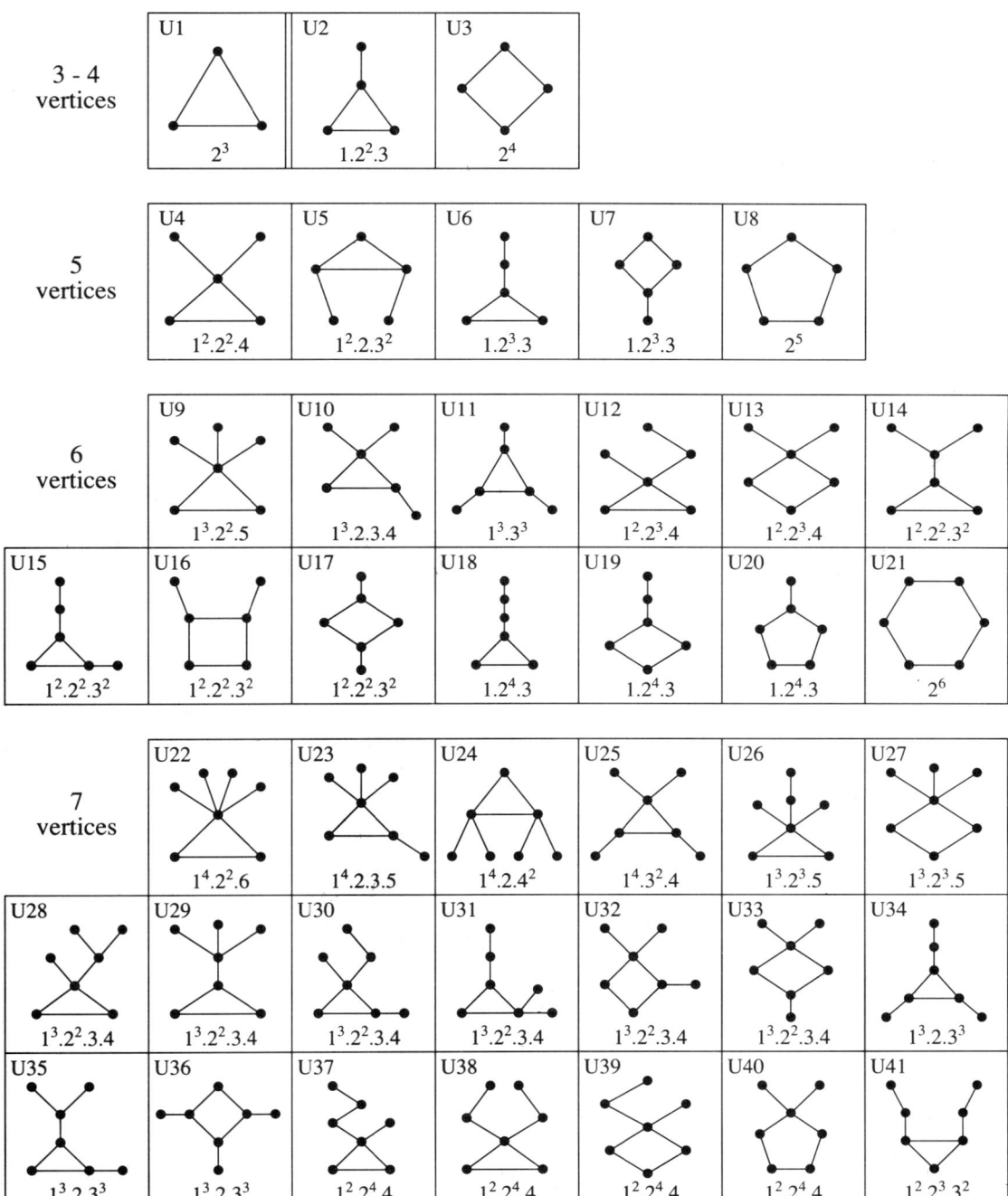

Unicyclic graphs: 7 - 8 vertices

7 vertices (continued)

U42	U43	U44	U45	U46	U47
$1^2.2^3.3^2$	$1^2.2^3.3^2$	$1^2.2^3.3^2$	$1^2.2^3.3^2$	$1^2.2^3.3^2$	$1^2.2^3.3^2$

U48	U49	U50	U51	U52	U53	U54
$1^2.2^3.3^2$	$1^2.2^3.3^2$	$1.2^5.3$	$1.2^5.3$	$1.2^5.3$	$1.2^5.3$	2^7

8 vertices

U55	U56	U57	U58	U59	U60
$1^5.2^2.7$	$1^5.2.3.6$	$1^5.2.4.5$	$1^5.3^2.5$	$1^5.3.4^2$	$1^4.2^3.6$

U61	U62	U63	U64	U65	U66	U67
$1^4.2^3.6$	$1^4.2^2.3.5$	$1^4.2^2.3.5$	$1^4.2^2.3.5$	$1^4.2^2.3.5$	$1^4.2^2.3.5$	$1^4.2^2.3.5$

U68	U69	U70	U71	U72	U73	U74
$1^4.2^2.4^2$	$1^4.2^2.4^2$	$1^4.2^2.4^2$	$1^4.2^2.4^2$	$1^4.2.3^2.4$	$1^4.2.3^2.4$	$1^4.2.3^2.4$

U75	U76	U77	U78	U79	U80	U81
$1^4.2.3^2.4$	$1^4.2.3^2.4$	$1^4.2.3^2.4$	$1^4.2.3^2.4$	$1^4.3^4$	$1^4.3^4$	$1^3.2^4.5$

U82	U83	U84	U85	U86	U87	U88
$1^3.2^4.5$	$1^3.2^4.5$	$1^3.2^4.5$	$1^3.2^3.3.4$	$1^3.2^3.3.4$	$1^3.2^3.3.4$	$1^3.2^3.3.4$

Unicyclic graphs: 8 vertices

U89 $1^3.2^3.3.4$	U90 $1^3.2^3.3.4$	U91 $1^3.2^3.3.4$	U92 $1^3.2^3.3.4$	U93 $1^3.2^3.3.4$	U94 $1^3.2^3.3.4$	U95 $1^3.2^3.3.4$
U96 $1^3.2^3.3.4$	U97 $1^3.2^3.3.4$	U98 $1^3.2^3.3.4$	U99 $1^3.2^3.3.4$	U100 $1^3.2^3.3.4$	U101 $1^3.2^3.3.4$	U102 $1^3.2^2.3^3$
U103 $1^3.2^2.3^3$	U104 $1^3.2^2.3^3$	U105 $1^3.2^2.3^3$	U106 $1^3.2^2.3^3$	U107 $1^3.2^2.3^3$	U108 $1^3.2^2.3^3$	U109 $1^3.2^2.3^3$
U110 $1^3.2^2.3^3$	U111 $1^3.2^2.3^3$	U112 $1^3.2^2.3^3$	U113 $1^3.2^2.3^3$	U114 $1^2.2^5.4$	U115 $1^2.2^5.4$	U116 $1^2.2^5.4$
U117 $1^2.2^5.4$	U118 $1^2.2^5.4$	U119 $1^2.2^5.4$	U120 $1^2.2^4.3^2$	U121 $1^2.2^4.3^2$	U122 $1^2.2^4.3^2$	U123 $1^2.2^4.3^2$
U124 $1^2.2^4.3^2$	U125 $1^2.2^4.3^2$	U126 $1^2.2^4.3^2$	U127 $1^2.2^4.3^2$	U128 $1^2.2^4.3^2$	U129 $1^2.2^4.3^2$	U130 $1^2.2^4.3^2$
U131 $1^2.2^4.3^2$	U132 $1^2.2^4.3^2$	U133 $1^2.2^4.3^2$	U134 $1^2.2^4.3^2$	U135 $1^2.2^4.3^2$	U136 $1^2.2^4.3^2$	U137 $1^2.2^4.3^2$
U138 $1.2^6.3$	U139 $1.2^6.3$	U140 $1.2^6.3$	U141 $1.2^6.3$	U142 $1.2^6.3$	U143 2^8	

Types of graph

Unicyclic graphs: 9 vertices

U144 $1^6.2^2.8$	U145 $1^6.2.3.7$	U146 $1^6.2.4.6$	U147 $1^6.2.5^2$	U148 $1^6.3^2.6$	U149 $1^6.3.4.5$	U150 $1^6.4^3$
U151 $1^5.2^3.7$	U152 $1^5.2^3.7$	U153 $1^5.2^2.3.6$	U154 $1^5.2^2.3.6$	U155 $1^5.2^2.3.6$	U156 $1^5.2^2.3.6$	U157 $1^5.2^2.3.6$
U158 $1^5.2^2.3.6$	U159 $1^5.2^2.4.5$	U160 $1^5.2^2.4.5$	U161 $1^5.2^2.4.5$	U162 $1^5.2^2.4.5$	U163 $1^5.2^2.4.5$	U164 $1^5.2^2.4.5$
U165 $1^5.2.3^2.5$	U166 $1^5.2.3^2.5$	U167 $1^5.2.3^2.5$	U168 $1^5.2.3^2.5$	U169 $1^5.2.3^2.5$	U170 $1^5.2.3^2.5$	U171 $1^5.2.3^2.5$
U172 $1^5.2.3.4^2$	U173 $1^5.2.3.4^2$	U174 $1^5.2.3.4^2$	U175 $1^5.2.3.4^2$	U176 $1^5.2.3.4^2$	U177 $1^5.2.3.4^2$	U178 $1^5.2.3.4^2$
U179 $1^5.3^3.4$	U180 $1^5.3^3.4$	U181 $1^5.3^3.4$	U182 $1^5.3^3.4$	U183 $1^4.2^4.6$	U184 $1^4.2^4.6$	U185 $1^4.2^4.6$
U186 $1^4.2^4.6$	U187 $1^4.2^3.3.5$	U188 $1^4.2^3.3.5$	U189 $1^4.2^3.3.5$	U190 $1^4.2^3.3.5$	U191 $1^4.2^3.3.5$	U192 $1^4.2^3.3.5$

Unicyclic graphs: 9 vertices

U193 $1^4.2^3.3.5$	U194 $1^4.2^3.3.5$	U195 $1^4.2^3.3.5$	U196 $1^4.2^3.3.5$	U197 $1^4.2^3.3.5$	U198 $1^4.2^3.3.5$	U199 $1^4.2^3.3.5$	
U200 $1^4.2^3.3.5$	U201 $1^4.2^3.3.5$	U202 $1^4.2^3.3.5$	U203 $1^4.2^3.3.5$	U204 $1^4.2^3.4^2$	U205 $1^4.2^3.4^2$	U206 $1^4.2^3.4^2$	
U207 $1^4.2^3.4^2$	U208 $1^4.2^3.4^2$	U209 $1^4.2^3.4^2$	U210 $1^4.2^3.4^2$	U211 $1^4.2^3.4^2$	U212 $1^4.2^3.4^2$	U213 $1^4.2^3.4^2$	
U214 $1^4.2^3.4^2$	U215 $1^4.2^2.3^2.4$	U216 $1^4.2^2.3^2.4$	U217 $1^4.2^2.3^2.4$	U218 $1^4.2^2.3^2.4$	U219 $1^4.2^2.3^2.4$	U220 $1^4.2^2.3^2.4$	
U221 $1^4.2^2.3^2.4$	U222 $1^4.2^2.3^2.4$	U223 $1^4.2^2.3^2.4$	U224 $1^4.2^2.3^2.4$	U225 $1^4.2^2.3^2.4$	U226 $1^4.2^2.3^2.4$	U227 $1^4.2^2.3^2.4$	
U228 $1^4.2^2.3^2.4$	U229 $1^4.2^2.3^2.4$	U230 $1^4.2^2.3^2.4$	U231 $1^4.2^2.3^2.4$	U232 $1^4.2^2.3^2.4$	U233 $1^4.2^2.3^2.4$	U234 $1^4.2^2.3^2.4$	
U235 $1^4.2^2.3^2.4$	U236 $1^4.2^2.3^2.4$	U237 $1^4.2^2.3^2.4$	U238 $1^4.2^2.3^2.4$	U239 $1^4.2^2.3^2.4$	U240 $1^4.2^2.3^2.4$	U241 $1^4.2^2.3^2.4$	

Unicyclic graphs: 9 vertices

U242 $1^4.2^2.3^2.4$	U243 $1^4.2^2.3^2.4$	U244 $1^4.2^2.3^2.4$	U245 $1^4.2^2.3^2.4$	U246 $1^4.2^2.3^2.4$	U247 $1^4.2^2.3^2.4$	U248 $1^4.2^2.3^2.4$
U249 $1^4.2.3^4$	U250 $1^4.2.3^4$	U251 $1^4.2.3^4$	U252 $1^4.2.3^4$	U253 $1^4.2.3^4$	U254 $1^4.2.3^4$	U255 $1^4.2.3^4$
U256 $1^4.2.3^4$	U257 $1^4.2.3^4$	U258 $1^3.2^5.5$	U259 $1^3.2^5.5$	U260 $1^3.2^5.5$	U261 $1^3.2^5.5$	U262 $1^3.2^5.5$
U263 $1^3.2^5.5$	U264 $1^3.2^5.5$	U265 $1^3.2^4.3.4$	U266 $1^3.2^4.3.4$	U267 $1^3.2^4.3.4$	U268 $1^3.2^4.3.4$	U269 $1^3.2^4.3.4$
U270 $1^3.2^4.3.4$	U271 $1^3.2^4.3.4$	U272 $1^3.2^4.3.4$	U273 $1^3.2^4.3.4$	U274 $1^3.2^4.3.4$	U275 $1^3.2^4.3.4$	U276 $1^3.2^4.3.4$
U277 $1^3.2^4.3.4$	U278 $1^3.2^4.3.4$	U279 $1^3.2^4.3.4$	U280 $1^3.2^4.3.4$	U281 $1^3.2^4.3.4$	U282 $1^3.2^4.3.4$	U283 $1^3.2^4.3.4$
U284 $1^3.2^4.3.4$	U285 $1^3.2^4.3.4$	U286 $1^3.2^4.3.4$	U287 $1^3.2^4.3.4$	U288 $1^3.2^4.3.4$	U289 $1^3.2^4.3.4$	U290 $1^3.2^4.3.4$

Unicyclic graphs: 9 vertices

U291 $1^3.2^4.3.4$	U292 $1^3.2^4.3.4$	U293 $1^3.2^4.3.4$	U294 $1^3.2^4.3.4$	U295 $1^3.2^4.3.4$	U296 $1^3.2^4.3.4$	U297 $1^3.2^4.3.4$
U298 $1^3.2^4.3.4$	U299 $1^3.2^4.3.4$	U300 $1^3.2^4.3.4$	U301 $1^3.2^4.3.4$	U302 $1^3.2^4.3.4$	U303 $1^3.2^4.3.4$	U304 $1^3.2^3.3^3$
U305 $1^3.2^3.3^3$	U306 $1^3.2^3.3^3$	U307 $1^3.2^3.3^3$	U308 $1^3.2^3.3^3$	U309 $1^3.2^3.3^3$	U310 $1^3.2^3.3^3$	U311 $1^3.2^3.3^3$
U312 $1^3.2^3.3^3$	U313 $1^3.2^3.3^3$	U314 $1^3.2^3.3^3$	U315 $1^3.2^3.3^3$	U316 $1^3.2^3.3^3$	U317 $1^3.2^3.3^3$	U318 $1^3.2^3.3^3$
U319 $1^3.2^3.3^3$	U320 $1^3.2^3.3^3$	U321 $1^3.2^3.3^3$	U322 $1^3.2^3.3^3$	U323 $1^3.2^3.3^3$	U324 $1^3.2^3.3^3$	U325 $1^3.2^3.3^3$
U326 $1^3.2^3.3^3$	U327 $1^3.2^3.3^3$	U328 $1^3.2^3.3^3$	U329 $1^3.2^3.3^3$	U330 $1^3.2^3.3^3$	U331 $1^3.2^3.3^3$	U332 $1^3.2^3.3^3$
U333 $1^3.2^3.3^3$	U334 $1^3.2^3.3^3$	U335 $1^3.2^3.3^3$	U336 $1^3.2^3.3^3$	U337 $1^3.2^3.3^3$	U338 $1^2.2^6.4$	U339 $1^2.2^6.4$

Unicyclic graphs: 9 vertices

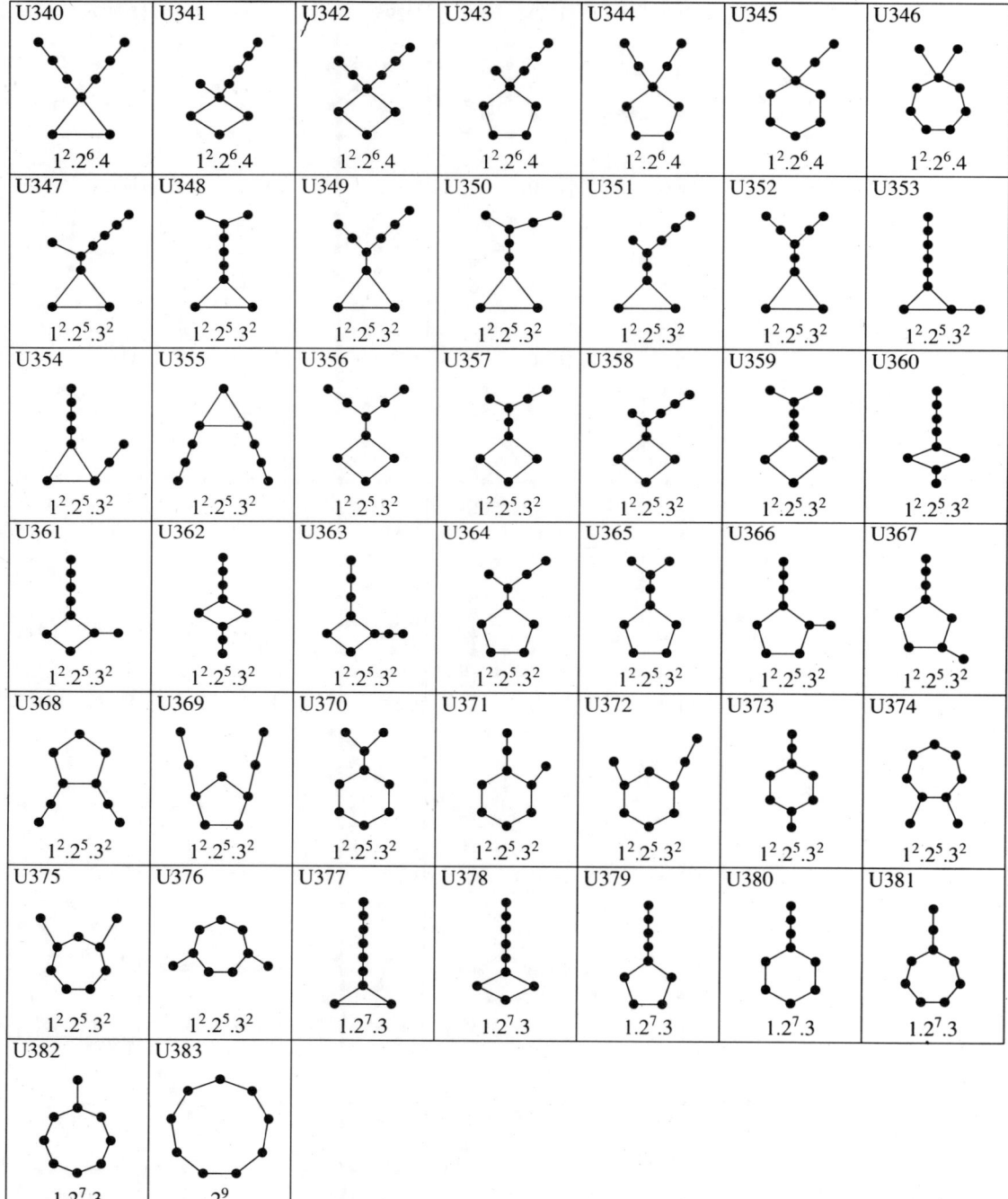

Connected line graphs: 1 - 6 vertices

	L1 G3	L2 G6	L3 G14	L4 G7	L5 G31	L6 G30	L7 G16
1 - 5 vertices	0	1^2	$1^2.2$	2^3	$1^2.2^2$	$1.2^2.3$	2^4
	L8 G15	L9 G29	L10 G83	L11 G80	L12 G81	L13 G38	L14 G36	L15 G79
	$2^2.3^2$	3^4	$1^2.2^3$	$1^2.2.3^2$	$1.2^3.3$	2^5	$1.2.3^3$	$2^4.4$
	L16 G37	L17 G78	L18 G35	L19 G34	L20 G17	L21 G77		
	$2^3.3^2$	$1.3^3.4$	$2^2.3^2.4$	$2.3^2.4^2$	$3^4.4$	4^5		

	L22 G286	L23 G284	L24 G279	L25 G280	L26 G105	L27 G276	L28 G102
6 vertices	$1^2.2^4$	$1^3.3^3$	$1^2.2^2.3^2$	$1.2^4.3$	2^6	$1.2^3.3.4$	$1.2^2.3^3$
	L29 G103	L30 G104	L31 G278	L32 G273	L33 G97	L34 G274	L35 G98	L36 G100
	$1.2^2.3^3$	$2^4.3^2$	$2^4.3^2$	$1^2.3^2.4^2$	$1.2.3^3.4$	$1.2.3^3.4$	$2^3.3^2.4$	$2^3.3^2.4$
	L37 G99	L38 G95	L39 G94	L40 G272	L41 G96	L42 G43	L43 G44	L44 G42
	$2^2.3^4$	$1.2.3.4^3$	$2^3.4^3$	$2^2.3^3.5$	$2^2.3^2.4^2$	$2.3^4.4$	3^6	$2^2.4^4$
	L45 G93	L46 G41	L47 G271	L48 G40	L49 G92	L50 G18	L51 G270	
	$2.3^3.4.5$	$2.3^2.4^3$	$1.4^4.5$	$3^3.4^2.5$	$2.4^3.5^2$	4^6	5^6	

Connected line graphs: 7 vertices

L52 T48 $1^2.2^5$	L53 T45 $1^3.2.3^3$	L54 T46 $1^2.2^3.3^2$	L55 T47 $1^2.2^3.3^2$	L56 T44 $1.2^5.3$	L57 G353 2^7
L58 T42 $1^2.2^2.3^2.4$	L59 T43 $1^2.2^2.3^2.4$	L60 T39 $1.2^4.3.4$	L61 G349 $1.2^3.3^3$	L62 G350 $1.2^3.3^3$	L63 G351 $1.2^3.3^3$
L64 T41 $1.2^3.3^3$	L65 G348 $2^5.3^2$	L66 T40 $2^5.3^2$	L67 T38 $1^3.3.4^3$	L68 T37 $1^2.2.3^2.4^2$	L69 G338 $1^2.3^4.4$
L70 G336 $1.2^2.3^3.4$	L71 G337 $1.2^2.3^3.4$	L72 G339 $1.2^2.3^3.4$	L73 T36 $1.2^2.3^3.4$	L74 G341 $1.2.3^5$	L75 T35 $2^5.4^2$
L76 G340 $2^4.3^2.4$	L77 G344 $2^4.3^2.4$	L78 G342 $2^3.3^4$	L79 G343 $2^3.3^4$	L80 G333 $1^2.2.4^4$	L81 T34 $1.2^2.3^2.4.5$
L82 G328 $1.2^2.3.4^3$	L83 G331 $1.2^2.3.4^3$	L84 G332 $1.2^2.3.4^3$	L85 T33 $1.2.3^4.5$	L86 G327 $2^3.3^2.4^2$	L87 G329 $2^3.3^2.4^2$
L88 G334 $2^3.3^2.4^2$	L89 G127 $2^2.3^4.4$	L90 G128 $2^2.3^4.4$	L91 G130 $2^2.3^4.4$	L92 T32 $2^2.3^4.4$	L93 G129 2.3^6

Connected line graphs: 7 vertices

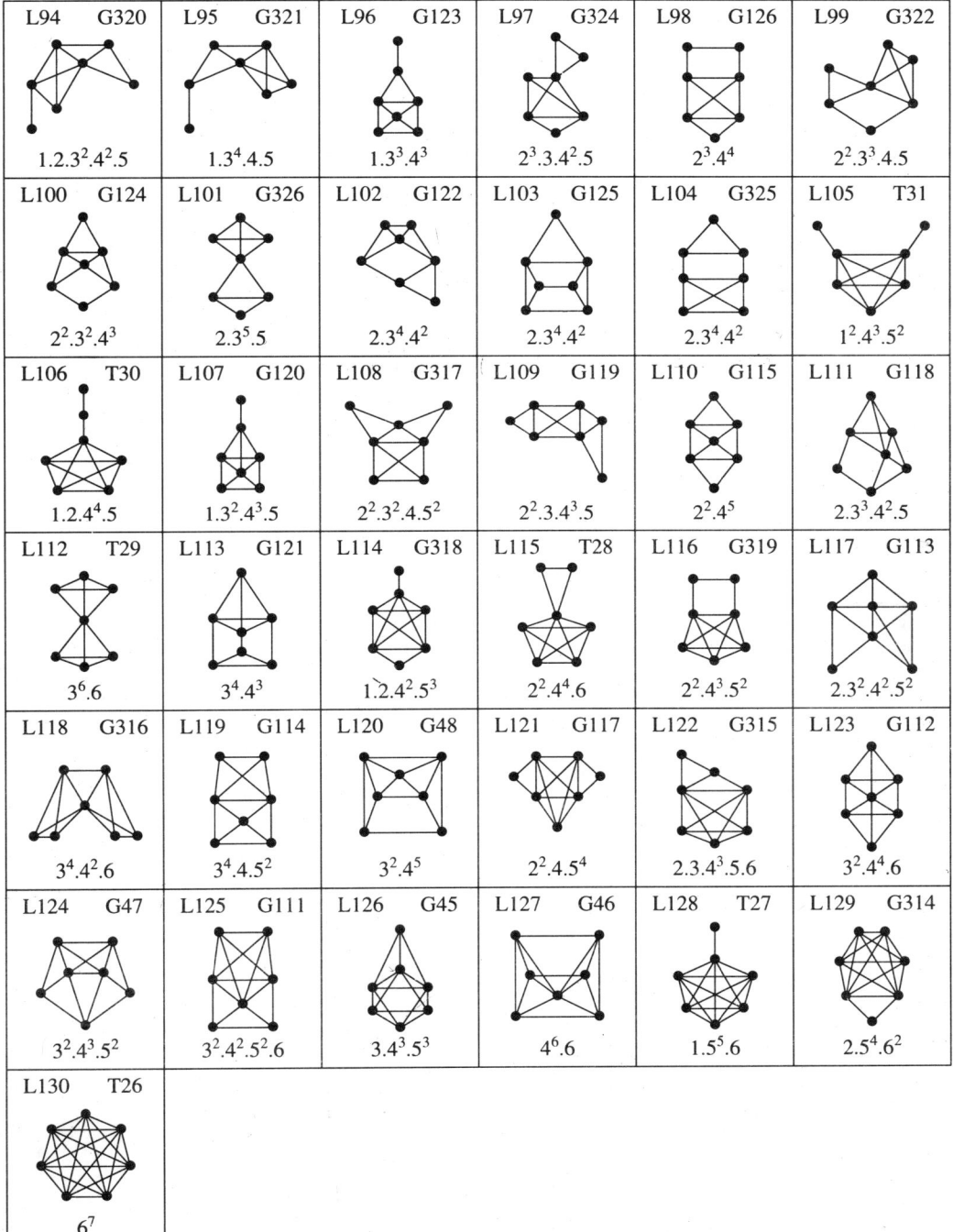

Connected line graphs: 8 vertices

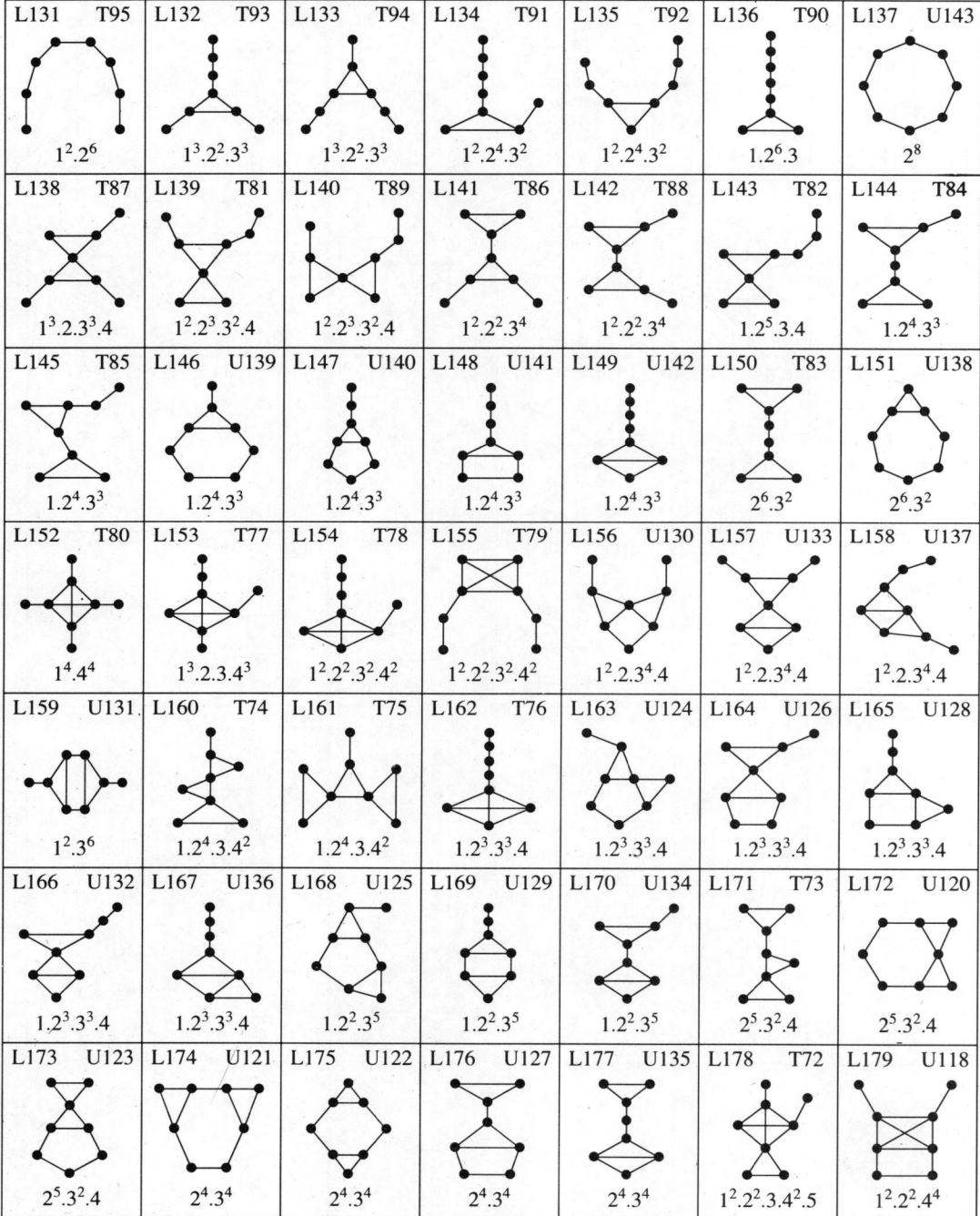

Connected line graphs: 8 vertices

L180 U119	L181 T70	L182 U102	L183 T71	L184 T68	L185 U114	L186 U113	
$1^2.2^2.4^4$	$1^2.2.3^3.4.5$	$1^2.2.3^2.4^3$	$1^2.3^5.5$	$1.2^3.3^2.4.5$	$1.2^3.3.4^3$	$1.2^3.3.4^3$	
L187 U116	L188 U117	L189 T65	L190 T69	L191 U107	L192 U108	L193 U110	
$1.2^3.3.4^3$	$1.2^3.3.4^3$	$1.2^2.3^4.5$	$1.2^2.3^3.4^2$	$1.2^2.3^3.4^2$	$1.2^2.3^3.4^2$	$1.2^2.3^3.4^2$	
L194 U112	L195 T67	L196 U103	L197 U105	L198 U109	L199 U115	L200 G445	
$1.2^2.3^3.4^2$	$1.2.3^5.4$	$2^4.3^2.4^2$	$2^4.3^2.4^2$	$2^4.3^2.4^2$	$2^4.3^2.4^2$	$2^3.3^4.4$	
L201 G446	L202 G447	L203 T66	L204 U104	L205 U106	L206 U111	L207 G448	
$2^3.3^4.4$	$2^3.3^4.4$	$2^3.3^4.4$	$2^3.3^4.4$	$2^3.3^4.4$	$2^3.3^4.4$	$2^2.3^6$	
L208 G449	L209 G450	L210 U100	L211 U96	L212 U94	L213 U90	L214 U85	
$2^2.3^6$	$2^2.3^6$	$1^2.2.3.4^3.5$	$1^2.3^3.4^2.5$	$1.2^3.4^3.5$	$1.2^2.3^2.4^2.5$	$1.2^2.3^2.4^2.5$	
L215 U99	L216 U92	L217 U97	L218 U101	L219 G435	L220 G439	L221 U91	
$1.2^2.3^2.4^2.5$	$1.2.3^4.4.5$	$1.2.3^4.4.5$	$1.2.3^4.4.5$	$1.2.3^3.4^3$	$1.2.3^3.4^3$	$1.2.3^3.4^3$	
L222 G432	L223 G442	L224 U93	L225 T61	L226 U88	L227 G443	L228 G444	
$1.3^5.4^2$	$1.3^5.4^2$	$1.3^5.4^2$	$2^4.3^2.5^2$	$2^4.3.4^2.5$	$2^4.4^4$	$2^4.4^4$	

Connected line graphs: 8 vertices

L229 U80	L230 U79	L231 T60	L232 U86	L233 G437	L234 U95	L235 U89
$2^4.4^4$	$2^4.4^4$	$2^3.3^3.4.5$	$2^3.3^3.4.5$	$2^3.3^2.4^3$	$2^3.3^2.4^3$	$2^2.3^5.5$
L236 G433	L237 G434	L238 G436	L239 G440	L240 U87	L241 G438	L242 G441
$2^2.3^4.4^2$	$2^2.3^4.4^2$	$2^2.3^4.4^2$	$2^2.3^4.4^2$	$2^2.3^4.4^2$	$2.3^6.4$	$2.3^6.4$
L243 U98	L244 T64	L245 T63	L246 U78	L247 T62	L248 U72	L249 G422
$2.3^6.4$	$1^3.4^2.5^3$	$1^2.2.4^3.5^2$	$1.2^2.3.4^2.5^2$	$1.2^2.4^4.5$	$1.2.3^3.4.5^2$	$1.2.3^2.4^3.5$
L250 G423	L251 G424	L252 G413	L253 T59	L254 G431	L255 U75	L256 G425
$1.2.3^2.4^3.5$	$1.2.3^2.4^3.5$	$1.2.3.4^5$	$1.3^5.4.6$	$1.3^3.4^4$	$2^3.3^2.4.5^2$	$2^3.3.4^3.5$
L257 G426	L258 U73	L259 G421	L260 G427	L261 G429	L262 U74	L263 U77
$2^3.3.4^3.5$	$2^2.3^4.5^2$	$2^2.3^3.4^2.5$	$2^2.3^3.4^2.5$	$2^2.3^3.4^2.5$	$2^2.3^3.4^2.5$	$2^2.3^3.4^2.5$
L264 G412	L265 G414	L266 G415	L267 G416	L268 G430	L269 U76	L270 G428
$2^2.3^2.4^4$	$2^2.3^2.4^4$	$2^2.3^2.4^4$	$2^2.3^2.4^4$	$2^2.3^2.4^4$	$2.3^5.4.5$	$2.3^4.4^3$
L271 T58	L272 U81	L273 T57	L274 U83	L275 U84	L276 T56	L277 G399
$3^6.4^2$	$1^2.2.4.5^4$	$1.2^2.4^3.5.6$	$1.2^2.4^2.5^3$	$1.2^2.4^2.5^3$	$1.2.3.4^4.6$	$1.2.3.4^3.5^2$

Connected line graphs: 8 vertices

L278 U71 $1.3^3.4^3.6$	L279 G400 $1.3^3.4^2.5^2$	L280 G403 $1.3^3.4^2.5^2$	L281 G409 $2^3.4^3.5^2$	L282 U82 $2^3.4^3.5^2$	L283 G408 $2^2.3^2.4^2.5^2$	L284 G398 $2^2.3^2.4^2.5^2$	
L285 G404 $2^2.3^2.4^2.5^2$	L286 T55 $2^2.3.4^4.5$	L287 U69 $2.3^4.4^2.6$	L288 U68 $2.3^4.4^2.6$	L289 G410 $2.3^4.4.5^2$	L290 G401 $2.3^4.4.5^2$	L291 G405 $2.3^3.4^3.5$	
L292 G402 $2.3^3.4^3.5$	L293 G153 $2.3^2.4^5$	L294 G411 $3^6.5^2$	L295 G406 $3^5.4^2.5$	L296 G152 $3^4.4^4$	L297 G154 $3^4.4^4$	L298 G151 $3^4.4^4$	
L299 U70 $3^4.4^4$	L300 G420 $1.2^2.5^5$	L301 U67 $1.2.3.4^2.5^2.6$	L302 U66 $1.3^2.4^3.5.6$	L303 G394 $1.3.4^5.6$	L304 U65 $2^3.4^2.5^2.6$	L305 G419 $2^3.4.5^4$	
L306 U63 $2^2.3.4^3.5.6$	L307 G385 $2^2.3.4^2.5^3$	L308 U59 $2.3^4.5^2.6$	L309 G395 $2.3^2.4^4.6$	L310 G393 $2.3^2.4^4.6$	L311 U62 $2.3^2.4^4.6$	L312 G147 $2.3^2.4^3.5^2$	
L313 G150 $2.3^2.4^3.5^2$	L314 G386 $2.3^2.4^3.5^2$	L315 U64 $2.3^2.4^3.5^2$	L316 G143 2.4^7	L317 G148 $3^4.4^2.5^2$	L318 G149 $3^3.4^4.5$	L319 G396 $3^2.4^6$	
L320 G391 $1.3^2.4.5^3.6$	L321 G142 $1.4^4.5^3$	L322 G389 $2^2.3.4.5^3.6$	L323 U58 $2^2.4^4.6^2$	L324 G383 $2.3^2.4^2.5^2.6$	L325 G390 $2.3^2.4^2.5^2.6$	L326 G139 $2.3.4^3.5^3$	

Connected line graphs: 8 vertices

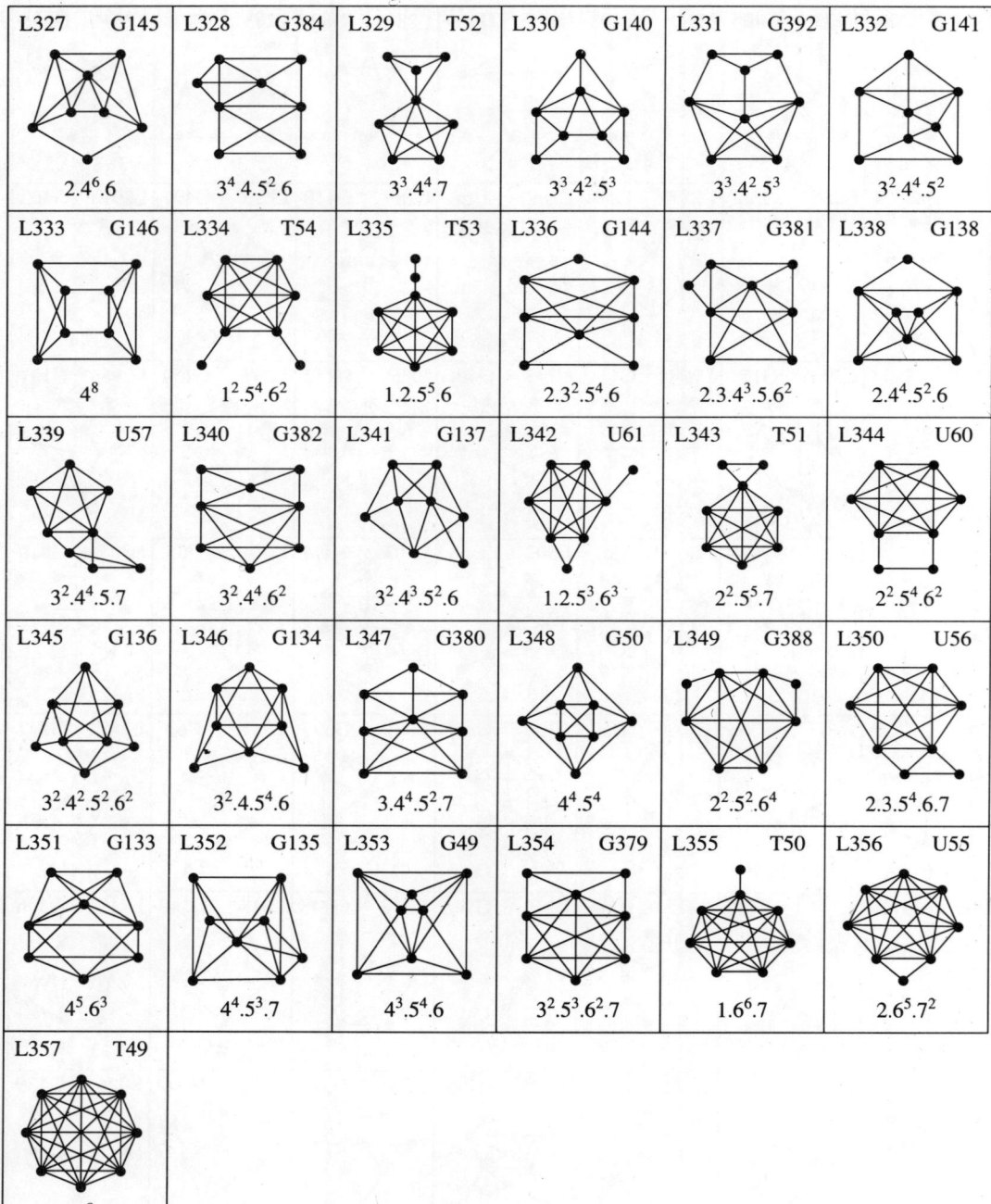

5 PLANAR GRAPHS

A graph G is **planar** if it can be drawn in the plane or on the surface of a sphere so that no two edges meet, except at a vertex at which both are incident. Such a drawing partitions the set of points of the plane or sphere not lying on G into faces; for example, the following drawing has 6 faces.

A graph G is **outerplanar** if G can be drawn in the plane so that all the vertices lie on the boundary of the exterior face. **Euler's formula** states that, if a connected planar graph G has n vertices and e edges, then any drawing of G in the plane or on the sphere has f faces, where $n - e + f = 2$.

The following table lists the numbers of connected planar graphs of various types.

n	conn. planar	2-conn. planar	3-conn. planar	outerplanar
3	2	1	0	1
4	6	3	1	2
5	20	10	2	3
6	99	61	7	9
7	646	564	34	20
8	5918	—	257	75
9	—	—	2606	262
10	—	—	32300	1117

A result of H. Whitney states that any 3-connected planar graph can be drawn on the sphere in essentially one way. For a 2-connected graph, there may be more than one embedding on the sphere, each of which may give rise to several plane embeddings, according to which face is taken as the exterior face. In the following diagrams, only one plane embedding is given, but we have indicated the other possible plane embeddings by placing a small circle in each face that gives a different embedding when taken as the exterior face; any unmarked face is the same as one of the marked faces. In each drawing, the exterior face is to be taken as a marked face.

Pages 230–253 depict the 2-connected plane graphs with up to 7 vertices, and the 3-connected graphs with up to 8 vertices, together with their degree sequences. Pages 254–262 depict the outerplanar graphs with up to 9 vertices.

Planar graphs

2-connected plane graphs: 3 - 6 vertices

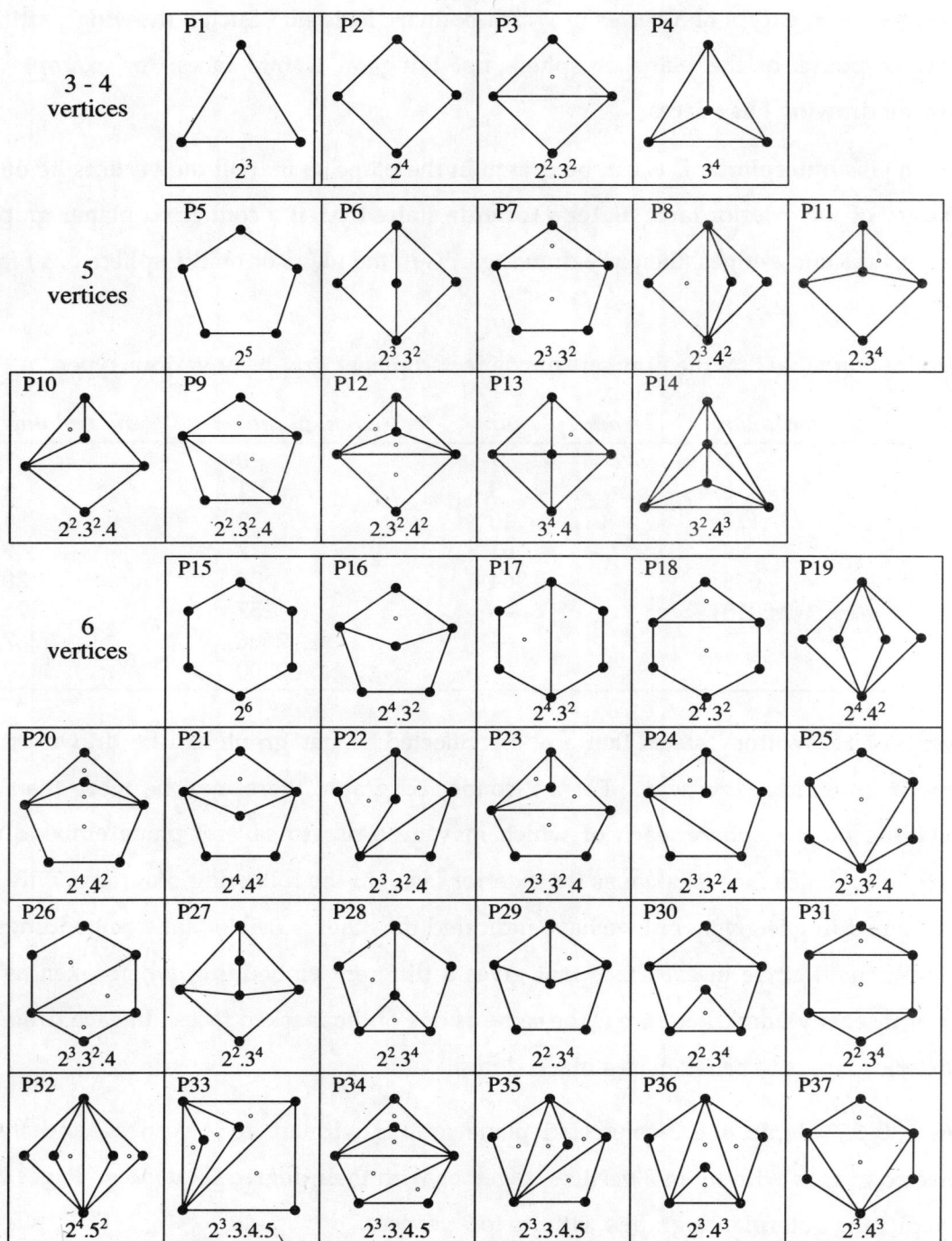

2-connected plane graphs: 6 vertices

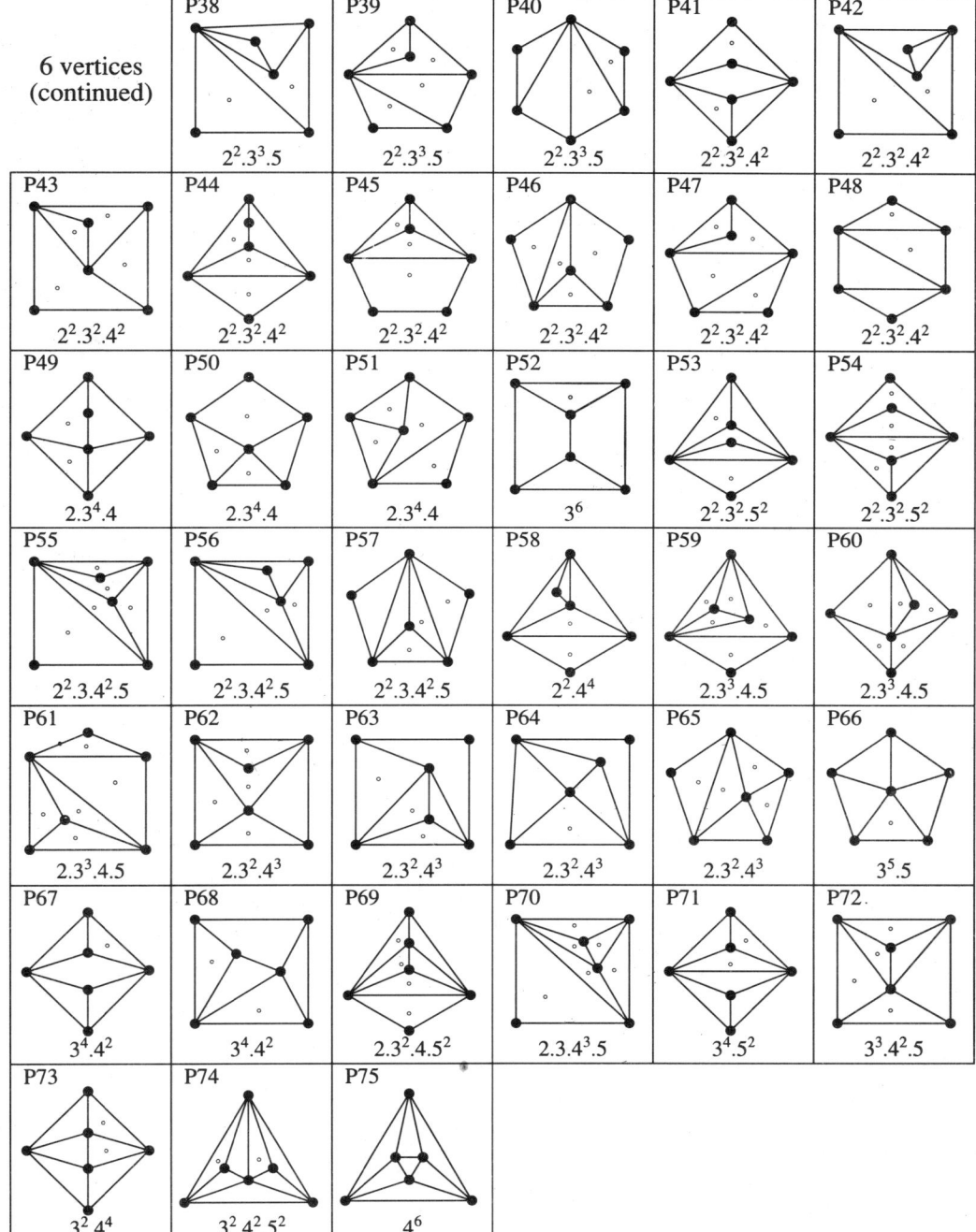

232 Planar graphs

2-connected plane graphs: 7 vertices

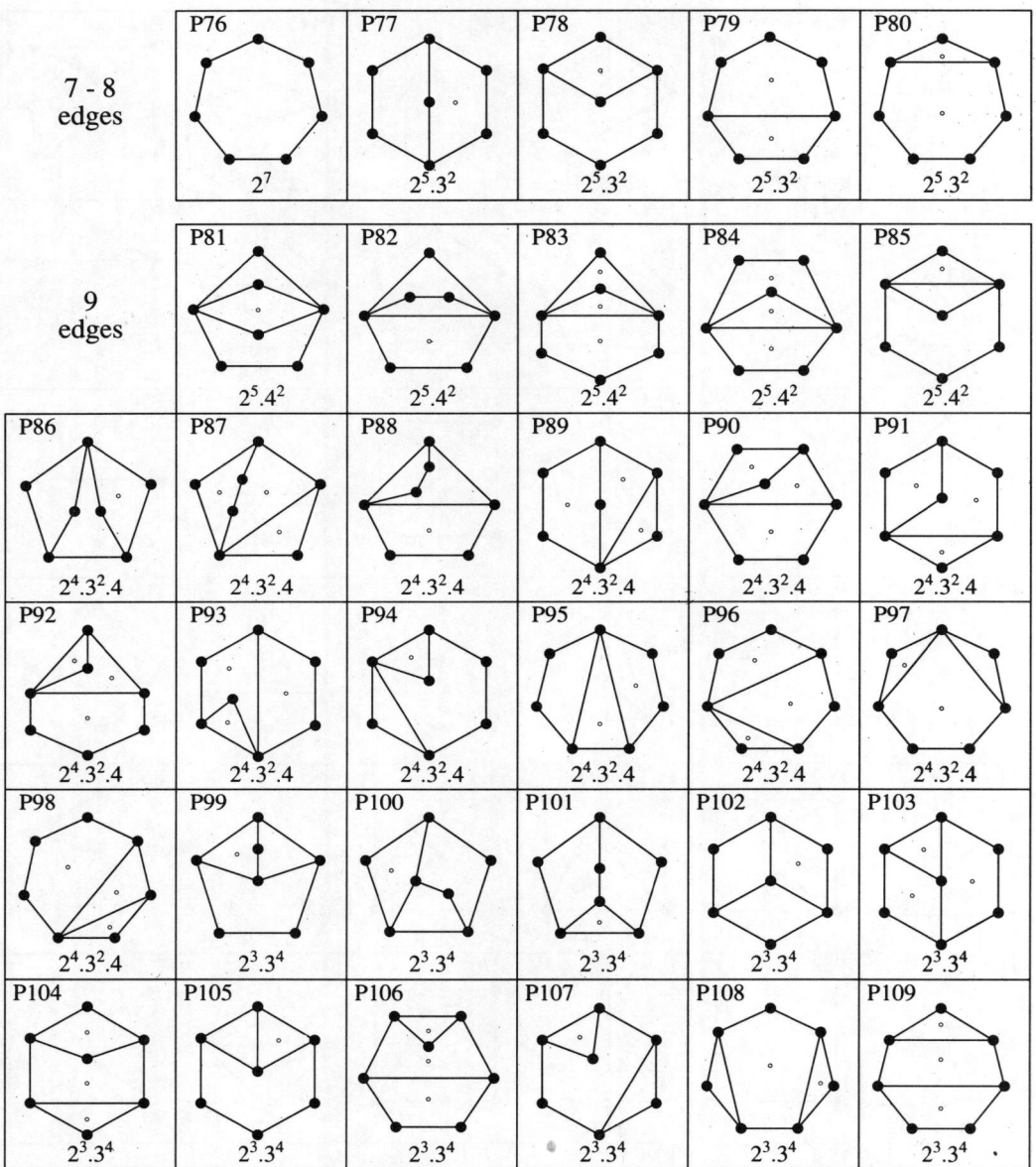

2-connected plane graphs: 7 vertices

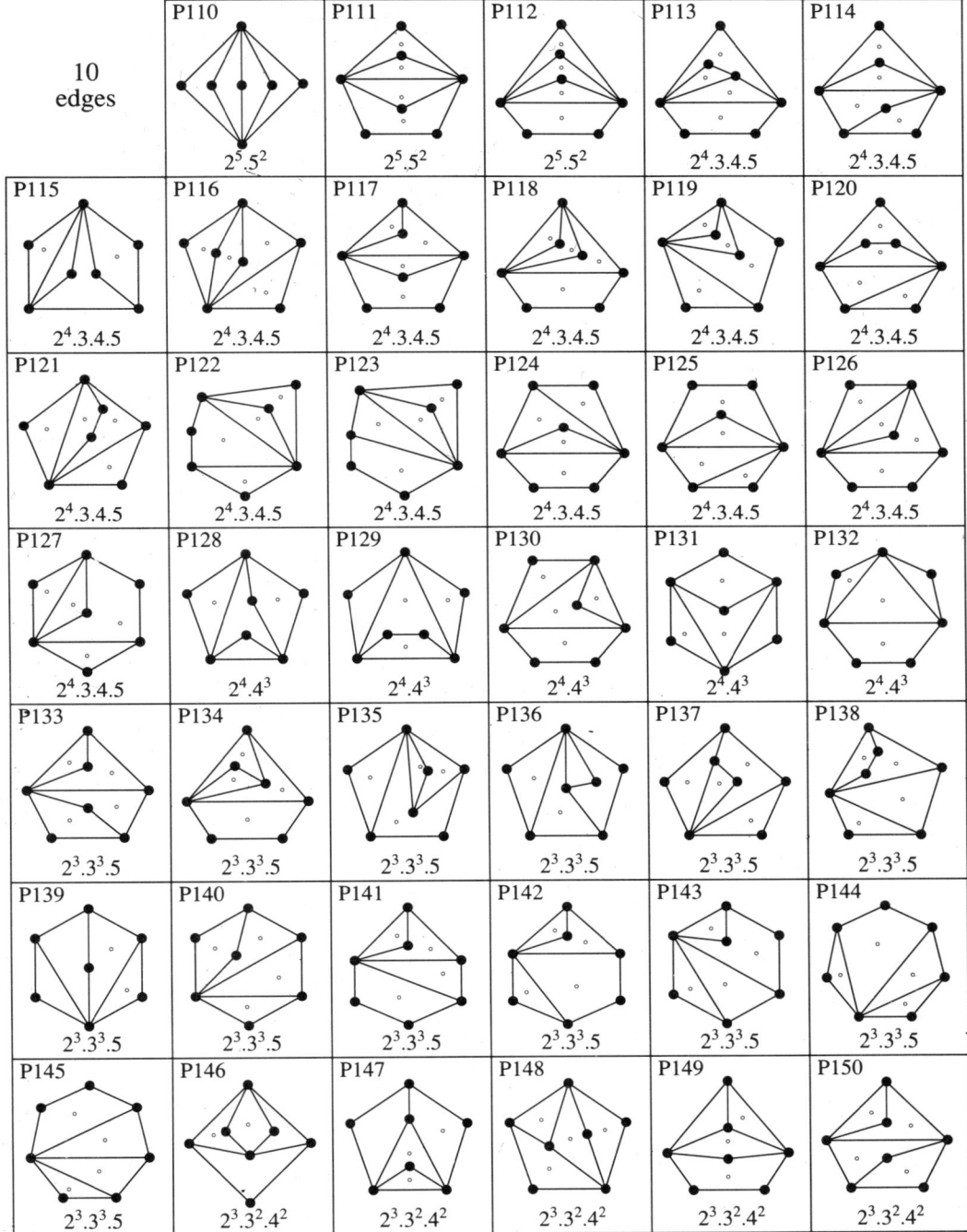

2-connected plane graphs: 7 vertices

10 edges (continued)

P151 $2^3.3^2.4^2$	P152 $2^3.3^2.4^2$	P153 $2^3.3^2.4^2$	P154 $2^3.3^2.4^2$	P155 $2^3.3^2.4^2$	
P156 $2^3.3^2.4^2$	P157 $2^3.3^2.4^2$	P158 $2^3.3^2.4^2$	P159 $2^3.3^2.4^2$	P160 $2^3.3^2.4^2$	P161 $2^3.3^2.4^2$
P162 $2^3.3^2.4^2$	P163 $2^3.3^2.4^2$	P164 $2^3.3^2.4^2$	P165 $2^3.3^2.4^2$	P166 $2^3.3^2.4^2$	P167 $2^3.3^2.4^2$
P168 $2^3.3^2.4^2$	P169 $2^3.3^2.4^2$	P170 $2^3.3^2.4^2$	P171 $2^3.3^2.4^2$	P172 $2^3.3^2.4^2$	P173 $2^3.3^2.4^2$
P174 $2^3.3^2.4^2$	P175 $2^3.3^2.4^2$	P176 $2^3.3^2.4^2$	P177 $2^3.3^2.4^2$	P178 $2^3.3^2.4^2$	P179 $2^3.3^2.4^2$
P180 $2^3.3^2.4^2$	P181 $2^2.3^4.4$	P182 $2^2.3^4.4$	P183 $2^2.3^4.4$	P184 $2^2.3^4.4$	P185 $2^2.3^4.4$
P186 $2^2.3^4.4$	P187 $2^2.3^4.4$	P188 $2^2.3^4.4$	P189 $2^2.3^4.4$	P190 $2^2.3^4.4$	P191 $2^2.3^4.4$

2-connected plane graphs: 7 vertices

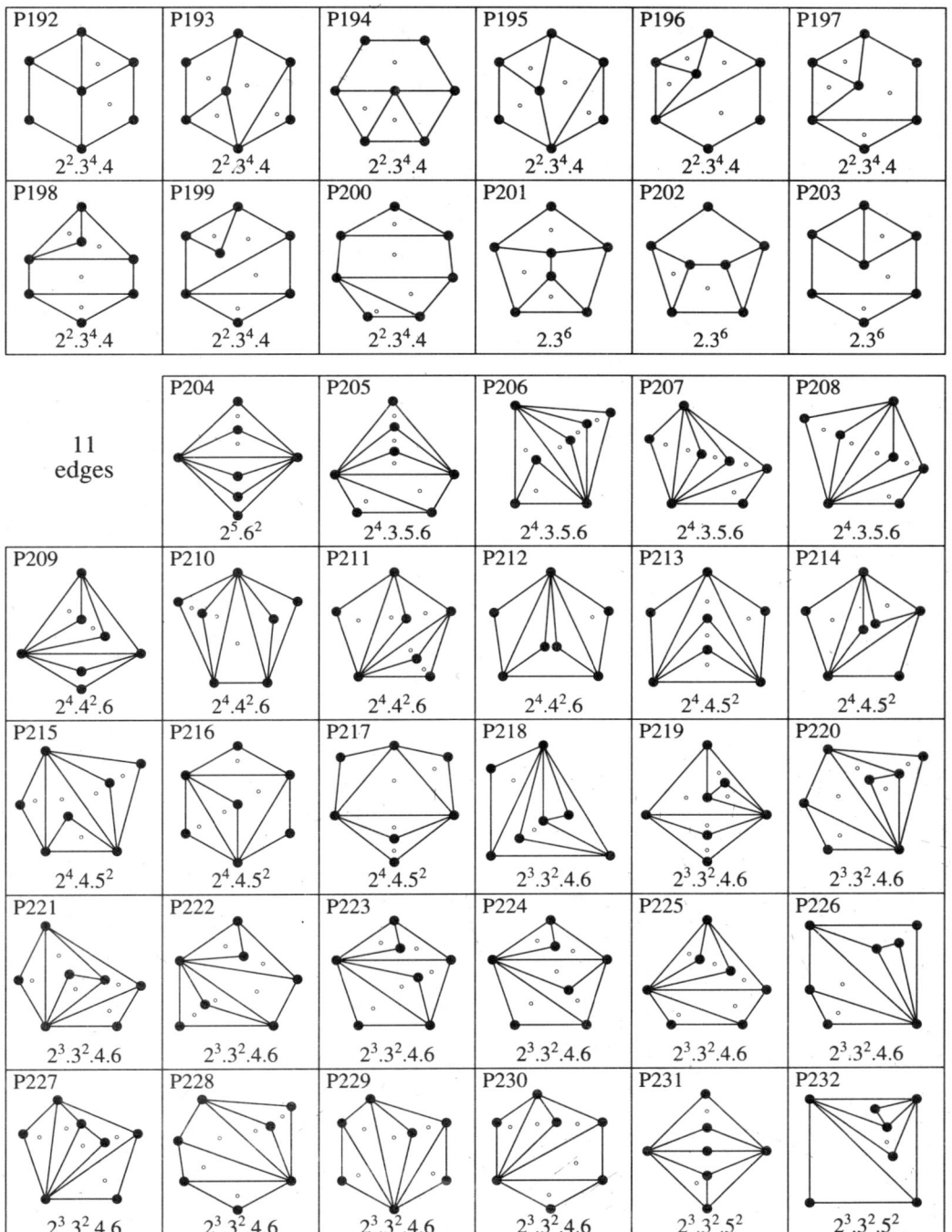

2-connected plane graphs: 7 vertices

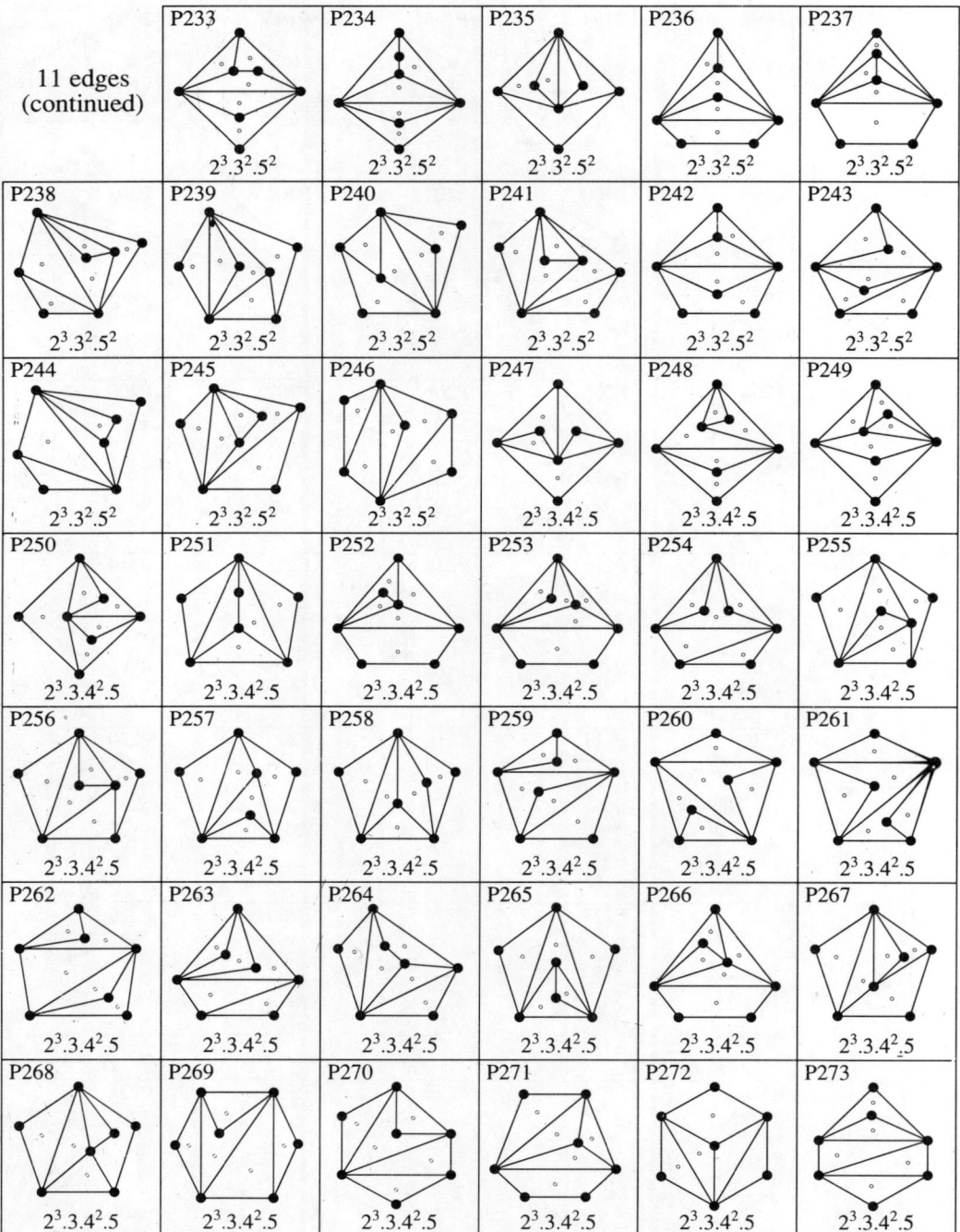

2-connected plane graphs: 7 vertices

P274 $2^3.3.4^2.5$	P275 $2^3.3.4^2.5$	P276 $2^3.3.4^2.5$	P277 $2^3.4^4$	P278 $2^3.4^4$	P279 $2^3.4^4$
P280 $2^3.4^4$	P281 $2^3.4^4$	P282 $2^2.3^4.6$	P283 $2^2.3^4.6$	P284 $2^2.3^4.6$	P285 $2^2.3^4.6$
P286 $2^2.3^4.6$	P287 $2^2.3^4.6$	P288 $2^2.3^3.4.5$	P289 $2^2.3^3.4.5$	P290 $2^2.3^3.4.5$	P291 $2^2.3^3.4.5$
P292 $2^2.3^3.4.5$	P293 $2^2.3^3.4.5$	P294 $2^2.3^3.4.5$	P295 $2^2.3^3.4.5$	P296 $2^2.3^3.4.5$	P297 $2^2.3^3.4.5$
P298 $2^2.3^3.4.5$	P299 $2^2.3^3.4.5$	P300 $2^2.3^3.4.5$	P301 $2^2.3^3.4.5$	P302 $2^2.3^3.4.5$	P303 $2^2.3^3.4.5$
P304 $2^2.3^3.4.5$	P305 $2^2.3^3.4.5$	P306 $2^2.3^3.4.5$	P307 $2^2.3^3.4.5$	P308 $2^2.3^3.4.5$	P309 $2^2.3^3.4.5$
P310 $2^2.3^3.4.5$	P311 $2^2.3^3.4.5$	P312 $2^2.3^3.4.5$	P313 $2^2.3^3.4.5$	P314 $2^2.3^3.4.5$	P315 $2^2.3^3.4.5$

2-connected plane graphs: 7 vertices

11 edges (continued)

	P316 $2^2.3^3.4.5$	P317 $2^2.3^3.4.5$	P318 $2^2.3^3.4.5$	P319 $2^2.3^3.4.5$	P320 $2^2.3^3.4.5$
P321 $2^2.3^3.4.5$	P322 $2^2.3^3.4.5$	P323 $2^2.3^3.4.5$	P324 $2^2.3^3.4.5$	P325 $2^2.3^3.4.5$	P326 $2^2.3^3.4.5$
P327 $2^2.3^3.4.5$	P328 $2^2.3^2.4^3$	P329 $2^2.3^2.4^3$	P330 $2^2.3^2.4^3$	P331 $2^2.3^2.4^3$	P332 $2^2.3^2.4^3$
P333 $2^2.3^2.4^3$	P334 $2^2.3^2.4^3$	P335 $2^2.3^2.4^3$	P336 $2^2.3^2.4^3$	P337 $2^2.3^2.4^3$	P338 $2^2.3^2.4^3$
P339 $2^2.3^2.4^3$	P340 $2^2.3^2.4^3$	P341 $2^2.3^2.4^3$	P342 $2^2.3^2.4^3$	P343 $2^2.3^2.4^3$	P344 $2^2.3^2.4^3$
P345 $2^2.3^2.4^3$	P346 $2^2.3^2.4^3$	P347 $2^2.3^2.4^3$	P348 $2^2.3^2.4^3$	P349 $2^2.3^2.4^3$	P350 $2^2.3^2.4^3$
P351 $2^2.3^2.4^3$	P352 $2^2.3^2.4^3$	P353 $2^2.3^2.4^3$	P354 $2^2.3^2.4^3$	P355 $2^2.3^2.4^3$	P356 $2^2.3^2.4^3$

2-connected plane graphs: 7 vertices

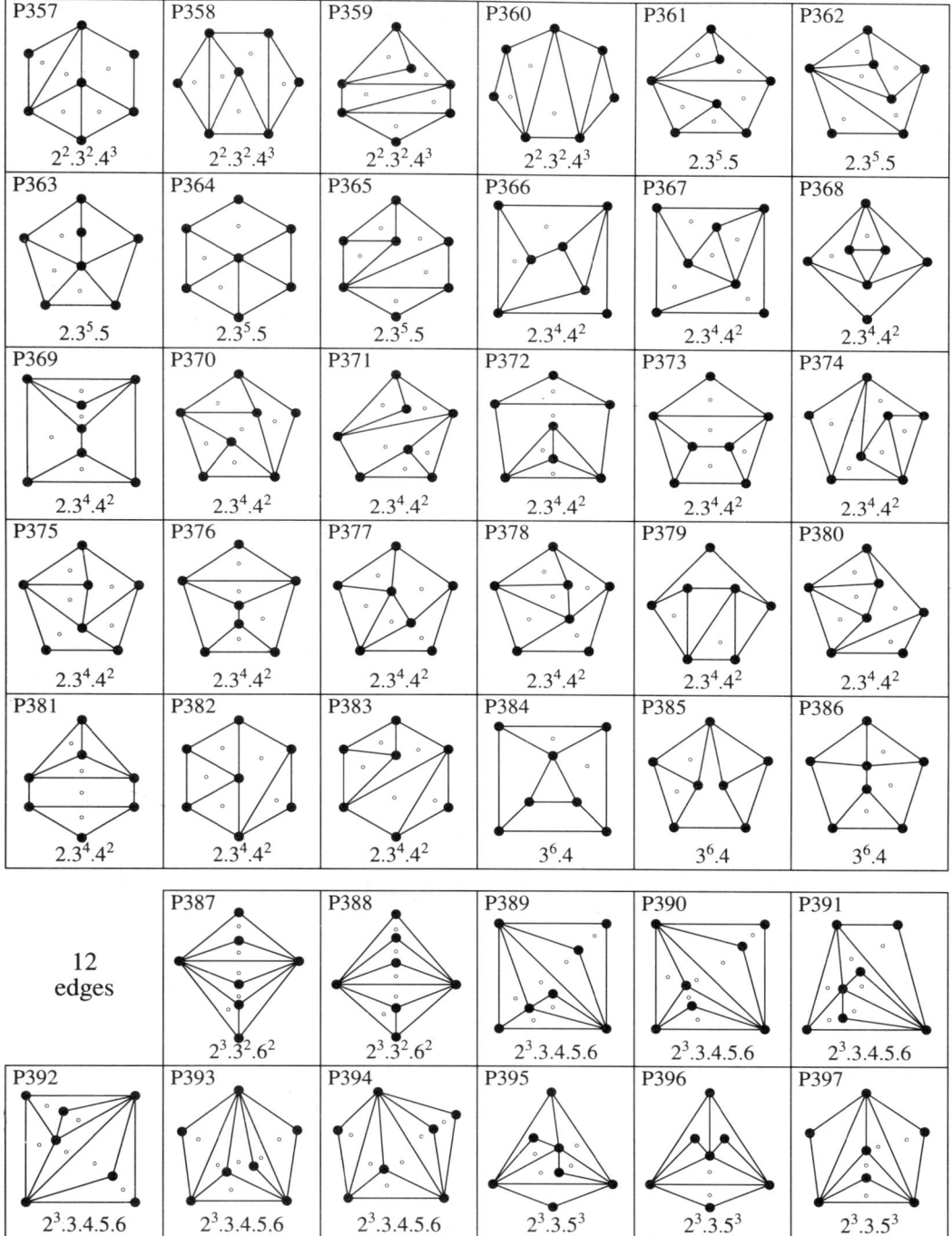

240 Planar graphs

2-connected plane graphs: 7 vertices

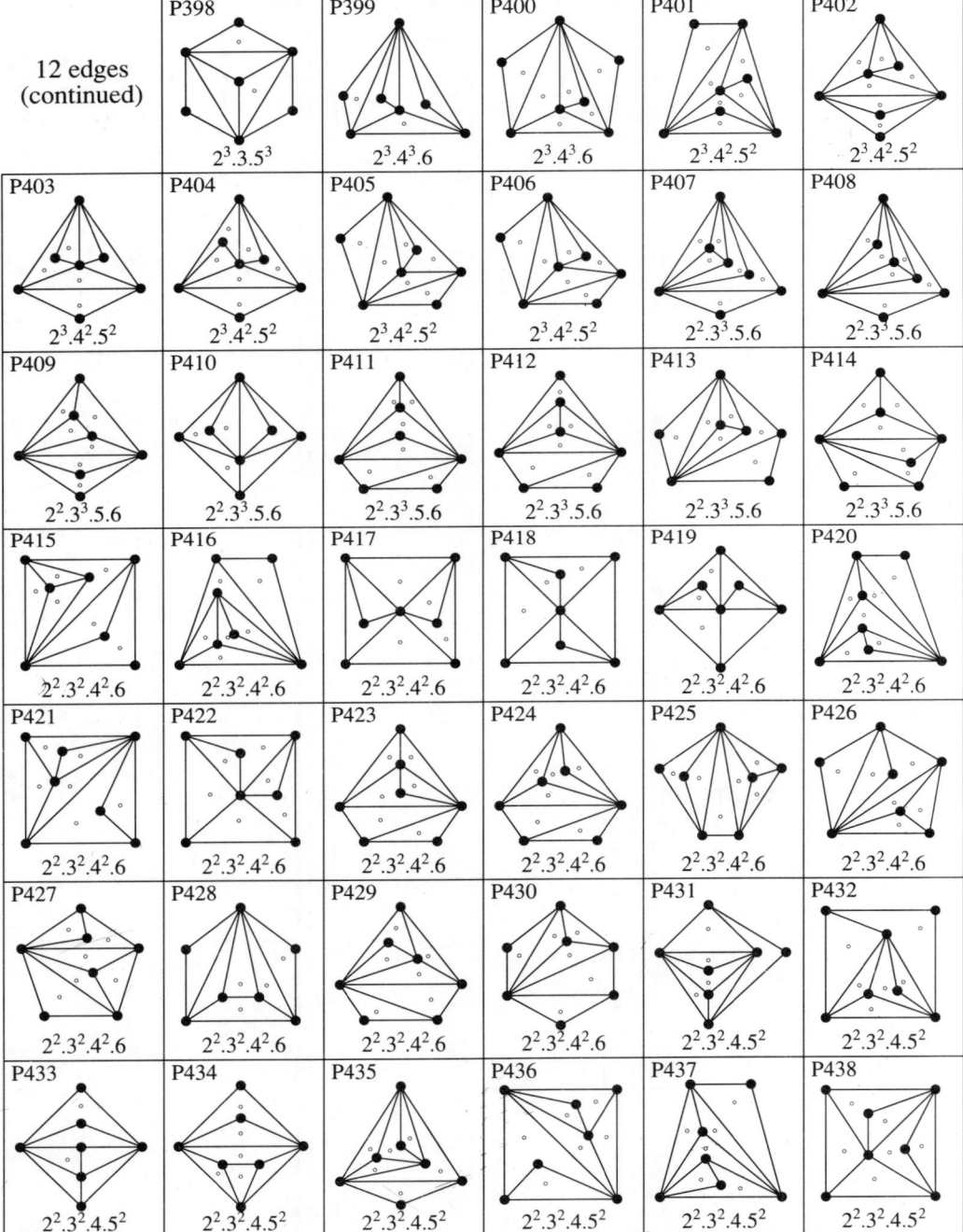

2-connected plane graphs: 7 vertices

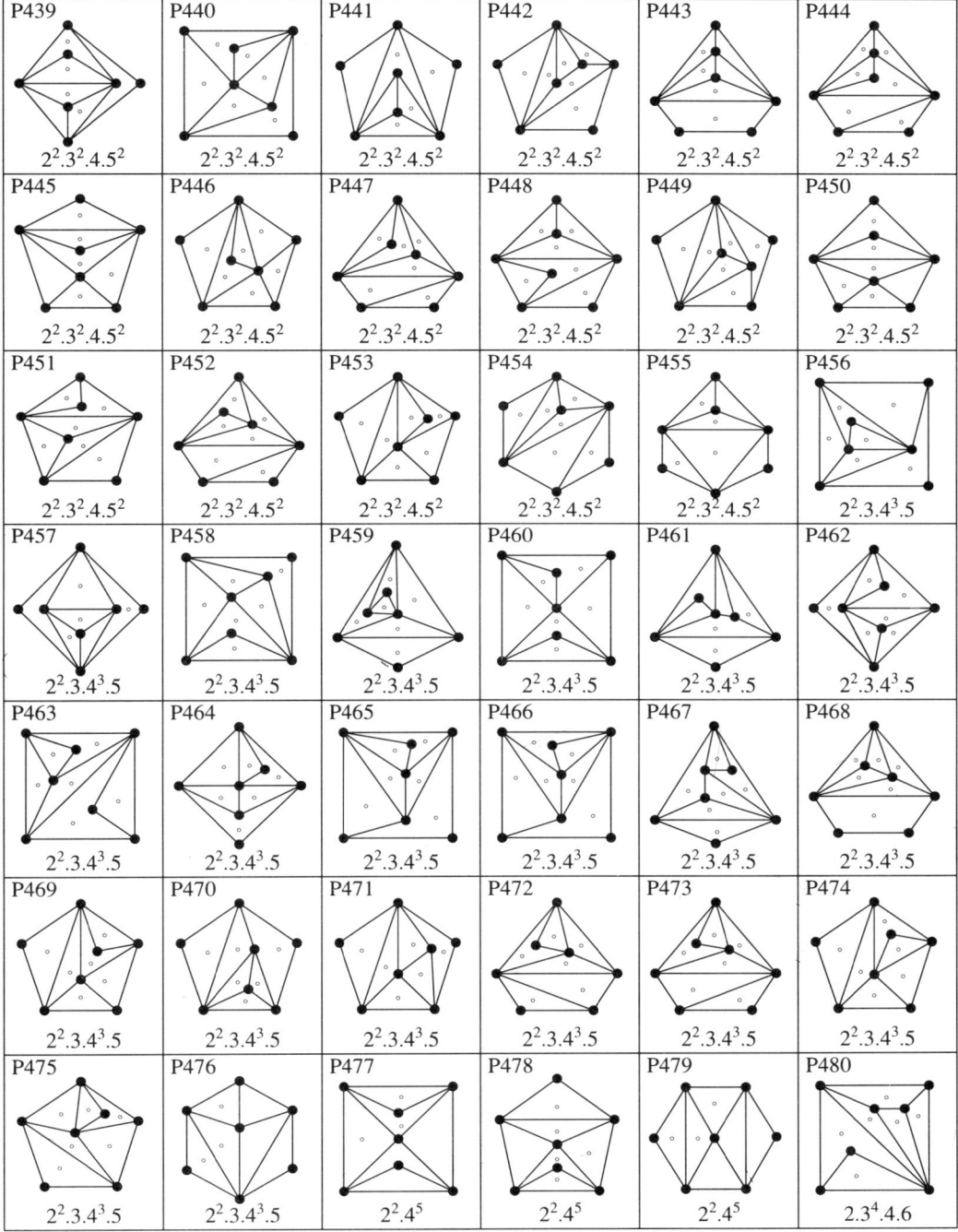

2-connected plane graphs: 7 vertices

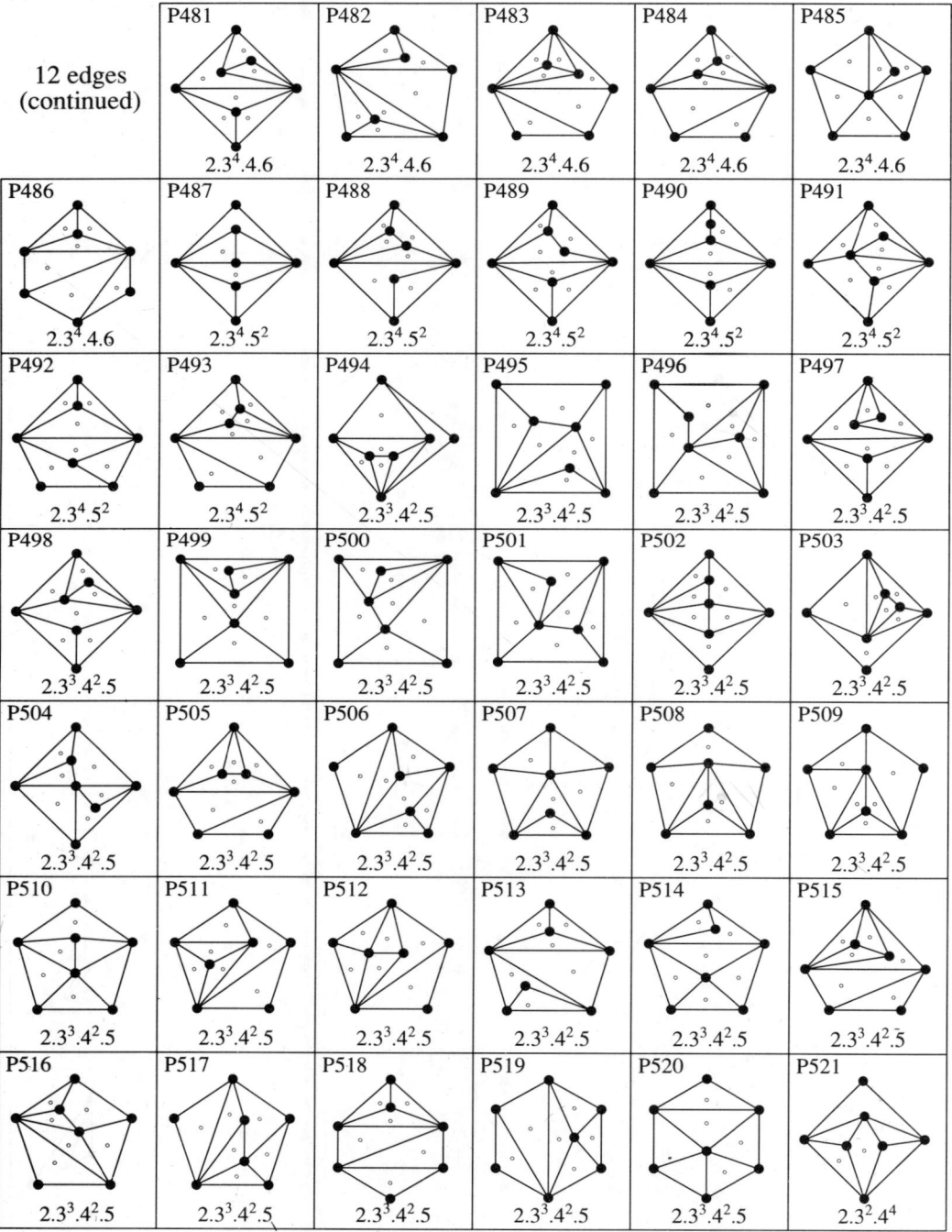

2-connected plane graphs: 7 vertices

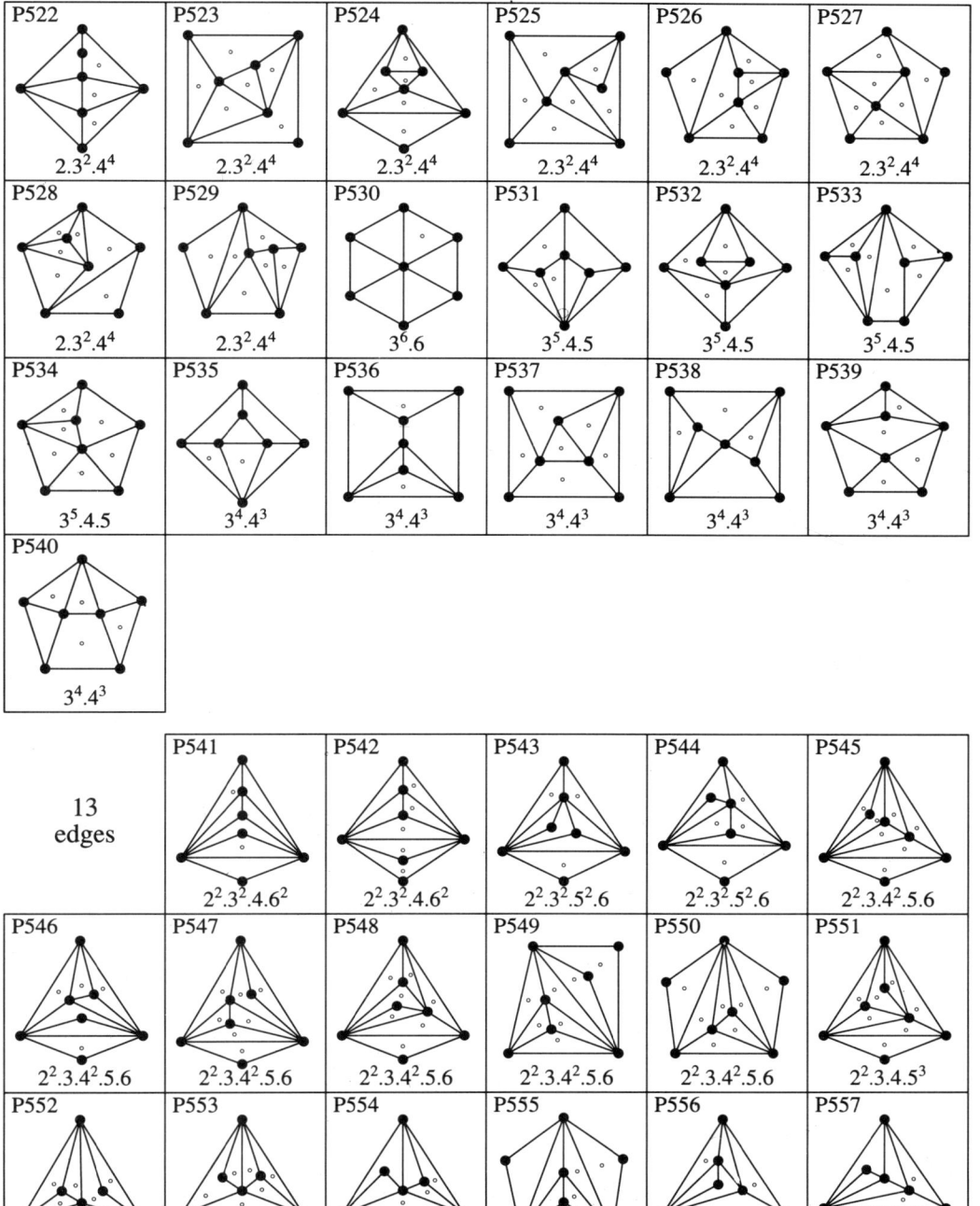

13 edges

244 Planar graphs

2-connected plane graphs: 7 vertices

13 edges (continued)

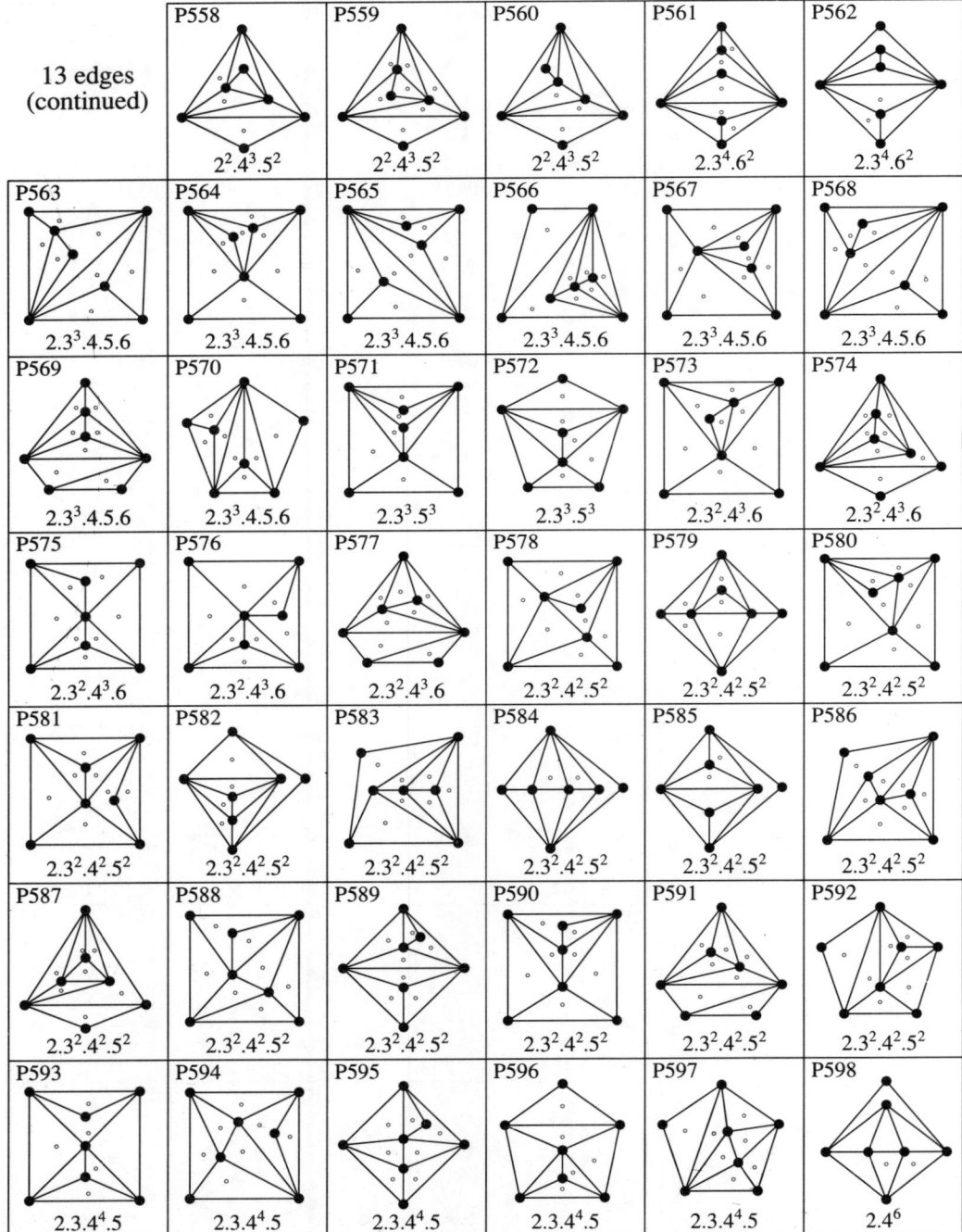

2-connected plane graphs: 7 vertices

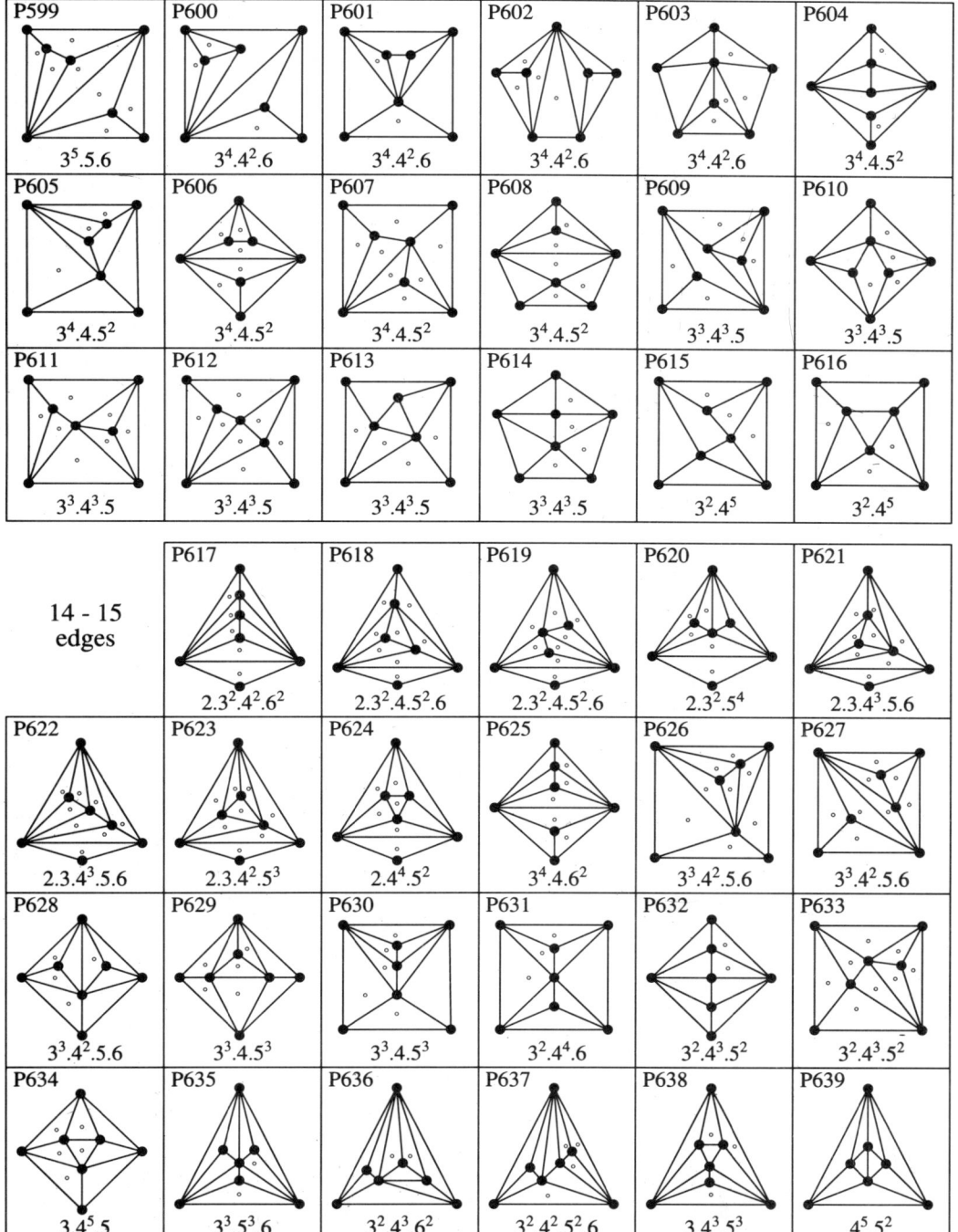

246 Planar graphs

3-connected plane graphs: 4 - 7 vertices

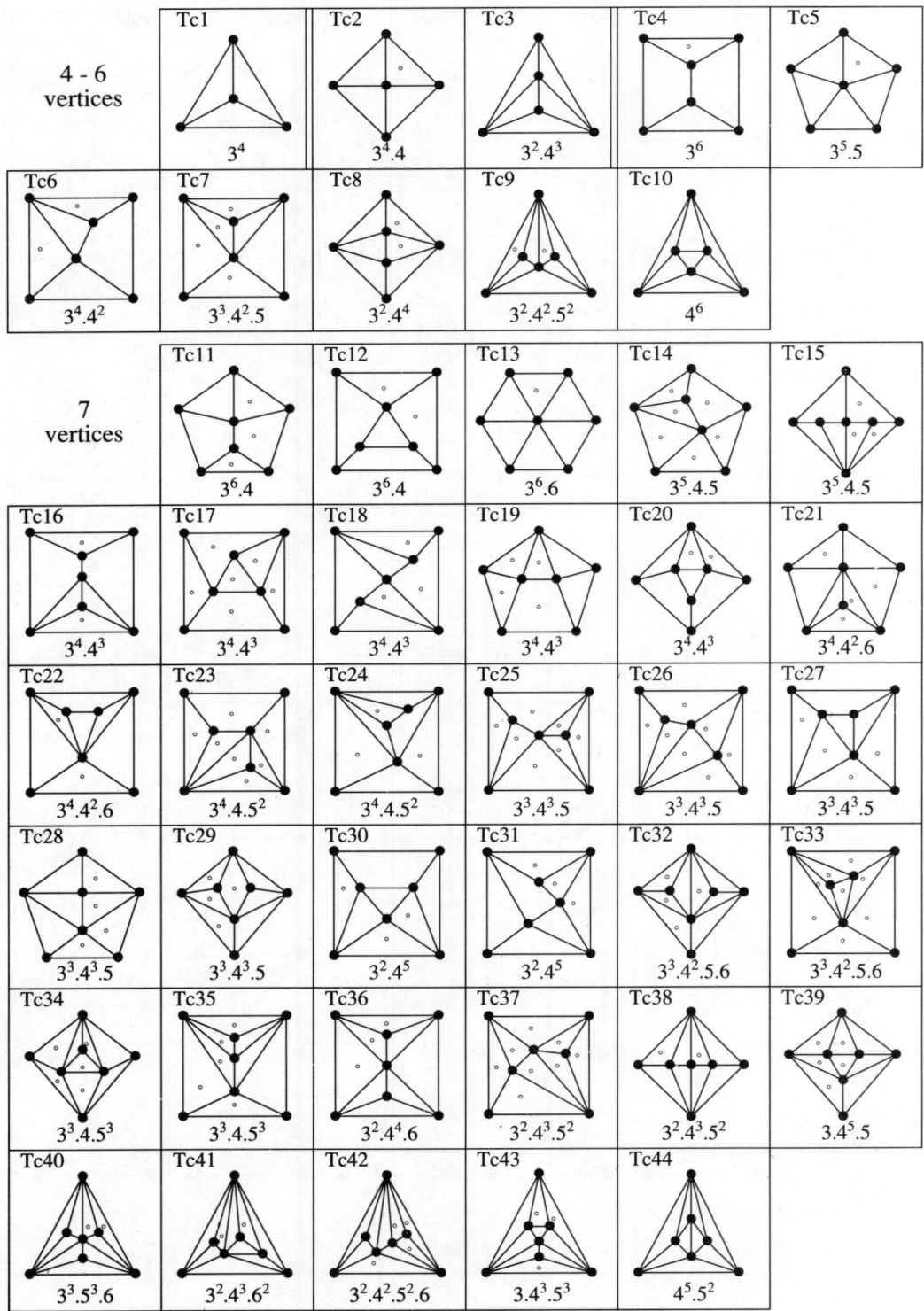

3-connected plane graphs: 8 vertices

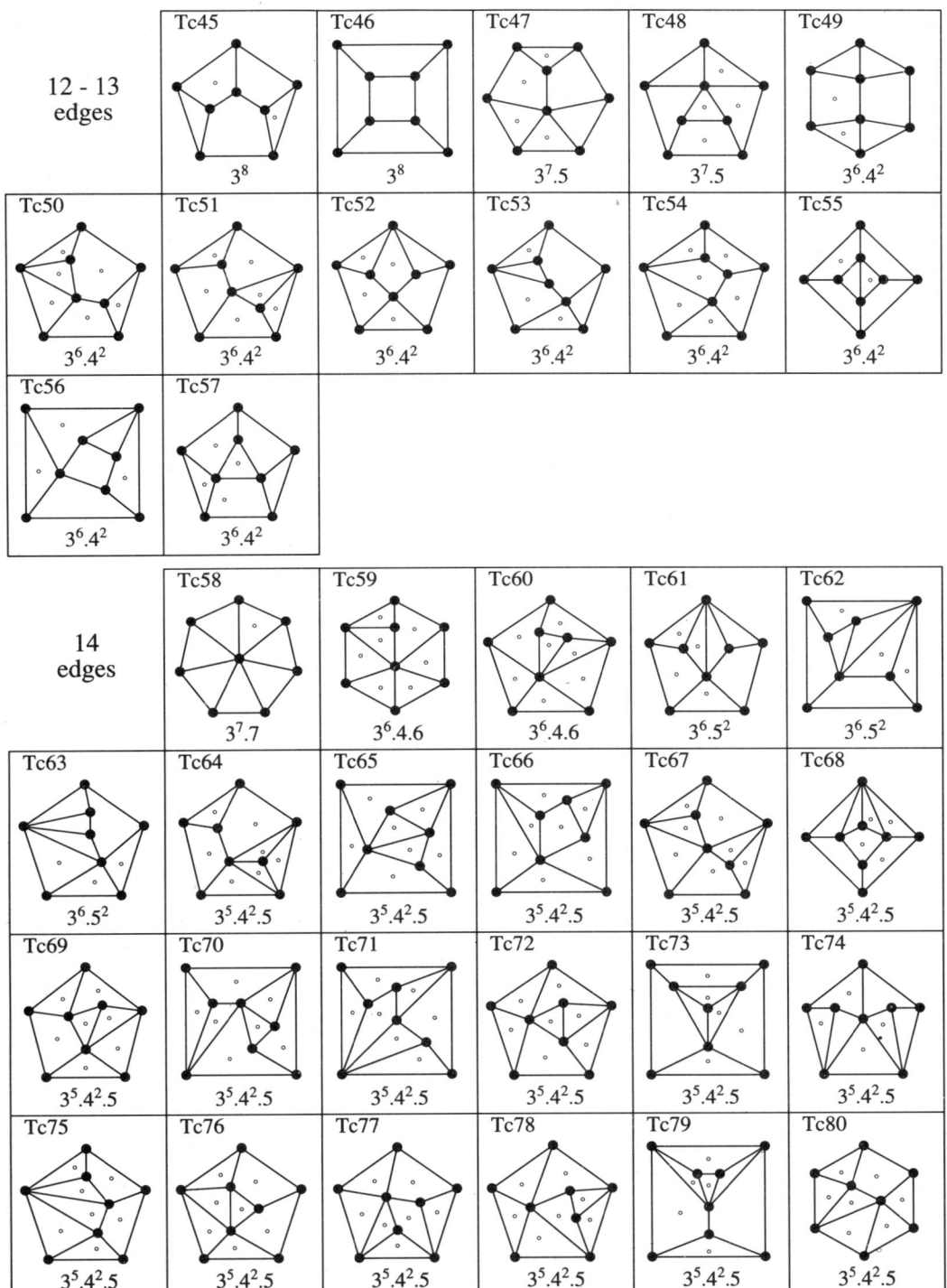

248 Planar graphs

3-connected plane graphs: 8 vertices

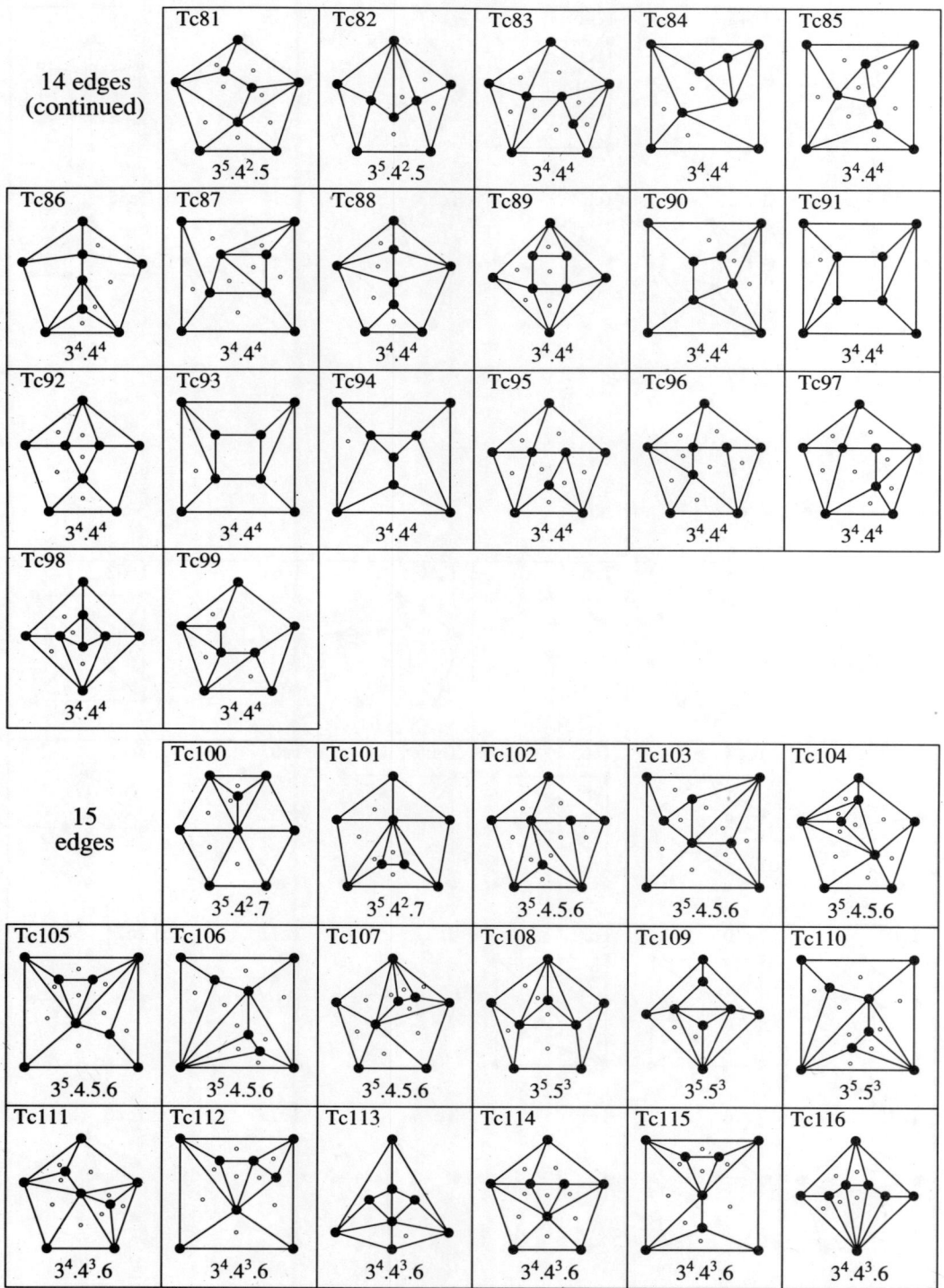

3-connected plane graphs: 8 vertices

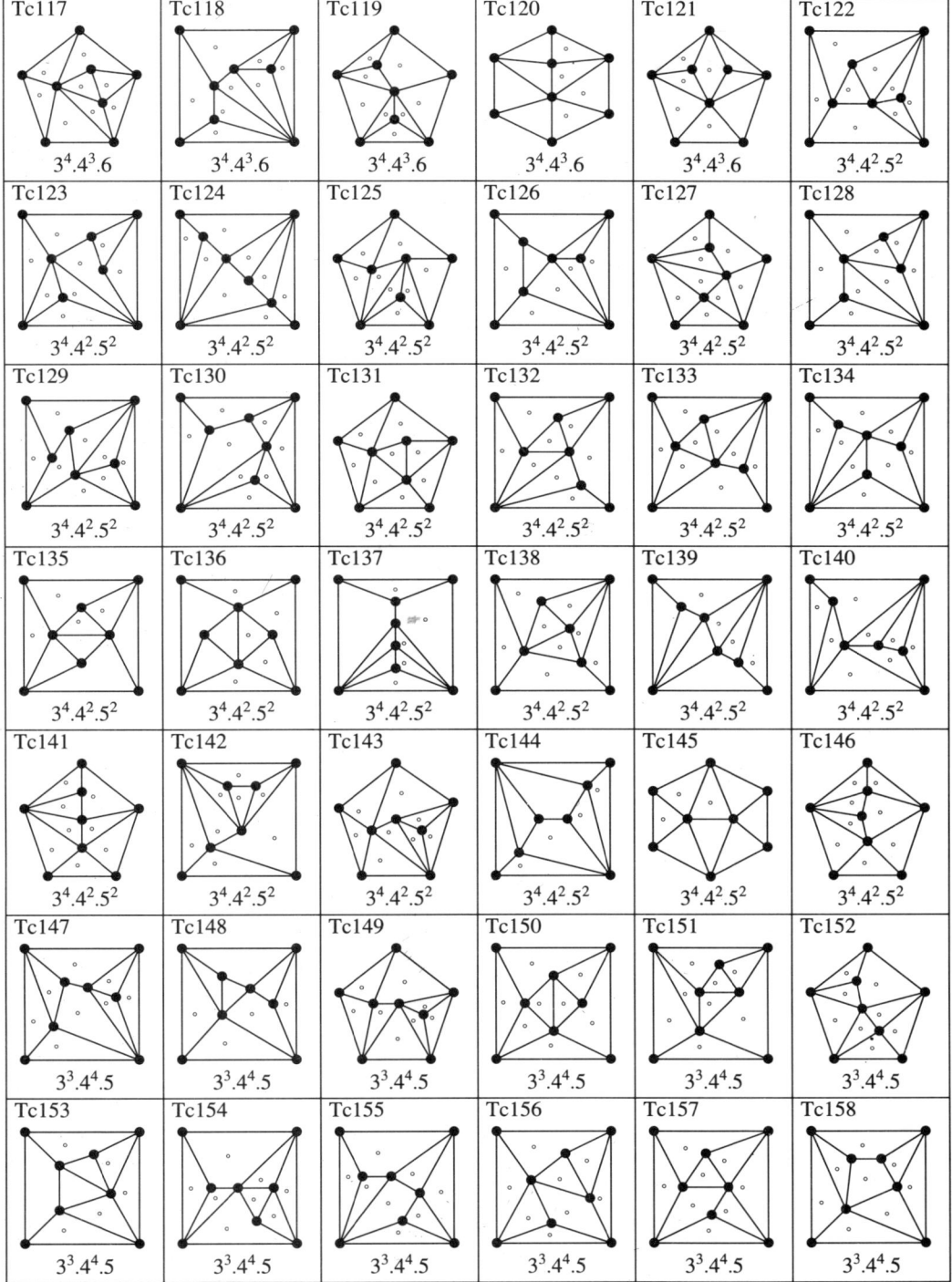

250 Planar graphs

3-connected plane graphs: 8 vertices

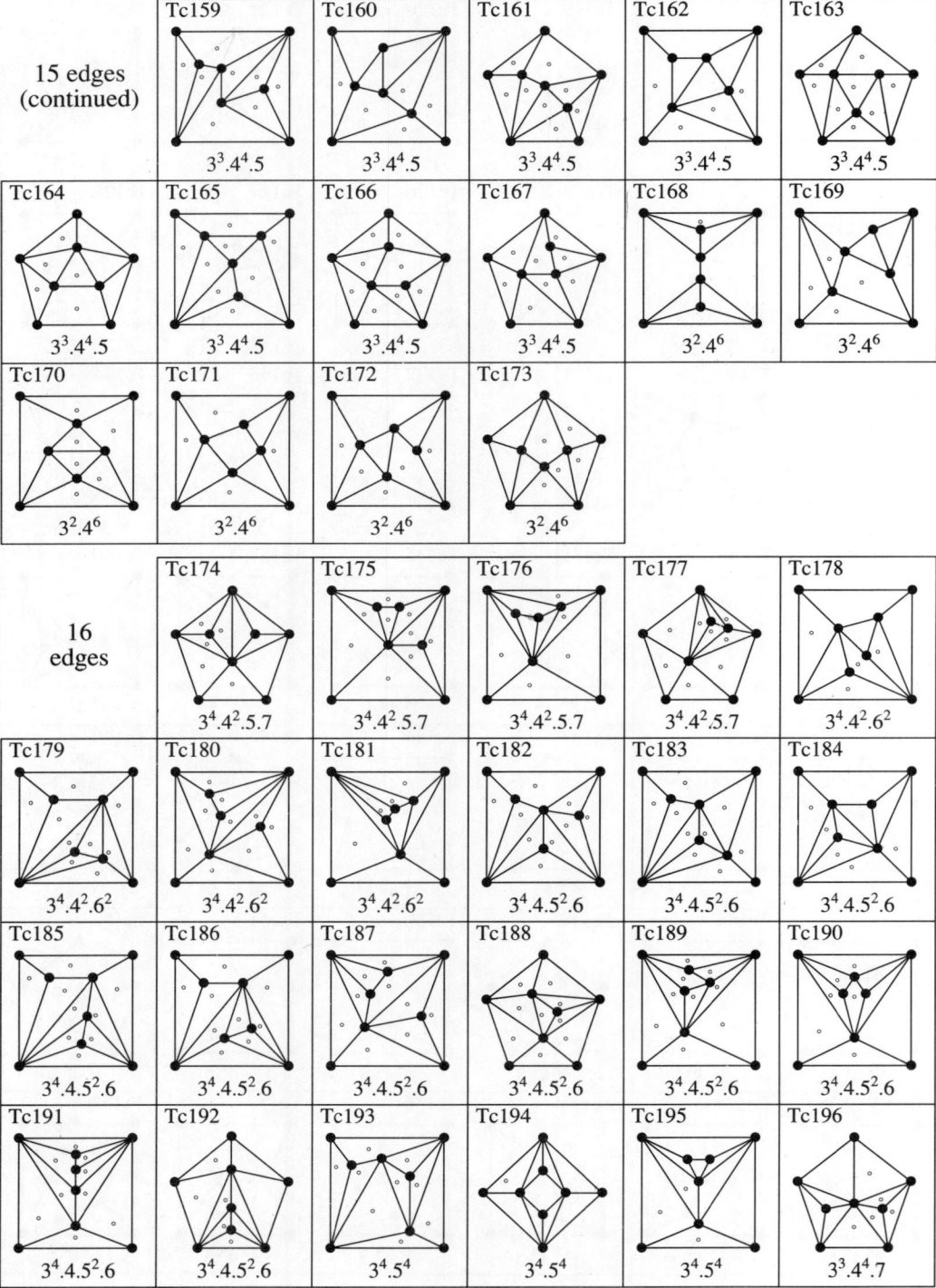

3-connected plane graphs: 8 vertices

Tc197 $3^3.4^4.7$	Tc198 $3^3.4^3.5.6$	Tc199 $3^3.4^3.5.6$	Tc200 $3^3.4^3.5.6$	Tc201 $3^3.4^3.5.6$	Tc202 $3^3.4^3.5.6$
Tc203 $3^3.4^3.5.6$	Tc204 $3^3.4^3.5.6$	Tc205 $3^3.4^3.5.6$	Tc206 $3^3.4^3.5.6$	Tc207 $3^3.4^3.5.6$	Tc208 $3^3.4^3.5.6$
Tc209 $3^3.4^3.5.6$	Tc210 $3^3.4^3.5.6$	Tc211 $3^3.4^3.5.6$	Tc212 $3^3.4^3.5.6$	Tc213 $3^3.4^2.5^3$	Tc214 $3^3.4^2.5^3$
Tc215 $3^3.4^2.5^3$	Tc216 $3^3.4^2.5^3$	Tc217 $3^3.4^2.5^3$	Tc218 $3^3.4^2.5^3$	Tc219 $3^3.4^2.5^3$	Tc220 $3^3.4^2.5^3$
Tc221 $3^3.4^2.5^3$	Tc222 $3^3.4^2.5^3$	Tc223 $3^3.4^2.5^3$	Tc224 $3^3.4^2.5^3$	Tc225 $3^3.4^2.5^3$	Tc226 $3^2.4^5.6$
Tc227 $3^2.4^5.6$	Tc228 $3^2.4^5.6$	Tc229 $3^2.4^5.6$	Tc230 $3^2.4^5.6$	Tc231 $3^2.4^4.5^2$	Tc232 $3^2.4^4.5^2$
Tc233 $3^2.4^4.5^2$	Tc234 $3^2.4^4.5^2$	Tc235 $3^2.4^4.5^2$	Tc236 $3^2.4^4.5^2$	Tc237 $3^2.4^4.5^2$	Tc238 $3^2.4^4.5^2$

252 Planar graphs

3-connected plane graphs: 8 vertices

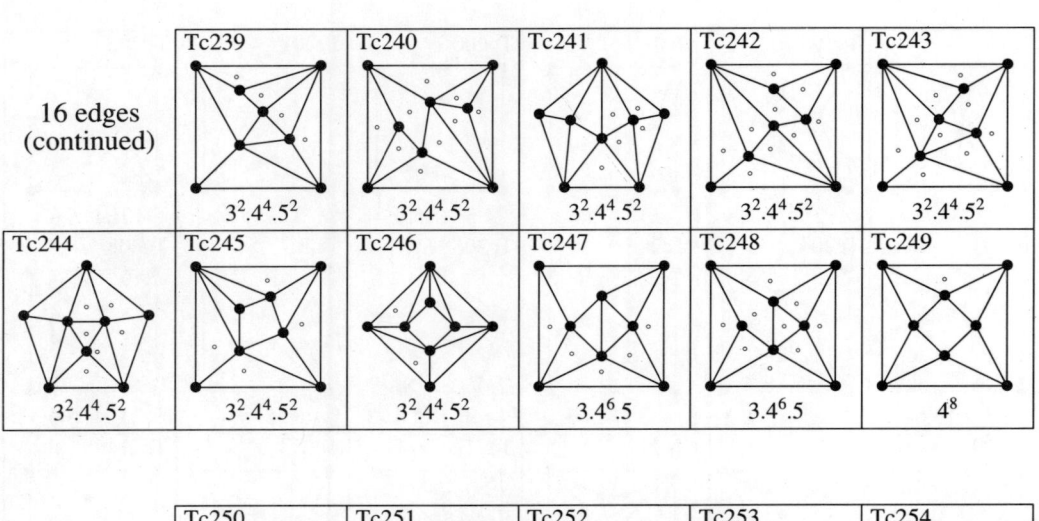

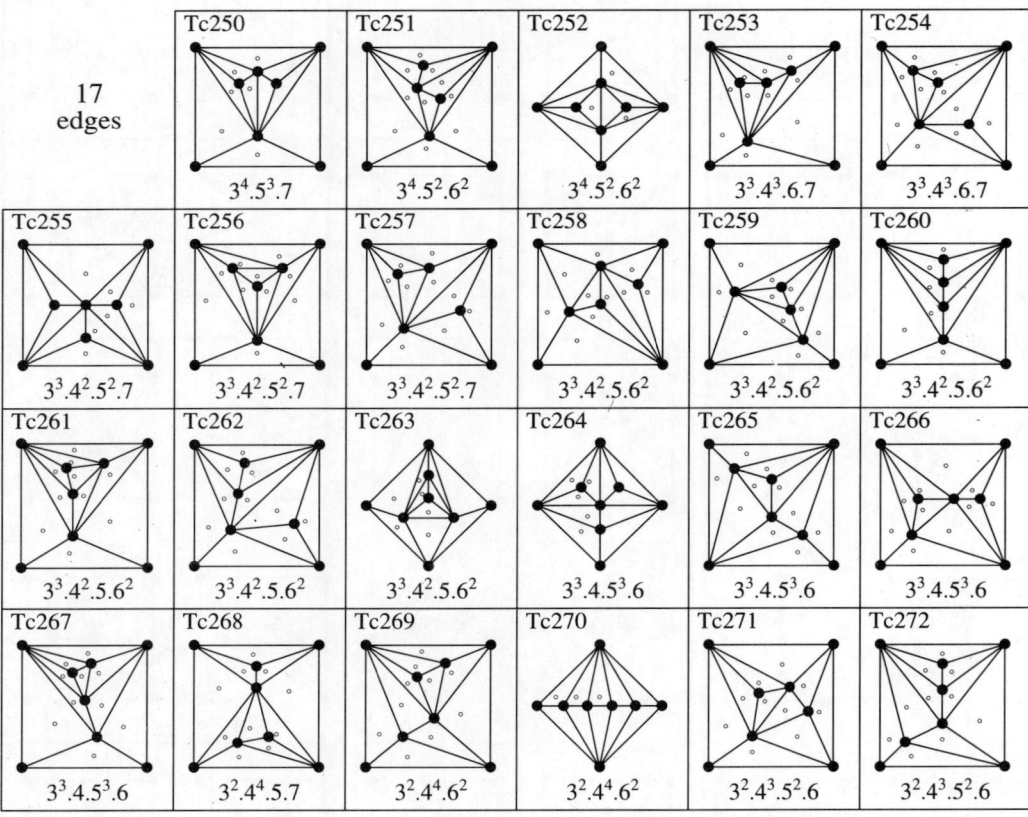

3-connected plane graphs: 8 vertices

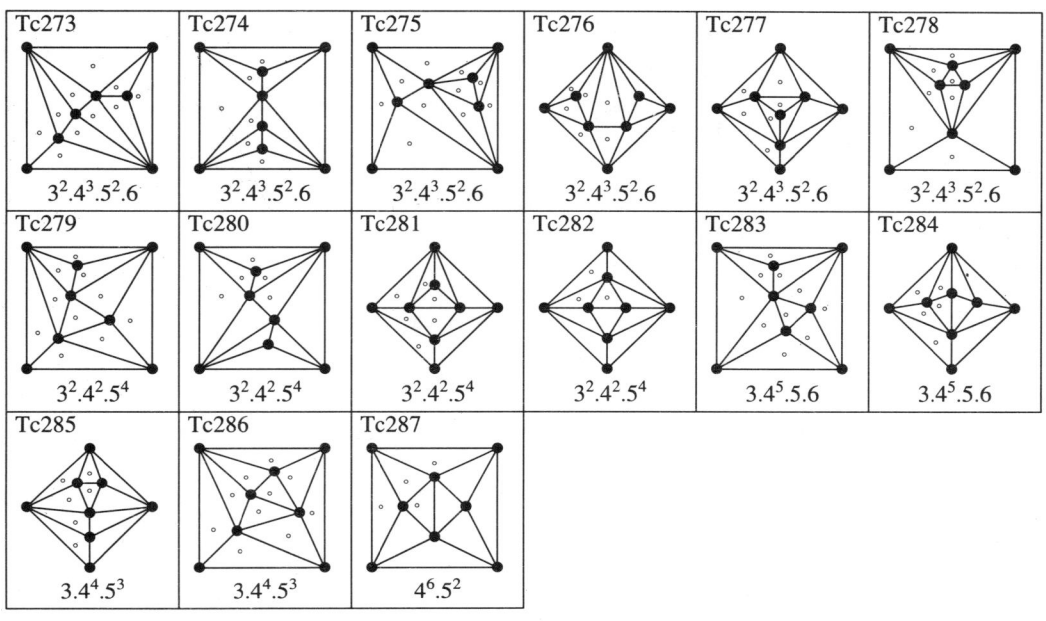

18 edges

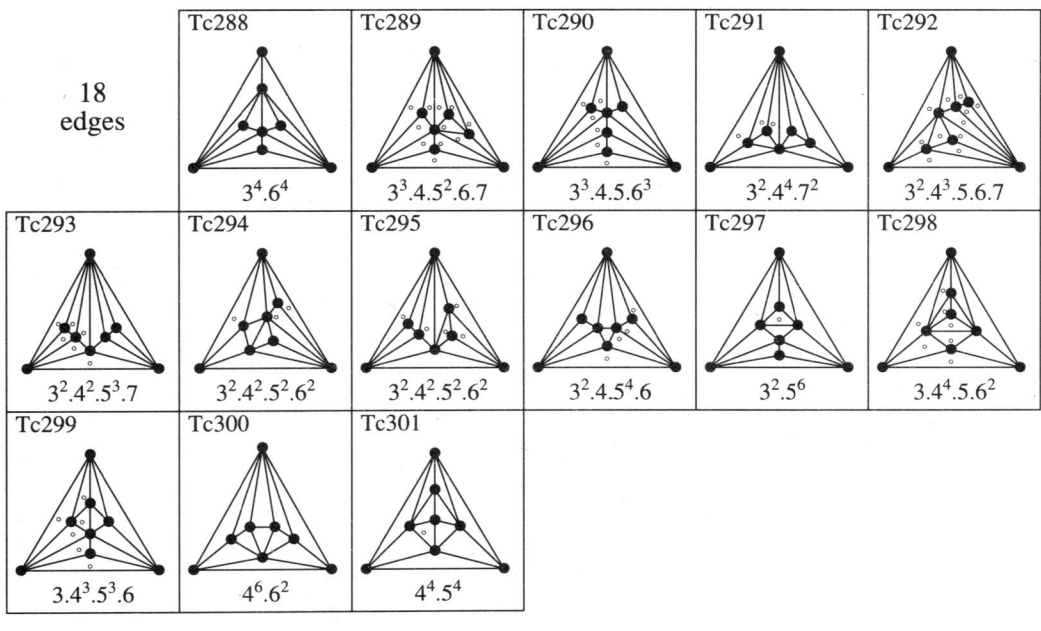

254 Planar graphs

Outerplanar graphs: 3 - 7 vertices

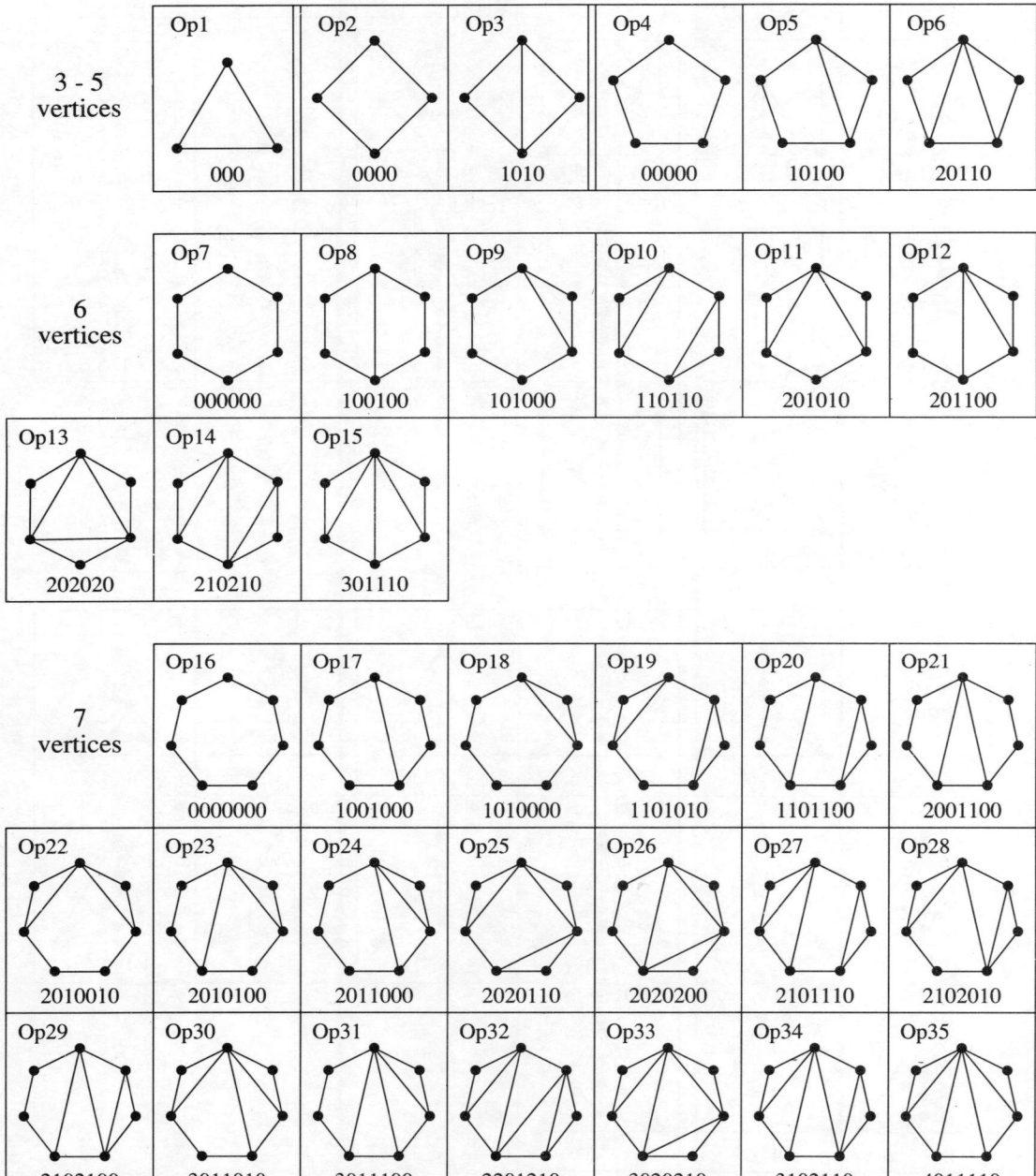

Outerplanar graphs: 8 vertices

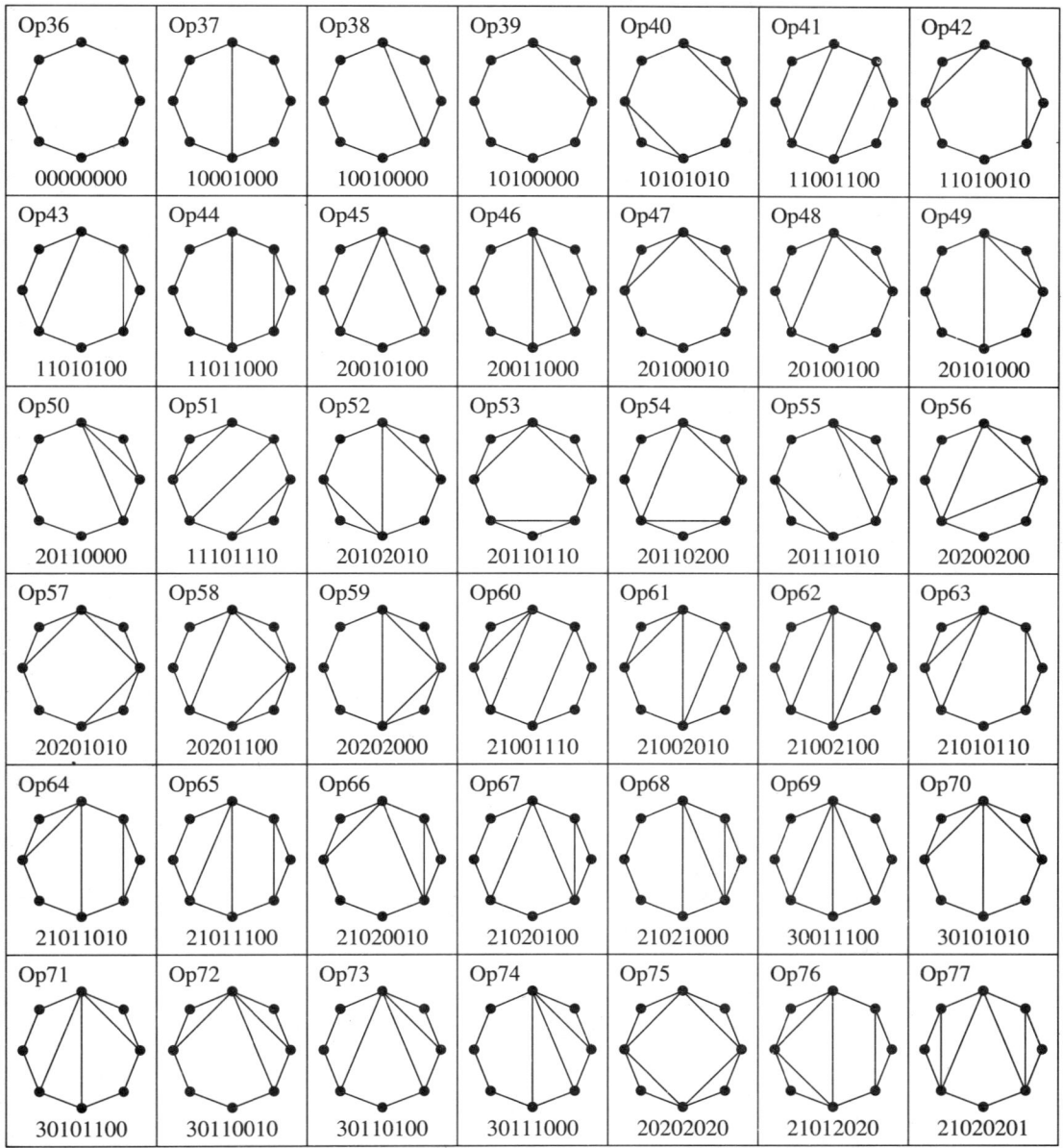

Outerplanar graphs: 8 vertices

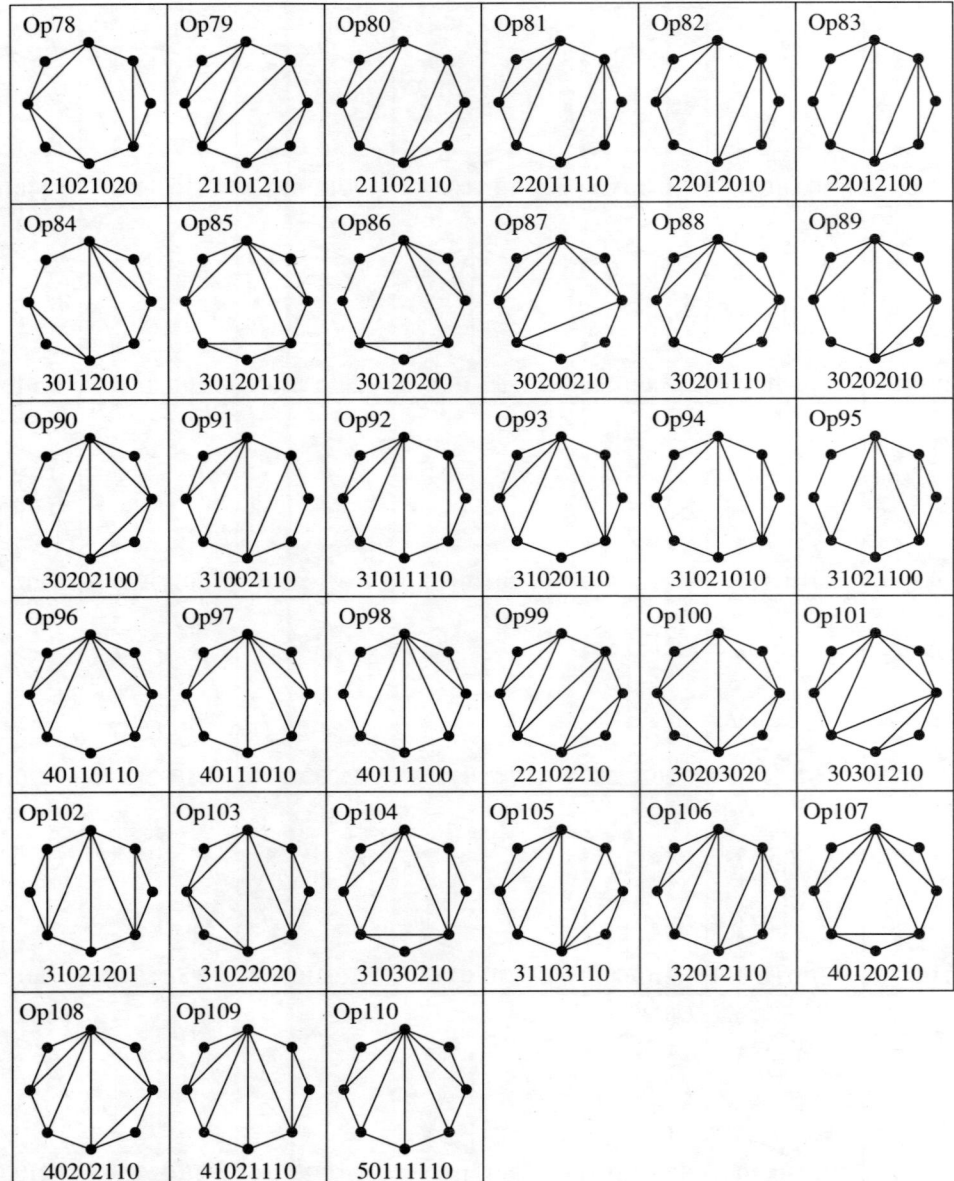

Outerplanar graphs: 9 vertices

Op111 000000000	Op112 100010000	Op113 100100000	Op114 101000000	Op115 101010100	Op116 101010100	Op117 110010100
Op118 110011000	Op119 110100010	Op120 110100100	Op121 110101000	Op122 110110000	Op123 200011000	Op124 200100100
Op125 200101000	Op126 200110000	Op127 201000010	Op128 201000100	Op129 201001000	Op130 201010000	Op131 201100000
Op132 110110110	Op133 111011010	Op134 111011100	Op135 200200200	Op136 201010200	Op137 201011010	Op138 201011100
Op139 201020100	Op140 201020100	Op141 201100110	Op142 201100200	Op143 201101010	Op144 201101010	Op145 201101100
Op146 201102000	Op147 201110010	Op148 201110100	Op149 202001100	Op150 202002000	Op151 202010010	Op152 202010100
Op153 202011000	Op154 202020000	Op155 210001110	Op156 210002010	Op157 210010110	Op158 210011010	Op159 210011100

258 Planar graphs

Outerplanar graphs: 9 vertices

Op160	Op161	Op162	Op163	Op164	Op165	Op166
210020010	210020100	210021000	210100110	210101010	210101100	210110010
Op167	Op168	Op169	Op170	Op171	Op172	Op173
210110100	210111000	210200010	210200100	210201000	210210000	300110100
Op174	Op175	Op176	Op177	Op178	Op179	Op180
300111000	301001100	301010010	301010100	301011000	301100010	301100100
Op181	Op182	Op183	Op184	Op185	Op186	Op187
301101000	301110000	202011110	202020110	202020200	210012020	210102020
Op188	Op189	Op190	Op191	Op192	Op193	Op194
210111020	210111101	210120110	210120200	210200201	210201020	210201101
Op195	Op196	Op197	Op198	Op199	Op200	Op201
210201110	210202001	210202010	210202010	210202100	210210020	210210101
Op202	Op203	Op204	Op205	Op206	Op207	Op208
210210110	210210200	211001210	211010210	211011110	211012010	211012100

Outerplanar graphs: 9 vertices

Op209	Op210	Op211	Op212	Op213	Op214	Op215
211020110	211021010	211021100	220012100	220102010	220102100	220110110
Op216	Op217	Op218	Op219	Op220	Op221	Op222
220111010	220111100	220120010	220120100	220121000	300202100	301020200
Op223	Op224	Op225	Op226	Op227	Op228	Op229
301021010	301021100	301102010	301102010	301102100	301110110	301110200
Op230	Op231	Op232	Op233	Op234	Op235	Op236
301111010	301120010	301120100	301200110	301200200	301201010	301201100
Op237	Op238	Op239	Op240	Op241	Op242	Op243
301202000	302000210	302001110	302002010	302002100	302010110	302011010
Op244	Op245	Op246	Op247	Op248	Op249	Op250
302011100	302020010	302020100	302021000	310002110	310011110	310020110
Op251	Op252	Op253	Op254	Op255	Op256	Op257
310021010	310021100	310101110	310110110	310111010	310111100	310200110

260 Planar graphs

Outerplanar graphs: 9 vertices

Op258 310201010	Op259 310201100	Op260 310210010	Op261 310210100	Op262 310211000	Op263 400111100	Op264 401011010
Op265 401011100	Op266 401100110	Op267 401101010	Op268 401101100	Op269 401110010	Op270 401110100	Op271 401111000
Op272 212012110	Op273 220120210	Op274 220201210	Op275 220202110	Op276 221011210	Op277 221020210	Op278 221021110
Op279 221022010	Op280 221022100	Op281 301210210	Op282 301210300	Op283 302012110	Op284 302020210	Op285 302021020
Op286 302022010	Op287 302030110	Op288 302030200	Op289 302101210	Op290 302102110	Op291 302103010	Op292 303011110
Op293 303012010	Op294 303012100	Op295 310022020	Op296 310030210	Op297 310112020	Op298 310120210	Op299 310202020
Op300 310202110	Op301 310210201	Op302 310210210	Op303 310211020	Op304 310211101	Op305 310212001	Op306 310212010

Outerplanar graphs: 9 vertices

Op307	Op308	Op309	Op310	Op311	Op312	Op313
310220020	310220110	310220200	310300210	310301110	310302010	310302100
Op314	Op315	Op316	Op317	Op318	Op319	Op320
311012110	311021110	311030110	311031010	311031100	320012110	320102110
Op321	Op322	Op323	Op324	Op325	Op326	Op327
320111110	320120110	320121010	320121100	401112010	401120110	401120200
Op328	Op329	Op330	Op331	Op332	Op333	Op334
401200210	401201110	401202010	401202100	402002110	402011110	402020110
Op335	Op336	Op337	Op338	Op339	Op340	Op341
402021010	402021100	410021110	410111110	410201110	410210110	410211010
Op342	Op343	Op344	Op345	Op346	Op347	Op348
410211100	501110110	501111010	501111100	222012210	310221030	310302201
Op349	Op350	Op351	Op352	Op353	Op354	Op355
310303020	310310310	312013110	320121201	320122020	320130210	320203110

262 Planar graphs

Outerplanar graphs: 9 vertices

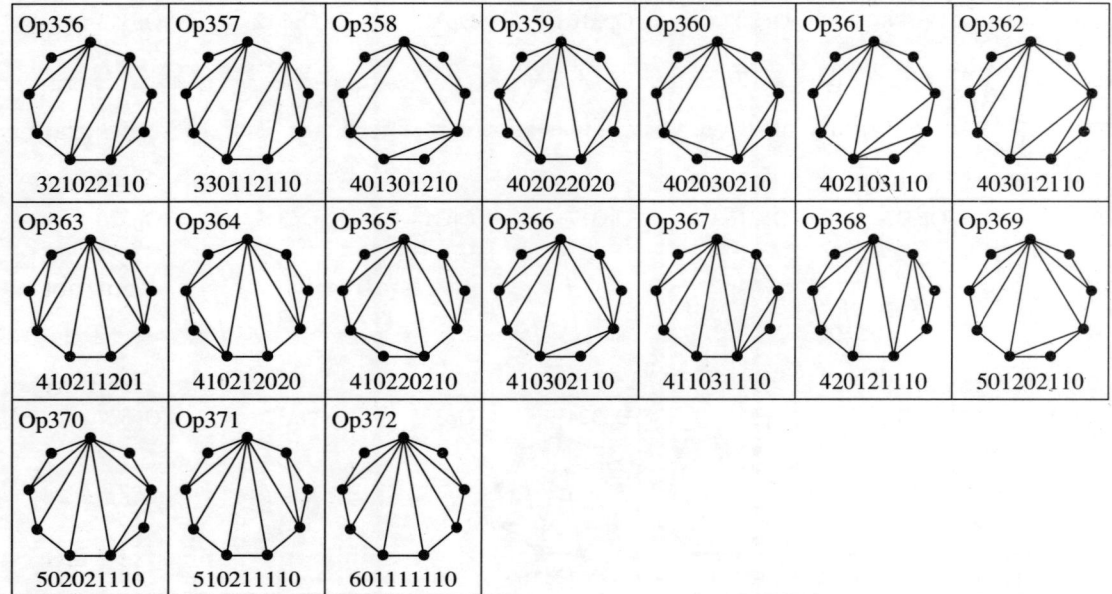

6 SPECIAL GRAPHS

In this chapter we depict a number of special graphs:

Platonic graphs: these are the graphs formed by the vertices and edges of the Platonic solids—the polyhedra in which all the faces are identical regular polygons and where the arrangement of polygons at each vertex is the same. There are five Platonic graphs, corresponding to the tetrahedron, octahedron, cube, icosahedron and dodecahedron.

Archimedean graphs: these are the graphs formed by the vertices and edges of the Archimedean solids—the polyhedra in which each face is a regular polygon (but not all faces are of the same type) and where the arrangement of polygons at each vertex is the same; these arrangements of polygons are indicated under the diagrams. There are thirteen such graphs, and two infinite families—the **prisms** and the **antiprisms**.

Möbius ladders: these are graphs formed by inserting a 'twist' into each of the prisms.

cages: these are regular graphs of given girth with the minimum number of vertices; specifically, a **(k, g)-cage** is a k-regular graph of girth g with the minimum number of vertices.

non-Hamiltonian cubic graphs: a 3-connected cubic planar graph that is not Hamiltonian was first presented by W. T. Tutte in 1946; we present four such graphs.

generalized Petersen graphs: the *n-k* **generalized Petersen graph** consists of an outer n-cycle, n 'spokes' incident with the vertices of this cycle, and an inner n-cycle attached by joining its vertices to every kth spoke; the **Petersen graph** arises by taking $n = 5$ and $k = 2$.

snarks: a **snark** is a cubic graph with chromatic index 4; to avoid trivial cases, we assume that a snark has girth 5 or more, and that it does not contain three edges whose deletion results in a disconnected graph each of whose components is non-trivial. We present all the snarks with up to 22 vertices and some celebrated snarks with a greater number of vertices.

graphs drawn with minimum crossings: we present drawings of several non-planar graphs drawn in the plane with the minimum number of pairwise crossings of edges.

264 Special graphs

some miscellaneous regular graphs: these are regular graphs selected for their interesting properties. Several of them are discussed further in J. A. Bondy and U. S. R. Murty, *Graph Theory with Applications*, American Elsevier, 1979 (abbreviated below as BM). They are not presented in any particular order.

- **the two smallest cubic identity graphs**: these are the smallest cubic graphs with no symmetry, having only the identity automorphism.

- **the hypercube**: this is the four-dimensional cube, which is regular of degree 4.

- **the Greenwood–Gleason graph** (BM, p. 242): in any 3-colouring of the edges of the complete graph K_{16} without monochromatic triangles, the set of edges of each colour form this graph.

- **cubic graph with no perfect matching**: this is the smallest cubic graph that contains no independent set of edges covering all vertices.

- **the Goldner–Harary graph**: Goldner and Harary (unpublished) observed that this graph is non-Hamiltonian; the proof depends on the fact that there is a set of six independent vertices but only eleven vertices in total; its dual is the truncated prism, also depicted here.

- **the Biggs–Smith graph**: there are exactly three cubic distance-transitive graphs (other than K_4) whose automorphism group acts transitively on the vertices; one is the Petersen graph, another is the Coxeter graph with 28 vertices (shown on page 167), and the third with 102 vertices, discovered independently by Biggs and Smith and by Conway, depicted here.

- **Folkman's graph** (BM, p. 235): this is the smallest regular graph that is edge-transitive but not vertex-transitive.

- **Tietze's graph** (BM, p. 243): Heawood proved that the chromatic number of a surface of characteristic c (< 2) is at most $\lfloor \frac{1}{2}(7 + \sqrt{49 - 24c}) \rfloor$; equality holds for the projective plane and the Möbius strip (both of characteristic 1), as can be confirmed by embedding the Petersen graph on the projective plane and the Tietze graph on the Möbius strip. The Tietze graph is most easily obtained by replacing one vertex of the Petersen graph by a triangle.

- **Meredith's graph** (BM, p. 239): this graph is a counter-example to a conjecture of Nash-Williams that every 4-regular 4-connected graph is Hamiltonian.

- **Chvátal's graph** (BM, p. 241): this is a 4-regular 4-chromatic graph of girth 4.

- **Franklin's graph** (BM, p. 244)—unexpectedly, in view of Heawood's result above, the Klein bottle (with characteristic 0) has chromatic number 6, instead of 7; Franklin's proof of this fact used the embedding of this graph on the Klein bottle. It is now known that the Klein bottle is the only surface for which Heawood's bound is not an equality.

some miscellaneous graphs: we also present some interesting non-regular graphs:

- **the Moser spindle**: let P be the infinite graph whose vertices are the points of the Euclidean plane, where two vertices are adjacent whenever they are unit distance apart; the chromatic number of P is unknown, but the Moser spindle, in which each edge has unit length, shows that it must be at least 4.

- **the Herschel graph** (see BM, pp. 53, 163): this bipartite graph is the smallest 3-connected non-Hamiltonian planar graph.

- **Mycielski's graph**, or **Grötzsch's graph** (BM, p. 118): this graph is the smallest triangle-free 4-chromatic graph; it is the graph G_4 in a sequence of triangle-free graphs G_k with chromatic number k, constructed by Mycielski.

- **Royle's graph**: the *sigma polynomial* of a graph has the same coefficients as those in the falling factorial form of the chromatic polynomial, and Royle's graph is the smallest graph for which the sigma polynomial has a non-real root; the graph obtained by adding the dashed edge in the diagram is the only other graph on 8 vertices with this property.

forbidden sets: certain families of graphs can be characterized as those graphs that do not contain a subgraph (or an induced subgraph) homeomorphic to any element of a certain set of 'forbidden subgraphs' or which do not have as a graph minor any element of a certain 'obstruction set'. We present the forbidden subgraphs for planar graphs (due to Kuratowski) and outerplanar graphs (due to Chartrand and Harary), an obstruction set for interval graphs (due to Lekkerkerker and Boland), and the forbidden induced subgraphs for line graphs (due to Beineke).

266 Special graphs

The Platonic Graphs

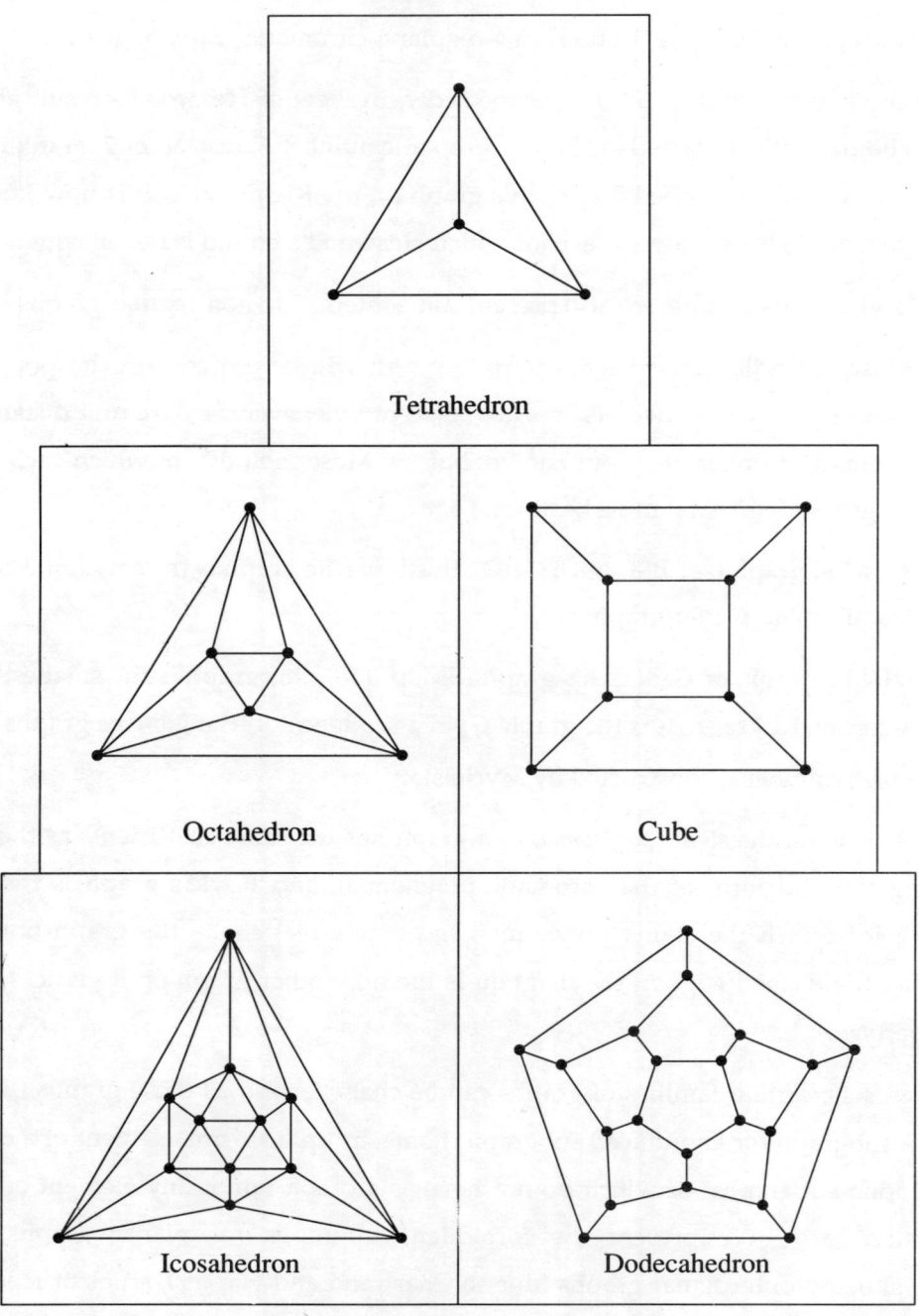

The Archimedean graphs

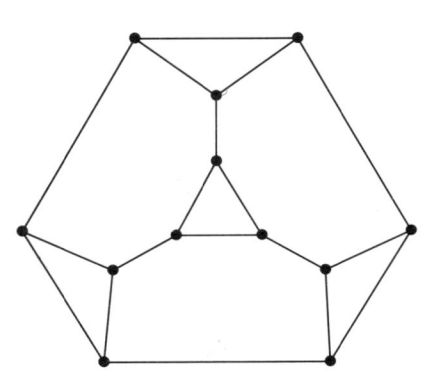

Truncated tetrahedron: $3 \cdot 6^2$

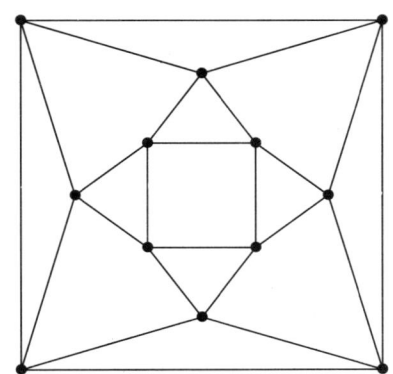

Cuboctahedron: $3 \cdot 4 \cdot 3 \cdot 4$

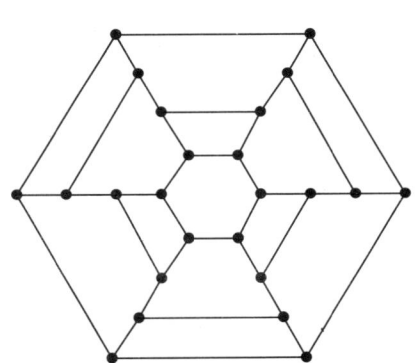

Truncated octahedron: $4 \cdot 6^2$

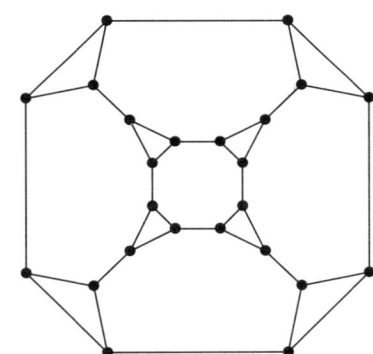

Truncated cube: $3 \cdot 8^2$

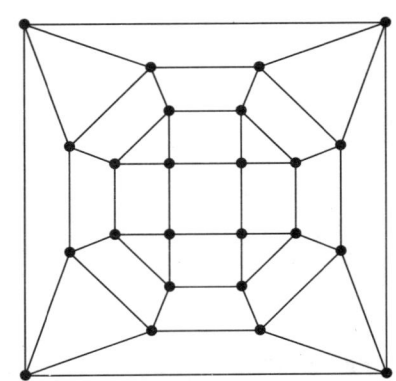

Rhombicuboctahedron: $3 \cdot 4^3$

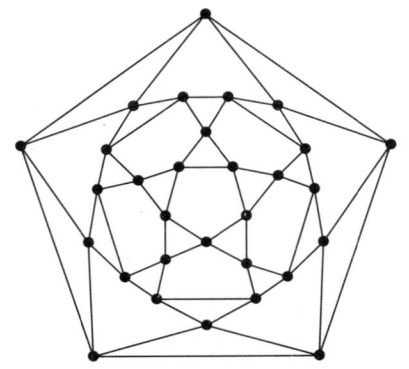

Icosidodecahedron: $3 \cdot 5 \cdot 3 \cdot 5$

The Archimedean graphs

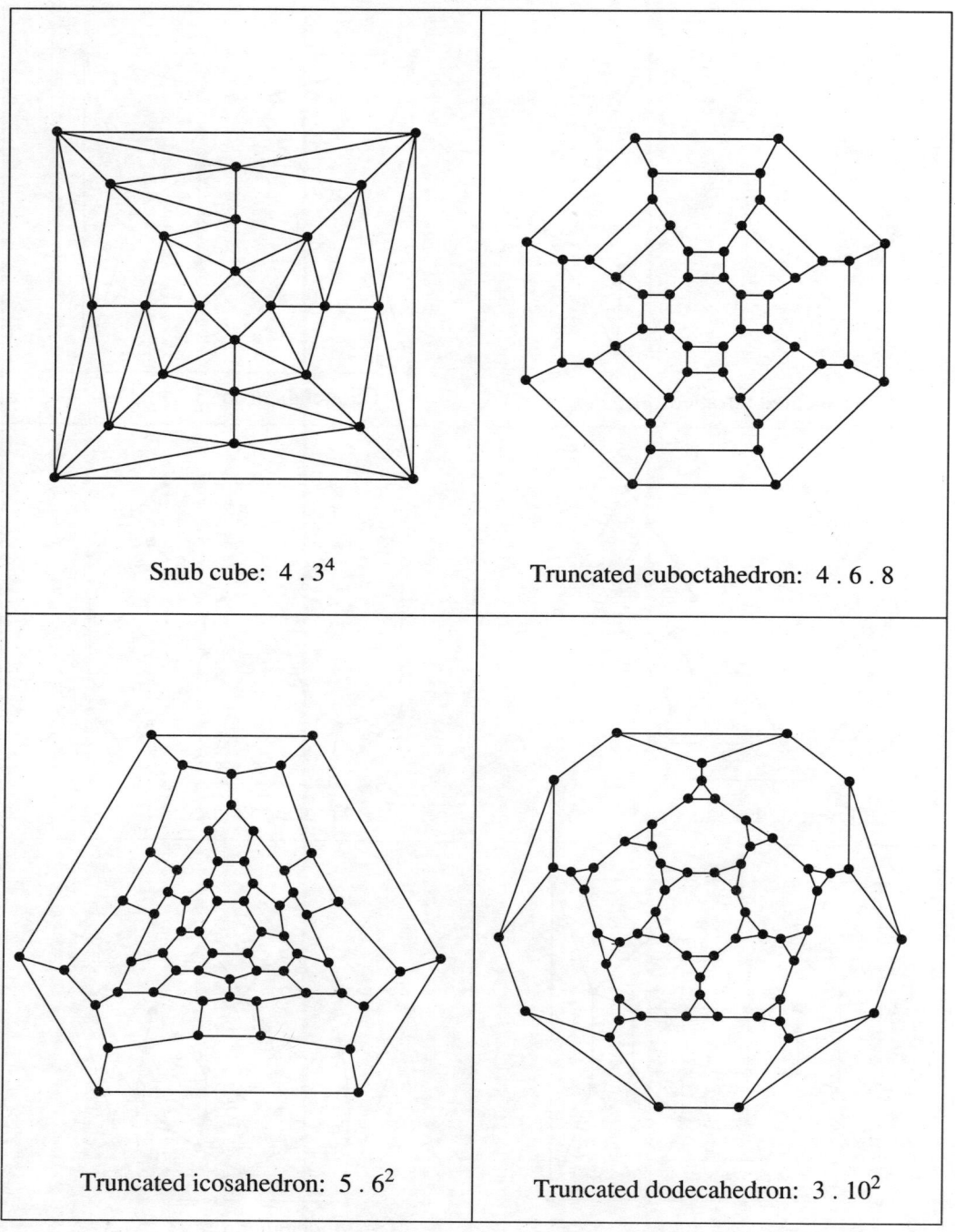

Snub cube: $4 . 3^4$

Truncated cuboctahedron: $4 . 6 . 8$

Truncated icosahedron: $5 . 6^2$

Truncated dodecahedron: $3 . 10^2$

Platonic and Archimedean graphs 269

The Archimedean graphs

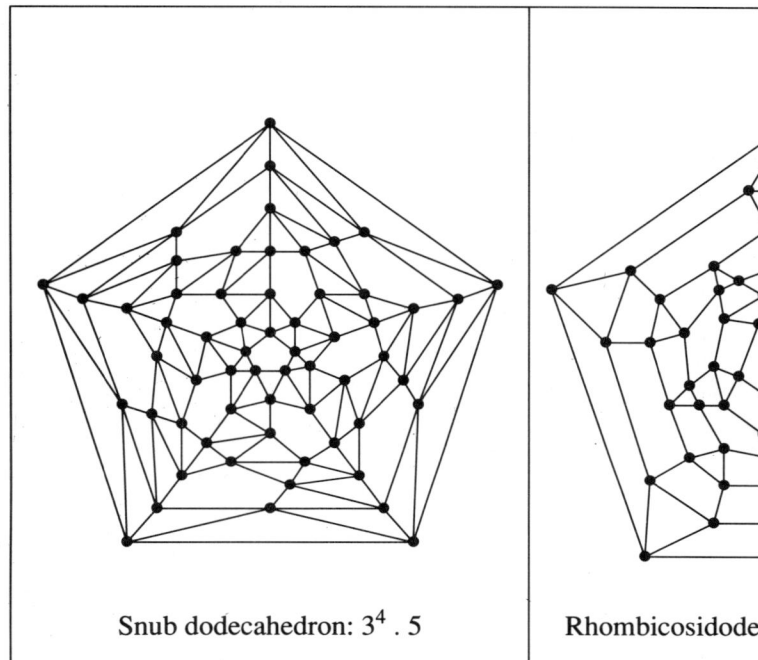

Snub dodecahedron: $3^4 . 5$

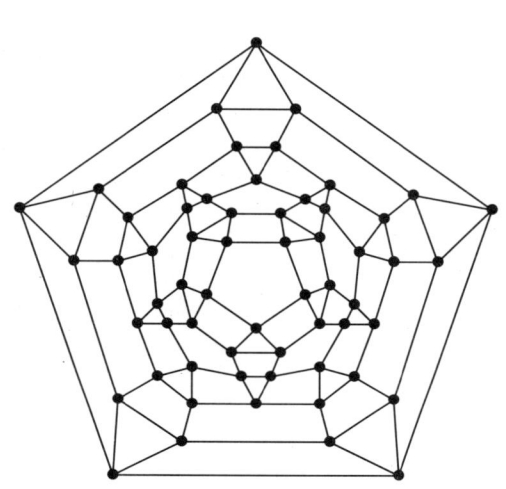

Rhombicosidodecahedron: $3 . 4 . 5 . 4$

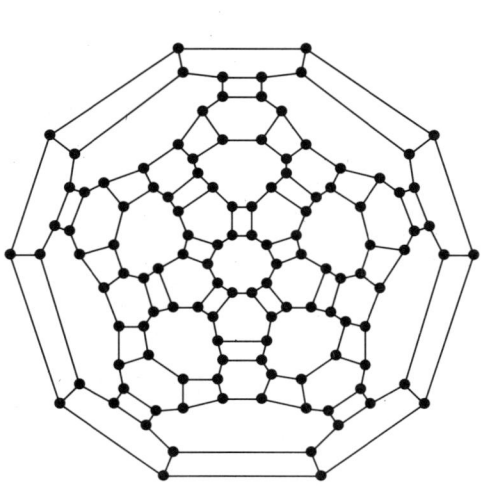

Truncated icosidodecahedron: $4 . 6 . 10$

270 Special graphs

Prisms, antiprisms and Möbius ladders

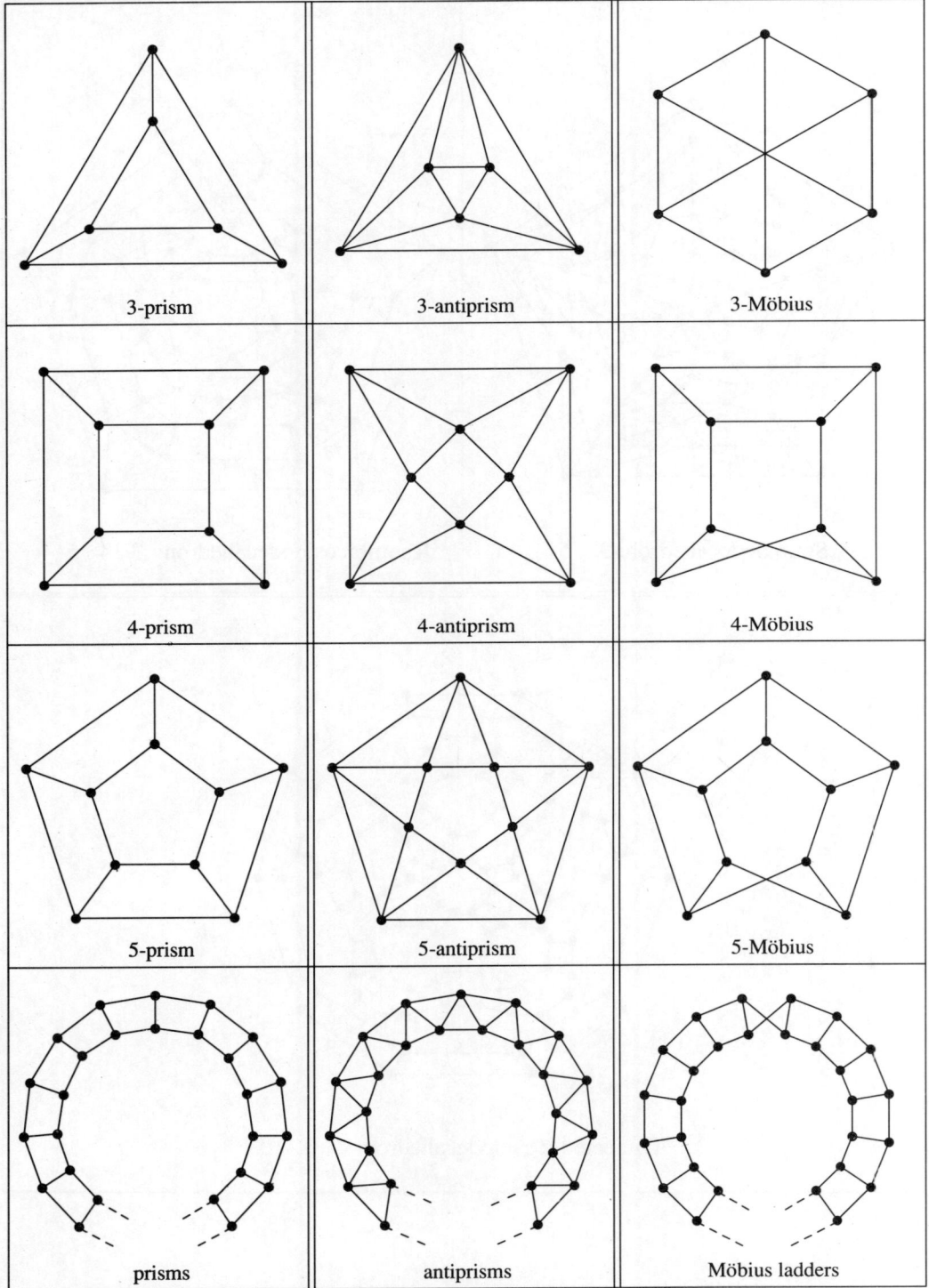

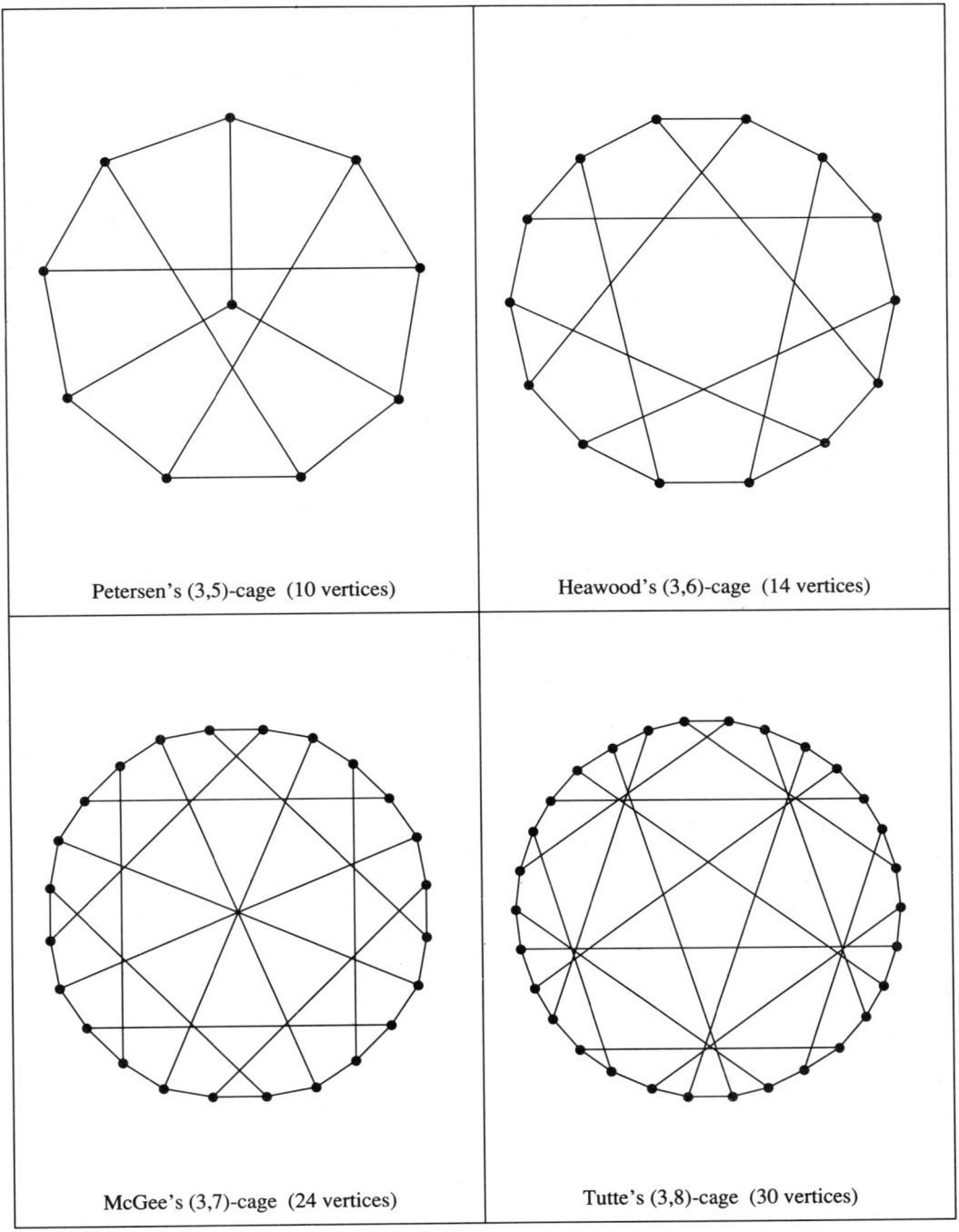

Cages

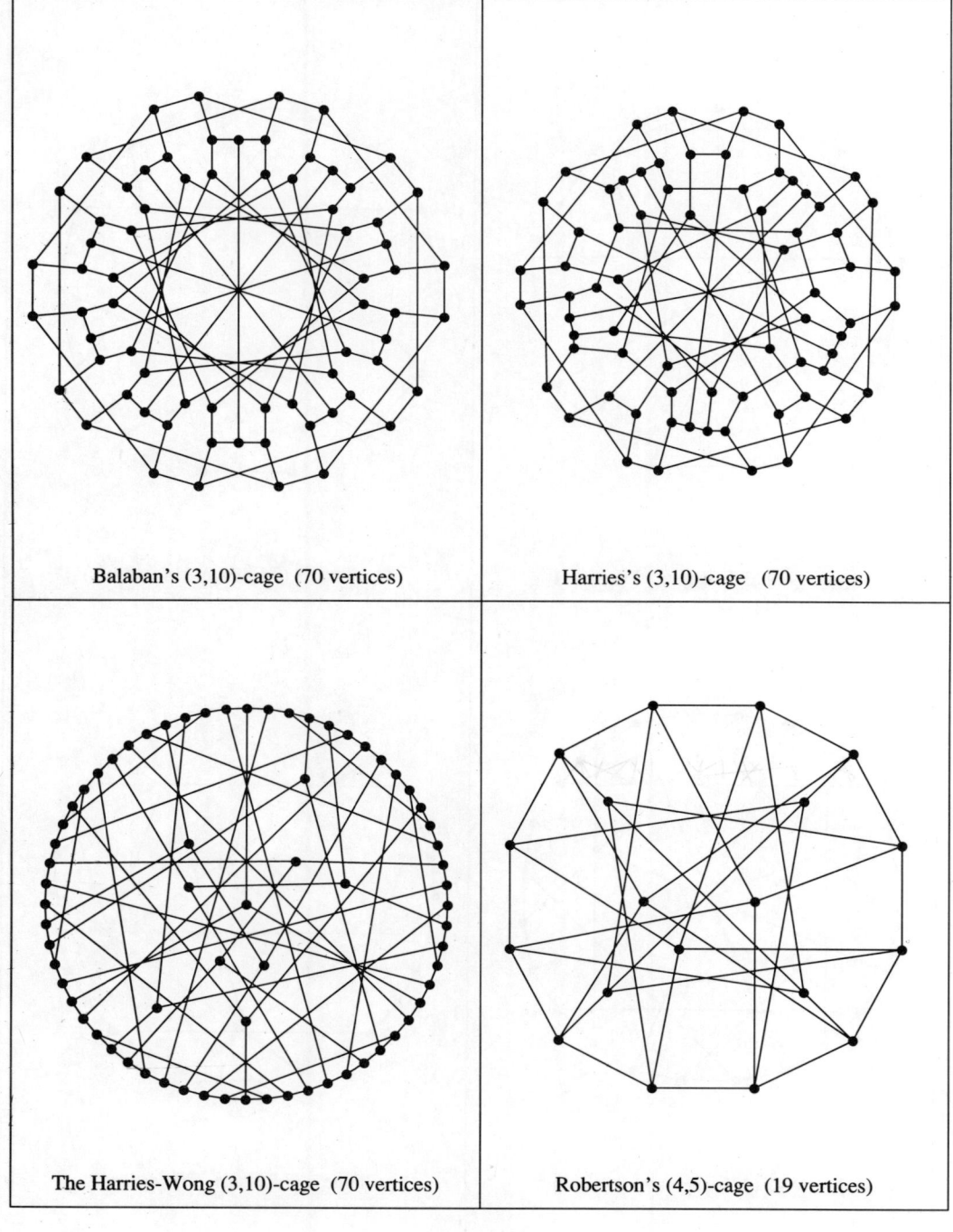

Cages

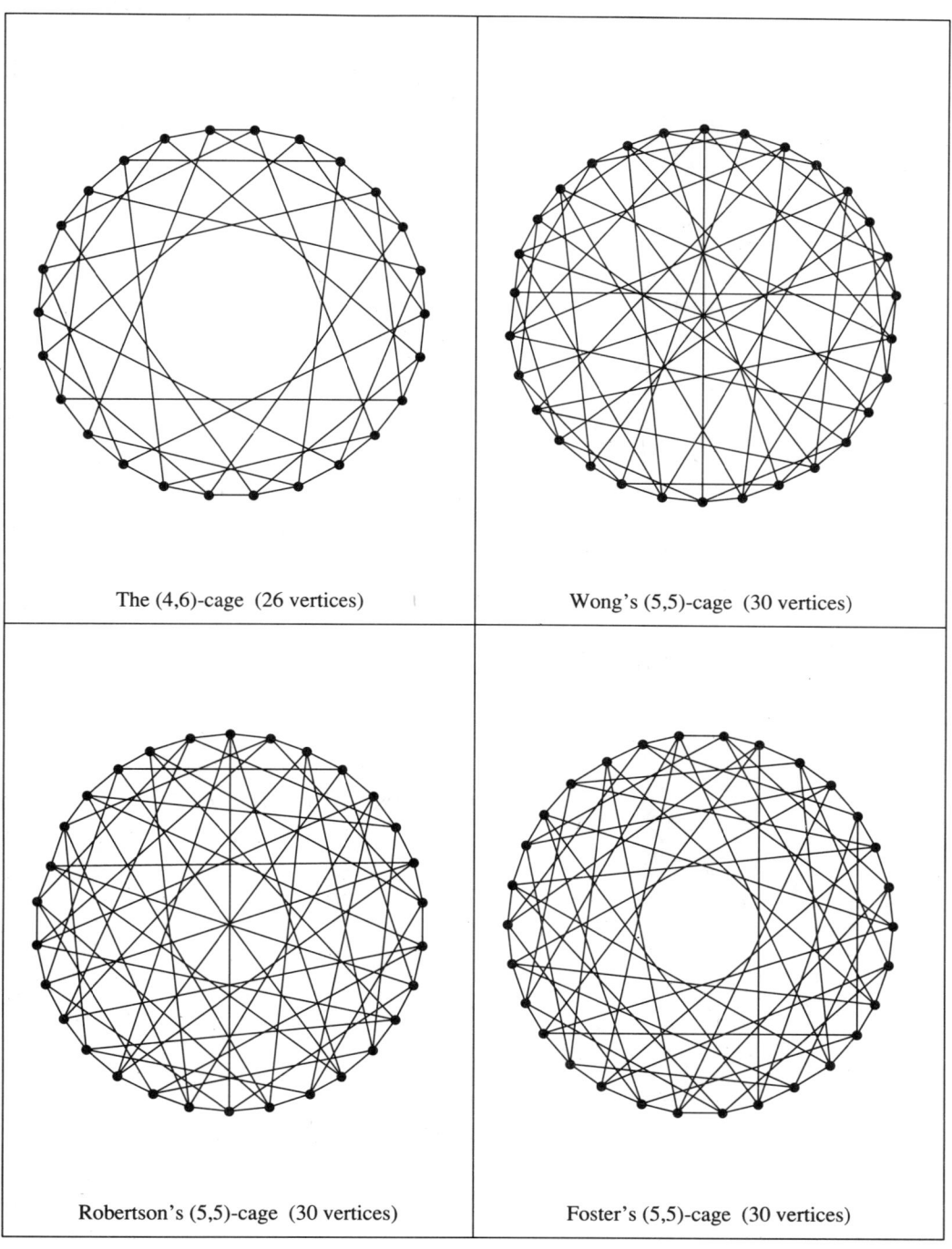

The (4,6)-cage (26 vertices)

Wong's (5,5)-cage (30 vertices)

Robertson's (5,5)-cage (30 vertices)

Foster's (5,5)-cage (30 vertices)

274 Special graphs

Non-hamiltonian cubic graphs

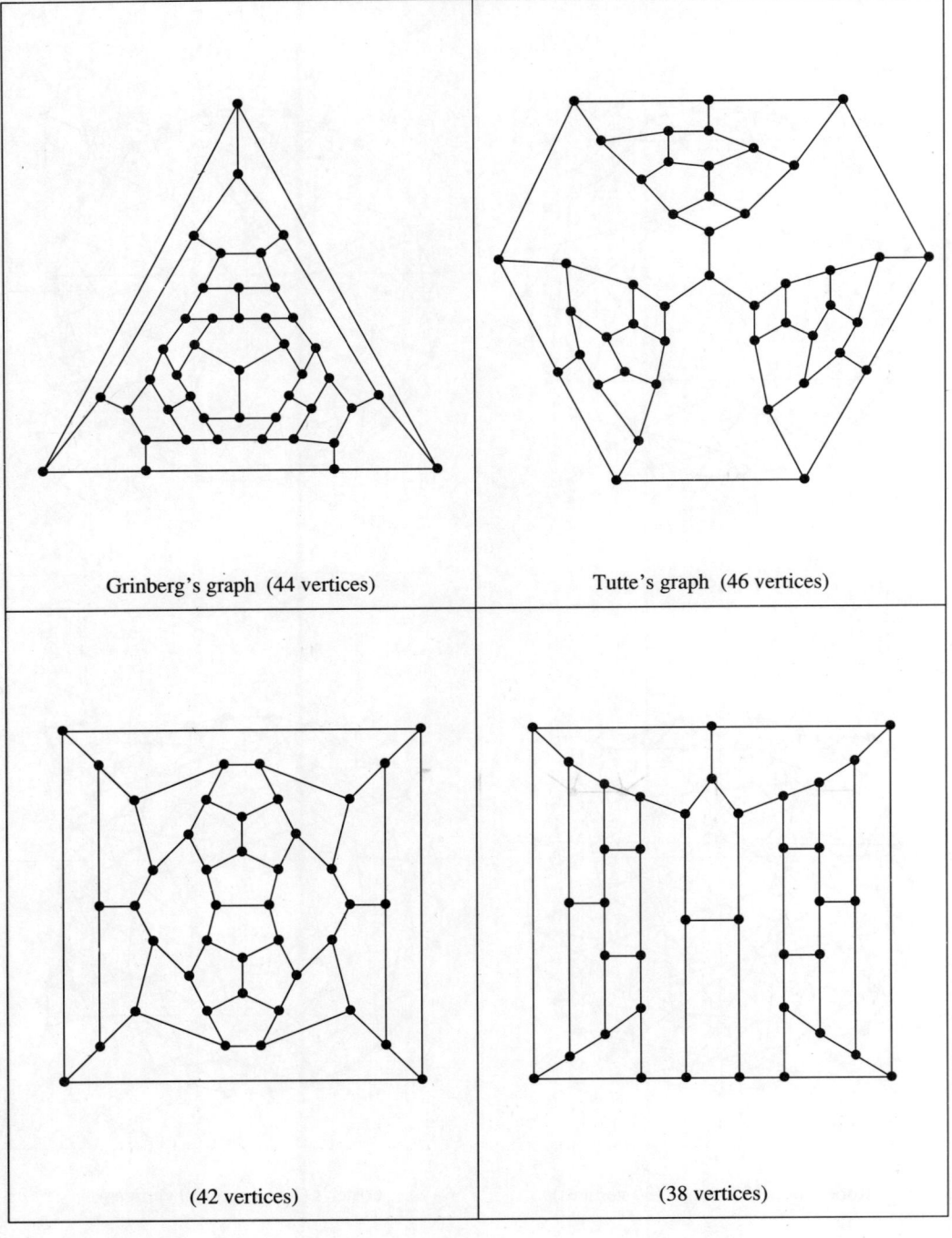

Grinberg's graph (44 vertices)

Tutte's graph (46 vertices)

(42 vertices)

(38 vertices)

Generalized Petersen graphs

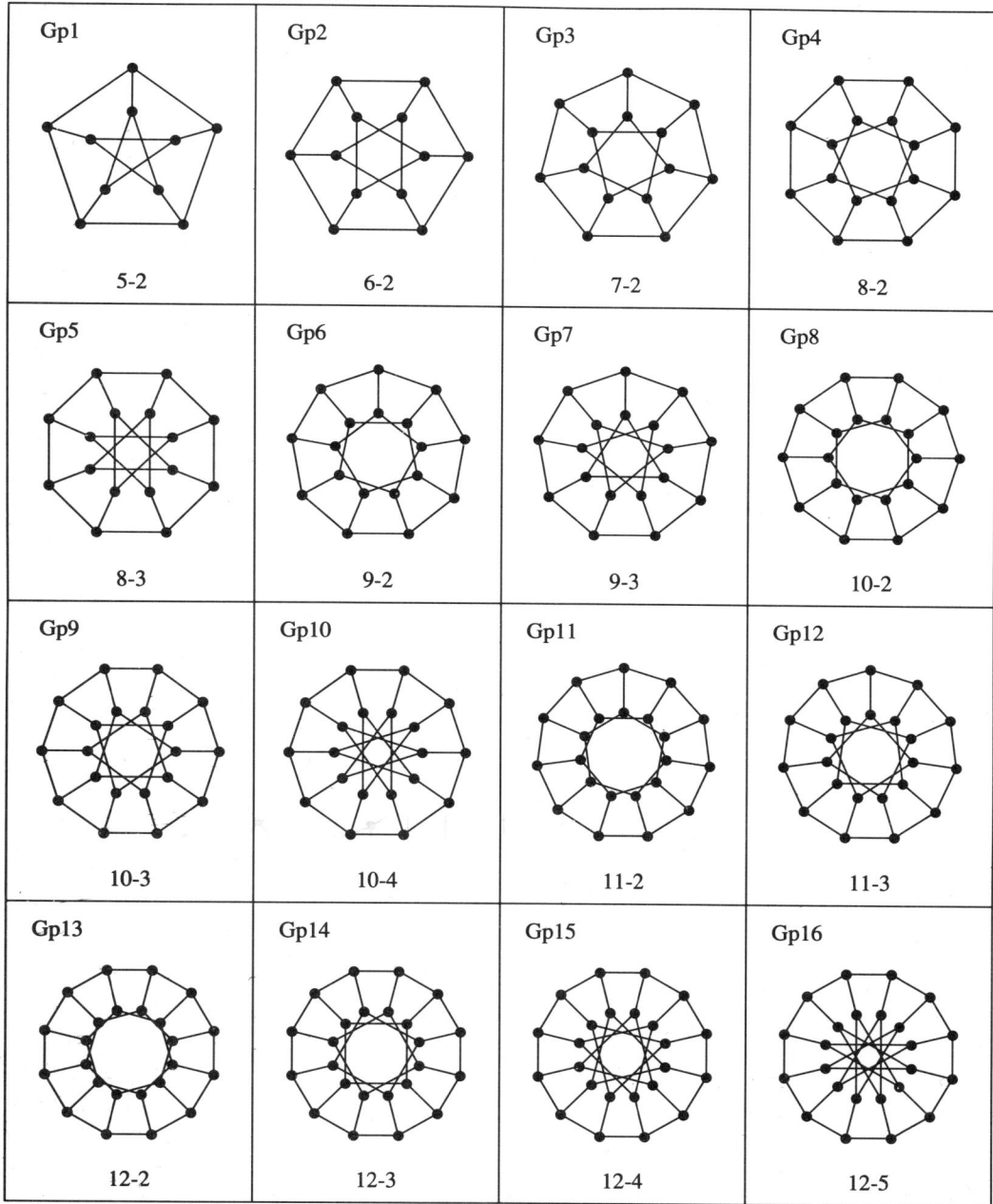

Snarks: 10 - 20 vertices

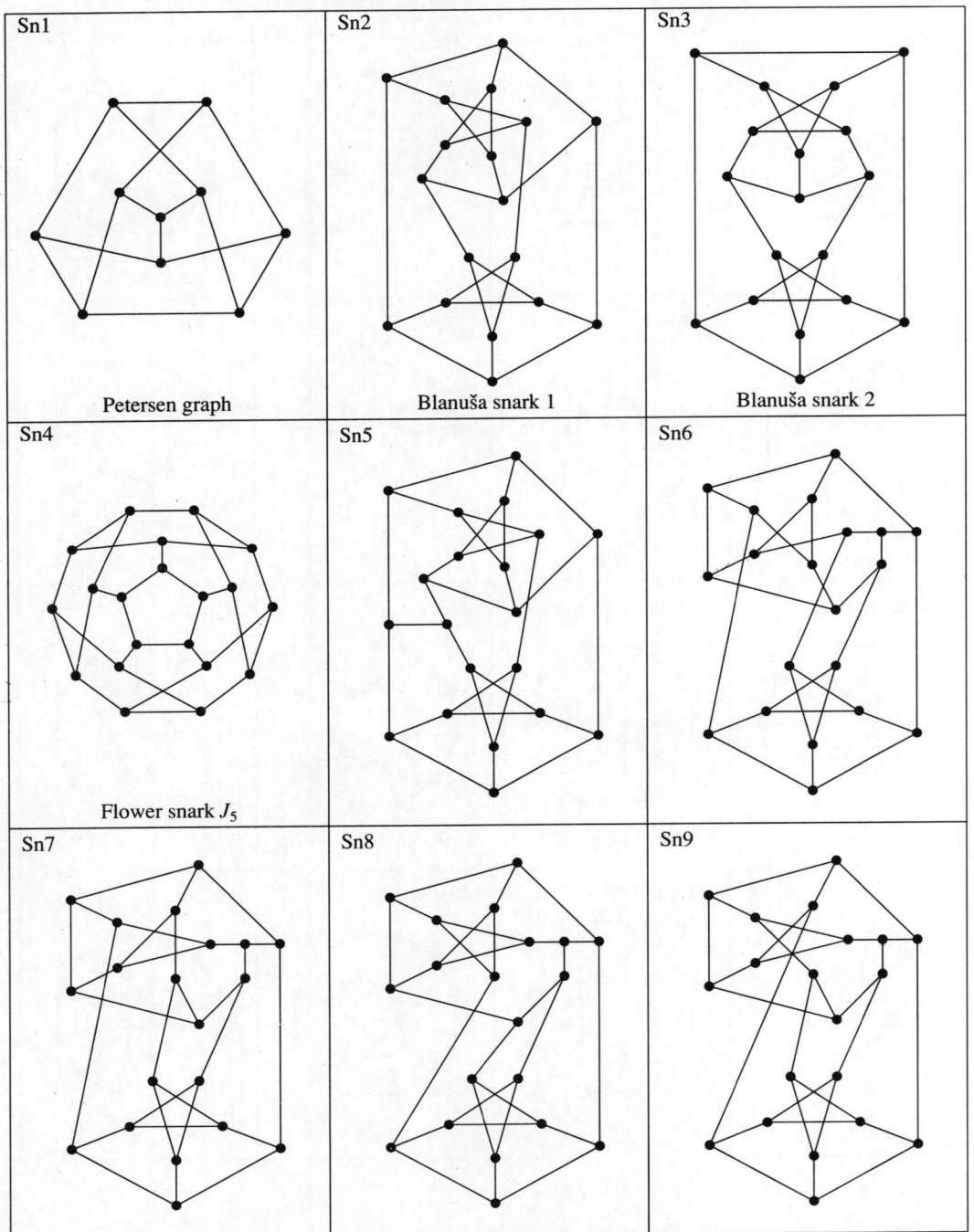

Snarks: 22 vertices

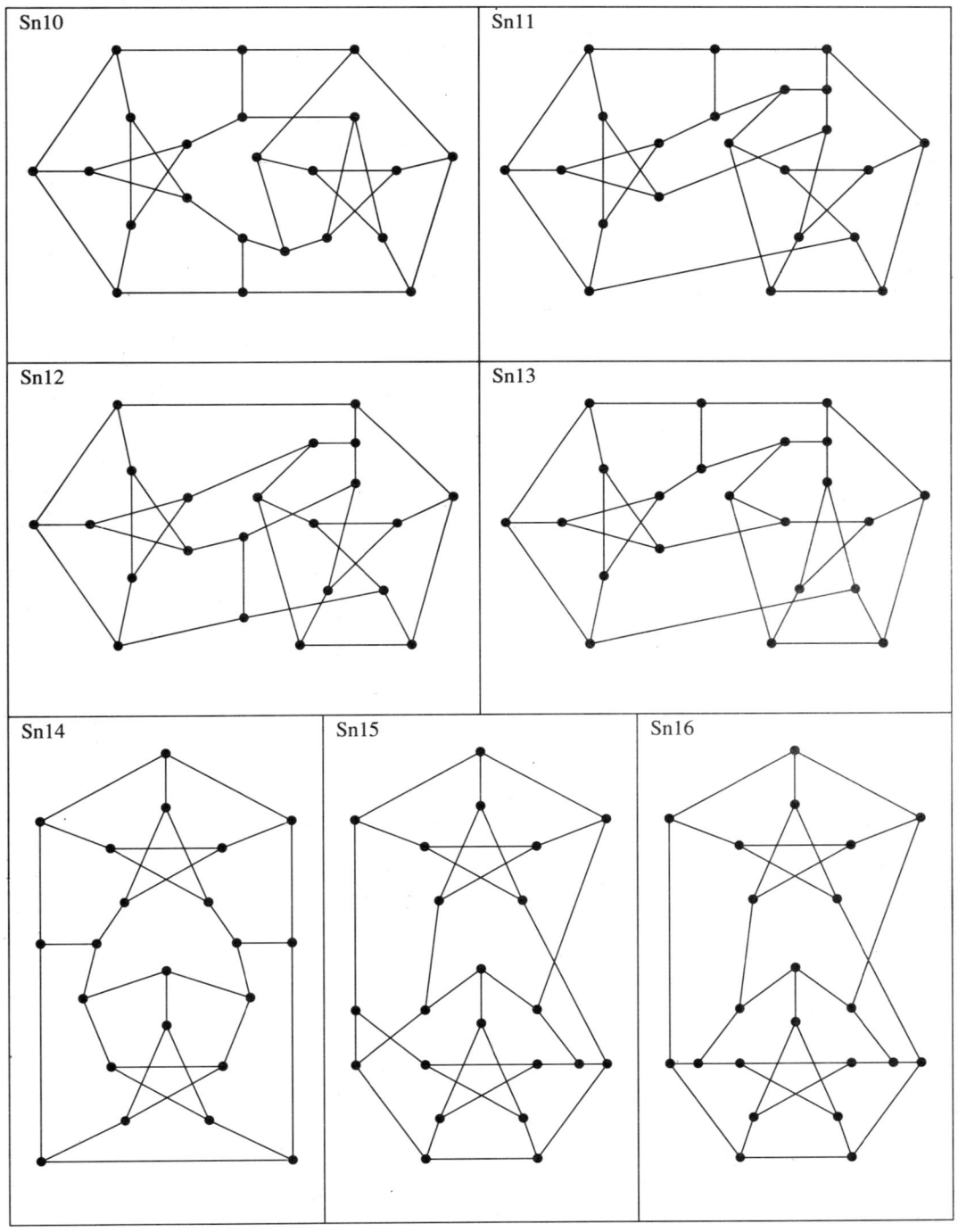

Snarks: 22 vertices

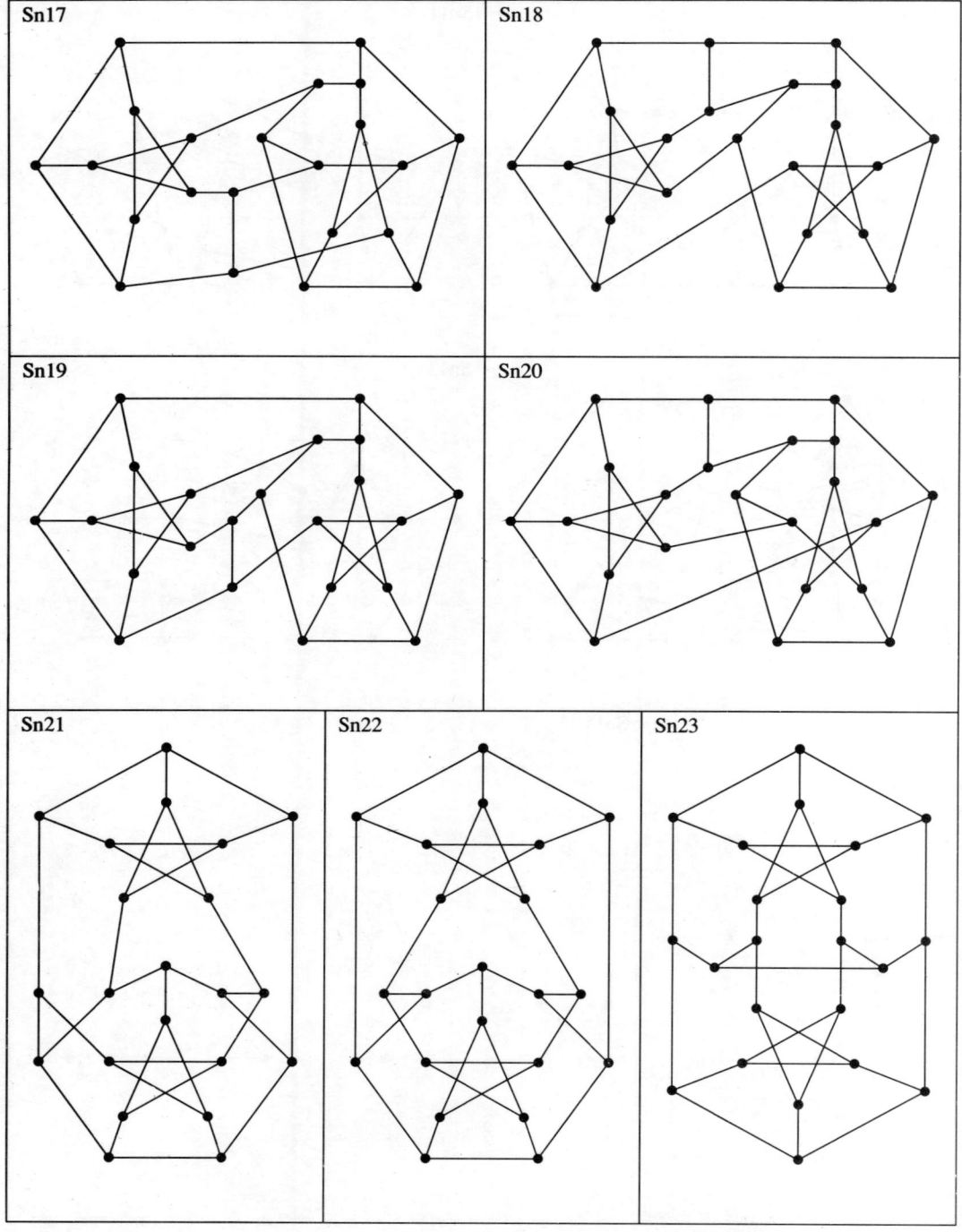

Snarks: 22 vertices

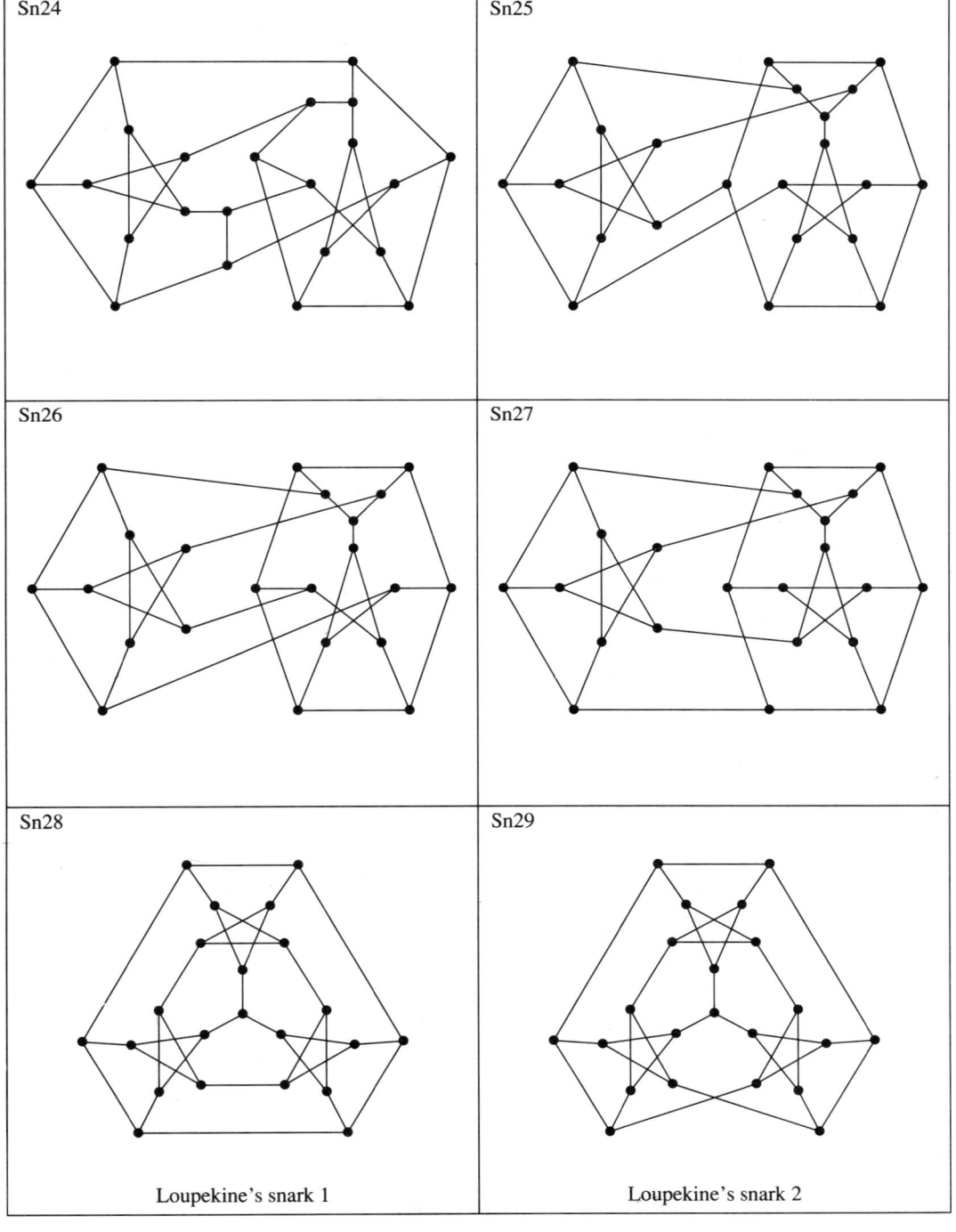

Sn24

Sn25

Sn26

Sn27

Sn28

Loupekine's snark 1

Sn29

Loupekine's snark 2

280   Special graphs

Blanuša snarks: 26 - 42 vertices

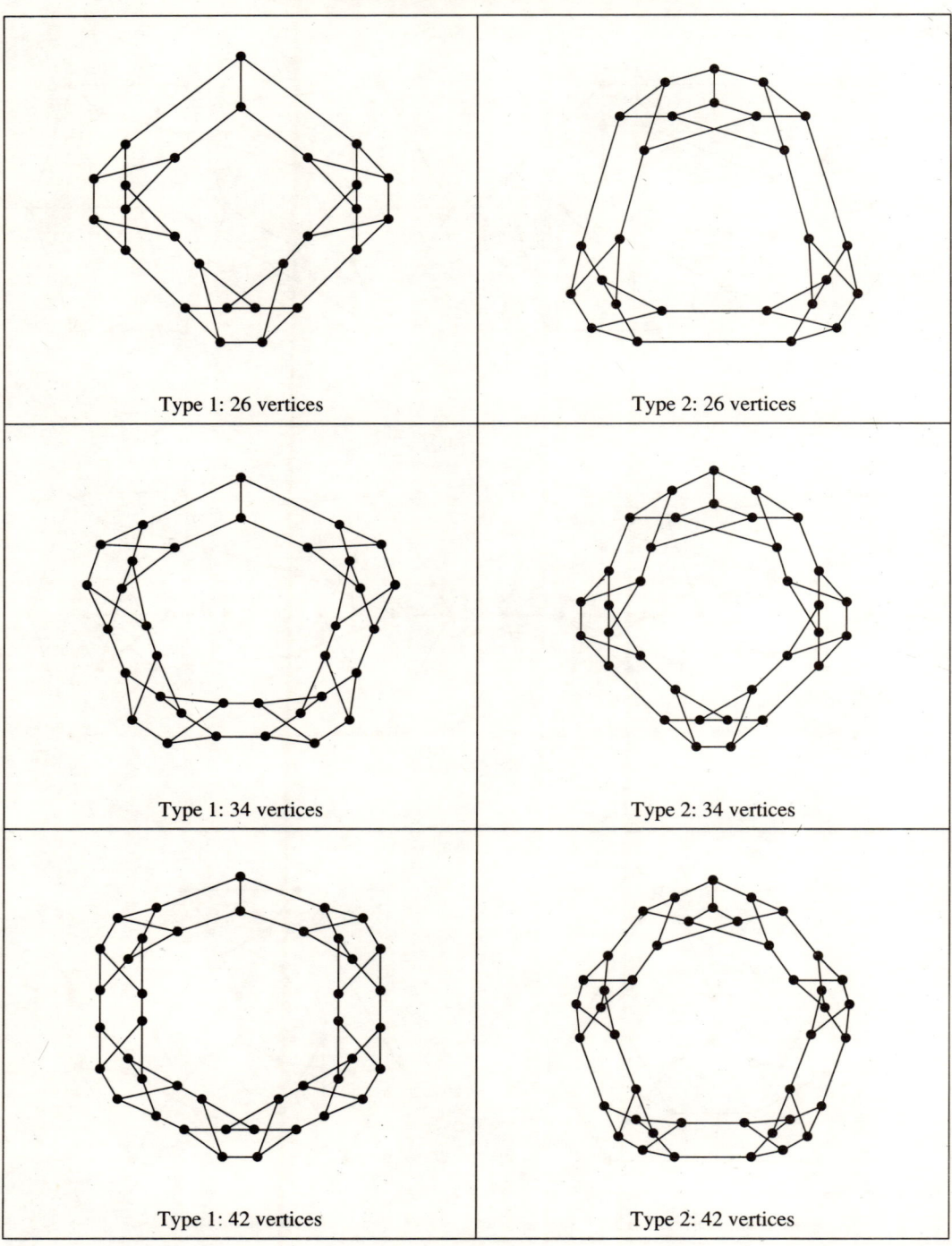

More snarks

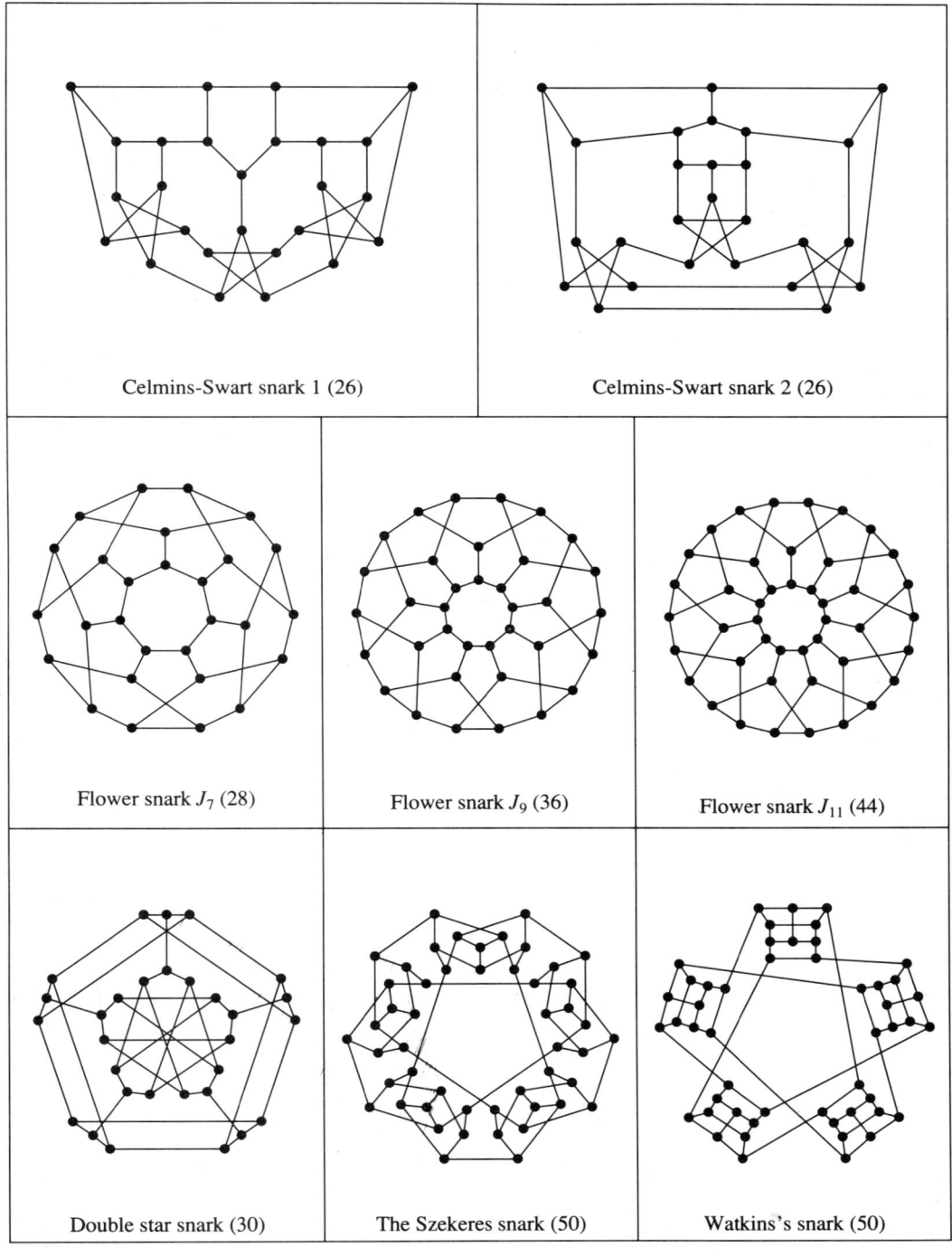

Celmins-Swart snark 1 (26) Celmins-Swart snark 2 (26)

Flower snark J_7 (28) Flower snark J_9 (36) Flower snark J_{11} (44)

Double star snark (30) The Szekeres snark (50) Watkins's snark (50)

Graphs drawn with minimum crossings

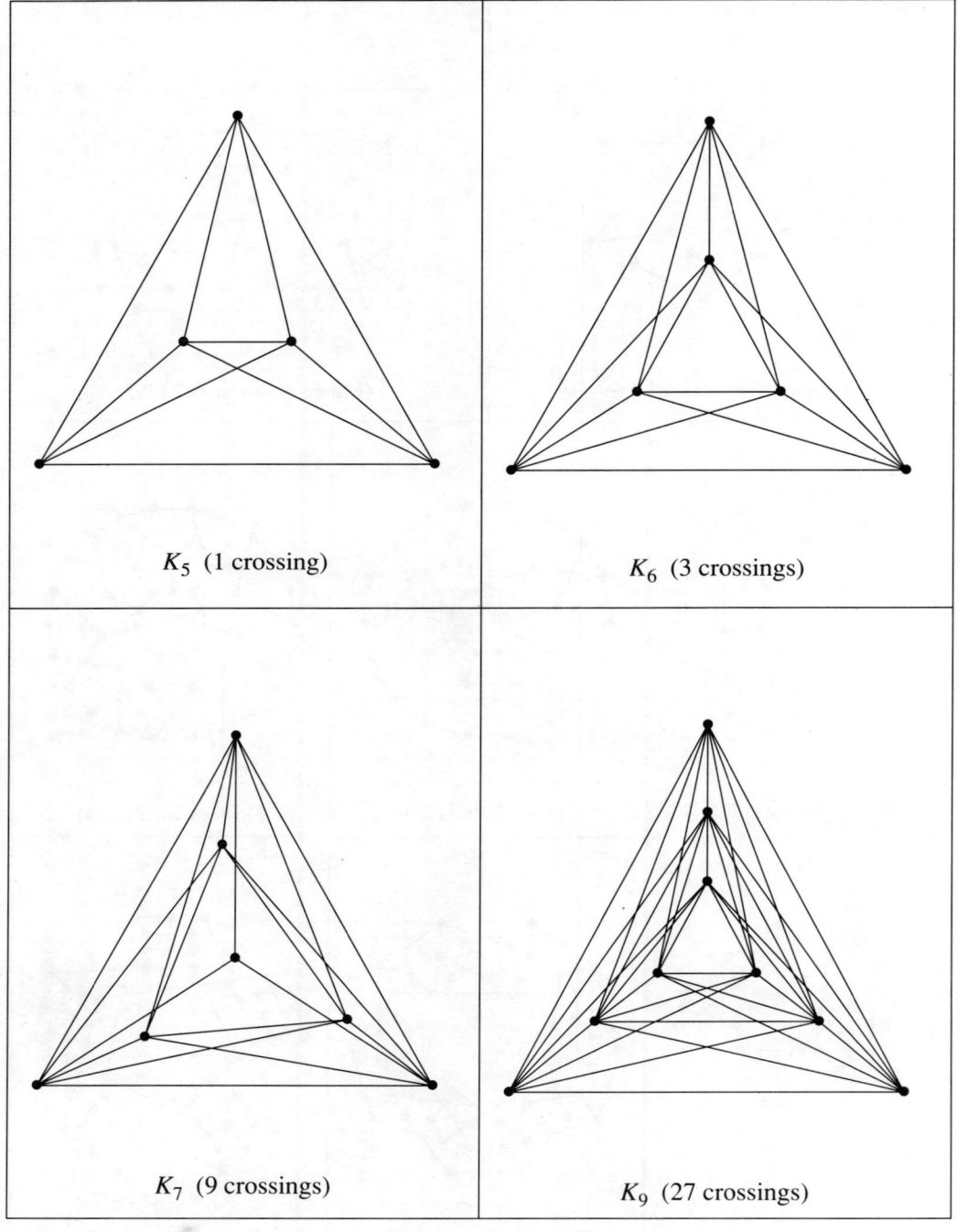

K_5 (1 crossing)

K_6 (3 crossings)

K_7 (9 crossings)

K_9 (27 crossings)

Graphs drawn with minimum crossings

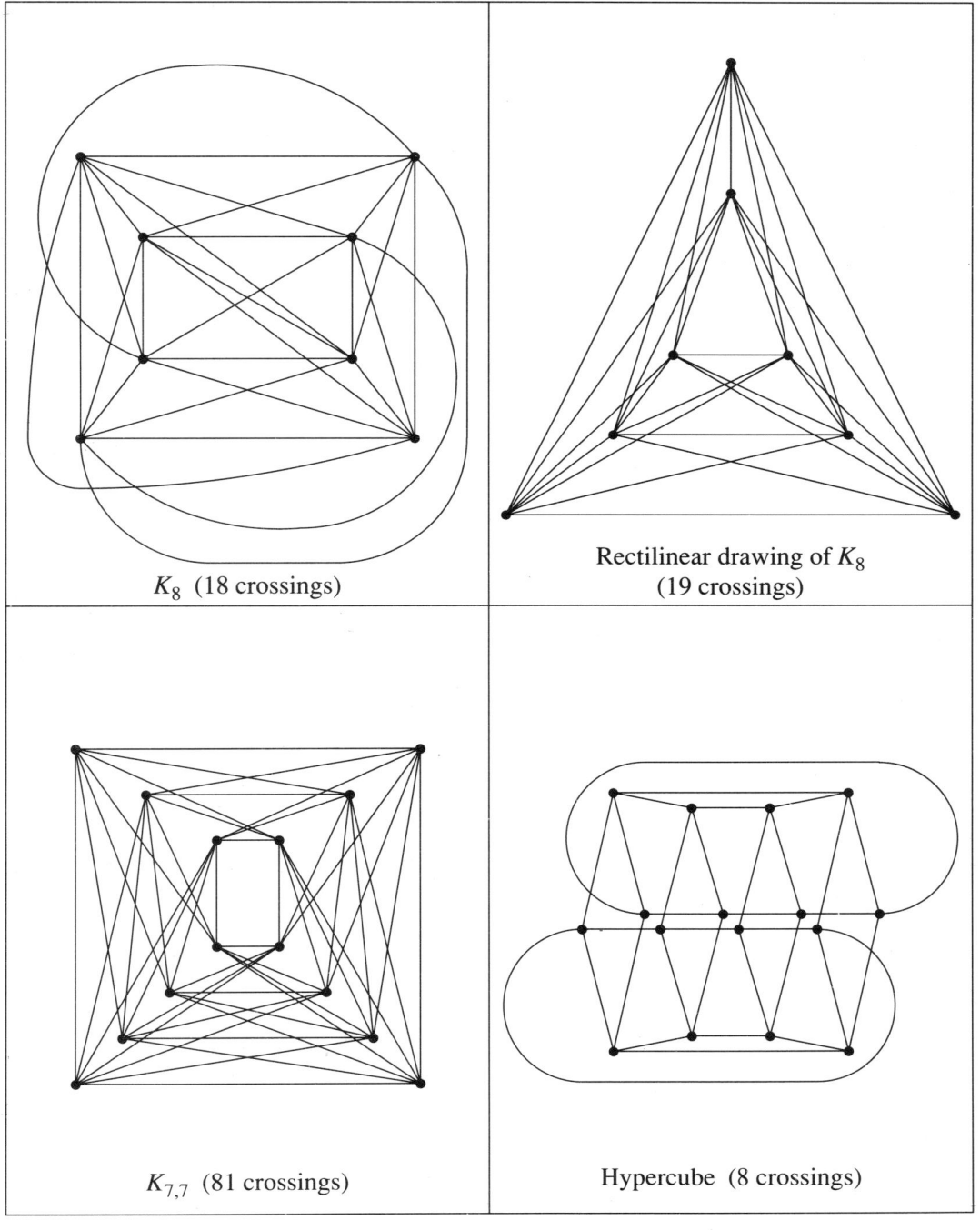

K_8 (18 crossings)

Rectilinear drawing of K_8 (19 crossings)

$K_{7,7}$ (81 crossings)

Hypercube (8 crossings)

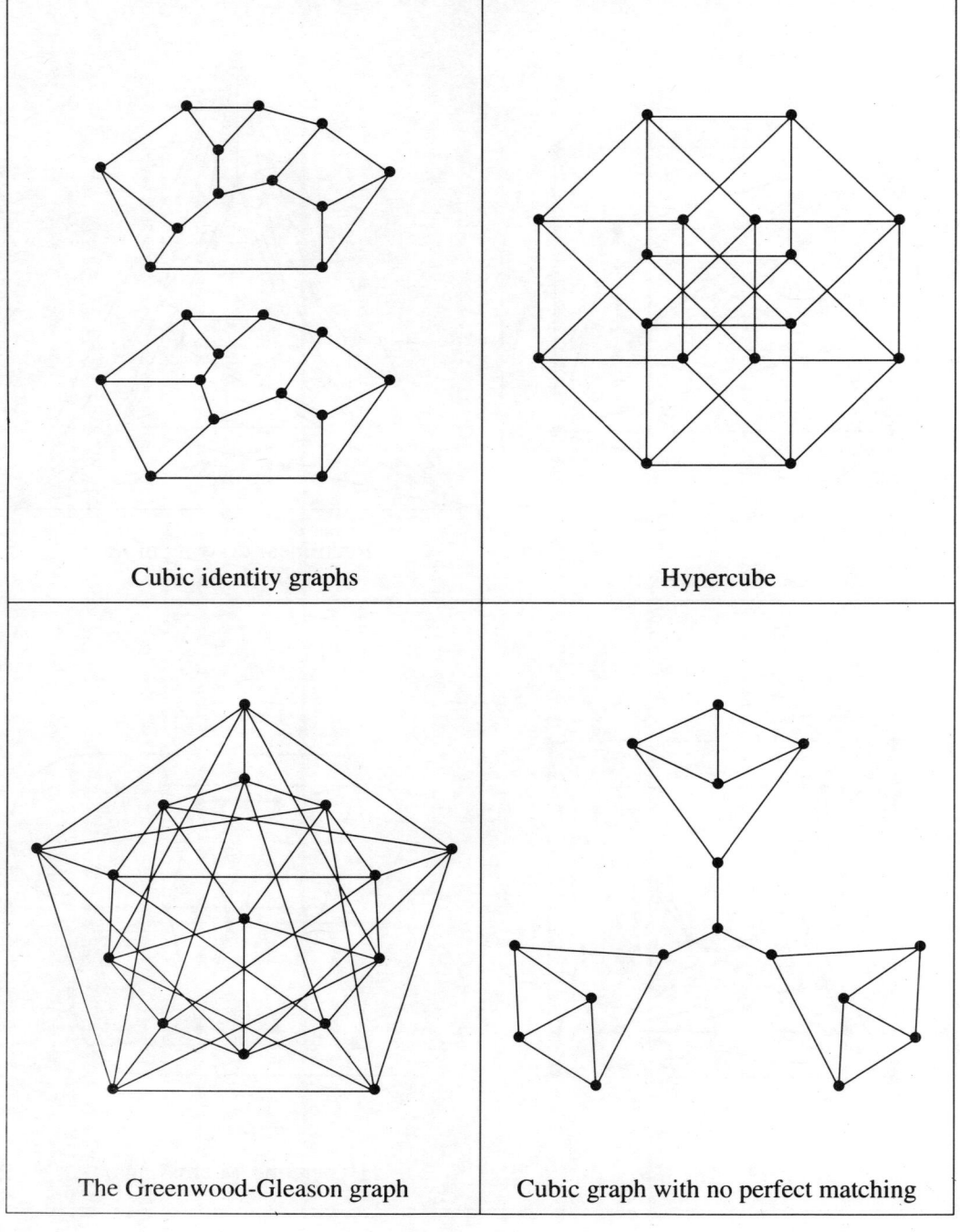

Miscellaneous regular graphs

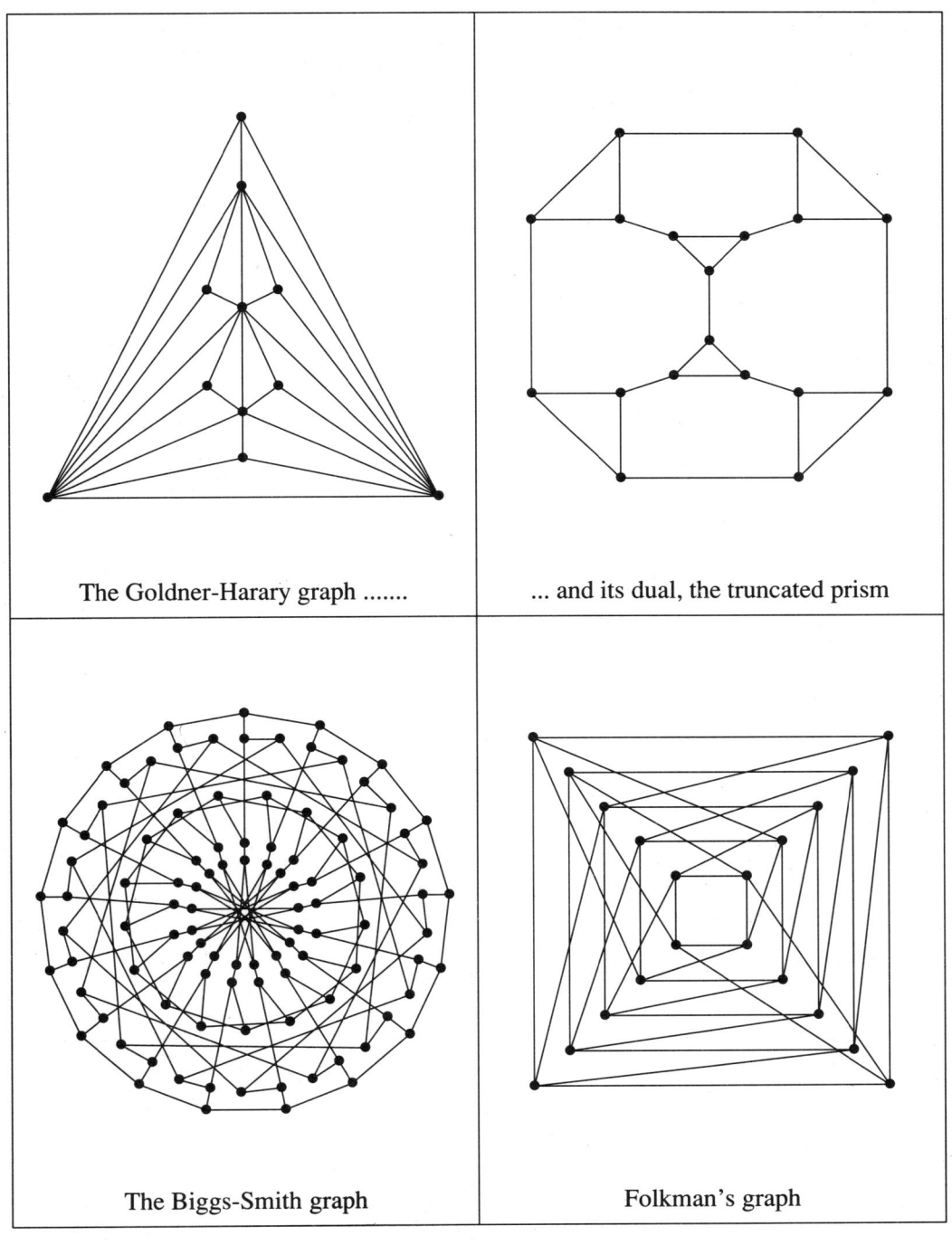

The Goldner-Harary graph .... and its dual, the truncated prism

The Biggs-Smith graph   Folkman's graph

286   Special graphs

Miscellaneous regular graphs

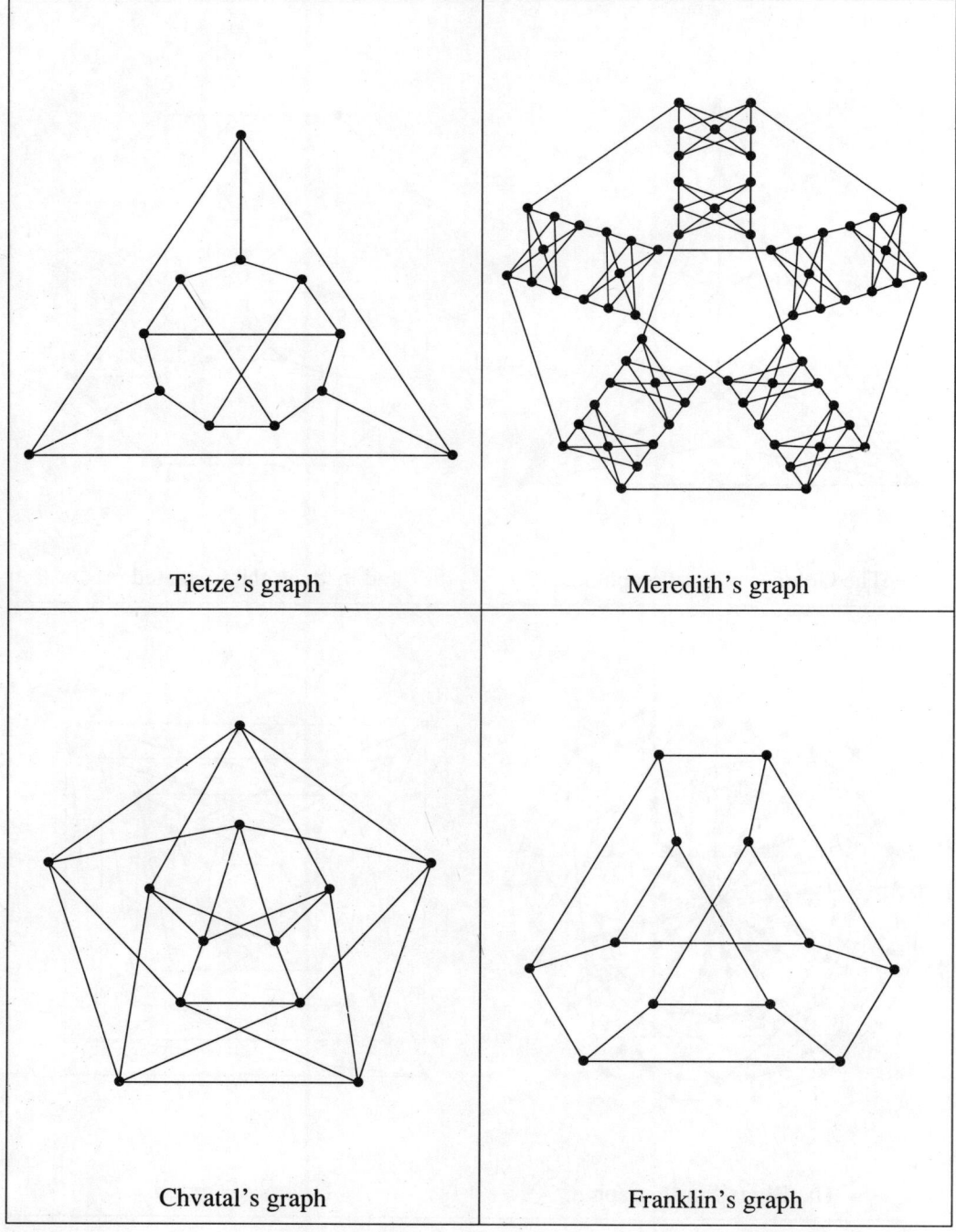

Tietze's graph

Meredith's graph

Chvatal's graph

Franklin's graph

Miscellaneous graphs

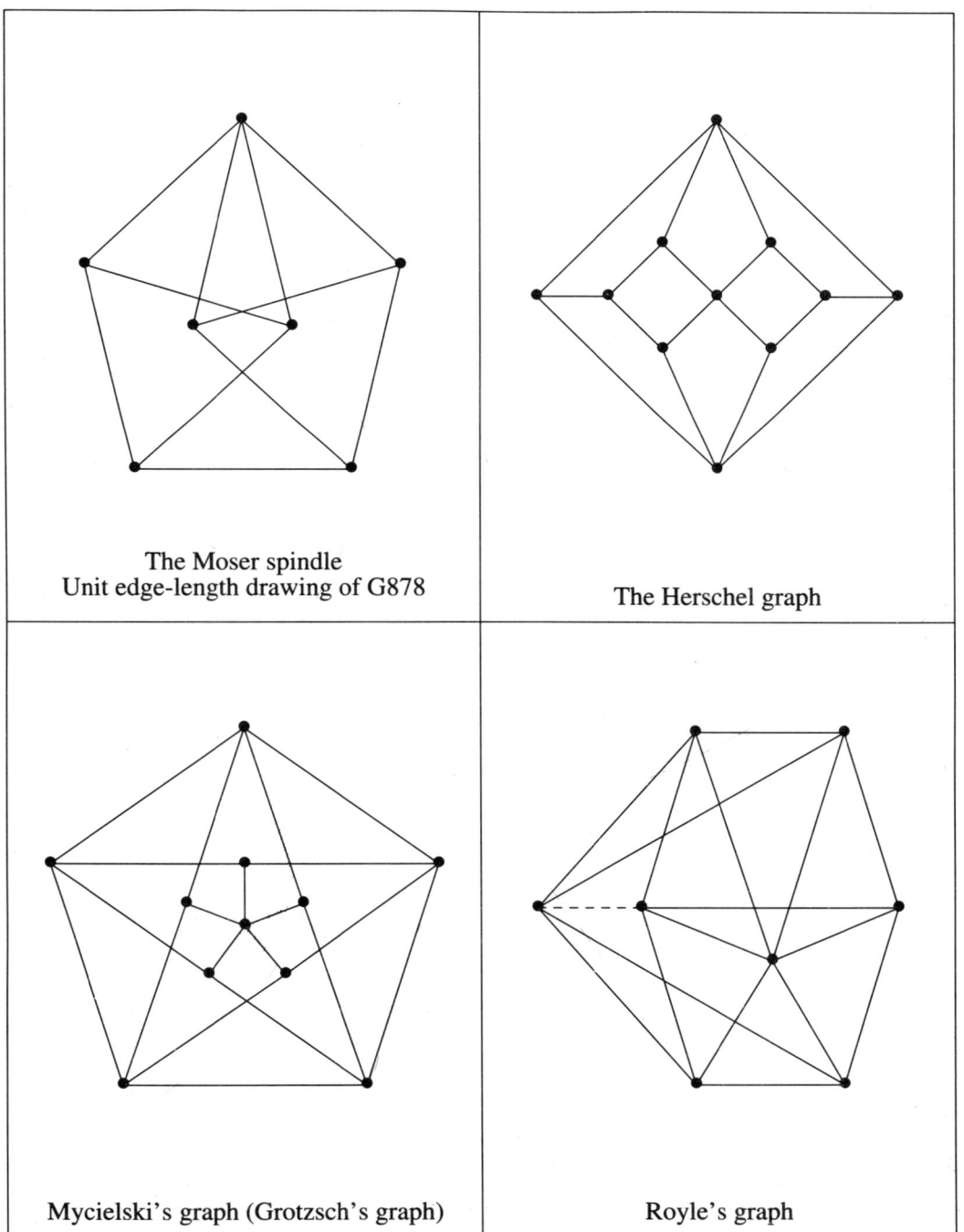

The Moser spindle
Unit edge-length drawing of G878

The Herschel graph

Mycielski's graph (Grotzsch's graph)

Royle's graph

288 Special graphs

Forbidden sets

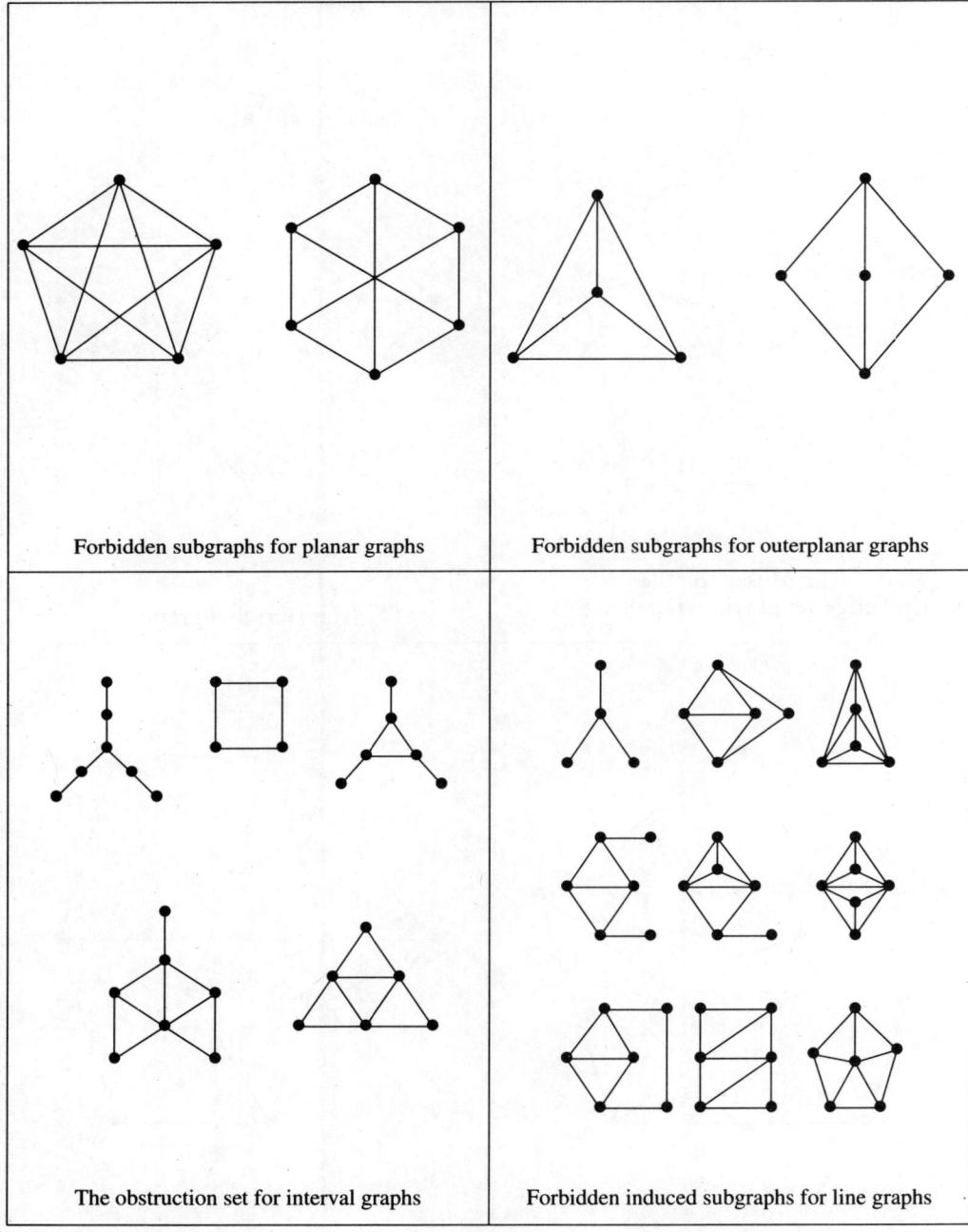

7 DIGRAPHS

A **digraph** $D = (V, A)$ consists of a non-empty finite set V of elements, called **vertices**, and a set A of ordered pairs of distinct elements of V, called **arcs**. Any digraph can be represented as a diagram, with vertices represented by points and arcs represented by directed lines joining the corresponding pairs of points. The following diagram depicts a digraph with four vertices and seven arcs.

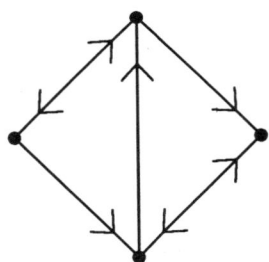

The **underlying graph** of a digraph D is the graph obtained by replacing each arc of D by the corresponding undirected edge. The **converse** of D is the digraph obtained by reversing the direction of each arc in D, and the **complement** of D is the digraph with vertex set V in which vw is an arc if and only if it is *not* an arc in D. A digraph is **self-converse** if it is isomorphic to its converse, and **self-complementary** if it is isomorphic to its complement. A **tournament** is a digraph in which each pair of vertices is joined by exactly one arc.

The number of arcs directed out of a vertex v is the **out-degree** of v, and the number of arcs directed into v is the **in-degree** of v. The above digraph has one vertex of out-degree 1 and in-degree 2, one vertex of out-degree 2 and in-degree 1, and two vertices of out-degree and in-degree 2; we list these degrees as 1222/2122, with the out-degrees appearing first in non-decreasing order. A **2-regular digraph** is a digraph in which each out-degree and in-degree is 2.

A sequence of k distinct arcs of D of the form $uv, vw, wx, \ldots, yz$ is a **trail of length** k from u to z; if, in addition, the vertices $u, v, w, \ldots, z$ are distinct, then the trail is a **path**. The **diameter** of D is max $d(x, y)$ $(x, y \in V)$, where $d(x, y)$ is the number of arcs in a shortest path from x to y; the above digraph has diameter 2. A sequence of distinct arcs of the form $uv, vw, wx, \ldots, yz, zu$ is a **closed trail**; if, in addition, the vertices $u, v, w, \ldots, z$ are distinct, then the closed trail is a **cycle**.

290 Digraphs

A digraph D is **(weakly-)connected** if its underlying graph is a connected graph, and **disconnected** otherwise. D is **unilateral** (or **one-way connected**) if any two given vertices are joined by a path in one direction, and **strong** (or **strongly-connected**) if there is a path from any vertex to any other.

An **automorphism** (or **symmetry**) of D is a permutation π of V for which vw is an arc whenever $\pi(v)\pi(w)$ is. D is **transitive** if, for each pair of vertices v and w, there is an automorphism of D that maps v to w. A transitive digraph is a **finite topology**.

A digraph D is **Eulerian** if it has a closed trail that includes each arc exactly once; equivalently, D is connected and the out-degree and in-degree of each vertex are equal. D is **Hamiltonian** if it has a cycle that includes each vertex exactly once. A digraph is **acyclic** if it has no cycles.

Page 291 lists the numbers of digraphs of various types with up to 11 vertices. Pages 292–297 depict the digraphs with up to 4 vertices, together with their out-degree and in-degree sequences. The digraphs are listed

- in increasing order of the number of vertices;
- for a fixed number of vertices, in increasing order of the number of arcs;
- for fixed numbers of vertices and arcs, in increasing order of the degree sequences—for example, 0333/3222 precedes 1233/2223 and 1233/2223 precedes 1233/2322;
- for fixed degree sequences, in increasing number of automorphisms.

Pages 298–305 depict the acyclic digraphs with up to 5 vertices; in these drawings, all arcs are assumed to be directed upwards. Pages 306–308 depict the Eulerian digraphs with up to 5 vertices; pages 309–312 depict the 2-regular digraphs with up to 7 vertices; and pages 313–316 depict the self-complementary digraphs with up to 5 vertices. Pages 317–326 depict the tournaments with up to 7 vertices; in these drawings, all upward arcs are shown and downward arcs are implied. Note that the strong tournaments are precisely those for which it is impossible to draw a horizontal line that intersects none of the drawn arcs. Pages 327–330 depict the weakly connected transitive digraphs (connected finite topologies) with up to 5 vertices. Pages 331–334 list some important parameters for the digraphs depicted on pages 292–297.

Tables of digraph numbers

Digraphs, connected digraphs, unilateral digraphs and strong digraphs with n vertices, for n = 1, 2, ..., 11

n	digraphs	connected digraphs
1	1	1
2	3	2
3	16	13
4	218	199
5	9608	9364
6	15 40944	15 30843
7	8820 33440	8804 71142
8	179 33591 92848	179 24739 55306
9	13 02795 68243 99552	13 02616 16824 66252
10	3 41260 43195 29725 80352	3 41247 40039 94007 65678
11	3 25229 09385 05588 61111 97440	3 25225 68098 54811 53775 95264

n	unilateral digraphs	strong digraphs
1	1	1
2	2	1
3	11	5
4	172	83
5	8603	5048
6	14 78644	10 47008
7	—	7054 22362
8	—	158 03483 71788
9	—	12 13902 48252 60556
10	—	3 28160 95134 93438 85604
11	—	3 18310 80872 41258 93943 28804

Acyclic digraphs, self-complementary digraphs, self-converse digraphs and tournaments with n vertices, for n = 1, 2, ..., 11

n	acyclic	self-comp.	self-converse	tournaments
1	1	1	1	1
2	2	1	3	1
3	6	4	10	2
4	31	10	70	4
5	302	136	708	12
6	5984	720	15224	56
7	2 43668	44224	5 44152	456
8	202 86025	7 03760	395 76432	6880
9	34249 38010	1792 28736	50744 17616	1 91536
10	116 59486 12902	91683 31776	129 60330 11648	97 33056
11	79756 16753 49580	938 39399 74144	60417 89667 56320	9037 53248

292 Digraphs

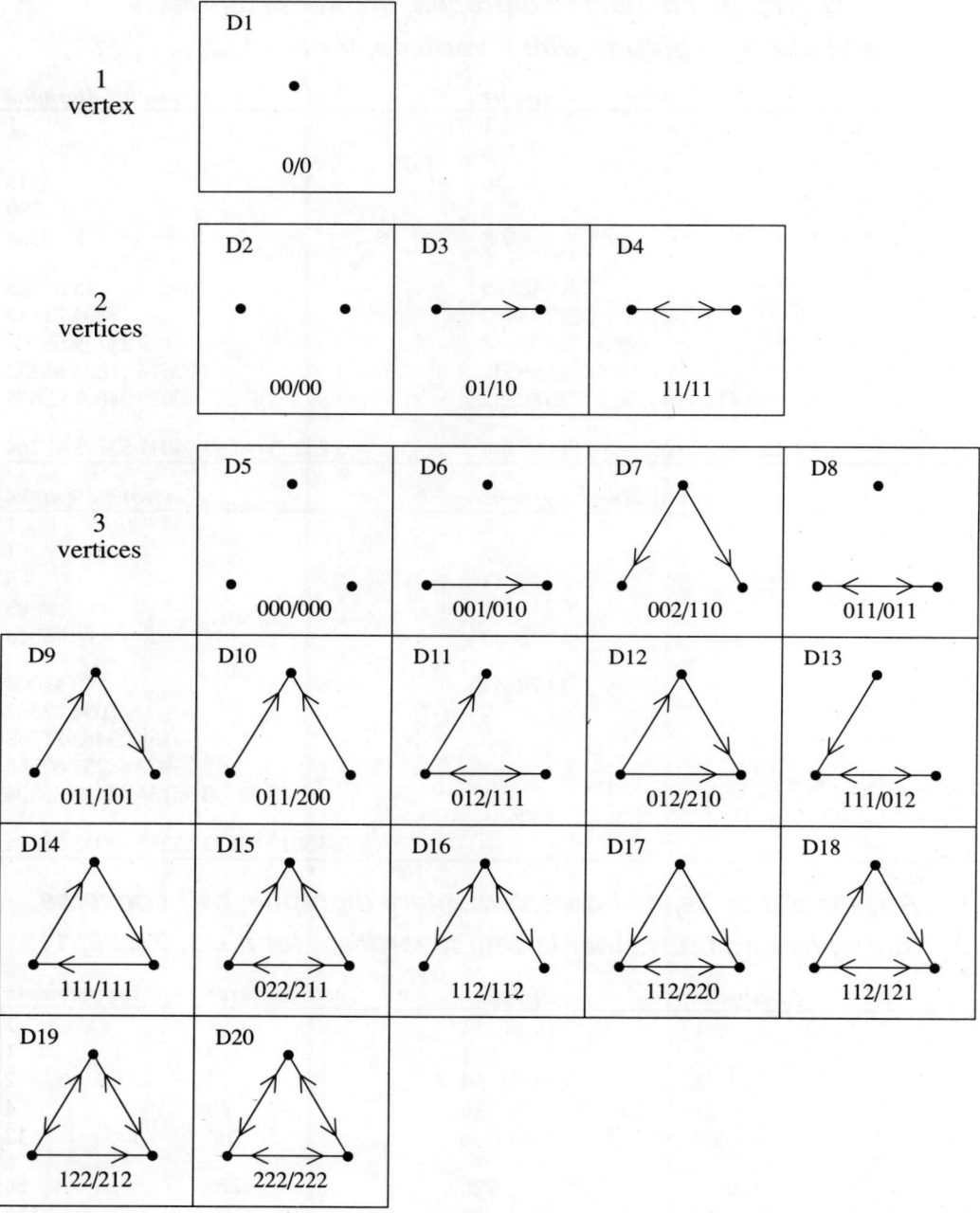

Digraphs: 4 vertices

0 - 4 arcs

	D21 0000/0000	D22 0001/0010	D23 0002/0110	D24 0011/0011	D25 0011/0101
D26 0011/0200	D27 0011/1100	D28 0003/1110	D29 0012/0111	D30 0012/0210	D31 0012/1101
D32 0012/1110	D33 0012/1200	D34 0111/0012	D35 0111/0111	D36 0111/1002	D37 0111/1011
D38 0111/1011	D39 0111/2001	D40 0111/3000	D41 0013/1111	D42 0013/1210	D43 0022/0211
D44 0022/1111	D45 0022/1201	D46 0022/2200	D47 0112/0112	D48 0112/0121	D49 0112/0220
D50 0112/1012	D51 0112/1021	D52 0112/1111	D53 0112/1111	D54 0112/1120	D55 0112/1120
D56 0112/2011	D57 0112/2011	D58 0112/2020	D59 0112/2110	D60 0112/2110	D61 0112/3010
D62 1111/0013	D63 1111/0022	D64 1111/0112	D65 1111/0112	D66 1111/1111	D67 1111/1111

294 Digraphs

Digraphs: 4 vertices

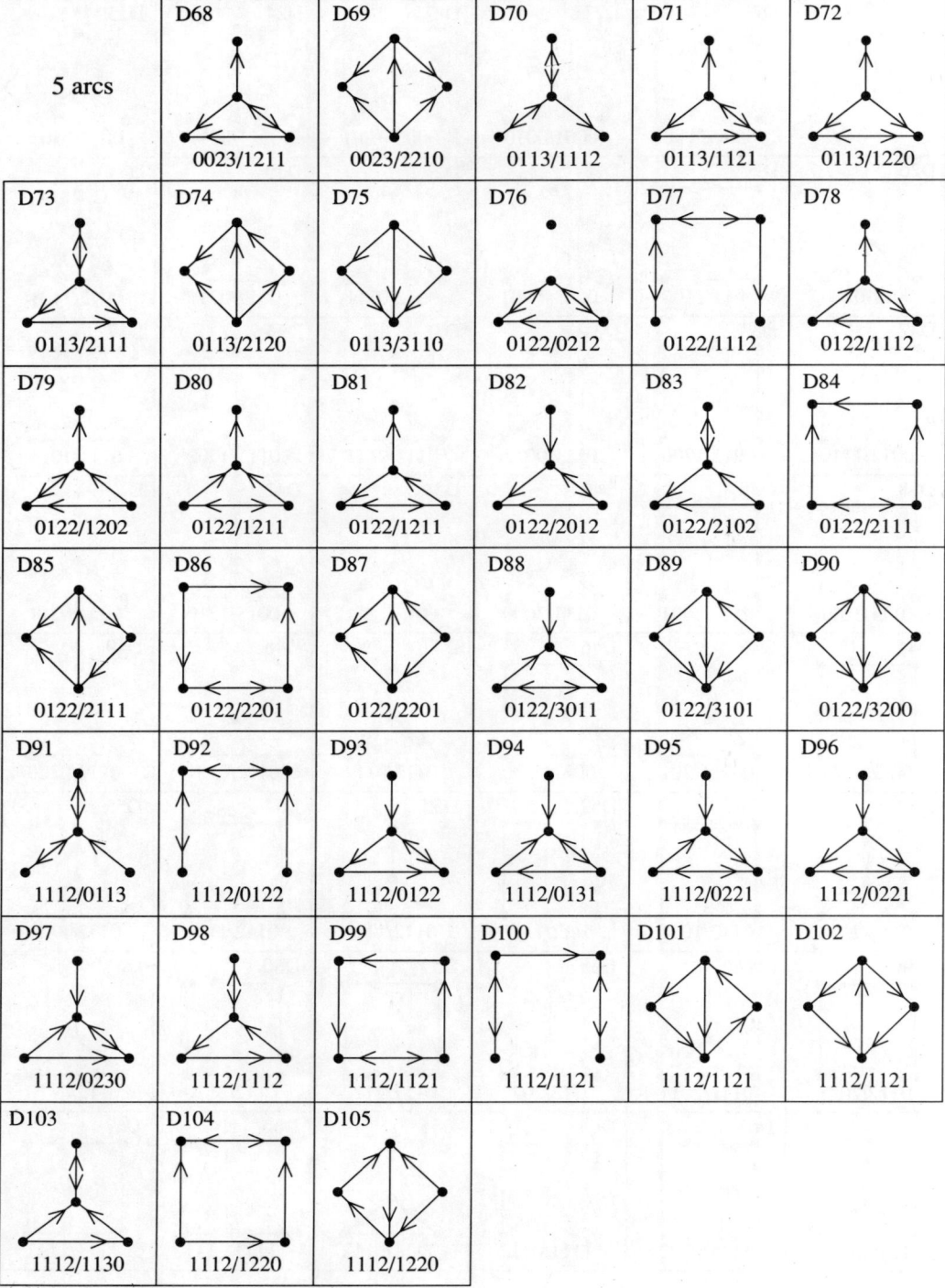

Digraphs: 4 vertices

6 arcs	D106 0033/2211	D107 0123/1212	D108 0123/1221	D109 0123/2112	D110 0123/2121	D111 0123/2211
D112 0123/2211	D113 0123/2220	D114 0123/3111	D115 0123/3210	D116 0222/0222	D117 0222/1122	D118 0222/2022
D119 0222/2112	D120 0222/2112	D121 0222/3012	D122 0222/3111	D123 1113/1113	D124 1113/1122	D125 1113/1131
D126 1113/1221	D127 1113/1221	D128 1113/1230	D129 1113/2220	D130 1122/0213	D131 1122/0222	D132 1122/0312
D133 1122/1113	D134 1122/1122	D135 1122/1122	D136 1122/1203	D137 1122/1212	D138 1122/1212	D139 1122/1212
D140 1122/1212	D141 1122/1212	D142 1122/1212	D143 1122/1302	D144 1122/1311	D145 1122/1311	D146 1122/2202
D147 1122/2202	D148 1122/2211	D149 1122/2211	D150 1122/2211	D151 1122/2301	D152 1122/2301	D153 1122/3300

Digraphs: 4 vertices

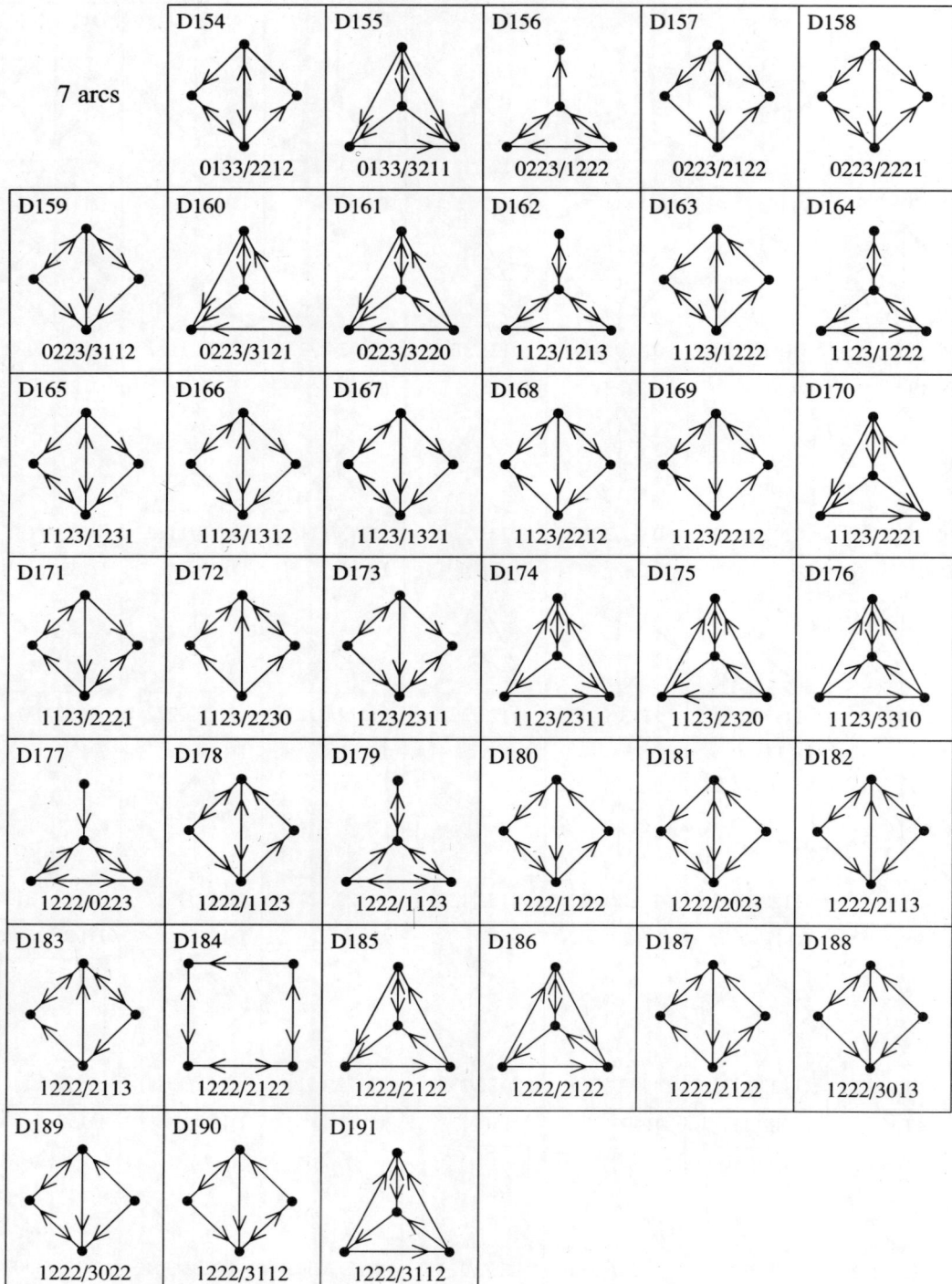

Digraphs: 4 vertices

8 - 12 arcs	D192 0233/2222	D193 0233/3212	D194 1133/2213	D195 1133/2222	D196 1133/2312
D197 1133/3311	D198 1223/1223	D199 1223/1232	D200 1223/2123	D201 1223/2132	D202 1223/2222
D203 1223/2222	D204 1223/2231	D205 1223/2231	D206 1223/3113	D207 1223/3122	D208 1223/3122
D209 1223/3131	D210 1223/3221	D211 1223/3221	D212 1223/3230	D213 2222/0233	D214 2222/1133
D215 2222/1223	D216 2222/1223	D217 2222/2222	D218 2222/2222	D219 0333/3222	D220 1233/2223
D221 1233/2322	D222 1233/3213	D223 1233/3222	D224 1233/3312	D225 2223/1233	D226 2223/1332
D227 2223/2223	D228 2223/2232	D229 2223/2232	D230 2223/2331	D231 2223/3330	D232 1333/3223
D233 2233/2233	D234 2233/2323	D235 2233/3313	D236 2233/3322	D237 2333/3233	D238 3333/3333

Acyclic digraphs: 1 - 4 vertices
(All arcs are directed upwards)

1 - 3 vertices

	A1	A2	A3	A4	A5	A6
	0/0	00/00	01/10	000/000	001/010	011/200

A7	A8	A9
002/110	011/101	012/210

4 vertices

A10	A11	A12	A13	A14	A15
0000/0000	0001/0010	0011/0200	0011/0101	0002/0110	0011/1100

A16	A17	A18	A19	A20	A21	A22
0111/3000	0012/0210	0111/1002	0111/2001	0012/1200	0012/1101	0111/1011

A23	A24	A25	A26	A27	A28	A29
0012/1110	0003/1110	0112/3010	0112/2020	0022/2200	0112/2011	0112/1120

A30	A31	A32	A33	A34	A35	A36
0022/1201	0112/2110	0112/2110	0013/1210	0122/3200	0122/3101	0113/3110

A37	A38	A39	A40
0122/2201	0113/2120	0023/2210	0123/3210

Acyclic digraphs: 5 vertices

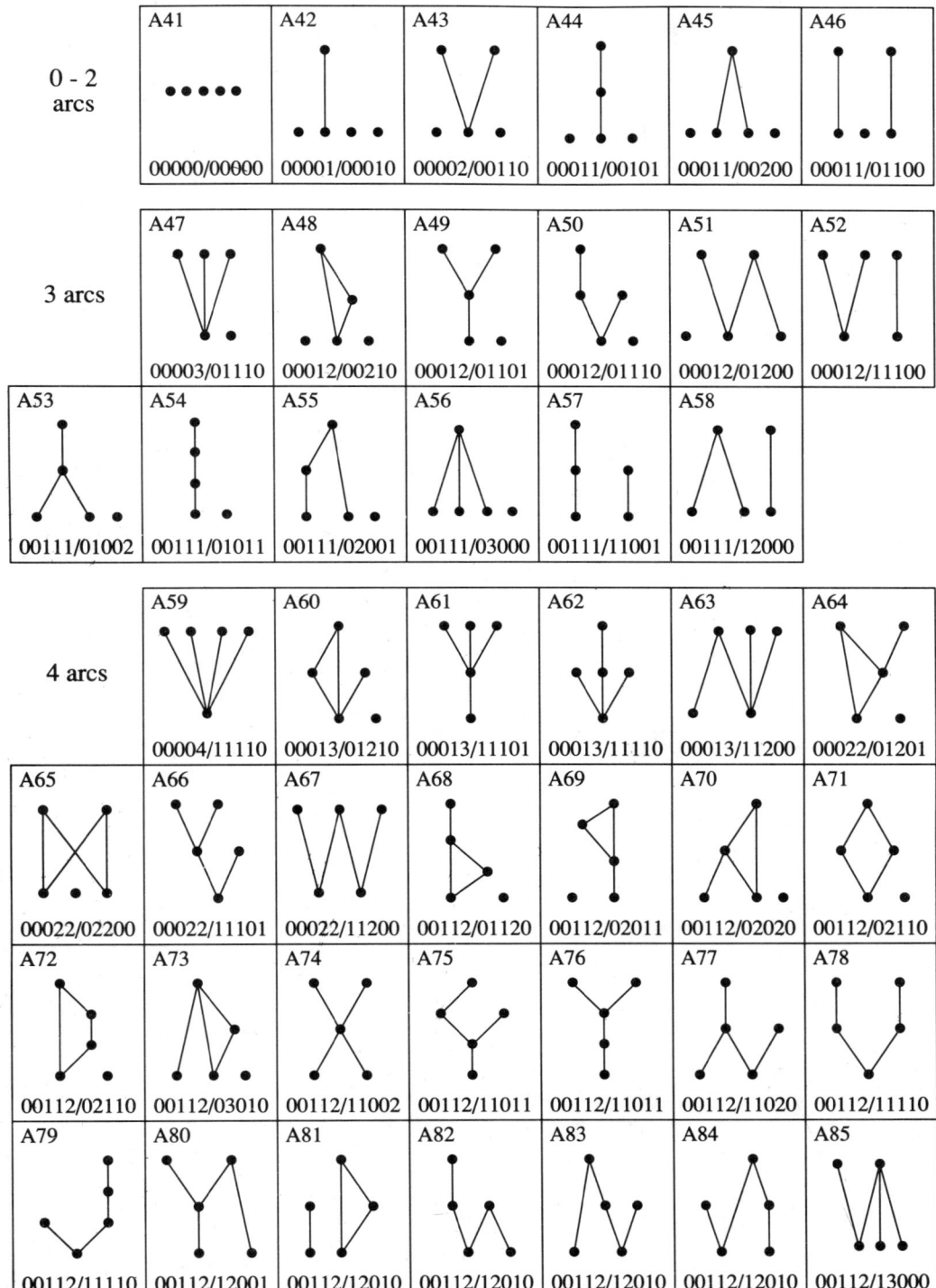

300 Digraphs

Acyclic digraphs: 5 vertices

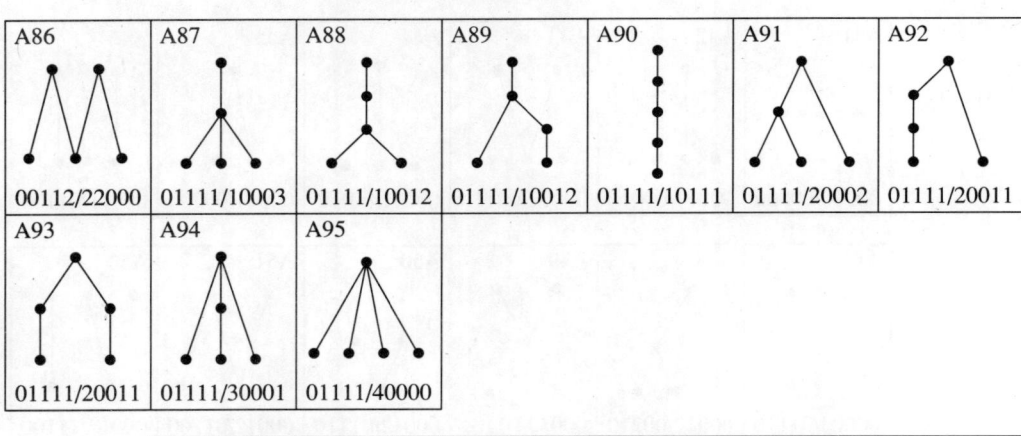

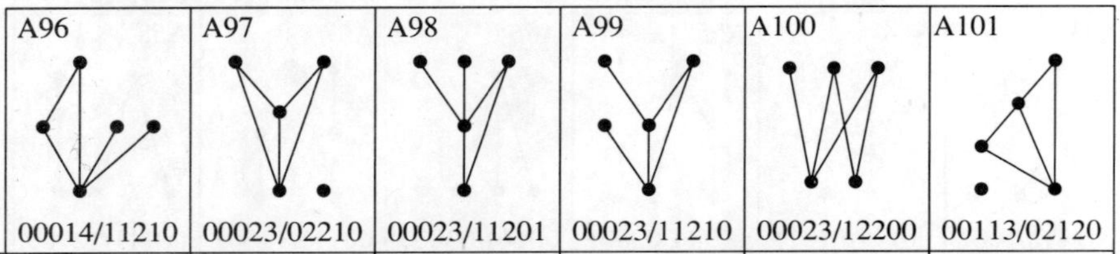

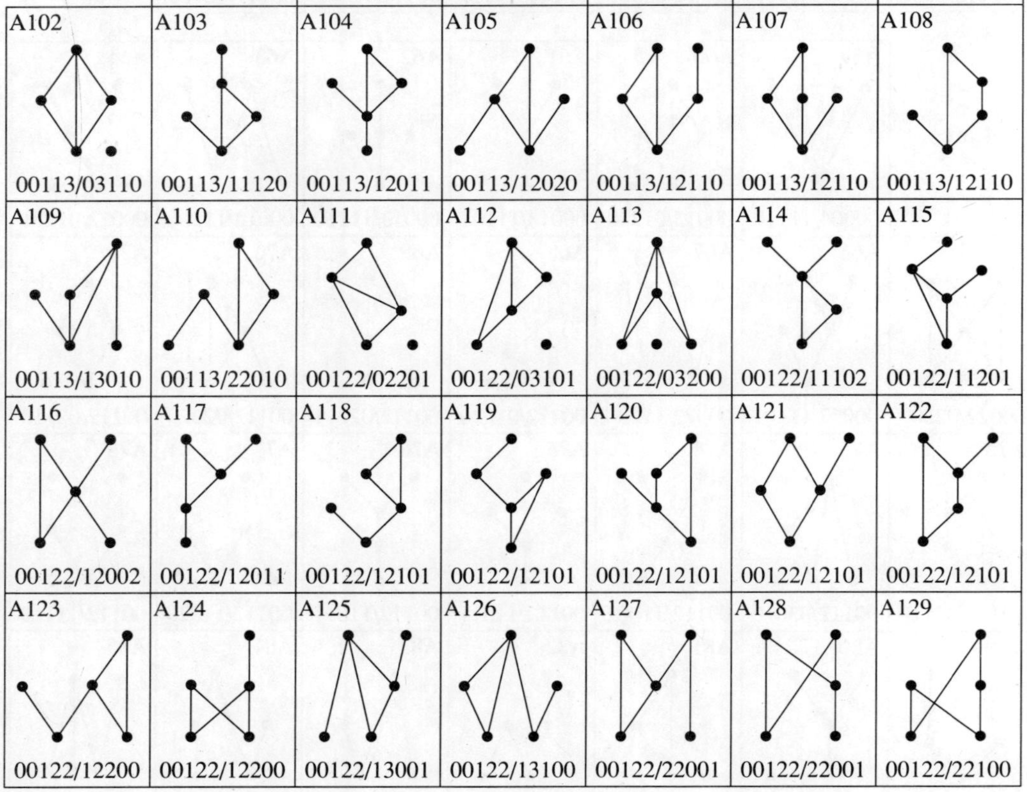

Acyclic digraphs: 5 vertices

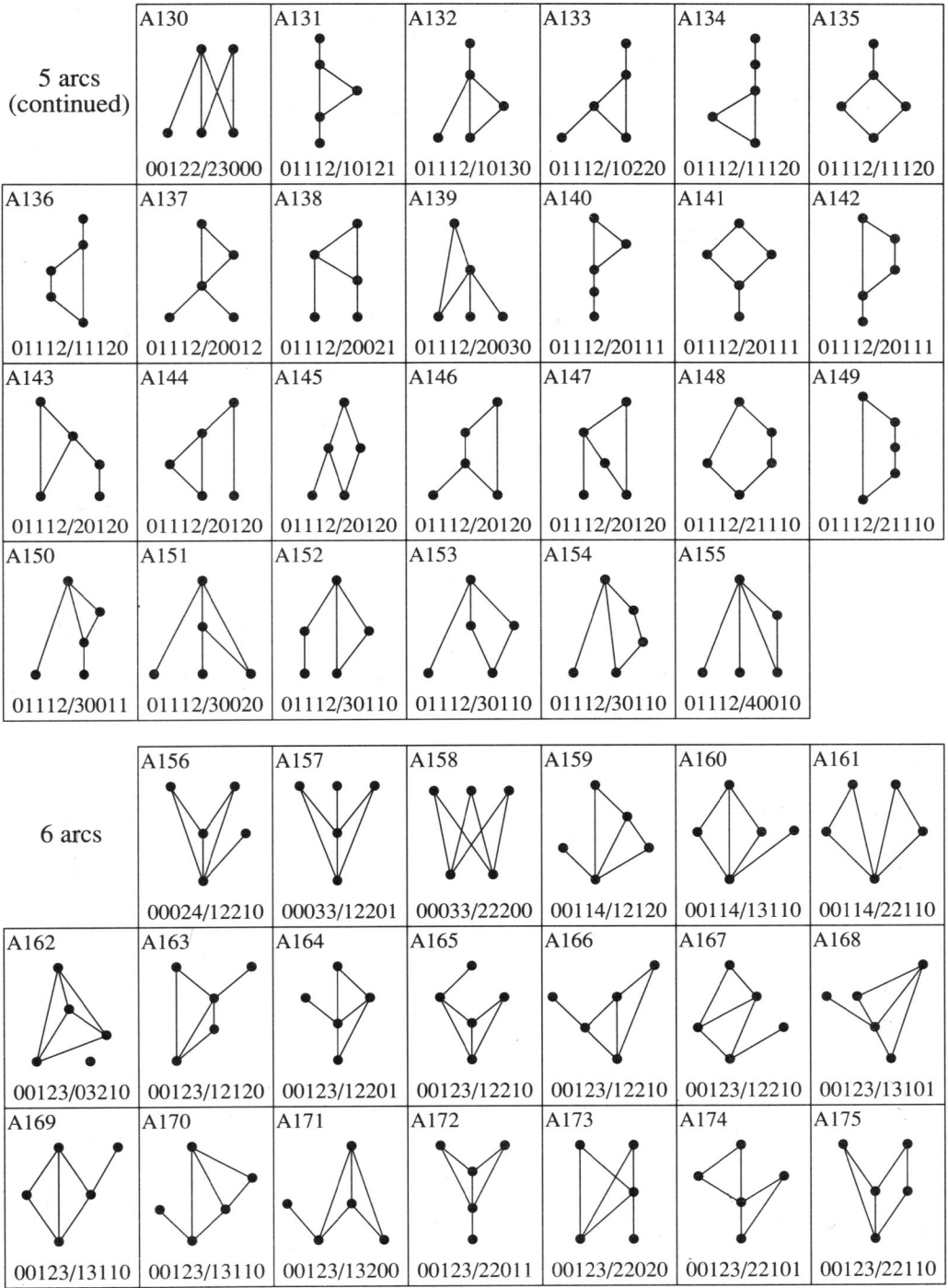

Acyclic digraphs: 5 vertices

A176 00123/22110	A177 00123/22110	A178 00123/22200	A179 00123/23010	A180 00123/23100	A181 00222/12012	A182 00222/13002
A183 00222/13011	A184 00222/22002	A185 00222/22011	A186 00222/22011	A187 00222/23001	A188 00222/33000	A189 01113/11130
A190 01113/11220	A191 01113/20121	A192 01113/20130	A193 01113/20220	A194 01113/21120	A195 01113/21120	A196 01113/21120
A197 01113/21120	A198 01113/30111	A199 01113/30120	A200 01113/30120	A201 01113/31110	A202 01113/31110	A203 01113/40110
A204 01122/11301	A205 01122/12201	A206 01122/12300	A207 01122/20202	A208 01122/20211	A209 01122/20301	A210 01122/21102
A211 01122/21201	A212 01122/21201	A213 01122/21201	A214 01122/21201	A215 01122/21201	A216 01122/21201	A217 01122/21300
A218 01122/22200	A219 01122/22200	A220 01122/30102	A221 01122/30111	A222 01122/30201	A223 01122/30201	A224 01122/30201

Acyclic digraphs: 1–5 vertices 303

Acyclic digraphs: 5 vertices

6 arcs (continued)

A225	A226	A227	A228	A229	A230
01122/30300	01122/31101	01122/31101	01122/31101	01122/31101	01122/31200
A231	A232	A233	A234	A235	
01122/31200	01122/31200	01122/40101	01122/40200	01122/41100	

7 arcs

A236	A237	A238	A239	A240	A241
00034/22210	00124/13210	00124/22120	00124/22210	00124/23110	00133/13201
A242	A243	A244	A245	A246	A247	A248
00133/22201	00133/23101	00133/23200	00223/13120	00223/22021	00223/22120	00223/23011
A249	A250	A251	A252	A253	A254	A255
00223/23020	00223/23110	00223/23110	00223/33010	01114/21130	01114/21220	01114/31120
A256	A257	A258	A259	A260	A261	A262
01114/41110	01123/12310	01123/21220	01123/21301	01123/21310	01123/21310	01123/22201
A263	A264	A265	A266	A267	A268	A269
01123/22210	01123/22210	01123/22210	01123/22300	01123/30211	01123/30220	01123/30310

Acyclic digraphs: 5 vertices

A270 01123/31120	A271 01123/31201	A272 01123/31201	A273 01123/31210	A274 01123/31210	A275 01123/31210	A276 01123/31210
A277 01123/31210	A278 01123/31210	A279 01123/31300	A280 01123/32200	A281 01123/32200	A282 01123/40210	A283 01123/41101
A284 01123/41110	A285 01123/41200	A286 01222/22012	A287 01222/23002	A288 01222/23011	A289 01222/31012	A290 01222/32002
A291 01222/32011	A292 01222/32011	A293 01222/32011	A294 01222/33001	A295 01222/41002	A296 01222/41011	A297 01222/42001
A298 01222/43000						

8 arcs

	A299 00134/23210	A300 00224/23120	A301 00224/33110	A302 00233/23201	A303 00233/33101	A304 00233/33200
A305 01124/22310	A306 01124/31220	A307 01124/31310	A308 01124/32210	A309 01124/32210	A310 01124/41210	A311 01133/22301

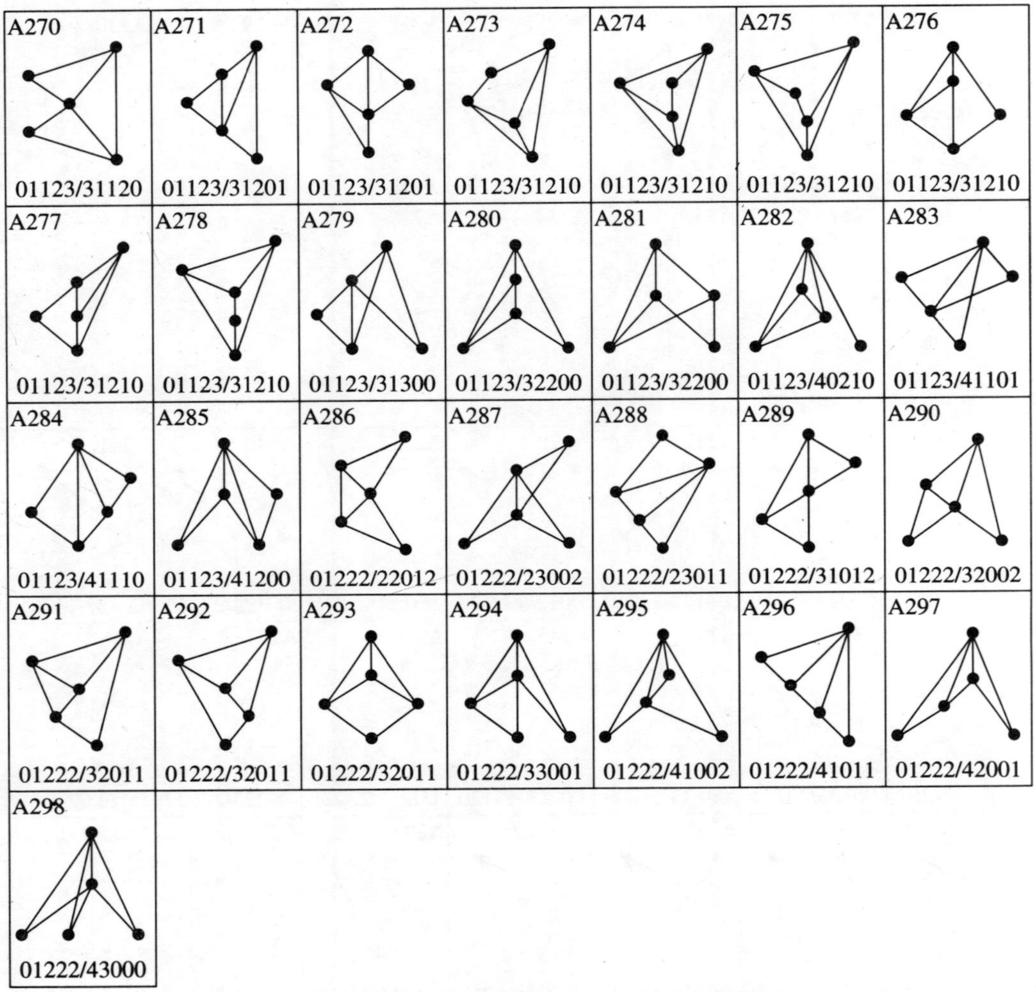

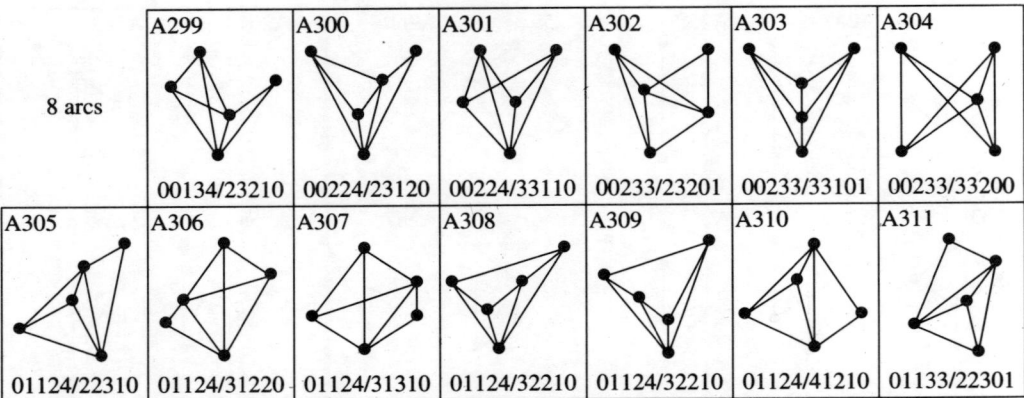

Acyclic digraphs: 5 vertices

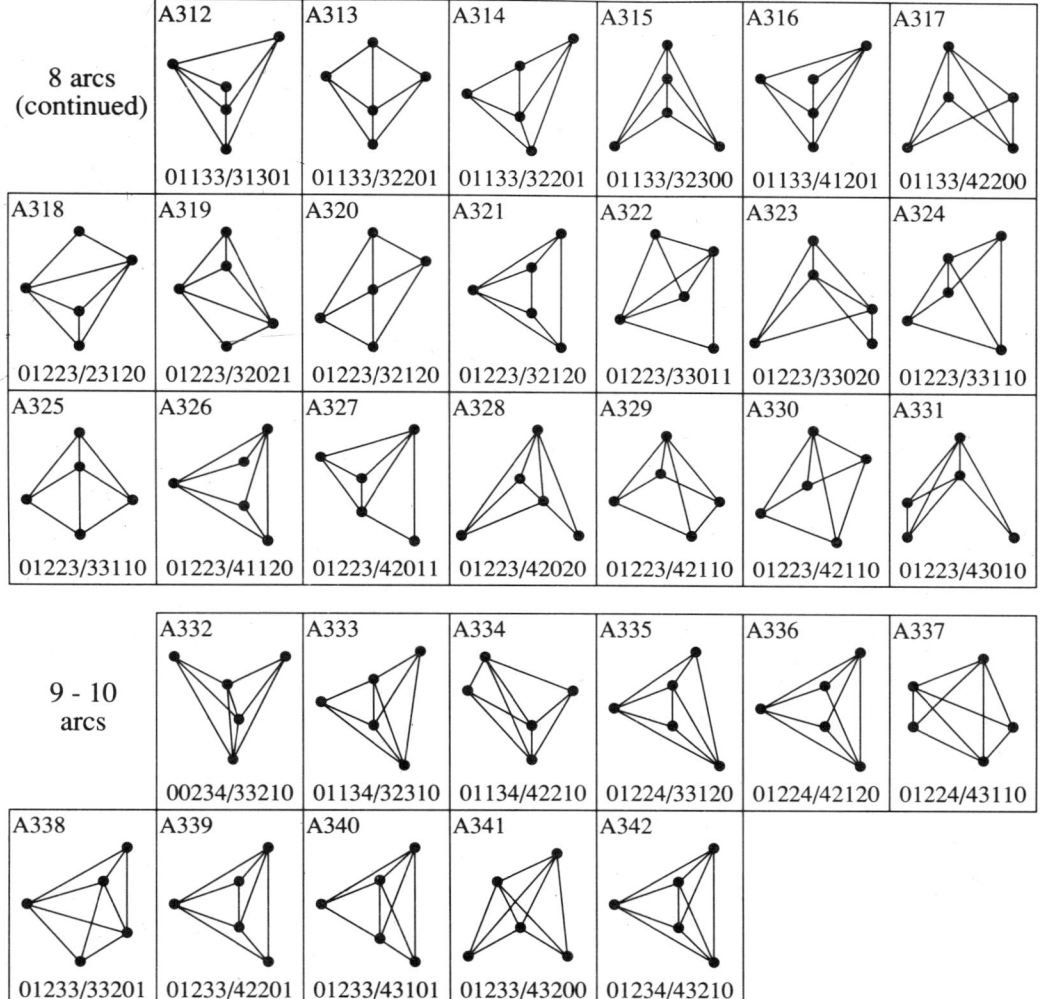

306 Digraphs

Eulerian digraphs: 1 - 5 vertices

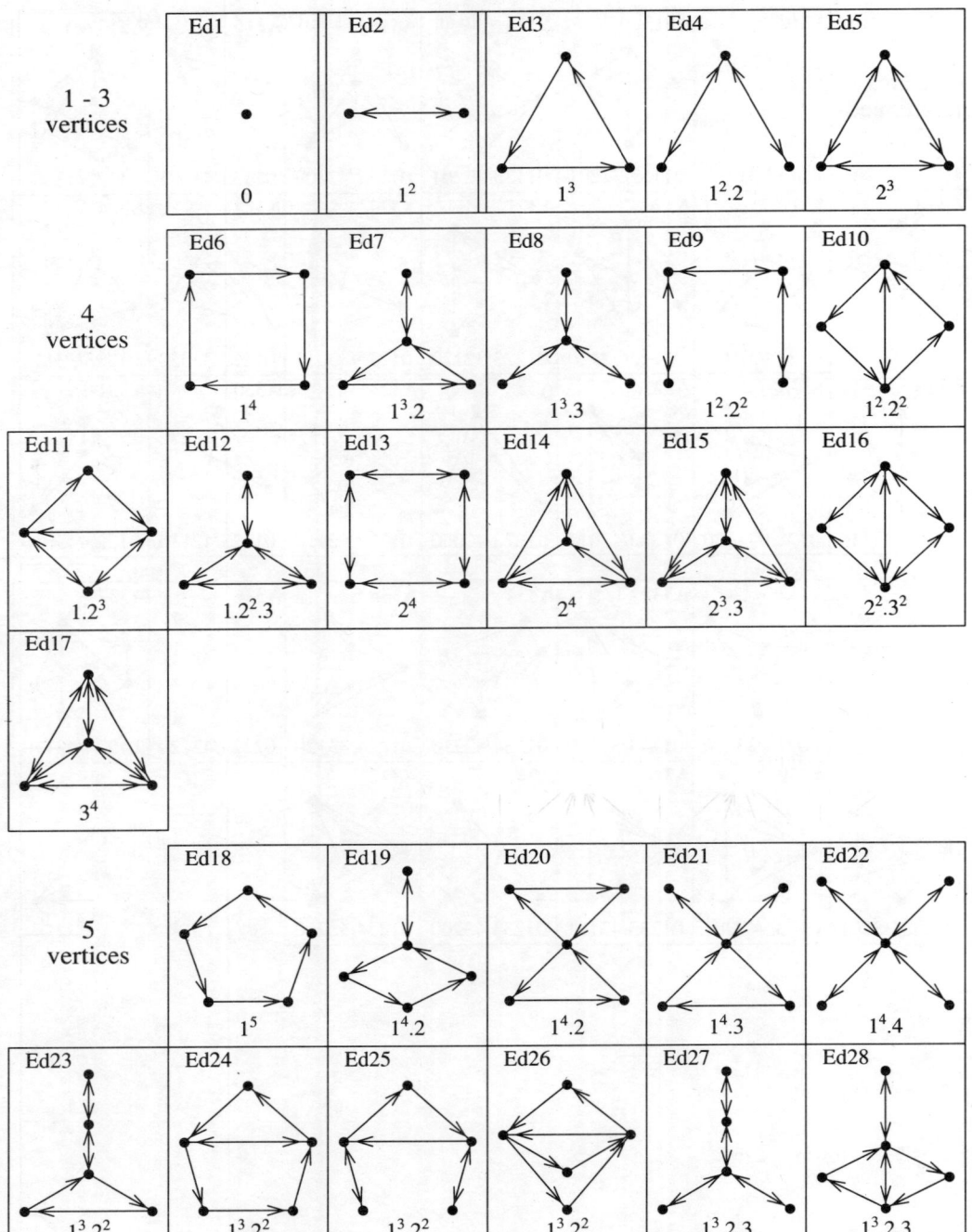

Eulerian digraphs: 5 vertices

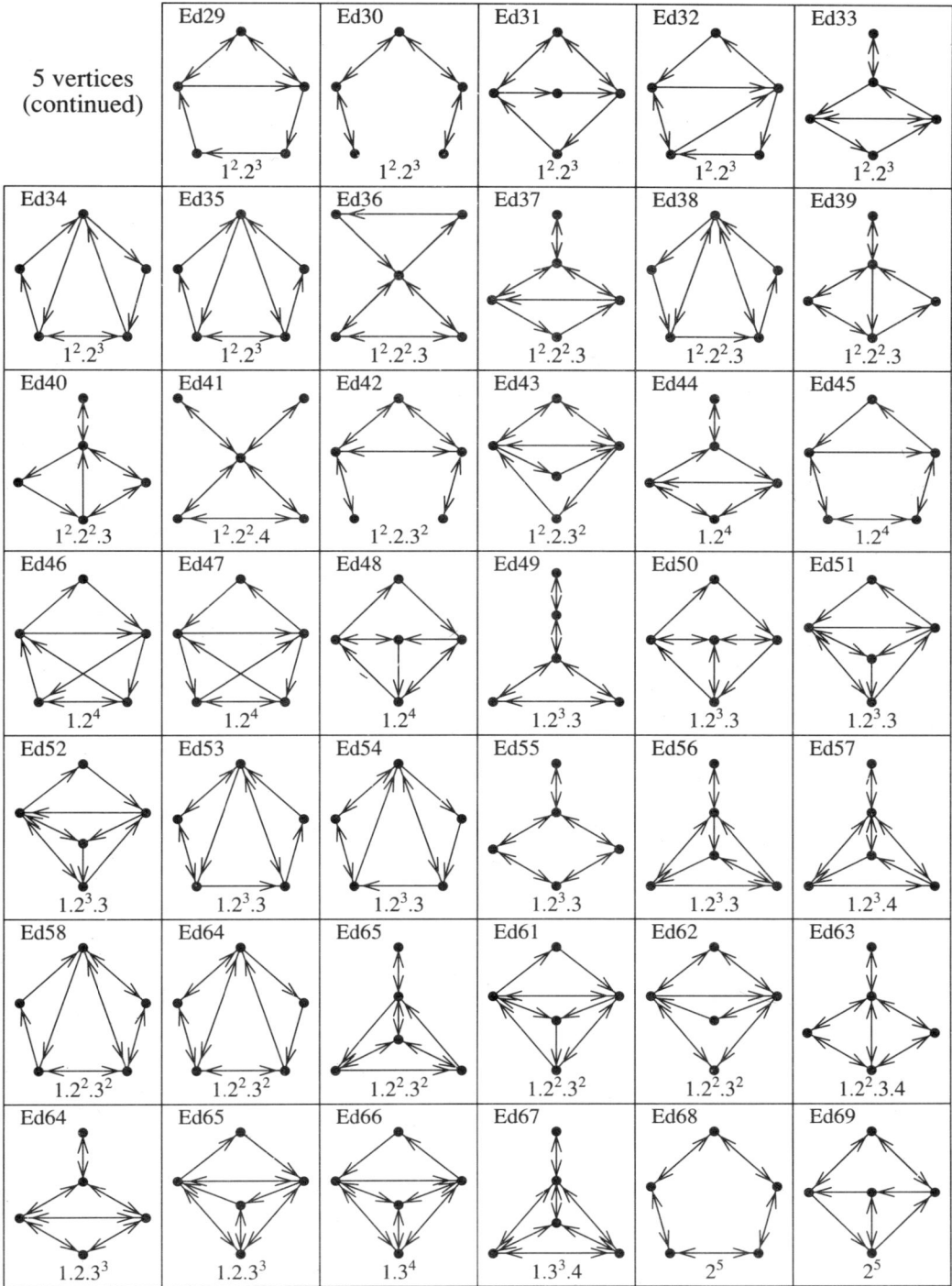

Eulerian digraphs: 5 vertices

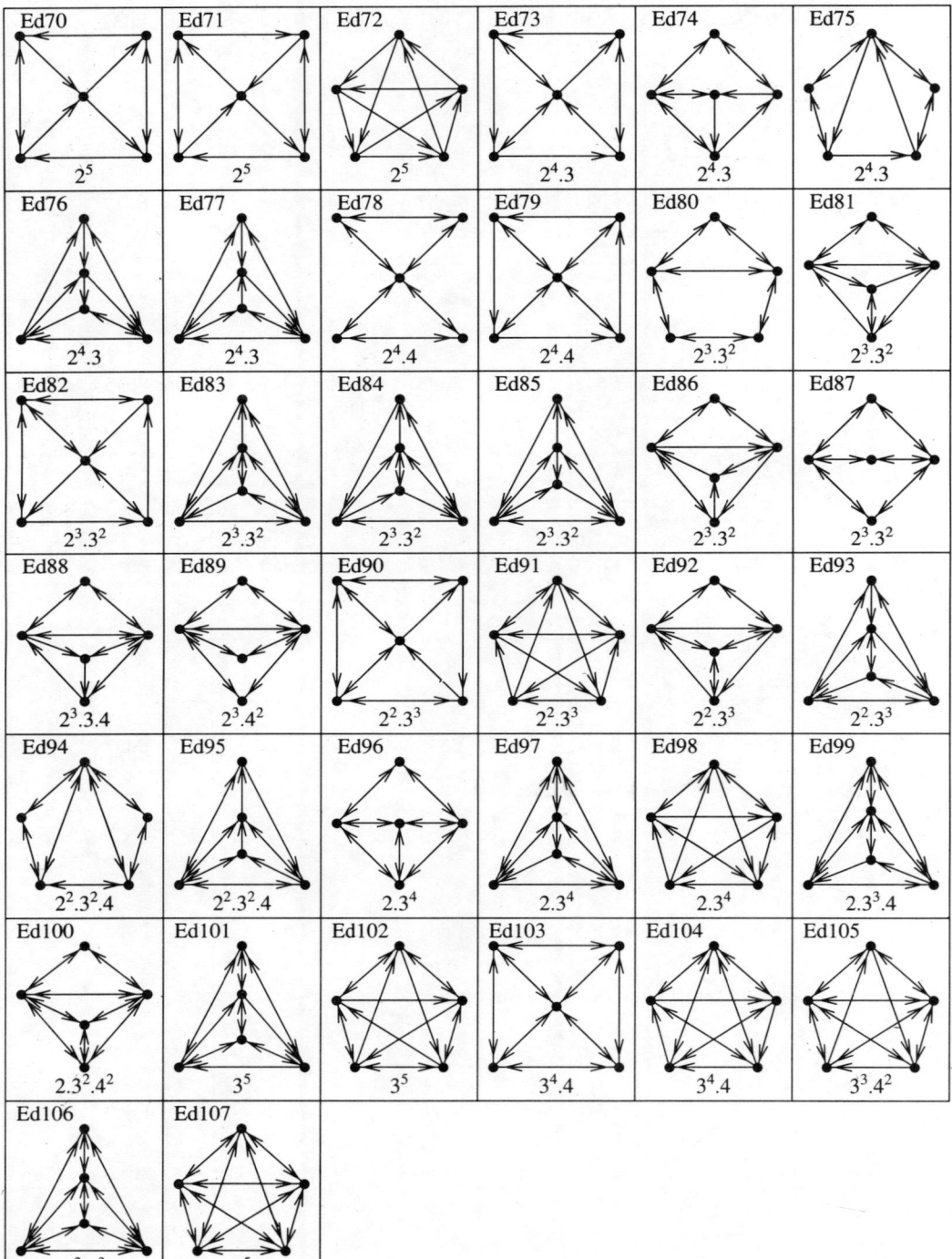

2-regular digraphs: 3 - 6 vertices

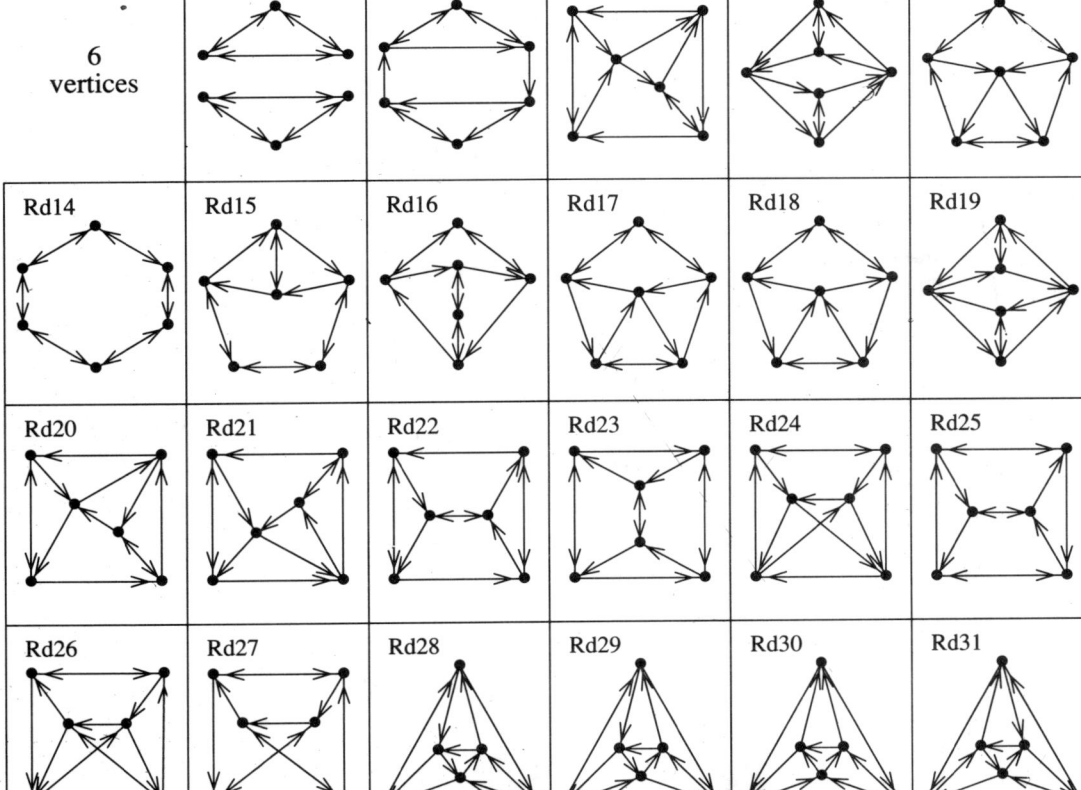

2-regular digraphs: 7 vertices

2-regular digraphs: 7 vertices

2-regular digraphs: 7 vertices

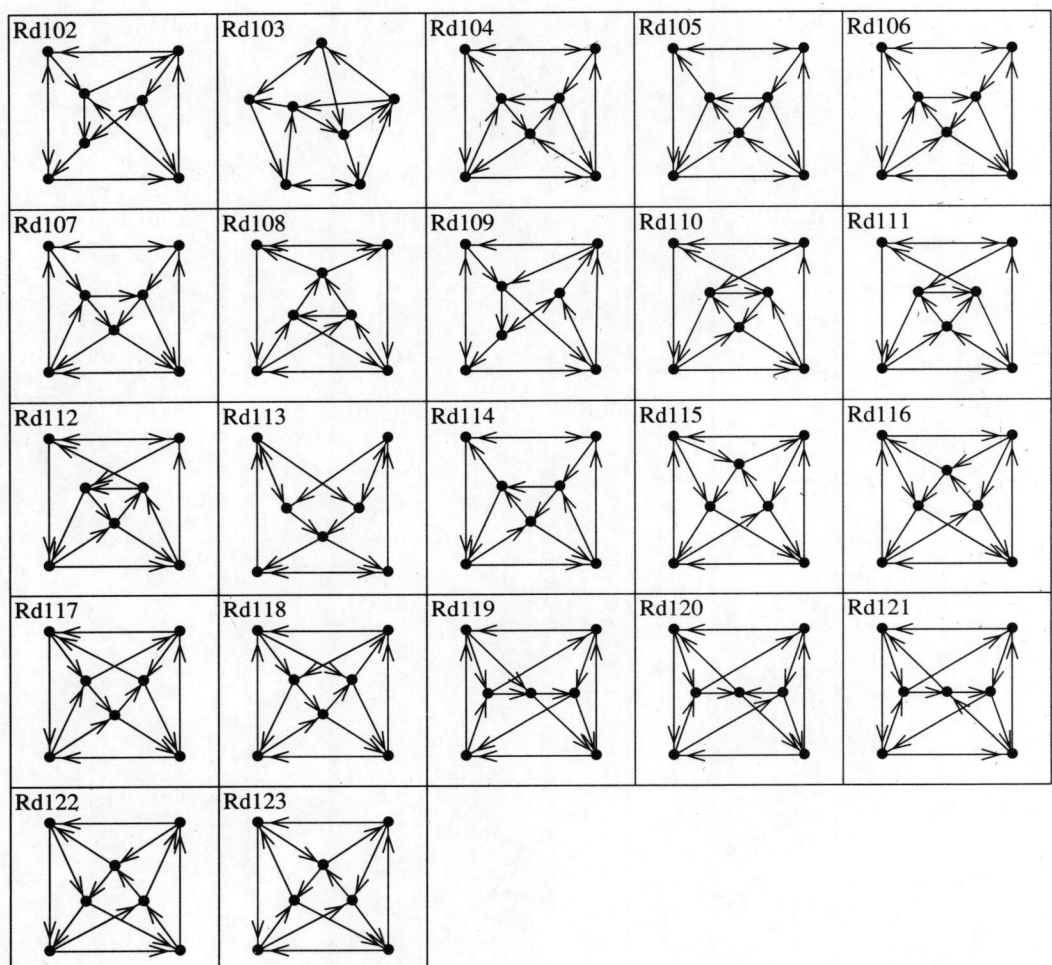

Self-complementary digraphs: 1 - 4 vertices

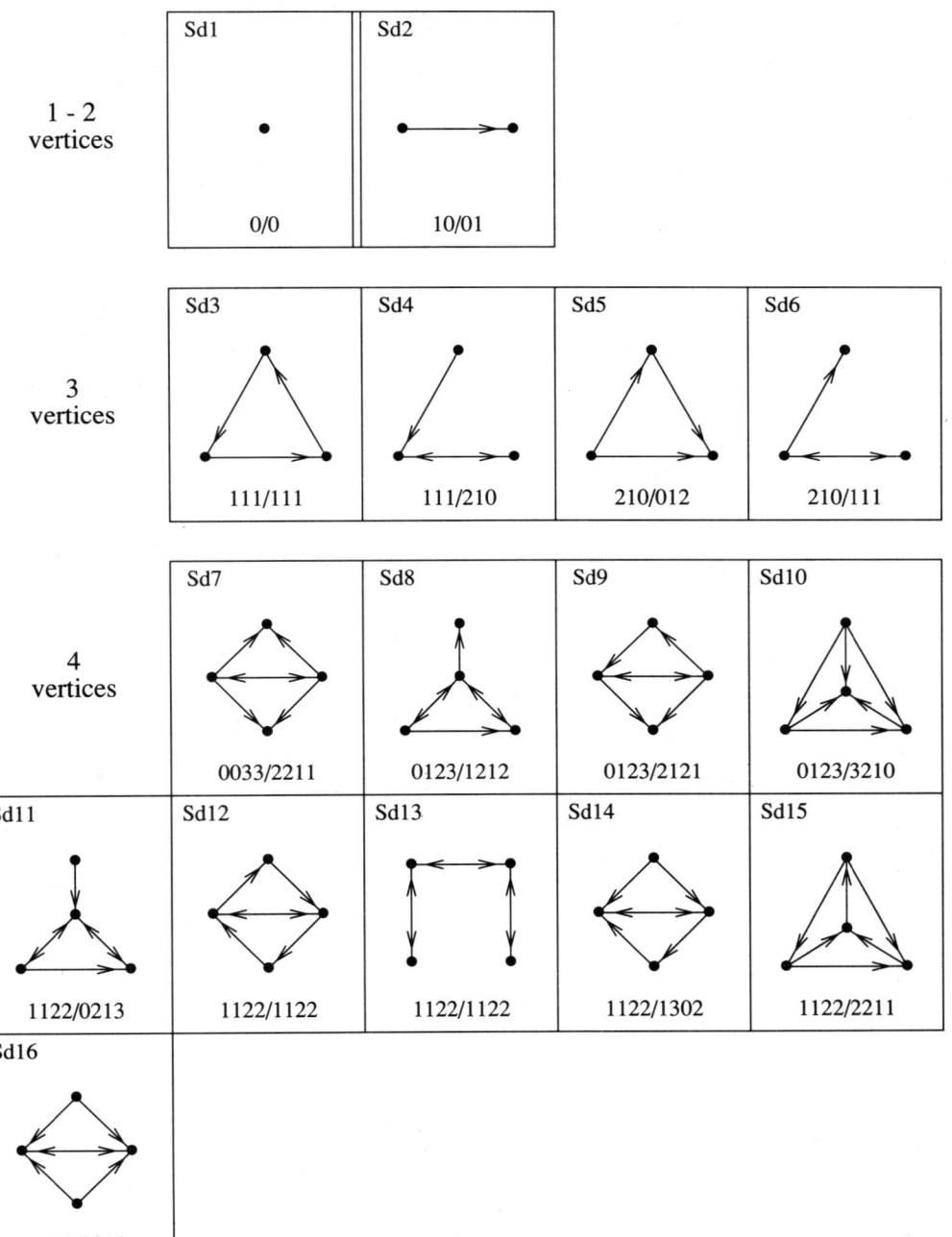

Self-complementary digraphs: 5 vertices

Sd17 00244/22222	Sd18 00244/23212	Sd19 00244/33211	Sd20 01234/12223	Sd21 01234/13213	Sd22 01234/21232
Sd23 01234/22222	Sd24 01234/22222	Sd25 01234/22222	Sd26 01234/23212	Sd27 01234/23212	Sd28 01234/31231
Sd29 01234/32221	Sd30 01234/32221	Sd31 01234/32221	Sd32 01234/33211	Sd33 01234/33211	Sd34 01234/42220
Sd35 01234/43210	Sd36 02224/11233	Sd37 02224/12223	Sd38 02224/21232	Sd39 02224/21232	Sd40 02224/22222
Sd41 02224/22222	Sd42 02224/31231	Sd43 02224/31231	Sd44 02224/32221	Sd45 02224/32221	Sd46 02224/41230
Sd47 02224/42220	Sd48 11233/02224	Sd49 11233/03214	Sd50 11233/11233	Sd51 11233/11233	Sd52 11233/12223
Sd53 11233/12223	Sd54 11233/12223	Sd55 11233/12223	Sd56 11233/12223	Sd57 11233/13213	Sd58 11233/13213
Sd59 11233/13213	Sd60 11233/13213	Sd61 11233/14203	Sd62 11233/22222	Sd63 11233/22222	Sd64 11233/22222

Self-complementary digraphs: 5 vertices

Sd65 11233/22222	Sd66 11233/22222	Sd67 11233/22222	Sd68 11233/23212	Sd69 11233/23212	Sd70 11233/23212
Sd71 11233/23212	Sd72 11233/23212	Sd73 11233/23212	Sd74 11233/23212	Sd75 11233/24202	Sd76 11233/24202
Sd77 11233/33211	Sd78 11233/33211	Sd79 11233/33211	Sd80 11233/33211	Sd81 11233/34201	Sd82 11233/34201
Sd83 11233/44200	Sd84 12223/01234	Sd85 12223/02224	Sd86 12223/10243	Sd87 12223/11233	Sd88 12223/11233
Sd89 12223/11233	Sd90 12223/11233	Sd91 12223/11233	Sd92 12223/12223	Sd93 12223/12223	Sd94 12223/12223
Sd95 12223/12223	Sd96 12223/20242	Sd97 12223/20242	Sd98 12223/21232	Sd99 12223/21232	Sd100 12223/21232
Sd101 12223/21232	Sd102 12223/21232	Sd103 12223/21232	Sd104 12223/21232	Sd105 12223/21232	Sd106 12223/22222
Sd107 12223/22222	Sd108 12223/22222	Sd109 12223/22222	Sd110 12223/22222	Sd111 12223/22222	Sd112 12223/30241

Self-complementary digraphs: 5 vertices

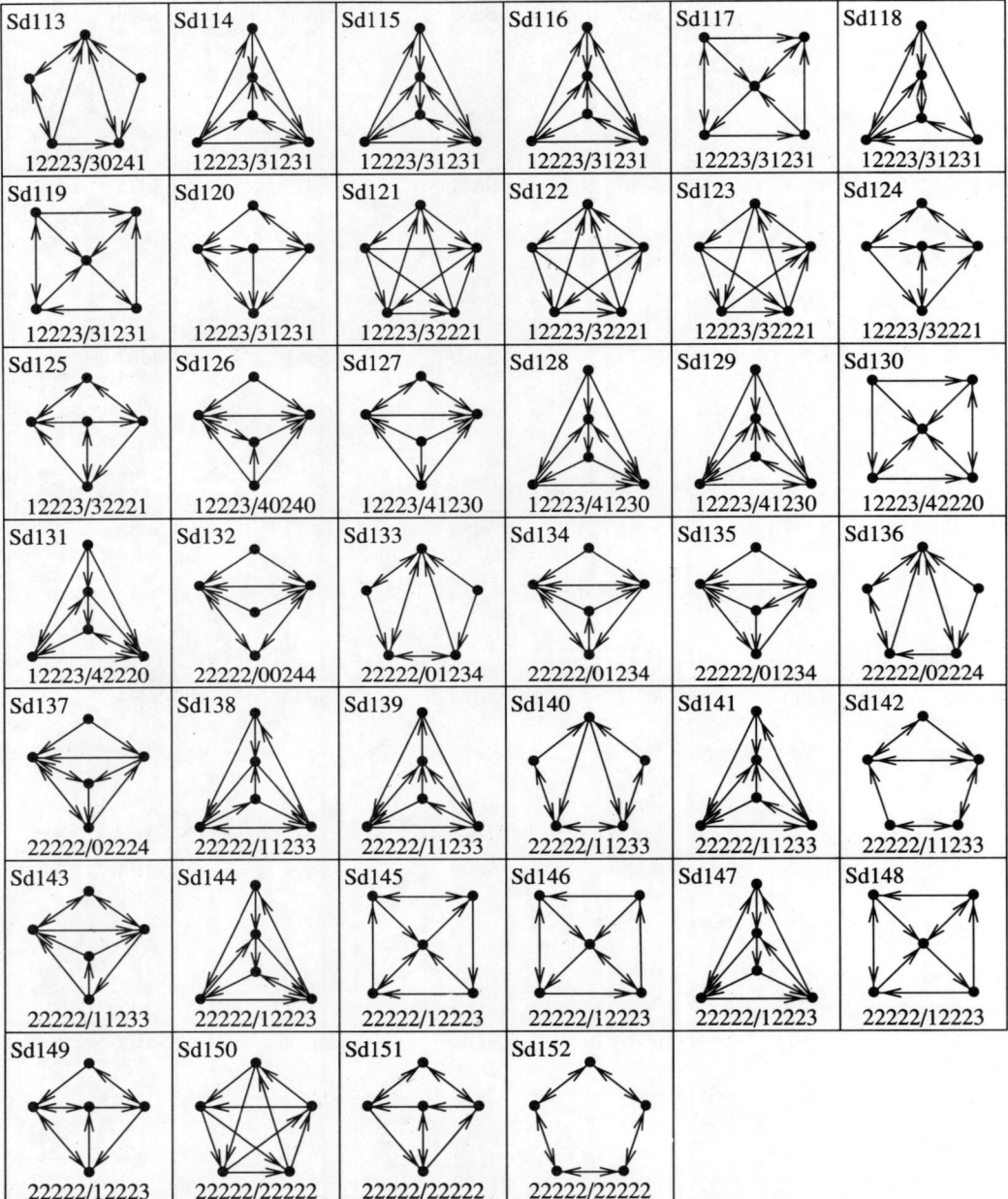

Tournaments: 1 - 5 vertices

(Upward arcs are shown; downward arcs are implied)

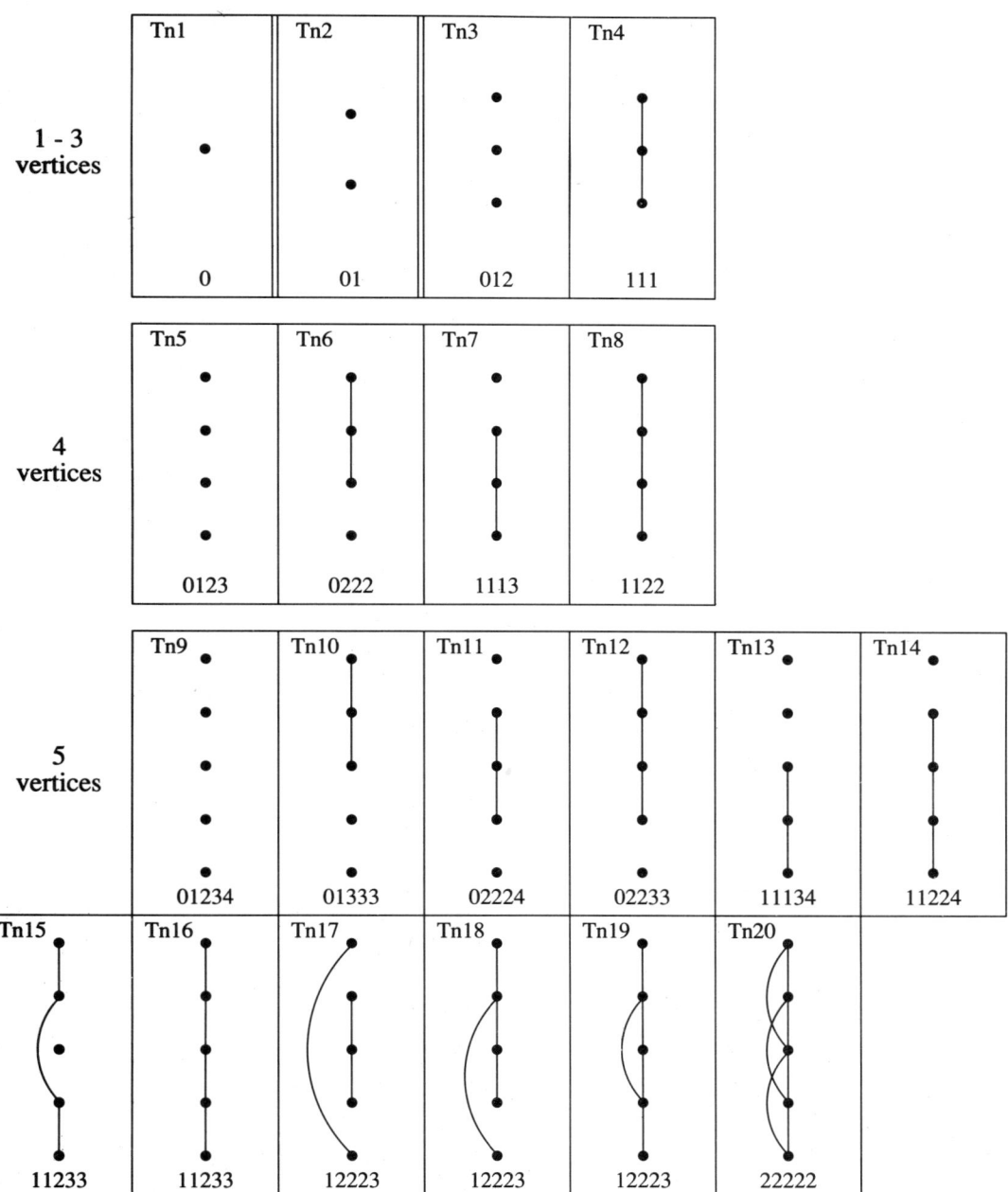

Tournaments: 6 vertices

Tn21 012345	Tn22 012444	Tn23 013335	Tn24 013344	Tn25 022245	Tn26 022335	Tn27 022344	Tn28 022344	Tn29 023334	Tn30 023334
Tn31 023334	Tn32 033333	Tn33 111345	Tn34 111444	Tn35 112245	Tn36 112335	Tn37 112335	Tn38 112344	Tn39 112344	Tn40 112344
Tn41 112344	Tn42 113334	Tn43 113334	Tn44 113334	Tn45 122235	Tn46 122235	Tn47 122235	Tn48 122244	Tn49 122244	Tn50 122244
Tn51 122334	Tn52 122334	Tn53 122334	Tn54 122334	Tn55 122334	Tn56 122334	Tn57 122334	Tn58 122334	Tn59 122334	Tn60 122334
Tn61 122334	Tn62 122334	Tn63 123333	Tn64 123333	Tn65 123333	Tn66 123333	Tn67 222225	Tn68 222234	Tn69 222234	Tn70 222234
Tn71 222234	Tn72 222333	Tn73 222333	Tn74 222333	Tn75 222333	Tn76 222333				

Tournaments: 7 vertices

Tn77	Tn78	Tn79	Tn80	Tn81	Tn82	Tn83	Tn84	Tn85	Tn86
0123456	0123555	0124446	0124455	0133356	0133446	0133455	0133455	0134445	0134445

Tn87	Tn88	Tn89	Tn90	Tn91	Tn92	Tn93	Tn94	Tn95	Tn96
0134445	0144444	0222456	0222555	0223356	0223446	0223446	0223455	0223455	0223455

Tn97	Tn98	Tn99	Tn100	Tn101	Tn102	Tn103	Tn104	Tn105	Tn106
0223455	0224445	0224445	0224445	0233346	0233346	0233346	0233355	0233355	0233355

Tn107	Tn108	Tn109	Tn110	Tn111	Tn112	Tn113	Tn114	Tn115	Tn116
0233445	0233445	0233445	0233445	0233445	0233445	0233445	0233445	0233445	0233445

Tn117	Tn118	Tn119	Tn120	Tn121	Tn122	Tn123	Tn124	Tn125	Tn126
0233445	0233445	0234444	0234444	0234444	0234444	0333336	0333345	0333345	0333345

Tn127	Tn128	Tn129	Tn130	Tn131	Tn132	Tn133	Tn134	Tn135	Tn136
0333345	0333444	0333444	0333444	0333444	0333444	1113456	1113555	1114446	1114455

Tournaments: 7 vertices

Tn137	Tn138	Tn139	Tn140	Tn141	Tn142	Tn143	Tn144	Tn145	Tn146
1122456	1122555	1123356	1123356	1123446	1123446	1123446	1123446	1123455	1123455
Tn147	Tn148	Tn149	Tn150	Tn151	Tn152	Tn153	Tn154	Tn155	Tn156
1123455	1123455	1123455	1123455	1123455	1123455	1124445	1124445	1124445	1124445
Tn157	Tn158	Tn159	Tn160	Tn161	Tn162	Tn163	Tn164	Tn165	Tn166
1124445	1124445	1133346	1133346	1133346	1133355	1133355	1133355	1133445	1133445
Tn167	Tn168	Tn169	Tn170	Tn171	Tn172	Tn173	Tn174	Tn175	Tn176
1133445	1133445	1133445	1133445	1133445	1133445	1133445	1133445	1133445	1133445
Tn177	Tn178	Tn179	Tn180	Tn181	Tn182	Tn183	Tn184	Tn185	Tn186
1134444	1134444	1134444	1134444	1222356	1222356	1222356	1222446	1222446	1222446
Tn187	Tn188	Tn189	Tn190	Tn191	Tn192	Tn193	Tn194	Tn195	Tn196
1222455	1222455	1222455	1222455	1222455	1222455	1223346	1223346	1223346	1223346

Tournaments: 7 vertices

Tn197	Tn198	Tn199	Tn200	Tn201	Tn202	Tn203	Tn204	Tn205	Tn206
1223346	1223346	1223346	1223346	1223346	1223346	1223346	1223346	1223355	1223355
Tn207	Tn208	Tn209	Tn210	Tn211	Tn212	Tn213	Tn214	Tn215	Tn216
1223355	1223355	1223355	1223355	1223355	1223355	1223355	1223355	1223355	1223355
Tn217	Tn218	Tn219	Tn220	Tn221	Tn222	Tn223	Tn224	Tn225	Tn226
1223445	1223445	1223445	1223445	1223445	1223445	1223445	1223445	1223445	1223445
Tn227	Tn228	Tn229	Tn230	Tn231	Tn232	Tn233	Tn234	Tn235	Tn236
1223445	1223445	1223445	1223445	1223445	1223445	1223445	1223445	1223445	1223445
Tn237	Tn238	Tn239	Tn240	Tn241	Tn242	Tn243	Tn244	Tn245	Tn246
1223445	1223445	1223445	1223445	1223445	1223445	1223445	1223445	1223445	1223445
Tn247	Tn248	Tn249	Tn250	Tn251	Tn252	Tn253	Tn254	Tn255	Tn256
1223445	1223445	1223445	1223445	1223445	1223445	1223445	1223445	1223445	1223445

Tournaments: 7 vertices

Tn257	Tn258	Tn259	Tn260	Tn261	Tn262	Tn263	Tn264	Tn265	Tn266
1223445	1224444	1224444	1224444	1224444	1224444	1224444	1224444	1233336	1233336

Tn267	Tn268	Tn269	Tn270	Tn271	Tn272	Tn273	Tn274	Tn275	Tn276
1233336	1233336	1233345	1233345	1233345	1233345	1233345	1233345	1233345	1233345

Tn277	Tn278	Tn279	Tn280	Tn281	Tn282	Tn283	Tn284	Tn285	Tn286
1233345	1233345	1233345	1233345	1233345	1233345	1233345	1233345	1233345	1233345

Tn287	Tn288	Tn289	Tn290	Tn291	Tn292	Tn293	Tn294	Tn295	Tn296
1233345	1233345	1233345	1233345	1233345	1233345	1233345	1233345	1233345	1233345

Tn297	Tn298	Tn299	Tn300	Tn301	Tn302	Tn303	Tn304	Tn305	Tn306
1233345	1233345	1233345	1233345	1233345	1233345	1233345	1233345	1233345	1233345

Tn307	Tn308	Tn309	Tn310	Tn311	Tn312	Tn313	Tn314	Tn315	Tn316
1233345	1233345	1233345	1233345	1233345	1233345	1233345	1233345	1233345	1233444

Tournaments: 7 vertices

Tn317	Tn318	Tn319	Tn320	Tn321	Tn322	Tn323	Tn324	Tn325	Tn326
1233444	1233444	1233444	1233444	1233444	1233444	1233444	1233444	1233444	1233444
Tn327	Tn328	Tn329	Tn330	Tn331	Tn332	Tn333	Tn334	Tn335	Tn336
1233444	1233444	1233444	1233444	1233444	1233444	1233444	1233444	1233444	1233444
Tn337	Tn338	Tn339	Tn340	Tn341	Tn342	Tn343	Tn344	Tn345	Tn346
1233444	1233444	1233444	1233444	1233444	1233444	1233444	1233444	1233444	1233444
Tn347	Tn348	Tn349	Tn350	Tn351	Tn352	Tn353	Tn354	Tn355	Tn356
1233444	1233444	1233444	1233444	1233444	1233444	1333335	1333335	1333335	1333335
Tn357	Tn358	Tn359	Tn360	Tn361	Tn362	Tn363	Tn364	Tn365	Tn366
1333335	1333344	1333344	1333344	1333344	1333344	1333344	1333344	1333344	1333344
Tn367	Tn368	Tn369	Tn370	Tn371	Tn372	Tn373	Tn374	Tn375	Tn376
1333344	1333344	1333344	1333344	1333344	1333344	1333344	2222256	2222346	2222346	2222346

Tournaments: 7 vertices

Tn377	Tn378	Tn379	Tn380	Tn381	Tn382	Tn383	Tn384	Tn385	Tn386
2222346	2222355	2222355	2222355	2222355	2222445	2222445	2222445	2222445	2222445
Tn387	Tn388	Tn389	Tn390	Tn391	Tn392	Tn393	Tn394	Tn395	Tn396
2222445	2222445	2223336	2223336	2223336	2223336	2223336	2223345	2223345	2223345
Tn397	Tn398	Tn399	Tn400	Tn401	Tn402	Tn403	Tn404	Tn405	Tn406
2223345	2223345	2223345	2223345	2223345	2223345	2223345	2223345	2223345	2223345
Tn407	Tn408	Tn409	Tn410	Tn411	Tn412	Tn413	Tn414	Tn415	Tn416
2223345	2223345	2223345	2223345	2223345	2223345	2223345	2223345	2223345	2223345
Tn417	Tn418	Tn419	Tn420	Tn421	Tn422	Tn423	Tn424	Tn425	Tn426
2223345	2223345	2223345	2223345	2223345	2223345	2223345	2223345	2223345	2223345
Tn427	Tn428	Tn429	Tn430	Tn431	Tn432	Tn433	Tn434	Tn435	Tn436
2223345	2223345	2223345	2223345	2223444	2223444	2223444	2223444	2223444	2223444

Tournaments: 7 vertices

Tournaments: 7 vertices

Tn497	Tn498	Tn499	Tn500	Tn501	Tn502	Tn503	Tn504	Tn505	Tn506
2233344	2233344	2233344	2233344	2233344	2233344	2233344	2233344	2233344	2233344

Tn507	Tn508	Tn509	Tn510	Tn511	Tn512	Tn513	Tn514	Tn515	Tn516
2233344	2233344	2233344	2233344	2233344	2233344	2233344	2233344	2333334	2333334

Tn517	Tn518	Tn519	Tn520	Tn521	Tn522	Tn523	Tn524	Tn525	Tn526
2333334	2333334	2333334	2333334	2333334	2333334	2333334	2333334	2333334	2333334

Tn527	Tn528	Tn529	Tn530	Tn531	Tn532
2333334	2333334	2333334	3333333	3333333	3333333

Weakly connected transitive digraphs
(Connected finite topologies)

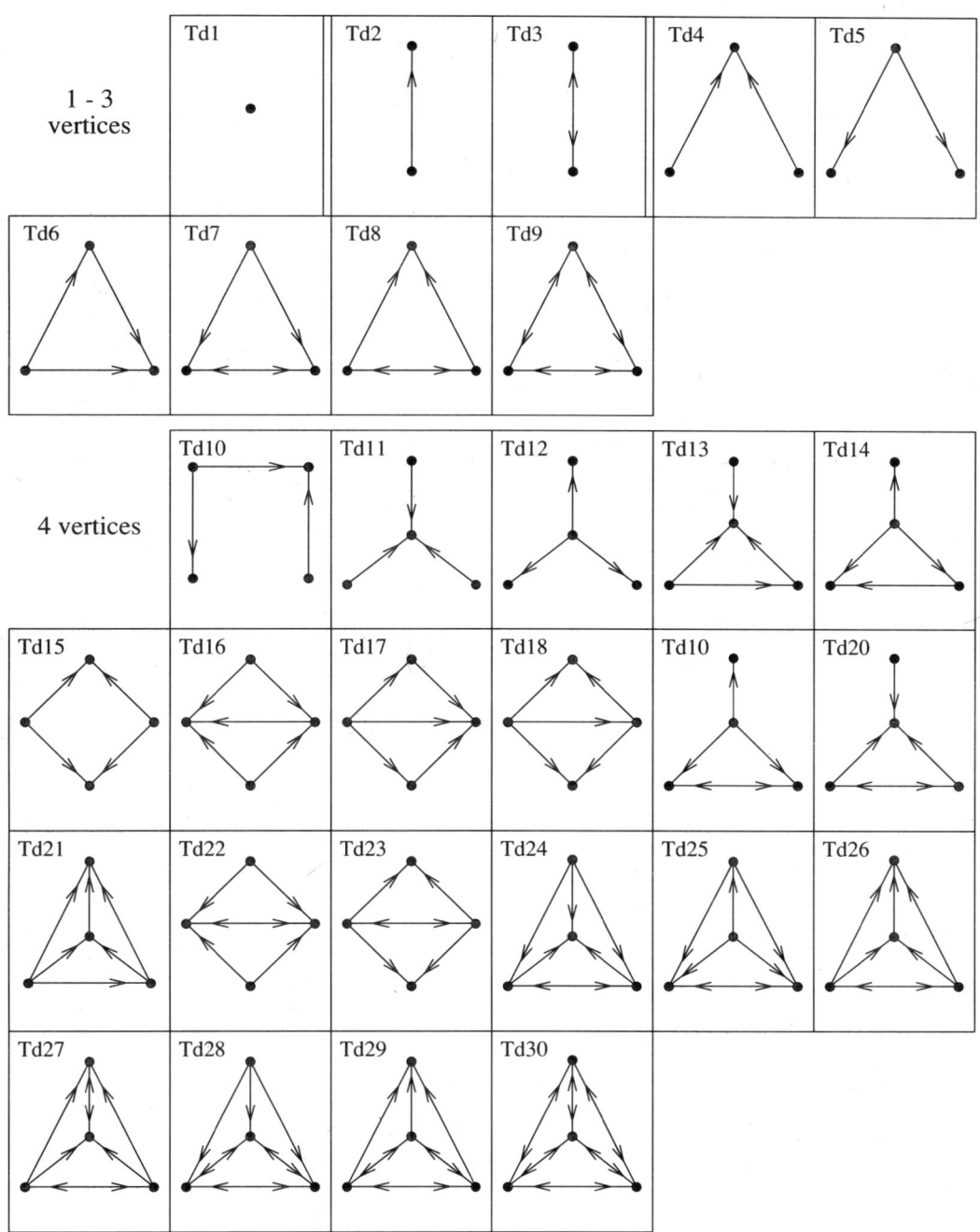

Transitive digraphs: 5 vertices

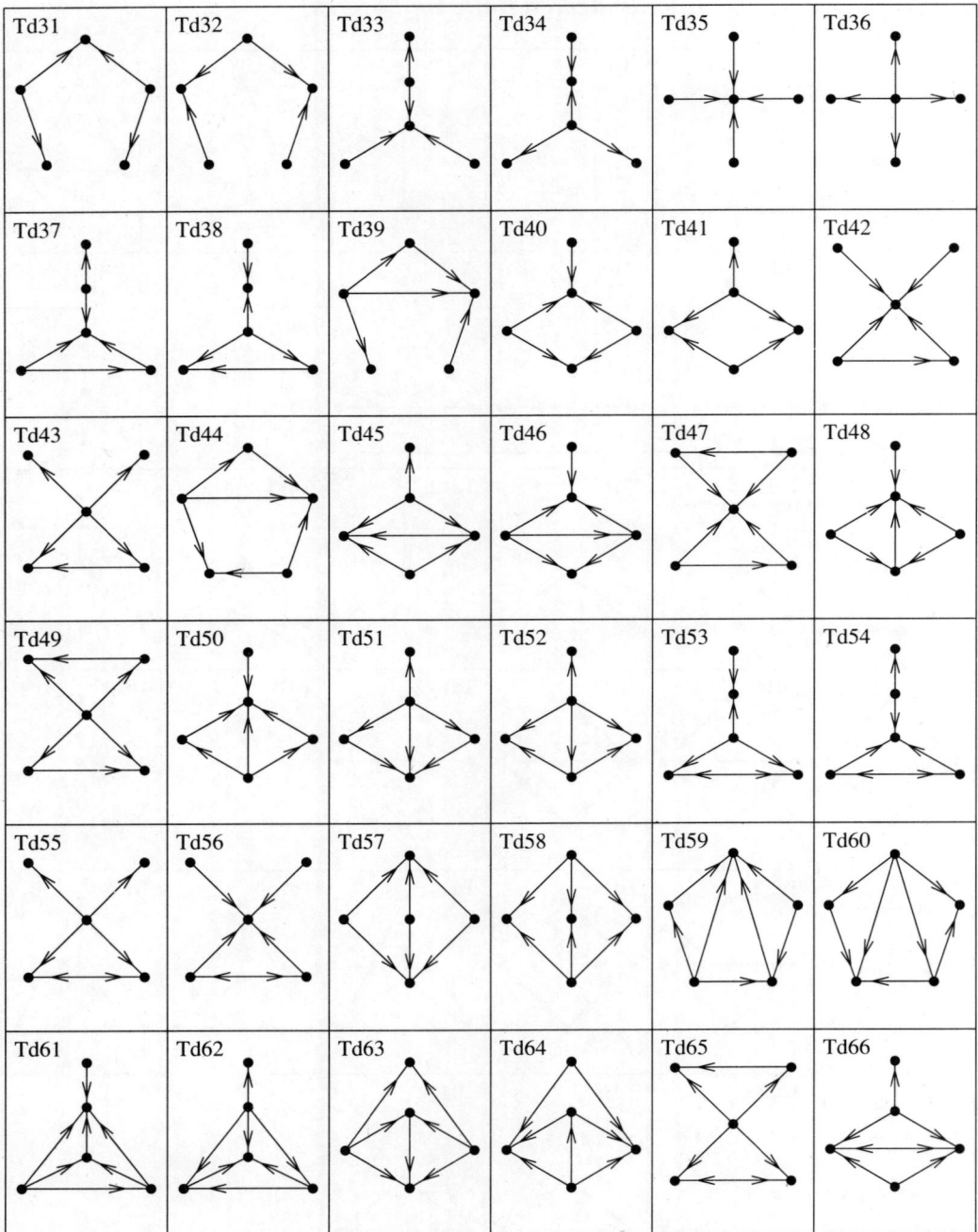

Transitive digraphs: 5 vertices

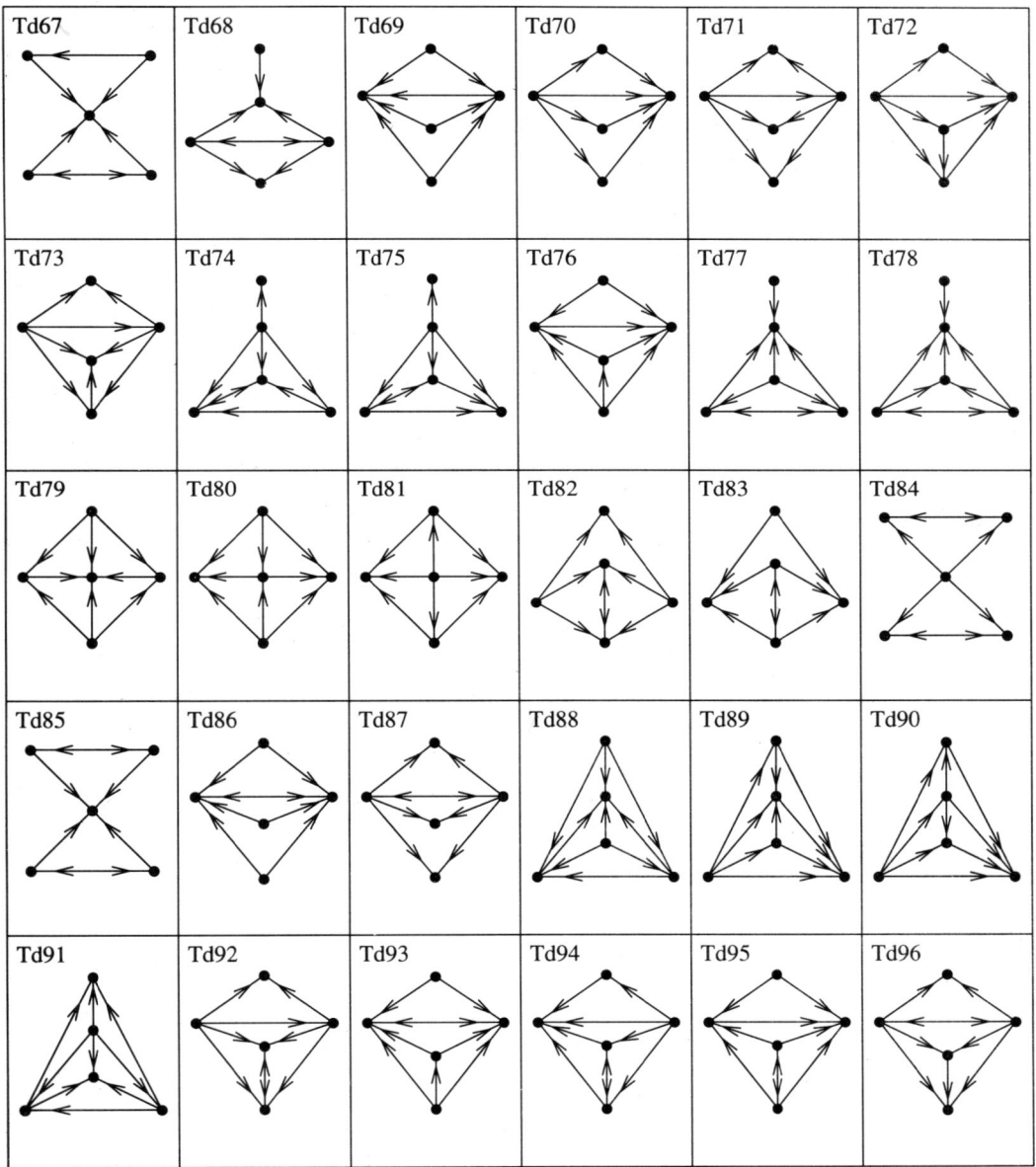

Transitive digraphs: 5 vertices

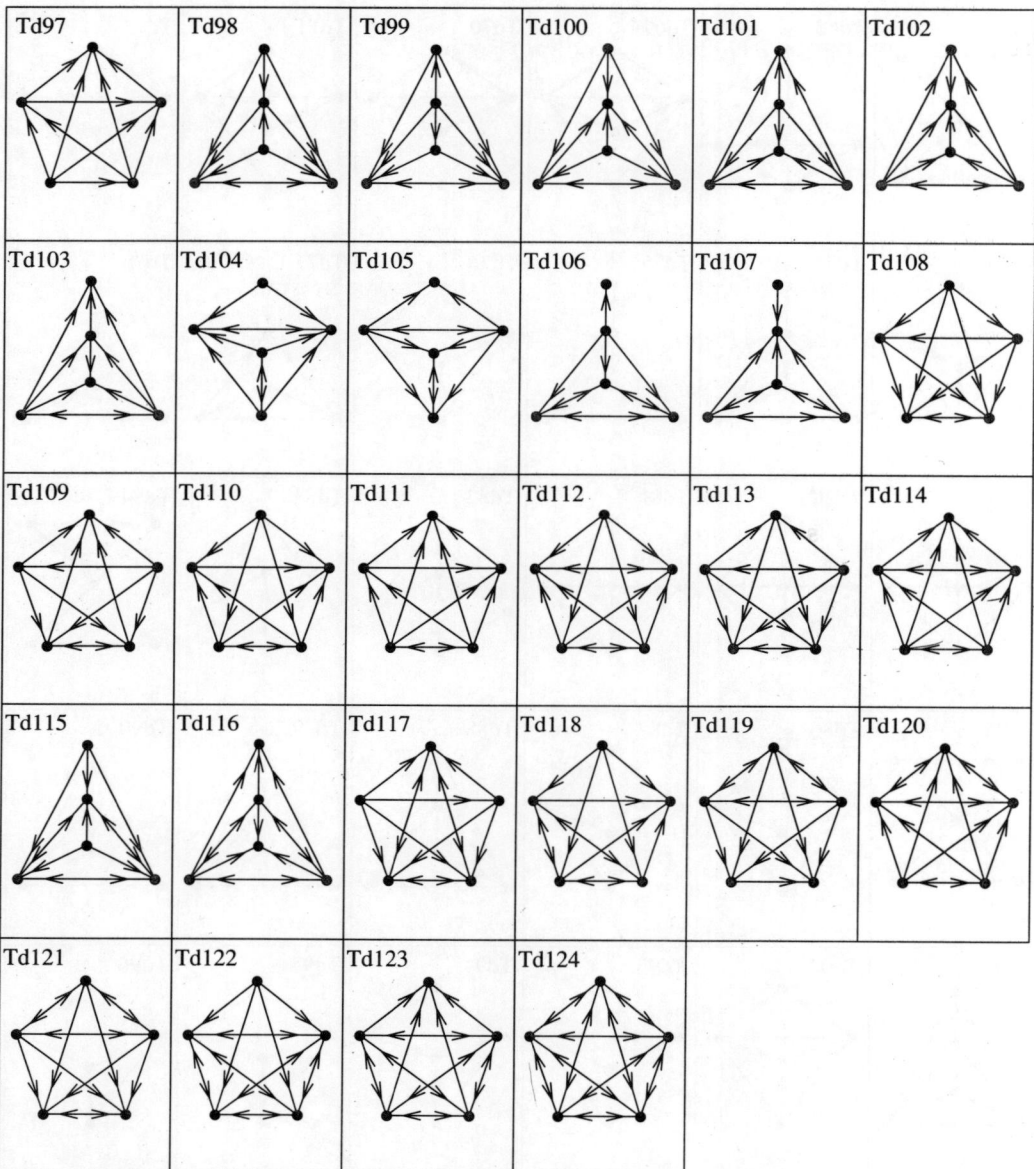

Table of parameters for digraphs

The following table lists some important parameters for the digraphs depicted on pages 292–297. For each digraph D we use the following notation; the terms are defined on pages 289–290.

digraph :   the **digraph number,** as given on pages 292–297

      n :   the number of **vertices** of D

      a :   the number of **arcs** of D

    deg   :   the **out-degree sequence** and **in-degree sequence** of D

   conn   :   whether the digraph is

                disconnected (d)

                connected but not unilateral **(c)**

                unilateral but not strong **(u)**

                or **strong (s)**

    aut   :   the number of **automorphisms** of D

   props   :   some properties of D:

                a = acyclic

                e = Eulerian

                h = Hamiltonian

                p = self-complementary

                t = tournament

                v = self-converse

Parameters for digraphs

digraph	n	a	deg	conn	aut	props	digraph	n	a	deg	conn	aut	props
D1	1	0	0/0	s	1	aehptv	D52	4	4	0112/1111	u	1	-
D2	2	0	00/00	d	2	av	D53	4	4	0112/1111	u	1	-
D3	2	1	01/10	u	1	aptv	D54	4	4	0112/1120	c	1	-
D4	2	2	11/11	s	2	ehv	D55	4	4	0112/1120	u	1	a
D5	3	0	000/000	d	6	av	D56	4	4	0112/2011	c	1	-
D6	3	1	001/010	d	1	av	D57	4	4	0112/2011	u	1	a
D7	3	2	002/110	c	2	a	D58	4	4	0112/2020	c	1	a
D8	3	2	011/011	d	2	v	D59	4	4	0112/2110	c	2	av
D9	3	2	011/101	u	1	av	D60	4	4	0112/2110	u	1	a
D10	3	2	011/200	c	2	a	D61	4	4	0112/3010	c	1	a
D11	3	3	012/111	u	1	p	D62	4	4	1111/0013	c	2	-
D12	3	3	012/210	u	1	aptv	D63	4	4	1111/0022	c	2	-
D13	3	3	111/012	u	1	p	D64	4	4	1111/0112	u	1	-
D14	3	3	111/111	s	3	ehptv	D65	4	4	1111/0112	u	1	-
D15	3	4	022/211	u	2	-	D66	4	4	1111/1111	d	8	v
D16	3	4	112/112	s	2	ev	D67	4	4	1111/1111	s	4	ehv
D17	3	4	112/220	u	2	-	D68	4	5	0023/1211	c	1	-
D18	3	4	112/121	s	1	hv	D69	4	5	0023/2210	c	2	a
D19	3	5	122/212	s	1	hv	D70	4	5	0113/1112	u	2	-
D20	3	6	222/222	s	6	ehv	D71	4	5	0113/1121	u	1	-
D21	4	0	0000/0000	d	24	av	D72	4	5	0113/1220	c	2	-
D22	4	1	0001/0010	d	2	av	D73	4	5	0113/2111	u	1	-
D23	4	2	0002/0110	d	2	a	D74	4	5	0113/2120	u	1	a
D24	4	2	0011/0011	d	4	v	D75	4	5	0113/3110	c	2	av
D25	4	2	0011/0101	d	1	av	D76	4	5	0122/0212	d	1	v
D26	4	2	0011/0200	d	2	a	D77	4	5	0122/1112	u	1	-
D27	4	2	0011/1100	d	2	av	D78	4	5	0122/1112	u	1	-
D28	4	3	0003/1110	c	6	a	D79	4	5	0122/1202	u	1	-
D29	4	3	0012/0111	d	1	-	D80	4	5	0122/1211	u	2	-
D30	4	3	0012/0210	d	1	av	D81	4	5	0122/1211	u	1	-
D31	4	3	0012/1101	c	2	a	D82	4	5	0122/2012	u	1	-
D32	4	3	0012/1110	c	1	a	D83	4	5	0122/2102	u	1	v
D33	4	3	0012/1200	c	1	av	D84	4	5	0122/2111	u	1	-
D34	4	3	0111/0012	d	1	-	D85	4	5	0122/2111	u	1	-
D35	4	3	0111/0111	d	3	v	D86	4	5	0122/2201	u	1	v
D36	4	3	0111/1002	c	2	a	D87	4	5	0122/2201	u	1	av
D37	4	3	0111/1011	d	2	v	D88	4	5	0122/3011	c	2	-
D38	4	3	0111/1011	u	1	av	D89	4	5	0122/3101	u	1	a
D39	4	3	0111/2001	c	1	a	D90	4	5	0122/3200	c	2	a
D40	4	3	0111/3000	c	6	a	D91	4	5	1112/0113	u	2	-
D41	4	4	0013/1111	c	2	-	D92	4	5	1112/0122	u	1	-
D42	4	4	0013/1210	c	1	a	D93	4	5	1112/0122	u	1	-
D43	4	4	0022/0211	d	2	-	D94	4	5	1112/0131	u	1	-
D44	4	4	0022/1111	c	2	-	D95	4	5	1112/0221	u	1	-
D45	4	4	0022/1201	c	1	a	D96	4	5	1112/0221	u	2	-
D46	4	4	0022/2200	c	4	av	D97	4	5	1112/0230	c	1	-
D47	4	4	0112/0112	d	2	v	D98	4	5	1112/1112	s	1	ev
D48	4	4	0112/0121	d	1	v	D99	4	5	1112/1121	s	1	hv
D49	4	4	0112/0220	d	2	-	D100	4	5	1112/1121	u	1	v
D50	4	4	0112/1012	u	1	v	D101	4	5	1112/1121	s	1	hv
D51	4	4	0112/1021	u	1	v	D102	4	5	1112/1121	s	2	v

Table of parameters for digraphs

digraph	n	a	deg	conn	aut	props	digraph	n	a	deg	conn	aut	props
D103	4	5	1112/1130	u	1	-	D153	4	6	1122/3300	c	4	p
D104	4	5	1112/1220	u	1	-	D154	4	7	0133/2212	u	1	-
D105	4	5	1112/1220	u	1	-	D155	4	7	0133/3211	u	2	-
D106	4	6	0033/2211	c	4	p	D156	4	7	0223/1222	u	2	-
D107	4	6	0123/1212	u	1	p	D157	4	7	0223/2122	u	1	-
D108	4	6	0123/1221	u	1	-	D158	4	7	0223/2221	u	1	-
D109	4	6	0123/2112	u	1	-	D159	4	7	0223/3112	u	2	-
D110	4	6	0123/2121	u	1	p	D160	4	7	0223/3121	u	1	-
D111	4	6	0123/2211	u	1	-	D161	4	7	0223/3220	u	2	v
D112	4	6	0123/2211	u	1	-	D162	4	7	1123/1213	s	1	v
D113	4	6	0123/2220	u	1	-	D163	4	7	1123/1222	s	1	h
D114	4	6	0123/3111	u	1	-	D164	4	7	1123/1222	s	1	-
D115	4	6	0123/3210	u	1	aptv	D165	4	7	1123/1231	s	1	-
D116	4	6	0222/0222	d	6	v	D166	4	7	1123/1312	s	1	-
D117	4	6	0222/1122	u	1	-	D167	4	7	1123/1321	s	1	hv
D118	4	6	0222/2022	u	2	v	D168	4	7	1123/2212	s	1	h
D119	4	6	0222/2112	u	1	-	D169	4	7	1123/2212	s	2	-
D120	4	6	0222/2112	u	2	-	D170	4	7	1123/2221	s	1	h
D121	4	6	0222/3012	u	1	-	D171	4	7	1123/2221	s	1	h
D122	4	6	0222/3111	u	3	t	D172	4	7	1123/2230	u	2	-
D123	4	6	1113/1113	s	6	ev	D173	4	7	1123/2311	u	1	v
D124	4	6	1113/1122	s	1	-	D174	4	7	1123/2311	s	1	hv
D125	4	6	1113/1131	s	2	v	D175	4	7	1123/2320	u	1	-
D126	4	6	1113/1221	s	1	h	D176	4	7	1123/3310	u	2	-
D127	4	6	1113/1221	u	2	-	D177	4	7	1222/0223	u	2	-
D128	4	6	1113/1230	u	1	-	D178	4	7	1222/1123	s	1	h
D129	4	6	1113/2220	u	3	t	D179	4	7	1222/1123	s	1	-
D130	4	6	1122/0213	u	1	p	D180	4	7	1222/1222	s	1	ehv
D131	4	6	1122/0222	u	1	-	D181	4	7	1222/2023	u	1	-
D132	4	6	1122/0312	u	1	-	D182	4	7	1222/2113	s	2	-
D133	4	6	1122/1113	s	1	-	D183	4	7	1222/2113	s	1	h
D134	4	6	1122/1122	s	2	epv	D184	4	7	1222/2122	s	1	hv
D135	4	6	1122/1122	s	2	ehpv	D185	4	7	1222/2122	s	2	hv
D136	4	6	1122/1203	u	1	-	D186	4	7	1222/2122	s	1	hv
D137	4	6	1122/1212	s	1	hv	D187	4	7	1222/2122	s	1	v
D138	4	6	1122/1212	s	1	h	D188	4	7	1222/3013	u	1	-
D139	4	6	1122/1212	s	1	-	D189	4	7	1222/3022	u	1	-
D140	4	6	1122/1212	s	1	v	D190	4	7	1222/3112	s	1	h
D141	4	6	1122/1212	s	1	h	D191	4	7	1222/3112	s	1	h
D142	4	6	1122/1212	s	1	-	D192	4	8	0233/2222	u	2	-
D143	4	6	1122/1302	u	1	p	D193	4	8	0233/3212	u	1	-
D144	4	6	1122/1311	u	2	-	D194	4	8	1133/2213	s	2	-
D145	4	6	1122/1311	s	1	h	D195	4	8	1133/2222	s	2	h
D146	4	6	1122/2202	u	2	-	D196	4	8	1133/2312	s	1	h
D147	4	6	1122/2202	u	1	-	D197	4	8	1133/3311	u	4	v
D148	4	6	1122/2211	u	2	v	D198	4	8	1223/1223	s	2	ev
D149	4	6	1122/2211	s	1	hptv	D199	4	8	1223/1232	s	1	hv
D150	4	6	1122/2211	s	2	hv	D200	4	8	1223/2123	s	1	hv
D151	4	6	1122/2301	u	1	-	D201	4	8	1223/2132	s	1	v
D152	4	6	1122/2301	u	1	-	D202	4	8	1223/2222	s	1	h

334 Digraphs

digraph	n	a	deg	conn	aut	props
D203	4	8	1223/2222	s	1	h
D204	4	8	1223/2231	s	1	h
D205	4	8	1223/2231	s	1	h
D206	4	8	1223/3113	s	2	-
D207	4	8	1223/3122	s	1	h
D208	4	8	1223/3122	s	1	h
D209	4	8	1223/3131	s	1	h
D210	4	8	1223/3221	s	1	hv
D211	4	8	1223/3221	s	2	hv
D212	4	8	1223/3230	u	1	-
D213	4	8	2222/0233	u	2	-
D214	4	8	2777/1133	s	2	h
D215	4	8	2222/1223	s	1	h
D216	4	8	2222/1223	s	1	h
D217	4	8	2222/2222	s	8	ehv
D218	4	8	2222/2222	s	4	ehv
D219	4	9	0333/3222	u	6	-
D220	4	9	1233/2223	s	1	h
D221	4	9	1233/2322	s	2	h
D222	4	9	1233/3213	s	1	hv
D223	4	9	1233/3222	s	1	h
D224	4	9	1233/3312	s	1	hv
D225	4	9	2223/1233	s	1	h
D226	4	9	2223/1332	s	2	h
D227	4	9	2223/2223	s	3	ehv
D228	4	9	7771/2232	s	1	hv
D229	4	9	2223/2232	s	2	hv
D230	4	9	2223/2331	s	1	h
D231	4	9	2223/3330	u	6	-
D232	4	10	1333/3223	s	2	h
D233	4	10	2233/2233	s	4	ehv
D234	4	10	2233/2323	s	1	hv
D235	4	10	2233/3313	s	2	h
D236	4	10	2233/3322	s	2	hv
D237	4	11	2333/3233	s	2	hv
D238	4	12	3333/3333	s	24	ehv

8 SIGNED GRAPHS

A **signed graph** is a graph to each edge of which has been assigned either + or −; for example, the following signed graph has 5 vertices and 8 edges, of which 5 edges (depicted by solid lines) are positive (+) and 3 edges (depicted by dashed lines) are negative (−). A **signed tree** is defined similarly.

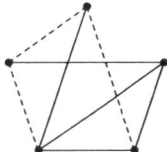

A cycle in a signed graph is a **positive cycle** if the number of negative edges is even and is a **negative cycle** if the number of negative edges is odd. A signed graph is **balanced** if and only if each cycle is a positive cycle, and **unbalanced** otherwise; equivalently, a signed graph is balanced if we can colour each vertex red or green in such a way that positive edges have ends of the same colour and negative edges have ends of different colours. Signed graphs are used in the social sciences, with positive edges corresponding to positive relationships and negative edges corresponding to negative ones. Balanced signed graphs correspond to social situations in which there is no 'tension'.

The following table lists the numbers of signed graphs, balanced signed graphs and signed trees with up to 12 vertices.

n	signed graphs	balanced signed graphs	signed trees
1	1	1	1
2	3	3	2
3	10	8	3
4	66	39	10
5	792	226	27
6	25506	2283	98
7	23 02938	36789	350
8	5919 01884	10 62679	1402
9	42 07847 62014	557 17077	5743
10	81983 31630 57369	54050 78682	24742
11	4382 63999 31484 35207	97 26565 26492	1 08968
12	645 88133 53218 57222 90294	32518 36928 12200	4 92638

Pages 336–353 depict the signed graphs with up to 5 vertices, and pages 354–363 depict the signed trees with up to 7 vertices. Pages 365–372 list some important parameters for the signed graphs depicted on pages 336–353.

336 Signed graphs

Signed graphs: 1 - 4 vertices

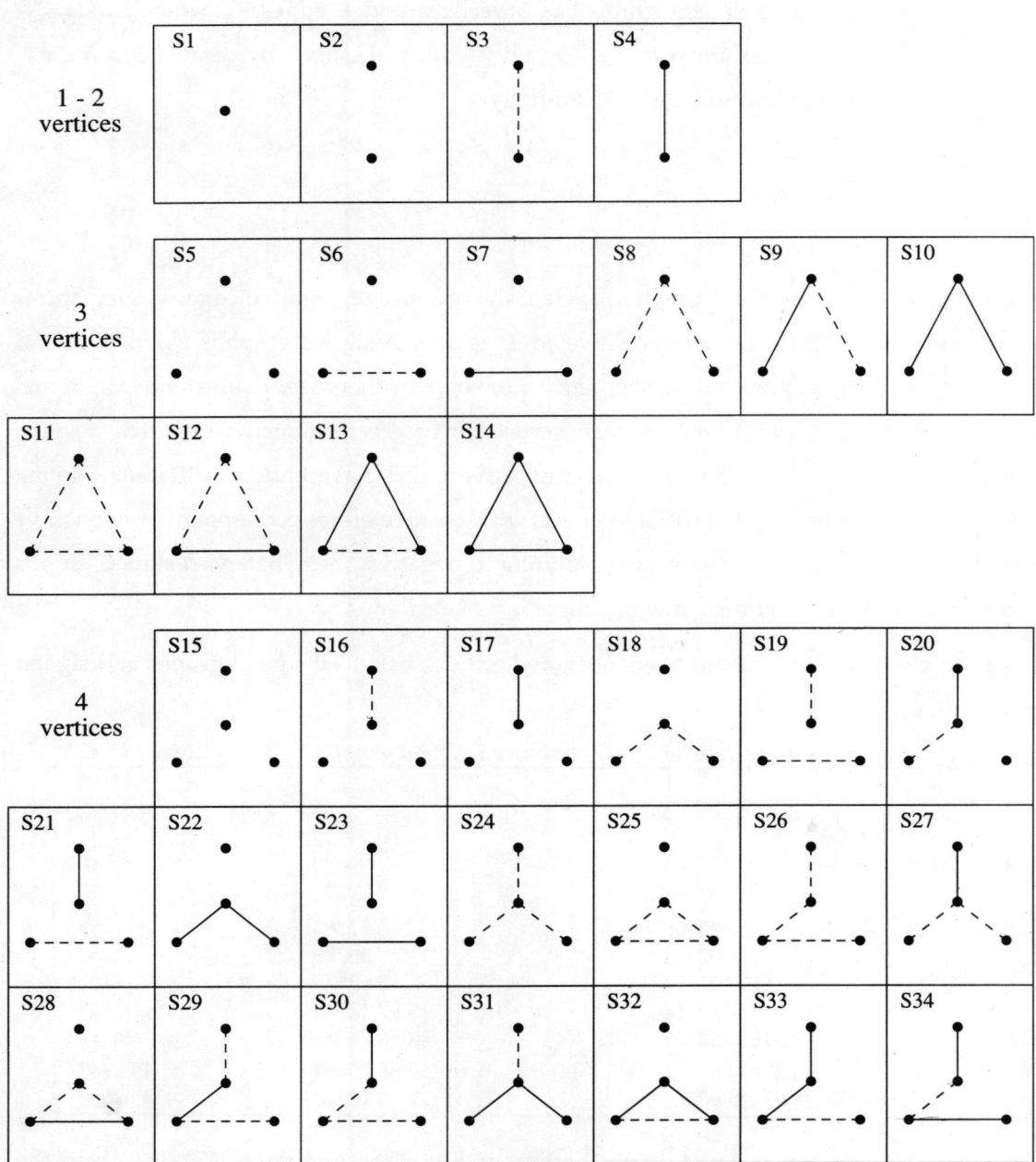

Signed graphs: 4 vertices

338 Signed graphs

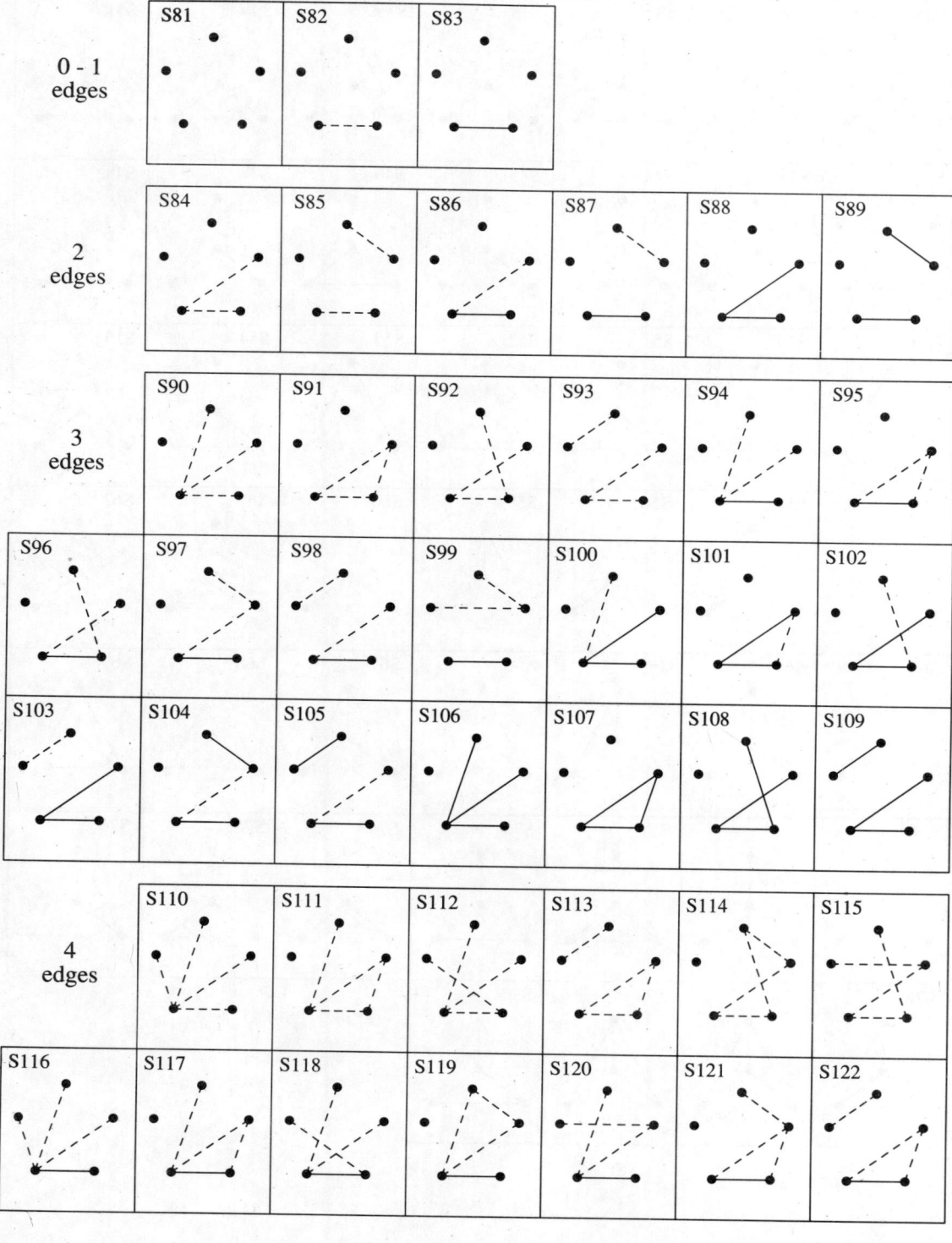

Signed graphs: 5 vertices

Signed graphs: 5 vertices

340 Signed graphs

Signed graphs: 5 vertices

5 edges

Signed graphs: 5 vertices

342 Signed graphs

Signed graphs: 5 vertices

6 edges

Signed graphs: 5 vertices

344 Signed graphs

Signed graphs: 5 vertices

6 edges (continued)

Signed graphs: 5 vertices

7 edges

S432, S433, S434, S435, S436, S437, S438, S439, S440, S441, S442, S443, S444, S445, S446, S447, S448, S449, S450, S451, S452, S453, S454, S455, S456, S457, S458, S459, S460, S461, S462, S463, S464, S465, S466, S467, S468, S469, S470, S471, S472, S473, S474, S475, S476, S477, S478, S479, S480, S481, S482, S483, S484, S485, S486

Signed graphs: 5 vertices

7 edges (continued)

Signed graphs: 5 vertices

Signed graphs: 5 vertices

7 edges (continued)

S598, S599, S600, S601, S602, S603, S604, S605, S606, S607, S608, S609, S610, S611, S612, S613, S614, S615, S616, S617

8 edges

S618, S619, S620, S621, S622, S623, S624, S625, S626, S627, S628, S629, S630, S631, S632, S633, S634, S635, S636, S637, S638, S639, S640, S641, S642, S643, S644

Signed graphs: 5 vertices

Signed graphs: 5 vertices

8 edges (continued)

S701, S702, S703, S704, S705, S706, S707, S708, S709, S710, S711, S712, S713, S714, S715, S716, S717, S718, S719, S720, S721, S722, S723, S724, S725, S726, S727, S728, S729, S730, S731, S732, S733, S734, S735, S736, S737, S738, S739, S740, S741, S742, S743, S744, S745, S746, S747, S748, S749, S750, S751, S752, S753, S754, S755

Signed graphs: 5 vertices

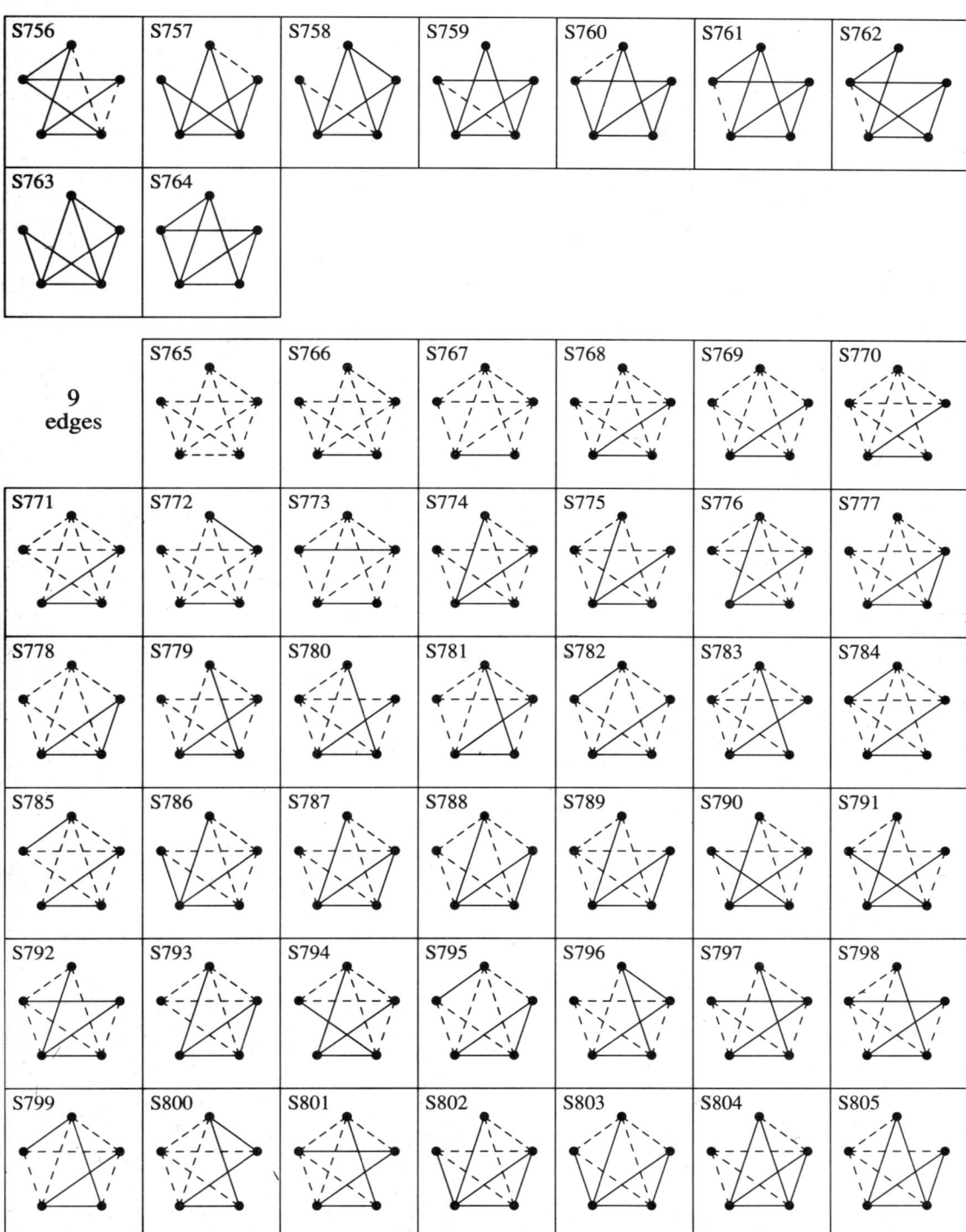

352 Signed graphs

Signed graphs: 5 vertices

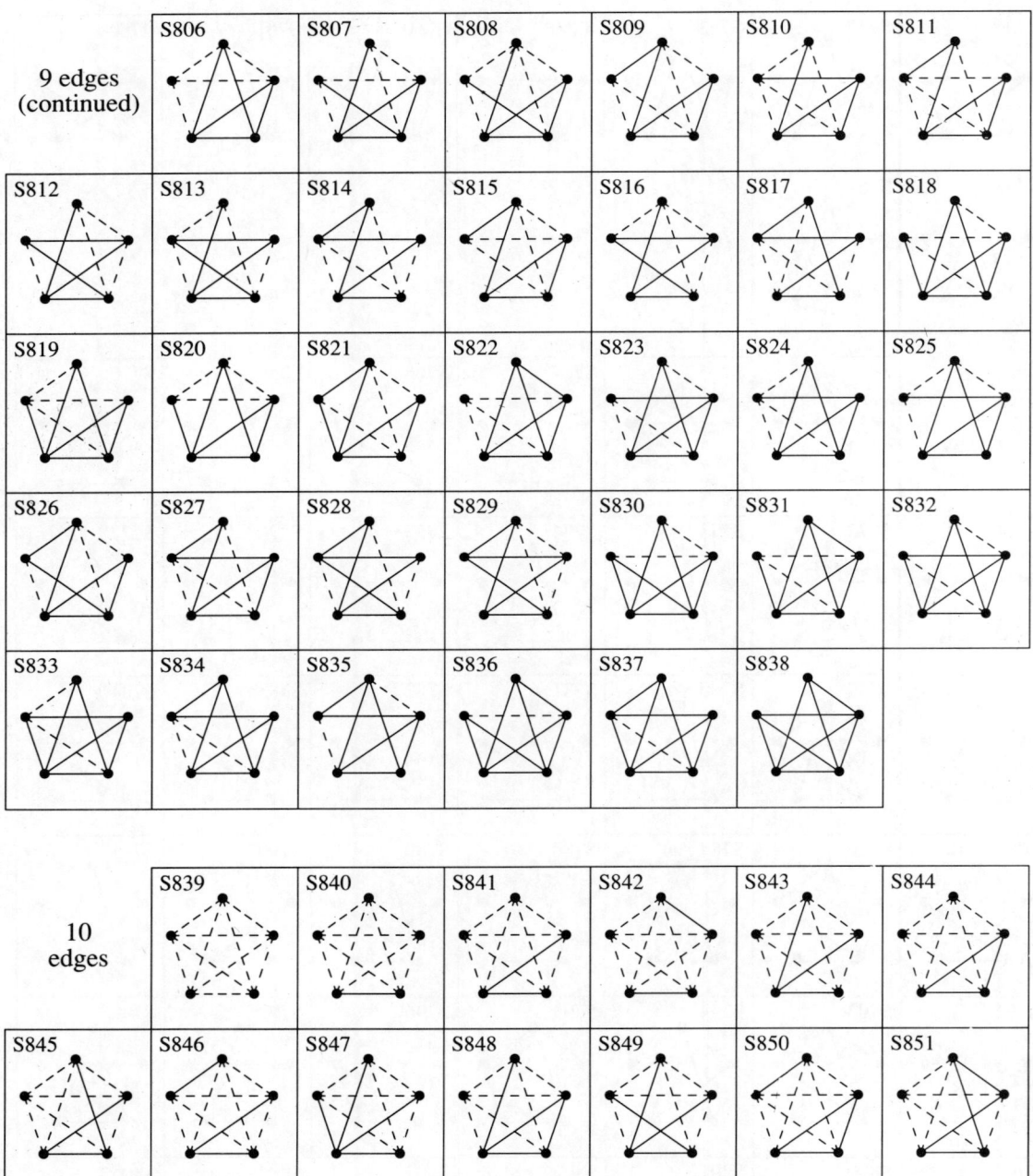

Signed graphs: 5 vertices

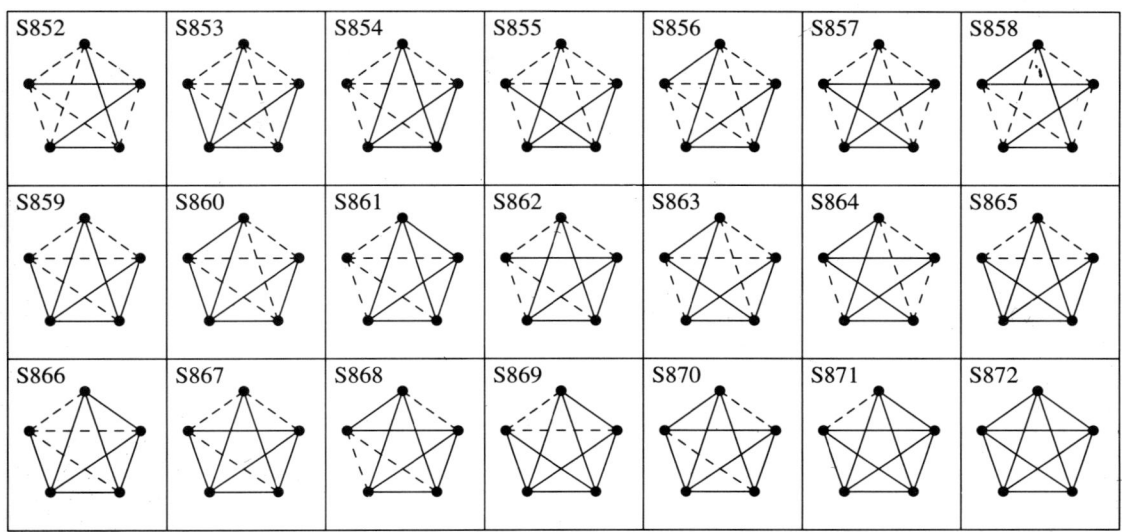

354 Signed graphs

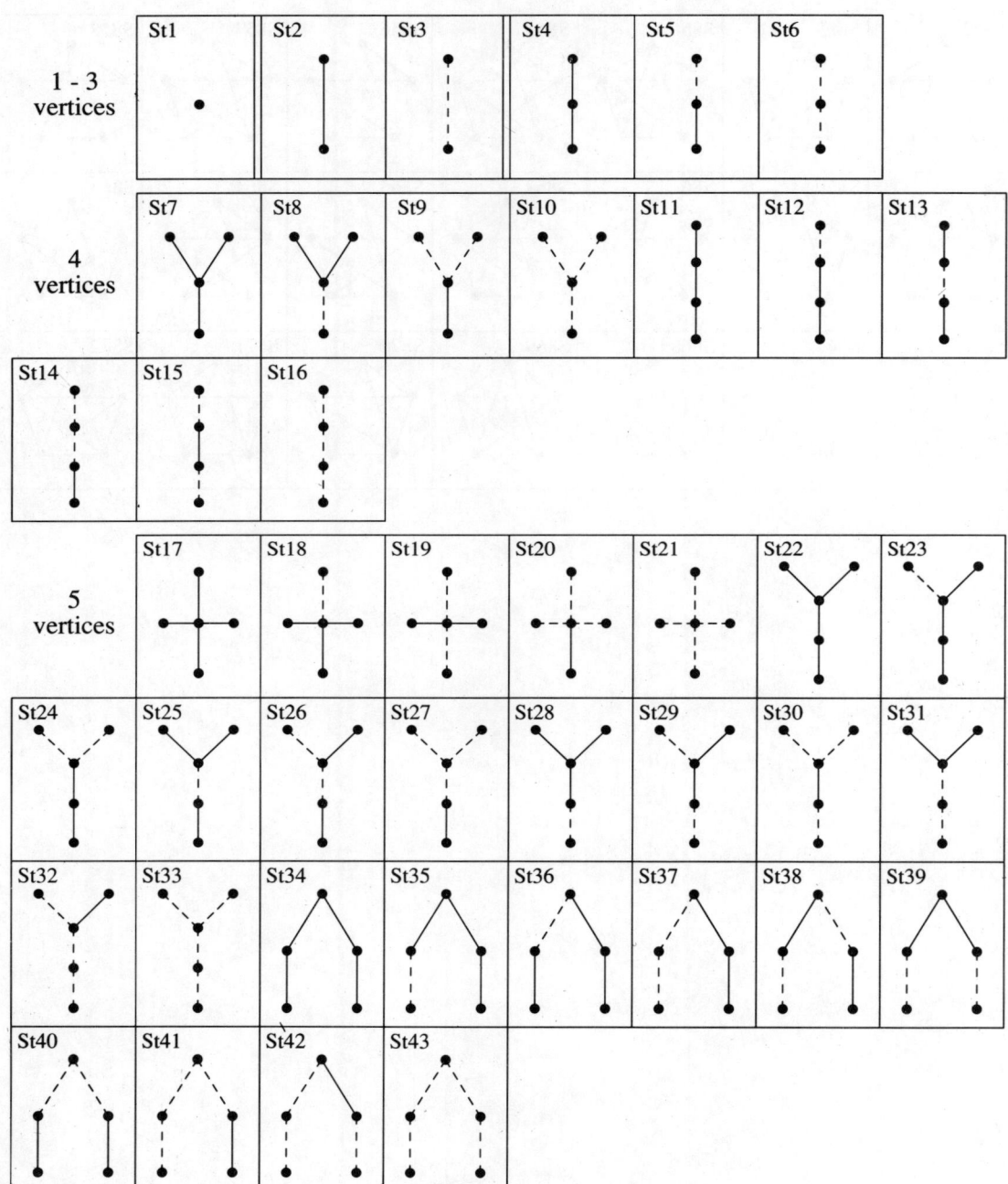

Signed trees: 6 vertices

Signed trees: 6 vertices

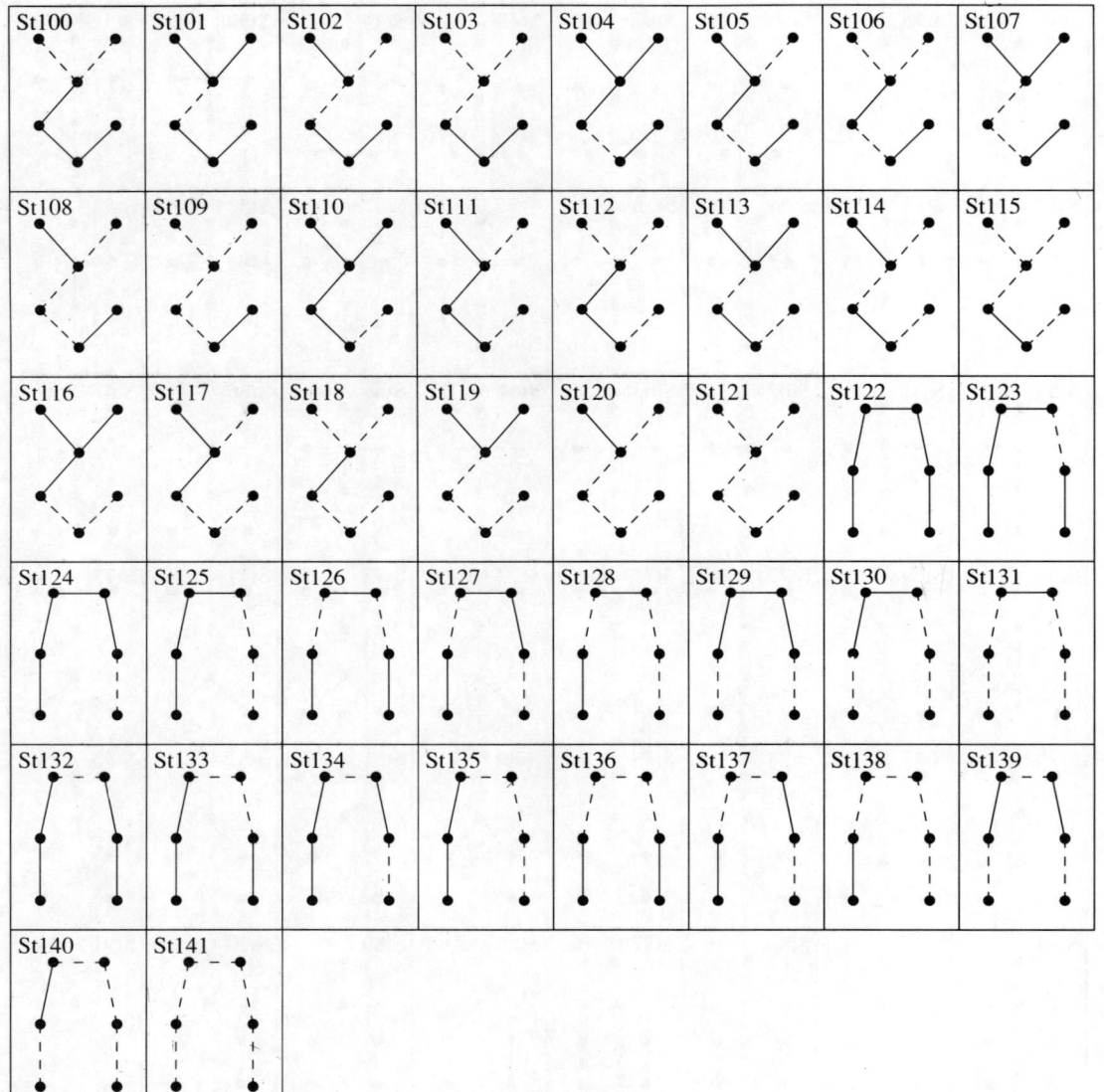

Signed trees: 7 vertices

358 Signed graphs

Signed trees: 7 vertices

Signed trees: 7 vertices

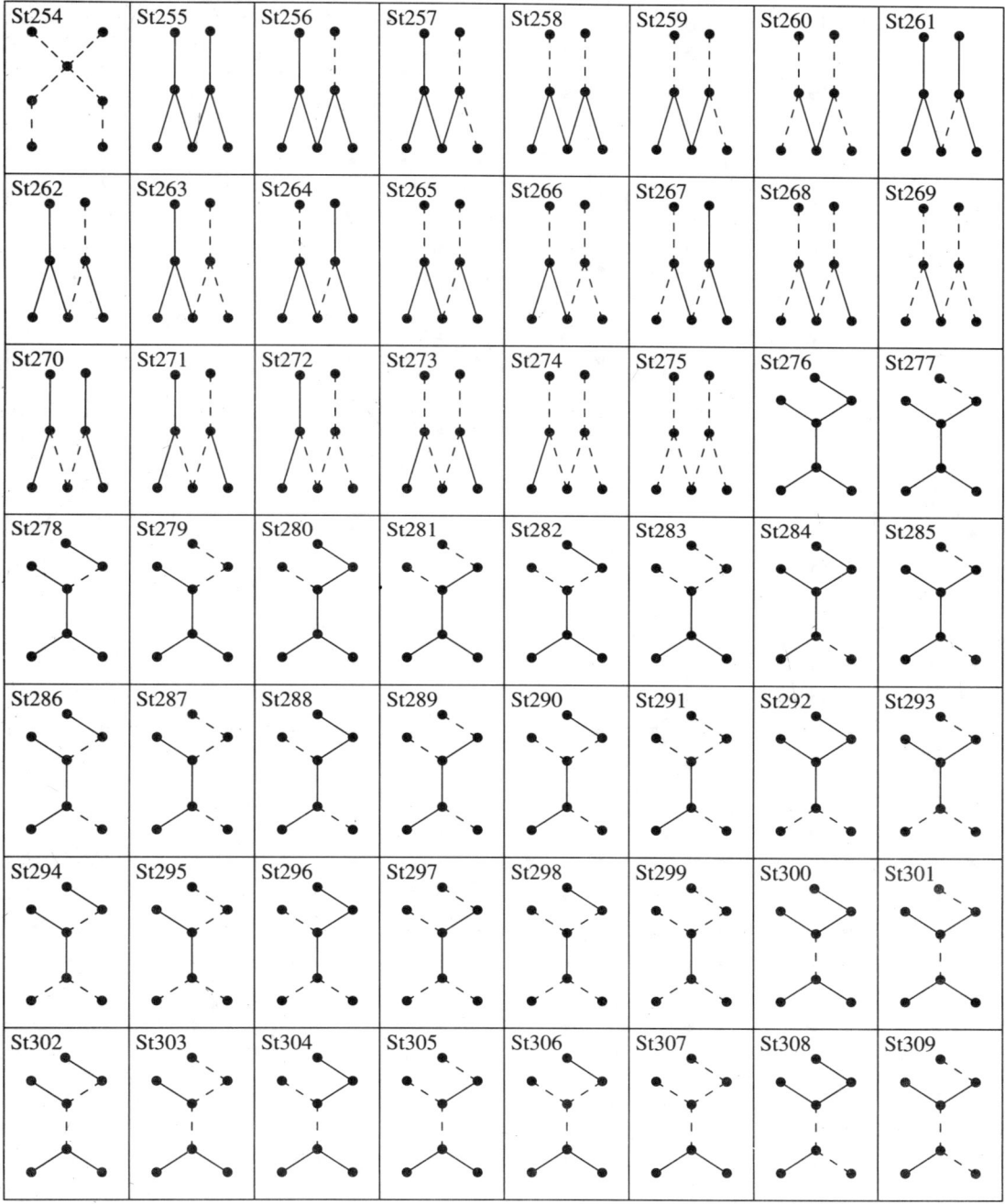

Signed trees: 7 vertices

Signed trees: 7 vertices

362 Signed graphs

Signed trees: 7 vertices

Signed trees: 7 vertices

Table of parameters for signed graphs

The following table lists some important parameters for the signed graphs depicted on pages 336–353. For each signed graph G we use the following notation; the terms are defined on page 335.

- *graph* : the **signed graph number**, as given on pages 336–353
- n : the number of **vertices** of G
- e : the number of **edges** of G
- *edges* : the numbers of positive and negative edges of G
- *3-cycles* : the numbers of positive and negative 3-cycles in G
- *4-cycles* : the numbers of positive and negative 4-cycles in G
- *5-cycles* : the numbers of positive and negative 5-cycles in G
- *b/u* : whether the signed graph is **balanced** (b) or **unbalanced** (u)

Parameters for signed graphs

graph	n	e	edges +	edges −	3-cycles +	3-cycles −	4-cycles +	4-cycles −	b/u
S1	1	0	0	0	−	−	−	−	b
S2	2	0	0	0	−	−	−	−	b
S3	2	1	0	1	−	−	−	−	b
S4	2	1	1	0	−	−	−	−	b
S5	3	0	0	0	0	0	−	−	b
S6	3	1	0	1	0	0	−	−	b
S7	3	1	1	0	0	0	−	−	b
S8	3	2	0	2	0	0	−	−	b
S9	3	2	1	1	0	0	−	−	b
S10	3	2	2	0	0	0	−	−	b
S11	3	3	0	3	0	1	−	−	u
S12	3	3	1	2	0	0	−	−	b
S13	3	3	2	1	0	0	−	−	u
S14	3	3	3	0	1	0	−	−	b
S15	4	0	0	0	0	0	0	0	b
S16	4	1	0	1	0	0	0	0	b
S17	4	1	1	0	0	0	0	0	b
S18	4	2	0	2	0	0	0	0	b
S19	4	2	0	2	0	0	0	0	b
S20	4	2	1	1	0	0	0	0	b
S21	4	2	1	1	0	0	0	0	b
S22	4	2	2	0	0	0	0	0	b
S23	4	2	2	0	0	0	0	0	b
S24	4	3	0	3	0	0	0	0	b
S25	4	3	0	3	0	1	0	0	u
S26	4	3	0	3	0	0	0	0	b
S27	4	3	1	2	0	0	0	0	b
S28	4	3	1	2	1	0	0	0	b
S29	4	3	1	2	0	0	0	0	b
S30	4	3	1	2	0	0	0	0	b

Table of parameters for signed graphs

graph	n	e	edges +	edges -	3-cycles +	3-cycles -	4-cycles +	4-cycles -	b/u	graph	n	e	edges +	edges -	3-cycles +	3-cycles -	4-cycles +	4-cycles -	5-cycles +	5-cycles -	b/u
S31	4	3	2	1	0	0	0	0	b	S81	5	0	0	0	0	0	0	0	0	0	b
S32	4	3	2	1	0	1	0	0	u	S82	5	1	0	1	0	0	0	0	0	0	b
S33	4	3	2	1	0	0	0	0	b	S83	5	1	1	0	0	0	0	0	0	0	b
S34	4	3	2	1	0	0	0	0	b	S84	5	2	0	2	0	0	0	0	0	0	b
S35	4	3	3	0	0	0	0	0	b	S85	5	2	0	2	0	0	0	0	0	0	b
S36	4	3	3	0	1	0	0	0	b	S86	5	2	1	1	0	0	0	0	0	0	b
S37	4	3	3	0	0	0	0	0	b	S87	5	2	1	1	0	0	0	0	0	0	b
S38	4	4	0	4	0	1	0	0	u	S88	5	2	2	0	0	0	0	0	0	0	b
S39	4	4	0	4	0	0	1	0	b	S89	5	2	2	0	0	0	0	0	0	0	b
S40	4	4	1	3	1	0	0	0	b	S90	5	3	0	3	0	0	0	0	0	0	b
S41	4	4	1	3	0	1	0	0	u	S91	5	3	0	3	0	1	0	0	0	0	u
S42	4	4	1	3	1	0	0	0	b	S92	5	3	0	3	0	0	0	0	0	0	b
S43	4	4	1	3	0	0	0	1	u	S93	5	3	0	3	0	0	0	0	0	0	b
S44	4	4	2	2	0	1	0	0	u	S94	5	3	1	2	0	0	0	0	0	0	b
S45	4	4	2	2	1	0	0	0	b	S95	5	3	1	2	1	0	0	0	0	0	b
S46	4	4	2	2	0	1	0	0	u	S96	5	3	1	2	0	0	0	0	0	0	b
S47	4	4	2	2	0	0	1	0	b	S97	5	3	1	2	0	0	0	0	0	0	b
S48	4	4	2	2	1	0	0	0	b	S98	5	3	1	2	0	0	0	0	0	0	b
S49	4	4	2	2	0	0	1	0	b	S99	5	3	1	2	0	0	0	0	0	0	b
S50	4	4	3	1	0	1	0	0	u	S100	5	3	2	1	0	0	0	0	0	0	b
S51	4	4	3	1	1	0	0	0	b	S101	5	3	2	1	0	1	0	0	0	0	u
S52	4	4	3	1	0	1	0	0	u	S102	5	3	2	1	0	0	0	0	0	0	b
S53	4	4	3	1	0	0	0	1	u	S103	5	3	2	1	0	0	0	0	0	0	b
S54	4	4	4	0	1	0	0	0	b	S104	5	3	2	1	0	0	0	0	0	0	b
S55	4	4	4	0	0	0	1	0	b	S105	5	3	2	1	0	0	0	0	0	0	b
S56	4	5	0	5	0	2	1	0	u	S106	5	3	3	0	0	0	0	0	0	0	b
S57	4	5	1	4	2	0	1	0	b	S107	5	3	3	0	1	0	0	0	0	0	b
S58	4	5	1	4	1	0	0	1	u	S108	5	3	3	0	0	0	0	0	0	0	b
S59	4	5	2	3	1	1	0	1	u	S109	5	3	3	0	0	0	0	0	0	0	b
S60	4	5	2	3	2	0	1	0	b	S110	5	4	0	4	0	0	0	0	0	0	b
S61	4	5	2	3	0	2	1	0	u	S111	5	4	0	4	0	1	0	0	0	0	u
S62	4	5	2	3	2	0	1	0	b	S112	5	4	0	4	0	0	0	0	0	0	b
S63	4	5	3	2	0	2	1	0	u	S113	5	4	0	4	0	1	0	0	0	0	u
S64	4	5	3	2	2	0	1	0	b	S114	5	4	0	4	0	0	1	0	0	0	b
S65	4	5	3	2	0	2	1	0	u	S115	5	4	0	4	0	0	0	0	0	0	b
S66	4	5	3	2	1	1	0	1	u	S116	5	4	1	3	0	0	0	0	0	0	b
S67	4	5	4	1	1	1	0	1	u	S117	5	4	1	3	1	0	0	0	0	0	b
S68	4	5	4	1	0	2	1	0	u	S118	5	4	1	3	0	0	0	0	0	0	b
S69	4	5	5	0	2	0	1	0	b	S119	5	4	1	3	0	1	0	0	0	0	u
S70	4	6	0	6	0	4	3	0	u	S120	5	4	1	3	0	0	0	0	0	0	b
S71	4	6	1	5	2	2	1	2	u	S121	5	4	1	3	1	0	0	0	0	0	b
S72	4	6	2	4	2	2	1	2	u	S122	5	4	1	3	1	0	0	0	0	0	b
S73	4	6	2	4	4	0	3	0	b	S123	5	4	1	3	0	0	0	1	0	0	u
S74	4	6	3	3	0	4	3	0	u	S124	5	4	1	3	0	0	0	0	0	0	b
S75	4	6	3	3	4	0	3	0	b	S125	5	4	1	3	0	0	0	0	0	0	b
S76	4	6	3	3	4	0	3	0	u	S126	5	4	1	3	0	0	0	0	0	0	b
S77	4	6	4	2	2	2	1	2	u	S127	5	4	1	3	0	1	0	0	0	0	u
S78	4	6	4	2	0	4	3	0	u	S128	5	4	2	2	0	0	0	0	0	0	b
S79	4	6	5	1	2	2	1	2	u	S129	5	4	2	2	0	1	0	0	0	0	u
S80	4	6	6	0	4	0	3	0	b	S130	5	4	2	2	1	0	0	0	0	0	b

366 Signed graphs

graph	n	e	edges +	edges -	3-cycles +	3-cycles -	4-cycles +	4-cycles -	5-cycles +	5-cycles -	b/u
S131	5	4	2	2	0	0	0	0	0	0	b
S132	5	4	2	2	0	0	0	0	0	0	b
S133	5	4	2	2	0	1	0	0	0	0	u
S134	5	4	2	2	0	1	0	0	0	0	u
S135	5	4	2	2	0	0	0	0	0	0	b
S136	5	4	2	2	0	0	1	0	0	0	b
S137	5	4	2	2	0	0	0	0	0	0	b
S138	5	4	2	2	0	0	0	0	0	0	b
S139	5	4	2	2	1	0	0	0	0	0	b
S140	5	4	2	2	0	0	0	0	0	0	b
S141	5	4	2	2	1	0	0	0	0	0	b
S142	5	4	2	2	0	0	1	0	0	0	b
S143	5	4	2	2	0	0	0	0	0	0	b
S144	5	4	2	2	0	0	0	0	0	0	b
S145	5	4	3	1	0	0	0	0	0	0	b
S146	5	4	3	1	0	1	0	0	0	0	u
S147	5	4	3	1	0	0	0	0	0	0	b
S148	5	4	3	1	1	0	0	0	0	0	b
S149	5	4	3	1	0	1	0	0	0	0	u
S150	5	4	3	1	0	0	0	0	0	0	b
S151	5	4	3	1	0	0	0	0	0	0	b
S152	5	4	3	1	1	0	0	0	0	0	b
S153	5	4	3	1	0	1	0	0	0	0	u
S154	5	4	3	1	0	0	0	1	0	0	u
S155	5	4	3	1	0	0	0	0	0	0	b
S156	5	4	3	1	0	0	0	0	0	0	b
S157	5	4	4	0	0	0	0	0	0	0	b
S158	5	4	4	0	1	0	0	0	0	0	b
S159	5	4	4	0	0	0	0	0	0	0	b
S160	5	4	4	0	1	0	0	0	0	0	b
S161	5	4	4	0	0	0	1	0	0	0	b
S162	5	4	4	0	0	0	0	0	0	0	b
S163	5	5	0	5	0	1	0	0	0	0	u
S164	5	5	0	5	0	2	1	0	0	0	u
S165	5	5	0	5	0	1	0	0	0	0	u
S166	5	5	0	5	0	1	0	0	0	0	u
S167	5	5	0	5	0	0	1	0	0	0	b
S168	5	5	0	5	0	0	0	0	0	1	u
S169	5	5	1	4	1	0	0	0	0	0	b
S170	5	5	1	4	0	1	0	0	0	0	u
S171	5	5	1	4	2	0	1	0	0	0	b
S172	5	5	1	4	1	0	0	0	0	0	b
S173	5	5	1	4	1	1	0	1	0	0	u
S174	5	5	1	4	1	0	0	0	0	0	b
S175	5	5	1	4	1	0	0	0	0	0	b
S176	5	5	1	4	0	1	0	0	0	0	u
S177	5	5	1	4	0	0	0	1	0	0	u
S178	5	5	1	4	1	0	0	0	0	0	u
S179	5	5	1	4	0	0	1	0	0	0	b
S180	5	5	1	4	1	0	0	0	0	0	b
S181	5	5	1	4	1	0	0	0	0	0	b
S182	5	5	1	4	0	0	0	1	0	0	u
S183	5	5	1	4	0	0	0	0	1	0	b
S184	5	5	1	4	0	1	0	0	0	0	u
S185	5	5	2	3	0	1	0	0	0	0	u
S186	5	5	2	3	1	0	0	0	0	0	b
S187	5	5	2	3	0	1	0	0	0	0	u
S188	5	5	2	3	1	1	0	1	0	0	u
S189	5	5	2	3	0	1	0	0	0	0	u
S190	5	5	2	3	0	1	0	0	0	0	u
S191	5	5	2	3	1	0	0	0	0	0	b
S192	5	5	2	3	2	0	1	0	0	0	b
S193	5	5	2	3	1	0	0	0	0	0	b
S194	5	5	2	3	1	0	0	0	0	0	b
S195	5	5	2	3	0	0	1	0	0	0	b
S196	5	5	2	3	0	0	0	1	0	0	u
S197	5	5	2	3	0	1	0	0	0	0	u
S198	5	5	2	3	0	2	1	0	0	0	u
S199	5	5	2	3	0	1	0	0	0	0	u
S200	5	5	2	3	0	1	0	0	0	0	u
S201	5	5	2	3	0	0	1	0	0	0	b
S202	5	5	2	3	0	1	0	0	0	0	u
S203	5	5	2	3	0	0	1	0	0	0	b
S204	5	5	2	3	0	0	0	0	0	1	u
S205	5	5	2	3	1	0	0	0	0	0	b
S206	5	5	2	3	2	0	1	0	0	0	b
S207	5	5	2	3	1	0	0	0	0	0	b
S208	5	5	2	3	1	0	0	0	0	0	b
S209	5	5	2	3	1	0	0	0	0	0	b
S210	5	5	2	3	0	0	1	0	0	0	b
S211	5	5	2	3	0	1	0	0	0	0	u
S212	5	5	2	3	0	0	0	1	0	0	u
S213	5	5	2	3	1	0	0	0	0	0	b
S214	5	5	2	3	0	0	0	0	0	1	u
S215	5	5	3	2	0	1	0	0	0	0	u
S216	5	5	3	2	1	0	0	0	0	0	b
S217	5	5	3	2	0	2	1	0	0	0	u
S218	5	5	3	2	0	1	0	0	0	0	u
S219	5	5	3	2	0	1	0	0	0	0	u
S220	5	5	3	2	0	0	1	0	0	0	b
S221	5	5	3	2	1	0	0	0	0	0	b
S222	5	5	3	2	0	1	0	0	0	0	u
S223	5	5	3	2	1	0	0	0	0	0	b
S224	5	5	3	2	2	0	1	0	0	0	b
S225	5	5	3	2	1	0	0	0	0	0	b
S226	5	5	3	2	1	0	0	0	0	0	b
S227	5	5	3	2	0	2	1	0	0	0	u
S228	5	5	3	2	0	1	0	0	0	0	u
S229	5	5	3	2	0	1	0	0	0	0	u
S230	5	5	3	2	1	1	0	1	0	0	u
S231	5	5	3	2	0	1	0	0	0	0	u
S232	5	5	3	2	0	1	0	0	0	0	u
S233	5	5	3	2	1	0	0	0	0	0	b
S234	5	5	3	2	1	0	0	0	0	0	b
S235	5	5	3	2	1	0	0	0	0	0	b
S236	5	5	3	2	0	0	0	1	0	0	u

Table of parameters for signed graphs

graph	n	e	edges +	edges -	3-cycles +	3-cycles -	4-cycles +	4-cycles -	5-cycles +	5-cycles -	b/u	graph	n	e	edges +	edges -	3-cycles +	3-cycles -	4-cycles +	4-cycles -	5-cycles +	5-cycles -	b/u
S237	5	5	3	2	0	0	1	0	0	0	b	S290	5	6	2	4	0	2	0	0	0	0	u
S238	5	5	3	2	0	0	1	0	0	0	b	S291	5	6	2	4	2	0	1	0	0	0	b
S239	5	5	3	2	0	1	0	0	0	0	u	S292	5	6	2	4	2	0	1	0	0	0	b
S240	5	5	3	2	0	0	0	1	0	0	u	S293	5	6	2	4	2	0	0	0	0	0	b
S241	5	5	3	2	0	0	0	0	1	0	b	S294	5	6	2	4	1	1	0	1	0	0	u
S242	5	5	3	2	1	0	0	0	0	0	b	S295	5	6	2	4	1	1	0	1	0	0	u
S243	5	5	3	2	0	0	1	0	0	0	b	S296	5	6	2	4	2	2	1	2	0	0	u
S244	5	5	3	2	0	0	0	0	1	0	b	S297	5	6	2	4	1	1	0	1	0	0	u
S245	5	5	4	1	0	1	0	0	0	0	u	S298	5	6	2	4	1	1	0	1	0	0	u
S246	5	5	4	1	1	0	0	0	0	0	b	S299	5	6	2	4	0	2	1	0	0	0	u
S247	5	5	4	1	0	1	0	0	0	0	u	S300	5	6	2	4	0	1	0	1	1	0	u
S248	5	5	4	1	1	1	0	1	0	0	u	S301	5	6	2	4	2	0	1	0	0	0	b
S249	5	5	4	1	1	0	0	0	0	0	b	S302	5	6	2	4	1	0	1	0	1	0	b
S250	5	5	4	1	1	0	0	0	0	0	b	S303	5	6	2	4	1	1	0	1	0	0	u
S251	5	5	4	1	0	1	0	0	0	0	u	S304	5	6	2	4	2	0	1	0	0	0	b
S252	5	5	4	1	0	1	0	0	0	0	u	S305	5	6	2	4	1	0	0	1	0	1	u
S253	5	5	4	1	0	0	0	1	0	0	u	S306	5	6	2	4	0	0	1	2	0	0	u
S254	5	5	4	1	1	0	0	0	0	0	b	S307	5	6	2	4	0	2	1	0	0	0	u
S255	5	5	4	1	0	2	1	0	0	0	u	S308	5	6	2	4	0	2	0	0	0	0	u
S256	5	5	4	1	0	1	0	0	0	0	u	S309	5	6	2	4	0	2	1	0	0	0	u
S257	5	5	4	1	0	1	0	0	0	0	u	S310	5	6	2	4	0	1	1	0	0	1	u
S258	5	5	4	1	0	0	1	0	0	0	b	S311	5	6	2	4	0	0	3	0	0	0	b
S259	5	5	4	1	0	0	0	1	0	0	u	S312	5	6	2	4	0	1	1	0	0	1	u
S260	5	5	4	1	0	0	0	0	1	0	u	S313	5	6	2	4	2	0	1	0	0	0	b
S261	5	5	5	0	1	0	0	0	0	0	b	S314	5	6	2	4	2	0	0	0	0	0	b
S262	5	5	5	0	2	0	1	0	0	0	b	S315	5	6	2	4	1	1	0	1	0	0	u
S263	5	5	5	0	1	0	0	0	0	0	b	S316	5	6	2	4	4	0	3	0	0	0	b
S264	5	5	5	0	1	0	0	0	0	0	b	S317	5	6	2	4	2	0	1	0	0	0	b
S265	5	5	5	0	0	0	1	0	0	0	b	S318	5	6	2	4	2	0	1	0	0	0	b
S266	5	5	5	0	0	0	0	0	1	0	b	S319	5	6	2	4	1	0	1	0	1	0	b
S267	5	6	0	6	0	2	1	0	0	0	u	S320	5	6	2	4	1	1	0	1	0	0	u
S268	5	6	0	6	0	2	0	0	0	0	u	S321	5	6	2	4	1	0	0	1	0	1	u
S269	5	6	0	6	0	4	3	0	0	0	u	S322	5	6	2	4	1	0	0	1	0	1	u
S270	5	6	0	6	0	2	1	0	0	0	u	S323	5	6	2	4	0	1	1	0	0	1	u
S271	5	6	0	6	0	1	1	0	0	1	u	S324	5	6	2	4	0	0	1	2	0	0	u
S272	5	6	0	6	0	0	3	0	0	0	b	S325	5	6	2	4	2	0	0	0	0	0	b
S273	5	6	1	5	2	0	1	0	0	0	b	S326	5	6	3	3	0	2	1	0	0	0	u
S274	5	6	1	5	1	1	0	1	0	0	u	S327	5	6	3	3	1	1	0	1	0	0	u
S275	5	6	1	5	1	1	0	0	0	0	u	S328	5	6	3	3	1	1	0	0	0	0	u
S276	5	6	1	5	0	2	1	0	0	0	u	S329	5	6	3	3	2	0	1	0	0	0	b
S277	5	6	1	5	2	2	1	2	0	0	u	S330	5	6	3	3	0	2	1	0	0	0	u
S278	5	6	1	5	2	0	1	0	0	0	b	S331	5	6	3	3	0	4	3	0	0	0	u
S279	5	6	1	5	1	1	0	1	0	0	u	S332	5	6	3	3	0	2	1	0	0	0	u
S280	5	6	1	5	1	0	0	1	0	1	u	S333	5	6	3	3	0	2	1	0	0	0	u
S281	5	6	1	5	1	1	0	1	0	0	u	S334	5	6	3	3	0	1	1	0	0	1	u
S282	5	6	1	5	1	1	0	1	0	0	u	S335	5	6	3	3	0	0	3	0	0	0	b
S283	5	6	1	5	1	0	1	0	1	0	b	S336	5	6	3	3	2	0	1	0	0	0	b
S284	5	6	1	5	0	1	0	1	1	0	u	S337	5	6	3	3	1	1	0	0	0	0	u
S285	5	6	1	5	0	0	1	2	0	0	u	S338	5	6	3	3	0	2	1	0	0	0	u
S286	5	6	1	5	0	2	1	0	0	0	u	S339	5	6	3	3	1	1	0	0	0	0	u
S287	5	6	1	5	1	1	0	0	0	0	u	S340	5	6	3	3	1	1	0	1	0	0	u
S288	5	6	1	5	0	1	0	1	1	0	u	S341	5	6	3	3	1	1	0	1	0	0	u
S289	5	6	2	4	1	1	0	1	0	0	u	S342	5	6	3	3	1	1	0	0	0	0	u

368 Signed graphs

graph	n	e	edges +	edges -	3-cycles +	3-cycles -	4-cycles +	4-cycles -	5-cycles +	5-cycles -	b/u
S343	5	6	3	3	0	2	1	0	0	0	u
S344	5	6	3	3	2	0	1	0	0	0	b
S345	5	6	3	3	4	0	3	0	0	0	b
S346	5	6	3	3	2	0	1	0	0	0	b
S347	5	6	3	3	2	0	1	0	0	0	b
S348	5	6	3	3	1	0	0	1	0	1	u
S349	5	6	3	3	2	2	1	2	0	0	u
S350	5	6	3	3	0	2	1	0	0	0	u
S351	5	6	3	3	1	1	0	1	0	0	u
S352	5	6	3	3	1	1	0	1	0	0	u
S353	5	6	3	3	1	1	0	1	0	0	u
S354	5	6	3	3	0	1	1	0	0	1	u
S355	5	6	3	3	0	1	1	0	0	1	u
S356	5	6	3	3	1	1	0	1	0	0	u
S357	5	6	3	3	1	1	0	1	0	0	u
S358	5	6	3	3	0	1	0	1	1	0	u
S359	5	6	3	3	2	0	1	0	0	0	b
S360	5	6	3	3	1	0	0	1	0	1	u
S361	5	6	3	3	1	0	0	1	0	1	u
S362	5	6	3	3	2	0	1	0	0	0	b
S363	5	6	3	3	2	0	1	0	0	0	b
S364	5	6	3	3	1	0	1	0	1	0	b
S365	5	6	3	3	1	0	1	0	1	0	b
S366	5	6	3	3	0	0	1	2	0	0	u
S367	5	6	3	3	0	0	3	0	0	0	b
S368	5	6	3	3	1	1	0	0	0	0	u
S369	5	6	3	3	0	2	1	0	0	0	u
S370	5	6	3	3	0	1	0	1	1	0	u
S371	5	6	3	3	0	1	0	1	1	0	u
S372	5	6	3	3	1	0	1	0	1	0	b
S373	5	6	4	2	0	2	1	0	0	0	u
S374	5	6	4	2	0	2	0	0	0	0	u
S375	5	6	4	2	1	1	0	1	0	0	u
S376	5	6	4	2	2	0	1	0	0	0	b
S377	5	6	4	2	2	0	0	0	0	0	b
S378	5	6	4	2	0	2	1	0	0	0	u
S379	5	6	4	2	0	2	0	0	0	0	u
S380	5	6	4	2	1	1	0	1	0	0	u
S381	5	6	4	2	1	1	0	1	0	0	u
S382	5	6	4	2	2	2	1	2	0	0	u
S383	5	6	4	2	1	1	0	1	0	0	u
S384	5	6	4	2	1	1	0	1	0	0	u
S385	5	6	4	2	2	0	1	0	0	0	b
S386	5	6	4	2	1	0	1	0	1	0	b
S387	5	6	4	2	0	2	1	0	0	0	u
S388	5	6	4	2	0	2	1	0	0	0	u
S389	5	6	4	2	1	1	0	1	0	0	u
S390	5	6	4	2	0	1	0	1	1	0	u
S391	5	6	4	2	0	1	0	1	1	0	u
S392	5	6	4	2	0	0	1	2	0	0	u
S393	5	6	4	2	2	0	0	0	0	0	b
S394	5	6	4	2	0	2	1	0	0	0	u
S395	5	6	4	2	0	2	0	0	0	0	u
S396	5	6	4	2	1	1	0	1	0	0	u
S397	5	6	4	2	2	0	1	0	0	0	b
S398	5	6	4	2	1	0	1	0	1	0	b
S399	5	6	4	2	0	4	3	0	0	0	u
S400	5	6	4	2	0	2	1	0	0	0	u
S401	5	6	4	2	0	2	1	0	0	0	u
S402	5	6	4	2	0	1	0	1	1	0	u
S403	5	6	4	2	1	1	0	1	0	0	u
S404	5	6	4	2	0	1	1	0	0	1	u
S405	5	6	4	2	0	1	1	0	0	1	u
S406	5	6	4	2	1	0	1	0	1	0	b
S407	5	6	4	2	1	0	0	1	0	1	u
S408	5	6	4	2	0	0	3	0	0	0	b
S409	5	6	4	2	0	0	1	2	0	0	u
S410	5	6	5	1	1	1	0	1	0	0	u
S411	5	6	5	1	1	1	0	0	0	0	u
S412	5	6	5	1	2	0	1	0	0	0	b
S413	5	6	5	1	1	1	0	1	0	0	u
S414	5	6	5	1	1	1	0	0	0	0	u
S415	5	6	5	1	0	2	1	0	0	0	u
S416	5	6	5	1	2	2	1	2	0	0	u
S417	5	6	5	1	2	0	1	0	0	0	b
S418	5	6	5	1	1	1	0	1	0	0	u
S419	5	6	5	1	1	1	0	1	0	0	u
S420	5	6	5	1	1	0	0	1	0	1	u
S421	5	6	5	1	1	0	0	1	0	1	u
S422	5	6	5	1	0	2	1	0	0	0	u
S423	5	6	5	1	0	1	1	0	0	1	u
S424	5	6	5	1	0	0	1	2	0	0	u
S425	5	6	5	1	0	1	0	1	1	0	u
S426	5	6	6	0	2	0	1	0	0	0	b
S427	5	6	6	0	2	0	0	0	0	0	b
S428	5	6	6	0	4	0	3	0	0	0	b
S429	5	6	6	0	2	0	1	0	0	0	b
S430	5	6	6	0	1	0	1	0	1	0	b
S431	5	6	6	0	0	0	3	0	0	0	b
S432	5	7	0	7	0	3	3	0	0	0	u
S433	5	7	0	7	0	4	3	0	0	0	u
S434	5	7	0	7	0	3	2	0	0	1	u
S435	5	7	0	7	0	2	3	0	0	2	u
S436	5	7	1	6	3	0	3	0	0	0	b
S437	5	7	1	6	2	2	1	2	0	0	u
S438	5	7	1	6	2	1	1	0	1	0	u
S439	5	7	1	6	1	2	1	2	0	0	u
S440	5	7	1	6	1	2	1	1	1	0	u
S441	5	7	1	6	0	4	3	0	0	0	u
S442	5	7	1	6	2	2	1	2	0	0	u
S443	5	7	1	6	2	0	3	0	2	0	b
S444	5	7	1	6	1	2	0	2	1	0	u
S445	5	7	1	6	1	1	1	2	1	1	u
S446	5	7	1	6	1	2	1	1	1	0	u
S447	5	7	1	6	0	2	1	2	2	0	u
S448	5	7	2	5	2	1	1	2	0	0	u

Table of parameters for signed graphs

graph	n	e	edges +	edges -	3-cycles +	3-cycles -	4-cycles +	4-cycles -	5-cycles +	5-cycles -	b/u
S449	5	7	2	5	2	2	1	2	0	0	u
S450	5	7	2	5	2	1	0	2	0	1	u
S451	5	7	2	5	1	2	0	2	1	0	u
S452	5	7	2	5	3	0	2	0	1	0	b
S453	5	7	2	5	2	2	1	2	0	0	u
S454	5	7	2	5	2	1	1	2	0	0	u
S455	5	7	2	5	2	1	0	2	0	1	u
S456	5	7	2	5	2	2	1	2	0	0	u
S457	5	7	2	5	1	2	1	1	1	0	u
S458	5	7	2	5	1	2	0	2	1	0	u
S459	5	7	2	5	2	2	1	2	0	0	u
S460	5	7	2	5	1	1	1	2	1	1	u
S461	5	7	2	5	0	2	1	2	2	0	u
S462	5	7	2	5	2	0	3	0	2	0	b
S463	5	7	2	5	2	1	1	1	0	1	u
S464	5	7	2	5	1	1	1	2	1	1	u
S465	5	7	2	5	0	3	3	0	0	0	u
S466	5	7	2	5	0	3	2	0	0	1	u
S467	5	7	2	5	0	2	3	0	0	2	u
S468	5	7	2	5	4	0	3	0	0	0	b
S469	5	7	2	5	3	0	2	0	1	0	b
S470	5	7	2	5	2	1	1	2	0	0	u
S471	5	7	2	5	2	1	1	1	0	1	u
S472	5	7	2	5	2	1	0	2	0	1	u
S473	5	7	2	5	2	2	1	2	0	0	u
S474	5	7	2	5	2	0	1	2	0	2	u
S475	5	7	2	5	2	0	1	2	0	2	u
S476	5	7	2	5	1	1	1	2	1	1	u
S477	5	7	2	5	2	1	0	2	0	1	u
S478	5	7	2	5	1	2	1	2	0	0	u
S479	5	7	3	4	0	4	3	0	0	0	u
S480	5	7	3	4	1	2	1	1	1	0	u
S481	5	7	3	4	2	2	1	2	0	0	u
S482	5	7	3	4	2	1	1	1	0	1	u
S483	5	7	3	4	3	0	3	0	0	0	b
S484	5	7	3	4	0	4	3	0	0	0	u
S485	5	7	3	4	0	3	2	0	0	1	u
S486	5	7	3	4	0	2	3	0	0	2	u
S487	5	7	3	4	0	2	3	0	0	2	u
S488	5	7	3	4	3	0	3	0	0	0	b
S489	5	7	3	4	4	0	3	0	0	0	b
S490	5	7	3	4	3	0	2	0	1	0	b
S491	5	7	3	4	2	1	1	1	0	1	u
S492	5	7	3	4	1	2	1	2	0	0	u
S493	5	7	3	4	2	2	1	2	0	0	u
S494	5	7	3	4	1	2	1	1	1	0	u
S495	5	7	3	4	0	3	2	0	0	1	u
S496	5	7	3	4	2	1	1	1	0	1	u
S497	5	7	3	4	2	1	0	2	0	1	u
S498	5	7	3	4	2	1	1	1	0	1	u
S499	5	7	3	4	2	2	1	2	0	0	u
S500	5	7	3	4	2	1	1	1	0	1	u
S501	5	7	3	4	1	2	1	2	0	0	u
S502	5	7	3	4	1	2	1	1	1	0	u
S503	5	7	3	4	4	0	3	0	0	0	b
S504	5	7	3	4	3	0	3	0	0	0	b
S505	5	7	3	4	3	0	2	0	1	0	b
S506	5	7	3	4	4	0	3	0	0	0	b
S507	5	7	3	4	2	0	1	2	0	2	u
S508	5	7	3	4	2	2	1	2	0	0	u
S509	5	7	3	4	0	2	1	2	2	0	u
S510	5	7	3	4	2	1	0	2	0	1	u
S511	5	7	3	4	2	1	1	1	0	1	u
S512	5	7	3	4	2	2	1	2	0	0	u
S513	5	7	3	4	1	1	1	2	1	1	u
S514	5	7	3	4	1	1	1	2	1	1	u
S515	5	7	3	4	1	1	1	2	1	1	u
S516	5	7	3	4	0	2	3	0	0	2	u
S517	5	7	3	4	1	2	0	2	1	0	u
S518	5	7	3	4	2	0	1	2	0	2	u
S519	5	7	3	4	3	0	2	0	1	0	b
S520	5	7	3	4	3	0	2	0	1	0	b
S521	5	7	3	4	1	1	1	2	1	1	u
S522	5	7	3	4	2	0	3	0	2	0	b
S523	5	7	3	4	1	2	1	1	1	0	u
S524	5	7	3	4	2	0	3	0	2	0	b
S525	5	7	4	3	0	3	3	0	0	0	u
S526	5	7	4	3	0	4	3	0	0	0	u
S527	5	7	4	3	0	3	2	0	0	1	u
S528	5	7	4	3	2	1	1	2	0	0	u
S529	5	7	4	3	2	2	1	2	0	0	u
S530	5	7	4	3	2	1	1	1	0	1	u
S531	5	7	4	3	2	1	0	2	0	1	u
S532	5	7	4	3	4	0	3	0	0	0	b
S533	5	7	4	3	3	0	2	0	1	0	b
S534	5	7	4	3	0	3	3	0	0	0	u
S535	5	7	4	3	0	3	2	0	0	1	u
S536	5	7	4	3	2	2	1	2	0	0	u
S537	5	7	4	3	1	2	1	1	1	0	u
S538	5	7	4	3	1	2	0	2	1	0	u
S539	5	7	4	3	2	1	1	2	0	0	u
S540	5	7	4	3	2	2	1	2	0	0	u
S541	5	7	4	3	2	1	1	1	0	1	u
S542	5	7	4	3	1	2	1	1	1	0	u
S543	5	7	4	3	2	2	1	2	0	0	u
S544	5	7	4	3	1	1	1	2	1	1	u
S545	5	7	4	3	2	0	3	0	2	0	b
S546	5	7	4	3	0	4	3	0	0	0	u
S547	5	7	4	3	1	2	1	1	1	0	u
S548	5	7	4	3	1	2	1	1	1	0	u
S549	5	7	4	3	0	2	1	2	2	0	u
S550	5	7	4	3	1	1	1	2	1	1	u
S551	5	7	4	3	0	2	1	2	2	0	u
S552	5	7	4	3	3	0	2	0	1	0	b
S553	5	7	4	3	0	4	3	0	0	0	u
S554	5	7	4	3	0	3	2	0	0	1	u

370 Signed graphs

graph	n	e	edges +	edges -	3-cycles +	3-cycles -	4-cycles +	4-cycles -	5-cycles +	5-cycles -	b/u
S555	5	7	4	3	1	2	1	1	1	0	u
S556	5	7	4	3	1	2	1	1	1	0	u
S557	5	7	4	3	1	2	0	2	1	0	u
S558	5	7	4	3	2	2	1	2	0	0	u
S559	5	7	4	3	0	3	3	0	0	0	u
S560	5	7	4	3	2	1	1	2	0	0	u
S561	5	7	4	3	0	3	2	0	0	1	u
S562	5	7	4	3	2	1	1	1	0	1	u
S563	5	7	4	3	4	0	3	0	0	0	b
S564	5	7	4	3	2	0	3	0	2	0	b
S565	5	7	4	3	0	2	3	0	0	2	u
S566	5	7	4	3	1	1	1	2	1	1	u
S567	5	7	4	3	0	2	3	0	0	2	u
S568	5	7	4	3	1	1	1	2	1	1	u
S569	5	7	4	3	2	1	1	1	0	1	u
S570	5	7	4	3	2	0	3	0	2	0	b
S571	5	7	4	3	2	0	1	2	0	2	u
S572	5	7	5	2	1	2	1	2	0	0	u
S573	5	7	5	2	2	2	1	2	0	0	u
S574	5	7	5	2	1	2	0	2	1	0	u
S575	5	7	5	2	1	2	1	1	1	0	u
S576	5	7	5	2	3	0	3	0	0	0	b
S577	5	7	5	2	2	2	1	2	0	0	u
S578	5	7	5	2	3	0	2	0	1	0	b
S579	5	7	5	2	1	2	1	2	0	0	u
S580	5	7	5	2	1	2	0	2	1	0	u
S581	5	7	5	2	1	2	1	1	1	0	u
S582	5	7	5	2	2	2	1	2	0	0	u
S583	5	7	5	2	2	1	0	2	0	1	u
S584	5	7	5	2	2	1	1	1	0	1	u
S585	5	7	5	2	0	4	3	0	0	0	u
S586	5	7	5	2	0	3	2	0	0	1	u
S587	5	7	5	2	1	2	1	2	0	0	u
S588	5	7	5	2	2	2	1	2	0	0	u
S589	5	7	5	2	2	0	3	0	2	0	b
S590	5	7	5	2	1	2	0	2	1	0	u
S591	5	7	5	2	2	1	0	2	0	1	u
S592	5	7	5	2	2	2	1	2	0	0	u
S593	5	7	5	2	1	1	1	2	1	1	u
S594	5	7	5	2	1	1	1	2	1	1	u
S595	5	7	5	2	2	0	1	2	0	2	u
S596	5	7	5	2	0	3	2	0	0	1	u
S597	5	7	5	2	0	2	3	0	0	2	u
S598	5	7	5	2	0	2	1	2	2	0	u
S599	5	7	5	2	1	1	1	2	1	1	u
S600	5	7	5	2	1	2	0	2	1	0	u
S601	5	7	5	2	0	2	1	2	2	0	u
S602	5	7	6	1	2	1	1	2	0	0	u
S603	5	7	6	1	2	2	1	2	0	0	u
S604	5	7	6	1	2	1	1	1	0	1	u
S605	5	7	6	1	2	1	0	2	0	1	u
S606	5	7	6	1	4	0	3	0	0	0	b
S607	5	7	6	1	2	1	1	1	0	1	u
S608	5	7	6	1	2	2	1	2	0	0	u
S609	5	7	6	1	2	1	1	1	0	u	
S610	5	7	6	1	0	3	3	0	0	0	u
S611	5	7	6	1	2	0	1	2	0	2	u
S612	5	7	6	1	1	1	1	2	1	1	u
S613	5	7	6	1	0	2	3	0	0	2	u
S614	5	7	7	0	3	0	3	0	0	0	b
S615	5	7	7	0	4	0	3	0	0	0	b
S616	5	7	7	0	3	0	2	0	1	0	b
S617	5	7	7	0	2	0	3	0	2	0	b
S618	5	8	0	8	0	5	5	0	0	2	u
S619	5	8	0	8	0	4	5	0	0	4	u
S620	5	8	1	7	3	2	3	2	0	2	u
S621	5	8	1	7	2	3	2	3	1	1	u
S622	5	8	1	7	2	3	3	2	2	2	u
S623	5	8	1	7	1	4	3	2	2	0	u
S624	5	8	1	7	2	3	3	2	2	0	u
S625	5	8	1	7	1	3	2	3	3	1	u
S626	5	8	2	6	3	2	2	3	1	1	u
S627	5	8	2	6	2	3	1	4	2	0	u
S628	5	8	2	6	2	3	1	4	2	0	u
S629	5	8	2	6	2	2	1	4	2	2	u
S630	5	8	2	6	4	0	5	0	4	0	b
S631	5	8	2	6	3	2	2	3	1	1	u
S632	5	8	2	6	2	3	3	2	2	0	u
S633	5	8	2	6	2	3	2	3	1	1	u
S634	5	8	2	6	1	3	2	3	3	1	u
S635	5	8	2	6	2	3	2	2	2	u	
S636	5	8	2	6	0	5	5	0	0	2	u
S637	5	8	2	6	5	0	5	0	2	0	b
S638	5	8	2	6	4	1	3	2	0	2	u
S639	5	8	2	6	3	2	2	3	1	1	u
S640	5	8	2	6	3	1	2	3	1	3	u
S641	5	8	2	6	3	2	1	4	0	2	u
S642	5	8	2	6	2	2	1	4	2	2	u
S643	5	8	3	5	1	4	3	2	2	0	u
S644	5	8	3	5	2	3	2	3	1	1	u
S645	5	8	3	5	2	2	3	2	2	2	u
S646	5	8	3	5	3	2	3	2	0	2	u
S647	5	8	3	5	0	5	5	0	0	2	u
S648	5	8	3	5	0	4	5	0	0	4	u
S649	5	8	3	5	5	0	5	0	2	0	b
S650	5	8	3	5	3	2	3	2	0	2	u
S651	5	8	3	5	4	1	3	2	0	2	u
S652	5	8	3	5	3	1	2	3	1	3	u
S653	5	8	3	5	3	2	1	4	0	2	u
S654	5	8	3	5	2	3	2	3	1	1	u
S655	5	8	3	5	2	2	3	2	1	1	u
S656	5	8	3	5	2	3	2	3	1	1	u
S657	5	8	3	5	1	3	2	3	3	1	u
S658	5	8	3	5	4	1	3	2	0	2	u
S659	5	8	3	5	3	2	3	2	0	2	u
S660	5	8	3	5	3	1	2	3	1	3	u

Table of parameters for signed graphs

graph	n	e	edges +	edges −	3-cycles +	3-cycles −	4-cycles +	4-cycles −	5-cycles +	5-cycles −	b/u	graph	n	e	edges +	edges −	3-cycles +	3-cycles −	4-cycles +	4-cycles −	5-cycles +	5-cycles −	b/u
S661	5	8	3	5	3	1	2	3	1	3	u	S714	5	8	5	3	3	2	3	2	0	2	u
S662	5	8	3	5	3	2	1	4	0	2	u	S715	5	8	5	3	5	0	5	0	2	0	b
S663	5	8	3	5	3	2	2	3	1	1	u	S716	5	8	5	3	3	2	2	3	1	1	u
S664	5	8	3	5	2	3	2	3	1	1	u	S717	5	8	5	3	4	0	5	0	4	0	b
S665	5	8	3	5	5	0	5	0	2	0	b	S718	5	8	5	3	2	3	2	3	1	1	u
S666	5	8	3	5	2	3	1	4	2	0	u	S719	5	8	5	3	3	2	1	4	0	2	u
S667	5	8	3	5	3	2	2	3	1	1	u	S720	5	8	5	3	2	3	1	4	2	0	u
S668	5	8	3	5	2	2	1	4	2	2	u	S721	5	8	5	3	3	2	2	3	1	1	u
S669	5	8	3	5	2	2	3	2	2	2	u	S722	5	8	5	3	2	3	3	2	2	0	u
S670	5	8	3	5	3	1	2	3	1	3	u	S723	5	8	5	3	2	2	1	4	2	2	u
S671	5	8	3	5	4	0	5	0	4	0	b	S724	5	8	5	3	2	2	3	2	2	2	u
S672	5	8	3	5	2	3	3	2	2	0	u	S725	5	8	5	3	3	2	2	3	1	1	u
S673	5	8	4	4	0	5	5	0	0	2	u	S726	5	8	5	3	4	1	3	2	0	2	u
S674	5	8	4	4	0	4	5	0	0	4	u	S727	5	8	5	3	0	5	5	0	0	2	u
S675	5	8	4	4	3	2	2	3	1	1	u	S728	5	8	5	3	0	4	5	0	0	4	u
S676	5	8	4	4	4	1	3	2	0	2	u	S729	5	8	5	3	1	4	3	2	2	0	u
S677	5	8	4	4	3	2	2	3	1	1	u	S730	5	8	5	3	2	3	2	3	1	1	u
S678	5	8	4	4	3	2	1	4	0	2	u	S731	5	8	5	3	2	3	3	2	2	0	u
S679	5	8	4	4	3	1	2	3	1	3	u	S732	5	8	5	3	3	2	2	3	1	1	u
S680	5	8	4	4	5	0	5	0	2	0	b	S733	5	8	5	3	1	3	2	3	3	1	u
S681	5	8	4	4	0	5	5	0	0	2	u	S734	5	8	5	3	3	1	2	3	1	3	u
S682	5	8	4	4	2	3	3	2	2	0	u	S735	5	8	5	3	0	5	5	0	0	2	u
S683	5	8	4	4	2	3	2	3	1	1	u	S736	5	8	5	3	1	3	2	3	3	1	u
S684	5	8	4	4	1	3	2	3	3	1	u	S737	5	8	5	3	2	2	3	2	2	2	u
S685	5	8	4	4	3	2	2	3	1	1	u	S738	5	8	5	3	1	3	2	3	3	1	u
S686	5	8	4	4	2	3	1	4	2	0	u	S739	5	8	5	3	2	3	1	4	2	0	u
S687	5	8	4	4	3	2	3	2	0	2	u	S740	5	8	6	2	2	3	1	4	2	0	u
S688	5	8	4	4	2	3	2	3	1	1	u	S741	5	8	6	2	3	2	2	3	1	1	u
S689	5	8	4	4	2	2	3	2	2	2	u	S742	5	8	6	2	2	3	2	3	1	1	u
S690	5	8	4	4	1	4	3	2	2	0	u	S743	5	8	6	2	2	2	3	2	2	2	u
S691	5	8	4	4	2	3	2	3	2	2	u	S744	5	8	6	2	3	2	1	4	0	2	u
S692	5	8	4	4	1	3	2	3	3	1	u	S745	5	8	6	2	2	2	1	4	2	2	u
S693	5	8	4	4	5	0	5	0	2	0	b	S746	5	8	6	2	5	0	5	0	2	0	b
S694	5	8	4	4	5	0	5	0	2	0	b	S747	5	8	6	2	3	2	3	2	0	2	u
S695	5	8	4	4	4	0	5	0	4	0	b	S748	5	8	6	2	2	3	2	3	1	1	u
S696	5	8	4	4	1	4	3	2	2	0	u	S749	5	8	6	2	3	1	2	3	1	3	u
S697	5	8	4	4	2	3	2	3	1	1	u	S750	5	8	6	2	1	4	3	2	2	0	u
S698	5	8	4	4	0	5	5	0	0	2	u	S751	5	8	6	2	1	3	2	3	3	1	u
S699	5	8	4	4	3	2	2	3	1	1	u	S752	5	8	6	2	3	2	1	4	0	2	u
S700	5	8	4	4	0	4	5	0	0	4	u	S753	5	8	6	2	2	3	2	3	1	1	u
S701	5	8	4	4	2	2	3	2	2	2	u	S754	5	8	6	2	0	5	5	0	0	2	u
S702	5	8	4	4	2	2	3	2	2	2	u	S755	5	8	6	2	2	2	1	4	2	2	u
S703	5	8	4	4	2	3	3	2	2	0	u	S756	5	8	6	2	0	4	5	0	0	4	u
S704	5	8	4	4	2	2	1	4	2	2	u	S757	5	8	7	1	3	2	3	2	0	2	u
S705	5	8	4	4	2	3	2	3	1	1	u	S758	5	8	7	1	4	1	3	2	0	2	u
S706	5	8	4	4	3	2	3	2	0	2	u	S759	5	8	7	1	3	2	2	3	1	1	u
S707	5	8	4	4	4	1	3	2	0	2	u	S760	5	8	7	1	3	1	2	3	1	3	u
S708	5	8	4	4	3	1	2	3	1	3	u	S761	5	8	7	1	2	2	3	2	2	2	u
S709	5	8	4	4	4	0	5	0	4	0	b	S762	5	8	7	1	2	3	3	2	2	0	u
S710	5	8	5	3	2	3	2	3	1	1	u	S763	5	8	8	0	5	0	5	0	2	0	b
S711	5	8	5	3	1	4	3	2	2	0	u	S764	5	8	8	0	4	0	5	0	4	0	b
S712	5	8	5	3	2	3	3	2	2	0	u	S765	5	9	0	9	0	7	9	0	0	6	u
S713	5	8	5	3	1	3	2	3	3	1	u	S766	5	9	1	8	3	4	5	4	2	4	u

372 Signed graphs

graph	n	e	edges +	-	3-cycles +	-	4-cycles +	-	5-cycles +	-	b/u	graph	n	e	edges +	-	3-cycles +	-	4-cycles +	-	5-cycles +	-	b/u
S767	5	9	1	8	2	5	5	4	4	2	u	S820	5	9	6	3	2	5	5	4	4	2	u
S768	5	9	2	7	4	3	5	4	4	2	u	S821	5	9	6	3	4	3	3	6	2	4	u
S769	5	9	2	7	3	4	3	6	4	2	u	S822	5	9	6	3	7	0	9	0	6	0	b
S770	5	9	2	7	4	3	5	4	4	2	u	S823	5	9	6	3	3	4	5	4	2	4	u
S771	5	9	2	7	2	5	5	4	4	2	u	S824	5	9	6	3	5	2	5	4	2	4	u
S772	5	9	2	7	5	2	5	4	2	4	u	S825	5	9	6	3	4	3	3	6	2	4	u
S773	5	9	2	7	4	3	3	6	2	4	u	S826	5	9	6	3	2	5	5	4	4	2	u
S774	5	9	3	6	2	5	5	4	4	2	u	S827	5	9	6	3	3	4	3	6	4	2	u
S775	5	9	3	6	3	4	5	4	2	4	u	S828	5	9	6	3	0	7	9	0	0	6	u
S776	5	9	3	6	0	7	9	0	0	6	u	S829	5	9	6	3	0	7	9	0	0	6	u
S777	5	9	3	6	7	0	9	0	6	0	b	S830	5	9	7	2	3	4	5	4	2	4	u
S778	5	9	3	6	5	2	5	4	2	4	u	S831	5	9	7	2	5	2	5	4	2	4	u
S779	5	9	3	6	4	3	3	6	2	4	u	S832	5	9	7	2	3	4	3	6	4	2	u
S780	5	9	3	6	3	4	3	6	4	2	u	S833	5	9	7	2	4	3	3	6	2	4	u
S781	5	9	3	6	3	4	3	6	4	2	u	S834	5	9	7	2	3	4	5	4	2	4	u
S782	5	9	3	6	5	2	5	4	2	4	u	S835	5	9	7	2	2	5	5	4	4	2	u
S783	5	9	3	6	4	3	3	6	2	4	u	S836	5	9	8	1	5	2	5	4	2	4	u
S784	5	9	3	6	7	0	9	0	6	0	b	S837	5	9	8	1	4	3	5	4	4	2	u
S785	5	9	3	6	4	3	5	4	4	2	u	S838	5	9	9	0	7	0	9	0	6	0	b
S786	5	9	4	5	0	7	9	0	0	6	u	S839	5	10	0	10	0	10	15	0	0	12	u
S787	5	9	4	5	5	2	5	4	2	4	u	S840	5	10	1	9	3	7	9	6	6	6	u
S788	5	9	4	5	4	3	3	6	2	4	u	S841	5	10	2	8	4	6	7	8	8	4	u
S789	5	9	4	5	4	3	5	4	4	2	u	S842	5	10	2	8	6	4	7	8	4	8	u
S790	5	9	4	5	2	5	5	4	4	2	u	S843	5	10	3	7	3	7	9	6	6	6	u
S791	5	9	4	5	4	3	5	4	4	2	u	S844	5	10	3	7	7	3	9	6	6	6	u
S792	5	9	4	5	3	4	3	6	4	2	u	S845	5	10	3	7	5	5	5	10	6	6	u
S793	5	9	4	5	3	4	5	4	2	4	u	S846	5	10	3	7	7	3	9	6	6	6	u
S794	5	9	4	5	2	5	5	4	4	2	u	S847	5	10	4	6	0	10	15	0	0	12	u
S795	5	9	4	5	7	0	9	0	6	0	b	S848	5	10	4	6	6	4	7	8	4	8	u
S796	5	9	4	5	2	5	5	4	4	2	u	S849	5	10	4	6	4	6	7	8	8	4	u
S797	5	9	4	5	4	3	3	6	2	4	u	S850	5	10	4	6	10	0	15	0	12	0	b
S798	5	9	4	5	3	4	5	4	2	4	u	S851	5	10	4	6	4	6	7	8	8	4	u
S799	5	9	4	5	5	2	5	4	2	4	u	S852	5	10	4	6	6	4	7	8	4	8	u
S800	5	9	4	5	4	3	5	4	4	2	u	S853	5	10	5	5	3	7	9	6	6	6	u
S801	5	9	4	5	4	3	3	6	2	4	u	S854	5	10	5	5	7	3	9	6	6	6	u
S802	5	9	5	4	3	4	5	4	2	4	u	S855	5	10	5	5	5	5	5	10	6	6	u
S803	5	9	5	4	2	5	5	4	4	2	u	S856	5	10	5	5	7	3	9	6	6	6	u
S804	5	9	5	4	5	2	5	4	2	4	u	S857	5	10	5	5	3	7	9	6	6	6	u
S805	5	9	5	4	7	0	9	0	6	0	b	S858	5	10	5	5	5	5	5	10	6	6	u
S806	5	9	5	4	4	3	5	4	4	2	u	S859	5	10	6	4	4	6	7	8	8	4	u
S807	5	9	5	4	3	4	3	6	4	2	u	S860	5	10	6	4	6	4	7	8	4	8	u
S808	5	9	5	4	4	3	3	6	2	4	u	S861	5	10	6	4	10	0	15	0	12	0	b
S809	5	9	5	4	4	3	5	4	4	2	u	S862	5	10	6	4	6	4	7	8	4	8	u
S810	5	9	5	4	3	4	3	6	4	2	u	S863	5	10	6	4	4	6	7	8	8	4	u
S811	5	9	5	4	5	2	5	4	2	4	u	S864	5	10	6	4	0	10	15	0	0	12	u
S812	5	9	5	4	0	7	9	0	0	6	u	S865	5	10	7	3	3	7	9	6	6	6	u
S813	5	9	5	4	2	5	5	4	4	2	u	S866	5	10	7	3	7	3	9	6	6	6	u
S814	5	9	5	4	3	4	5	4	2	4	u	S867	5	10	7	3	5	5	5	10	6	6	u
S815	5	9	5	4	5	2	5	4	2	4	u	S868	5	10	7	3	3	7	9	6	6	6	u
S816	5	9	5	4	2	5	5	4	4	2	u	S869	5	10	8	2	6	4	7	8	4	8	u
S817	5	9	5	4	3	4	3	6	4	2	u	S870	5	10	8	2	4	6	7	8	8	4	u
S818	5	9	6	3	3	4	3	6	4	2	u	S871	5	10	9	1	7	3	9	6	6	6	u
S819	5	9	6	3	4	3	5	4	4	2	u	S872	5	10	10	0	10	0	15	0	12	0	b

9 RAMSEY NUMBERS

The **Ramsey number** $r(G, H)$ of two graphs G and H is the smallest number r such that if the edges of the complete graph K_r are coloured red or green, then there is either a set of red edges forming a subgraph isomorphic to G or a set of green edges forming a subgraph isomorphic to H. The following table gives the Ramsey numbers for some pairs of connected graphs with up to 5 vertices.

	G3	G6	G7	G13	G14	G15	G16	G17	G18	G29	G30	G31	G34	G35	G36	G37	G38
G3	2	3	3	4	4	4	4	4	4	5	5	5	5	5	5	5	5
G6	3	3	5	5	4	5	4	5	7	8	6	6	6	6	6	6	6
G7	3	5	6	7	7	7	7	7	9	9	9	9	9	9	9	9	9
G13	4	5	7	6	5	7	6	7	10	7	6	5	7	7	7	6	7
G14	4	4	7	5	5	7	5	7	10	7	6	6	7	7	7	6	7
G15	4	5	7	7	7	7	7	7	10	9	9	9	9	9	9	9	9
G16	4	4	7	6	5	7	6	7	10	7	6	6	7	7	7	6	7
G17	4	5	7	7	7	7	7	10	11	9	9	9	9	9	9	9	9
G18	4	7	9	10	10	10	10	11	18	13	13	13	13	13	13	13	13
G29	5	8	9	7	7	9	7	9	13	7	7	7	9	9	9	7	9
G30	5	6	9	6	6	9	6	9	13	7	6	6	9	9	9	6	9
G31	5	6	9	5	6	9	6	9	13	7	6	6	9	9	9	6	9
G34	5	6	9	7	7	9	7	9	13	9	9	9	9	9	9	9	9
G35	5	6	9	7	7	9	7	9	13	9	9	9	9	9	9	9	9
G36	5	6	9	7	7	9	7	9	13	9	9	9	9	9	9	9	9
G37	5	6	9	6	6	9	6	9	13	7	6	6	9	9	9	6	9
G38	5	6	9	7	7	9	7	9	13	9	9	9	9	9	9	9	9
G40	5	6	9	7	7	9	7	10	13	9	9	9	9	9	9	9	9
G41	5	6	9	7	7	9	7	10	13	9	9	9	9	9	9	9	9
G42	5	6	9	7	7	9	7	9	13	9	9	9	9	9	9	9	9
G43	5	6	9	7	7	9	7	9	13	9	9	9	9	9	9	9	9
G44	5	6	9	7	6	9	8	10	14	9	7	6	9	9	9	8	9
G45	5	6	9	10	10	10	10	11	18	13	13	13	13	13	13	13	13
G46	5	6	9	8	7	9	9	11	14	9	9	9	9	9	9	9	10
G47	5	6	9	8	7	9	7	10	13	9	9	9	9	9	9	9	9
G48	5	6	9	7	7	9	8	10	14	9	9	9	9	9	9	9	9
G49	5	6	9	10	10	10	10	11	18	13	13	13	13	13	13	13	13
G50	5	6	11	9	7	11	9	11	17	9	9	9	11	11	11	9	9
G51	5	7	11	10	10	11	11	13	19	13	13	13	13	13	13	13	13
G52	5	9	14	13	13	14	14	16	25	17	17	17	17	17	17	17	17

The (**diagonal**) **Ramsey number** $r(G)$ of a single graph G is the Ramsey number $r(G, G)$. On pages 374–379 we depict all isolate-free graphs with up to 7 edges, with their Ramsey numbers. The R-number appearing in each top-right corner is the serial number of the graph in Burr's catalogue; a graph that appears elsewhere in this *Atlas* is cross-referenced in the top-left corner. On page 380 we depict the graphs with more than 7 edges for which the Ramsey number is known.

Diagonal Ramsey numbers

1 - 4 edges

Graph	R#	Value
G3	R1	2
G6	R2	30
G11	R4	5
G7	R3	6
G13	R6	6
G14	R5	5
G26	R11	6
G61	R21	8
G15	R8	7
G16	R7	6
G29	R12	7
G30	R15	6
G31	R13	6
G32	R14	7
G68	R24	7
G69	R23	8
G70	R22	7
G227	R40	9
—	R41	9

5 edges

Graph	R#	Value
G17	R9	10
G34	R18	9
G35	R16	9
G36	R19	9
G37	R17	6
G38	R20	9
G77	R31	10
G78	R27	7
G79	R29	8
G80	R28	8
G81	R26	7
G82	R33	8
G83	R25	8
G84	R30	8
G85	R32	8
G243	R39	9
G244	R38	9
G245	R36	8
G246	R37	9
G247	R35	9
G248	R34	10
—	R42	10
—	R43	11
—	R44	10
—	R45	12
—	R46	14

Diagonal Ramsey numbers

6 edges							
	G18 R10 — 18	G40 R48 — 10	G41 R52 — 10	G42 R47 — 9	G43 R49 — 9	G44 R50 — 10	
G92 R61 — 11	G93 R67 — 11	G94 R64 — 11	G95 R59 — 11	G96 R51 — 7	G97 R56 — 11	G98 R57 — 8	
G99 R62 — 8	G100 R66 — 11	G101 R65 — 10	G102 R58 — 11	G103 R55 — 8	G104 R54 — 11	G105 R53 — 8	
G106 R63 — 10	G270 R60 — 11	G271 R74 — 10	G272 R75 — 9	G273 R73 — 9	G274 R72 — 9	G275 R86 — 9	
G276 R78 — 9	G277 R87 — 9	G278 R79 — 9	G279 R70 — 9	G280 R69 — 9	G281 R88 — 9	G282 R84 — 9	
G283 R85 — 10	G284 R71 — 9	G285 R80 — 9	G286 R68 — 9	G287 R81 — 10	G288 R82 — 9	G289 R83 — 10	
R76 — 9	R77 — 9	R89 — 11	R90 — 10	R91 — 11	R92 — 11	R93 — 10	

376 Ramsey numbers

Diagonal Ramsey numbers

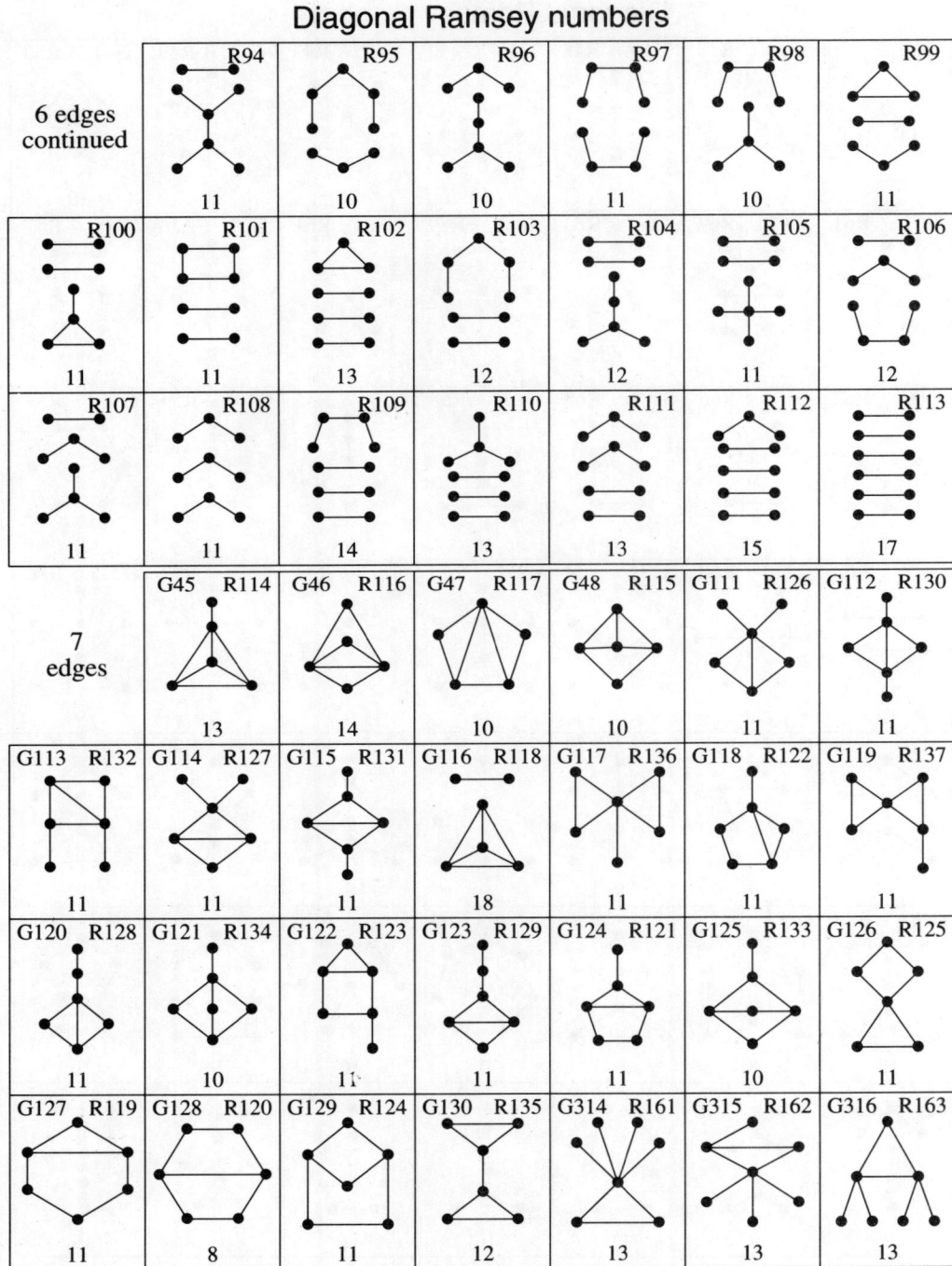

Diagonal Ramsey numbers

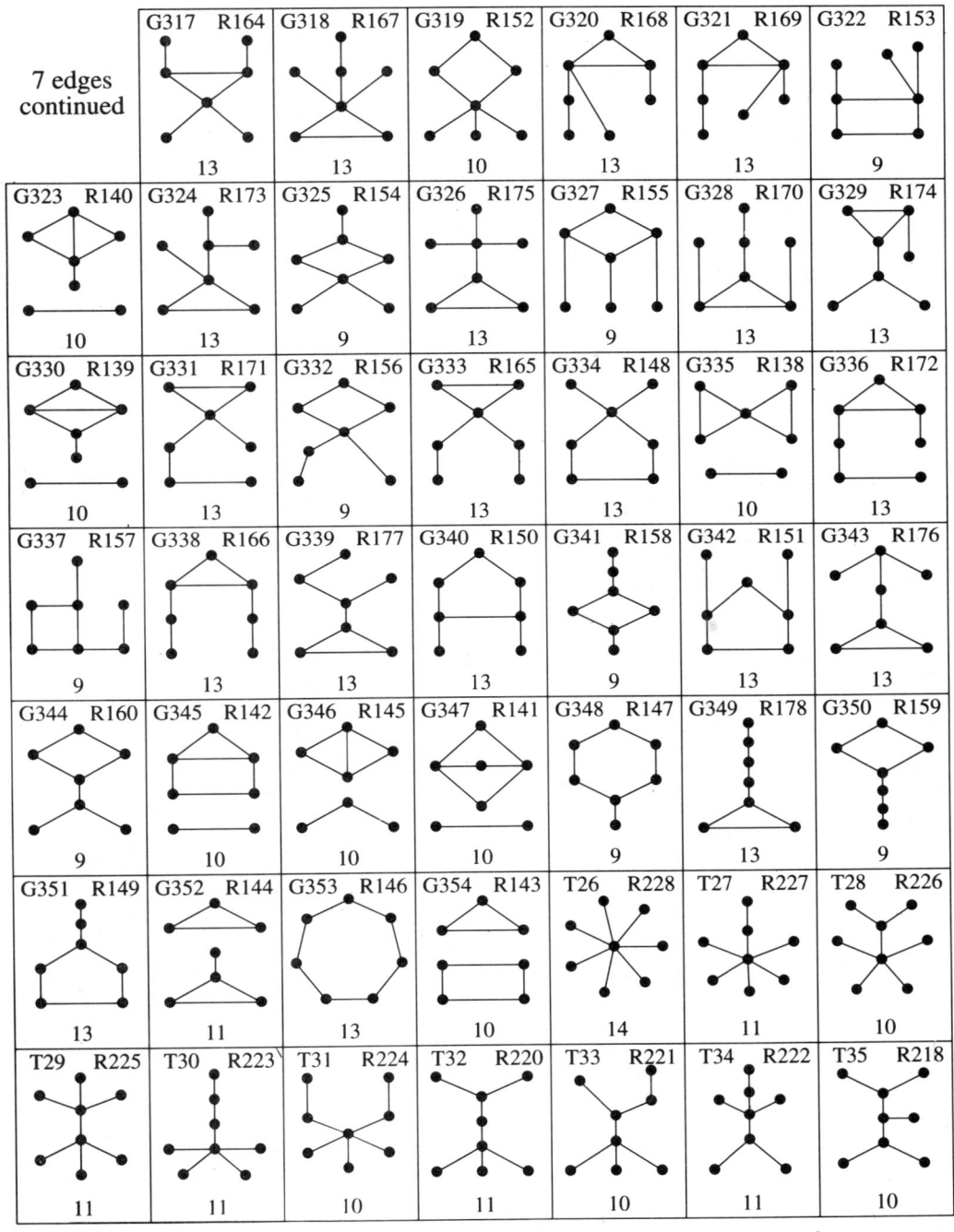

378 Ramsey numbers

Diagonal Ramsey numbers

7 edges continued

T36 R215	T37 R216	T38 R219	T39 R213	T40 R211	T41 R212
10	10	11	11	11	10

T42 R214	T43 R217	T44 R207	T45 R210	T46 R208	T47 R209	T48 R206
11	10	10	11	11	10	11

R179	R180	R181	R182	R183	R184	R185
11	12	11	11	10	11	10

R186	R187	R188	R189	R190	R191	R192
11	11	11	11	11	11	11

R193	R194	R195	R196	R197	R198	R199
11	11	11	10	11	10	10

R200	R201	R202	R203	R204	R205	R229
10	11	11	10	11	11	13

R230	R231	R232	R233	R234	R235	R236
12	12	12	13	12	12	13

Diagonal Ramsey numbers

7 edges continued	R237 12	R238 12	R239 12	R240 12	R241 12	R242 12
R243 12	R244 11	R245 11	R246 12	R247 11	R248 11	R249 13
R250 12	R251 11	R252 12	R253 11	R254 11	R255 11	R256 12
R257 11	R258 12	R259 11	R260 11	R261 10	R262 14	R263 14
R264 14	R265 14	R266 13	R267 14	R268 13	R269 13	R270 12
R271 13	R272 13	R273 12	R274 14	R275 13	R276 12	R277 13
R278 12	R279 16	R280 15	R281 15	R282 14	R283 15	R284 14

380 Ramsey numbers

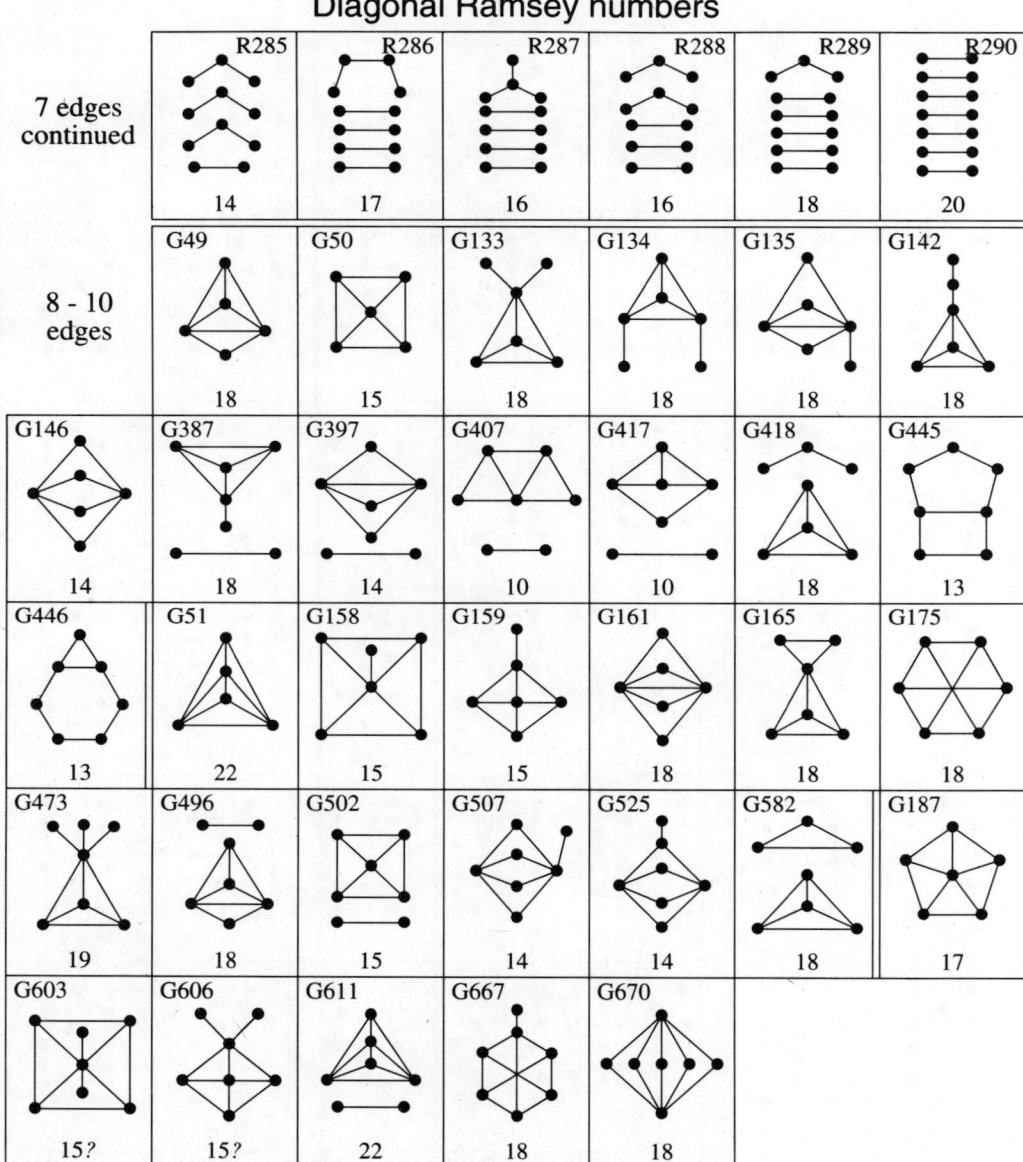

10 POLYNOMIALS

In this chapter we list the chromatic and spectral polynomials whose code numbers appear in the tables of parameters for the graphs in Chapters 1–3.

Chromatic polynomials: we list the chromatic polynomials of graphs, cubic graphs and quartic graphs. In the graphs list each polynomial is presented in *power form* (in decreasing powers of λ), in *factorial form* (in terms of $\lambda(\lambda-1)(\lambda-2)\ldots$) and in *tree form*, which, for a graph with k components, is the polynomial P such that $\lambda^k P(\lambda-1)$ is the chromatic polynomial. For each form, the coefficients are listed in descending order of the powers.

For example, the entry for the graph polynomial with code 30 is:

freq	power form	falling factorial form	tree form
3	1 −6 13 −12 4	1 4 2 0	1 −2 1 0 0

— thus there are three graphs with chromatic polynomial

$$\lambda^5 - 6\lambda^4 + 13\lambda^3 - 12\lambda^2 + 4\lambda \qquad \text{power form}$$
$$= \lambda(\lambda-1)(\lambda-2)(\lambda-3)(\lambda-4) + 4\lambda(\lambda-1)(\lambda-2)(\lambda-3) + 2\lambda(\lambda-1)(\lambda-2) \qquad \text{falling factorial form}$$
$$= \lambda(\lambda-1)^4 - 2\lambda(\lambda-1)^3 + \lambda(\lambda-1)^2. \qquad \text{tree form}$$

The chromatic polynomials of graphs with up to 7 vertices are listed on pages 382–387, those for cubic graphs with up to 14 vertices are listed on pages 388–396, and those for quartic graphs with up to 11 vertices are listed on pages 397–401; for reasons of space, the polynomials of the cubic and quartic graphs are presented in power form only.

Spectral polynomials: we list the spectral (characteristic) polynomials of graphs, trees, cubic graphs and quartic graphs. For graphs and trees, each polynomial is presented in power form, together with its frequency and its spectrum (usually with zero and integer eigenvalues listed first, and the remainder listed in decreasing order); for cubic and quartic graphs, only the polynomial is given.

The spectral polynomials of graphs with up to 7 vertices are listed on pages 402–419. The spectral polynomials of trees with up to 12 vertices are listed on pages 420–432. When the number of vertices is even, each spectrum number denotes two roots, one positive and one negative; when the number of vertices is odd, then there is one extra zero root. The spectral polynomials of cubic graphs with up to 14 vertices are listed on pages 433–441, and those for quartic graphs with up to 11 vertices are listed on pages 442–446.

382 Polynomials

Chromatic polynomials for graphs

code	freq	power form					falling factorial form					tree form					
1	1	1					1					1					
2	1	1	0				1	1				-	1				
3	1	1	-1				1	0				1	0				
4	1	1	0	0			1	3	1			-	-	1			
5	1	1	-1	0			1	2	0			-	1	0			
6	1	1	-2	1			1	1	0			1	0	0			
7	1	1	-3	2			1	0	0			1	-1	0			
8	1	1	0	0	0		1	6	7	1		-	-	-	1		
9	1	1	-1	0	0		1	5	4	0		-	-	1	0		
10	2	1	-2	1	0		1	4	2	0		-	1	0	0		
11	1	1	-3	2	0		1	3	0	0		-	1	-1	0		
12	2	1	-3	3	-1		1	3	1	0		1	0	0	0		
13	1	1	-4	5	-2		1	2	0	0		1	-1	0	0		
14	1	1	-4	6	-3		1	2	1	0		1	-1	1	0		
15	1	1	-5	8	-4		1	1	0	0		1	-2	1	0		
16	1	1	-6	11	-6		1	0	0	0		1	-3	2	0		
17	1	1	0	0	0	0	1	10	25	15	1	-	-	-	-	1	
18	1	1	-1	0	0	0	1	9	19	8	0	-	-	-	1	0	
19	2	1	-2	1	0	0	1	8	14	4	0	-	-	1	0	0	
20	1	1	-3	2	0	0	1	7	9	0	0	-	-	1	-1	0	
21	4	1	-3	3	-1	0	1	7	10	2	0	-	1	0	0	0	
22	2	1	-4	5	-2	0	1	6	6	0	0	-	1	-1	0	0	
23	1	1	-4	6	-3	0	1	6	7	2	0	-	1	-1	1	0	
24	3	1	-4	6	-4	1	1	6	7	1	0	1	0	0	0	0	
25	1	1	-5	8	-4	0	1	5	3	0	0	-	1	-2	1	0	
26	3	1	-5	9	-7	2	1	5	4	0	0	1	-1	0	0	0	
27	1	1	-5	10	-9	3	1	5	5	1	0	1	-1	1	0	0	
28	1	1	-5	10	-10	4	1	5	5	0	0	1	-1	1	-1	0	
29	1	1	-6	11	-6	0	1	4	0	0	0	-	1	-3	2	0	
30	3	1	-6	13	-12	4	1	4	2	0	0	1	-2	1	0	0	
31	1	1	-6	14	-15	6	1	4	3	0	0	1	-2	2	-1	0	
32	1	1	-6	15	-17	7	1	4	4	1	0	1	-2	3	-1	0	
33	1	1	-7	17	-17	6	1	3	0	0	0	1	-3	2	0	0	
34	2	1	-7	18	-20	8	1	3	1	0	0	1	-3	3	-1	0	
35	1	1	-7	19	-23	10	1	3	2	0	0	1	-3	4	-2	0	
36	1	1	-8	23	-28	12	1	2	0	0	0	1	-4	5	-2	0	
37	1	1	-8	24	-31	14	1	2	1	0	0	1	-4	6	-3	0	
38	1	1	-9	29	-39	18	1	1	0	0	0	1	-5	8	-4	0	
39	1	1	-10	35	-50	24	1	0	0	0	0	1	-6	11	-6	0	
40	1	1	0	0	0	0	0	1	15	65	90	31	1	-	-	-	-	-	1
41	1	1	-1	0	0	0	0	1	14	55	65	16	0	-	-	-	-	1	0
42	2	1	-2	1	0	0	0	1	13	46	46	8	0	-	-	-	1	0	0
43	1	1	-3	2	0	0	0	1	12	37	27	0	0	-	-	-	1	-1	0
44	4	1	-3	3	-1	0	0	1	12	38	32	4	0	-	-	1	0	0	0
45	2	1	-4	5	-2	0	0	1	11	30	18	0	0	-	-	1	-1	0	0
46	1	1	-4	6	-3	0	0	1	11	31	23	4	0	-	-	1	-1	1	0
47	6	1	-4	6	-4	1	0	1	11	31	22	2	0	1	0	0	0	0	0
48	1	1	-5	8	-4	0	0	1	10	23	9	0	0	-	-	1	-2	1	0
49	5	1	-5	9	-7	2	0	1	10	24	12	0	0	-	1	-1	0	0	0
50	2	1	-5	10	-9	3	0	1	10	25	16	2	0	-	1	-1	1	0	0
51	1	1	-5	10	-10	4	0	1	10	25	15	0	0	-	1	-1	1	-1	0
52	6	1	-5	10	-10	5	-1	1	10	25	15	1	0	1	0	0	0	0	0
53	1	1	-6	11	-6	0	0	1	9	16	0	0	0	-	-	1	-3	2	0
54	5	1	-6	13	-12	4	0	1	9	18	6	0	0	-	1	-2	1	0	0
55	1	1	-6	14	-15	6	0	1	9	19	9	0	0	-	1	-2	2	-1	0
56	1	1	-6	15	-17	7	0	1	9	20	13	2	0	-	1	-2	3	-1	0
57	7	1	-6	14	-16	9	-2	1	9	19	8	0	0	1	-1	0	0	0	0
58	4	1	-6	15	-19	12	-3	1	9	20	11	1	0	1	-1	1	0	0	0
59	1	1	-6	15	-20	14	-4	1	9	20	10	0	0	1	-1	1	-1	0	0
60	1	1	-6	15	-20	15	-5	1	9	20	10	1	0	1	-1	1	-1	1	0
61	2	1	-7	17	-17	6	0	1	8	12	0	0	0	1	-2	-1	2	0	0
62	2	1	-7	18	-20	8	0	1	8	13	3	0	0	-	1	-3	3	-1	0
63	1	1	-7	19	-23	10	0	1	8	14	6	0	0	-	1	-3	4	-2	0
64	10	1	-7	19	-25	16	-4	1	8	14	4	0	0	1	-2	1	0	0	0
65	4	1	-7	20	-29	21	-6	1	8	15	6	0	0	1	-2	2	-1	0	0
66	2	1	-7	21	-32	24	-7	1	18	16	9	1	0	1	-2	3	-1	0	0

Table of chromatic polynomials for graphs 383

code	freq	power form						falling factorial form						tree form					
67	1	1	-7	20	-30	24	-8	1	8	15	5	0	0	1	-2	2	-2	1	0
68	1	1	-7	21	-33	27	-9	1	8	16	8	1	0	1	-2	3	-2	1	0
69	1	1	-7	21	-34	29	-10	1	8	16	7	0	0	1	-2	3	-3	1	0
70	1	1	-8	23	-28	12	0	1	7	8	0	0	0	-	1	-4	5	-2	0
71	1	1	-8	24	-31	14	0	1	7	9	3	0	0	-	1	-4	6	-3	0
72	3	1	-8	24	-34	23	-6	1	7	9	0	0	0	1	-3	2	0	0	0
73	7	1	-8	25	-38	28	-8	1	7	10	2	0	0	1	-3	3	-1	0	0
74	3	1	-8	26	-42	33	-10	1	7	11	4	0	0	1	-3	4	-2	0	0
75	4	1	-8	26	-43	36	-12	1	7	11	3	0	0	1	-3	4	-3	1	0
76	1	1	-8	28	-50	44	-15	1	7	13	8	1	0	1	-3	6	-4	1	0
77	1	1	-8	27	-47	41	-14	1	7	12	5	0	0	1	-3	5	-4	1	0
78	1	1	-8	27	-48	44	-16	1	7	12	4	0	0	1	-3	5	-5	2	0
79	1	1	-8	26	-44	39	-14	1	7	11	2	0	0	1	-3	4	-4	2	0
80	1	1	-8	28	-51	47	-17	1	7	13	7	1	0	1	-3	6	-5	2	0
81	1	1	-9	29	-39	18	0	1	6	4	0	0	0	-	1	-5	8	-4	0
82	4	1	-9	31	-51	40	-12	1	6	6	0	0	0	1	-4	5	-2	0	0
83	2	1	-9	32	-55	45	-14	1	6	7	2	0	0	1	-4	6	-3	0	0
84	5	1	-9	32	-56	48	-16	1	6	7	1	0	0	1	-4	6	-4	1	0
85	3	1	-9	33	-61	56	-20	1	6	8	2	0	0	1	-4	7	-6	2	0
86	1	1	-9	32	-57	51	-18	1	6	7	0	0	0	1	-4	6	-5	2	0
87	1	1	-9	34	-65	61	-22	1	6	9	4	0	0	1	-4	8	-7	2	0
88	1	1	-9	33	-62	59	-22	1	6	8	1	0	0	1	-4	7	-7	3	0
89	1	1	-9	34	-66	64	-24	1	6	9	3	0	0	1	-4	8	-8	3	0
90	1	1	-9	34	-67	67	-26	1	6	9	2	0	0	1	-4	8	-9	4	0
91	1	1	-9	36	-75	78	-31	1	6	11	6	1	0	1	-4	10	-11	5	0
92	1	1	-10	35	-50	24	0	1	5	0	0	0	0	-	1	-6	11	-6	0
93	2	1	-10	38	-68	57	-18	1	5	3	0	0	0	1	-5	8	-4	0	0
94	4	1	-10	39	-74	68	-24	1	5	4	0	0	0	1	-5	9	-7	2	0
95	2	1	-10	40	-79	76	-28	1	5	5	1	0	0	1	-5	10	-9	3	0
96	2	1	-10	40	-80	79	-30	1	5	5	0	0	0	1	-5	10	-10	4	0
97	2	1	-10	41	-84	84	-32	1	5	6	2	0	0	1	-5	11	-11	4	0
98	1	1	-10	41	-85	87	-34	1	5	6	1	0	0	1	-5	11	-12	5	0
99	1	1	-10	42	-90	95	-38	1	5	7	2	0	0	1	-5	12	-14	6	0
100	1	1	-11	45	-85	74	-24	1	4	0	0	0	0	1	-6	11	-6	0	0
101	3	1	-11	47	-97	96	-36	1	4	2	0	0	0	1	-6	13	-12	4	0
102	2	1	-11	48	-103	107	-42	1	4	3	0	0	0	1	-6	14	-15	6	0
103	2	1	-11	49	-108	115	-46	1	4	4	1	0	0	1	-6	15	-17	7	0
104	1	1	-11	49	-109	118	-48	1	4	4	0	0	0	1	-6	15	-18	8	0
105	1	1	-12	55	-120	124	-48	1	3	0	0	0	0	1	-7	17	-17	6	0
106	2	1	-12	56	-126	135	-54	1	3	1	0	0	0	1	-7	18	-20	8	0
107	1	1	-12	57	-132	146	-60	1	3	2	0	0	0	1	-7	19	-23	10	0
108	1	1	-12	58	-137	154	-64	1	3	3	1	0	0	1	-7	20	-25	11	0
109	1	1	-13	65	-155	174	-72	1	2	0	0	0	0	1	-8	23	-28	12	0
110	1	1	-13	66	-161	185	-78	1	2	1	0	0	0	1	-8	24	-31	14	0
111	1	1	-14	75	-190	224	-96	1	1	0	0	0	0	1	-9	29	-39	18	0
112	1	1	-15	85	-225	274	-120	1	0	0	0	0	0	1	-10	35	-50	24	0
113	1	1	0	0	0	0	0	1	1	21	140	350	301	63	-	-	-	-	-	1
114	1	1	-1	0	0	0	0	1	20	125	285	211	32	0	-	-	-	-	1	0
115	2	1	-2	1	0	0	0	1	19	111	230	146	16	0	-	-	-	-	1	0
116	1	1	-3	2	0	0	0	1	18	97	175	81	0	0	-	-	-	-	1	-1	0
117	4	1	-3	3	-1	0	0	1	18	98	184	100	8	0	-	-	-	1	0	0
118	2	1	-4	5	-2	0	0	1	17	85	138	54	0	0	-	-	-	1	-1	0
119	1	1	-4	6	-3	0	0	1	17	86	147	73	8	0	-	-	-	1	-1	1	0
120	7	1	-4	6	-4	1	0	1	17	86	146	68	4	0	-	-	1	0	0	0
121	1	1	-5	8	-4	0	0	1	16	73	101	27	0	0	-	-	1	-2	1	0
122	6	1	-5	9	-7	2	0	1	16	74	108	36	0	0	-	1	-1	0	0	0
123	2	1	-5	10	-9	3	0	1	16	75	116	50	4	0	-	1	-1	1	0	0
124	1	1	-5	10	-10	4	0	1	16	75	115	45	0	0	-	1	-1	1	-1	0
125	11	1	-5	10	-10	5	-1	1	16	75	115	46	2	0	1	0	0	0	0	0
126	1	1	-6	11	-6	0	0	1	15	61	64	0	0	0	-	-	1	-3	2	0
127	5	1	-6	13	-12	4	0	1	15	63	78	18	0	0	-	1	-2	1	0	0
128	1	1	-6	14	-15	6	0	1	15	64	85	27	0	0	-	1	-2	2	-1	0
129	1	1	-6	15	-17	7	0	1	15	65	93	41	4	0	-	1	-2	3	-1	0
130	13	1	-6	14	-16	9	-2	0	1	15	64	84	24	0	0	1	-1	0	0	0	0
131	6	1	-6	15	-19	12	-3	0	1	15	65	91	34	2	0	1	-1	1	0	0	0
132	2	1	-6	15	-20	14	-4	0	1	15	65	90	30	0	0	1	-1	1	-1	0	0
133	1	1	-6	15	-20	15	-5	0	1	15	65	90	31	2	0	1	-1	1	-1	1	0
134	11	1	-6	15	-20	15	-6	1	1	15	65	90	31	1	0	1	0	0	0	0	0
135	2	1	-7	17	-17	6	0	1	14	52	48	0	0	0	-	1	-3	2	0	0
136	2	1	-7	18	-20	8	0	1	14	53	55	9	0	0	-	1	-3	3	-1	0

384 Polynomials

code	freq			power form					falling factorial form						tree form			
137	1	1	-7	19	-23	10	0	0	1	14	54	62	18	0	0	-	-	1	-3	4	-2	0
138	15	1	-7	19	-25	16	-4	0	1	14	54	60	12	0	0	-	1	-2	1	0	0	0
139	6	1	-7	20	-29	21	-6	0	1	14	55	66	18	0	0	-	1	-2	2	-1	0	0
140	3	1	-7	21	-32	24	-7	0	1	14	56	73	28	2	0	-	1	-2	3	-1	0	0
141	1	1	-7	20	-30	24	-8	0	1	14	55	65	15	0	0	-	1	-2	2	-2	1	0
142	1	1	-7	21	-34	29	-10	0	1	14	56	71	21	0	0	-	1	-2	3	-3	1	0
143	1	1	-7	21	-33	27	-9	0	1	14	56	72	25	2	0	-	1	-2	3	-2	1	0
144	18	1	-7	20	-30	25	-11	2	1	14	55	65	16	0	0	1	-1	0	0	0	0	0
145	9	1	-7	21	-34	31	-15	3	1	14	56	71	23	1	0	1	-1	1	0	0	0	0
146	4	1	-7	21	-35	34	-18	4	1	14	56	70	20	0	0	1	-1	1	-1	0	0	0
147	1	1	-7	21	-35	35	-20	5	1	14	56	70	21	1	0	1	-1	1	-1	1	0	0
148	1	1	-7	21	-35	35	-21	6	1	14	56	70	21	0	0	1	-1	1	-1	1	-1	0
149	1	1	-8	23	-28	12	0	0	1	13	43	32	0	0	0	-	-	1	-4	5	-2	0
150	1	1	-8	24	-31	14	0	0	1	13	44	39	9	0	0	-	-	1	-4	6	-3	0
151	5	1	-8	24	-34	23	-6	0	1	13	44	36	0	0	0	-	1	-3	2	0	0	0
152	10	1	-8	25	-38	28	-8	0	1	13	45	42	6	0	0	-	1	-3	3	-1	0	0
153	4	1	-8	26	-42	33	-10	0	1	13	46	48	12	0	0	-	1	-3	4	-2	0	0
154	4	1	-8	26	-43	36	-12	0	1	13	46	47	9	0	0	-	1	-3	4	-3	1	0
155	1	1	-8	28	-50	44	-15	0	1	13	48	60	25	2	0	-	1	-3	6	-4	1	0
156	1	1	-8	27	-47	41	-14	0	1	13	47	53	15	0	0	-	1	-3	5	-4	1	0
157	1	1	-8	27	-58	44	-16	0	1	13	47	52	12	0	0	-	1	-3	5	-5	2	0
158	1	1	-8	26	-44	39	-14	0	1	13	46	46	6	0	0	-	1	-3	4	-4	2	0
159	1	1	-8	28	-51	47	-17	0	1	13	48	59	22	2	0	-	1	-3	6	-5	2	0
160	28	1	-8	26	-44	41	-20	4	1	13	46	46	8	0	0	1	-2	1	0	0	0	0
161	17	1	-8	27	-49	50	-27	6	1	13	47	51	12	0	0	1	-2	2	-1	0	0	0
162	7	1	-8	28	-53	56	-31	7	1	13	48	57	19	1	0	1	-2	3	-1	0	0	0
163	5	1	-8	27	-50	54	-32	8	1	13	47	50	10	0	0	1	-2	2	-2	1	0	0
164	3	1	-8	28	-54	60	-36	9	1	13	48	56	17	1	0	1	-2	3	-2	1	0	0
165	3	1	-8	28	-55	63	-39	10	1	13	48	55	14	0	0	1	-2	3	-3	1	0	0
166	1	1	-8	28	-55	64	-42	12	1	13	48	55	15	0	0	1	-2	3	-3	2	-1	0
167	1	1	-8	27	-50	55	-35	10	1	13	47	50	11	0	0	1	-2	2	-2	2	-1	0
168	1	1	-8	28	-55	65	-44	13	1	13	48	55	16	1	0	1	-2	3	-3	3	-1	0
169	1	1	-8	28	-56	68	-47	14	1	13	48	54	13	0	0	1	-2	3	-4	3	-1	0
170	1	1	-9	29	-39	18	0	0	1	12	34	16	0	0	0	-	-	1	-5	8	-4	0
171	6	1	-9	31	-51	40	-12	0	1	12	36	24	0	0	0	-	1	-4	5	-2	0	0
172	3	1	-9	32	-55	45	-14	0	1	12	37	30	6	0	0	-	1	-4	6	-3	0	0
173	5	1	-9	32	-56	48	-16	0	1	12	37	29	3	0	0	-	1	-4	6	-4	1	0
174	3	1	-9	33	-61	56	-20	0	1	12	38	34	6	0	0	-	1	-4	7	-6	2	0
175	1	1	-9	32	-57	51	-18	0	1	12	37	28	0	0	0	-	1	-4	6	-5	2	0
176	1	1	-9	34	-65	61	-22	0	1	12	39	40	12	0	0	-	1	-4	8	-7	2	0
177	1	1	-9	33	-62	59	-22	0	1	12	38	33	3	0	0	-	1	-4	7	-7	3	0
178	1	1	-9	34	-66	64	-24	0	1	12	39	39	9	0	0	-	1	-4	8	-8	3	0
179	1	1	-9	34	-67	67	-26	0	1	12	39	38	6	0	0	-	1	-4	8	-9	4	0
180	1	1	-9	36	-75	78	-31	0	1	12	41	50	19	2	0	-	1	-4	10	-11	5	0
181	7	1	-9	32	-58	57	-29	6	1	12	37	27	0	0	0	1	-3	2	0	0	0	0
182	31	1	-9	33	-63	66	-36	8	1	12	38	32	4	0	0	1	-3	3	-1	0	0	0
183	11	1	-9	34	-68	75	-43	10	1	12	39	37	8	0	0	1	-3	4	-2	0	0	0
184	20	1	-9	34	-69	79	-48	12	1	12	39	36	6	0	0	1	-3	4	-3	1	0	0
185	2	1	-9	36	-78	94	-59	15	1	12	41	47	17	1	0	1	-3	6	-4	1	0	0
186	7	1	-9	35	-74	88	-55	14	1	12	40	41	10	0	0	1	-3	5	-4	1	0	0
187	4	1	-9	35	-75	92	-60	16	1	12	40	40	8	0	0	1	-3	5	-5	2	0	0
188	3	1	-9	34	-70	83	-53	14	1	12	39	35	4	0	0	1	-3	4	-4	2	0	0
189	2	1	-9	36	-79	98	-64	17	1	12	41	46	15	1	0	1	-3	6	-5	2	0	0
190	4	1	-9	35	-75	93	-63	18	1	12	40	40	9	0	0	1	-3	5	-5	3	-1	0
191	4	1	-9	34	-70	84	-56	16	1	12	39	35	5	0	0	1	-3	4	-4	3	-1	0
192	1	1	-9	36	-81	106	-75	22	1	12	41	44	11	0	0	1	-3	6	-7	4	-1	0
193	3	1	-9	35	-76	97	-68	20	1	12	40	39	7	0	0	1	-3	5	-6	4	-1	0
194	1	1	-9	36	-80	103	-72	21	1	12	41	45	14	1	0	1	-3	6	-6	4	-1	0
195	1	1	-9	36	-82	110	-80	24	1	12	41	43	9	0	0	1	-3	6	-8	5	-1	0
196	1	1	-9	35	-76	98	-71	22	1	12	40	39	8	0	0	1	-3	5	-6	5	-2	0
197	1	1	-9	36	-82	111	-83	26	1	12	41	43	10	0	0	1	-3	6	-8	6	-2	0
198	1	1	-9	34	-70	85	-59	18	1	12	39	35	6	0	0	1	-3	4	-4	4	-2	0
199	1	1	-9	36	-81	107	-78	24	1	12	41	44	12	0	0	1	-3	6	-7	5	-2	0
200	1	1	-9	35	-77	102	-76	24	1	12	40	38	6	0	0	1	-3	5	-7	6	-2	0
201	1	1	-9	36	-81	108	-80	25	1	12	41	44	13	1	0	1	-3	6	-7	6	-2	0
202	1	1	-10	35	-50	24	0	0	1	11	25	0	0	0	0	-	-	1	-6	11	-6	0
203	3	1	-10	38	-68	57	-18	0	1	11	28	12	0	0	0	-	1	-5	8	-4	0	0
204	4	1	-10	39	-74	68	-24	0	1	11	29	16	0	0	0	-	1	-5	9	-7	2	0
205	2	1	-10	40	-79	76	-28	0	1	11	30	21	3	0	0	-	1	-5	10	-9	3	0
206	2	1	-10	40	-80	79	-30	0	1	11	30	20	0	0	0	-	1	-5	10	-10	4	0

Table of chromatic polynomials for graphs 385

code	freq	power form						falling factorial form						tree form					
207	2	1	-10	41	-84	84	-32	0	1	11	31	26	6	0	0	-	1	-5	11	-11	4	0
208	1	1	-10	41	-85	87	-34	0	1	11	31	25	3	0	0	-	1	-5	-11	-12	5	0
209	1	1	-10	42	-90	95	-38	0	1	11	32	30	6	0	0	-	1	-5	12	-14	6	0
210	15	1	-10	40	-82	91	-52	12	1	11	30	18	0	0	0	1	-4	5	-2	0	0	0
211	7	1	-10	41	-87	100	-59	14	1	11	31	23	4	0	0	1	-4	6	-3	0	0	0
212	24	1	-10	41	-88	104	-64	16	1	11	31	22	2	0	0	1	-4	6	-4	1	0	0
213	18	1	-10	42	-94	117	-76	20	1	11	32	26	4	0	0	1	-4	7	-6	2	0	0
214	4	1	-10	41	-89	108	-69	18	1	11	31	21	0	0	0	1	-4	6	-5	2	0	0
215	3	1	-10	43	-99	126	-83	22	1	11	33	31	8	0	0	1	-4	8	-7	2	0	0
216	5	1	-10	43	-100	130	-88	24	1	11	33	30	6	0	0	1	-4	8	-8	3	0	0
217	4	1	-10	42	-95	121	-81	22	1	11	32	25	2	0	0	1	-4	7	-7	3	0	0
218	1	1	-10	43	-101	134	-93	26	1	11	33	29	4	0	0	1	-4	8	-9	4	0	0
219	1	1	-10	45	-111	153	-109	31	1	11	35	39	13	1	0	1	-4	10	-11	5	0	0
220	12	1	-10	42	-95	122	-84	24	1	11	32	25	3	0	0	1	-4	7	-7	4	-1	0
221	1	1	-10	45	-110	150	-107	31	1	11	35	40	16	1	0	1	-4	10	-10	5	-1	0
222	6	1	-10	43	-101	135	-96	28	1	11	33	29	5	0	0	1	-4	8	-9	5	-1	0
223	1	1	-10	44	-106	144	-103	30	1	11	34	34	9	0	0	1	-4	9	-10	5	-1	0
224	4	1	-10	42	-96	127	-92	28	1	11	32	24	2	0	0	1	-4	7	-8	6	-2	0
225	6	1	-10	43	-102	140	-104	32	1	11	33	28	4	0	0	1	-4	8	-10	7	-2	0
226	3	1	-10	43	-101	136	-99	30	1	11	33	29	6	0	0	1	-4	8	-9	6	-2	0
227	2	1	-10	44	-107	149	-111	34	1	11	34	33	8	0	0	1	-4	9	-11	7	-2	0
228	1	1	-10	44	-108	153	-116	36	1	11	34	32	6	0	0	1	-4	9	-12	8	-2	0
229	1	1	-10	41	-90	114	-80	24	1	11	31	20	0	0	0	1	-4	6	-6	5	-2	0
230	1	1	-10	45	-112	159	-120	37	1	11	35	38	13	1	0	1	-4	10	-12	8	-2	0
231	1	1	-10	43	-103	145	-112	36	1	11	33	27	3	0	0	1	-4	8	-11	9	-3	0
232	1	1	-10	44	-108	154	-119	38	1	11	34	32	7	0	0	1	-4	9	-12	9	-3	0
233	1	1	-10	42	-96	128	-95	30	1	11	32	24	3	0	0	1	-4	7	-8	7	-3	0
234	3	1	-10	43	-102	141	-107	34	1	11	33	28	5	0	0	1	-4	8	-10	8	-3	0
235	1	1	-10	44	-109	158	-124	40	1	11	34	31	5	0	0	1	-4	9	-13	10	-3	0
236	1	1	-10	43	-103	144	-109	34	1	11	33	27	2	0	0	1	-4	8	-11	9	-2	0
237	1	1	-10	45	-113	164	-128	41	1	11	35	37	12	1	0	1	-4	10	-13	10	-3	0
238	1	1	-10	44	-109	159	-127	42	1	11	34	31	6	0	0	1	-4	9	-13	11	-4	0
239	1	1	-10	43	-103	146	-115	38	1	11	33	27	4	0	0	1	-4	8	-11	10	-4	0
240	1	1	-10	45	-115	173	-142	48	1	11	35	35	9	0	0	1	-4	10	-15	13	-5	0
241	1	1	-11	45	-85	74	-24	0	1	10	20	0	0	0	0	-	1	-6	11	-6	0	0
242	3	1	-11	47	-97	96	-36	0	1	10	22	8	0	0	0	-	1	-6	13	-12	4	0
243	2	1	-11	48	-103	107	-42	0	1	10	23	12	0	0	0	-	1	-6	14	-15	6	0
244	2	1	-11	49	-108	115	-46	0	1	10	24	17	3	0	0	-	1	-6	15	-17	7	0
245	1	1	-11	49	-109	118	-48	0	1	10	24	16	0	0	0	-	1	-6	15	-18	8	0
246	7	1	-11	48	-106	125	-75	18	1	10	23	9	0	0	0	1	-5	8	-4	0	0	0
247	19	1	-11	49	-113	142	-92	24	1	10	24	12	0	0	0	1	-5	9	-7	2	0	0
248	11	1	-11	50	-119	155	-104	28	1	10	25	16	2	0	0	1	-5	10	-9	3	0	0
249	7	1	-11	50	-120	159	-109	30	1	10	25	15	0	0	0	1	-5	10	-10	4	0	0
250	6	1	-11	51	-125	168	-116	32	1	10	26	20	4	0	0	1	-5	11	-11	4	0	0
251	3	1	-11	51	-126	172	-121	34	1	10	26	19	2	0	0	1	-5	11	-12	5	0	0
252	3	1	-11	52	-132	185	-133	38	1	10	27	23	4	0	0	1	-5	12	-14	6	0	0
253	12	1	-11	50	-120	160	-112	32	1	10	25	15	1	0	0	1	-5	10	-10	5	-1	0
254	16	1	-11	51	-127	178	-132	40	1	10	26	18	2	0	0	1	-5	11	-13	8	-2	0
255	6	1	-11	50	-121	165	-120	36	1	10	25	14	0	0	0	1	-5	10	-11	7	-2	0
256	1	1	-11	53	-138	200	-151	46	1	10	28	27	8	0	0	1	-5	13	-16	9	-2	0
257	3	1	-11	52	-133	191	-144	44	1	10	27	22	4	0	0	1	-5	12	-15	9	-2	0
258	6	1	-11	52	-134	196	-152	48	1	10	27	21	3	0	0	1	-5	12	-16	11	-3	0
259	5	1	-11	51	-128	183	-140	44	1	10	26	17	1	0	0	1	-5	11	-14	10	-3	0
260	2	1	-11	51	-127	179	-135	42	1	10	26	18	3	0	0	1	-5	11	-13	9	-3	0
261	1	1	-11	53	-140	209	-164	52	1	10	28	25	5	0	0	1	-5	13	-18	12	-3	0
262	1	1	-11	51	-128	182	-137	42	1	10	26	17	0	0	0	1	-5	11	-14	9	-2	0
263	5	1	-11	52	-135	201	-160	52	1	10	27	20	2	0	0	1	-5	12	-17	13	-4	0
264	2	1	-11	52	-134	197	-155	50	1	10	27	21	4	0	0	1	-5	12	-16	12	-4	0
265	2	1	-11	51	-129	188	-148	48	1	10	26	16	0	0	0	1	-5	11	-15	12	-4	0
266	2	1	-11	53	-140	210	-167	54	1	10	28	25	6	0	0	1	-5	13	-18	13	-4	0
267	1	1	-11	50	-122	171	-131	42	1	10	25	13	0	0	0	1	-5	10	-12	10	-4	0
268	1	1	-11	52	-135	200	-157	50	1	10	27	20	1	0	0	1	-5	12	-17	12	-3	0
269	1	1	-11	53	-141	214	-172	56	1	10	28	24	4	0	0	1	-5	13	-19	14	-4	0
270	1	1	-11	51	-128	184	-143	46	1	10	26	17	2	0	0	1	-5	11	-14	11	-4	0
271	1	1	-11	52	-136	206	-168	56	1	10	27	19	1	0	0	1	-5	12	-18	15	-5	0
272	1	1	-11	53	-141	215	-175	58	1	10	28	24	5	0	0	1	-5	13	-19	15	-5	0
273	2	1	-11	52	-135	202	-163	54	1	10	27	20	3	0	0	1	-5	12	-17	14	-5	0
274	1	1	-11	53	-142	219	-180	60	1	10	28	23	3	0	0	1	-5	13	-20	16	-5	0
275	1	1	-11	53	-142	220	-183	62	1	10	28	23	4	0	0	1	-5	13	-20	17	-6	0
276	1	1	-11	51	-129	189	-151	50	1	10	26	16	1	0	0	1	-5	11	-15	13	-5	0

386 Polynomials

code	freq	power form					falling factorial form						tree form					
277	2	1	-11	52	-136	207	-171	58	1	10	27	19	2	0	0	1	-5	12	-18	16	-6	0
278	1	1	-11	54	-147	228	-187	62	1	10	29	28	7	0	0	1	-5	14	-21	16	-5	0
279	1	1	-11	55	-153	243	-204	69	1	10	30	32	11	1	0	1	-5	15	-23	19	-6	0
280	1	1	-11	54	-149	239	-206	72	1	10	29	26	6	0	0	1	-5	14	-23	21	-8	0
281	1	1	-11	53	-143	225	-191	66	1	10	28	22	3	0	0	1	-5	13	-21	19	-7	0
282	1	1	-12	55	-120	124	-48	0	1	9	15	0	0	0	0	-	1	-7	17	-17	6	0
283	2	1	-12	56	-126	135	-54	0	1	9	16	4	0	0	0	-	1	-7	18	-20	8	0
284	1	1	-12	57	-132	146	-60	0	1	9	17	8	0	0	0	-	1	-7	19	-23	10	0
285	1	1	-12	58	-137	154	-64	0	1	9	18	13	3	0	0	-	1	-7	20	-25	11	0
286	3	1	-12	56	-130	159	-98	24	1	9	16	0	0	0	0	1	-6	11	-6	0	0	0
287	14	1	-12	58	-144	193	-132	36	1	9	18	6	0	0	0	1	-6	13	-12	4	0	0
288	7	1	-12	59	-151	210	-149	42	1	9	19	9	0	0	0	1	-6	14	-15	6	0	0
289	6	1	-12	60	-157	223	-161	46	1	9	20	13	2	0	0	1	-6	15	-17	7	0	0
290	2	1	-12	60	-158	227	-166	48	1	9	20	12	0	0	0	1	-6	15	-18	8	0	0
291	14	1	-12	59	-152	216	-160	48	1	9	19	8	0	0	0	1	-6	14	-16	9	-2	0
292	11	1	-12	60	-159	234	-180	56	1	9	20	11	1	0	0	1	-6	15	-19	12	-3	0
293	12	1	-12	60	-160	239	-188	60	1	9	20	10	0	0	0	1	-6	15	-20	14	-4	0
294	6	1	-12	61	-166	252	-200	64	1	9	21	14	2	0	0	1	-6	16	-22	15	-4	0
295	2	1	-12	59	-153	222	-171	54	1	9	19	7	0	0	0	1	-6	14	-17	12	-4	0
296	2	1	-12	62	-172	265	-212	68	1	9	22	18	4	0	0	1	-6	17	-24	16	-4	0
297	1	1	-12	61	-167	256	-205	66	1	9	21	13	0	0	0	1	-6	16	-23	16	-4	0
298	4	1	-12	61	-168	262	-216	72	1	9	21	12	0	0	0	1	-6	16	-24	19	-6	0
299	1	1	-12	62	-173	271	-223	74	1	9	22	17	4	0	0	1	-6	17	-25	19	-6	0
300	1	1	-12	59	-154	228	-182	60	1	9	19	6	0	0	0	1	-6	14	-18	15	-6	0
301	6	1	-12	61	-167	257	-208	68	1	9	21	13	1	0	0	1	-6	16	-23	17	-5	0
302	5	1	-12	62	-174	275	-228	76	1	9	22	16	2	0	0	1	-6	17	-26	20	-6	0
303	2	1	-12	60	-161	245	-199	66	1	9	20	9	0	0	0	1	-6	15	-21	17	-6	0
304	2	1	-12	61	-167	258	-211	70	1	9	21	13	2	0	0	1	-6	16	-23	18	-6	0
305	3	1	-12	61	-168	263	-219	74	1	9	21	12	1	0	0	1	-6	16	-24	20	-7	0
306	3	1	-12	62	-174	276	-231	78	1	9	22	16	3	0	0	1	-6	17	-26	21	-7	0
307	1	1	-12	63	-181	293	-248	84	1	9	23	19	3	0	0	1	-6	18	-29	23	-7	0
308	1	1	-12	62	-175	280	-236	80	1	9	22	15	1	0	0	1	-6	17	-27	22	-7	0
309	3	1	-12	62	-175	281	-239	82	1	9	22	15	2	0	0	1	-6	17	-27	23	-8	0
310	3	1	-12	61	-169	268	-227	78	1	9	21	11	0	0	0	1	-6	16	-25	22	-8	0
311	1	1	-12	63	-181	294	-251	86	1	9	23	19	4	0	0	1	-6	18	-29	24	-8	0
312	1	1	-12	60	-162	251	-210	72	1	9	20	8	0	0	0	1	-6	15	-22	20	-8	0
313	2	1	-12	62	-176	286	-247	86	1	9	22	14	1	0	0	1	-6	17	-28	25	-9	0
314	1	1	-12	63	-183	305	-270	96	1	9	23	17	3	0	0	1	-6	18	-31	29	-11	0
315	1	1	-12	62	-176	287	-250	88	1	9	22	14	2	0	0	1	-6	17	-28	26	-10	0
316	1	1	-12	63	-183	304	-267	94	1	9	23	17	2	0	0	1	-6	18	-31	28	-10	0
317	1	1	-12	64	-189	318	-282	100	1	9	24	21	5	0	0	1	-6	19	-33	30	-11	0
318	1	1	-12	62	-177	291	-255	90	1	9	22	13	0	0	0	1	-6	17	-29	27	-10	0
319	1	1	-12	66	-202	351	-319	115	1	9	26	28	10	1	0	1	-6	21	-38	36	-13	0
320	1	1	-12	60	-160	240	-191	62	1	9	20	10	1	0	0	1	-6	15	-20	15	-5	0
321	1	1	-13	65	-155	174	-72	0	1	8	10	0	0	0	0	-	1	-8	23	-28	12	0
322	1	1	-13	66	-161	185	-78	0	1	8	11	4	0	0	0	-	1	-8	24	-31	14	0
323	4	1	-13	67	-175	244	-172	48	1	8	12	0	0	0	0	1	-7	17	-17	6	0	0
324	5	1	-13	68	-182	261	-189	54	1	8	13	3	0	0	0	1	-7	18	-20	8	0	0
325	4	1	-13	69	-189	278	-206	60	1	8	14	6	0	0	0	1	-7	19	-23	10	0	0
326	1	1	-13	70	-195	291	-218	64	1	8	15	10	2	0	0	1	-7	20	-25	11	0	0
327	15	1	-13	69	-191	290	-228	72	1	8	14	4	0	0	0	1	-7	19	-25	16	-4	0
328	12	1	-13	70	-199	313	-256	84	1	8	15	6	0	0	0	1	-7	20	-29	21	-6	0
329	1	1	-13	68	-185	279	-222	72	1	8	13	0	0	0	0	1	-7	18	-23	17	-6	0
330	1	1	-13	71	-206	330	-273	90	1	8	16	9	0	0	0	1	-7	21	-32	23	-6	0
331	7	1	-13	71	-206	331	-276	92	1	8	16	9	1	0	0	1	-7	21	-32	24	-7	0
332	5	1	-13	70	-200	319	-267	90	1	8	15	5	0	0	0	1	-7	20	-30	24	-8	0
333	3	1	-13	72	-213	349	-296	100	1	8	17	12	2	0	0	1	-7	22	-35	27	-8	0
334	6	1	-13	71	-207	336	-284	96	1	8	16	8	0	0	0	1	-7	21	-33	26	-8	0
335	6	1	-13	71	-208	342	-295	102	1	8	16	7	0	0	0	1	-7	21	-34	29	-10	0
336	1	1	-13	72	-215	359	-312	108	1	8	17	10	0	0	0	1	-7	22	-37	31	-10	0
337	2	1	-13	72	-214	355	-307	106	1	8	17	11	2	0	0	1	-7	22	-36	30	-10	0
338	1	1	-13	70	-201	325	-278	96	1	8	15	4	0	0	0	1	-7	20	-31	27	-10	0
339	4	1	-13	72	-215	360	-315	110	1	8	17	10	1	0	0	1	-7	22	-37	32	-11	0
340	2	1	-13	71	-207	337	-287	98	1	8	16	8	1	0	0	1	-7	21	-33	27	-9	0
341	3	1	-13	72	-216	365	-323	114	1	8	17	9	0	0	0	1	-7	22	-38	34	-12	0
342	1	1	-13	74	-230	401	-363	130	1	8	19	15	2	0	0	1	-7	24	-44	40	-14	0
343	1	1	-13	72	-216	366	-326	116	1	8	17	9	1	0	0	1	-7	22	-38	35	-13	0
344	1	1	-13	73	-223	383	-343	122	1	8	18	12	1	0	0	1	-7	23	-41	37	-13	0
345	2	1	-13	73	-223	384	-346	124	1	8	18	12	2	0	0	1	-7	23	-41	38	-14	0
346	3	1	-13	72	-217	371	-334	120	1	8	17	8	0	0	0	1	-7	22	-39	37	-14	0

Table of chromatic polynomials for graphs 387

code	freq	power form						falling factorial form							tree form					
347	1	1	-13	71	-209	348	-306	108	1	8	16	6	0	0	0	1	-7	21	-35	32	-12	0
348	1	1	-13	73	-224	389	-354	128	1	8	18	11	1	0	0	1	-7	23	-42	40	-15	0
349	1	1	-13	74	-231	408	-377	138	1	8	19	14	3	0	0	1	-7	24	-45	44	-17	0
350	1	1	-13	75	-238	426	-397	146	1	8	20	17	4	0	0	1	-7	25	-48	47	-18	0
351	1	1	-14	75	-190	224	-96	0	1	7	5	0	0	0	0	-	1	-9	29	-39	18	0
352	3	1	-14	78	-220	329	-246	72	1	7	8	0	0	0	0	1	-8	23	-28	12	0	0
353	2	1	-14	79	-227	346	-263	78	1	7	9	3	0	0	0	1	-8	24	-31	14	0	0
354	4	1	-14	79	-230	364	-296	96	1	7	9	0	0	0	0	1	-8	24	-34	23	-6	0
355	9	1	-14	80	-238	387	-324	108	1	7	10	2	0	0	0	1	-8	25	-38	28	-8	0
356	6	1	-14	81	-246	410	-352	120	1	7	11	4	0	0	0	1	-8	26	-42	33	-10	0
357	7	1	-14	81	-247	416	-363	126	1	7	11	3	0	0	0	1	-8	26	-43	36	-12	0
358	2	1	-14	82	-254	433	-380	132	1	7	12	6	0	0	0	1	-8	27	-46	38	-12	0
359	1	1	-14	80	-240	399	-346	120	1	7	10	0	0	0	0	1	-8	25	-40	34	-12	0
360	4	1	-14	82	-255	439	-391	138	1	7	12	5	0	0	0	1	-8	27	-47	41	-14	0
361	1	1	-14	82	-253	428	-327	128	1	7	12	7	1	0	0	1	-8	27	-45	36	-11	0
362	2	1	-14	81	-248	422	-374	132	1	7	11	2	0	0	0	1	-8	26	-44	39	-14	0
363	1	1	-14	83	-261	452	-403	142	1	7	13	9	2	0	0	1	-8	28	-49	42	-14	0
364	3	1	-14	83	-262	457	-411	146	1	7	13	8	1	0	0	1	-8	28	-50	44	-15	0
365	5	1	-14	82	-256	445	-402	144	1	7	12	4	0	0	0	1	-8	27	-48	44	-16	0
366	3	1	-14	83	-263	463	-422	152	1	7	13	7	1	0	0	1	-8	28	-51	47	-17	0
367	3	1	-14	83	-264	468	-430	156	1	7	13	6	0	0	0	1	-8	28	-52	49	-18	0
368	1	1	-14	82	-257	451	-413	150	1	7	12	3	0	0	0	1	-8	27	-49	47	-18	0
369	2	1	-14	83	-265	474	-441	162	1	7	13	5	0	0	0	1	-8	28	-53	52	-20	0
370	1	1	-14	84	-272	491	-458	168	1	7	14	8	0	0	0	1	-8	29	-56	54	-20	0
371	1	1	-14	84	-272	492	-461	170	1	7	14	8	1	0	0	1	-8	29	-56	55	-21	0
372	2	1	-14	85	-280	516	-492	184	1	7	15	10	2	0	0	1	-8	30	-60	61	-24	0
373	1	1	-14	84	-273	497	-469	174	1	7	14	7	0	0	0	1	-8	29	-57	57	-22	0
374	1	1	-15	85	-225	274	-120	0	1	6	0	0	0	0	0	-	1	-10	35	-50	24	0
375	2	1	-15	89	-265	414	-320	96	1	6	4	0	0	0	0	1	-9	29	-39	18	0	0
376	4	1	-15	91	-285	484	-420	144	1	6	6	0	0	0	0	1	-9	31	-51	40	-12	0
377	4	1	-15	92	-293	507	-448	156	1	6	7	2	0	0	0	1	-9	32	-55	45	-14	0
378	2	1	-15	92	-295	519	-470	168	1	6	7	0	0	0	0	1	-9	32	-57	51	-18	0
379	1	1	-15	93	-302	536	-487	174	1	6	8	3	0	0	0	1	-9	33	-60	53	-18	0
380	5	1	-15	92	-294	513	-459	162	1	6	7	1	0	0	0	1	-9	32	-56	48	-16	0
381	4	1	-15	93	-303	542	-498	180	1	6	8	2	0	0	0	1	-9	33	-61	56	-20	0
382	4	1	-15	94	-311	565	-526	192	1	6	9	4	0	0	0	1	-9	34	-65	61	-22	0
383	1	1	-15	93	-305	554	-520	192	1	6	8	0	0	0	0	1	-9	33	-63	62	-24	0
384	2	1	-15	94	-312	571	-537	198	1	6	9	3	0	0	0	1	-9	34	-66	64	-24	0
385	1	1	-15	93	-304	548	-509	186	1	6	8	1	0	0	0	1	-9	33	-62	59	-22	0
386	2	1	-15	94	-313	577	-548	204	1	6	9	2	0	0	0	1	-9	34	-67	67	-26	0
387	1	1	-15	95	-319	589	-557	206	1	6	10	6	1	0	0	1	-9	35	-69	67	-25	0
388	3	1	-15	95	-321	600	-576	216	1	6	10	4	0	0	0	1	-9	35	-71	72	-28	0
389	1	1	-15	95	-322	606	-587	222	1	6	10	3	0	0	0	1	-9	35	-72	75	-30	0
390	2	1	-15	96	-329	624	-607	230	1	6	11	6	1	0	0	1	-9	36	-75	78	-31	0
391	1	1	-15	95	-320	594	-565	210	1	6	10	5	0	0	0	1	-9	35	-70	69	-26	0
392	1	1	-16	100	-310	499	-394	120	1	5	0	0	0	0	0	1	-10	35	-50	24	0	0
393	2	1	-16	103	-340	604	-544	192	1	5	3	0	0	0	0	1	-10	38	-68	57	-18	0
394	5	1	-16	104	-350	639	-594	216	1	5	4	0	0	0	0	1	-10	39	-74	68	-24	0
395	2	1	-16	105	-359	668	-633	234	1	5	5	1	0	0	0	1	-10	40	-79	76	-28	0
396	2	1	-16	105	-360	674	-644	240	1	5	5	0	0	0	0	1	-10	40	-80	79	-30	0
397	3	1	-16	106	-368	697	-672	252	1	5	6	2	0	0	0	1	-10	41	-84	84	-32	0
398	1	1	-16	106	-370	709	-694	264	1	5	6	0	0	0	0	1	-10	41	-86	90	-36	0
399	1	1	-16	106	-369	703	-683	258	1	5	6	1	0	0	0	1	-10	41	-85	87	-34	0
400	2	1	-16	107	-378	732	-722	276	1	5	7	2	0	0	0	1	-10	42	-90	95	-38	0
401	1	1	-16	107	-377	726	-711	270	1	5	7	3	0	0	0	1	-10	42	-89	92	-36	0
402	1	1	-16	108	-385	750	-742	284	1	5	8	5	1	0	0	1	-10	43	-93	98	-39	0
403	1	1	-17	115	-395	724	-668	240	1	4	0	0	0	0	0	1	-11	45	-85	74	-24	0
404	3	1	-17	117	-415	794	-768	288	1	4	2	0	0	0	0	1	-11	47	-97	96	-36	0
405	2	1	-17	118	-425	829	-818	312	1	4	3	0	0	0	0	1	-11	48	-103	107	-42	0
406	2	1	-17	119	-434	858	-857	330	1	4	4	1	0	0	0	1	-11	49	-108	115	-46	0
407	1	1	-17	119	-435	864	-868	336	1	4	4	0	0	0	0	1	-11	49	-109	118	-48	0
408	1	1	-17	120	-443	887	-896	348	1	4	5	2	0	0	0	1	-11	50	-113	123	-50	0
409	1	1	-18	130	-480	949	-942	360	1	3	0	0	0	0	0	1	-12	55	-120	124	-48	0
410	2	1	-18	131	-490	984	-992	384	1	3	1	0	0	0	0	1	-12	56	-126	135	-54	0
411	1	1	-18	132	-500	1019	-1042	408	1	3	2	0	0	0	0	1	-12	57	-132	146	-60	0
412	1	1	-18	133	-509	1048	-1081	426	1	3	3	1	0	0	0	1	-12	58	-137	154	-64	0
413	1	1	-19	145	-565	1174	-1216	480	1	2	0	0	0	0	0	1	-13	65	-155	174	-72	0
414	1	1	-19	146	-575	1209	-1266	504	1	2	1	0	0	0	0	1	-13	66	-161	185	-78	0
415	1	1	-20	160	-650	1399	-1490	600	1	1	0	0	0	0	0	1	-14	75	-190	224	-96	0
416	1	1	-21	175	-735	1624	-1764	720	1	0	0	0	0	0	0	1	-15	85	-225	274	-120	0

Chromatic polynomials for cubic graphs

code	power form									
C1	1	-6	11	-6						
C2	1	-9	34	-67	67	-26				
C3	1	-9	36	-75	78	-31				
C4	1	-12	64	-198	386	-474	335	-102		
C5	1	-12	65	-207	418	-531	386	-120		
C6	1	-12	62	-180	321	-356	228	-64		
C7	1	-12	66	-216	451	-592	442	-140		
C8	1	-12	66	-214	441	-572	423	-133		
C9	1	-15	103	-427	1184	-2289	3097	-2827	1567	-394
C10	1	-15	104	-440	1258	-2529	3577	-3418	1978	-516
C11	1	-15	105	-452	1323	-2735	3986	-3920	2325	-618
C12	1	-15	103	-426	1174	-2248	3009	-2723	1503	-378
C13	1	-15	104	-438	1238	-2444	3379	-3151	1782	-456
C14	1	-15	102	-414	1109	-2041	2592	-2198	1128	-264
C15	1	-15	102	-416	1131	-2144	2855	-2583	1431	-362
C16	1	-15	104	-439	1248	-2488	3487	-3304	1898	-492
C17	1	-15	101	-402	1047	-1863	2287	-1888	956	-224
C18	1	-15	103	-428	1194	-2332	3200	-2973	1682	-432
C19	1	-15	105	-453	1333	-2777	4082	-4047	2417	-646
C20	1	-15	103	-429	1204	-2373	3289	-3081	1751	-450
C21	1	-15	101	-403	1055	-1885	2303	-1857	896	-196
C22	1	-15	103	-424	1152	-2147	2759	-2370	1235	-294
C23	1	-15	105	-450	1303	-2651	3795	-3670	2146	-564
C24	1	-15	105	-450	1305	-2663	3825	-3710	2175	-573
C25	1	-15	101	-399	1015	-1717	1923	-1369	560	-100
C26	1	-15	105	-449	1295	-2619	3716	-3553	2054	-535
C27	1	-15	105	-455	1353	-2861	4275	-4305	2606	-704
C28	1	-18	152	-798	2906	-7740	15449	-23188	25687	-19954	9697	-2194
C29	1	-18	152	-798	2907	-7751	15500	-23318	25885	-20135	9789	-2214
C30	1	-18	152	-797	2891	-7640	15060	-22219	24102	-18294	8686	-1924
C31	1	-18	151	-781	2775	-7137	13615	-19356	20183	-14726	6739	-1446
C32	1	-18	150	-767	2686	-6799	12768	-17902	18476	-13412	6143	-1326
C33	1	-18	153	-813	3010	-8180	16705	-25697	29181	-23198	11496	-2640
C34	1	-18	151	-783	2804	-7324	14317	-21039	22829	-17392	8306	-1852
C35	1	-18	153	-813	3011	-8191	16757	-25835	29406	-23427	11632	-2676
C36	1	-18	151	-783	2802	-7301	14203	-20723	22301	-16863	8014	-1784
C37	1	-18	151	-782	2789	-7223	13917	-20017	21103	-15518	7123	-1526
C38	1	-18	153	-814	3024	-8268	17029	-26461	30364	-24375	12183	-2818
C39	1	-18	152	-799	2919	-7816	15710	-23764	26525	-20741	10133	-2302
C40	1	-18	153	-814	3025	-8279	17083	-26616	30645	-24693	12387	-2874
C41	1	-18	152	-799	2918	-7805	15657	-23617	26267	-20451	9941	-2246
C42	1	-18	152	-797	2892	-7653	15134	-22458	24573	-18856	9058	-2028
C43	1	-18	152	-797	2893	-7664	15185	-22589	24778	-19056	9173	-2058
C44	1	-18	150	-767	2687	-6811	12830	-18080	18781	-13722	6315	-1366
C45	1	-18	152	-797	2892	-7651	15112	-22356	24319	-18500	8794	-1948
C46	1	-18	152	-796	2879	-7575	14851	-21781	23487	-17726	8370	-1844
C47	1	-18	151	-783	2802	-7300	14190	-20653	22101	-16544	7747	-1694
C48	1	-18	151	-782	2789	-7225	13939	-20120	21366	-15903	7426	-1624
C49	1	-18	150	-766	2672	-6708	12410	-16976	16879	-11640	5004	-1008
C50	1	-18	151	-784	2816	-7388	14515	-21426	23315	-17772	8474	-1884
C51	1	-18	152	-799	2920	-7827	15762	-23902	26748	-20960	10253	-2330
C52	1	-18	151	-782	2788	-7212	13866	-19888	20911	-15350	7043	-1510
C53	1	-18	152	-796	2878	-7563	14787	-21582	23098	-17255	8050	-1752
C54	1	-18	149	-751	2570	-6296	11323	-15039	14557	-9844	4196	-848
C55	1	-18	153	-812	2996	-8092	16380	-24925	27974	21989	10792	-2460
C56	1	-18	153	-812	2998	-8114	16486	-25217	28472	-22513	11104	-2540
C57	1	-18	151	-782	2791	-7248	14056	-20465	22006	-16647	7921	-1766
C58	1	-18	152	-798	2908	-7762	15554	-23473	26167	-20459	10004	-2276
C59	1	-18	151	-780	2761	-7050	13303	-18654	19175	-13830	6291	-1350
C60	1	-18	151	-782	2789	-7226	13952	-20189	21557	-16193	7654	-1696
C61	1	-18	152	-795	2864	-7476	14475	-20880	22090	-16359	7602	-1656
C62	1	-18	153	-814	3024	-8268	17031	-26477	30415	-24455	12244	-2836
C63	1	-18	151	-783	2802	-7302	14213	-20762	22374	-16925	8027	-1778
C64	1	-18	150	-768	2701	-6897	13134	-18762	19788	-14691	6874	-1512
C65	1	-18	151	-782	2787	-7202	13826	-19813	20869	-15425	7174	-1568
C66	1	-18	153	-811	2983	-8014	16096	-24239	26857	-20808	10064	-2264
C67	1	-18	151	-781	2776	-7150	13689	-19596	20663	-15317	7150	-1568
C68	1	-18	150	-767	2685	-6782	12650	-17459	17494	-12122	5216	-1048

Table of chromatic polynomials for cubic graphs 389

code		power form											
C69	1	-18	150	-767	2684	-6773	12620	-17423	17525	-12259	5360	-1100	
C70	1	-18	153	-815	3039	-8367	17407	-27381	31835	-25887	13091	-3058	
C71	1	-18	150	-766	2669	-6673	12230	-16444	15902	-10531	4292	-812	
C72	1	-18	151	-781	2772	-7100	13417	-18759	19087	-13502	5972	-1240	
C73	1	-18	151	-780	2759	-7025	13162	-18189	18215	-12608	5420	-1088	
C74	1	-18	150	-765	2657	-6612	12066	-16219	15830	-10746	4576	-920	
C75	1	-18	153	-813	3011	-8191	16758	-25842	29426	-23458	11659	-2686	
C76	1	-18	153	-815	3037	-8345	17303	-27103	31374	-25407	12800	-2980	
C77	1	-18	153	-812	2996	-8092	16382	-24941	28023	-22059	10837	-2470	
C78	1	-18	148	-736	2470	-5904	10316	-13256	12349	-7982	3228	-616	
C79	1	-18	152	-796	2879	-7576	14860	-21816	23566	-17840	8468	-1880	
C80	1	-18	151	-781	2773	-7110	13457	-18835	19138	-13456	5880	-1200	
C81	1	-18	153	-812	3000	-8134	16576	-25451	28851	-22897	11330	-2599	
C82	1	-18	151	-780	2761	-7047	13268	-18486	18746	-13213	5819	-1202	
C83	1	-18	149	-752	2584	-6383	11635	-15742	15571	-10753	4656	-948	
C84	1	-18	151	-782	2785	-7175	13667	-19284	19796	-14101	6260	-1300	
C85	1	-18	149	-751	2569	-6283	11247	-14781	14014	-9147	3700	-700	
C86	1	-18	150	-765	2657	-6612	12068	-16237	15896	-10868	4688	-960	
C87	1	-18	152	-793	2836	-7299	13812	-19267	19482	-13635	5939	-1210	
C88	1	-18	149	-750	2556	-6210	11021	-14378	13637	-9052	3812	-768	
C89	1	-18	150	-763	2628	-6421	11322	-14353	12763	-7545	2656	-420	
C90	1	-18	152	-797	2893	-7663	15172	-22520	24587	-18766	8945	-1986	
C91	1	-18	153	-810	2971	-7946	15864	-23725	26103	-20091	9659	-2161	
C92	1	-18	151	-784	2815	-7377	14462	-21279	23057	-17482	8282	-1828	
C93	1	-18	152	-800	2934	-7914	16077	-24634	27875	-22088	10921	-2506	
C94	1	-18	153	-810	2968	-7914	15709	-23286	25323	-19230	9120	-2016	
C95	1	-18	153	-814	3022	-8246	16923	-26168	29858	-23828	11843	-2726	
C96	1	-18	153	-816	3052	-8444	17680	-28015	32819	-26877	13675	-3210	
C97	1	-18	149	-751	2567	-6259	11123	-14421	13376	-8455	3276	-588	
C98	1	-18	151	-779	2746	-6948	12886	-17531	17155	-11500	4747	-910	
C99	1	-18	149	-750	2556	-6210	11021	-14378	13637	-9052	3812	-768	
C100	1	-18	149	-749	2541	-6107	10599	-13255	11666	-6851	2404	-380	
C101	1	-18	148	-734	2440	-5708	9584	-11538	9743	-5482	1844	-280	
C102	1	-18	151	-778	2733	-6875	12664	-17160	16880	-11567	4987	-1018	
C103	1	-18	153	-816	3051	-8433	17628	-27876	32588	-26635	13527	-3170	
C104	1	-18	153	-810	2970	-7938	15837	-23682	26090	-20150	9741	-2194	
C105	1	-18	149	-752	2586	-6408	11774	-16189	16468	-11869	5442	-1184	
C106	1	-18	153	-810	2970	-7936	15823	-23640	26020	-20080	9700	-2183	
C107	1	-18	149	-751	2571	-6303	11331	-14973	14272	-9351	3788	-716	
C108	1	-18	151	-777	2716	-6746	12097	-15587	14071	-8432	3004	-480	
C109	1	-18	150	-768	2703	-6921	13259	-19128	20436	-15379	7275	-1610	
C110	1	-18	153	-813	3015	-8233	16954	-26307	30316	-24398	12232	-2839	
C111	1	-18	147	-720	2355	-5418	8989	-10836	9412	-5704	2208	-416	
C112	1	-18	153	-806	2914	-7580	14483	-20382	20796	-14710	6492	-1343	
C113	1	-21	208	-1292	5639	-18339	45911	-89941	138386	-165651	150154	-97466	40365	-7954
C114	1	-21	209	-1310	5790	-19123	48727	-97328	152892	-187040	173378	-115100	48723	-9798
C115	1	-21	209	1310	5791	-19138	48829	-97740	153979	-188073	175700	-116896	49531	-9958
C116	1	-21	209	1309	5774	-19005	48196	-95704	149346	-181419	166974	-110078	46284	-9248
C117	1	-21	208	1291	5623	-18223	45408	-88492	135479	-161526	146060	-94749	39281	-7758
C118	1	-21	209	1308	5757	-18869	47522	-93418	143819	-171802	155119	-100208	41305	-8106
C119	1	-21	209	1310	5793	-19168	49033	-98570	156221	-193178	181193	-121733	52114	-10584
C120	1	-21	209	1310	5792	-19153	48931	-98154	155090	-191032	178326	-119124	50659	-10214
C121	1	-21	209	1308	5756	-18853	47406	-92912	142339	-168768	150755	-95994	38866	-7476
C122	1	-21	209	1308	5755	-18838	47305	-92512	141314	-167009	148738	-94508	38230	-7356
C123	1	-21	208	1289	5590	-17971	44232	-84769	127110	-147988	130506	-82628	33525	-6506
C124	1	-21	210	1327	5928	-19832	51294	-104206	166784	-208116	196786	-133084	57233	-11650
C125	1	-21	209	1309	5775	-19018	48273	-95979	150002	-182507	168235	-111070	46767	-9358
C126	1	-21	210	1327	5927	-19817	51192	-103793	165685	-206117	194290	-131013	56197	-11414
C127	1	-21	208	1290	5604	-18059	44559	-85566	128449	-149578	131853	-83430	33834	-6564
C128	1	-21	209	1308	5759	-18903	47781	-94583	147244	-178655	164479	-108628	45815	-9190
C129	1	-21	209	1307	5740	-18735	46876	-91302	138877	-163429	144925	-91680	36914	-7068
C130	1	-21	209	1308	5758	-18887	47666	-94094	145883	-176072	161119	-105726	44304	-8832
C131	1	-21	209	1309	5775	-19020	48298	-96117	150442	-183391	169371	-111966	47152	-9424
C132	1	-21	209	1308	5757	-18871	47553	-93630	144656	-173889	158479	-103607	43269	-8598
C133	1	-21	210	1327	5928	-19833	51307	-104283	167058	-208758	197793	-134102	57829	-11802
C134	1	-21	209	1308	5759	-18901	47757	-94456	146854	-177888	163479	-107774	45375	-9086
C135	1	-21	209	1307	5741	-18750	46980	-91743	140144	-165992	148568	-95161	38913	-7582
C136	1	-21	209	1308	5758	-18886	47653	-94017	145608	-175423	160093	-104683	43692	-8676
C137	1	-21	209	1309	5776	-19034	48387	-96455	151289	-184848	171100	-113339	47816	-9572
C138	1	-21	210	1329	5963	-20116	52704	-108958	178161	-227731	220828	-153081	67355	-13986

390 Polynomials

code				power form								
C139	1	-21	209	-1309	5776	-19035	48401	-96545	151638	-185739	172621	-115015	48890	-9872
C140	1	-21	208	-1291	5623	-18222	45394	-88407	135190	-160935	145340	-94276	39164	-7768
C141	1	-21	210	-1328	5945	-19967	51955	-106421	172100	-217367	208279	-142782	62204	-12808
C142	1	-21	209	-1309	5776	-19034	48389	-96481	151436	-185317	172013	-114424	48542	-9780
C143	1	-21	210	-1327	5927	-19818	51204	-103857	165885	-206521	194833	-131486	56438	-11468
C144	1	-21	208	-1290	5604	-18057	44531	-85394	127844	-148247	129982	-81795	33026	-6392
C145	1	-21	210	-1327	5926	-19803	51103	-103455	164839	-204670	192604	-129734	55633	-11306
C146	1	-21	209	-1309	5774	-19006	48209	-95781	149617	-182037	167906	-110982	46796	-9376
C147	1	-21	208	-1291	5624	-18236	45483	-88743	136013	-162270	146734	-95129	39401	-7774
C148	1	-21	208	-1291	5622	-18206	45280	-87931	133901	-158573	142388	-91830	37940	-7488
C149	1	-21	210	-1327	5926	-19802	51090	-103381	164596	-204159	191881	-129040	55214	-11188
C150	1	-21	208	-1291	5624	-18238	45509	-88894	136528	-163404	148390	-96696	40276	-7992
C151	1	-21	209	-1309	5774	-19004	48185	-95654	149227	-181269	166900	-110115	46344	-9268
C152	1	-21	209	-1308	5758	-18886	47654	-94032	145702	-175743	160734	-105440	44180	-8808
C153	1	-21	209	-1309	5775	-19020	48299	-96132	150538	-183733	170108	-112929	47854	-9640
C154	1	-21	210	-1328	5946	-19982	52057	-106833	173191	-219341	210738	-144831	63243	-13050
C155	1	-21	210	-1328	5944	-19952	51852	-105993	170908	-215055	205161	-139979	60696	-12444
C156	1	-21	209	-1309	5774	-19004	48184	-95642	149167	-181109	166661	-109927	46284	-9268
C157	1	-21	208	-1291	5622	-18206	45279	-87919	133840	-158403	142109	-91562	37801	-7458
C158	1	-21	210	-1328	5944	-19952	51853	-106006	170982	-215293	205625	-140522	61045	-12538
C159	1	-21	210	-1327	5927	-19817	51193	-103806	165759	-206355	194754	-131556	56546	-11508
C160	1	-21	210	-1327	5927	-19818	51205	-103869	165950	-206725	195229	-131956	56750	-11556
C161	1	-21	209	-1310	5792	-19152	48919	-98092	154909	-190704	177947	-118851	50547	-10194
C162	1	-21	208	-1291	5623	-18222	45396	-88430	135301	-161221	145750	-94577	39241	-7758
C163	1	-21	209	-1308	5757	-18871	47552	-93617	144584	-173670	158089	-103209	43060	-8556
C164	1	-21	210	-1328	5944	-19951	51840	-105930	170718	-214693	204713	-139627	60536	-12412
C165	1	-21	209	-1308	5756	-18855	47434	-93092	143035	-170533	153736	-99229	40897	-8030
C166	1	-21	209	-1307	5738	-18705	46673	-90492	136788	-159845	140881	-88838	35818	-6900
C167	1	-21	208	-1290	5605	-18071	44615	-85664	128288	-148353	128948	-79739	31323	-5850
C168	1	-21	208	-1289	5589	-17954	44099	-84141	125140	-143738	124220	-76515	30011	-5610
C169	1	-21	209	-1308	5755	-18839	47317	-92575	141503	-167363	149161	-94822	38362	-7380
C170	1	-21	207	-1270	5419	-17010	40492	-74205	105041	-113916	92436	-53366	19672	-3480
C171	1	-21	209	-1307	5740	-18737	46903	-91469	139497	-164938	147376	-94248	38478	-7484
C172	1	-21	208	-1291	5622	-18206	45276	-87878	133594	-157566	140373	-89382	36282	-7012
C173	1	-21	209	-1309	5772	-18973	47963	-94690	146433	-175673	159173	-103052	42497	-8330
C174	1	-21	207	-1271	5438	-17174	41341	-77134	112106	-126035	107088	-65331	25611	-4826
C175	1	-21	209	-1308	5758	-18885	47636	-93893	145095	-174093	157864	-102318	42245	-8290
C176	1	-21	209	-1308	5758	-18884	47624	-93830	144905	-173731	157416	-101966	42085	-8258
C177	1	-21	208	-1291	5622	-18205	45263	-87804	133354	-157083	139758	-88900	36070	-6972
C178	1	-21	209	-1309	5774	-19002	48154	-95441	148379	-179128	163390	-106473	44169	-8702
C179	1	-21	208	-1290	5607	-18103	44849	-86694	131304	-154454	137465	-87614	35658	-6916
C180	1	-21	207	-1271	5439	-17190	41455	-77609	113382	-128326	109833	-67441	26551	-5010
C181	1	-21	208	-1291	5623	-18221	45376	-88267	134568	-159196	142198	-90700	36838	-7116
C182	1	-21	207	-1271	5438	-17175	41356	-77232	112470	-126874	108313	-66433	26167	-4946
C183	1	-21	208	-1290	5605	-18074	44659	-85955	129422	-151199	133647	-84697	34350	-6656
C184	1	-21	209	-1309	5773	-18988	48065	-95104	147542	-177714	161765	-105250	43625	-8594
C185	1	-21	208	-1290	5605	-18073	44646	-85880	129171	-150667	132919	-84073	34046	-6592
C186	1	-21	209	-1308	5757	-18869	47523	-93430	143880	-171971	155393	-100467	41437	-8134
C187	1	-21	208	-1289	5589	-17956	44130	-84357	126021	-146030	128097	-80655	32542	-6280
C188	1	-21	209	-1308	5757	-18870	47536	-93505	144131	-172503	156121	-101091	41741	-8198
C189	1	-21	208	-1290	5606	-18089	44761	-86367	130510	-153145	136000	-86544	35198	-6828
C190	1	-21	208	-1288	5570	-17789	43235	-81115	117720	-130813	108406	-63514	23552	-4152
C191	1	-21	208	-1289	5588	-17939	43998	-83742	124126	-142028	122316	-75171	29467	-5514
C192	1	-21	208	-1288	5571	-17806	43369	-81756	119764	-135300	115148	-70147	27387	-5130
C193	1	-21	207	-1271	5437	-17159	41240	-76733	111072	-124243	105008	-63779	24939	-4698
C194	1	-21	208	-1291	5621	-18189	45148	-87312	131959	-154340	136000	-85449	34163	-6498
C195	1	-21	208	-1291	5623	-18223	45407	-88481	135428	-161397	145868	-94581	39201	-7742
C196	1	-21	208	-1292	5640	-18354	46013	-90354	139486	-167659	152683	-99598	41457	-8210
C197	1	-21	209	-1310	5792	-19152	48918	-98078	154825	-190424	177388	-118185	50111	-10074
C198	1	-21	209	-1310	5791	-19139	48841	-97805	154188	-189415	176311	-117444	49815	-10022
C199	1	-21	207	-1272	5456	-17322	42074	-79558	117704	-135190	117576	-73401	29378	-5632
C200	1	-21	209	-1310	5791	-19138	48829	-97743	154012	-189128	176067	-117394	49887	-10062
C201	1	-21	209	-1311	5808	-19271	49462	-99779	158646	-196696	184831	-124280	53191	-10790
C202	1	-21	207	-1272	5454	-17291	41858	-78668	115305	-130779	112008	-68723	27003	-5082
C203	1	-21	209	-1309	5772	-18975	47992	-94878	147146	-177405	161932	-105860	44156	-8760
C204	1	-21	208	-1290	5605	-18074	44659	-85955	129420	-151178	133560	-84520	34175	-6590
C205	1	-21	209	-1310	5790	-19123	48726	-97315	152816	-186781	172826	-114374	48188	-9632
C206	1	-21	208	1292	5640	-18354	46012	-90340	139401	-167368	152077	-98835	40925	-8054
C207	1	-21	209	-1309	5773	-18990	48095	-95305	148330	-179693	165020	-108658	45684	-9136

Table of chromatic polynomials for cubic graphs

code	power form											
C208	1	-21	209	-1310	5791	-19138	48830	-97754	154062	-189247	176219	-117482	49888	-10048
C209	1	-21	209	-1310	5791	-19139	48842	-97818	154262	-189653	176776	-117993	50175	-10122
C210	1	-21	207	-1272	5454	-17290	41845	-78594	115065	-130296	111393	-68241	26791	-5042
C211	1	-21	207	-1272	5455	-17306	41960	-79080	116392	-132716	114330	-70519	27811	-5242
C212	1	-21	208	-1290	5607	-18103	44849	-86693	131293	-154405	137352	-87472	35566	-6892
C213	1	-21	209	-1308	5759	-18901	47755	-94434	146747	177590	162968	-107238	45059	-9006
C214	1	-21	207	-1272	5456	-17323	42089	-79660	118115	-136261	119415	-75417	30653	-5982
C215	1	-21	207	-1273	5473	-17454	42694	-81521	122109	-142324	125838	-79947	32562	-6344
C216	1	-21	207	-1273	5473	-17456	42722	-81695	122734	-143737	127885	-81790	33498	-6548
C217	1	-21	210	-1329	5962	-20102	52614	-108608	177252	-226094	218781	-151366	66484	-13784
C218	1	-21	210	-1329	5961	-20087	52512	-108194	176143	-224051	216177	-149142	65332	-13512
C219	1	-21	210	-1329	5960	-20072	52410	-107781	175043	-222044	213655	-147027	64257	-13262
C220	1	-21	210	-1328	5943	-19938	51763	-105657	170083	-213697	203666	-138911	60238	-12352
C221	1	-21	210	-1329	5961	-20087	52512	-108194	176142	-224045	216166	-149140	65344	-13520
C222	1	-21	210	1328	5945	-19967	51955	-106418	172072	-217260	208065	-142546	62068	-12776
C223	1	-21	209	-1311	5807	-19255	49349	-99314	157408	-194463	182071	-122002	52047	-10526
C224	1	-21	209	-1311	5809	-19287	49577	-100269	160019	-199337	188335	-127375	54834	-11184
C225	1	-21	209	-1310	5790	-19123	48727	-97326	152868	-186920	173058	-114622	48347	-9678
C226	1	-21	207	-1272	5455	-17306	41960	-79083	116428	-132899	114831	-71291	28438	-5448
C227	1	-21	210	-1329	5961	-20086	52500	-108131	175951	-223674	215685	-148727	65128	-13468
C228	1	-21	209	-1309	5772	-18972	47951	-94628	146257	-175390	158957	-103074	42649	-8402
C229	1	-21	210	-1330	5978	-20221	53160	-110331	181174	-232613	226562	-157706	69639	-14502
C230	1	-21	209	-1310	5792	-19153	48932	-98168	155173	-191307	178882	-119811	51135	-10354
C231	1	-21	210	-1326	5907	-19638	50236	-100389	157189	-191004	175341	-115010	48024	-9520
C232	1	-21	208	-1289	5590	-17969	44205	-84609	126567	-146836	128946	-81316	32901	-6378
C233	1	-21	210	-1325	5892	-19532	49770	-98978	154121	-186166	169888	-110808	46028	-9080
C234	1	-21	210	-1326	5911	-19699	50661	-102171	162159	-200583	188101	-126310	54021	-10954
C235	1	-21	208	-1289	5589	-17955	44118	-84293	125823	-145644	127617	-80288	32386	-6252
C236	1	-21	209	-1309	5774	-19006	48207	-95754	149470	-181566	166979	-109863	46036	-9156
C237	1	-21	210	-1326	5912	-19713	50750	-102507	162987	-201962	189648	-127425	54478	-11032
C238	1	-21	210	-1326	5910	-19683	50546	-101681	160790	-197973	184688	-123338	52451	-10574
C239	1	-21	208	-1290	5608	-18121	44993	-87370	133368	-158728	143493	-93204	38737	-7674
C240	1	-21	208	-1290	5606	-18089	44765	-86417	130780	-153963	137502	-88212	36230	-7100
C241	1	-21	208	-1290	5608	-18118	44953	-87133	132553	-156952	140991	-90992	37624	-7432
C242	1	-21	210	-1326	5909	-19667	50431	-101193	159438	-195428	181428	-120603	51095	-10274
C243	1	-21	209	-1307	5742	-18766	47094	-92218	141420	-168283	151313	-97271	39853	-7766
C244	1	-21	208	-1290	5606	-18090	44776	-86471	130942	-154310	138071	-88894	36736	-7264
C245	1	-21	210	-1327	5927	-19818	51207	-103894	166085	-207133	195972	-132767	57238	-11680
C246	1	-21	210	-1327	5928	-19834	51321	-104371	167384	-209537	199019	-135336	58549	-11986
C247	1	-21	209	-1310	5792	-19154	48945	-98243	155424	-191839	179610	-120435	51439	-10418
C248	1	-21	209	-1309	5775	-19021	48312	-96208	150800	-184315	170956	-113712	48267	-9734
C249	1	-21	210	-1327	5929	-19848	51411	-104722	168302	-211207	201130	-137121	59461	-12198
C250	1	-21	210	-1325	5890	-19502	49563	-98115	151726	-181581	163844	-105542	43300	-8448
C251	1	-21	208	-1288	5572	-17823	43498	-82332	121440	-138613	119619	-74131	29510	-5640
C252	1	-21	209	-1308	5758	-18885	47636	-93892	145082	-174026	157688	-102070	42068	-8240
C253	1	-21	210	-1325	5894	-19563	49986	-99868	156519	-190568	175426	-115441	48374	-9624
C254	1	-21	209	-1307	5740	-18737	46904	-91482	139572	-165190	147912	-94965	39253	-7660
C255	1	-21	208	-1289	5587	-17926	43925	-83518	123752	-141823	122753	-76183	30318	-5784
C256	1	-21	210	-1325	5893	-19548	49885	-99469	155503	-188841	173466	-114008	47762	-9508
C257	1	-21	208	-1290	5605	-18071	44619	-85715	128570	-149232	130619	-81675	32582	-6200
C258	1	-21	210	-1328	5943	-19937	51749	-105566	169726	-212786	202146	-137320	59297	-12114
C259	1	-21	210	-1326	5909	-19668	50443	-101256	159628	-195791	181884	-120978	51283	-10318
C260	1	-21	210	-1328	5941	-19907	51544	-104727	167454	-208550	196689	-132629	56865	-11542
C261	1	-21	210	-1328	5944	-19953	51864	-106058	171118	-215502	205807	-140598	61052	-12536
C262	1	-21	210	-1328	5942	-19923	51659	-105218	168836	-211225	200263	-135807	58561	-11950
C263	1	-21	210	-1328	5943	-19938	51761	-105630	169925	-213182	202663	-137751	59505	-12158
C264	1	-21	208	-1290	5604	-18058	44546	-85491	128199	-149053	131144	-82831	33546	-6504
C265	1	-21	208	-1289	5585	-17893	43677	-82400	120410	-134942	113003	-67055	25240	-4524
C266	1	-21	208	-1290	5605	-18073	44644	-85851	128990	-150036	131594	-82405	32890	-6256
C267	1	-21	207	-1272	5454	-17291	41860	-78694	115455	-131276	113025	-69998	27898	-5348
C268	1	-21	209	-1308	5755	-18840	47333	-92689	141978	-168633	151392	-97325	39984	-7836
C269	1	-21	208	-1290	5603	-18042	44429	-84977	126700	-146035	126945	-78951	31406	-5976
C270	1	-21	209	-1309	5774	-19006	48209	-95780	149607	-181996	167821	-110894	46759	-9374
C271	1	-21	210	-1326	5910	-19683	50547	-101694	160862	-198195	185104	-123817	52766	-10664
C272	1	-21	208	-1289	5588	-17940	44013	-83844	124535	-143083	124105	-77111	30686	-5848
C273	1	-21	208	-1291	5622	-18207	45291	-87979	133996	-158601	142128	-91277	37458	-7328
C274	1	-21	210	-1327	5929	-19847	51399	-104657	168093	-210769	200516	-136559	59156	-12124
C275	1	-21	209	-1309	5777	-19050	48504	-96970	152797	-187898	175355	-117268	49975	-10102
C276	1	-21	210	-1328	5943	-19936	51737	-105502	169526	-212379	201582	-136792	58993	-12034

392 Polynomials

code	power form												
C277	1	-21	209	-1310	5793	-19170	49058	-98708	156663	-194080	182394	-122747	52606	-10688
C278	1	-21	210	-1329	5962	-20100	52590	-108481	176860	-225310	217724	-150419	65971	-13658
C279	1	-21	208	-1291	5623	-18222	45395	-88417	135229	-161001	145351	-94150	38993	-7698
C280	1	-21	209	-1309	5776	-19034	48389	-96483	151457	-185410	172236	-114729	48766	-9848
C281	1	-21	209	-1310	5794	-19182	49123	-98919	157119	-194762	183098	-123228	52802	-10724
C282	1	-21	210	-1328	5945	-19967	51955	-106420	172091	-217333	208208	-142693	62140	-12788
C283	1	-21	209	-1310	5791	-19138	48830	-97753	154052	-189206	176130	-117374	49819	-10030
C284	1	-21	208	-1290	5606	-18088	44749	-86307	130356	-152963	136031	-86905	35597	-6974
C285	1	-21	210	-1328	5945	-19966	51942	-106342	171808	-216657	207132	-141596	61496	-12624
C286	1	-21	210	-1328	5946	-19983	52069	-106898	173400	-219780	211357	-145402	63555	-13126
C287	1	-21	208	-1291	5624	-18236	45484	-88754	136064	-162398	146919	-95280	39464	-7784
C288	1	-21	208	-1288	5573	-17837	43586	-82659	122233	-139914	121059	-75163	29942	-5720
C289	1	-21	209	-1309	5775	-19018	48274	-95992	150074	-182726	168631	-111500	47030	-9428
C290	1	-21	208	-1291	5625	-18252	45598	-89232	137374	-164851	150078	-97985	40856	-8108
C291	1	-21	210	-1329	5963	-20116	52704	-108959	178170	-227764	220892	-153153	67402	-14000
C292	1	-21	210	-1329	5960	-20071	52397	-107703	174759	-221362	212569	-145934	63636	-13112
C293	1	-21	209	-1309	5775	-19020	48298	-96118	150453	-183443	169509	-112183	47339	-9490
C294	1	-21	209	-1308	5758	-18884	47625	-93843	144981	-173987	157946	-102633	42552	-8396
C295	1	-21	208	-1289	5587	-17922	43868	-83155	122404	-138635	117844	-71386	27608	-5112
C296	1	-21	207	-1271	5438	-17172	41313	-76955	111425	-124357	104364	-62508	23920	-4384
C297	1	-21	206	-1252	5271	-16276	38049	-68460	95262	-101811	81715	-46888	17276	-3072
C298	1	-21	207	-1271	5435	-17126	40996	-75669	108048	-118419	97393	-57258	21628	-3944
C299	1	-21	206	-1253	5286	-16375	38423	-69330	96459	-102464	80949	-45101	15880	-2660
C300	1	-21	206	-1252	5270	-16259	37921	-67894	93625	-98568	77285	-42862	15084	-2536
C301	1	-21	207	-1271	5438	-17170	41283	-76755	110649	-122437	101262	-59322	22032	-3896
C302	1	-21	207	-1271	5437	-17156	41199	-76441	109926	-121339	100165	-58628	21780	-3856
C303	1	-21	207	-1270	5421	-17040	40693	-74992	107020	-117223	96176	-55962	20736	-3672
C304	1	-21	207	-1272	5454	-17287	41797	-78254	113673	-126696	105380	-61926	23000	-4056
C305	1	-21	206	-1254	5305	-16537	39244	-72082	102864	-112996	93084	-54502	20296	-3608
C306	1	-21	208	-1290	5604	-18053	44471	-84986	126207	-144028	122869	-74186	28348	-5144
C307	1	-21	206	-1253	5287	-16391	38539	-69835	97928	-105444	85163	-49072	18108	-3216
C308	1	-21	208	-1290	5603	-18040	44396	-84741	125740	-143597	122976	-74899	29036	-5372
C309	1	-21	207	-1271	5437	-17159	41236	-76680	110768	-123262	103083	-61487	23416	-4268
C310	1	-21	207	-1272	5453	-17274	41726	-78055	113434	-126899	106559	-63743	24328	-4444
C311	1	-21	207	-1272	5454	-17289	41827	-78454	114449	-128616	108482	-65112	24888	-4544
C312	1	-21	207	-1271	5438	-17173	41321	-76970	111363	-123968	103442	-61337	23132	-4164
C313	1	-21	208	-1291	5620	-18171	45001	-86602	129735	-149670	129439	-79509	31024	-5764
C314	1	-21	207	-1272	5454	-17289	41828	-78467	114521	-128836	108881	-65539	25136	-4604
C315	1	-21	206	-1253	5288	-16408	38668	-70408	99567	-108567	89114	-52259	19588	-3516
C316	1	-21	206	-1252	5270	-16259	37923	-67924	93817	-99248	78723	-44672	16332	-2896
C317	1	-21	209	-1306	5719	-18540	45806	-87426	129136	-146161	123557	-74018	28140	-5096
C318	1	-21	208	-1290	5604	-18056	44515	-85276	127325	-146772	127236	-78563	30859	-5770
C319	1	-21	209	-1307	5739	-18720	46772	-90864	137642	-161013	141655	-88747	35350	-6696
C320	1	-21	208	-1289	5586	-17906	43750	-82624	120786	-135168	112653	-66220	24564	-4320
C321	1	-21	208	-1290	5606	-18085	44703	-85990	129071	-149613	130300	-80667	31691	-5914
C322	1	-21	209	-1307	5740	-18735	46873	-91263	138656	-162723	143559	-90091	35894	-6792
C323	1	-21	208	-1289	5588	-17939	43999	-83753	124177	-142157	122508	-75339	29547	-5530
C324	1	-21	208	-1289	5588	-17938	43987	-83691	123997	-141836	122148	-75091	29451	-5514
C325	1	-21	209	-1306	5722	-18587	46143	-88878	133280	-154285	134487	-83723	33270	-6312
C326	1	-21	207	-1271	5438	-17174	41341	-77134	112106	-126035	107088	-65331	25611	-4826
C327	1	-21	209	-1307	5741	-18752	47005	-91881	140583	-166867	149673	-96006	39258	-7636
C328	1	-21	208	-1291	5622	-18206	45274	-87854	133468	-157188	139669	-88568	35746	-6860
C329	1	-21	209	-1309	5773	-18988	48064	-95091	147467	-177465	161253	-104604	43169	-8458
C330	1	-21	207	-1271	5439	-17190	41457	-77634	113515	-128715	110506	-68127	26931	-5098
C331	1	-21	208	-1289	5590	-17970	44215	-84645	126594	-146634	128202	-80149	31994	-6096
C332	1	-21	208	-1288	5573	-17839	43613	-82820	122787	-141115	122732	-76617	30658	-5872
C333	1	-21	208	-1289	5588	-17941	44027	-83933	124874	-143931	125520	-78625	31618	-6096
C334	1	-21	207	-1270	5420	-17024	40578	-74508	105713	-114885	93341	-53892	19844	-3504
C335	1	-21	206	-1252	5270	-16259	37923	-67924	93817	-99248	78723	-44672	16332	-2896
C336	1	-21	207	-1271	5435	-17125	40976	-75502	107268	-116164	93245	-52525	18584	-3108
C337	1	-21	208	-1288	5572	-17822	43482	-82219	120978	-137413	117588	-71947	28155	-5274
C338	1	-21	209	-1306	5723	-18602	46243	-89267	134253	-155907	136287	-85003	33798	-6408
C339	1	-21	207	-1271	5438	-17175	41356	-77231	112461	-126841	108250	-66367	26131	-4938
C340	1	-21	209	-1307	5739	-18720	46775	-90903	137865	-161741	143115	-90530	36562	-7044
C341	1	-21	208	-1289	5588	-17940	44014	-83854	124577	-143179	124234	-77213	30730	-5856
C342	1	-21	208	-1290	5604	-18057	44530	-85377	127726	-147804	129000	-80505	32099	-6114
C343	1	-21	209	-1306	5723	-18602	46245	-89293	134403	-156402	137285	-86216	34610	-6636
C344	1	-21	208	-1290	5606	-18088	44743	-86230	129923	-151580	133328	-83689	33459	-6370
C345	1	-21	209	-1309	5773	-18988	48065	-95103	147534	-177690	161733	-105235	43629	-8598

Table of chromatic polynomials for cubic graphs 393

code				power form								
C346	1	-21	207	-1271	5437	-17159	41240	-76733	111072	-124243	105008	-63779	24939	-4698
C347	1	-21	207	-1272	5455	-17306	41960	-79083	116428	-132899	114831	-71291	28438	-5448
C348	1	-21	209	-1309	5772	-18974	47977	-94773	146705	-176211	159830	-103536	42694	-8364
C349	1	-21	208	-1291	5623	-18222	45393	-88396	135139	-160806	145148	-94108	39084	-7752
C350	1	-21	208	-1291	5622	-18208	45304	-88054	134245	-159118	142811	-91834	37713	-7378
C351	1	-21	208	-1291	5622	-18207	45292	-87990	134045	-158712	142254	-91323	37426	-7304
C352	1	-21	208	-1291	5621	-18192	45191	-87591	133030	-156995	140331	-89954	36866	-7204
C353	1	-21	209	-1307	5740	-18738	46918	-91569	139886	-165908	148967	-95921	39501	-7758
C354	1	-21	209	-1307	5740	-18737	46906	-91507	139704	-165572	148561	-95600	39345	-7722
C355	1	-21	208	-1290	5606	-18089	44759	-86343	130383	-152759	135272	-85696	34639	-6670
C356	1	-21	209	-1309	5776	-19033	48373	-96369	150981	-184135	169999	-112233	47163	-9402
C357	1	-21	207	-1273	5472	-17439	42594	-81131	121122	-140623	123806	-78293	31722	-6144
C358	1	-21	209	-1309	5773	-18990	48094	-95291	148243	-179383	164339	-107744	45001	-8922
C359	1	-21	209	-1309	5775	-19018	48272	-95967	149936	-182288	167765	-110435	46284	-9204
C360	1	-21	209	-1310	5790	-19122	48714	-97251	152616	-186374	172262	-113846	47884	-9552
C361	1	-21	209	-1310	5791	-19136	48805	-97616	153621	-188353	175042	-116502	49419	-9950
C362	1	-21	207	-1273	5471	-17423	42478	-80630	119699	-137864	120157	-75127	30095	-5770
C363	1	-21	208	-1290	5605	-18074	44661	-85981	129571	-151684	134608	-85846	35110	-6868
C364	1	-21	206	-1254	5305	-16540	39290	-72398	104132	-116240	98487	-60197	23743	-4514
C365	1	-21	209	-1307	5742	-18768	47121	-92381	141998	-169605	153315	-99232	40984	-8056
C366	1	-21	208	-1290	5606	-18091	44789	-86543	131161	-154696	138433	-88987	36622	-7192
C367	1	-21	209	-1310	5789	-19108	48625	-96915	151789	-185004	170743	-112766	47440	-9472
C368	1	-21	209	-1311	5809	-19286	49565	-100205	159818	-198923	187752	-126822	54514	-11100
C369	1	-21	208	-1290	5607	-18106	44889	-86933	132148	-156399	140479	-90679	37508	-7412
C370	1	-21	207	-1273	5472	-17438	42580	-81045	120822	-139983	122973	-77678	31513	-6130
C371	1	-21	206	-1253	5289	-16424	38786	-70937	101163	-111936	94081	-57153	22470	-4272
C372	1	-21	207	-1273	5473	-17455	42707	-81595	122349	-142806	126446	-80412	32757	-6378
C373	1	-21	207	-1272	5455	-17307	41976	-79196	116888	-134078	116775	-73298	29618	-5748
C374	1	-21	206	-1253	5288	-16406	38639	-70223	98891	-107025	86875	-50248	18572	-3296
C375	1	-21	210	-1330	5977	-20206	53058	-109918	180074	-230605	224033	-155574	68547	-14246
C376	1	-21	210	-1329	5961	-20086	52500	-108129	175933	-223605	215539	-148546	65004	-13432
C377	1	-21	208	-1292	5638	-18322	45784	-89392	136872	-162898	146881	-95051	39388	-7796
C378	1	-21	210	-1328	5943	-19935	51725	-105441	169357	-212113	201373	-136774	59077	-12074
C379	1	-21	208	-1292	5640	-18355	46025	-90419	139696	-168104	153313	-100171	41757	-8278
C380	1	-21	210	-1329	5961	-20087	52511	-108180	176059	-223775	215646	-148548	64976	-13424
C381	1	-21	208	-1292	5642	-18385	46229	-91245	141897	-172128	158395	-104469	43964	-8796
C382	1	-21	210	-1330	5979	-20237	53274	-110809	182485	-235075	229753	-160468	71082	-14844
C383	1	-21	210	-1330	5979	-20235	53250	-110681	182083	-234250	228610	-159425	70515	-14706
C384	1	-21	208	-1287	5552	-17643	42532	-78893	112921	-123688	101302	-59040	21992	-3936
C385	1	-21	209	-1307	5735	-18658	46334	-89011	132463	-151090	128626	-77465	29532	-5348
C386	1	-21	208	-1289	5584	-17877	43558	-81859	118757	-131444	107924	-62230	22552	-3864
C387	1	-21	210	-1326	5907	-19637	50224	-100325	156991	-190616	174849	-114617	47844	-9484
C388	1	-21	210	-1326	5911	-19697	50636	-102029	161679	-199528	186559	-124845	53194	-10744
C389	1	-21	210	-1325	5895	-19576	50070	-100221	157566	-192787	178703	-118622	50182	-10075
C390	1	-21	210	-1328	5943	-19937	51749	-105567	169739	-212853	202324	-137578	59490	-12172
C391	1	-21	209	-1306	5725	-18635	46490	-90370	137502	-162477	145430	-93441	38455	-7562
C392	1	-21	209	-1308	5755	-18842	47358	-92827	142417	-169512	152524	-98238	40404	-7920
C393	1	-21	209	-1305	5705	-18450	45455	-86502	127407	-143806	121222	-72388	27415	-4942
C394	1	-21	208	-1289	5588	-17937	43967	-83525	123239	-139730	118473	-71138	27052	-4888
C395	1	-21	210	-1326	5911	-19700	50672	-102222	162287	-200764	188219	-126277	53914	-10904
C396	1	-21	210	-1326	5909	-19668	50444	-101270	159710	-196049	182348	-121444	51516	-10360
C397	1	-21	210	-1328	5945	-19967	51953	-106395	171956	-216928	207484	-141925	61693	-12678
C398	1	-21	210	-1326	5913	-19725	50818	-102745	163552	-202903	190748	-128298	54905	-11129
C399	1	-21	208	-1289	5590	-17971	44235	-84807	127319	-148636	131728	-84024	34413	-6746
C400	1	-21	210	-1325	5893	-19548	49888	-99507	155713	-189494	174689	-115371	48588	-9716
C401	1	-21	210	-1324	5878	-19441	49409	-98007	152260	-183578	167307	-109057	45314	-8951
C402	1	-21	208	-1289	5590	-17973	44259	-84933	127699	-149362	132639	-84770	34784	-6832
C403	1	-21	210	-1325	5893	-19550	49912	-99633	156093	-190220	175600	-116117	48959	-9802
C404	1	-21	210	-1325	5895	-19578	50092	-100331	157890	-193401	179474	-119256	50498	-10148
C405	1	-21	209	-1309	5776	-19036	48415	-96632	151949	-186433	173602	-115861	49288	-9948
C406	1	-21	209	-1304	5689	-18334	44950	-85028	124366	-139279	116396	-68862	25831	-4614
C407	1	-21	208	-1286	5537	-17541	42118	-77781	110851	-120977	98832	-57542	21447	-3846
C408	1	-21	209	-1306	5720	-18554	45892	-87725	129762	-146910	123904	-73756	27728	-4944
C409	1	-21	210	-1324	5875	-19398	49122	-96842	149098	-177631	159556	-102314	41780	-8112
C410	1	-21	208	-1289	5588	-17942	44041	-84016	125141	-144421	125995	-78771	31510	-6024
C411	1	-21	210	-1325	5891	-19517	49665	-98526	152803	-183477	166078	-107234	44044	-8592
C412	1	-21	209	-1305	5705	-18453	45499	-86795	128565	-146767	126207	-77739	30726	-5832
C413	1	-21	209	-1308	5755	-18840	47330	-92649	141746	-167871	149861	-95451	38702	-7464
C414	1	-21	210	-1324	5877	-19428	49329	-97707	151514	-182308	165821	-107892	44752	-8824

394 Polynomials

code			power form									
C415	1	-21	210	-1326	5910	-19682	50529	-101554	160245	-196506	182161	-120633	50818	-10152
C416	1	-21	210	-1326	5909	-19666	50414	-101067	158901	-193981	178903	-117831	49362	-9808
C417	1	-21	209	-1306	5725	-18632	46449	-90119	136595	-160348	142101	-90070	36456	-7040
C418	1	-21	210	-1326	5909	-19667	50427	-101143	159166	-194593	179871	-118852	50006	-9988
C419	1	-21	209	-1306	5724	-18619	46375	-89885	136179	-160046	142398	-90941	37208	-7276
C420	1	-21	209	-1307	5739	-18722	46801	-91052	138355	-162748	144435	-91610	37072	-7152
C421	1	-21	210	-1325	5891	-19518	49682	-98657	153391	-185144	169118	-110697	46279	-9210
C422	1	-21	208	-1291	5622	-18207	45294	-88017	134203	-159234	143308	-92622	38324	-7568
C423	1	-21	210	-1327	5925	-19788	50999	-103019	163623	-202326	189464	-126899	54070	-10912
C424	1	-21	210	-1327	5927	-19816	51179	-103717	165420	-205507	193338	-130038	55609	-11258
C425	1	-21	209	-1307	5740	-18736	46892	-91417	139359	-164717	147173	-94176	38512	-7512
C426	1	-21	207	-1272	5454	-17293	41887	-78855	116007	-132462	114654	-71389	28570	-5488
C427	1	-21	208	-1291	5624	-18239	45523	-88982	136852	-164166	149555	-97815	40885	-8134
C428	1	-21	207	-1272	5451	-17242	41493	-77036	110470	-120935	98262	-56090	20128	-3416
C429	1	-21	210	-1328	5945	-19968	51967	-106483	172283	-217710	208702	-143118	62360	-12840
C430	1	-21	209	-1308	5758	-18884	47626	-93855	145042	-174157	158226	-102905	42696	-8428
C431	1	-21	209	-1309	5776	-19034	48389	-96480	151428	-185293	171982	-114413	48551	-9786
C432	1	-21	209	-1309	5774	-19004	48185	-95655	149238	-181322	167043	-110341	46538	-9336
C433	1	-21	210	-1327	5929	-19847	51398	-104644	168019	-210533	200069	-136068	58874	-12060
C434	1	-21	209	-1309	5777	-19049	48489	-96872	152429	-187026	174024	-116003	49301	-9950
C435	1	-21	210	-1328	5947	-19997	52159	-107247	174300	-221382	213328	-147019	64355	-13306
C436	1	-21	208	-1289	5590	-17972	44243	-84820	127238	-148174	130664	-82712	33564	-6520
C437	1	-21	205	-1235	5139	-15656	36086	-64051	88082	-93325	74579	-42824	15868	-2848
C438	1	-21	208	-1290	5604	-18053	44473	-85016	126399	-144708	124307	-75996	29596	-5504
C439	1	-21	207	-1269	5404	-16909	40090	-73159	103193	-111712	90773	-52730	19676	-3544
C440	1	-21	206	-1252	5271	-16276	38051	-68484	95384	-102151	82275	-47432	17564	-3136
C441	1	-21	206	-1253	5287	-16391	38541	-69859	98054	-105822	85867	-49886	18644	-3368
C442	1	-21	207	-1268	5386	-16755	39270	-70171	95461	-97412	72219	-36673	11376	-1620
C443	1	-21	206	-1251	5253	-16124	37257	-65648	88178	-89035	65497	-33101	10248	-1460
C444	1	-21	207	-1272	5451	-17240	41466	-76875	109914	-119715	96517	-54501	19288	-3220
C445	1	-21	208	-1288	5571	-17805	43350	-81602	119062	-133320	111600	-66204	24912	-4464
C446	1	-21	208	-1290	5603	-18039	44383	-84661	125432	-142794	121561	-73299	28000	-5084
C447	1	-21	207	-1272	5453	-17273	41713	-77977	113148	-126196	105386	-62473	23532	-4228
C448	1	-21	206	-1254	5304	-16522	39143	-71683	101849	-111279	91161	-53133	19736	-3508
C449	1	-21	207	-1273	5470	-17403	42304	-79751	116829	-131548	110769	-66052	24948	-4480
C450	1	-21	206	-1252	5271	-16276	38049	-68460	95262	-101811	81715	-46888	17276	-3072
C451	1	-21	208	-1288	5572	-17819	43440	-81958	120034	-135238	114324	-68840	26447	-4862
C452	1	-21	208	-1288	5571	-17807	43376	-81756	119612	-134624	113692	-68388	26240	-4816
C453	1	-21	207	-1271	5437	-17158	41221	-76582	110400	-122387	101730	-60161	22668	-4084
C454	1	-21	206	-1254	5305	-16538	39258	-72171	103200	-113819	94418	-55889	21132	-3828
C455	1	-21	208	-1290	5605	-18069	44585	-85467	127550	-146632	126395	-77389	30096	-5572
C456	1	-21	208	-1290	5604	-18055	44497	-85141	126765	-145356	124993	-76385	29672	-5492
C457	1	-21	206	-1253	5289	-16423	38766	-70772	100408	-109808	90266	-52891	19764	-3532
C458	1	-21	207	-1273	5471	-17420	42429	-80280	118268	-134193	114096	-68837	26356	-4804
C459	1	-21	207	-1272	5454	-17290	41837	-78493	114515	-128619	108298	-64785	24636	-4468
C460	1	-21	207	-1270	5420	-17025	40593	-74608	106105	-115880	95014	-55696	20968	-3808
C461	1	-21	206	-1254	5303	-16506	39031	-71234	100720	-109457	89327	-52696	19500	-3520
C462	1	-21	208	-1290	5604	-18055	44498	-85153	126827	-145534	125298	-76695	29844	-5532
C463	1	-21	205	-1235	5138	-15640	35971	-63565	86755	-90905	71642	-40546	14848	-2648
C464	1	-21	208	-1288	5568	-17758	43014	-80164	115000	-125460	101181	-57101	20184	-3364
C465	1	-21	207	-1272	5455	-17308	41988	-79255	117032	-134221	116671	-72875	29206	-5608
C466	1	-21	207	-1270	5419	-17008	40460	-73981	104140	-111631	88693	-49509	17400	-2900
C467	1	-21	207	-1271	5436	-17140	41081	-75955	108599	-118919	97228	-56350	20760	-3656
C468	1	-21	208	-1288	5568	-17759	43035	-80344	115853	-127942	105747	-62286	23492	-4264
C469	1	-21	207	-1271	5435	-17126	40995	-75656	107972	-118161	96850	-56561	21132	-3796
C470	1	-21	207	-1271	5438	-17172	41307	-76879	111007	-123063	101932	-59742	22168	-3912
C471	1	-21	207	-1269	5402	-16878	39875	-72283	100879	-107591	85804	-48798	17816	-3144
C472	1	-21	208	-1287	5554	-17673	42738	-79747	115290	-128273	107508	-64683	25083	-4698
C473	1	-21	208	-1289	5586	-17909	43797	-82957	122174	-138871	119088	-73281	28994	-5520
C474	1	-21	209	-1307	5742	-18765	47078	-92105	140959	-167095	149338	-95213	38633	-7454
C475	1	-21	208	-1290	5606	-18087	44730	-86157	129692	-151130	132776	-83273	33283	-6338
C476	1	-21	209	-1310	5790	-19120	48685	-97065	151928	-184775	169882	-111631	46721	-9286
C477	1	-21	208	-1291	5621	-18191	45176	-87488	132612	-155912	138520	-88069	35762	-6928
C478	1	-21	208	-1292	5642	-18383	46202	-91080	141296	-170694	156102	-102088	42517	-8410
C479	1	-21	209	-1307	5741	-18752	47006	-91896	140673	-167157	150227	-96643	39669	-7750
C480	1	-21	206	-1254	5305	-16539	39276	-72311	103820	-115537	97473	-59288	23283	-4414
C481	1	-21	207	-1271	5436	-17143	41122	-76203	109464	-120815	99890	-58675	21908	-3900
C482	1	-21	208	-1291	5624	-18237	45497	-88831	136339	-163051	147974	-96399	40161	-7974
C483	1	-21	208	-1292	5640	-18354	46014	-90364	139526	-167738	152755	-99607	41428	-8196

Table of chromatic polynomials for cubic graphs

code				power form								
C484	1	-21	207	-1270	5417	-16978	40256	-73153	101924	-107569	83591	-45281	15312	-2436
C485	1	-21	205	-1234	5122	-15524	35466	-62088	83677	-86191	66317	-36278	12684	-2136
C486	1	-21	205	-1234	5122	-15524	35466	-62088	83677	-86191	66317	-36278	12684	-2136
C487	1	-21	205	-1235	5137	-15623	35841	-62973	84970	-87184	66270	-35396	11912	-1904
C488	1	-21	207	-1271	5436	-17141	41097	-76069	109073	-120178	99410	-58744	22264	-4064
C489	1	-21	207	-1270	5420	-17026	40605	-74670	106279	-116149	95196	-55644	20816	-3744
C490	1	-21	209	-1311	5810	-19300	49654	-100543	160665	-200381	189487	-128208	55190	-11252
C491	1	-21	207	-1272	5457	-17338	42191	-80070	119177	-138067	121368	-76626	30967	-5974
C492	1	-21	207	-1273	5472	-17439	42596	-81156	121256	-141022	124517	-79047	32159	-6250
C493	1	-21	209	-1311	5808	-19272	49476	-99868	158981	-197509	186127	-125599	53970	-10992
C494	1	-21	210	-1327	5931	-19874	51569	-105310	169777	-213791	204289	-139717	60758	-12495
C495	1	-21	209	-1308	5757	-18869	47523	-93427	143844	-171797	154951	-99838	40961	-7986
C496	1	-21	210	-1328	5945	-19969	51979	-106547	172481	-218101	209216	-143570	62608	-12904
C497	1	-21	210	-1328	5945	-19967	51955	-106421	172099	-217359	208255	-142748	62181	-12802
C498	1	-21	210	-1330	5977	-20207	53070	-109983	180284	-231051	224671	-156170	68875	-14326
C499	1	-21	210	-1330	5981	-20265	53454	-111509	184304	-238357	233874	-163944	72862	-15260
C500	1	-21	208	-1292	5640	-18354	46012	-90346	139471	-167713	152992	-100202	42004	-8400
C501	1	-21	208	-1290	5600	-17993	44061	-83306	121645	-135494	111861	-64764	23524	-4032
C502	1	-21	208	-1287	5551	-17619	42299	-77629	108604	-113960	86773	-45164	14324	-2080
C503	1	-21	208	-1288	5570	-17787	43206	-80927	117004	-129062	105606	-60679	21907	-3738
C504	1	-21	210	-1329	5959	-20056	52296	-107303	173734	-219599	210519	-144350	62877	-12938
C505	1	-21	209	-1304	5688	-18316	44804	-84328	122174	-134620	109679	-62555	22359	-3770
C506	1	-21	209	-1305	5705	-18452	45477	-86600	127621	-143988	121066	-71882	26975	-4806
C507	1	-21	210	-1322	5839	-19097	47584	-91531	136167	-155165	132177	-79916	30738	-5644
C508	1	-21	209	-1305	5704	-18438	45391	-86305	127032	-143382	121015	-72491	27606	-5016
C509	1	-21	210	-1324	5875	-19397	49107	-96739	148678	-176527	157659	-100258	40512	-7776
C510	1	-21	209	-1307	5737	-18691	46584	-90155	135952	-158440	139289	-87678	35336	-6816
C511	1	-21	209	-1306	5723	-18601	46233	-89232	134234	-156136	137084	-86240	34764	-6712
C512	1	-21	210	-1325	5894	-19564	50000	-99956	156847	-191364	176711	-116780	49189	-9842
C513	1	-21	209	-1305	5708	-18500	45833	-88207	132476	-154127	135623	-85642	34672	-6720
C514	1	-21	210	-1327	5923	-19758	50795	-102191	161407	-198266	184379	-122723	52049	-10478
C515	1	-21	207	-1270	5417	-16973	40185	-72707	100306	-103866	78128	-40223	12636	-1820
C516	1	-21	208	-1289	5586	-17909	43797	-82957	122174	-138871	119088	-73281	28994	-5520
C517	1	-21	210	-1326	5909	-19667	50432	-101203	159482	-195540	181613	-120813	51249	-10326
C518	1	-21	208	-1290	5608	-18118	44953	-87136	132585	-157095	141336	-91468	37979	-7542
C519	1	-21	210	-1326	5913	-19725	50820	-102771	163698	-203362	191622	-129309	55563	-11313
C520	1	-21	210	-1326	5913	-19729	50866	-103009	164422	-204784	193482	-130905	56388	-11508
C521	1	-21	205	-1233	5103	-15363	34663	-59475	77880	-77316	57068	-30008	10192	-1696
C522	1	-21	206	-1251	5253	-16128	37319	-66075	89886	-93373	72643	-40520	14652	-2592
C523	1	-21	207	-1269	5402	-16878	39875	-72285	100903	-107711	86124	-49276	18192	-3264
C524	1	-21	207	-1269	5402	-16878	39875	-72285	100903	-107711	86124	-49276	18192	-3264
C525	1	-21	208	-1290	5602	-18024	44283	-84279	124537	-141537	120677	-73313	28440	-5284
C526	1	-21	206	-1254	5305	-16538	39240	-72206	103374	-114297	95201	-56652	21540	-3920
C527	1	-21	207	-1269	5401	-16856	39671	-71208	97282	-99607	74010	-37619	11668	-1660
C528	1	-21	206	-1251	5249	-16065	36871	-64179	84598	-83250	59311	-28890	8596	-1176
C529	1	-21	206	-1252	5269	-16243	37803	-67371	92098	-95532	73183	-39241	13200	-2100
C530	1	-21	208	-1289	5584	-17876	43543	-81761	118391	-130585	106621	-60980	21860	-3696
C531	1	-21	205	-1232	5088	-15260	34228	-58190	75035	-72487	50943	-24610	7300	-1000
C532	1	-21	208	-1289	5588	-17937	43964	-83489	123049	-139160	117430	-69984	26344	-4704
C533	1	-21	207	-1272	5455	-17302	41901	-78690	114886	-129011	108406	-64536	24344	-4368
C534	1	-21	208	-1288	5573	-17834	43539	-82335	120941	-136645	115685	-69573	26599	-4850
C535	1	-21	208	-1289	5588	-17940	44005	-83742	123973	-141345	120841	-73387	28304	-5196
C536	1	-21	208	-1289	5590	-17966	44157	-84270	125180	-143235	122875	-74843	28935	-5322
C537	1	-21	208	-1291	5620	-18172	45012	-86652	129851	-149793	129416	-79299	30812	-5692
C538	1	-21	207	-1270	5422	-17057	40822	-75569	108703	-120548	100549	-59835	22720	-4124
C539	1	-21	208	-1286	5532	-17460	41523	-75175	103341	-106205	79027	-40153	12432	-1764
C540	1	-21	207	-1270	5420	-17022	40549	-74315	104947	-112921	90048	-50407	17740	-2956
C541	1	-21	207	-1269	5399	-16828	39499	-70600	95920	-97603	72074	-36435	11252	-1596
C542	1	-21	208	-1288	5569	-17774	43134	-80718	116730	-129223	106822	-62648	23384	-4176
C543	1	-21	208	-1287	5554	-17670	42696	-79483	114314	-125949	103860	-61008	22927	-4142
C544	1	-21	206	-1253	5287	-16391	38540	-69848	98000	-105664	85562	-49499	18356	-3276
C545	1	-21	208	-1289	5584	-17876	43551	-81866	118991	-132517	110393	-65419	24752	-4492
C546	1	-21	206	-1251	5253	-16128	37319	-66075	89886	-93373	72643	-40520	14652	-2592
C547	1	-21	206	-1252	5269	-16245	37833	-67567	92830	-97250	75789	-41741	14584	-2436
C548	1	-21	208	-1289	5589	-17958	44155	-84493	126445	-146871	129213	-81658	33113	-6434
C549	1	-21	208	-1290	5604	-18060	44571	-85627	128617	-149841	132071	-83497	33820	-6556
C550	1	-21	206	-1254	5303	-16506	39026	-71167	100330	-108177	86774	-49019	17444	-2940
C551	1	-21	206	-1254	5307	-16571	39504	-73263	106397	-120252	103344	-64121	25681	-4958
C552	1	-21	205	-1235	5139	-15655	36067	-63901	87424	-91548	71532	-39576	13904	-2336

396 Polynomials

code		power forms											
C553	1	-21	206	-1253	5287	-16389	38509	-69633	97132	-103442	81885	-45678	16092	-2696
C554	1	-21	205	-1234	5122	-15526	35494	-62260	84281	-87513	68157	-37862	13452	-2296
C555	1	-21	206	-1250	5235	-15978	36555	-63436	83416	-81961	58359	-28434	8468	-1160
C556	1	-21	207	-1270	5418	-16996	40400	-73826	103953	-111671	89165	-50196	17860	-3024
C557	1	-21	207	-1268	5387	-16778	39484	-71278	99050	-105071	83051	-46488	16540	-2816
C558	1	-21	210	-1330	5979	-20238	53286	-110874	182695	-235522	230396	-161073	71417	-14926
C559	1	-21	210	-1324	5877	-19426	49307	-97593	151153	-181550	164743	-106874	44168	-8671
C560	1	-21	210	-1327	5925	-19788	51003	-103068	163888	-203142	190997	-128638	55160	-11200
C561	1	-21	207	-1270	5422	-17060	40866	-75860	109840	-123421	105347	-64978	25921	-4994
C562	1	-21	208	-1292	5638	-18323	45794	-89424	136856	-162500	145652	-93198	37959	-7350
C563	1	-21	209	-1308	5758	-18884	47622	-93806	144773	-173303	156547	-100884	41336	-8040
C564	1	-21	206	-1254	5307	-16572	39518	-73351	106720	-121005	104478	-65189	26250	-5088
C565	1	-21	210	-1330	5978	-20223	53184	-110461	181594	-233506	227843	-158907	70302	-14664
C566	1	-21	209	-1303	5671	-18186	44221	-82660	119104	-131249	108182	-63563	23938	-4344
C567	1	-21	208	-1288	5566	-17721	42712	-78729	110613	-116502	88968	-46399	14732	-2140
C568	1	-21	208	-1286	5536	-17517	41885	-76518	106543	-111282	84367	-43736	13820	-2000
C569	1	-21	209	-1303	5666	-18106	43636	-80087	111597	-116203	87543	-44992	14076	-2016
C570	1	-21	208	-1286	5538	-17553	42174	-77881	110710	-119844	96174	-54245	19275	-3250
C571	1	-21	210	-1322	5840	-19112	47683	-91903	137022	-156367	133018	-79971	30418	-5496
C572	1	-21	210	-1321	5825	-19006	47225	-90579	134381	-152752	129760	-78215	29969	-5477
C573	1	-21	208	-1287	5554	-17675	42761	-79854	115524	-128401	106995	-63450	23971	-4326
C574	1	-21	210	-1323	5855	-19216	48124	-93180	139692	-160502	137738	-83756	32310	-5932
C575	1	-21	208	-1285	5520	-17408	41488	-75785	106448	-114161	91560	-52454	19351	-3462
C576	1	-21	210	-1323	5857	-19248	48363	-94267	142990	-167387	147579	-92994	37440	7200
C577	1	-21	208	-1290	5604	-18056	44519	-85330	127645	-147851	129467	-81376	32840	-6360
C578	1	-21	210	-1328	5949	-20023	52317	-107835	175775	-223967	216493	-149626	65658	-13603
C579	1	-21	210	-1327	5927	-19816	51181	-103741	165547	-205894	194078	-130931	56234	-11448
C580	1	-21	204	-1215	4956	-14643	32308	-54057	68895	-66520	47812	-24600	8256	-1376
C581	1	-21	204	-1216	4972	-14758	32798	-55428	71515	-69933	50702	-25996	8504	-1344
C582	1	-21	206	-1253	5285	-16360	38326	-68985	95764	-101821	81218	-46432	17160	-3088
C583	1	-21	208	-1290	5604	-18054	44487	-85102	126701	-145369	125227	-76788	29980	-5584
C584	1	-21	208	-1286	5535	-17502	41785	-76130	105580	-109701	82655	-42560	13356	-1920
C585	1	-21	205	-1234	5118	-15460	35008	-60160	78401	-76427	54063	-26210	7780	-1064
C586	1	-21	205	-1232	5086	-15230	34028	-57414	73109	-69325	47519	-22258	6372	-840
C587	1	-21	208	-1286	5536	-17523	41968	-77033	108406	-115558	90712	-49651	16971	-2730
C588	1	-21	206	1253	5285	-16357	38281	-68681	94554	-98722	76013	-40878	13756	-2184
C589	1	-21	208	-1292	5636	-18286	45494	-88012	132579	-153821	133826	-82752	32536	-6096
C590	1	-21	205	-1232	5088	-15260	34228	-58190	75035	-72487	50943	-24610	7300	-1000
C591	1	-21	206	-1252	5271	-16273	38005	-68175	94192	-99254	77725	-42925	15000	-2500
C592	1	-21	206	-1252	5271	-16273	38007	-68195	94276	-99446	77983	-43129	15088	-2516
C593	1	-21	206	-1250	5237	-16009	36769	-64297	85634	-85742	62609	-31461	9704	-1380
C594	1	-21	206	-1252	5269	-16240	37757	-67062	90910	-92675	68789	-35030	10908	-1560
C595	1	-21	206	-1252	5267	-16213	37601	-66567	90008	-91846	68769	-35781	11592	-1764
C596	1	-21	206	-1251	5254	-16146	37456	-66658	91413	-95897	75198	-41931	14932	-2556
C597	1	-21	204	-1216	4974	-14790	33024	-56356	73969	-74297	55964	-30176	10496	-1776
C598	1	-21	206	-1252	5271	-16277	38057	-68471	95160	-101254	80413	-45229	16152	-2756
C599	1	-21	206	-1252	5271	-16273	38009	-68219	94400	-99802	78593	-43749	15432	-2596
C600	1	-21	207	-1268	5386	-16756	39284	-70256	95753	-98031	73045	-37348	11684	-1680
C601	1	-21	208	-1289	5591	-17990	44386	-85481	129206	-152097	135894	-87186	35774	-6996
C602	1	-21	210	-1327	5926	-19802	51085	-103316	164238	-203071	189909	-126913	53955	-10874
C603	1	-21	210	-1323	5859	-19278	48571	-95145	145481	-172312	154343	-99169	40797	-8014
C604	1	-21	210	-1323	5859	-19278	48573	-95161	145537	-172424	154483	-99281	40852	-8027
C605	1	-21	207	-1266	5353	-16508	38168	-66933	88930	-88279	63501	-31253	9400	-1300
C606	1	-21	208	-1286	5538	-17555	42200	-78024	111147	-120658	97122	-54920	19544	-3296
C607	1	-21	210	-1323	5861	-19306	48751	-95831	147164	-175027	157176	-100984	41440	-8111
C608	1	-21	206	-1249	5219	-15867	36125	-62459	82280	-82060	60817	-32148	11012	-1856
C609	1	-21	204	-1214	4940	-14528	31814	-52630	65931	-61915	42430	-20092	5880	-800
C610	1	-21	208	-1286	5538	-17554	42193	-78038	111444	-121969	100079	-58688	22123	-4030
C611	1	-21	207	-1268	5381	-16684	38821	-68514	91536	-91237	65782	-32396	9736	-1344
C612	1	-21	206	-1249	5220	-15876	36142	-62336	81407	-79419	56164	-27199	8060	-1100
C613	1	-21	206	-1252	5267	-16209	37549	-66267	89000	-89682	65729	-33061	10184	-1444
C614	1	-21	208	-1286	5532	-17461	41587	-75260	103633	-106824	79853	-40828	12740	-1824
C615	1	-21	204	-1216	4970	-14726	32568	-54452	68817	-64889	44320	-20728	5936	-784
C616	1	-21	210	-1324	5879	-19455	49495	-98303	152856	-184203	167381	-108456	44677	-8737
C617	1	-21	210	-1320	5809	-18885	46651	-88675	129749	-144401	118856	-68514	24765	-4225
C618	1	-21	204	-1212	4906	-14266	30612	-49004	58437	-51201	32000	-13496	3440	-400
C619	1	-21	204	-1216	4974	-14790	33028	-56400	74169	-74773	56576	-30552	10544	-1744
C620	1	-21	210	-1320	5801	-18765	45825	-85261	120439	-127081	96944	-50404	15936	-2304
C621	1	-21	210	-1330	5985	-20321	53816	-112927	188020	-245133	242494	-171318	76685	-16161

Chromatic polynomials for quartic graphs

code		power form							
Q1	1	-10	35	-50	24				
Q2	1	-12	58	-137	154	-64			
Q3	1	-14	84	-273	497	-469	174		
Q4	1	-14	85	-280	516	-492	184		
Q5	1	-16	114	-466	1167	-1761	1451	-490	
Q6	1	-16	113	-456	1126	-1676	1364	-456	
Q7	1	-16	116	-486	1248	-1926	1617	-554	
Q8	1	-16	112	-446	1086	-1596	1285	-426	
Q9	1	-16	112	-446	1088	-1608	1307	-538	
Q10	1	-16	120	-524	1400	-2236	1930	-675	
Q11	1	-18	146	-698	2148	-4329	5512	-3982	1220
Q12	1	-18	147	-711	2218	-4530	5836	-4257	1314
Q13	1	-18	148	-724	2290	-4746	6202	-4583	1430
Q14	1	-18	146	-698	2147	-4322	5494	-3962	1212
Q15	1	-18	148	-724	2289	-4738	6179	-4555	1418
Q16	1	-18	145	-685	2077	-4123	5181	-3706	1128
Q17	1	-18	147	-711	2220	-4545	5878	-4308	1336
Q18	1	-18	149	-736	2352	-4920	6478	-4818	1508
Q19	1	-18	145	-685	2077	-4120	5164	-3676	1112
Q20	1	-18	149	-737	2361	-4955	6549	-4886	1536
Q21	1	-18	143	-659	1936	-3715	4520	-3144	936
Q22	1	-18	151	-761	2486	-5311	7125	-5379	1706
Q23	1	-18	144	-672	2007	-3921	4851	-3420	1028
Q24	1	-18	150	-750	2433	-5169	6905	-5196	1644
Q25	1	-18	147	-711	2216	-4515	5796	-4212	1296
Q26	1	-18	147	-711	2220	-4545	5878	-4308	1336
Q27	1	-20	183	-1008	3686	-9260	15887	-17762| 11563	-3270
Q28	1	-20	184	-1023	3786	-9641	16774	-19008| 12525	-3578
Q29	1	-20	184	-1024	3797	-9693	16910	-19215| 12696	-3636
Q30	1	-20	185	-1039	3897	-10074| 17798	-20467| 13669	-3950
Q31	1	-20	183	-1008	3686	-9260	15888	-17768| 11574	-3276
Q32	1	20	182	-992	3576	-8840	14930	-16470| 10615	-2982
Q33	1	-20	182	-992	3576	-8838	14911	-16406| 10526	-2940
Q34	1	-20	182	-992	3577	-8849	14960	-16515| 10644	-2988
Q35	1	-20	184	-1024	3796	-9682	16862	-19112| 12589	-3594
Q36	1	-20	184	-1022	3773	-9570	16567	-18671| 12238	-3480
Q37	1	-20	183	-1008	3687	-9271	15935	-17865| 11670	-3312
Q38	1	-20	185	-1038	3884	-10002| 17583	-20107| 13354	-3840
Q39	1	-20	183	-1008	3688	-9281	15974	-17939| 11738	-3336
Q40	1	-20	185	-1039	3895	-10054| 17717	-20303| 13506	-3888
Q41	1	-20	186	-1054	3995	-10435| 18605	-21554| 14476	-4200
Q42	1	-20	185	-1039	3897	-10074| 17797	-20461| 13658	-3944
Q43	1	-20	184	-1023	3787	-9652	16822	-19111| 12632	-3620
Q44	1	-20	185	-1040	3908	-10126| 17933	-20668| 13829	-4002
Q45	1	-20	185	-1039	3897	-10074| 17797	-20461| 13658	-3944
Q46	1	-20	186	-1055	4008	-10506| 18812	-21891| 14763	-4298
Q47	1	-20	186	-1054	3996	-10445| 18644	-21628| 14544	-4224
Q48	1	-20	187	-1070	4107	-10878| 19667	-23081| 15677	-4590
Q49	1	-20	180	-960	3356	-7996	12979	-13764| 8552	-2328
Q50	1	-20	182	-991	3565	-8787	14784	-16228| 10394	-2900
Q51	1	-20	184	-1023	3784	-9619	16679	-18808| 12322	-3500
Q52	1	-20	182	-992	3577	-8848	14950	-16480| 10594	-2964
Q53	1	-20	184	-1023	3785	-9631	16736	-18940| 12468	-3560
Q54	1	-20	184	-1022	3774	-9579	16598	-18722| 12278	-3492
Q55	1	-20	184	-1024	3796	-9681	16854	-19089| 12561	-3582
Q56	1	-20	184	-1024	3798	-9704	16959	-19324| 12814	-3684
Q57	1	-20	186	-1052	3973	-10332| 18340	-21159| 14157	-4094
Q58	1	-20	184	-1024	3798	-9704	16957	-19312| 12792	-3672
Q59	1	-20	184	-1024	3798	-9704	16957	-19312| 12792	-3672
Q60	1	-20	186	-1054	3995	-10436| 18613	-21577| 14504	-4212
Q61	1	-20	186	-1056	4019	-10559| 18955	-22115| 14951	-4362
Q62	1	-20	187	-1068	4083	-10756| 19331	-22556| 15242	-4444
Q63	1	-20	188	-1084	4196	-11207| 20418	-24121| 16471	-4842
Q64	1	-20	180	-960	3354	-7975	12893	-13593| 8388	-2268
Q65	1	-20	181	-976	3464	-8397	13868	-14943| 9414	-2592
Q66	1	-20	183	-1007	3673	-9187	15665	-17384| 11228	-3152
Q67	1	-20	185	-1039	3894	-10043| 17670	-20206| 13410	-3852
Q68	1	-20	182	-992	3575	-8828	14874	-16344| 10480	-2928
Q69	1	-20	188	-1084	4194	-11189| 20354	-24010| 16378	-4812

398 Polynomials

code				power form						
Q70	1	-20	188	-1085	4207	-11258	20548	-24315	16630	-4896	
Q71	1	-20	185	-1040	3908	-10127	17940	-20685	13846	-4008	
Q72	1	-20	183	-1007	3672	-9181	15658	-17404	11278	-3180	
Q73	1	-20	182	-992	3577	-8848	14952	-16492	10616	-2976	
Q74	1	-20	182	-992	3578	-8862	15027	-16682	10840	-3072	
Q75	1	-20	182	-990	3553	-8726	14617	-15971	10186	-2832	
Q76	1	-20	186	-1054	3997	-10454	18675	-21679	14584	-4236	
Q77	1	-20	186	-1056	4019	-10560	18962	-22132	14968	-4368	
Q78	1	-20	186	-1053	3984	-10383	18470	-21352	14313	-4146	
Q79	1	-20	180	-960	3358	-8017	13065	-13935	8716	-2388	
Q80	1	-20	186	-1053	3984	-10383	18474	-21376	14357	-4170	
Q81	1	-20	184	-1020	3750	-9455	16245	-18145	11776	-3316	
Q82	1	-20	178	-928	3137	-7164	11084	-11184	6624	-1728	
Q83	1	-20	176	-896	2918	-6335	9217	-8697	4824	-1188	
Q84	1	-20	190	-1110	4355	-11784	21725	-25925	17845	-5277	
Q85	1	-20	190	-1115	4408	-12027	22345	-26855	18611	-5538	
Q86	1	-22	223	-1376	5738	-16918	35690	-52991	52578	-31077	8154
Q87	1	-22	223	-1375	5724	-16831	35375	-52269	51540	-30234	7868
Q88	1	-22	223	-1375	5724	-16831	35376	-52278	51569	-30273	7886
Q89	1	-22	224	-1394	5882	-17583	37617	-56553	56645	-33675	8858
Q90	1	-22	224	-1392	5853	-17402	36986	-55227	54971	-32508	8516
Q91	1	-22	223	-1375	5725	-16845	35455	-52508	51933	-30569	7982
Q92	1	-22	224	-1393	5869	-17513	37418	-56242	56401	-33613	8870
Q93	1	-22	224	-1394	5883	-17598	37710	-56857	57193	-34184	9044
Q94	1	-22	225	-1410	5998	-18081	38996	-59056	59524	-35569	9394
Q95	1	-22	225	-1411	6012	-18167	39298	-59711	60395	-36216	9596
Q96	1	-22	224	-1394	5883	-17597	37699	-56810	57096	-34088	9008
Q97	1	-22	224	-1393	5869	-17512	37409	-56210	56345	-33565	8854
Q98	1	-22	225	-1411	6014	-18193	39440	-60126	61074	-36798	9796
Q99	1	-22	225	-1411	6012	-18167	39298	-59712	60401	-36227	9602
Q100	1	-22	225	-1411	6013	-18180	39372	-59942	60802	-36590	9732
Q101	1	-22	225	-1411	6014	-18194	39451	-60174	61177	-36905	9838
Q102	1	-22	224	-1393	5870	-17526	37489	-56449	56738	-33900	8968
Q103	1	-22	225	-1410	5999	-18097	39099	-59400	60151	-36154	9608
Q104	1	-22	226	-1429	6157	-18850	41352	-63732	65359	-39702	10640
Q105	1	-22	226	-1428	6143	-18764	41050	-63075	64476	-39033	10426
Q106	1	-22	226	-1430	6171	-18935	41643	-64338	66122	-40234	10796
Q107	1	-22	225	-1412	6028	-18279	39740	-60764	61893	-37378	9968
Q108	1	-22	224	-1395	5897	-17683	37999	-57448	57915	-34668	9180
Q109	1	-22	224	-1394	5884	-17612	37788	-57080	57539	-34460	9132
Q110	1	-22	224	-1393	5870	-17526	37487	-56432	56685	-33830	8936
Q111	1	-22	224	-1394	5884	-17611	37780	-57057	57512	-34451	9134
Q112	1	-22	225	-1410	6000	-18109	39158	-59550	60356	-36295	9646
Q113	1	-22	225	-1412	6028	-18279	39742	-60782	61951	-37456	10004
Q114	1	-22	226	-1428	6143	-18766	41069	-63148	64618	-39171	10478
Q115	1	-22	225	-1412	6028	-18279	39741	-60774	61928	-37428	9992
Q116	1	-22	225	-1413	6042	-18365	40043	-61429	62799	-38075	10194
Q117	1	-22	225	-1412	6028	-18279	39741	-60773	61922	-37417	9986
Q118	1	-22	225	-1411	6014	-18194	39451	-60173	61171	-36894	9832
Q119	1	-22	225	-1413	6042	-18365	40044	-61436	62817	-38095	10202
Q120	1	-22	224	-1394	5884	-17612	37790	-57095	57580	-34508	9152
Q121	1	-22	225	-1412	6028	-18280	39753	-60829	62048	-37552	10040
Q122	1	-22	226	-1429	6159	-18875	41484	-64106	65953	-40197	10806
Q123	1	-22	227	-1447	6303	-19544	43456	-67872	70477	-43289	11710
Q124	1	-22	226	-1428	6145	-18790	41192	-63491	65161	-39626	10632
Q125	1	-22	225	-1412	6029	-18293	39824	-61038	62396	-37858	10148
Q126	1	-22	226	-1428	6145	-18791	41204	-63548	65293	-39772	10692
Q127	1	-22	225	-1411	6015	-18207	39523	-60390	61543	-37231	9954
Q128	1	-22	227	-1448	6319	-19656	43900	-68941	72022	-44510	12108
Q129	1	-22	226	-1429	6159	-18875	41486	-64122	66000	-40256	10832
Q130	1	-22	226	-1431	6188	-19060	42157	-65608	67991	-41730	11288
Q131	1	-22	227	-1447	6305	-19571	43608	-68325	71224	-43928	11928
Q132	1	-22	227	-1448	6318	-19643	43827	-68717	71633	-44156	11980
Q133	1	-22	227	-1447	6303	-19546	43476	-67951	70630	-43433	11762
Q134	1	-22	226	-1429	6158	-18864	41433	-63978	65769	-40054	10760
Q135	1	-22	226	-1431	6188	-19059	42145	-65551	67859	-41584	11228
Q136	1	-22	228	-1466	6463	-20326	45880	-72729	76567	-47600	13004
Q137	1	-22	226	-1431	6187	-19047	42088	-65414	67684	-41472	11200
Q138	1	-22	227	-1447	6304	-19558	43536	-68110	70864	-43613	11818
Q139	1	-22	225	-1413	6043	-18378	40112	-61620	63089	-38303	10266
Q140	1	-22	227	-1448	6318	-19644	43837	-68756	71706	-44221	12002

Table of chromatic polynomials for quartic graphs

code	power form								
Q141	1	-22	226	-1429	6159	-18877	41502	-64169	66059	-40282	10832
Q142	1	-22	227	-1446	6290	-19472	43235	-67461	70005	-42975	11618
Q143	1	-22	228	-1465	6449	-20241	45589	-72121	75794	-47052	12840
Q144	1	-22	227	-1448	6318	-19643	43829	-68733	71680	-44215	12006
Q145	1	-22	226	-1430	6173	-18962	41796	-64800	66898	-40912	11032
Q146	1	-22	226	-1429	6159	-18876	41494	-64144	66021	-40254	10824
Q147	1	-22	227	-1447	6305	-19569	43587	-68237	71042	-43745	11858
Q148	1	-22	228	-1465	6450	-20253	45650	-72288	76050	-47257	12906
Q149	1	-22	227	-1448	6319	-19656	43899	-68931	71987	-44460	12084
Q150	1	-22	228	-1465	6450	-20252	45640	-72250	75982	-47200	12888
Q151	1	-22	221	-1338	5419	-15370	30940	-43578	40891	-22864	5700
Q152	1	-22	221	-1338	5421	-15399	31113	-44119	41820	-23686	5988
Q153	1	-22	222	-1357	5577	-16124	33205	-47965	46219	-26536	6780
Q154	1	-22	224	-1391	5840	-17329	36753	-54764	54396	-32100	8392
Q155	1	-22	225	-1410	5997	-18067	38915	-58809	59108	-35206	9268
Q156	1	-22	223	-1376	5738	-16916	35666	-52878	52320	-30796	8040
Q157	1	-22	224	-1394	5882	-17583	37617	-56555	56656	-33694	8868
Q158	1	-22	224	-1392	5854	-17414	37047	-55396	55240	-32738	8596
Q159	1	-22	223	-1375	5725	-16845	35455	-52510	51944	-30588	7992
Q160	1	-22	225	-1412	6027	-18265	39659	-60519	61488	-37034	9852
Q161	1	-22	225	-1411	6012	-18167	39300	-59728	60448	-36286	9628
Q162	1	-22	222	-1358	5594	-16248	33706	-49170	47933	-27858	7200
Q163	1	-22	224	-1392	5851	-17377	36857	-54879	54459	-32122	8400
Q164	1	-22	223	-1375	5725	-16847	35480	-52632	52231	-30908	8124
Q165	1	-22	222	-1357	5580	-16164	33421	-48567	47128	-27238	6996
Q166	1	-22	224	-1393	5867	-17484	37243	-55682	55408	-32702	8540
Q167	1	-22	223	-1373	5695	-16649	34733	-50897	49775	-28982	7496
Q168	1	-22	223	-1375	5723	-16817	35296	-52041	51188	-29960	7784
Q169	1	-22	223	-1374	5709	-16732	35006	-51441	50437	-29437	7630
Q170	1	-22	223	-1375	5724	-16830	35364	-52221	51437	-30127	7826
Q171	1	-22	222	-1356	5567	-16093	33214	-48233	46857	-27167	7010
Q172	1	-22	222	-1358	5595	-16262	33783	-49383	48245	-28087	7266
Q173	1	-22	224	-1392	5854	-17414	37042	-55354	55112	-32573	8522
Q174	1	-22	223	-1377	5752	-17001	35956	-53476	53060	-31300	8184
Q175	1	-22	225	-1409	5984	-17998	38727	-58545	58961	-35240	9316
Q176	1	-22	224	-1395	5896	-17669	37918	-57202	57505	-34316	9060
Q177	1	-22	223	-1376	5740	-16944	35827	-53364	53129	-31494	8280
Q178	1	-22	225	-1410	5998	-18083	39019	-59160	59753	-35811	9490
Q179	1	-22	224	-1392	5855	-17426	37107	-55555	55474	-32918	8652
Q180	1	-22	225	-1412	6026	-18251	39580	-60286	61108	-36711	9742
Q181	1	-22	226	-1428	6143	-18764	41052	-63094	64540	-39122	10468
Q182	1	-22	225	-1409	5983	-17986	38667	-58385	58721	-35049	9254
Q183	1	-22	226	-1428	6143	-18762	41031	-63006	64358	-38939	10398
Q184	1	-22	225	-1411	6014	-18193	39442	-60145	61138	-36887	9838
Q185	1	-22	223	-1376	5740	-16943	35818	-53334	53084	-31465	8274
Q186	1	-22	224	-1394	5883	-17597	37698	-56800	57061	-34038	8984
Q187	1	-22	224	-1394	5883	-17598	37707	-56833	57123	-34097	9006
Q188	1	-22	224	-1394	5884	-17612	37790	-57095	57580	-34508	9152
Q189	1	-22	226	-1428	6143	-18766	41074	-63187	64728	-39303	10534
Q190	1	-22	226	-1430	6173	-18961	41785	-64751	66789	-40794	10984
Q191	1	-22	227	-1445	6273	-19351	42764	-66377	68535	-41895	11290
Q192	1	-22	224	-1393	5870	-17527	37500	-56498	56846	-34015	9014
Q193	1	-22	226	-1429	6159	-18875	41483	-64099	65935	-40177	10798
Q194	1	-22	224	-1395	5898	-17697	38081	-57703	58354	-35059	9318
Q195	1	-22	226	-1431	6187	-19047	42086	-65400	67649	-41435	11186
Q196	1	-22	226	-1428	6145	-18789	41185	-63478	65169	-39667	10658
Q197	1	-22	226	-1430	6173	-18962	41797	-64810	66933	-40962	11056
Q198	1	-22	226	-1428	6146	-18804	41273	-63738	65577	-39989	10758
Q199	1	-22	226	-1430	6174	-18974	41855	-64952	67114	-41072	11080
Q200	1	-22	226	-1430	6174	-18974	41856	-64960	67137	-41100	11092
Q201	1	-22	225	-1411	6015	-18207	39521	-60373	61490	-37161	9922
Q202	1	-22	226	-1430	6174	-18974	41856	-64960	67137	-41100	11092
Q203	1	-22	228	-1464	6435	-20154	45280	-71451	74918	-46421	12650
Q204	1	-22	227	-1446	6291	-19485	43306	-67670	70353	-43281	11726
Q205	1	-22	227	-1444	6262	-19299	42625	-66142	68272	-41712	11232
Q206	1	-22	227	-1446	6289	-19459	43167	-67280	69750	-42797	11570
Q207	1	-22	225	-1412	6029	-18293	39823	-61031	62378	-37838	10140
Q208	1	-22	226	-1430	6174	-18974	41856	-64963	67154	-41130	11108
Q209	1	-22	226	-1429	6160	-18890	41573	-64376	66396	-40569	10930
Q210	1	-22	225	-1411	6015	-18208	39532	-60420	61588	-37260	9960

400 Polynomials

code				power form						
Q211	1	-22	227	-1449	6333	-19742	44202	-69596	72893	-45157	12310
Q212	1	-22	227	-1446	6289	-19460	43175	-67304	69782	-42814	11572
Q213	1	-22	225	-1412	6028	-18280	39753	-60827	62037	-37533	10030
Q214	1	-22	225	-1413	6043	-18378	40114	-61634	63124	-38340	10280
Q215	1	-22	225	-1414	6057	-18463	40405	-62244	63910	-38913	10458
Q216	1	-22	225	-1413	6043	-18379	40125	-61683	63233	-38458	10328
Q217	1	-22	226	-1430	6174	-18974	41856	-64961	67143	-41111	11098
Q218	1	-22	224	-1395	5899	-17710	38151	-57903	58673	-35326	9408
Q219	1	-22	227	-1449	6332	-19730	44140	-69420	72607	-44910	12224
Q220	1	-22	228	-1463	6422	-20078	45019	-70880	74130	-45803	12446
Q221	1	-22	226	-1430	6174	-18973	41844	-64904	67012	-40968	11040
Q222	1	-22	225	-1411	6015	-18207	39521	-60371	61479	-37142	9912
Q223	1	-22	226	-1430	6174	-18973	41843	-64898	66999	-40956	11036
Q224	1	-22	228	-1464	6435	-20153	45268	-71396	74798	-46297	12602
Q225	1	-22	225	-1413	6043	-18379	40123	-61668	63192	-38410	10308
Q226	1	-22	227	-1448	6318	-19643	43828	-68727	71667	-44203	12002
Q227	1	-22	226	-1430	6174	-18975	41864	-64983	67165	-41112	11092
Q228	1	-22	226	-1432	6202	-19146	42457	-66246	68810	-42310	11460
Q229	1	-22	226	-1431	6188	-19060	42157	-65606	67979	-41708	11276
Q230	1	-22	225	-1412	6029	-18293	39822	-61019	62332	-37769	10106
Q231	1	-22	226	-1430	6174	-18974	41855	-64951	67108	-41061	11074
Q232	1	-22	226	-1430	6174	-18974	41860	-64960	67137	-41100	11092
Q233	1	-22	227	-1447	6304	-19559	43547	-68157	70961	-43709	11854
Q234	1	-22	227	-1449	6334	-19755	44271	-69786	73177	-45374	12376
Q235	1	-22	229	-1484	6610	-21033	48056	-77083	82040	-51494	14180
Q236	1	-22	229	-1482	6583	-20872	47507	-75930	80559	-50431	13858
Q237	1	-22	228	-1466	6465	-20350	46003	-73072	77111	-48058	13160
Q238	1	-22	229	-1482	6582	-20860	47443	-75741	80242	-50152	13760
Q239	1	-22	228	-1466	6465	-20350	46002	-73064	77088	-48030	13148
Q240	1	-22	229	-1484	6610	-21035	48076	-77164	82204	-51657	14242
Q241	1	-22	228	-1464	6437	-20179	45408	-71793	75419	-46801	12766
Q242	1	-22	228	-1466	6465	-20352	46022	-73143	77240	-48171	13198
Q243	1	-22	222	-1354	5533	-15844	32201	-45778	43343	-24446	6144
Q244	1	-22	222	-1356	5563	-16039	32911	-47333	45375	-25898	6576
Q245	1	-22	221	-1339	5436	-15497	31474	-44926	42908	-24496	6240
Q246	1	-22	224	-1391	5838	-17302	36605	-54343	53742	-31576	8224
Q247	1	-22	224	-1391	5837	-17289	36536	-54152	53452	-31348	8152
Q248	1	-22	223	-1375	5723	-16818	35305	-52073	51244	-30008	7800
Q249	1	-22	222	-1356	5566	-16080	33143	-48026	46520	-26880	6912
Q250	1	-22	224	-1394	5881	-17569	37534	-56291	56188	-33264	8712
Q251	1	-22	222	-1357	5581	-16177	33492	-48776	47476	-27544	7104
Q252	1	-22	225	-1410	5999	-18094	39067	-59266	59878	-35886	9508
Q253	1	-22	225	-1413	6039	-18323	39799	-60680	61528	-36958	9804
Q254	1	-22	224	-1394	5883	-17598	37708	-56842	57152	-34136	9024
Q255	1	-22	226	-1428	6142	-18751	40978	-62861	64123	-38732	10324
Q256	1	-22	224	-1395	5897	-17683	38000	-57458	57950	-34718	9204
Q257	1	-22	225	-1409	5981	-17964	38572	-58189	58541	-35012	9276
Q258	1	-22	222	-1358	5596	-16276	33869	-49674	48800	-28634	7476
Q259	1	-22	224	-1394	5882	-17588	37675	-56820	57246	-34324	9120
Q260	1	-22	221	-1337	5407	-15313	30810	-43455	40920	-23000	5768
Q261	1	-22	222	-1355	5550	-15965	32672	-46862	44813	-25526	6472
Q262	1	-22	225	-1410	5997	-18069	38937	-58903	59302	-35398	9340
Q263	1	-22	223	-1374	5709	-16733	35015	-51470	50476	-29455	7630
Q264	1	-22	224	-1391	5840	-17330	36767	-54837	54574	-32302	8476
Q265	1	-22	226	-1427	6129	-18676	40731	-62366	63528	-38340	10216
Q266	1	-22	223	-1375	5726	-16858	35524	-52698	52217	-30786	8048
Q267	1	-22	223	-1377	5754	-17028	36107	-53923	53795	-31930	8400
Q268	1	-22	225	-1412	6026	-18252	39590	-60327	61193	-36798	9776
Q269	1	-22	225	-1414	6054	-18424	40193	-61628	62907	-38056	10164
Q270	1	-22	224	-1392	5856	-17442	37209	-55890	56072	-33464	8848
Q271	1	-22	224	-1396	5912	-17782	38373	-58320	59158	-35652	9504
Q272	1	-22	227	-1446	6289	-19457	43145	-67182	69533	-42564	11476
Q273	1	-22	229	-1479	6540	-20600	46526	-73764	77659	-48282	13192
Q274	1	-22	226	-1430	6174	-18974	41850	-64970	67172	-41150	11116
Q275	1	-22	225	-1412	6029	-18293	39825	-61047	62426	-37900	10168
Q276	1	-22	226	-1428	6146	-18803	41264	-63706	65521	-39941	10742
Q277	1	-22	228	-1463	6422	-20079	45032	-70944	74279	-45966	12512
Q278	1	-22	229	-1482	6580	-20838	47344	-75512	79962	-49986	13724
Q279	1	-22	227	-1447	6304	-19556	43515	-68022	70682	-43430	11748
Q280	1	-22	225	-1413	6043	-18378	40112	-61617	63071	-38270	10248

Table of chromatic polynomials for quartic graphs

code		power form								
Q281	1	-22	227	-1449	6332	-19728	44120	-69336	72425	-44714	12144
Q282	1	-22	225	-1413	6043	-18379	40124	-61675	63210	-38430	10316
Q283	1	-22	228	-1465	6449	-20241	45589	-72123	75805	-47071	12850
Q284	1	-22	226	-1429	6158	-18865	41443	-64018	65848	-40130	10788
Q285	1	-22	228	-1467	6477	-20413	46192	-73424	77518	-48326	13236
Q286	1	-22	224	-1394	5885	-17625	37859	-57287	57875	-34744	9228
Q287	1	-22	226	-1432	6202	-19145	42448	-66215	68759	-42270	11448
Q288	1	-22	225	-1411	6015	-18207	39521	-60371	61479	-37142	9912
Q289	1	-22	225	-1412	6029	-18293	39823	-61027	62356	-37800	10120
Q290	1	-22	227	-1448	6318	-19642	43820	-68700	71618	-44156	11984
Q291	1	-22	227	-1448	6320	-19668	43959	-69092	72232	-44659	12150
Q292	1	-22	227	-1448	6319	-19655	43888	-68883	71884	-44353	12042
Q293	1	-22	228	-1465	6449	-20241	45591	-72139	75851	-47127	12874
Q294	1	-22	228	-1464	6435	-20155	45288	-71475	74950	-46438	12652
Q295	1	-22	227	-1447	6306	-19582	43656	-68430	71343	-43992	11940
Q296	1	-22	229	-1479	6541	-20613	46593	-73939	77902	-48451	13238
Q297	1	-22	227	-1449	6334	-19756	44281	-69825	73251	-45442	12400
Q298	1	-22	230	-1501	6742	-21642	49869	-80618	86401	-54560	15100
Q299	1	-22	229	-1481	6569	-20784	47185	-75198	79546	-49659	13614
Q300	1	-22	230	-1498	6702	-21405	49061	-78908	84167	-52916	14588
Q301	1	-22	223	-1376	5735	-16877	35457	-52287	51392	-30034	7788
Q302	1	-22	227	-1445	6276	-19388	42953	-66886	69292	-42480	11472
Q303	1	-22	228	-1468	6493	-20524	46628	-74467	79019	-49508	13620
Q304	1	-22	227	-1446	6289	-19455	43129	-67139	69497	-42579	11498
Q305	1	-22	227	-1447	6303	-19545	43467	-67924	70602	-43434	11772
Q306	1	-22	227	-1444	6261	-19286	42556	-65948	67965	-41454	11144
Q307	1	-22	227	-1447	6302	-19536	43434	-67855	70504	-43344	11736
Q308	1	-22	229	-1482	6581	-20847	47373	-75546	79951	-49934	13696
Q309	1	-22	221	-1338	5416	-15330	30721	-42950	39901	-22056	5436
Q310	1	-22	220	-1320	5277	-14730	29142	-40364	37336	-20652	5112
Q311	1	-22	223	-1372	5676	-16500	34101	-49326	47491	-27196	6924
Q312	1	-22	222	-1356	5563	-16040	32926	-47414	45576	-26128	6672
Q313	1	-22	222	-1356	5565	-16068	33085	-47884	46339	-26770	6888
Q314	1	-22	224	-1393	5867	-17483	37233	-55646	55351	-32664	8532
Q315	1	-22	224	-1392	5853	-17398	36946	-55068	54660	-32212	8408
Q316	1	-22	226	-1425	6101	-18505	40138	-61102	61878	-37134	9844
Q317	1	-22	223	-1375	5724	-16831	35376	-52280	51580	-30292	7896
Q318	1	-22	223	-1377	5754	-17029	36118	-53972	53904	-32048	8448
Q319	1	-22	225	-1413	6041	-18352	39973	-61229	62480	-37808	10104
Q320	1	-22	223	-1375	5722	-16804	35222	-51807	50764	-29556	7632
Q321	1	-22	223	-1373	5697	-16675	34878	-51337	50530	-29662	7740
Q322	1	-22	226	-1427	6129	-18679	40761	-62489	63783	-38601	10318
Q323	1	-22	228	-1460	6378	-19795	43989	-68602	71093	-43570	11760
Q324	1	-22	228	-1464	6432	-20119	45107	-70988	74216	-45857	12466
Q325	1	-22	225	-1410	6001	-18121	39223	-59753	60730	-36662	9788
Q326	1	-22	224	-1391	5838	-17303	36606	-54308	53595	-31364	8124
Q327	1	-22	226	-1431	6186	-19033	42002	-65130	67169	-40996	11028
Q328	1	-22	222	-1358	5594	-16250	33731	-49292	48220	-28178	7332
Q329	1	-22	225	-1411	6013	-18181	39382	-59979	60864	-36636	9744
Q330	1	-22	230	-1502	6756	-21731	50199	-81377	87462	-55376	15360
Q331	1	-22	220	-1320	5273	-14674	28818	-39376	35672	-19200	4608
Q332	1	-22	219	-1301	5120	-13993	26988	-36340	32640	-17358	4224
Q333	1	-22	221	-1337	5408	-15329	30914	-43808	41576	-23624	6000
Q334	1	-22	227	-1445	6272	-19338	42691	-66155	68159	-41566	11176
Q335	1	-22	223	-1372	5679	-16533	34256	-49725	48082	-27667	7078
Q336	1	-22	223	-1375	5725	-16845	35459	-52546	52060	-30744	8064
Q337	1	-22	229	-1482	6582	-20859	47438	-75737	80258	-50184	13776
Q338	1	-22	220	-1320	5280	-14773	29392	-41118	38577	-21703	5466
Q339	1	-22	231	-1518	6875	-22264	51755	-84370	91113	-57915	16114
Q340	1	-22	218	-1281	4946	-13133	24352	-31228	26547	-13484	3084
Q341	1	22	223	-1377	5754	-17029	36118	-53972	53904	-32048	8448
Q342	1	-22	225	-1411	6013	-18181	39383	-59992	60916	-36716	9784
Q343	1	-22	221	-1335	5375	-15092	29955	-41459	38128	-20860	5088
Q344	1	-22	225	-1410	5996	-18050	38805	-58454	58501	-34684	9092
Q345	1	-22	229	-1480	6554	-20683	46795	-74280	78250	-48660	13296
Q346	1	22	218	-1282	4957	-13174	24384	-31050	26024	-12936	2880
Q347	1	-22	231	-1516	6849	-22109	51208	-83153	89443	-56640	15708
Q348	1	-22	225	-1406	5940	-17713	37678	-56199	55812	-32924	8608
Q349	1	-22	227	-1444	6254	-19211	42229	-65221	67125	-41002	11064
Q350	1	-22	217	-1262	4784	-12326	21805	-26074	20101	-8988	1764

Spectral polynomials for graphs

code	freq	coefficients						spectrum					
1	1	1	0					0.0000					
2	1	1	0	0				0.0000	0.0000				
3	1	1	0	1				1.0000	-1.0000				
4	1	1	0	0	0			0.0000	0.0000	0.0000			
5	1	1	0	-1	0			0.0000	1.0000	-1.0000			
6	1	1	0	-2	0			0.0000	1.4142	-1.4142			
7	1	1	0	-3	-2			2.0000	-1.0000	-1.0000			
8	1	1	0	0	0	0		0.0000	0.0000	0.0000	0.0000		
9	1	1	0	-1	0	0		0.0000	0.0000	1.0000	-1.0000		
10	1	1	0	-2	0	0		0.0000	0.0000	1.4142	-1.4142		
11	1	1	0	-2	0	1		1.0000	1.0000	-1.0000	-1.0000		
12	1	1	0	-3	-2	0		0.0000	2.0000	-1.0000	-1.0000		
13	1	1	0	-3	0	0		0.0000	0.0000	1.7321	-1.7321		
14	1	1	0	-3	0	1		1.6180	0.6180	-0.6180	-1.6180		
15	1	1	0	-4	-2	1		-1.0000	2.1701	0.3111	-1.4812		
16	1	1	0	-4	0	0		0.0000	0.0000	2.0000	-2.0000		
17	1	1	0	-5	-4	0		0.0000	-1.0000	2.5616	-1.5616		
18	1	1	0	-6	-8	-3		3.0000	-1.0000	-1.0000	-1.0000		
19	1	1	0	0	0	0	0	0.0000	0.0000	0.0000	0.0000	0.0000	
20	1	1	0	-1	0	0	0	0.0000	0.0000	0.0000	1.0000	-1.0000	
21	1	1	0	-2	0	0	0	0.0000	0.0000	0.0000	1.4142	-1.4142	
22	1	1	0	-2	0	1	0	0.0000	1.0000	1.0000	-1.0000	-1.0000	
23	1	1	0	-3	-2	0	0	0.0000	0.0000	2.0000	-1.0000	-1.0000	
24	1	1	0	-3	0	0	0	0.0000	0.0000	0.0000	1.7321	-1.7321	
25	1	1	0	-3	0	1	0	0.0000	1.6180	0.6180	-0.6180	-1.6180	
26	1	1	0	-3	0	2	0	1.0000	1.0000	-1.0000	1.4142	-1.4142	
27	1	1	0	-4	-2	1	0	0.0000	-1.0000	2.1701	0.3111	-1.4812	
28	2	1	0	-4	0	0	0	0.0000	0.0000	0.0000	2.0000	-2.0000	
29	1	1	0	-4	0	2	0	0.0000	1.8478	0.7654	-0.7654	-1.8478	
30	1	1	0	-4	0	3	0	0.0000	1.0000	-1.0000	1.7321	-1.7321	
31	1	1	0	-4	-2	3	2	2.0000	1.0000	-1.0000	-1.0000	-1.0000	
32	1	1	0	-5	-4	0	0	0.0000	0.0000	-1.0000	2.5616	-1.5616	
33	1	1	0	-5	-2	2	0	0.0000	-1.0000	2.3429	0.4707	-1.8136	
34	1	1	0	-5	-2	3	0	0.0000	2.3028	0.6180	-1.3028	-1.6180	
35	1	1	0	-5	-2	4	2	1.0000	-1.0000	2.2143	-0.5392	-1.6751	
36	1	1	0	-5	0	2	0	0.0000	2.1358	0.6622	-0.6622	-2.1358	
37	1	1	0	-5	0	5	-2	2.0000	0.6181	0.6179	-1.6182	-1.6179	
38	1	1	0	-6	-8	-3	0	0.0000	3.0000	-1.0000	-1.0000	-1.0000	
39	1	1	0	-6	-4	2	0	0.0000	2.6855	0.3349	-1.2713	-1.7491	
40	1	1	0	-6	-4	3	2	-1.0000	2.6412	0.7237	-0.5892	-1.7757	
41	1	1	0	-6	-4	5	4	1.0000	-1.0000	-1.0000	2.5616	-1.5616	
42	1	1	0	-6	-2	4	0	0.0000	-2.0000	2.4812	0.6889	-1.1701	
43	1	1	0	-6	0	0	0	0.0000	0.0000	0.0000	2.4495	-2.4495	
44	1	1	0	-7	-8	0	2	-1.0000	-1.0000	3.0861	0.4280	-1.5141	
45	1	1	0	-7	-6	0	0	0.0000	0.0000	3.0000	-1.0000	-2.0000	
46	1	1	0	-7	-6	3	2	2.9354	0.6180	-0.4626	-1.4728	-1.6180	
47	1	1	0	-7	-4	2	0	0.0000	-1.0000	2.8558	0.3216	-2.1774	
48	1	1	0	-8	-10	-1	2	-1.0000	-1.0000	3.3234	0.3579	-1.6813	
49	1	1	0	-8	-8	0	0	0.0000	0.0000	-2.0000	3.2361	-1.2361	
50	1	1	0	-9	-14	-6	0	0.0000	-1.0000	-1.0000	3.6458	-1.6458	
51	1	1	0	-10	-20	-15	-4	4.0000	-1.0000	-1.0000	-1.0000	-1.0000	
52	1	1	0	0	0	0	0	0	0.0000	0.0000	0.0000	0.0000	0.0000	0.0000
53	1	1	0	-1	0	0	0	0	0.0000	0.0000	0.0000	0.0000	1.0000	-1.0000
54	1	1	0	-2	0	1	0	0	0.0000	0.0000	1.0000	1.0000	-1.0000	-1.0000
55	1	1	0	-2	0	0	0	0	0.0000	0.0000	0.0000	0.0000	1.4142	-1.4142
56	1	1	0	-3	-2	0	0	0	0.0000	0.0000	0.0000	2.0000	-1.0000	-1.0000
57	1	1	0	-3	0	0	0	0	0.0000	0.0000	0.0000	0.0000	1.7320	-1.7320
58	1	1	0	-3	0	1	0	0	0.0000	0.0000	1.6180	0.6180	-0.6180	-1.6180
59	1	1	0	-3	0	2	0	0	0.0000	0.0000	1.0000	-1.0000	1.4142	-1.4142
60	1	1	0	-3	0	3	0	-1	1.0000	1.0000	1.0000	-1.0000	-1.0000	-1.0000
61	1	1	0	-4	-2	1	0	0	0.0000	0.0000	-1.0000	2.1701	0.3111	-1.4812
62	2	1	0	-4	0	0	0	0	0.0000	0.0000	0.0000	0.0000	2.0000	-2.0000
63	1	1	0	-4	0	2	0	0	0.0000	0.0000	1.8478	0.7654	-0.7654	-1.8478
64	2	1	0	-4	0	3	0	0	0.0000	0.0000	1.0000	-1.0000	1.7320	-1.7320
65	1	1	0	-4	-2	3	2	0	0.0000	2.0000	1.0000	-1.0000	-1.0000	-1.0000
66	1	1	0	-4	0	4	0	-1	1.0000	-1.0000	1.6180	0.6180	-0.6180	-1.6180

Table of spectral polynomials for graphs

code	freq	coefficients							spectrum					
67	1	1	0	-4	0	4	0	0	0.0000	0.0000	1.4142	1.4142	-1.4142	-1.4142
68	1	1	0	-5	-4	0	0	0	0.0000	0.0000	0.0000	-1.0000	2.5616	-1.5616
69	1	1	0	-5	-2	2	0	0	0.0000	0.0000	-1.0000	2.3429	0.4707	-1.8136
70	1	1	0	-5	-2	3	0	0	0.0000	0.0000	2.3028	0.6180	-1.3028	-1.6180
71	1	1	0	-5	-2	4	2	0	0.0000	1.0000	-1.0000	2.2143	-0.5392	-1.6751
72	1	1	0	-5	0	2	0	0	0.0000	0.0000	2.1358	0.6622	-0.6622	-2.1358
73	1	1	0	-5	0	5	-2	0	0.0000	2.0000	0.6180	0.6180	-1.6180	-1.6180
74	1	1	0	-5	0	0	0	0	0.0000	0.0000	0.0000	0.0000	2.2361	-2.2361
75	1	1	0	-5	0	3	0	0	0.0000	0.0000	2.0743	0.8350	-0.8350	-2.0743
76	2	1	0	-5	0	4	0	0	0.0000	0.0000	2.0000	1.0000	-1.0000	-2.0000
77	1	1	0	-5	0	5	0	-1	1.0000	-1.0000	1.9319	0.5176	-0.5176	-1.9319
78	1	1	0	-5	0	5	0	0	0.0000	0.0000	1.9021	1.1756	-1.1756	-1.9021
79	1	1	0	-5	-2	5	2	-1	1.0000	-1.0000	-1.0000	2.1701	0.3111	-1.4812
80	1	1	0	-5	0	6	0	-1	1.8019	1.2470	0.4450	-0.4450	-1.2470	-1.8019
81	1	1	0	-5	-2	6	4	0	0.0000	2.0000	-1.0000	-1.0000	1.4142	-1.4142
82	1	1	0	-6	-8	-3	0	0	0.0000	0.0000	3.0000	-1.0000	-1.0000	-1.0000
83	1	1	0	-6	-4	2	0	0	0.0000	0.0000	2.6855	0.3349	-1.2713	-1.7491
84	1	1	0	-6	-4	3	2	0	0.0000	-1.0000	2.6412	0.7237	-0.5892	-1.7757
85	2	1	0	-6	-4	5	4	0	0.0000	1.0000	-1.0000	-1.0000	2.5616	-1.5616
86	1	1	0	-6	-2	4	0	0	0.0000	0.0000	-2.0000	2.4812	0.6889	-1.1701
87	1	1	0	-6	0	0	0	0	0.0000	0.0000	0.0000	0.0000	2.4495	-2.4495
88	1	1	0	-6	-2	3	0	0	0.0000	0.0000	-1.0000	2.5141	0.5720	-2.0861
89	1	1	0	-6	-2	5	0	0	0.0000	0.0000	2.4458	0.7968	-1.3703	-1.8723
90	1	1	0	-6	-2	6	0	-1	2.4142	0.6180	0.6180	-0.4142	-1.6180	-1.6180
91	1	1	0	-6	-2	6	2	-1	1.0000	-1.0000	2.3799	0.2914	-0.7510	-1.9202
92	1	1	0	-6	0	4	0	0	0.0000	0.0000	2.2882	0.8740	-0.8740	-2.2882
93	1	1	0	-6	-2	7	2	-1	2.3342	1.0996	0.2742	-0.5945	-1.3738	-1.7397
94	1	1	0	-6	0	5	0	-1	2.2470	0.8019	0.5550	-0.5550	-0.8019	-2.2470
95	1	1	0	-6	0	5	0	0	0.0000	0.0000	1.0000	-1.0000	2.2361	-2.2361
96	1	1	0	-6	-2	7	4	0	0.0000	-1.0000	2.2784	1.3174	-0.7046	-1.8912
97	1	1	0	-6	-2	8	4	0	-1.0000	-1.0000	2.2283	1.3604	0.1859	-1.7746
98	1	1	0	-6	0	6	0	0	0.0000	0.0000	2.1753	1.1260	-1.1260	-2.1753
99	1	1	0	-6	0	8	-2	-1	1.0000	2.1149	0.6180	-0.2541	-1.6180	-1.8608
100	1	1	0	-6	0	9	0	-4	2.0000	1.0000	1.0000	-1.0000	-1.0000	-2.0000
101	1	1	0	-6	-4	9	12	4	2.0000	2.0000	-1.0000	-1.0000	-1.0000	-1.0000
102	1	1	0	-7	-8	0	2	0	0.0000	-1.0000	-1.0000	3.0861	0.4280	-1.5141
103	1	1	0	-7	-6	0	0	0	0.0000	0.0000	0.0000	3.0000	-1.0000	-2.0000
104	1	1	0	-7	-6	3	2	0	0.0000	2.9354	0.6180	-0.4626	-1.4728	-1.6180
105	1	1	0	-7	-4	2	0	0	0.0000	0.0000	-1.0000	2.8558	0.3216	-2.1774
106	1	1	0	-7	-4	4	0	0	0.0000	0.0000	-2.0000	2.8136	0.5293	-1.3429
107	1	1	0	-7	-4	5	0	0	0.0000	0.0000	2.7913	0.6180	-1.6180	-1.7913
108	1	1	0	-7	-4	6	2	-1	2.7537	0.7727	0.3064	-0.6093	-1.3293	-1.8942
109	1	1	0	-7	-4	6	4	0	0.0000	1.0000	-1.0000	-2.0000	2.7320	-0.7321
110	2	1	0	-7	-4	7	4	-1	1.0000	-1.0000	-1.0000	2.7093	0.1939	-1.9032
111	1	1	0	-7	-8	3	8	3	3.0000	1.0000	-1.0000	-1.0000	-1.0000	-1.0000
112	1	1	0	-7	-2	7	0	-1	2.5991	0.7661	0.4669	-0.3848	-1.3053	-2.1420
113	1	1	0	-7	-4	9	6	-1	-1.0000	2.6287	1.2297	0.1397	-1.3198	-1.6783
114	1	1	0	-7	-4	7	4	0	0.0000	2.7056	1.0561	-0.5600	-1.3504	-1.8513
115	1	1	0	-7	0	3	0	0	0.0000	0.0000	2.5576	0.6772	-0.6772	-2.5576
116	1	1	0	-7	-2	8	2	-1	2.5395	1.0825	0.2611	-0.5406	-1.2061	-2.1364
117	1	1	0	-7	-4	8	6	0	0.0000	-1.0000	-1.0000	2.6554	1.2108	-1.8662
118	1	1	0	-7	-2	8	0	0	0.0000	0.0000	1.0000	-2.0000	2.5616	-1.5616
119	1	1	0	-7	0	4	0	0	0.0000	0.0000	2.5243	0.7923	-0.7923	-2.5243
120	1	1	0	-7	-2	8	4	0	0.0000	-1.0000	2.5035	1.2644	-0.5767	-2.1912
121	1	1	0	-7	-2	11	2	-4	2.4383	1.1386	0.6180	-0.8202	-1.6180	-1.7566
122	1	1	0	-7	0	7	0	-1	1.0000	-1.0000	2.4142	0.4142	-0.4142	-2.4142
123	1	1	0	-7	0	9	-4	0	0.0000	2.3914	0.7729	0.6180	-1.6180	-2.1642
124	1	1	0	-7	-4	11	12	3	-1.0000	-1.0000	2.4142	1.7320	-0.4142	-1.7320
125	1	1	0	-8	-10	-1	2	0	0.0000	-1.0000	-1.0000	3.3234	0.3579	-1.6813
126	1	1	0	-8	-8	0	0	0	0.0000	0.0000	0.0000	-2.0000	3.2361	-1.2361
127	1	1	0	-8	-8	3	4	0	0.0000	-1.0000	-1.0000	3.1774	0.6784	-1.8558
128	1	1	0	-8	-8	4	4	-1	-1.0000	3.1642	0.6180	0.2271	-1.3914	-1.6180
129	1	1	0	-8	-6	3	0	0	0.0000	0.0000	3.1020	0.3443	-1.3228	-2.1235
130	1	1	0	-8	-6	6	2	-1	3.0437	0.6180	0.3285	-0.5482	-1.6180	-1.8241
131	1	1	0	-8	-6	7	4	-1	3.0143	0.8481	0.1967	-0.7248	-1.4780	-1.8563
132	1	1	0	-8	-6	5	4	0	0.0000	-1.0000	3.0478	0.8214	-0.7562	-2.1129
133	1	1	0	-8	-6	8	6	0	0.0000	2.9809	1.0420	-0.7062	-1.5371	-1.7796
134	1	1	0	-8	-4	6	0	0	0.0000	0.0000	2.9439	0.6648	-1.3684	-2.2403

404 Polynomials

code	freq	coefficients						spectrum					
135	1	1	0	-8	-4	6	2	-1	-1.0000	2.9327	0.7272	0.3088	-0.6570	-2.3117
136	1	1	0	-8	-8	6	10	3	-1.0000	-1.0000	3.0965	1.1169	-0.5089	-1.7045
137	1	1	0	-8	-4	7	4	0	0.0000	1.0000	-1.0000	2.8951	-0.6027	-2.2924
138	1	1	0	-8	-6	9	8	0	0.0000	-1.0000	2.9474	1.1593	-1.2859	-1.8208
139	1	1	0	-8	-4	8	0	0	0.0000	0.0000	-2.0000	2.9032	0.8061	-1.7093
140	1	1	0	-8	0	0	0	0	0.0000	0.0000	0.0000	0.0000	2.8284	-2.8284
141	1	1	0	-8	-4	9	4	-1	2.8529	1.0554	0.1830	-0.6611	-1.2718	-2.1584
142	1	1	0	-8	-4	11	4	-4	1.0000	-1.0000	-2.0000	2.8136	0.5293	-1.3429
143	1	1	0	-8	-2	7	0	0	0.0000	0.0000	2.7964	0.8532	-1.1955	-2.4541
144	1	1	0	-8	-6	11	14	4	0.0000	-1.0000	2.8422	1.5069	-0.5069	-1.8422
145	1	1	0	-8	-2	10	-2	-1	2.7411	0.7103	0.6180	-0.2314	-1.6180	-2.2200
146	1	1	0	-8	-4	12	8	0	0.0000	-2.0000	2.7320	1.4142	-0.7321	-1.4142
147	1	1	0	-8	-4	12	4	-5	1.0000	-1.0000	2.7913	0.6180	-1.6180	-1.7913
148	1	1	0	-8	0	4	0	0	0.0000	0.0000	2.7320	0.7321	-0.7321	-2.7320
149	1	1	0	-9	-14	-6	0	0	0.0000	0.0000	-1.0000	-1.0000	3.6458	-1.6458
150	1	1	0	-9	-10	3	4	-1	-1.0000	3.4037	0.4897	0.2512	-1.2827	-1.8619
151	1	1	0	-9	-10	4	6	0	0.0000	-1.0000	3.3839	0.7424	-1.3279	-1.7985
152	1	1	0	-9	-8	4	0	0	0.0000	0.0000	-2.0000	3.3234	0.3579	-1.6813
153	1	1	0	-9	-8	5	4	0	0.0000	3.2948	0.7347	-0.5975	-1.2927	-2.1392
154	1	1	0	-9	-10	5	10	3	1.0000	-1.0000	-1.0000	3.3539	-0.4765	-1.8774
155	1	1	0	-9	-8	0	0	0	0.0000	0.0000	0.0000	-1.0000	3.3723	-2.3723
156	1	1	0	-9	-8	6	4	0	0.0000	-2.0000	3.2814	0.7719	-0.5125	-1.5408
157	1	1	0	-9	-8	9	6	-4	3.2361	0.6180	0.6180	-1.2361	-1.6180	-1.6180
158	1	1	0	-9	-8	9	8	-1	1.0000	-1.0000	3.2227	0.1124	-1.5266	-1.8085
159	1	1	0	-9	-10	9	18	7	-1.0000	-1.0000	-1.0000	3.2618	1.3399	-1.6017
160	1	1	0	-9	-6	8	2	-1	3.1692	0.7282	0.2798	-0.4663	-1.5058	-2.2052
161	1	1	0	-9	-8	10	12	3	3.1819	1.2470	-0.4450	-0.5936	-1.5884	-1.8019
162	1	1	0	-9	-6	6	4	0	0.0000	-1.0000	3.1888	0.8347	-0.6272	-2.3962
163	1	1	0	-9	-8	8	8	0	0.0000	1.0000	-1.0000	-2.0000	3.2361	-1.2361
164	1	1	0	-9	-4	4	0	0	0.0000	0.0000	-1.0000	3.1413	0.4849	-2.6262
165	1	1	0	-9	-6	11	4	-4	-2.0000	3.1149	0.7459	0.6180	-0.8608	-1.6180
166	1	1	0	-9	-6	11	8	-1	-1.0000	3.0868	1.1558	0.1096	-1.1736	-2.1787
167	1	1	0	-9	-4	7	0	0	0.0000	0.0000	3.0922	0.7020	-1.2855	-2.5086
168	1	1	0	-9	-4	12	0	0	0.0000	0.0000	3.0000	1.0000	-2.0000	-2.0000
169	1	1	0	-9	0	0	0	0	0.0000	0.0000	0.0000	0.0000	3.0000	-3.0000
170	1	1	0	-10	-20	-15	-4	0	0.0000	4.0000	-1.0000	-1.0000	-1.0000	-1.0000
171	1	1	0	-10	-14	-1	4	0	0.0000	-1.0000	3.7105	0.4408	-1.3842	-1.7670
172	1	1	0	-10	-14	0	8	3	-1.0000	-1.0000	3.6903	0.7534	-0.5784	-1.8653
173	1	1	0	-10	-12	1	4	0	0.0000	-1.0000	-1.0000	3.6262	0.5151	-2.1413
174	1	1	0	-10	-12	4	6	-1	-1.0000	3.5926	0.6180	0.1589	-1.6180	-1.7515
175	1	1	0	-10	-12	5	12	4	1.0000	-1.0000	-1.0000	-2.0000	3.5616	-0.5616
176	1	1	0	-10	-10	5	4	0	0.0000	3.5141	0.6694	-0.5284	-1.4782	-2.1769
177	1	1	0	-10	-12	7	14	4	-1.0000	3.5344	1.0827	-0.4071	-1.5111	-1.6990
178	1	1	0	-10	-10	8	8	0	0.0000	-2.0000	3.4679	0.9128	-0.7989	-1.5818
179	1	1	0	-10	-10	6	6	-1	-1.0000	3.4979	0.7299	0.1505	-1.1876	-2.1907
180	1	1	0	-10	-8	4	0	0	0.0000	0.0000	3.4609	0.3493	-1.3387	-2.4715
181	1	1	0	-10	-10	10	8	-5	3.4495	0.6180	0.6180	-1.4495	-1.6180	-1.6180
182	1	1	0	-10	-8	9	4	-1	3.3885	0.8019	0.1873	-0.5550	-1.5758	-2.2470
183	1	1	0	-10	-6	3	0	0	0.0000	-1.0000	3.3923	0.3254	-2.7177	
184	1	1	0	-10	-8	9	8	0	0.0000	1.0000	-1.0000	-1.0000	3.3723	-2.3723
185	1	1	0	-11	-20	-9	4	3	-1.0000	-1.0000	-1.0000	4.0514	0.4827	-1.5341
186	1	1	0	-11	-16	-2	4	0	0.0000	-1.0000	-2.0000	3.8951	0.3973	-1.2924
187	1	1	0	-11	-16	1	10	3	-1.0000	3.8590	0.7792	-0.3791	-1.4758	-1.7831
188	1	1	0	-11	-14	0	4	0	0.0000	-1.0000	-1.0000	3.8201	0.4594	-2.2795
189	1	1	0	-11	-16	3	16	7	1.0000	-1.0000	-1.0000	-1.0000	3.8284	-1.8284
190	1	1	0	-11	-14	4	8	0	0.0000	-1.0000	-2.0000	3.7785	0.7108	-1.4893
191	1	1	0	-11	-12	0	0	0	0.0000	0.0000	0.0000	3.7664	-1.2828	-2.4836
192	1	1	0	-11	-12	5	4	0	0.0000	3.7136	0.6180	-0.4829	-1.6180	-2.2307
193	1	1	0	-11	-12	3	4	-1	-1.0000	3.7320	0.4142	0.2679	-2.4142	
194	1	1	0	-12	-22	-9	6	4	-1.0000	-1.0000	-1.0000	4.2015	0.5451	-1.7466
195	1	1	0	-12	-20	-9	0	0	0.0000	0.0000	-1.0000	4.1623	-2.1623	
196	1	1	0	-12	-20	-4	8	3	-1.0000	4.1190	0.6180	-0.4316	-1.6180	-1.6874
197	1	1	0	-12	-18	-3	4	0	0.0000	-1.0000	4.0678	0.3616	-1.2446	-2.1848
198	1	1	0	-12	-16	0	0	0	0.0000	0.0000	0.0000	4.0000	-2.0000	-2.0000
199	1	1	0	-13	-26	-15	2	3	-1.0000	-1.0000	-1.0000	4.4279	0.3757	-1.8035
200	1	1	0	-13	-24	-12	0	0	0.0000	0.0000	-1.0000	-2.0000	4.3723	-1.3723
201	1	1	0	-14	-32	-27	-8	0	0.0000	-1.0000	-1.0000	-1.0000	4.7016	-1.7016
202	1	1	0	-15	-40	-45	-24	-5	5.0000	-1.0000	-1.0000	-1.0000	-1.0000	-1.0000

Table of spectral polynomials for graphs

code	freq	coefficients								spectrum						
203	1	1	0	0	0	0	0	0	0	0.0000	0.0000	0.0000	0.0000	0.0000	0.0000	0.0000
204	1	1	0	-1	0	0	0	0	0	0.0000	0.0000	0.0000	0.0000	0.0000	1.0000	-1.0000
205	1	1	0	-2	0	0	0	0	0	0.0000	0.0000	0.0000	0.0000	0.0000	1.4142	-1.4142
206	1	1	0	-2	0	1	0	0	0	0.0000	0.0000	0.0000	1.0000	1.0000	-1.0000	-1.0000
207	1	1	0	-3	-2	0	0	0	0	0.0000	0.0000	0.0000	0.0000	2.0000	-1.0000	-1.0000
208	1	1	0	-3	0	0	0	0	0	0.0000	0.0000	0.0000	0.0000	0.0000	1.7320	-1.7320
209	1	1	0	-3	0	1	0	0	0	0.0000	0.0000	0.0000	1.6180	0.6180	-0.6180	-1.6180
210	1	1	0	-3	0	2	0	0	0	0.0000	0.0000	0.0000	1.0000	-1.0000	1.4142	-1.4142
211	1	1	0	-3	0	3	0	-1	0	0.0000	1.0000	1.0000	1.0000	-1.0000	-1.0000	-1.0000
212	1	1	0	-4	-2	1	0	0	0	0.0000	0.0000	0.0000	-1.0000	2.1701	0.3111	-1.4812
213	2	1	0	-4	0	0	0	0	0	0.0000	0.0000	0.0000	0.0000	0.0000	2.0000	-2.0000
214	1	1	0	-4	0	2	0	0	0	0.0000	0.0000	0.0000	1.8478	0.7654	-0.7654	-1.8478
215	2	1	0	-4	0	3	0	0	0	0.0000	0.0000	0.0000	1.0000	-1.0000	1.7320	-1.7320
216	1	1	0	-4	-2	3	2	0	0	0.0000	0.0000	2.0000	1.0000	-1.0000	-1.0000	-1.0000
217	1	1	0	-4	0	4	0	-1	0	0.0000	1.0000	-1.0000	1.6180	0.6180	-0.6180	-1.6180
218	1	1	0	-4	0	4	0	0	0	0.0000	0.0000	0.0000	1.4142	1.4142	-1.4142	-1.4142
219	1	1	0	-4	0	5	0	-2	0	0.0000	1.0000	1.0000	-1.0000	-1.4142	1.4142	-1.4142
220	1	1	0	-5	-4	0	0	0	0	0.0000	0.0000	0.0000	0.0000	-1.0000	2.5616	-1.5616
221	1	1	0	-5	-2	2	0	0	0	0.0000	0.0000	0.0000	-1.0000	2.3429	0.4707	-1.8136
222	1	1	0	-5	-2	3	0	0	0	0.0000	0.0000	0.0000	2.3028	0.6180	-1.3028	-1.6180
223	1	1	0	-5	-2	4	2	0	0	0.0000	0.0000	1.0000	-1.0000	2.2143	-0.5392	-1.6751
224	1	1	0	-5	0	2	0	0	0	0.0000	0.0000	0.0000	2.1358	0.6622	-0.6622	-2.1358
225	1	1	0	-5	0	5	-2	0	0	0.0000	0.0000	2.0000	0.6180	0.6180	-1.6180	-1.6180
226	1	1	0	-5	0	0	0	0	0	0.0000	0.0000	0.0000	0.0000	0.0000	2.2361	-2.2361
227	1	1	0	-5	0	3	0	0	0	0.0000	0.0000	0.0000	2.0743	0.8350	-0.8350	-2.0743
228	3	1	0	-5	0	4	0	0	0	0.0000	0.0000	0.0000	2.0000	1.0000	-1.0000	-2.0000
229	1	1	0	-5	0	5	0	0	0	0.0000	0.0000	0.0000	1.9021	1.1756	-1.1756	-1.9021
230	1	1	0	-5	0	5	0	-1	0	0.0000	1.0000	-1.0000	1.9319	0.5176	-0.5176	-1.9319
231	1	1	0	-5	-2	5	2	-1	0	0.0000	1.0000	-1.0000	-1.0000	2.1701	0.3111	-1.4812
232	1	1	0	-5	0	6	0	-1	0	0.0000	1.8019	1.2470	0.4450	-0.4450	-1.2470	-1.8019
233	1	1	0	-5	-2	6	4	0	0	0.0000	0.0000	2.0000	-1.0000	-1.0000	1.4142	-1.4142
234	1	1	0	-5	0	6	0	-2	0	0.0000	1.0000	-1.0000	1.8478	0.7654	-0.7654	-1.8478
235	1	1	0	-5	0	6	0	0	0	0.0000	0.0000	0.0000	1.7320	1.4142	-1.4142	-1.7320
236	1	1	0	-5	0	7	0	-3	0	0.0000	1.0000	1.0000	-1.0000	-1.0000	1.7320	-1.7320
237	1	1	0	-5	0	7	0	-2	0	0.0000	1.6180	1.4142	0.6180	-0.6180	-1.4142	-1.6180
238	1	1	0	-5	-2	7	4	-3	-2	2.0000	1.0000	1.0000	-1.0000	-1.0000	-1.0000	-1.0000
239	1	1	0	-6	-8	-3	0	0	0	0.0000	0.0000	0.0000	3.0000	-1.0000	-1.0000	-1.0000
240	1	1	0	-6	-4	2	0	0	0	0.0000	0.0000	0.0000	2.6855	0.3349	-1.2713	-1.7491
241	1	1	0	-6	-4	3	2	0	0	0.0000	0.0000	-1.0000	2.6412	0.7237	-0.5892	-1.7757
242	2	1	0	-6	-4	5	4	0	0	0.0000	0.0000	1.0000	-1.0000	-1.0000	2.5616	-1.5616
243	1	1	0	-6	-2	4	0	0	0	0.0000	0.0000	0.0000	-2.0000	2.4812	0.6889	-1.1701
244	2	1	0	-6	0	0	0	0	0	0.0000	0.0000	0.0000	0.0000	0.0000	2.4495	-2.4495
245	1	1	0	-6	-2	3	0	0	0	0.0000	0.0000	0.0000	-1.0000	2.5141	0.5720	-2.0861
246	1	1	0	-6	-2	5	0	0	0	0.0000	0.0000	0.0000	2.4458	0.7968	-1.3703	-1.8723
247	1	1	0	-6	-2	6	0	-1	0	0.0000	2.4142	0.6180	0.6180	-0.4142	-1.6180	-1.6180
248	1	1	0	-6	-2	6	2	-1	0	0.0000	1.0000	-1.0000	2.3799	0.2914	-0.7510	-1.9202
249	2	1	0	-6	0	4	0	0	0	0.0000	0.0000	0.0000	2.2882	0.8740	-0.8740	-2.2882
250	1	1	0	-6	-2	7	2	-1	0	0.0000	2.3342	1.0996	0.2742	-0.5945	-1.3738	-1.7397
251	1	1	0	-6	0	5	0	-1	0	0.0000	2.2470	0.8019	0.5550	-0.5550	-0.8019	-2.2470
252	1	1	0	-6	-2	7	4	0	0	0.0000	0.0000	-1.0000	2.2784	1.3174	-0.7046	-1.8912
253	1	1	0	-6	0	5	0	0	0	0.0000	0.0000	0.0000	1.0000	-1.0000	2.2361	-2.2361
254	1	1	0	-6	-2	8	4	-1	0	0.0000	-1.0000	-1.0000	2.2283	1.3604	0.1859	-1.7746
255	2	1	0	-6	0	6	0	0	0	0.0000	0.0000	0.0000	2.1753	1.1260	-1.1260	-2.1753
256	1	1	0	-6	0	8	-2	-1	0	0.0000	1.0000	2.1149	0.6180	-0.2541	-1.6180	-1.8608
257	2	1	0	-6	0	9	0	-4	0	0.0000	2.0000	1.0000	1.0000	-1.0000	-1.0000	-2.0000
258	1	1	0	-6	-4	9	12	4	0	0.0000	2.0000	2.0000	-1.0000	-1.0000	-1.0000	-1.0000
259	2	1	0	-6	0	7	0	-2	0	0.0000	1.0000	-1.0000	2.1358	0.6622	-0.6622	-2.1358
260	1	1	0	-6	0	7	0	0	0	0.0000	0.0000	0.0000	2.1010	1.2593	-1.2593	-2.1010
261	1	1	0	-6	-2	7	2	-2	0	0.0000	1.0000	-1.0000	-1.0000	2.3429	0.4707	-1.8136
262	1	1	0	-6	0	8	0	-2	0	0.0000	2.0529	1.2086	0.5700	-0.5700	-1.2086	-2.0529
263	1	1	0	-6	-2	8	2	-3	0	0.0000	1.0000	-1.0000	2.3028	0.6180	-1.3028	-1.6180
264	2	1	0	-6	0	8	0	0	0	0.0000	0.0000	0.0000	2.0000	-2.0000	1.4142	-1.4142
265	1	1	0	-6	0	9	0	-3	0	0.0000	1.9696	1.2856	0.6840	-0.6840	-1.2856	-1.9696
266	1	1	0	-6	0	9	0	-2	0	0.0000	1.9319	1.4142	0.5176	-0.5176	-1.4142	-1.9319
267	1	1	0	-6	-2	9	4	-2	0	0.0000	-1.0000	2.1701	1.4142	0.3111	-1.4142	-1.4812
268	1	1	0	-6	-2	9	4	-4	-2	1.0000	1.0000	-1.0000	-1.0000	2.2143	-0.5392	-1.6751

406 Polynomials

code	freq	coefficients							spectrum					
269	1	1	0	-6	-2	9	6	0	0	0.0000	0.0000	2.0000	-1.0000	-1.0000	1.7320	-1.7320
270	1	1	0	-6	0	10	0	-4	0	0.0000	1.8478	1.4142	0.7654	-0.7654	-1.4142	-1.8478
271	1	1	0	-6	-2	10	6	-3	-2	2.0000	-1.0000	-1.0000	1.6180	0.6180	-0.6180	-1.6180
272	1	1	0	-6	10	10	-2	-5	2	2.0000	1.0000	-1.0000	0.6180	0.6180	-1.6180	-1.6180
273	1	1	0	-7	-8	0	2	0	0	0.0000	0.0000	-1.0000	-1.0000	3.0861	0.4280	-1.5141
274	1	1	0	-7	-6	0	0	0	0	0.0000	0.0000	0.0000	0.0000	3.0000	-1.0000	-2.0000
275	1	1	0	-7	-6	3	2	0	0	0.0000	0.0000	2.9354	0.6180	-0.4626	-1.4728	-1.6180
276	1	1	0	-7	-4	2	0	0	0	0.0000	0.0000	0.0000	-1.0000	2.8558	0.3216	-2.1774
277	1	1	0	-7	-4	4	0	0	0	0.0000	0.0000	0.0000	-2.0000	2.8136	0.5293	-1.3429
278	1	1	0	-7	-4	5	0	0	0	0.0000	0.0000	0.0000	2.7913	0.6180	-1.6180	-1.7913
279	1	1	0	-7	-4	6	2	-1	0	0.0000	2.7537	0.7727	0.3064	-0.6093	-1.3293	-1.8942
280	1	1	0	-7	-4	6	4	0	0	0.0000	0.0000	1.0000	-2.0000	2.7320	-0.7321	
281	2	1	0	-7	-4	7	4	-1	0	0.0000	1.0000	-1.0000	-1.0000	2.7093	0.1939	-1.9032
282	1	1	0	-7	-8	3	8	3	0	0.0000	3.0000	1.0000	-1.0000	-1.0000	-1.0000	-1.0000
283	1	1	0	-7	-2	7	0	-1	0	0.0000	2.5991	0.7661	0.4669	-0.3848	-1.3053	-2.1420
284	1	1	0	-7	-4	9	6	-1	0	0.0000	-1.0000	2.6287	1.2297	0.1397	-1.3198	-1.6783
285	1	1	0	-7	-4	7	4	0	0	0.0000	0.0000	2.7056	1.0561	-0.5600	-1.3504	-1.8513
286	1	1	0	-7	0	3	0	0	0	0.0000	0.0000	0.0000	2.5576	0.6772	-0.6772	-2.5576
287	1	1	0	-7	-2	8	2	-1	0	0.0000	2.5395	1.0825	0.2611	-0.5406	-1.2061	-2.1364
288	2	1	0	-7	-2	8	0	0	0	0.0000	0.0000	0.0000	1.0000	-2.0000	2.5616	-1.5616
289	1	1	0	-7	-4	8	6	0	0	0.0000	0.0000	-1.0000	-1.0000	2.6554	1.2108	-1.8662
290	1	1	0	-7	0	4	0	0	0	0.0000	0.0000	0.0000	2.5243	0.7923	-0.7923	-2.5243
291	1	1	0	-7	-2	8	4	0	0	0.0000	0.0000	-1.0000	2.5035	1.2644	-0.5767	-2.1912
292	2	1	0	-7	-2	11	2	-4	0	0.0000	2.4383	1.1386	0.6180	-0.8202	-1.6180	-1.7566
293	1	1	0	-7	0	9	-4	0	0	0.0000	0.0000	2.3914	0.7729	0.6180	-1.6180	-2.1642
294	1	1	0	-7	0	7	0	-1	0	0.0000	1.0000	-1.0000	2.4142	0.4142	-0.4142	-2.4142
295	1	1	0	-7	-4	11	12	3	0	0.0000	-1.0000	-1.0000	2.4142	1.7320	-0.4142	-1.7320
296	1	1	0	-7	-2	4	0	0	0	0.0000	0.0000	0.0000	-1.0000	2.6813	0.6421	-2.3234
297	1	1	0	-7	-2	7	0	0	0	0.0000	0.0000	0.0000	2.5944	0.9159	-1.3883	-2.1220
298	1	1	0	-7	-2	9	0	-2	0	0.0000	2.5374	0.8493	0.6180	-0.4891	-1.6180	-1.8976
299	1	1	0	-7	-2	8	2	-2	0	0.0000	1.0000	-1.0000	2.5450	0.4394	-0.8302	-2.1542
300	2	1	0	-7	0	6	0	0	0	0.0000	0.0000	0.0000	1.0000	-1.0000	2.4495	-2.4495
301	1	1	0	-7	-2	10	2	-3	0	0.0000	2.4745	1.1143	0.5241	-0.7615	-1.3891	-1.9624
302	1	1	0	-7	-2	10	2	-2	0	0.0000	2.4676	1.1883	0.3867	-0.6043	-1.5274	-1.9108
303	1	1	0	-7	0	8	0	-2	0	0.0000	1.0000	-1.0000	2.3761	0.5952	-0.5952	-2.3761
304	1	1	0	-7	-4	8	4	-2	0	0.0000	1.0000	-1.0000	2.6855	0.3349	-1.2713	-1.7491
305	1	1	0	-7	-2	10	4	-2	0	0.0000	-1.0000	-1.0000	2.4309	1.3269	0.3011	-2.0590
306	1	1	0	-7	0	8	0	0	0	0.0000	0.0000	0.0000	2.3583	1.1994	-1.1994	-2.3583
307	1	1	0	-7	-2	10	6	0	0	0.0000	0.0000	-1.0000	2.3686	1.5262	-0.7877	-2.1071
308	1	1	0	-7	0	9	0	-3	0	0.0000	1.0000	-1.0000	2.3344	0.7420	-0.7420	-2.3344
309	1	1	0	-7	-2	11	4	-2	0	0.0000	2.3799	1.4142	0.2914	-0.7510	-1.4142	-1.9202
310	1	1	0	-7	-4	9	6	-3	-2	1.0000	-1.0000	-1.0000	2.6412	0.7237	-0.5892	-1.7757
311	1	1	0	-7	-2	11	4	-3	0	0.0000	-1.0000	2.3894	1.3668	0.3944	-1.1852	-1.9653
312	1	1	0	-7	0	9	0	-2	0	0.0000	2.3244	1.1472	0.5304	-0.5304	-1.1472	-2.3244
313	1	1	0	-7	-2	11	4	-5	-2	1.0000	1.0000	-1.0000	-2.0000	2.4142	-0.4142	
314	1	1	0	-7	0	11	-2	-2	0	0.0000	2.2562	1.1899	0.6180	-0.3565	-1.6180	-2.0896
315	1	1	0	-7	-4	11	8	-5	-4	1.0000	1.0000	-1.0000	-1.0000	-1.0000	2.5616	-1.5616
316	1	1	0	-7	-2	12	4	-4	0	0.0000	-1.0000	2.3429	1.4142	0.4707	-1.4142	-1.8136
317	1	1	0	-7	0	10	0	-3	0	0.0000	2.2764	1.1859	0.6416	-0.6416	-1.1859	-2.2764
318	1	1	0	-7	-2	12	4	-5	-2	2.3623	1.2470	0.8258	-0.4450	-0.6796	-1.5085	-1.8019
319	1	1	0	-7	-2	12	6	-4	-2	-1.0000	-1.0000	2.2970	1.4933	0.6400	-0.4631	-1.9672
320	1	1	0	-7	0	12	-2	-4	0	0.0000	1.0000	1.0000	-2.0000	2.2143	-0.5392	-1.6751
321	1	1	0	-7	0	10	0	-2	0	0.0000	2.2638	1.4883	0.4883	-0.4883	-1.2793	-2.2638
322	1	1	0	-7	0	12	-2	-3	0	0.0000	2.1987	1.2470	0.7135	-0.4450	-1.8019	-1.9122
323	1	1	0	-7	-2	12	6	-2	0	0.0000	-1.0000	2.2533	1.6448	0.2327	-1.2033	-1.9275
324	1	1	0	-7	0	10	0	0	0	0.0000	0.0000	0.0000	2.2361	1.4142	-1.4142	-2.2361
325	1	1	0	-7	-2	10	2	-4	0	0.0000	1.0000	-1.0000	-2.0000	2.4812	0.6889	-1.1701
326	1	1	0	-7	-4	10	8	0	0	0.0000	0.0000	-1.0000	2.5616	1.4142	-1.4142	-1.5616
327	1	1	0	-7	0	13	0	-7	0	0.0000	1.0000	-1.0000	2.1010	1.2593	-1.2593	-2.1010
328	1	1	0	-7	-2	13	6	-5	-2	-1.0000	2.2332	1.5643	0.6729	-0.3647	-1.2724	-1.8333
329	1	1	0	-7	0	11	0	-2	0	0.0000	2.1889	1.4142	0.4569	-0.4569	-1.4142	-2.1889
330	1	1	0	-7	0	13	-2	-6	2	2.1515	1.2685	0.6180	0.4206	-0.8958	-1.6180	-1.9449
331	1	1	0	-7	-4	13	14	1	-2	2.0000	-1.0000	-1.0000	-1.0000	2.1701	0.3111	-1.4812
332	1	1	0	-7	0	14	0	-7	-2	2.0000	1.2470	1.2470	-0.4450	-0.4450	-1.8019	-1.8019
333	1	1	0	-7	-2	12	8	0	0	0.0000	0.0000	2.0000	2.0000	-1.0000	-1.0000	-2.0000
334	1	1	0	-8	-10	-1	2	0	0	0.0000	0.0000	-1.0000	-1.0000	3.3234	0.3579	-1.6813

Table of spectral polynomials for graphs

code	freq	coefficients							spectrum						
335	1	1	0	-8	-8	0	0	0	0	0.0000	0.0000	0.0000	0.0000	-2.0000	3.2361	-1.2361
336	1	1	0	-8	-8	3	4	0	0	0.0000	0.0000	-1.0000	-1.0000	3.1774	0.6784	-1.8558
337	1	1	0	-8	-8	4	4	-1	0	0.0000	-1.0000	3.1642	0.6180	0.2271	-1.3914	-1.6180
338	1	1	0	-8	-6	3	0	0	0	0.0000	0.0000	0.0000	3.1020	0.3443	-1.3228	-2.1235
339	1	1	0	-8	-6	6	2	-1	0	0.0000	3.0437	0.6180	0.3285	-0.5482	-1.6180	-1.8241
340	1	1	0	-8	-6	7	4	-1	0	0.0000	3.0143	0.8481	0.1967	-0.7248	-1.4780	-1.8563
341	1	1	0	-8	-6	5	4	0	0	0.0000	0.0000	-1.0000	3.0478	0.8214	-0.7562	-2.1129
342	1	1	0	-8	-6	8	6	0	0	0.0000	0.0000	2.9809	1.0420	-0.7062	-1.5371	-1.7796
343	2	1	0	-8	-4	6	0	0	0	0.0000	0.0000	0.0000	2.9439	0.6648	-1.3684	-2.2403
344	1	1	0	-8	-4	6	2	-1	0	0.0000	-1.0000	2.9327	0.7272	0.3088	-0.6570	-2.3117
345	1	1	0	-8	-8	6	10	3	0	0.0000	-1.0000	-1.0000	3.0965	1.1169	-0.5089	-1.7045
346	1	1	0	-8	-4	7	4	0	0	0.0000	0.0000	1.0000	-1.0000	2.8951	-0.6027	-2.2924
347	1	1	0	-8	-6	9	8	0	0	0.0000	0.0000	-1.0000	2.9474	1.1593	-1.2859	-1.8208
348	2	1	0	-8	-4	8	0	0	0	0.0000	0.0000	0.0000	-2.0000	2.9032	0.8061	-1.7093
349	1	1	0	-8	0	0	0	0	0	0.0000	0.0000	0.0000	0.0000	0.0000	2.8284	-2.8284
350	1	1	0	-8	-4	9	4	-1	0	0.0000	2.8529	1.0554	0.1830	-0.6611	-1.2718	-2.1584
351	2	1	0	-8	-4	11	4	-4	0	0.0000	1.0000	-1.0000	-2.0000	2.8136	0.5293	-1.3429
352	1	1	0	-8	-2	7	0	0	0	0.0000	0.0000	0.0000	2.7964	0.8532	-1.1955	-2.4541
353	1	1	0	-8	-6	11	14	4	0	0.0000	-1.0000	-1.0000	2.8422	1.5069	-0.5069	-1.8422
354	1	1	0	-8	-2	10	-2	-1	0	0.0000	2.7411	0.7103	0.6180	-0.2314	-1.6180	-2.2200
355	1	1	0	-8	-4	12	4	-5	0	0.0000	1.0000	-1.0000	2.7913	0.6180	-1.6180	-1.7913
356	2	1	0	-8	-4	12	8	0	0	0.0000	0.0000	-2.0000	2.7320	1.4142	-0.7321	-1.4142
357	1	1	0	-8	0	4	0	0	0	0.0000	0.0000	0.0000	2.7320	0.7321	-0.7321	-2.7320
358	1	1	0	-8	-4	9	2	-2	0	0.0000	2.8717	0.8435	0.4422	-0.6129	-1.4649	-2.0796
359	1	1	0	-8	-4	9	6	0	0	0.0000	0.0000	2.8332	1.1880	-0.8041	-1.6180	-2.2171
360	1	1	0	-8	-4	10	2	-3	0	0.0000	2.8517	0.7830	0.6180	-0.6913	-1.6180	-1.9434
361	2	1	0	-8	-4	10	4	-2	0	0.0000	2.8321	1.0617	0.3089	-0.7572	-1.3706	-2.0748
362	1	1	0	-8	-4	11	6	-2	0	0.0000	-1.0000	2.7886	1.2201	0.2408	-1.1790	-2.0705
363	1	1	0	-8	-8	7	10	0	-2	1.0000	-1.0000	-1.0000	-1.0000	3.0861	0.4280	-1.5141
364	2	1	0	-8	-4	9	4	-2	0	1.0000	-1.0000	-1.0000	-1.0000	2.8558	0.3216	-2.1774
365	2	1	0	-8	-4	12	6	-3	0	0.0000	-1.0000	2.7649	1.2395	0.3257	-1.3746	-1.9555
366	1	1	0	-8	-2	10	0	-2	0	0.0000	2.7246	0.8881	0.5529	-0.4651	-1.3926	-2.3079
367	1	1	0	-8	0	6	0	0	0	0.0000	0.0000	0.0000	2.6762	0.9153	-0.9153	-2.6762
368	1	1	0	-8	-2	11	0	-3	0	0.0000	2.6996	0.8019	0.7609	-0.5550	-1.4605	-2.2470
369	1	1	0	-8	-4	11	4	-2	0	0.0000	2.8072	1.1221	0.2979	-0.6783	-1.6909	-1.8580
370	2	1	0	-8	-4	13	8	-2	0	0.0000	-1.0000	2.7093	1.4142	0.1939	-1.4142	-1.9032
371	1	1	0	-8	0	7	0	0	0	0.0000	0.0000	0.0000	1.0000	-1.0000	2.6458	-2.6458
372	1	1	0	-8	-6	7	6	0	0	0.0000	0.0000	3.0000	1.0000	-1.0000	-1.0000	-2.0000
373	1	1	0	-8	-2	12	0	-3	0	0.0000	1.0000	2.6691	0.6180	-0.5240	-1.6180	-2.1451
374	1	1	0	-8	-4	12	6	-4	-2	2.7711	1.1027	0.6957	-0.5058	-0.6538	-1.4556	-1.9542
375	1	1	0	-8	-2	12	2	-4	0	0.0000	2.6493	1.1097	0.5876	-0.7867	-1.3059	-2.2539
376	1	1	0	-8	-2	12	2	-3	0	0.0000	2.6445	1.1783	0.4696	-0.6542	-1.4004	-2.2379
377	1	1	0	-8	-4	12	8	-3	-2	-1.0000	-1.0000	2.7469	1.2751	0.5488	-0.5033	-2.0674
378	1	1	0	-8	-4	14	8	-4	0	0.0000	2.6855	1.4142	0.3349	-1.2713	-1.4142	-1.7491
379	1	1	0	-8	0	8	0	-2	0	0.0000	2.6229	0.8442	0.6387	-0.6387	-0.8442	-2.6229
380	1	1	0	-8	-2	12	4	-2	0	0.0000	2.6127	1.3435	0.2833	-0.7065	-1.2431	-2.2900
381	1	1	0	-8	-6	10	8	-3	-2	1.0000	-1.0000	2.9354	0.6180	-0.4626	-1.4728	-1.6180
382	1	1	0	-8	-4	14	8	-5	-2	-1.0000	2.6935	1.3297	0.6180	-0.3297	-1.6180	-1.6935
383	1	1	0	-8	-2	12	0	0	0	0.0000	0.0000	0.0000	-2.0000	2.6554	1.2108	-1.8662
384	1	1	0	-8	0	8	0	0	0	0.0000	0.0000	0.0000	2.6131	1.0824	-1.0824	-2.6131
385	1	1	0	-8	-2	13	2	-3	0	0.0000	2.6095	1.2598	0.4468	-0.6084	-1.5711	-2.1367
386	1	1	0	-8	-4	13	8	-4	-2	-1.0000	2.7209	1.3008	0.5843	-0.3938	-1.2537	-1.9586
387	1	1	0	-8	-2	13	4	-5	-2	2.5962	1.1826	0.8019	-0.5157	-0.5550	-1.2631	-2.2470
388	1	1	0	-8	-4	13	10	0	0	0.0000	0.0000	-1.0000	-2.0000	2.6751	1.5392	-1.2143
389	1	1	0	-8	0	9	0	-2	0	0.0000	1.0000	-1.0000	2.5887	0.5463	-0.5463	-2.5887
390	1	1	0	-8	-8	9	16	6	0	0.0000	3.0000	-1.0000	-1.0000	-1.0000	1.4142	-1.4142
391	1	1	0	-8	-2	11	4	-2	0	0.0000	-1.0000	2.6480	1.2746	0.2922	-0.8621	-2.3527
392	1	1	0	-8	-4	13	8	-6	-4	1.0000	1.0000	-1.0000	-1.0000	-2.0000	2.7320	-0.7321
393	1	1	0	-8	-2	15	2	-7	0	0.0000	2.5554	1.1946	0.7799	-0.8911	-1.7177	-1.9210
394	1	1	0	-8	-2	13	2	-5	0	0.0000	2.6200	1.1311	0.6634	-0.8339	-1.3962	-2.1843
395	1	1	0	-8	-4	15	10	-6	-4	-1.0000	2.6412	1.4142	0.7237	-0.5892	-1.4142	-1.7757
396	1	1	0	-8	-2	13	4	-2	0	0.0000	2.5741	1.4142	0.2754	-0.6379	-1.4142	-2.2116
397	1	1	0	-8	-2	13	6	-4	-2	-1.0000	2.5594	1.3898	0.6262	-0.5049	-0.7747	-2.2959
398	1	1	0	-8	0	11	0	-4	0	0.0000	1.0000	-1.0000	2.5243	0.7923	-0.7923	-2.5243
399	1	1	0	-8	0	13	-4	-2	0	0.0000	1.0000	2.4939	0.7623	-0.2714	-1.6870	-2.2978
400	1	1	0	-8	-4	15	14	0	-2	-1.0000	-1.0000	2.5270	1.7860	0.3311	-0.6821	-1.9620

408 Polynomials

code	freq	coefficients							spectrum						
401	1	1	0	-8	-2	13	6	-2	0	0.0000	-1.0000	-1.0000	2.5408	1.5125	0.2281	-2.2814
402	1	1	0	-8	0	9	0	0	0	0.0000	0.0000	0.0000	2.5779	1.1637	-1.1637	-2.5779
403	1	1	0	-8	-2	14	4	-5	0	0.0000	-1.0000	2.5516	1.3720	0.5185	-1.2659	-2.1762
404	1	1	0	-8	-2	16	4	-8	-2	2.4877	1.3236	0.8851	-0.2500	-0.8574	-1.6567	-1.9323
405	1	1	0	-8	0	12	0	-3	0	0.0000	2.4737	1.2523	0.5591	-0.5591	-1.2523	-2.4737
406	1	1	0	-8	-4	14	10	-3	-2	-1.0000	2.6582	1.4877	0.4798	-0.4290	-1.2853	-1.9116
407	1	1	0	-8	-4	16	14	-1	-2	-1.0000	2.4763	1.8408	0.3537	-0.5023	-1.3823	-1.7863
408	1	1	0	-8	-2	16	2	-9	2	2.5206	1.2845	0.6180	0.2718	-1.2312	-1.6180	-1.8458
409	2	1	0	-8	-2	16	4	-7	0	0.0000	-1.0000	2.4728	1.4626	0.6180	-1.6180	-1.9354
410	1	1	0	-8	-2	14	2	-4	0	0.0000	-2.0000	2.5772	1.2920	0.5219	-0.6677	-1.7235
411	1	1	0	-8	0	14	-4	-5	2	1.0000	2.4651	0.6180	0.5096	-0.7000	-1.6180	-2.2746
412	1	1	0	-8	0	14	-4	-2	0	0.0000	2.4478	1.1762	0.6562	-0.2646	-1.8324	-2.1832
413	1	1	0	-8	0	10	0	0	0	0.0000	0.0000	0.0000	2.5396	1.2452	-1.2452	-2.5396
414	1	1	0	-8	0	12	0	0	0	0.0000	0.0000	0.0000	2.4495	1.4142	-1.4142	-2.4495
415	1	1	0	-8	0	15	-2	-5	0	0.0000	2.3772	1.2739	0.8019	-0.5550	-1.6511	-2.2470
416	1	1	0	-8	-2	17	6	-10	-4	1.0000	-1.0000	-2.0000	2.4142	1.4142	-0.4142	-1.4142
417	1	1	0	-8	-2	15	8	-2	0	0.0000	-1.0000	2.3785	1.7795	0.1872	-1.1501	-2.1951
418	1	1	0	-8	0	15	0	-8	0	0.0000	1.0000	-1.0000	2.3583	1.1994	-1.1994	-2.3583
419	1	1	0	-8	0	17	-4	-10	4	1.0000	1.0000	-1.0000	-2.0000	2.3429	0.4707	-1.8136
420	1	1	0	-8	-4	17	16	-2	-4	2.0000	-1.0000	-1.0000	-1.0000	2.3429	0.4707	-1.8136
421	1	1	0	-8	-6	15	22	8	0	0.0000	2.0000	-1.0000	-1.0000	-1.0000	2.5616	-1.5616
422	1	1	0	-9	-14	-6	0	0	0	0.0000	0.0000	0.0000	-1.0000	-1.0000	3.6458	-1.6458
423	1	1	0	-9	-10	3	4	-1	0	0.0000	-1.0000	3.4037	0.4897	0.2512	-1.2827	-1.8619
424	1	1	0	-9	-10	4	6	0	0	0.0000	0.0000	-1.0000	3.3839	0.7424	-1.3279	-1.7985
425	1	1	0	-9	-8	4	0	0	0	0.0000	0.0000	0.0000	-2.0000	3.3234	0.3579	-1.6813
426	1	1	0	-9	-8	5	4	0	0	0.0000	0.0000	3.2948	0.7347	-0.5975	-1.2927	-2.1392
427	1	1	0	-9	-10	5	10	3	0	0.0000	1.0000	-1.0000	-1.0000	3.3539	-0.4765	-1.8774
428	1	1	0	-9	-8	0	0	0	0	0.0000	0.0000	0.0000	0.0000	3.3723	-2.3723	
429	1	1	0	-9	-8	6	4	0	0	0.0000	0.0000	-2.0000	3.2814	0.7719	-0.5125	-1.5408
430	2	1	0	-9	-8	9	6	-4	0	0.0000	3.2361	0.6180	0.6180	-1.2361	-1.6180	-1.6180
431	1	1	0	-9	-8	9	8	-1	0	0.0000	1.0000	-1.0000	3.2227	0.1124	-1.5266	-1.8085
432	1	1	0	-9	-10	9	18	7	0	0.0000	-1.0000	-1.0000	3.2618	1.3399	-1.6017	
433	1	1	0	-9	-6	8	2	-1	0	0.0000	3.1692	0.7282	0.2798	-0.4663	-1.5058	-2.2052
434	1	1	0	-9	-8	10	12	3	0	0.0000	3.1819	1.2470	-0.4450	-0.5936	-1.5884	-1.8019
435	1	1	0	-9	-6	6	4	0	0	0.0000	0.0000	-1.0000	3.1888	0.8347	-0.6272	-2.3962
436	2	1	0	-9	-8	8	8	0	0	0.0000	0.0000	1.0000	-1.0000	-2.0000	3.2361	-1.2361
437	1	1	0	-9	-4	4	0	0	0	0.0000	0.0000	0.0000	-1.0000	3.1413	0.4849	-2.6262
438	1	1	0	-9	-6	11	4	-4	0	0.0000	-2.0000	3.1149	0.7459	0.6180	-0.8608	-1.6180
439	1	1	0	-9	-6	11	8	-1	0	0.0000	-1.0000	3.0868	1.1558	0.1096	-1.1736	-2.1787
440	1	1	0	-9	-4	7	0	0	0	0.0000	0.0000	0.0000	3.0922	0.7020	-1.2855	-2.5086
441	1	1	0	-9	-4	12	0	0	0	0.0000	0.0000	0.0000	3.0000	1.0000	-2.0000	-2.0000
442	1	1	0	-9	0	0	0	0	0	0.0000	0.0000	0.0000	0.0000	0.0000	3.0000	-3.0000
443	1	1	0	-9	-8	6	6	0	0	0.0000	0.0000	-1.0000	-1.0000	3.2731	0.8596	-2.1326
444	1	1	0	-9	-8	8	6	-2	0	0.0000	-1.0000	3.2477	0.8282	0.2702	-1.4551	-1.8911
445	1	1	0	-9	-6	6	0	0	0	0.0000	0.0000	0.0000	3.2074	0.5545	-1.4754	-2.2866
446	1	1	0	-9	-6	7	0	0	0	0.0000	0.0000	0.0000	3.1926	0.6180	-1.6180	-2.1926
447	1	1	0	-9	-6	9	2	-2	0	0.0000	3.1550	0.6180	0.5252	-0.5726	-1.6180	-2.1076
448	1	1	0	-9	-6	11	4	-3	0	0.0000	3.1131	0.8814	0.4333	-0.7445	-1.7884	-1.8950
449	1	1	0	-9	-6	9	4	-2	0	0.0000	3.1448	0.8420	0.3331	-0.7630	-1.3411	-2.2158
450	1	1	0	-9	-6	11	6	-2	0	0.0000	3.1002	1.0452	0.2440	-0.8170	-1.4792	-2.0931
451	1	1	0	-9	-6	12	6	-4	0	0.0000	1.0000	-1.0000	-2.0000	3.0861	0.4280	-1.5141
452	1	1	0	-9	-6	10	8	0	0	0.0000	0.0000	-1.0000	-1.0000	3.1028	1.1464	-2.2491
453	1	1	0	-9	-6	12	6	-3	0	0.0000	3.0842	1.0493	0.3332	-0.8583	-1.6854	-1.9230
454	1	1	0	-9	-4	10	4	-2	0	0.0000	1.0000	-1.0000	3.0176	0.3100	-0.8697	-2.4580
455	1	1	0	-9	-4	10	0	0	0	0.0000	0.0000	0.0000	3.0386	0.8864	-1.5898	-2.3353
456	1	1	0	-9	-8	10	12	0	-2	-1.0000	-1.0000	3.1877	1.1417	0.3758	-0.7464	-1.9588
457	2	1	0	-9	-6	13	8	-4	-2	3.0569	1.0661	0.6180	-0.4041	-0.7855	-1.6180	-1.9334
458	1	1	0	-9	-6	13	8	-3	0	0.0000	-1.0000	3.0536	1.1779	0.2744	-1.5695	-1.9364
459	1	1	0	-9	-4	11	2	-3	0	0.0000	3.0132	0.8310	0.5572	-0.6604	-1.3775	-2.3635
460	1	1	0	-9	-8	11	12	-1	-2	-1.0000	3.1732	1.1504	0.4066	-0.5311	-1.4528	-1.7462
461	1	1	0	-9	-6	13	10	0	0	0.0000	0.0000	-2.0000	3.0344	1.3204	-0.8055	-1.5493
462	1	1	0	-9	-4	11	0	-2	0	0.0000	3.0239	0.6829	0.6180	-0.4243	-1.6180	-2.2825
463	1	1	0	-9	-6	11	8	-3	-2	1.0000	-1.0000	-1.0000	3.0918	0.5992	-0.4907	-2.2003
464	1	1	0	-9	-4	11	4	-3	0	0.0000	3.0000	1.0000	-1.0000	-1.0000	0.4142	-2.4142
465	1	1	0	-9	-10	7	12	1	-2	1.0000	-1.0000	-1.0000	-1.0000	3.3234	0.3579	-1.6813
466	1	1	0	-9	-6	14	10	-3	-2	3.0223	1.2470	0.4913	-0.4450	-0.7745	-1.7391	-1.8019

Table of spectral polynomials for graphs

code	freq	coefficients							spectrum						
467	1	1	0	-9	-4	12	4	-2	0	0.0000	2.9772	1.1084	0.2891	-0.6450	-1.3887	-2.3409
468	1	1	0	-9	-4	12	6	-4	-2	1.0000	-1.0000	2.9693	0.7211	-0.4870	-0.7971	-2.4063
469	1	1	0	-9	-4	12	8	0	0	0.0000	0.0000	-1.0000	2.9427	1.3258	-0.8466	-2.4219
470	1	1	0	-9	-8	12	18	6	0	0.0000	-1.0000	-1.0000	3.1095	1.4843	-0.6788	-1.9150
471	1	1	0	-9	-6	12	8	-2	0	0.0000	-1.0000	3.0704	1.1663	0.1985	-1.3482	-2.0869
472	1	1	0	-9	-4	12	0	-2	0	0.0000	3.0044	0.8353	0.5101	-0.4054	-1.7825	-2.1619
473	1	1	0	-9	-6	14	10	-2	0	0.0000	-1.0000	3.0186	1.3144	0.1652	-1.6629	-1.8353
474	1	1	0	-9	-6	10	6	0	0	0.0000	0.0000	3.1140	1.0776	-0.5650	-1.4619	-2.1646
475	1	1	0	-9	0	4	0	0	0	0.0000	0.0000	0.0000	2.9208	0.6847	-0.6847	-2.9208
476	1	1	0	-9	-4	13	4	-4	0	0.0000	2.9607	1.0681	0.4793	-0.8328	-1.3816	-2.2937
477	1	1	0	-9	-6	15	12	-5	-4	-1.0000	2.9937	1.2625	0.6582	-0.6075	1.3586	-1.9483
478	1	1	0	-9	-6	15	12	-2	0	-1.0000	2.9831	1.4142	0.1429	-1.2511	-1.4142	-1.8750
479	1	1	0	-9	-4	15	4	-7	0	0.0000	1.0000	-1.0000	2.9239	0.7371	-1.5097	-2.1513
480	1	1	0	-9	-2	11	0	-2	0	0.0000	2.9000	0.9098	0.5091	-0.4438	-1.3058	-2.5693
481	1	1	0	-9	-6	15	16	1	-2	-1.0000	2.9459	1.5520	0.2945	-0.7151	-2.0772
482	1	1	0	-9	-6	14	10	-4	-2	-1.0000	3.0245	1.2154	0.5356	-0.3534	-1.4791	-1.9431
483	1	1	0	-9	-4	14	4	-3	0	0.0000	2.9361	1.1757	0.3674	-0.6617	-1.6466	-2.1709
484	1	1	0	-9	-4	14	6	-5	-2	2.9277	1.0995	0.7176	-0.3843	-0.7365	-1.3385	-2.2855
485	1	1	0	-9	-4	16	6	-7	0	0.0000	2.8834	1.2303	0.5727	-1.1733	-1.3709	-2.1421
486	1	1	0	-9	-4	14	2	-4	0	0.0000	1.0000	-2.0000	2.9537	0.5659	-0.6349	-1.8847
487	1	1	0	-9	-4	14	4	-2	0	0.0000	2.9335	1.2135	0.2726	-0.5601	-1.7211	-2.1382
488	1	1	0	-9	-6	16	16	0	-2	-1.0000	2.9240	1.5760	0.3149	-0.5289	-1.3363	-1.9497
489	1	1	0	-9	-2	12	0	-2	0	0.0000	1.0000	2.8765	0.4677	-0.4211	-1.3983	-2.5248
490	1	1	0	-9	-2	12	2	-2	0	0.0000	2.8594	1.1353	0.3560	-0.5409	-1.2499	-2.5600
491	1	1	0	-9	-6	12	10	0	0	0.0000	0.0000	-1.0000	3.0540	1.2827	-1.1882	-2.1485
492	1	1	0	-9	0	6	0	0	0	0.0000	0.0000	0.0000	2.8766	0.8515	-0.8515	-2.8766
493	1	1	0	-9	-6	15	12	-3	-2	-1.0000	2.9872	1.3609	0.4470	-0.3810	-1.5472	-1.8670
494	1	1	0	-9	-4	15	8	-4	-2	2.8841	1.3183	0.5574	-0.4302	-0.7180	-1.3524	-2.2592
495	1	1	0	-9	-4	15	8	-3	0	0.0000	-1.0000	2.8789	1.3893	0.2612	-1.2722	-2.2572
496	1	1	0	-9	-4	15	6	-5	0	0.0000	-1.0000	2.9021	1.2488	0.4491	-1.3899	-2.2101
497	2	1	0	-9	-4	17	6	-8	0	0.0000	-2.0000	2.8608	1.2541	0.6180	-1.1149	-1.6180
498	1	1	0	-9	-2	15	-2	-3	0	0.0000	1.0000	2.8215	0.6575	-0.3920	-1.8190	-2.2681
499	1	1	0	-9	-2	13	2	-4	0	0.0000	2.8402	1.0906	0.5610	-0.7519	-1.2103	-2.5296
500	1	1	0	-9	-4	17	10	-4	-2	2.8098	1.5059	0.4927	-0.3758	-0.7993	-1.4899	-2.1435
501	1	1	0	-9	-4	13	4	-2	0	0.0000	2.9558	1.1612	0.2804	-0.5972	-1.5399	-2.2602
502	1	1	0	-9	-4	17	4	-10	2	2.8826	1.1045	0.6180	0.2483	-1.3220	-1.6180	-1.9134
503	1	1	0	-9	-6	17	18	1	-2	-1.0000	2.8756	1.6856	0.2791	-0.5639	-1.3875	-1.8890
504	1	1	0	-9	-4	13	6	-3	0	0.0000	-1.0000	2.9433	1.2119	0.3177	-1.1295	-2.3434
505	1	1	0	-9	-4	17	6	-9	-2	1.0000	1.0000	-1.0000	-2.0000	2.8662	-0.2108	-1.6554
506	1	1	0	-9	-2	15	-2	-6	2	2.8291	0.8280	0.6180	0.4663	-0.7821	-1.6180	-2.3413
507	1	1	0	-9	-2	13	0	0	0	0.0000	0.0000	0.0000	2.8456	1.1828	-1.5729	-2.4555
508	1	1	0	-9	-4	17	8	-9	-4	1.0000	-1.0000	2.8500	1.1010	-0.4314	-1.3824	-2.1373
509	1	1	0	-9	0	9	0	-2	0	0.0000	2.8092	0.8865	0.5679	-0.5679	-0.8865	-2.8092
510	1	1	0	-9	-2	15	0	-4	0	0.0000	2.8057	1.1065	0.6180	-0.5441	-1.6180	-2.3681
511	1	1	0	-9	-6	17	18	-1	-4	-1.0000	-1.0000	-1.0000	2.8847	1.6349	0.4341	-1.9537
512	1	1	0	-9	-8	13	18	3	-2	-1.0000	-1.0000	-1.0000	3.0979	1.4527	0.2472	-1.7977
513	1	1	0	-9	-2	16	0	-5	0	0.0000	2.7810	1.1261	0.6866	-0.5949	-1.7017	-2.2971
514	2	1	0	-9	-4	18	8	-8	-2	-1.0000	2.8162	1.3666	0.6927	-0.2256	-1.7555	-1.8944
515	2	1	0	-9	-4	18	10	-4	0	0.0000	-1.0000	-2.0000	2.7770	1.5892	0.2763	-1.6412
516	1	1	0	-9	-4	14	8	-2	0	0.0000	-1.0000	2.9010	1.3664	0.1911	-1.1377	-2.3208
517	1	1	0	-9	0	10	0	0	0	0.0000	0.0000	0.0000	2.7752	1.1395	-1.1395	-2.7752
518	1	1	0	-9	-6	15	12	-7	-6	3.0000	1.0000	1.0000	-1.0000	-1.0000	-1.0000	-2.0000
519	1	1	0	-9	-4	16	8	-6	-2	-1.0000	2.8645	1.3088	0.6370	-0.2881	-1.3199	-2.2024
520	1	1	0	-9	-4	14	8	0	0	0.0000	0.0000	2.8951	1.4142	-0.6027	-1.4142	-2.2924
521	1	1	0	-9	-2	12	6	0	0	0.0000	0.0000	-1.0000	2.8156	1.3839	-0.5901	-2.6094
522	1	1	0	-9	-2	15	0	-7	2	1.0000	-1.0000	2.8136	0.5293	0.4142	-1.3429	-2.4142
523	1	1	0	-9	-6	19	20	-3	-6	-1.0000	-1.0000	2.8136	1.7320	0.5293	-1.3429	-1.7320
524	1	1	0	-9	0	13	-6	0	0	0.0000	0.0000	2.7515	0.8411	0.6180	-1.6180	-2.5926
525	1	1	0	-9	-2	18	0	-9	2	2.7332	1.1568	0.7076	0.2525	-0.9337	-1.7511	-2.1654
526	1	1	0	-9	-2	16	4	-6	-2	2.7439	1.2699	0.7627	-0.3769	-0.5988	-1.3744	-2.4264
527	1	1	0	-9	-4	18	14	-2	-2	-1.0000	2.7181	1.7379	0.3734	-0.4276	-1.2096	-2.1922
528	1	1	0	-9	-4	20	10	-13	-6	2.7580	1.2470	1.0974	-0.4450	-1.1909	-1.6645	-1.8019
529	1	1	0	-9	-2	18	2	-8	0	0.0000	2.7077	1.2857	0.7407	-0.8344	-1.6609	-2.2387
530	1	1	0	-9	0	12	0	-2	0	0.0000	2.7238	1.1776	0.4409	-0.4409	-1.1776	-2.7238
531	1	1	0	-9	-2	16	0	-3	0	0.0000	2.7734	1.2470	0.4800	-0.4450	-1.8019	-2.2534
532	1	1	0	-9	-6	18	22	6	0	0.0000	-1.0000	2.7730	1.9189	-0.4375	-1.3616	-1.8928

410 Polynomials

code	freq	coefficients							spectrum						
533	1	1	0	-9	-4	16	12	0	0	0.0000	0.0000	-1.0000	2.8003	1.6295	-1.1573	-2.2724
534	1	1	0	-9	-2	14	8	0	0	0.0000	0.0000	-1.0000	2.7320	1.5616	-0.7321	-2.5616
535	1	1	0	-9	0	16	-8	0	0	0.0000	0.0000	1.0000	-2.0000	2.6813	0.6421	-2.3234
536	1	1	0	-9	-2	19	2	-11	0	0.0000	1.0000	-1.0000	2.6872	1.1408	-1.6396	-2.1885
537	1	1	0	-9	0	17	-6	-5	2	1.0000	2.6412	0.7237	0.4142	-0.5892	-1.7757	-2.4142
538	1	1	0	-9	-2	17	6	-5	0	0.0000	-1.0000	2.6751	1.5392	0.4142	-1.2143	-2.4142
539	1	1	0	-9	-4	21	14	-9	-6	-1.0000	2.6412	1.7320	0.7237	-0.5892	-1.7320	-1.7757
540	1	1	0	-9	-6	19	24	5	-2	2.0000	-1.0000	-1.0000	-1.0000	2.7093	0.1939	-1.9032
541	1	1	0	-9	-4	19	12	-11	-8	1.0000	-1.0000	-1.0000	-1.0000	2.7616	1.3633	-2.1249
542	1	1	0	-9	0	15	-4	-2	0	0.0000	2.6741	1.1337	0.6180	-0.2588	-1.6180	-2.5489
543	1	1	0	-9	-2	19	4	-8	0	0.0000	2.6426	1.4939	0.6180	-0.9102	-1.6180	-2.2263
544	1	1	0	-9	-2	21	0	-16	6	2.6554	1.2108	0.6180	0.6180	-1.6180	-1.6180	-1.8662
545	1	1	0	-9	0	15	0	-7	0	0.0000	1.0000	1.0000	-1.0000	-1.0000	2.6458	-2.6458
546	1	1	0	-9	-10	15	36	25	6	3.0000	2.0000	-1.0000	-1.0000	-1.0000	-1.0000	-1.0000
547	1	1	0	-10	-20	-15	-4	0	0	0.0000	0.0000	4.0000	-1.0000	-1.0000	-1.0000	-1.0000
548	1	1	0	-10	-14	-1	4	0	0	0.0000	0.0000	-1.0000	3.7105	0.4408	-1.3842	-1.7670
549	1	1	0	-10	-14	0	8	3	0	0.0000	-1.0000	-1.0000	3.6903	0.7534	-0.5784	-1.8653
550	1	1	0	-10	-12	1	4	0	0	0.0000	0.0000	-1.0000	-1.0000	3.6262	0.5151	-2.1413
551	1	1	0	-10	-12	4	6	-1	0	0.0000	-1.0000	3.5926	0.6180	0.1589	-1.6180	-1.7515
552	1	1	0	-10	-12	5	12	4	0	0.0000	1.0000	-1.0000	-1.0000	-2.0000	3.5616	-0.5616
553	1	1	0	-10	-12	7	14	4	0	0.0000	-1.0000	3.5344	1.0827	-0.4071	-1.5111	-1.6990
554	1	1	0	-10	-10	5	4	0	0	0.0000	0.0000	3.5141	0.6694	-0.5284	-1.4782	-2.1769
555	1	1	0	-10	-10	6	6	-1	0	0.0000	-1.0000	3.4979	0.7299	0.1505	-1.1876	-2.1907
556	1	1	0	-10	-10	8	8	0	0	0.0000	0.0000	-2.0000	3.4679	0.9128	-0.7989	-1.5818
557	2	1	0	-10	-8	4	0	0	0	0.0000	0.0000	3.4609	0.3493	-1.3387	-2.4715
558	1	1	0	-10	-10	10	8	-5	0	0.0000	3.4495	0.6180	0.6180	-1.4495	-1.6180	-1.6180
559	1	1	0	-10	-8	9	4	-1	0	0.0000	3.3885	0.8019	0.1873	-0.5550	-1.5758	-2.2470
560	1	1	0	-10	-6	3	0	0	0	0.0000	0.0000	0.0000	-1.0000	3.3923	0.3254	-2.7177
561	1	1	0	-10	-8	9	8	0	0	0.0000	0.0000	1.0000	-1.0000	-1.0000	3.3723	-2.3723
562	1	1	0	-10	-10	7	6	-2	0	0.0000	-1.0000	3.4877	0.6926	0.2878	-1.3736	-2.0945
563	1	1	0	-10	-10	8	6	-3	0	0.0000	-1.0000	3.4774	0.6180	0.4481	-1.6180	-1.9254
564	1	1	0	-10	-10	9	8	-3	0	0.0000	3.4592	0.8129	0.3147	-1.2537	-1.3955	-1.9376
565	1	1	0	-10	-10	9	10	0	0	0.0000	0.0000	1.0000	-1.0000	-2.0000	3.4495	-1.4495
566	1	1	0	-10	-10	10	10	-3	-2	-1.0000	3.4412	0.7935	0.6180	-0.3990	-1.6180	-1.8356
567	1	1	0	-10	-8	8	0	0	0	0.0000	0.0000	0.0000	-2.0000	-2.0000	3.4142	0.5858
568	2	1	0	-10	-8	10	4	-2	0	0.0000	3.3769	0.7743	0.3294	-0.6372	-1.7017	-2.1416
569	1	1	0	-10	-10	10	12	-1	-2	1.0000	-1.0000	-2.0000	3.4321	0.4202	-0.5208	-1.3315
570	1	1	0	-10	-8	10	8	0	0	0.0000	0.0000	3.3592	1.0314	-0.7472	-1.3438	-2.2995
571	1	1	0	-10	-8	11	8	-3	-2	3.3502	0.8019	0.6735	-0.5550	-0.6410	-1.3827	-2.2470
572	2	1	0	-10	-10	11	14	0	-2	-1.0000	3.4114	1.1172	0.3513	-0.5571	-1.3792	-1.9437
573	1	1	0	-10	-8	11	8	-2	0	0.0000	1.0000	-1.0000	3.3483	0.2036	-1.3070	-2.2449
574	1	1	0	-10	-10	11	18	6	0	0.0000	-1.0000	-1.0000	3.3890	1.3315	-0.6387	-2.0818
575	1	1	0	-10	-14	3	14	6	0	0.0000	1.0000	-1.0000	-1.0000	-1.0000	3.6458	-1.6458
576	1	1	0	-10	-8	11	6	-2	0	0.0000	3.3562	0.9220	0.2475	-0.7411	-1.6541	-2.1306
577	1	1	0	-10	-8	7	6	0	0	0.0000	0.0000	-1.0000	3.4050	0.8681	-0.8314	-2.4416
578	1	1	0	-10	-8	12	8	-2	0	0.0000	3.3347	1.0356	0.0200	-0.8577	-1.5922	-2.1205
579	1	1	0	-10	-8	14	8	-7	0	0.0000	3.3132	0.8693	0.6180	-1.2727	-1.6180	-1.9098
580	1	1	0	-10	-8	13	8	-4	0	0.0000	1.0000	-1.0000	-2.0000	3.3234	0.3579	-1.6813
581	2	1	0	-10	-10	13	20	4	-2	-1.0000	-1.0000	-1.0000	3.3571	1.3701	0.2230	-1.9502
582	1	1	0	-10	-6	13	4	-4	0	0.0000	3.2455	0.8769	0.5145	-0.7640	-1.5186	-2.3543
583	1	1	0	-10	-8	13	10	-3	-2	3.3144	1.0442	0.5183	-0.4369	-0.7815	-1.5452	-2.1133
584	1	1	0	-10	-8	15	14	-1	-2	-2.0000	3.2642	1.2942	0.3631	-0.5279	-0.7523	-1.6413
585	1	1	0	-10	-8	15	12	-3	0	0.0000	3.2755	1.2331	0.2048	-1.1450	-1.6598	-1.9086
586	1	1	0	-10	-6	13	2	-3	0	0.0000	3.2534	0.8019	0.5200	-0.5550	-1.7734	-2.2470
587	1	1	0	-10	-8	13	10	-4	-2	1.0000	-1.0000	3.3157	0.5755	-0.3501	-1.3948	-2.1463
588	1	1	0	-10	-8	15	12	-6	-4	1.0000	-1.0000	-2.0000	3.2814	0.7719	-0.5125	-1.5408
589	1	1	0	-10	-8	13	10	0	0	0.0000	0.0000	-2.0000	3.3098	1.1815	-0.7231	-1.7682
590	1	1	0	-10	-6	11	4	-2	0	0.0000	3.2726	0.9064	0.3066	-0.6519	-1.3684	-2.4652
591	1	1	0	-10	-10	15	22	2	-4	-1.0000	-1.0000	3.3234	1.4142	0.3579	-1.4142	-1.6813
592	1	1	0	-10	-4	9	2	-2	0	0.0000	-1.0000	3.2143	0.7321	0.4608	-0.6751	-2.7320
593	1	1	0	-10	-8	16	16	0	-2	3.2370	1.3918	0.3166	-0.5870	-0.7252	-1.7352	-1.8981
594	1	1	0	-10	-6	14	4	-5	0	0.0000	3.2316	0.8482	0.6180	-0.8002	-1.6180	-2.2797
595	1	1	0	-10	-6	14	6	-3	0	0.0000	3.2188	1.0887	0.3155	-0.7583	-1.5379	-2.3268
596	1	1	0	-10	-6	12	8	-3	-2	1.0000	-1.0000	3.2414	0.5825	-0.5408	-0.7836	-2.4995
597	1	1	0	-10	-10	12	16	1	-2	-1.0000	3.3900	1.2149	0.3033	-0.5923	-1.4439	-1.8720
598	1	1	0	-10	-8	14	10	-4	0	0.0000	-2.0000	3.3006	1.1129	0.3024	-1.1490	-1.5670

Table of spectral polynomials for graphs 411

code	freq	coefficients							spectrum						
599	1	1	0	-10	-8	16	12	-7	-2	3.2668	1.1092	0.6180	-0.2265	-1.3672	-1.6180	-1.7823
600	1	1	0	-10	-4	10	0	0	0	0.0000	0.0000	0.0000	3.2054	0.8444	-1.3879	-2.6620
601	1	1	0	-10	-8	16	14	-4	-2	3.2530	1.2657	0.4512	-0.3017	-1.2058	-1.5388	-1.9235
602	1	1	0	-10	-4	12	0	-2	0	0.0000	3.1764	0.7665	0.5277	-0.4084	-1.4713	-2.5909
603	1	1	0	-10	-6	16	4	-9	2	3.2051	0.8090	0.6180	0.3059	-1.1760	-1.6180	-2.1440
604	1	1	0	-10	-6	16	10	-5	-2	-1.0000	3.1689	1.2083	0.5582	-0.3088	-1.3054	-2.3211
605	1	1	0	-10	-10	16	26	7	-2	-1.0000	-1.0000	3.2819	1.5857	0.1694	-1.3258	-1.7112
606	1	1	0	-10	-8	12	8	0	0	0.0000	0.0000	-2.0000	3.3322	1.0948	-0.6002	-1.8268
607	1	1	0	-10	-8	17	18	0	-2	-1.0000	3.2100	1.4673	0.3007	-0.4605	-1.5946	-1.9229
608	1	1	0	-10	-6	15	6	-3	0	0.0000	3.2026	1.1318	0.3075	-0.7068	-1.7171	-2.2181
609	1	1	0	-10	-6	17	6	-8	0	0.0000	1.0000	-1.0000	-2.0000	3.1774	0.6784	-1.8558
610	1	1	0	-10	-6	15	8	-4	-2	3.1949	1.1118	0.5815	-0.4567	-0.6070	-1.5076	-2.3169
611	1	1	0	-10	-6	17	8	-7	-2	3.1659	1.0825	0.7194	-0.2539	-0.8850	-1.6805	-2.1485
612	1	1	0	-10	-4	13	2	-4	0	0.0000	3.1524	0.8103	0.6545	-0.6938	-1.3294	-2.5940
613	1	1	0	-10	-6	17	10	-5	0	0.0000	3.1500	1.2955	0.3402	-1.1679	-1.3754	-2.2423
614	1	1	0	-10	-8	15	16	0	-2	-1.0000	3.2531	1.3605	0.3190	-0.5193	-1.2764	-2.1368
615	2	1	0	-10	-8	13	12	0	0	0.0000	0.0000	-1.0000	3.3010	1.2323	-1.3529	-2.1804
616	1	1	0	-10	-4	13	0	0	0	0.0000	0.0000	0.0000	1.0000	3.1563	-1.6309	-2.5254
617	1	1	0	-10	-4	13	4	-2	0	0.0000	3.1378	1.0975	0.2810	-0.6136	-1.2884	-2.6143
618	1	1	0	-10	-6	17	12	-4	-2	-1.0000	3.1376	1.3450	0.4686	-0.3327	-1.3253	-2.2933
619	1	1	0	-10	-6	17	12	-6	-4	-1.0000	3.1426	1.2514	0.6712	-0.5405	-1.2129	-2.3118
620	1	1	0	-10	-6	13	8	-2	0	0.0000	-1.0000	3.2233	1.1526	0.1954	-1.1275	-2.4438
621	1	1	0	-10	-6	13	10	0	0	0.0000	0.0000	-1.0000	-1.0000	3.2102	1.2607	-2.4709
622	1	1	0	-10	-4	11	4	-2	0	0.0000	1.0000	-1.0000	3.1721	0.2998	-0.7818	-2.6901
623	2	1	0	-10	-6	18	10	-7	-2	-1.0000	3.1366	1.2406	0.6180	-0.2406	-1.6180	-2.1366
624	1	1	0	-10	-4	14	4	-2	0	0.0000	3.1198	1.1448	0.2731	-0.5714	-1.3962	-2.5702
625	2	1	0	-10	-6	18	12	-3	0	0.0000	-1.0000	3.1155	1.4329	0.1969	-1.5661	-2.1792
626	1	1	0	-10	-4	18	2	-4	0	0.0000	-2.0000	3.0594	1.1866	0.4681	-0.5418	-2.1723
627	1	1	0	-10	0	6	0	0	0	0.0000	0.0000	0.0000	3.0592	0.8007	-0.8007	-3.0592
628	1	1	0	-10	-6	12	0	0	0	0.0000	0.0000	0.0000	-2.0000	3.2731	0.8596	-2.1326
629	1	1	0	-10	0	0	0	0	0	0.0000	0.0000	0.0000	0.0000	3.1623	0.0000	-3.1623
630	1	1	0	-10	-8	16	14	-5	-4	-1.0000	3.2554	1.1980	0.6180	-0.5345	-1.6180	-1.9188
631	1	1	0	-10	-8	16	16	0	0	0.0000	0.0000	-2.0000	3.2361	1.4142	-1.2361	-1.4142
632	1	1	0	-10	-6	16	6	-6	0	0.0000	3.1909	1.0593	0.5288	-0.9082	-1.7123	-2.1586
633	1	1	0	-10	-6	14	8	-2	0	0.0000	3.2072	1.1906	0.1923	-0.8277	-1.3829	-2.3795
634	1	1	0	-10	-8	18	20	-1	-4	-1.0000	3.1843	1.5088	0.4170	-0.6987	-1.4783	-1.9330
635	1	1	0	-10	-6	18	8	-8	0	0.0000	-2.0000	3.1488	1.1784	0.5525	-1.0903	-1.7895
636	1	1	0	-10	-4	14	0	0	0	0.0000	0.0000	0.0000	3.1390	1.0495	-1.7248	-2.4637
637	1	1	0	-10	-2	10	0	0	0	0.0000	0.0000	0.0000	3.0991	0.9437	-1.2049	-2.8379
638	1	1	0	-10	-6	17	10	-7	-4	3.1559	1.1052	0.8019	-0.5550	-0.7681	-1.4930	-2.2470
639	2	1	0	-10	-4	17	4	-8	0	0.0000	1.0000	-1.0000	3.0749	0.7660	-1.3807	-2.4601
640	1	1	0	-10	-8	17	24	8	0	0.0000	-1.0000	-1.0000	3.1605	1.6923	-0.6923	-2.1605
641	1	1	0	-10	-6	17	10	-4	-2	3.1493	1.2816	0.5043	-0.3841	-0.7065	-1.6505	-2.1941
642	1	1	0	-10	-6	19	12	-9	-4	3.1107	1.2564	0.7575	-0.3735	-1.2448	-1.3441	-2.1623
643	1	1	0	-10	-4	15	6	-2	0	0.0000	3.0889	1.2646	0.2217	-0.6710	-1.3445	-2.5598
644	1	1	0	-10	-6	17	12	-2	0	0.0000	-1.0000	3.1326	1.4142	0.1404	-1.4142	-2.2731
645	1	1	0	-10	-6	17	16	0	-2	-1.0000	-1.0000	3.1051	1.5225	0.3129	-0.5705	-2.3700
646	1	1	0	-10	-8	19	26	8	0	0.0000	-1.0000	-2.0000	3.1071	1.7877	-0.5262	-1.3686
647	1	1	0	-10	-8	15	20	6	0	0.0000	-1.0000	-1.0000	3.2225	1.5429	-0.5429	-2.2225
648	1	1	0	-10	-6	20	10	-12	-2	3.1085	1.1438	0.8442	-0.1533	-1.3425	-1.7388	-1.8620
649	1	1	0	-10	-4	18	2	-6	0	0.0000	3.0637	1.0866	0.6405	-0.6689	-1.8607	-2.2613
650	1	1	0	-10	-4	16	4	-5	0	0.0000	3.0882	1.1280	0.5090	-0.7767	-1.4577	-2.4907
651	1	1	0	-10	-6	20	16	-5	-4	-1.0000	3.0549	1.5340	0.5327	-0.5120	-1.4481	-2.1615
652	1	1	0	-10	-4	18	4	-7	0	0.0000	3.0527	1.1574	0.6180	-0.8338	-1.6180	-2.3762
653	1	1	0	-10	-8	20	26	5	-2	-1.0000	3.0936	1.7782	0.1892	-0.6762	-1.5412	-1.8437
654	1	1	0	-10	-4	20	2	-13	4	1.0000	3.0353	0.6180	0.4643	-1.2768	-1.6180	-2.2229
655	1	1	0	-10	-4	16	8	-2	0	0.0000	3.0558	1.3720	0.1857	-0.7921	-1.2721	-2.5494
656	1	1	0	-10	-6	22	16	-12	-8	-2.0000	3.0303	1.4142	0.8654	-0.5794	-1.3163	-1.4142
657	1	1	0	-10	-2	14	0	-4	0	0.0000	3.0303	0.8654	0.7321	-0.5794	-1.3163	-2.7320
658	1	1	0	-10	-2	16	-4	-2	0	0.0000	3.0118	0.8743	0.6769	-0.2506	-1.7407	-2.5717
659	1	1	0	-10	-4	18	8	-4	0	0.0000	3.0176	1.4142	0.3100	-0.8697	-1.4142	-2.4580
660	1	1	0	-10	-8	18	18	-5	-6	-1.0000	3.2033	1.3675	0.6180	-0.7539	-1.6180	-1.8168
661	1	1	0	-10	-4	16	0	0	0	0.0000	0.0000	0.0000	-2.0000	3.1028	1.1464	-2.2491
662	1	1	0	-10	-6	20	16	0	0	0.0000	0.0000	-2.0000	3.0397	1.6494	-0.8840	-1.8051
663	1	1	0	-10	-4	18	2	-9	2	1.0000	-1.0000	3.0687	0.6180	0.2778	-1.6180	-2.3465
664	1	1	0	-10	0	8	0	0	0	0.0000	0.0000	0.0000	3.0204	0.9364	-0.9364	-3.0204

412 Polynomials

code	freq	coefficients							spectrum					
665	1	1	0	-10	-4	21	4	-13	2	3.0008	1.1389	0.7705	0.1704	-1.2060	-1.6979	-2.1767
666	1	1	0	-10	-6	21	20	0	-2	-1.0000	2.9849	1.7622	0.2816	-0.4362	-1.4341	-2.1584
667	1	1	0	-10	-4	21	6	-11	0	0.0000	2.9821	1.2906	0.7099	-1.0770	-1.6782	-2.2274
668	1	1	0	-10	-2	17	-2	-4	0	0.0000	1.0000	2.9805	0.7065	-0.4418	-1.6693	-2.5759
669	1	1	0	-10	-4	21	8	-8	-2	2.9594	1.4306	0.6424	-0.2297	-0.8211	-1.7379	-2.2439
670	1	1	0	-10	-6	21	14	-12	-8	1.0000	-1.0000	-2.0000	3.0664	1.2222	-0.6522	-1.6364
671	1	1	0	-10	-4	19	4	-8	0	0.0000	3.0341	1.1757	0.6637	-0.8539	-1.7233	-2.2962
672	1	1	0	-10	-6	23	18	-12	-10	-1.0000	2.9928	1.5152	0.8605	-0.8171	-1.6467	-1.9047
673	1	1	0	-10	-4	19	8	-10	-4	1.0000	-1.0000	3.0133	1.0913	-0.3918	-1.2719	-2.4409
674	1	1	0	-10	-4	17	10	-4	-2	-1.0000	-1.0000	3.0267	1.4007	0.4948	-0.3742	-2.5480
675	1	1	0	-10	-2	19	-6	-5	2	2.9666	0.8019	0.7026	0.4523	-0.5550	-2.1215	-2.2470
676	1	1	0	-10	-2	15	4	-2	0	0.0000	2.9751	1.3126	0.2625	-0.5772	-1.2344	-2.7386
677	1	1	0	-10	-4	21	6	-10	0	0.0000	-1.0000	2.9794	1.3286	0.6520	-1.7658	-2.1943
678	1	1	0	-10	-4	21	4	-12	0	0.0000	3.0000	1.0000	1.0000	-1.0000	-2.0000	-2.0000
679	1	1	0	-10	0	11	0	-2	0	0.0000	1.0000	-1.0000	2.9618	0.4775	-0.4775	-2.9618
680	1	1	0	-10	-8	21	32	12	0	0.0000	3.0000	2.0000	-1.0000	-1.0000	-1.0000	-2.0000
681	1	1	0	-10	-6	19	22	6	0	0.0000	3.0000	-1.0000	-1.0000	1.8136	-0.4707	-2.3429
682	1	1	0	-10	-10	19	38	22	4	2.0000	-1.0000	-1.0000	-1.0000	3.1249	-0.3633	-1.7616
683	1	1	0	-10	-2	20	0	-9	2	2.9042	1.2155	0.6180	0.2582	-0.8775	-1.6180	-2.5003
684	1	1	0	-10	-6	24	22	-7	-8	-1.0000	2.9107	1.7994	0.6180	-0.7994	-1.6180	-1.9107
685	1	1	0	-10	-4	24	8	-16	0	0.0000	-2.0000	2.9032	1.4142	0.8061	-1.4142	-1.7093
686	1	1	0	-10	0	16	-8	0	0	0.0000	0.0000	2.9032	0.8061	0.7321	-1.7093	-2.7320
687	1	1	0	-11	-20	-9	4	3	0	0.0000	-1.0000	-1.0000	-1.0000	4.0514	0.4827	-1.5341
688	1	1	0	-11	-16	-2	4	0	0	0.0000	-1.0000	-1.0000	-2.0000	3.8951	0.3973	-1.2924
689	1	1	0	-11	-16	1	10	3	0	0.0000	-1.0000	3.8590	0.7792	-0.3791	-1.4758	-1.7831
690	1	1	0	-11	-14	0	4	0	0	0.0000	0.0000	-1.0000	-1.0000	3.8201	0.4594	-2.2795
691	1	1	0	-11	-16	3	16	-7	0	0.0000	1.0000	-1.0000	-1.0000	-1.0000	3.8284	-1.8284
692	2	1	0	-11	-14	4	8	0	0	0.0000	0.0000	-1.0000	-2.0000	3.7785	0.7108	-1.4893
693	1	1	0	-11	-12	0	0	0	0	0.0000	0.0000	0.0000	0.0000	3.7664	-1.2828	-2.4836
694	1	1	0	-11	-12	5	4	0	0	0.0000	0.0000	3.7136	0.6180	-0.4829	-1.6180	-2.2307
695	1	1	0	-11	-12	3	4	-1	0	0.0000	-1.0000	-1.0000	3.7320	0.4142	0.2679	-2.4142
696	1	1	0	-11	-14	5	8	-2	0	0.0000	3.7711	0.6180	0.2430	-1.2096	-1.6180	-1.8045
697	1	1	0	-11	-14	6	12	0	-2	-1.0000	3.7524	0.7778	0.4221	-0.5864	-1.4300	-1.9359
698	1	1	0	-11	-14	6	16	6	0	0.0000	-1.0000	-1.0000	3.7388	1.0688	-0.7189	-2.0886
699	1	1	0	-11	-14	7	16	3	-2	1.0000	-1.0000	-1.0000	-1.0000	-2.0000	3.7320	0.2679
700	1	1	0	-11	-20	-5	16	15	4	4.0000	1.0000	-1.0000	-1.0000	-1.0000	-1.0000	-1.0000
701	1	1	0	-11	-12	6	6	-2	0	0.0000	-1.0000	3.7009	0.5730	0.3144	-1.3260	-2.2622
702	1	1	0	-11	-12	9	8	-4	0	0.0000	-2.0000	3.6691	0.6180	0.4760	-1.1451	-1.6180
703	1	1	0	-11	-12	10	10	-3	0	0.0000	3.6534	0.8496	0.2587	-1.1415	-1.7464	-1.8737
704	1	1	0	-11	-12	8	10	0	0	0.0000	0.0000	-1.0000	3.6706	0.9014	-1.3769	-2.1951
705	1	1	0	-11	-12	11	16	1	-2	-1.0000	3.6242	1.0957	0.3073	-0.5806	-1.3403	-2.1063
706	1	1	0	-11	-12	11	12	-4	-2	3.6392	0.7736	0.6180	-0.3119	-1.1950	-1.6180	-1.9059
707	1	1	0	-11	-10	10	4	-2	0	0.0000	3.5963	0.6741	0.3440	-0.6019	-1.8042	-2.2083
708	2	1	0	-11	-12	12	16	0	-2	-1.0000	3.6147	1.0999	0.3309	-0.4807	-1.6603	-1.9045
709	1	1	0	-11	-10	11	8	-2	0	0.0000	3.5740	0.9053	0.2053	-0.8595	-1.5189	-2.3062
710	1	1	0	-11	-12	13	18	-1	-4	-1.0000	3.5996	1.1134	0.4686	-0.7191	-1.5417	-1.9208
711	1	1	0	-11	-12	9	14	1	-2	1.0000	-1.0000	-1.0000	3.6499	0.3306	-0.7395	-2.2410
712	1	1	0	-11	-10	14	12	-3	-2	3.5298	1.0351	0.4738	-0.3836	-0.8430	-1.6604	-2.1517
713	1	1	0	-11	-10	12	10	-3	-2	3.5585	0.8720	0.5612	-0.4294	-0.7879	-1.4786	-2.2957
714	1	1	0	-11	-10	12	8	-5	0	0.0000	3.5658	0.7751	0.4894	-1.1611	-1.4076	-2.2617
715	1	1	0	-11	-12	14	20	1	-2	3.5806	1.2470	0.2755	-0.4450	-1.3181	-1.5381	-1.8019
716	1	1	0	-11	-8	10	4	-2	0	0.0000	3.5195	0.7454	0.3312	-0.6585	-1.3517	-2.5859
717	1	1	0	-11	-12	14	22	4	-2	-1.0000	3.5719	1.3227	0.2160	-0.6732	-1.5127	-1.9246
718	1	1	0	-11	-10	12	10	-4	-2	-1.0000	3.5593	0.7685	0.6774	-0.3469	-1.3447	-2.3136
719	1	1	0	-11	-10	12	10	0	0	0.0000	0.0000	3.5554	1.0530	-0.7284	-1.6296	-2.2504
720	2	1	0	-11	-10	14	10	-4	0	0.0000	1.0000	-1.0000	-2.0000	3.5366	0.3068	-1.8434
721	1	1	0	-11	-8	10	0	0	0	0.0000	0.0000	0.0000	3.5304	0.6655	-1.7168	-2.4791
722	1	1	0	-11	-14	8	18	6	0	0.0000	-1.0000	3.7156	1.1371	-0.5170	-1.4805	-1.8552
723	1	1	0	-11	-10	15	14	-3	-2	-1.0000	3.5116	1.1281	0.4308	-0.3455	-1.5857	-2.1393
724	1	1	0	-11	-10	13	14	-1	-2	-1.0000	3.5329	1.1158	0.3749	-0.4770	-1.2183	-2.3283
725	1	1	0	-11	-10	13	10	-3	0	0.0000	1.0000	-1.0000	3.5470	0.2419	-1.5918	-2.1970
726	1	1	0	-11	-8	11	4	-2	0	0.0000	3.5082	0.7929	0.3158	-0.6103	-1.4715	-2.5351
727	1	1	0	-11	-12	13	22	5	-2	-1.0000	-1.0000	-1.0000	3.5821	1.3135	0.2026	-2.0982
728	1	1	0	-11	-14	9	22	9	0	0.0000	-1.0000	-1.0000	1.0000	3.6940	1.2520	-1.9460
729	1	1	0	-11	-10	15	8	-10	2	3.5366	0.6180	0.6180	0.3068	-1.6180	-1.6180	-1.8434
730	1	1	0	-11	-8	15	6	-5	0	0.0000	3.4567	0.9021	0.4920	-0.8273	-1.6829	-2.3407

Table of spectral polynomials for graphs

code	freq	coefficients							spectrum						
731	1	1	0	-11	-10	17	14	-8	-2	3.4926	1.0472	0.6180	-0.1990	-1.4648	-1.6180	-1.8760
732	1	1	0	-11	-12	15	24	5	-2	-1.0000	3.5534	1.3880	0.1964	-0.6999	-1.6515	-1.7864
733	1	1	0	-11	-10	13	12	0	0	0.0000	0.0000	3.5379	1.1275	-0.8542	-1.5744	-2.2368
734	1	1	0	-11	-6	9	0	0	0	0.0000	0.0000	0.0000	3.4615	0.6824	-1.3770	-2.7669
735	1	1	0	-11	-8	15	12	-5	-4	1.0000	-1.0000	-1.0000	3.4360	0.7158	-0.6501	-2.5018
736	1	1	0	-11	-8	16	10	-4	-2	3.4289	1.0854	0.5308	-0.3787	-0.7134	-1.5778	-2.3751
737	1	1	0	-11	-8	16	8	-3	0	0.0000	3.4347	1.1051	0.2621	-0.7441	-1.7770	-2.2807
738	3	1	0	-11	-10	16	16	0	0	0.0000	0.0000	-1.0000	-2.0000	3.4893	1.2892	-1.7785
739	1	1	0	-11	-10	14	16	0	-2	-1.0000	3.5138	1.2109	0.3235	-0.5104	-1.2379	-2.2998
740	1	1	0	-11	-6	10	4	-2	0	0.0000	-1.0000	3.4373	0.8219	0.3210	-0.7907	-2.7895
741	1	1	0	-11	-8	16	12	-2	0	0.0000	-1.0000	3.4184	1.2372	0.1420	-1.3731	-2.4245
742	1	1	0	-11	-8	12	8	0	0	0.0000	0.0000	3.4811	1.0591	-0.6215	-1.3697	-2.5491
743	1	1	0	-11	-6	10	6	0	0	0.0000	0.0000	1.0000	-1.0000	3.4279	-0.6243	-2.8035
744	1	1	0	-11	-10	15	10	-8	0	0.0000	-2.0000	3.5289	0.8326	0.6180	-1.3615	-1.6180
745	1	1	0	-11	-10	9	6	0	0	0.0000	0.0000	3.5993	0.8539	-0.5316	-1.5461	-2.3755
746	1	1	0	-11	-10	12	8	0	0	0.0000	0.0000	1.0000	-2.0000	-2.0000	3.5616	-0.5616
747	1	1	0	-11	-10	0	0	0	0	0.0000	0.0000	0.0000	0.0000	-1.0000	3.7016	-2.7016
748	1	1	0	-11	-10	15	14	-2	0	0.0000	3.5101	1.1868	0.1272	-1.1462	-1.5412	-2.1367
749	1	1	0	-11	-10	15	12	-5	-2	1.0000	-1.0000	-2.0000	3.5201	0.5575	-0.2841	-1.7936
750	1	1	0	-11	-12	15	24	3	-4	-1.0000	-1.0000	3.5557	1.3471	0.3320	-1.3007	-1.9340
751	1	1	0	-11	-10	16	16	-1	-2	-2.0000	3.4909	1.2470	0.3434	-0.4450	-0.8342	-1.8019
752	1	1	0	-11	-8	14	4	-2	0	0.0000	3.4729	0.9212	0.2828	-0.5158	-1.8722	-2.2889
753	1	1	0	-11	-8	10	8	0	0	0.0000	0.0000	1.0000	-1.0000	3.5047	-0.8646	-2.6400
754	1	1	0	-11	-4	6	0	0	0	0.0000	0.0000	0.0000	-1.0000	-3.0000	3.4142	0.5858
755	1	1	0	-11	-10	15	14	-4	-2	3.5126	1.1024	0.4672	-0.2999	-1.2334	-1.3744	-2.1744
756	1	1	0	-11	-8	15	8	-5	-2	3.4501	0.8512	0.7282	-0.3448	-0.7253	-1.5563	-2.4031
757	1	1	0	-11	-10	19	20	-6	-6	3.4449	1.2788	0.6180	-0.5717	-1.2577	-1.6180	-1.8943
758	1	1	0	-11	-6	13	2	-2	0	0.0000	3.4067	0.8532	0.3683	-0.4671	-1.5079	-2.6531
759	1	1	0	-11	-10	17	22	6	0	0.0000	3.4484	1.4918	-0.4525	-0.7565	-1.5960	-2.1352
760	1	1	0	-11	-8	17	8	-7	0	0.0000	1.0000	-1.0000	3.4262	0.5317	-1.7083	-2.2495
761	1	1	0	-11	-8	17	6	-10	2	3.4363	0.7663	0.6180	0.2735	-1.2440	-1.6180	-2.2321
762	1	1	0	-11	-12	17	30	9	-2	-1.0000	-1.0000	3.5053	1.5565	0.1460	-1.3556	-1.8523
763	1	1	0	-11	-8	18	12	-3	-2	3.3933	1.2470	0.4356	-0.4450	-0.6098	-1.8019	-2.2190
764	1	1	0	-11	-6	12	8	0	0	0.0000	0.0000	-1.0000	3.3943	1.1263	-0.7572	-2.7634
765	1	1	0	-11	-10	18	18	-5	-4	3.4636	1.2470	0.5379	-0.4450	-1.1766	-1.8019	-1.8248
766	1	1	0	-11	-12	18	34	14	0	0.0000	-1.0000	-1.0000	3.4719	1.6791	-1.2912	-1.8598
767	1	1	0	-11	-6	16	2	-4	0	0.0000	3.3690	0.8731	0.5553	-0.5670	-1.7216	-2.5088
768	1	1	0	-11	-8	20	14	-9	-4	3.3650	1.1873	0.7161	-0.3551	-1.1384	-1.5652	-2.2096
769	1	1	0	-11	-8	20	10	-12	0	0.0000	1.0000	-2.0000	3.3839	0.7424	-1.3279	-1.7985
770	1	1	0	-11	-8	18	14	-2	-2	3.3839	1.3168	0.3803	-0.4621	-0.6784	-1.6287	-2.3118
771	1	1	0	-11	-8	18	10	-7	-2	3.4059	1.0572	0.6535	-0.2413	-0.9047	-1.7672	-2.2034
772	1	1	0	-11	-10	20	26	4	-2	-1.0000	3.3940	1.5930	0.2012	-0.5586	-1.7727	-1.8569
773	1	1	0	-11	-8	18	12	-5	0	0.0000	3.3949	1.2386	0.3043	-1.1140	-1.5273	-2.2965
774	1	1	0	-11	-6	14	6	-2	0	0.0000	3.3777	1.0759	0.2285	-0.6768	-1.3310	-2.6742
775	1	1	0	-11	-6	16	8	-4	0	0.0000	-1.0000	3.3439	1.1590	0.3275	-1.1967	-2.6336
776	1	1	0	-11	-10	16	20	2	-2	-1.0000	3.4736	1.3716	0.2535	-0.5755	-1.2865	-2.2366
777	1	1	0	-11	-10	20	24	-4	-8	-1.0000	-1.0000	-2.0000	3.4142	1.4142	0.5858	-1.4142
778	1	1	0	-11	-8	16	12	0	0	0.0000	0.0000	3.4161	1.2742	-0.7413	-1.5504	-2.3986
779	1	1	0	-11	-8	16	8	-2	0	0.0000	3.4336	1.1319	0.1878	-0.6613	-1.8405	-2.2515
780	1	1	0	-11	-10	18	26	8	0	0.0000	-1.0000	3.4168	1.5946	-0.5140	-1.2999	-2.1975
781	1	1	0	-11	-4	12	0	0	0	0.0000	0.0000	0.0000	3.3347	0.9070	-1.3925	-2.8492
782	1	1	0	-11	-8	20	16	-2	0	0.0000	-1.0000	3.3456	1.4434	0.1105	-1.7174	-2.1822
783	1	1	0	-11	-8	16	14	0	0	0.0000	0.0000	-1.0000	3.4083	1.3176	-1.2687	-2.4572
784	2	1	0	-11	-6	19	8	-8	0	0.0000	3.3047	1.1600	0.5397	-1.1255	-1.3685	-2.5104
785	1	1	0	-11	-6	19	2	-9	2	3.3322	0.7737	0.7099	0.2796	-0.8973	-1.8765	-2.3215
786	1	1	0	-11	-8	21	16	-9	-6	-1.0000	3.3424	1.2603	0.7451	-0.5359	-1.6491	-2.1628
787	1	1	0	-11	-8	21	18	-4	-2	3.3248	1.4670	0.3813	-0.2755	-1.1409	-1.5514	-2.2054
788	1	1	0	-11	-6	17	6	-4	0	0.0000	3.3381	1.1292	0.3671	-0.7267	-1.5627	-2.5450
789	1	1	0	-11	-8	21	12	-12	0	0.0000	-2.0000	3.3615	1.1674	0.6180	-1.5289	-1.6180
790	1	1	0	-11	-6	17	2	-3	0	0.0000	1.0000	3.3539	0.4142	-0.4765	-1.8774	-2.4142
791	1	1	0	-11	-10	21	30	9	0	0.0000	-1.0000	3.3539	1.7320	-0.4765	-1.7320	-1.8774
792	1	1	0	-11	-8	19	12	-8	-2	3.3855	1.1532	0.6180	-0.2079	-1.1095	-1.6180	-2.2214
793	1	1	0	-11	-4	13	0	-2	0	0.0000	3.3231	0.8038	0.4838	-0.3939	-1.3903	-2.8265
794	1	1	0	-11	-8	19	20	1	-2	-1.0000	3.3394	1.5139	0.2671	-0.5098	-1.2108	-2.3998
795	1	1	0	-11	-10	19	20	-7	-8	-1.0000	3.4467	1.2170	0.7331	-0.8114	-1.7043	-1.8812
796	1	1	0	-11	-8	17	14	-3	-2	-1.0000	3.3989	1.2664	0.4142	-0.3545	-1.3108	-2.4142

414 Polynomials

code	freq	coefficients							spectrum					
797	2	1	0	-11	-6	19	6	-8	0	0.0000	3.3139	1.0650	0.6180	-0.9229	-1.6180	-2.4560
798	1	1	0	-11	-4	15	-2	-2	0	0.0000	3.3028	0.7321	0.6180	-0.3028	-1.6180	-2.7320
799	1	1	0	-11	-8	23	20	-13	-12	1.0000	-1.0000	-1.0000	3.3010	1.2323	-1.3529	-2.1804
800	1	1	0	-11	-6	15	8	-5	-2	1.0000	-1.0000	-1.0000	3.3601	0.6558	-0.3391	-2.6767
801	1	1	0	-11	-8	19	10	-10	0	0.0000	3.3953	1.0577	0.6180	-1.2837	-1.6180	-2.1692
802	1	1	0	-11	-12	19	40	23	4	-1.0000	-1.0000	-1.0000	3.4219	1.8466	-0.3258	-1.9427
803	1	1	0	-11	-8	21	22	-1	-4	-1.0000	-1.0000	3.3022	1.5693	0.3936	-0.6567	-1.2860	-2.3223
804	1	1	0	-11	-8	21	16	-11	-8	1.0000	-1.0000	-1.0000	3.3459	1.0630	-0.6605	-1.5470	-2.2013
805	1	1	0	-11	-12	21	46	29	6	2.0000	-1.0000	-1.0000	-1.0000	3.3539	-0.4765	-1.8774
806	1	1	0	-11	-6	22	6	-13	2	3.2737	1.0835	0.6748	0.1771	-1.1736	-1.7909	-2.2445
807	1	1	0	-11	-4	16	4	-4	0	0.0000	3.2623	1.1042	0.4308	-0.7110	-1.3023	-2.7840
808	1	1	0	-11	-6	22	8	-11	0	0.0000	3.2616	1.2033	0.6523	-0.1658	-1.7565	-2.2950
809	1	1	0	-11	-8	24	22	-8	-8	-1.0000	-2.0000	3.2647	1.5378	0.6491	-0.7013	-1.7503
810	1	1	0	-11	-6	20	8	-8	-2	3.2901	1.1438	0.7023	-0.2288	-0.8229	-1.6534	-2.4311
811	1	1	0	-11	-4	20	-2	-4	0	0.0000	1.0000	-2.0000	3.2273	0.6291	-0.4013	-2.4551
812	1	1	0	-11	-6	22	10	-10	-2	-1.0000	3.2508	1.2668	0.6847	-0.1807	-1.6652	-2.3565
813	1	1	0	-11	-6	22	10	-4	0	0.0000	-2.0000	3.2401	1.4352	0.2635	-0.7435	-2.1953
814	1	1	0	-11	-4	18	-4	-2	0	0.0000	3.2665	0.8078	0.6439	-0.2388	-1.9456	-2.5339
815	1	1	0	-11	-8	24	18	-15	-8	3.2959	1.2470	0.9362	-0.4450	-1.4789	-1.7532	-1.8019
816	1	1	0	-11	-6	20	14	0	0	0.0000	3.2468	1.5204	0.6180	-0.7524	-1.4971	-2.5177
817	1	1	0	-11	-8	22	26	4	-2	-1.0000	3.2554	1.7350	0.2000	-0.6004	-1.2719	-2.3181
818	1	1	0	-11	-6	20	6	-10	0	0.0000	1.0000	-1.0000	3.3015	0.7599	-1.6597	-2.4017
819	1	1	0	-11	-6	24	8	-16	0	0.0000	1.0000	1.0000	-2.0000	-2.0000	3.2361	-1.2361
820	1	1	0	-11	-10	22	34	12	0	0.0000	-1.0000	-2.0000	3.3136	1.8360	-0.6636	-1.4860
821	1	1	0	-11	-2	12	0	0	0	0.0000	0.0000	0.0000	1.0000	-3.0000	3.2361	-1.2361
822	1	1	0	-11	-4	14	8	0	0	0.0000	0.0000	-1.0000	3.2687	1.2727	-0.6696	-2.8718
823	1	1	0	-11	0	6	0	0	0	0.0000	0.0000	0.0000	3.2287	0.7587	-0.7587	-3.2287
824	1	1	0	-11	-6	25	14	-12	-2	3.1781	1.4880	0.6180	-0.1480	-1.2718	-1.6180	-2.2463
825	1	1	0	-11	-2	17	-4	-2	0	0.0000	3.1763	0.9038	0.6180	-0.2458	-1.6180	-2.8344
826	1	1	0	-11	-4	23	0	-13	4	1.0000	-1.0000	3.1774	0.6784	0.4142	-1.8558	-2.4142
827	1	1	0	-11	-8	27	28	-9	-12	-1.0000	-1.0000	3.1774	1.7320	0.6784	-1.7320	-1.8558
828	1	1	0	-12	-22	-9	6	4	0	0.0000	-1.0000	-1.0000	-1.0000	4.2015	0.5451	-1.7466
829	1	1	0	-12	-20	-9	0	0	0	0.0000	0.0000	0.0000	-1.0000	-1.0000	4.1623	-2.1623
830	1	1	0	-12	-20	-4	8	3	0	0.0000	-1.0000	4.1190	0.6180	-0.4316	-1.6180	-1.6874
831	1	1	0	-12	-18	-3	4	0	0	0.0000	0.0000	-1.0000	4.0678	0.3616	-1.2446	-2.1848
832	1	1	0	-12	-16	0	0	0	0	0.0000	0.0000	0.0000	0.0000	4.0000	-2.0000	-2.0000
833	1	1	0	-12	-20	-3	12	6	0	0.0000	-1.0000	-1.0000	-1.0000	4.1055	0.7765	-1.8820
834	1	1	0	-12	-20	-2	12	3	-2	-1.0000	-1.0000	4.1004	0.6180	0.3389	-1.4393	-1.6180
835	1	1	0	-12	-16	4	8	-2	0	0.0000	3.9581	0.5368	0.2576	-1.2394	-1.3872	-2.1258
836	1	1	0	-12	-16	5	10	0	0	0.0000	0.0000	-1.0000	-2.0000	3.9460	0.7480	-1.6940
837	1	1	0	-12	-16	7	14	0	-2	-1.0000	3.9235	0.8129	0.3824	-0.5018	-1.7534	-1.8636
838	1	1	0	-12	-16	8	16	0	-2	3.9118	0.8905	0.3500	-0.4382	-1.3265	-1.4784	-1.9092
839	1	1	0	-12	-16	6	14	1	-2	-1.0000	3.9306	0.8244	0.3479	-0.6085	-1.3771	-2.1173
840	1	1	0	-12	-16	8	18	3	-2	1.0000	-1.0000	-2.0000	3.9063	0.2560	-0.6702	-1.4921
841	1	1	0	-12	-16	9	20	4	-2	-1.0000	3.8938	1.0701	0.2274	-0.6976	-1.5857	-1.9080
842	1	1	0	-12	-14	7	8	-2	0	0.0000	-1.0000	3.8753	0.6676	0.2292	-1.4563	-2.3158
843	1	1	0	-12	-14	7	12	0	-2	-1.0000	-1.0000	3.8662	0.7892	0.4142	-0.6554	-2.4142
844	1	1	0	-12	-20	1	24	18	4	-1.0000	-1.0000	-1.0000	4.0548	1.1610	-0.4932	-1.7226
845	1	1	0	-12	-16	9	20	2	-4	1.0000	-1.0000	-1.0000	-2.0000	3.8951	0.3973	-1.2924
846	1	1	0	-12	-14	10	10	-4	0	0.0000	-2.0000	3.8478	0.7251	0.3555	-1.1075	-1.8209
847	1	1	0	-12	-12	6	0	0	0	0.0000	0.0000	0.0000	3.8367	0.3669	-1.7079	-2.4957
848	1	1	0	-12	-14	11	14	-3	-2	3.8305	0.8505	0.4847	-0.3300	-1.1996	-1.4930	-2.1429
849	1	1	0	-12	-16	7	18	6	0	0.0000	-1.0000	3.9123	1.0622	-0.5033	-1.3566	-2.1147
850	1	1	0	-12	-16	11	26	8	-2	-1.0000	-1.0000	3.8627	1.2432	0.1612	-1.3410	-1.9262
851	1	1	0	-12	-12	7	6	0	0	0.0000	0.0000	3.8153	0.7389	-0.5994	-1.3781	-2.5767
852	2	1	0	-12	-14	12	18	1	-2	-1.0000	3.8105	1.0838	0.2921	-0.5017	-1.5426	-2.1421
853	2	1	0	-12	-14	12	16	0	0	0.0000	0.0000	-2.0000	3.8154	1.0607	-1.1362	-1.7398
854	1	1	0	-12	-16	10	24	9	0	0.0000	-1.0000	3.8744	1.2287	-0.6360	-1.5537	-1.9134
855	1	1	0	-12	-12	10	8	-3	0	0.0000	-1.0000	3.7867	0.7465	0.3128	-1.3705	-2.4754
856	1	1	0	-12	-12	12	10	-3	-2	3.7644	0.7354	0.6180	-0.4474	-0.6808	-1.6180	-2.3716
857	1	1	0	-12	-12	12	8	-2	0	0.0000	3.7683	0.8586	0.2032	-0.7330	-1.8345	-2.2625
858	1	1	0	-12	-12	8	8	0	0	0.0000	0.0000	3.8023	0.8272	-0.7604	-1.3039	-2.5652
859	1	1	0	-12	-12	13	12	0	0	0.0000	0.0000	3.7481	1.0457	-0.7770	-1.7027	-2.3142
860	1	1	0	-12	-12	11	14	0	-2	1.0000	-1.0000	-1.0000	3.7619	0.3551	-0.5932	-2.5238
861	1	1	0	-12	-14	9	18	6	0	0.0000	-1.0000	-1.0000	3.8331	1.1320	-0.5797	-2.3854
862	1	1	0	-12	-14	3	6	0	0	0.0000	0.0000	-1.0000	-1.0000	3.9095	0.6093	-2.5188

Table of spectral polynomials for graphs 415

code	freq	coefficients							spectrum						
863	1	1	0	-12	-14	9	10	-2	0	0.0000	-1.0000	3.8549	0.7976	0.1802	-1.6654	-2.1674
864	2	1	0	-12	-14	12	12	-7	0	0.0000	3.8284	0.6180	0.6180	-1.6180	-1.6180	-1.8284
865	1	1	0	-12	-14	13	18	-2	-4	1.0000	-1.0000	-2.0000	3.8039	0.5077	-0.6077	-1.7039
866	1	1	0	-12	-14	11	22	8	0	0.0000	-1.0000	-1.0000	3.8055	1.2485	-0.7221	-2.3319
867	1	1	0	-12	-12	10	8	0	0	0.0000	0.0000	3.7848	0.8760	-0.6162	-1.6049	-2.4397
868	1	1	0	-12	-14	15	22	-1	-4	3.7759	1.1619	0.4209	-0.5478	-1.2503	-1.6984	-1.8623
869	1	1	0	-12	-12	13	10	-3	-2	3.7553	0.8019	0.5738	-0.5104	-0.5550	-1.8187	-2.2470
870	1	1	0	-12	-12	13	12	-2	0	0.0000	1.0000	-1.0000	3.7494	0.1469	-1.5423	-2.3540
871	1	1	0	-12	-14	15	26	8	0	0.0000	-1.0000	-2.0000	3.7594	1.3711	-0.4663	-1.6642
872	1	1	0	-12	-16	13	32	14	0	0.0000	-1.0000	-1.0000	3.8284	1.4142	-1.4142	-1.8284
873	1	1	0	-12	-14	16	26	4	-2	3.7530	1.3346	0.2037	-0.5012	-1.2636	-1.6484	-1.8781
874	1	1	0	-12	-12	16	14	-7	-2	3.7198	0.9151	0.6180	-0.2176	-1.2402	-1.6180	-2.1771
875	1	1	0	-12	-12	14	10	-6	0	0.0000	3.7477	0.8117	0.4727	-1.0889	-1.7356	-2.2077
876	1	1	0	-12	-10	12	4	-2	0	0.0000	3.7089	0.7435	0.3121	-0.5478	-1.6590	-2.5576
877	1	1	0	-12	-12	12	12	-3	-2	-1.0000	3.7596	0.8640	0.5141	-0.3696	-1.3280	-2.4402
878	1	1	0	-12	-14	18	28	-3	-10	-1.0000	3.7349	1.2384	0.6180	-1.2673	-1.6180	-1.7061
879	1	1	0	-12	-12	16	16	0	0	0.0000	0.0000	-2.0000	-2.0000	3.7093	1.1939	-0.9032
880	1	1	0	-12	-8	8	0	0	0	0.0000	0.0000	0.0000	3.6853	0.5530	-1.3673	-2.8711
881	1	1	0	-12	-12	17	18	-5	-4	3.6984	1.0991	0.5596	-0.4420	-1.1869	-1.5130	-2.2152
882	1	1	0	-12	-12	17	20	1	-2	3.6882	1.2788	0.2713	-0.5020	-0.8271	-1.7183	-2.1908
883	1	1	0	-12	-12	15	14	-3	0	0.0000	3.7263	1.0749	0.1843	-1.1092	-1.6358	-2.2404
884	1	1	0	-12	-10	15	8	-4	0	0.0000	3.6703	0.9316	0.3476	-0.8265	-1.6391	-2.4840
885	1	1	0	-12	-10	13	8	-2	0	0.0000	3.6888	0.9407	0.1982	-0.7592	-1.4793	-2.5892
886	1	1	0	-12	-14	17	32	12	0	0.0000	-1.0000	-2.0000	3.7217	1.5127	-0.6902	-1.5442
887	1	1	0	-12	-12	19	20	-8	-8	1.0000	-1.0000	-2.0000	3.6758	0.8446	-0.7128	-1.8075
888	1	1	0	-12	-12	15	18	-2	-4	-1.0000	3.7160	1.1122	0.4853	-0.6539	-1.2840	-2.3755
889	1	1	0	-12	-14	13	22	4	-2	-1.0000	3.7905	1.2180	0.2170	-0.6609	-1.3875	-2.1771
890	1	1	0	-12	-10	13	10	-2	0	0.0000	1.0000	-1.0000	3.6834	0.1688	-1.2245	-2.6277
891	1	1	0	-12	-16	15	42	28	6	-1.0000	-1.0000	-1.0000	3.7762	1.6561	-0.4953	-1.9371
892	1	1	0	-12	-12	20	24	0	0	0.0000	0.0000	-2.0000	3.6458	1.4142	-1.4142	-1.6458
893	1	1	0	-12	-10	16	8	-7	0	0.0000	-1.0000	3.6625	0.7819	0.6180	-1.6180	-2.4444
894	1	1	0	-12	-8	12	0	0	0	0.0000	0.0000	0.0000	3.6458	0.7321	-1.6458	-2.7320
895	1	1	0	-12	-14	16	24	-3	-8	-1.0000	-1.0000	3.7637	1.1252	0.6180	-1.6180	-1.8890
896	1	1	0	-12	-14	18	32	7	-4	-1.0000	-1.0000	3.7161	1.4683	0.2514	-1.5313	-1.9044
897	1	1	0	-12	-12	18	16	-9	-2	1.0000	-2.0000	3.6964	0.6180	-0.1782	-1.5182	-1.6180
898	1	1	0	-12	-12	16	16	-2	0	0.0000	3.7107	1.1612	0.1134	-1.1078	-1.6887	-2.1888
899	1	1	0	-12	-12	17	20	0	-2	-1.0000	3.6889	1.2650	0.2909	-0.4119	-1.6070	-2.2259
900	1	1	0	-12	-12	17	22	6	0	0.0000	3.6785	1.3861	-0.5095	-0.5976	-1.7546	-2.2028
901	1	1	0	-12	-10	17	8	-5	-2	-2.0000	3.6511	0.8019	0.7261	-0.3772	-0.5550	-2.2470
902	1	1	0	-12	-12	13	20	6	0	0.0000	-1.0000	-1.0000	3.7238	1.2791	-0.5042	-2.4987
903	1	1	0	-12	-8	9	6	0	0	0.0000	0.0000	-1.0000	3.6595	0.8825	-0.6403	-2.9017
904	1	1	0	-12	-8	13	8	-2	0	0.0000	1.0000	-1.0000	-1.0000	3.6139	0.1969	-2.8108
905	1	1	0	-12	-12	20	28	5	-2	-1.0000	3.6300	1.5074	0.1854	-0.5746	-1.5897	-2.1585
906	1	1	0	-12	-8	16	4	-4	0	0.0000	3.5952	0.8618	0.4690	-0.6298	-1.6547	-2.6415
907	1	1	0	-12	-10	20	14	-6	0	0.0000	3.6015	1.2085	0.3166	-1.0748	-1.7966	-2.2552
908	1	1	0	-12	-10	18	16	-1	-2	3.6137	1.2584	0.3379	-0.5037	-0.6626	-1.5889	-2.4548
909	1	1	0	-12	-10	20	12	-11	0	0.0000	1.0000	3.6119	0.6180	-1.3413	-1.6180	-2.2705
910	1	1	0	-12	-10	16	12	-4	0	3.6489	1.0870	0.2616	-1.1876	-1.2857	-0.2500	-2.5243
911	1	1	0	-12	-12	20	22	-8	-8	-2.0000	3.6597	1.1461	0.7357	-0.6264	-1.2228	-1.6923
912	1	1	0	-12	-10	16	12	-3	-2	3.6485	1.0648	0.4578	-0.4103	-0.7065	-1.5483	-2.5060
913	1	1	0	-12	-12	20	26	-3	-8	-1.0000	-1.0000	3.6440	1.3401	0.5547	-1.3478	-2.1910
914	1	1	0	-12	-12	22	26	-7	-8	3.6254	1.3337	0.6180	-0.5865	-1.5349	-1.6180	-1.8378
915	1	1	0	-12	-10	18	16	-2	0	0.0000	3.6141	1.2676	0.1119	-1.1658	-1.3510	-2.4768
916	1	1	0	-12	-10	20	18	-5	-4	-1.0000	3.5890	1.2602	0.5249	-0.4657	-1.5065	-2.4019
917	1	1	0	-12	-12	18	20	-5	-6	-1.0000	3.6833	1.1419	0.6180	-0.6583	-1.6180	-2.1670
918	1	1	0	-12	-10	18	10	-4	0	0.0000	-2.0000	3.6336	1.0919	0.2849	-0.8008	-2.2095
919	1	1	0	-12	-10	18	8	-8	0	0.0000	-2.0000	3.6426	0.8240	0.6513	-0.9393	-2.1785
920	1	1	0	-12	-10	20	10	-13	2	3.6191	0.8814	0.6180	0.1917	-1.4767	-1.6180	-2.2154
921	1	1	0	-12	-8	14	4	-2	0	0.0000	3.6151	0.8889	0.2835	-0.5226	-1.5439	-2.7211
922	1	1	0	-12	-14	20	42	23	4	-1.0000	3.6519	1.7566	-0.4027	-0.5112	-1.5916	-1.9030
923	1	1	0	-12	-8	14	0	0	0	0.0000	0.0000	0.0000	3.6251	0.8130	-1.8015	-2.6367
924	1	1	0	-12	-6	10	0	0	0	0.0000	0.0000	0.0000	3.5910	0.7074	-1.3229	-2.9756
925	1	1	0	-12	-10	21	20	0	-2	3.5658	1.4213	0.2835	-0.4645	-0.7364	-1.7659	-2.3038
926	2	1	0	-12	-8	19	6	-8	0	0.0000	3.5587	0.8545	0.6995	-0.8707	-1.6967	-2.5453
927	1	1	0	-12	-10	21	14	-11	-2	3.5951	1.0558	0.6977	-0.1580	-1.2545	-1.7148	-2.2214
928	1	1	0	-12	-10	23	20	-11	-8	3.5539	1.2088	0.8019	-0.5550	-1.1668	-1.5959	-2.2470

416 Polynomials

code	freq	coefficients							spectrum						
929	1	1	0	-12	-8	19	2	-5	0	0.0000	3.5688	0.8019	0.6356	-0.5550	-2.2044	-2.2470
930	1	1	0	-12	-10	19	12	-8	-2	1.0000	-1.0000	3.6207	0.6539	-0.2082	-1.7576	-2.3087
931	1	1	0	-12	-8	15	8	-2	0	0.0000	3.5922	1.0620	0.1907	-0.7290	-1.3762	-2.7397
932	1	1	0	-12	-12	21	32	8	-2	-1.0000	3.6034	1.6055	0.1509	-0.7249	-1.4411	-2.1938
933	1	1	0	-12	-8	17	12	-2	0	0.0000	-1.0000	3.5569	1.2224	0.1408	-1.2014	-2.7187
934	1	1	0	-12	-6	11	4	-2	0	0.0000	-1.0000	3.5696	0.8364	0.3089	-0.7254	-2.9895
935	2	1	0	-12	-8	19	8	-8	0	0.0000	1.0000	-1.0000	3.5522	0.5686	-1.5273	-2.5934
936	1	1	0	-12	-10	19	26	8	0	0.0000	-1.0000	-1.0000	3.5616	1.5616	-0.5616	-2.5616
937	2	1	0	-12	-12	21	24	-10	-12	1.0000	1.0000	-1.0000	-1.0000	-2.0000	3.6458	-1.6458
938	1	1	0	-12	-10	23	20	-9	-6	3.5515	1.2968	0.6585	-0.4663	-1.1268	-1.7053	-2.2083
939	1	1	0	-12	-8	19	14	-2	0	0.0000	-1.0000	3.5262	1.3207	0.1234	-1.3054	-2.6650
940	1	1	0	-12	-12	23	38	12	-2	-1.0000	-1.0000	3.5550	1.7477	0.1189	-1.2422	-2.1795
941	1	1	0	-12	-8	24	10	-12	0	0.0000	-2.0000	3.4880	1.1640	0.6301	-1.0513	-2.2308
942	1	1	0	-12	-10	26	24	-12	-8	-2.0000	3.5032	1.4142	0.7018	-0.4685	-1.4142	-1.7365
943	1	1	0	-12	-8	22	16	-4	-2	0.0000	3.4831	1.4142	0.2001	-1.1188	-1.4142	-2.5644
944	1	1	0	-12	-6	18	0	-4	0	0.0000	3.5032	0.7321	0.7018	-0.4685	-1.7365	-2.7320
945	1	1	0	-12	-8	22	12	-9	-2	-1.0000	3.5037	1.1914	0.6180	-0.1914	-1.6180	-2.5037
946	1	1	0	-12	-10	26	28	-7	-10	-1.0000	3.4832	1.5474	0.6180	-0.8515	-1.6180	-2.1791
947	1	1	0	-12	-6	20	0	0	0	0.0000	0.0000	0.0000	-2.0000	3.4742	1.1127	-2.5869
948	1	1	0	-12	-4	12	0	0	0	0.0000	0.0000	0.0000	3.4872	0.8705	-1.2878	-3.0698
949	1	1	0	-12	-8	24	6	-19	6	3.5079	0.7556	0.6180	0.6180	-1.6180	-1.6180	-2.2635
950	1	1	0	-12	-10	24	24	0	0	0.0000	0.0000	-2.0000	-2.0000	3.5141	1.5720	-1.0861
951	1	1	0	-12	0	0	0	0	0	0.0000	0.0000	0.0000	0.0000	0.0000	3.4641	-3.4641
952	1	1	0	-12	-16	21	60	46	12	2.0000	-1.0000	-1.0000	-1.0000	-1.0000	3.6458	-1.6458
953	1	1	0	-13	-26	-15	2	3	0	0.0000	-1.0000	-1.0000	-1.0000	4.4279	0.3757	-1.8035
954	1	1	0	-13	-24	-12	0	0	0	0.0000	0.0000	0.0000	-1.0000	-2.0000	4.3723	-1.3723
955	1	1	0	-13	-22	-1	16	5	-2	-1.0000	-1.0000	4.2445	0.7636	0.2378	-1.4264	-1.8194
956	1	1	0	-13	-22	-2	14	4	-2	-1.0000	-1.0000	4.2533	0.6818	0.2782	-1.2867	-1.9266
957	1	1	0	-13	-20	-2	6	0	0	0.0000	0.0000	-1.0000	4.2162	0.4458	-1.4308	-2.2311
958	1	1	0	-13	-20	3	14	0	-2	4.1747	0.6180	0.4389	-0.4537	-1.2791	-1.6180	-1.8809
959	1	1	0	-13	-20	4	18	4	-2	-1.0000	4.1610	0.8741	0.2420	-0.7206	-1.6793	-1.8772
960	1	1	0	-13	-20	0	14	6	0	0.0000	-1.0000	-1.0000	4.1908	0.8362	-0.7529	-2.2740
961	1	1	0	-13	-18	4	8	-2	0	0.0000	-1.0000	4.1256	0.4938	0.2646	-1.6947	-2.1894
962	1	1	0	-13	-18	5	14	1	-2	-1.0000	4.1087	0.7545	0.3568	-0.5966	-1.3106	-2.3128
963	1	1	0	-13	-18	5	12	0	0	0.0000	0.0000	4.1121	0.7588	-1.2265	-1.3922	-2.2523
964	1	1	0	-13	-20	5	22	9	0	0.0000	-1.0000	4.1465	1.0500	-0.6671	-1.6408	-1.8886
965	1	1	0	-13	-22	1	26	19	4	-1.0000	-1.0000	-1.0000	4.2136	1.1486	-0.4271	-1.9350
966	1	1	0	-13	-18	6	18	6	0	0.0000	1.0000	-1.0000	4.0933	-0.4905	-1.2946	-2.3082
967	1	1	0	-13	-16	8	8	0	0	0.0000	0.0000	-2.0000	4.0431	0.7432	-0.6124	-2.1739
968	1	1	0	-13	-18	2	8	0	0	0.0000	0.0000	-1.0000	4.1377	0.5997	-1.3511	-2.3863
969	1	1	0	-13	-18	5	10	-2	0	0.0000	4.1160	0.6180	0.1963	-1.1393	-1.6180	-2.1730
970	1	1	0	-13	-18	8	16	-1	-2	-2.0000	4.0862	0.8051	0.3915	-0.3831	-1.1751	-1.7245
971	1	1	0	-13	-18	8	20	6	0	0.0000	-1.0000	4.0764	1.0569	-0.4129	-1.5646	-2.1558
972	1	1	0	-13	-18	11	22	-2	-6	4.0561	0.8563	0.6180	-0.6734	-1.3795	-1.6180	-1.8595
973	1	1	0	-13	-18	9	22	5	-2	-1.0000	4.0667	1.0616	0.2057	-0.7102	-1.4786	-2.1452
974	1	1	0	-13	-18	11	24	1	-6	1.0000	-1.0000	-1.0000	-2.0000	4.0514	0.4827	-1.5341
975	1	1	0	-13	-22	7	44	37	10	-1.0000	-1.0000	-1.0000	-1.0000	4.1413	1.4849	-1.6262
976	1	1	0	-13	-18	12	28	9	0	0.0000	4.0329	1.2456	-0.4450	-1.2556	-1.7773	-1.8019
977	1	1	0	-13	-16	10	14	-2	-2	-1.0000	4.0194	0.7929	0.4556	-0.3798	-1.5533	-2.3347
978	1	1	0	-13	-16	8	12	0	0	0.0000	0.0000	-1.0000	4.0362	0.8433	-1.4532	-2.4262
979	1	1	0	-13	-20	6	26	12	0	0.0000	-1.0000	-1.0000	-2.0000	4.1326	1.1404	-1.2731
980	1	1	0	-13	-14	6	8	0	0	0.0000	0.0000	4.0000	-1.0000	-1.0000	0.7321	-2.7320
981	1	1	0	-13	-18	7	20	5	-2	1.0000	-1.0000	-1.0000	-1.0000	4.0839	0.2132	-2.2971
982	1	1	0	-13	-16	11	14	-3	-2	-1.0000	4.0126	0.7723	0.5032	-0.3328	-1.7369	-2.2185
983	1	1	0	-13	-18	13	30	7	-4	-1.0000	-1.0000	4.0233	1.2354	0.2609	-1.6489	-1.8707
984	1	1	0	-13	-18	11	26	8	0	0.0000	-2.0000	4.0442	1.1997	-0.4159	-1.2834	-1.5445
985	1	1	0	-13	-14	7	6	0	0	0.0000	0.0000	3.9964	0.6917	-0.5525	-1.4787	-2.6569
986	2	1	0	-13	-16	14	18	-4	0	0.0000	1.0000	-2.0000	3.9832	0.1995	-1.4687	-1.7140
987	1	1	0	-13	-16	10	12	-2	0	0.0000	-1.0000	4.0228	0.8255	0.1526	-1.7668	-2.2341
988	1	1	0	-13	-12	6	0	0	0	0.0000	0.0000	0.0000	3.9560	0.3606	-1.4861	-2.8305
989	1	1	0	-13	-16	14	22	1	-2	3.9733	1.1266	0.2668	-0.4073	-1.1774	-1.6012	-2.1808
990	1	1	0	-13	-18	14	34	12	-2	-1.0000	-1.0000	4.0059	1.3541	0.1224	-1.5991	-1.8833
991	1	1	0	-13	-14	10	8	0	0	0.0000	0.0000	3.9704	0.8197	-0.5772	-1.6842	-2.5287
992	1	1	0	-13	-16	13	20	0	-2	3.9853	1.0578	0.3008	-0.3877	-1.1846	-1.5372	-2.2342
993	1	1	0	-13	-16	17	26	-4	-8	-2.0000	3.9452	1.0856	0.6180	-0.7037	-1.3272	-1.6180
994	1	1	0	-13	-14	13	12	-4	0	0.0000	3.9415	0.8716	0.2805	-1.1127	-1.5090	-2.4720

Table of spectral polynomials for graphs 417

code	freq	coefficients							spectrum						
995	1	1	0	-13	-14	15	14	-3	-2	3.9214	0.9462	0.4462	-0.3535	-0.7994	-1.8483	-2.3126
996	1	1	0	-13	-16	15	26	5	-2	-1.0000	3.9557	1.2517	0.1920	-0.5932	-1.6268	-2.1795
997	1	1	0	-13	-16	11	20	3	-2	-1.0000	3.9988	1.0698	0.2429	-0.6207	-1.2934	-2.3975
998	1	1	0	-13	-14	13	10	-5	0	0.0000	-1.0000	3.9460	0.7480	0.4142	-1.6940	-2.4142
999	1	1	0	-13	-14	13	14	0	0	0.0000	0.0000	3.9355	1.0201	-0.8848	-1.5867	-2.4841
1000	1	1	0	-13	-18	15	40	23	4	-1.0000	3.9806	1.5246	-0.3517	-0.5925	-1.6954	-1.8658
1001	1	1	0	-13	-12	11	4	-2	0	0.0000	3.9104	0.6180	0.3423	-0.5536	-1.5536	-2.6991
1002	1	1	0	-13	-14	15	12	-8	0	0.0000	3.9278	0.6849	0.6180	-1.2689	-1.6180	-2.3438
1003	1	1	0	-13	-16	15	24	-3	-8	1.0000	-1.0000	-1.0000	3.9644	0.6503	-1.4029	-2.2119
1004	1	1	0	-13	-14	11	16	1	-2	1.0000	-1.0000	-1.0000	3.9470	0.3092	-0.6221	-2.6341
1005	1	1	0	-13	-18	15	44	29	6	-1.0000	-1.0000	-1.0000	3.9694	1.5970	-0.4465	-2.1199
1006	1	1	0	-13	-14	16	14	-7	-2	3.9154	0.7465	0.7088	-0.2180	-1.0862	-1.7947	-2.2719
1007	1	1	0	-13	-14	18	20	-3	-2	3.8840	1.1558	0.3573	-0.2856	-1.1032	-1.7603	-2.2480
1008	1	1	0	-13	-12	12	8	-4	0	0.0000	-1.0000	3.8951	0.7321	0.3973	-1.2924	-2.7320
1009	1	1	0	-13	-12	14	4	-2	0	0.0000	3.8861	0.7420	0.2960	-0.4837	-1.9302	-2.5101
1010	1	1	0	-13	-16	16	24	-4	-8	1.0000	-1.0000	-2.0000	3.9571	0.6707	-0.8456	-1.7822
1011	1	1	0	-13	-14	16	22	6	0	0.0000	3.8912	1.2854	-0.4788	-0.6276	-1.6482	-2.4221
1012	1	1	0	-13	-14	16	20	0	-2	-1.0000	3.8991	1.1608	0.2938	-0.4080	-1.5186	-2.4271
1013	1	1	0	-13	-16	18	34	12	0	0.0000	-1.0000	-2.0000	3.9108	1.4660	-0.5836	-1.7932
1014	1	1	0	-13	-12	10	8	0	0	0.0000	0.0000	3.9091	0.8580	-0.6386	-1.3390	-2.7896
1015	1	1	0	-13	-14	12	14	0	0	0.0000	0.0000	1.0000	-1.0000	3.9434	-1.3909	-2.5525
1016	1	1	0	-13	-16	16	32	10	-2	-1.0000	-1.0000	3.9330	1.3873	0.1367	-1.1748	-2.2822
1017	2	1	0	-13	-12	17	10	-8	0	0.0000	3.8511	0.7611	0.6180	-1.0762	-1.6180	-2.5360
1018	1	1	0	-13	-14	19	28	1	-6	-1.0000	-1.0000	3.8558	1.3216	0.4142	-1.1774	-2.4142
1019	1	1	0	-13	-16	14	26	8	0	0.0000	-1.0000	3.9618	1.2816	-0.4584	-1.5128	-2.2722
1020	1	1	0	-13	-16	19	30	-4	-10	3.9211	1.1902	0.6180	-0.7787	-1.5092	-1.6180	-1.8234
1021	1	1	0	-13	-14	17	14	-10	0	0.0000	3.9086	0.7839	0.6180	-1.4652	-1.6180	-2.2274
1022	1	1	0	-13	-14	15	16	-3	-2	-1.0000	-1.0000	3.9173	0.4142	-0.3196	-1.5977	-2.4142
1023	1	1	0	-13	-18	19	52	33	6	-1.0000	-1.0000	3.9173	1.7320	-0.3196	-1.5977	-1.7320
1024	1	1	0	-13	-14	18	20	-5	-4	3.8854	1.0836	0.5294	-0.4174	-1.1286	-1.6674	-2.2850
1025	1	1	0	-13	-14	18	22	1	-2	3.8774	1.2470	0.2611	-0.4450	-0.8717	-1.8019	-2.2668
1026	1	1	0	-13	-12	16	8	-2	0	0.0000	3.8607	0.9470	0.1901	-0.6064	-1.9196	-2.4718
1027	1	1	0	-13	-12	12	10	-2	0	0.0000	-1.0000	3.8898	0.8992	0.1718	-1.2099	-2.7509
1028	1	1	0	-13	-16	20	40	16	0	0.0000	-1.0000	-2.0000	3.8781	1.5834	-0.7704	-1.6911
1029	1	1	0	-13	-12	16	16	0	0	0.0000	0.0000	-1.0000	3.8415	1.1640	-1.3448	-2.6607
1030	1	1	0	-13	-8	4	0	0	0	0.0000	0.0000	0.0000	-1.0000	3.8482	0.3273	-3.1755
1031	1	1	0	-13	-12	19	16	-4	0	0.0000	3.8172	1.1651	0.2072	-1.0899	-1.5820	-2.5175
1032	1	1	0	-13	-12	19	12	-7	-2	3.8287	0.9140	0.6342	-0.2313	-0.8611	-1.8881	-2.3965
1033	1	1	0	-13	-14	21	30	4	-2	3.8306	1.4450	0.1920	-0.4470	-1.1733	-1.5891	-2.2583
1034	1	1	0	-13	-10	15	6	-2	0	0.0000	3.8069	0.9100	0.2285	-0.5728	-1.5783	-2.7943
1035	1	1	0	-13	-12	21	16	-9	-4	1.0000	-1.0000	3.8027	0.7190	-0.3415	-1.7993	-2.3808
1036	1	1	0	-13	-10	13	4	-2	0	0.0000	3.8292	0.7610	0.3006	-0.5284	-1.5204	-2.8419
1037	1	1	0	-13	-12	21	12	-14	2	3.8145	0.8447	0.6180	0.1770	-1.5018	-1.6180	-2.3344
1038	1	1	0	-13	-14	23	28	-8	-8	-2.0000	3.8256	1.2709	0.6180	-0.5228	-1.5737	-1.6180
1039	1	1	0	-13	-14	21	26	-7	-10	-1.0000	3.8480	1.1563	0.7162	-0.8591	-1.6573	-2.2041
1040	1	1	0	-13	-14	21	34	7	-4	-1.0000	-1.0000	3.8194	1.5072	0.2449	-1.1929	-2.3786
1041	1	1	0	-13	-10	20	6	-4	0	0.0000	1.0000	-2.0000	3.7619	0.3551	-0.5932	-2.5238
1042	1	1	0	-13	-12	24	22	-9	-6	3.7594	1.2470	0.6331	-0.4450	-1.0995	-1.8019	-2.2929
1043	1	1	0	-13	-10	18	14	-2	0	0.0000	-1.0000	3.7594	1.1912	0.1245	-1.2860	-2.7891
1044	1	1	0	-13	-12	22	18	-4	0	0.0000	-1.0000	-2.0000	3.7845	1.2720	0.1853	-2.2418
1045	1	1	0	-13	-12	24	16	-16	0	0.0000	1.0000	-2.0000	-2.0000	3.7785	0.7108	-1.4893
1046	1	1	0	-13	-8	12	0	0	0	0.0000	0.0000	0.0000	-3.0000	3.7785	0.7108	-1.4893
1047	1	1	0	-13	-6	6	0	0	0	0.0000	0.0000	0.0000	-1.0000	3.7644	0.4898	-3.2542
1048	1	1	0	-14	-32	-27	-8	0	0	0.0000	0.0000	-1.0000	-1.0000	-1.0000	4.7016	-1.7016
1049	1	1	0	-14	-26	-7	12	4	-2	-1.0000	-1.0000	4.4741	0.5100	0.3275	-1.3997	-1.9119
1050	1	1	0	-14	-26	-6	16	9	0	0.0000	-1.0000	-1.0000	4.4636	0.7880	-1.3351	-1.9165
1051	1	1	0	-14	-24	-4	8	0	0	0.0000	-1.0000	-2.0000	4.4206	0.4524	-1.1845	-1.6885
1052	1	1	0	-14	-24	-3	14	6	0	0.0000	-1.0000	-1.0000	4.4069	0.7581	-0.5819	-1.4404	-2.1426
1053	1	1	0	-14	-26	-5	22	18	4	1.0000	-1.0000	-1.0000	-1.0000	-2.0000	4.4495	-0.4495
1054	1	1	0	-14	-24	-3	16	8	0	0.0000	-1.0000	-1.0000	-1.0000	4.4040	0.8176	-2.2217
1055	1	1	0	-14	-24	0	18	3	-4	-1.0000	-1.0000	4.3876	0.6180	0.4865	-1.6180	-1.8741
1056	1	1	0	-14	-24	1	24	12	0	0.0000	1.0000	-1.0000	-1.0000	-2.0000	4.3723	-1.3723
1057	1	1	0	-14	-22	-3	6	0	0	0.0000	0.0000	-1.0000	4.3723	0.4142	-1.3723	-2.4142
1058	1	1	0	-14	-22	2	14	1	-2	-1.0000	4.3353	0.6180	0.3893	-0.5432	-1.6180	-2.1814
1059	1	1	0	-14	-22	5	20	3	-2	-2.0000	4.3102	0.8664	0.2517	-0.5109	-1.2451	-1.6724
1060	1	1	0	-14	-22	3	18	6	0	0.0000	-1.0000	4.3230	0.8991	-0.4424	-1.6032	-2.1765

418 Polynomials

code	freq	coefficients							spectrum					
1061	1	1	0	-14	-22	8	26	1	-8	-1.0000	4.2860	0.8098	0.6180	-1.2460	-1.6180	-1.8498
1062	1	1	0	-14	-22	8	28	8	-2	4.2806	1.0859	0.1592	-0.6368	-1.3836	-1.6871	-1.8182
1063	1	1	0	-14	-20	6	16	1	-2	-1.0000	4.2609	0.7836	0.3304	-0.5151	-1.4783	-2.3814
1064	1	1	0	-14	-20	6	12	-2	0	0.0000	4.2672	0.6695	0.1614	-1.1052	-1.7478	-2.2451
1065	1	1	0	-14	-24	6	40	29	6	-1.0000	-1.0000	4.3187	1.3441	-0.3874	-1.5199	-1.7555
1066	1	1	0	-14	-20	9	20	1	-2	4.2372	0.9170	0.2883	-0.4201	-1.1714	-1.6445	-2.2065
1067	1	1	0	-14	-20	7	16	0	-2	-1.0000	4.2553	0.7710	0.3621	-0.4436	-1.6643	-2.2805
1068	1	1	0	-14	-22	9	36	22	4	-1.0000	-2.0000	4.2584	1.3226	-0.3778	-0.5786	-1.6246
1069	1	1	0	-14	-18	5	8	-2	0	0.0000	-1.0000	4.2282	0.5174	0.2537	-1.3703	-2.6291
1070	1	1	0	-14	-22	5	24	8	-2	1.0000	-1.0000	-1.0000	4.3034	0.1664	-1.2693	-2.2004
1071	1	1	0	-14	-20	7	22	8	0	0.0000	-1.0000	4.2440	1.0499	-0.5688	-1.3036	-2.4215
1072	1	1	0	-14	-20	3	16	6	0	0.0000	-1.0000	-1.0000	4.2767	0.8937	-0.6141	-2.5562
1073	1	1	0	-14	-20	9	24	8	0	0.0000	-1.0000	4.2289	1.0994	-0.4846	-1.5439	-2.2998
1074	1	1	0	-14	-20	12	30	9	-2	-1.0000	4.2010	1.2001	0.1470	-0.7797	-1.5837	-2.1848
1075	1	1	0	-14	-18	8	12	-2	0	0.0000	4.2040	0.7375	0.1568	-1.1537	-1.4037	-2.5409
1076	1	1	0	-14	-18	12	16	0	0	0.0000	0.0000	-2.0000	4.1719	0.9487	-0.9175	-2.2030
1077	1	1	0	-14	-20	10	22	-1	-6	-1.0000	4.2293	0.7871	0.6180	-0.8210	-1.6180	-2.1954
1078	1	1	0	-14	-16	8	0	0	0	0.0000	0.0000	0.0000	-2.0000	4.1687	0.3769	-2.5456
1079	1	1	0	-14	-22	7	30	14	0	0.0000	-1.0000	-1.0000	4.2816	1.1681	-1.3052	-2.1446
1080	1	1	0	-14	-20	8	16	0	0	0.0000	0.0000	-2.0000	-2.0000	4.2491	0.8536	-1.1028
1081	1	1	0	-14	-16	0	0	0	0	0.0000	0.0000	0.0000	0.0000	4.2182	-1.2997	-2.9185
1082	1	1	0	-14	-20	11	26	5	-2	4.2148	1.0970	0.1942	-0.5283	-1.2552	-1.5362	-2.1863
1083	1	1	0	-14	-20	13	28	0	-8	1.0000	-1.0000	-1.0000	-2.0000	4.2015	0.5451	-1.7466
1084	1	1	0	-14	-18	9	14	0	0	0.0000	0.0000	-1.0000	4.1941	0.8599	-1.5510	-2.5029
1085	1	1	0	-14	-22	13	48	32	6	-1.0000	-1.0000	4.2121	1.5167	-0.3291	-1.5120	-1.8877
1086	1	1	0	-14	-20	14	34	12	0	0.0000	-2.0000	4.1807	1.3057	-0.5122	-1.2309	-1.7434
1087	2	1	0	-14	-18	14	18	-7	-2	4.1586	0.7346	0.6180	-0.2014	-1.4512	-1.6180	-2.2406
1088	1	1	0	-14	-18	10	16	-1	-2	-1.0000	4.1853	0.8347	0.3806	-0.3999	-1.5109	-2.4898
1089	1	1	0	-14	-16	10	8	0	0	0.0000	0.0000	4.1433	0.7724	-0.5460	-1.7425	-2.6272
1090	1	1	0	-14	-20	16	40	16	0	0.0000	-2.0000	4.1563	1.4142	-0.6309	-1.4142	-1.5254
1091	1	1	0	-14	-20	16	34	-1	-12	-1.0000	4.1736	1.0913	0.6180	-1.4584	-1.6180	-1.8065
1092	1	1	0	-14	-16	8	8	0	0	0.0000	0.0000	4.1563	0.7321	-0.6309	-1.5254	-2.7320
1093	1	1	0	-14	-16	13	12	-4	0	0.0000	-1.0000	4.1183	0.8101	0.2840	-1.6425	-2.5699
1094	1	1	0	-14	-18	17	30	5	-2	4.1139	1.2686	0.1830	-0.4765	-1.1629	-1.6923	-2.2337
1095	1	1	0	-14	-16	15	12	-3	-2	4.1045	0.8019	0.5069	-0.4434	-0.5550	-2.1679	-2.2470
1096	1	1	0	-14	-18	17	26	-4	-8	1.0000	-1.0000	-2.0000	-2.0000	4.1249	0.6367	-0.7616
1097	1	1	0	-14	-16	13	14	0	0	0.0000	0.0000	4.1134	0.9631	-0.8147	-1.6799	-2.5819
1098	1	1	0	-14	-18	15	26	4	-2	-1.0000	4.1347	1.1784	0.2047	-0.5118	-1.6967	-2.3092
1099	1	1	0	-14	-18	15	22	-5	-6	4.1452	0.8019	0.7287	-0.5550	-1.1568	-1.7171	-2.2470
1100	1	1	0	-14	-16	15	16	-2	0	0.0000	1.0000	-1.0000	4.0971	0.1144	-1.6979	-2.5136
1101	1	1	0	-14	-16	9	10	-2	0	0.0000	-1.0000	4.1474	0.7321	0.1814	-1.3289	-2.7320
1102	1	1	0	-14	-18	15	30	6	-4	-1.0000	-1.0000	4.1275	1.2326	0.2706	-1.1910	-2.4397
1103	1	1	0	-14	-14	7	6	-2	0	0.0000	-1.0000	-1.0000	4.1123	0.5268	0.3128	-2.9519
1104	1	1	0	-14	-18	15	34	14	0	0.0000	-1.0000	-1.0000	-1.0000	4.1172	1.3682	-2.4853
1105	1	1	0	-14	-14	14	8	-2	0	0.0000	4.0604	0.8286	0.1978	-0.6397	-1.7285	-2.7186
1106	1	1	0	-14	-16	18	24	-1	-4	-1.0000	4.0617	1.1561	0.3981	-0.5440	-1.5767	-2.4951
1107	1	1	0	-14	-16	20	20	-11	-2	4.0585	0.9323	0.6180	-0.1484	-1.5637	-1.6180	-2.2787
1108	1	1	0	-14	-16	18	18	-4	0	0.0000	-2.0000	4.0732	1.0599	0.1926	-1.0636	-2.2621
1109	1	1	0	-14	-12	6	0	0	0	0.0000	0.0000	0.0000	4.0724	0.3546	-1.3504	-3.0767
1110	1	1	0	-14	-14	21	14	-7	-4	4.0000	0.8019	0.8019	-0.5550	-0.5550	-2.2470	-2.2470
1111	1	1	0	-14	-12	13	12	0	0	0.0000	0.0000	4.0000	1.0000	-1.0000	-1.0000	-3.0000
1112	1	1	0	-15	-40	-45	-24	-5	0	0.0000	5.0000	-1.0000	-1.0000	-1.0000	-1.0000	-1.0000
1113	1	1	0	-15	-32	-18	6	6	0	-1.0000	-1.0000	-1.0000	4.7415	0.4901	-1.4470	-1.7846
1114	1	1	0	-15	-32	-17	12	15	4	-1.0000	-1.0000	-1.0000	4.7306	0.7669	-0.5728	-1.9248
1115	1	1	0	-15	-28	-7	14	5	-2	-1.0000	-1.0000	4.6098	0.5868	0.2626	-1.3095	-2.1497
1116	1	1	0	-15	-28	-4	20	8	-2	-1.0000	-1.0000	4.5898	0.7798	0.1777	-1.7405	-1.8068
1117	1	1	0	-15	-28	-3	30	25	6	-1.0000	-1.0000	-1.0000	4.5711	1.1152	-0.5513	-2.1349
1118	1	1	0	-15	-26	-4	8	0	0	0.0000	0.0000	-1.0000	-2.0000	-2.0000	4.5616	0.4384
1119	2	1	0	-15	-26	-1	18	6	0	0.0000	4.5358	0.8089	-0.3926	-1.2902	-1.4788	-2.1832
1120	1	1	0	-15	-28	-1	32	23	4	-1.0000	-1.0000	4.5602	1.1212	-0.2721	-1.5295	-1.8798
1121	1	1	0	-15	-26	2	26	12	0	0.0000	1.0000	-1.0000	-2.0000	4.5114	-0.7589	-1.7525
1122	1	1	0	-15	-26	-2	18	6	-2	-1.0000	-1.0000	4.5407	0.7535	0.2118	-1.1943	-2.3116
1123	1	1	0	-15	-24	-2	8	0	0	0.0000	0.0000	-1.0000	4.5093	0.4765	-1.4947	-2.4911
1124	1	1	0	-15	-26	-12	0	0	0	0.0000	0.0000	0.0000	-1.0000	-1.0000	4.6056	-2.6056
1125	1	1	0	-15	-26	-2	16	6	0	0.0000	-1.0000	4.5427	0.7734	-0.4725	-1.6420	-2.2016
1126	1	1	0	-15	-26	3	24	2	-6	4.5114	0.6180	0.6180	-0.7589	-1.6181	-1.6180	-1.7525

Table of spectral polynomials for graphs

code	freq	coefficients								spectrum						
1127	1	1	0	-15	-26	3	28	11	-2	1.0000	-1.0000	-1.0000	-2.0000	4.5047	0.1354	-1.6400
1128	1	1	0	-15	-28	3	48	43	12	-1.0000	-1.0000	-1.0000	-1.0000	4.5188	1.3907	-1.9095
1129	1	1	0	-15	-24	4	18	1	-2	4.4685	0.7326	0.3208	-0.4332	-1.1663	-1.6853	-2.2372
1130	1	1	0	-15	-26	6	38	23	4	4.4751	1.2470	-0.3735	-0.4450	-1.4419	-1.6598	-1.8019
1131	1	1	0	-15	-24	2	18	6	0	0.0000	-1.0000	4.4772	0.8584	-0.4342	-1.4931	-2.4083
1132	1	1	0	-15	-26	4	32	16	0	0.0000	-1.0000	-1.0000	-2.0000	4.4940	1.1099	-1.6039
1133	1	1	0	-15	-22	0	8	0	0	0.0000	0.0000	-1.0000	4.4551	0.5194	-1.2858	-2.6887
1134	1	1	0	-15	-24	7	28	9	-2	-1.0000	4.4395	1.0452	0.1506	-0.7948	-1.6285	-2.2119
1135	1	1	0	-15	-22	5	12	-2	0	0.0000	4.4253	0.6180	0.1645	-1.1067	-1.6180	-2.4830
1136	1	1	0	-15	-24	3	20	3	-4	-1.0000	-1.0000	4.4709	0.7393	0.4142	-1.2102	-2.4142
1137	1	1	0	-15	-22	5	14	0	0	0.0000	0.0000	4.4224	0.7360	-1.1413	-1.4936	-2.5235
1138	1	1	0	-15	-24	9	34	13	-2	-1.0000	-1.0000	4.4206	1.1652	0.1172	-1.5124	-2.1907
1139	1	1	0	-15	-24	9	28	0	-8	-2.0000	4.4317	0.7995	0.6180	-0.7755	-1.4557	-1.6180
1140	1	1	0	-15	-22	10	22	1	-2	4.3857	0.9246	0.2752	-0.3915	-1.1239	-1.7742	-2.2959
1141	1	1	0	-15	-22	8	20	2	-2	-1.0000	4.3987	0.8800	0.2686	-0.4849	-1.6327	-2.4298
1142	1	1	0	-15	-20	8	8	0	0	0.0000	0.0000	-2.0000	4.3663	0.6701	-0.5497	-2.4867
1143	1	1	0	-15	-20	4	8	-2	0	0.0000	-1.0000	4.3887	0.4467	0.2747	-1.3414	-2.7687
1144	1	1	0	-15	-22	10	26	8	0	0.0000	-1.0000	4.3785	1.0924	-0.4212	-1.6656	-2.3841
1145	2	1	0	-15	-22	12	24	0	0	0.0000	0.0000	1.0000	-2.0000	-2.0000	4.3723	-1.3723
1146	1	1	0	-15	-20	0	6	0	0	0.0000	0.0000	-1.0000	-1.0000	4.4117	0.4717	-2.8834
1147	1	1	0	-15	-18	0	0	0	0	0.0000	0.0000	0.0000	0.0000	-3.0000	4.3723	-1.3723
1148	1	1	0	-15	-20	13	18	-3	-2	-1.0000	4.3262	0.8382	0.4142	-0.2951	-1.8693	-2.4142
1149	1	1	0	-15	-18	7	6	0	0	0.0000	0.0000	4.3258	0.6180	-0.4889	-1.6180	-2.8369
1150	1	1	0	-15	-20	11	24	3	-4	1.0000	-1.0000	-1.0000	-1.0000	4.3280	0.3457	-2.6737
1151	1	1	0	-15	-20	15	18	-10	0	0.0000	4.3166	0.6180	0.6180	-1.6180	-1.6180	-2.3166
1152	1	1	0	-16	-40	-35	-4	10	4	-1.0000	-1.0000	-1.0000	-1.0000	5.0340	0.5135	-1.5475
1153	1	1	0	-16	-34	-17	10	8	0	-1.0000	-1.0000	-1.0000	-2.0000	4.8595	0.5741	-1.4337
1154	1	1	0	-16	-34	-14	20	19	4	-1.0000	-1.0000	4.8386	0.8642	-0.3442	-1.4764	-1.8822
1155	2	1	0	-16	-32	-15	8	6	0	0.0000	-1.0000	-1.0000	-1.0000	4.8173	0.5305	-2.3478
1156	1	1	0	-16	-32	-10	16	7	-2	-1.0000	-1.0000	-2.0000	4.7913	0.6180	0.2087	-1.6180
1157	1	1	0	-16	-32	-7	28	22	4	1.0000	-1.0000	-1.0000	-2.0000	4.7664	-0.2828	-1.4836
1158	1	1	0	-16	-30	-7	14	6	0	0.0000	-1.0000	4.7427	0.6715	-0.5025	-1.6800	-2.2317
1159	1	1	0	-16	-32	-5	34	28	6	-1.0000	-1.0000	4.7520	1.1032	-0.3804	-1.6372	-1.8376
1160	1	1	0	-16	-30	-2	26	12	0	0.0000	-2.0000	4.7102	0.9201	-0.6147	-1.3622	-1.6534
1161	1	1	0	-16	-30	-4	22	9	-2	-1.0000	-1.0000	4.7229	0.7984	0.1623	-1.4905	-2.1930
1162	1	1	0	-16	-28	-6	8	0	0	0.0000	0.0000	4.7058	0.4029	-1.2178	-1.3795	-2.5114
1163	1	1	0	-16	-28	-1	18	6	0	0.0000	-1.0000	4.6741	0.7870	-0.4028	-1.7680	-2.2902
1164	1	1	0	-16	-28	-5	14	4	-2	-1.0000	-1.0000	-1.0000	4.6955	0.5703	0.2920	-2.5578
1165	1	1	0	-16	-30	0	28	5	-8	-1.0000	4.7016	0.6180	0.6180	-1.6180	-1.6180	-1.7016
1166	1	1	0	-16	-28	1	22	5	-2	4.6619	0.8019	0.2124	-0.5550	-1.2240	-1.6502	-2.2470
1167	1	1	0	-16	-26	-5	6	0	0	0.0000	0.0000	-1.0000	4.6633	0.3630	-1.3002	-2.7261
1168	1	1	0	-16	-28	1	28	14	0	0.0000	1.0000	-1.0000	-1.0000	4.6543	-1.2523	-2.4020
1169	1	1	0	-16	-26	4	16	0	0	0.0000	0.0000	-2.0000	4.6135	0.7133	-1.0836	-2.2432
1170	1	1	0	-16	-26	2	16	1	-2	-1.0000	4.6225	0.6180	0.3608	-0.4788	-1.6180	-2.5046
1171	1	1	0	-16	-24	0	0	0	0	0.0000	0.0000	0.0000	0.0000	-2.0000	4.6056	-2.6056
1172	1	1	0	-17	-42	-33	4	17	6	-1.0000	-1.0000	-1.0000	-1.0000	5.1355	0.6532	-1.7887
1173	1	1	0	-17	-38	-24	4	6	0	0.0000	-1.0000	-1.0000	5.0436	0.4226	-1.2990	-2.1672
1174	1	1	0	-17	-38	-19	18	19	4	-1.0000	-1.0000	5.0157	0.8007	-0.3279	-1.6770	-1.8116
1175	1	1	0	-17	-36	-18	10	8	0	0.0000	-1.0000	-1.0000	4.9852	0.5599	-1.2477	-2.2973
1176	1	1	0	-17	-38	-17	28	33	10	5.0000	1.0000	-1.0000	-1.0000	-1.0000	-1.0000	-2.0000
1177	1	1	0	-17	-36	-14	18	12	0	0.0000	-1.0000	-1.0000	-2.0000	4.9651	0.7180	-1.6831
1178	1	1	0	-17	-34	-18	0	0	0	0.0000	0.0000	0.0000	-1.0000	4.9587	-1.4428	-2.5159
1179	1	1	0	-17	-34	-11	14	6	0	0.0000	4.9227	0.6180	-0.4376	-1.2414	-1.6180	-2.2437
1180	1	1	0	-17	-34	-13	12	5	-2	-1.0000	-1.0000	4.9316	0.4142	0.3232	-1.2548	-2.4142
1181	1	1	0	-17	-32	-8	8	0	0	0.0000	0.0000	-1.0000	-2.0000	4.8809	0.3649	-2.2458
1182	1	1	0	-18	-46	-39	0	16	6	-1.0000	-1.0000	-1.0000	-1.0000	5.2965	0.5980	-1.8945
1183	1	1	0	-18	-44	-39	-12	0	0	0.0000	0.0000	-1.0000	-1.0000	-1.0000	5.2749	-2.2749
1184	1	1	0	-18	-44	-32	6	15	4	-1.0000	-1.0000	5.2434	0.6180	-0.4179	-1.6180	-1.8255
1185	1	1	0	-18	-42	-29	2	6	0	0.0000	-1.0000	-1.0000	5.2070	0.3775	-1.3924	-2.1921
1186	1	1	0	-18	-40	-24	0	0	0	0.0000	0.0000	0.0000	-2.0000	-2.0000	5.1623	-1.1623
1187	1	1	0	-19	-52	-53	-16	7	4	-1.0000	-1.0000	-1.0000	-1.0000	5.5033	0.3849	-1.8882
1188	1	1	0	-19	-50	-48	-16	0	0	0.0000	0.0000	-1.0000	-1.0000	-2.0000	5.4641	-1.4641
1189	1	1	0	-20	-60	-75	-44	-10	0	0.0000	-1.0000	-1.0000	-1.0000	-1.0000	5.7417	-1.7417
1190	1	1	0	-21	-70	-105	-84	-35	-6	6.0000	-1.0000	-1.0000	-1.0000	-1.0000	-1.0000	-1.0000

420 Polynomials

Spectral polynomials for trees

code	freq	coefficients								spectrum			
1	1	1	0							0.0000			
2	1	1	0	-1						1.0000			
3	1	1	0	-2	0					1.4142			
4	1	1	0	-3	0	0				0.0000	1.7321		
5	1	1	0	-3	0	1				0.6180	1.6180		
6	1	1	0	-4	0	0	0			0.0000	2.0000		
7	1	1	0	-4	0	2	0			1.8478	0.7654		
8	1	1	0	-4	0	3	0			1.7321	1.0000		
9	1	1	0	-5	0	0	0	0		0.0000	0.0000	2.2361	
10	1	1	0	-5	0	3	0	0		0.0000	2.0743	0.8350	
11	1	1	0	-5	0	4	0	0		0.0000	2.0000	1.0000	
12	1	1	0	-5	0	5	0	-1		1.0000	1.9319	0.5176	
13	1	1	0	-5	0	5	0	0		0.0000	1.9021	1.1756	
14	1	1	0	-5	0	6	0	-1		1.8019	1.2470	0.4450	
15	1	1	0	-6	0	0	0	0	0	0.0000	0.0000	2.4495	
16	1	1	0	-6	0	4	0	0	0	0.0000	2.2882	0.8740	
17	1	1	0	-6	0	6	0	0	0	0.0000	2.1753	1.1260	
18	1	1	0	-6	0	7	0	0	0	0.0000	2.1010	1.2593	
19	1	1	0	-6	0	7	0	-2	0	1.0000	2.1358	0.6622	
20	1	1	0	-6	0	8	0	0	0	0.0000	2.0000	1.4142	
21	1	1	0	-6	0	8	0	-2	0	2.0529	1.2086	0.5700	
22	1	1	0	-6	0	9	0	-2	0	1.4142	1.9319	0.5176	
23	1	1	0	-6	0	9	0	-3	0	1.9696	1.2856	0.6840	
24	1	1	0	-6	0	9	0	-4	0	2.0000	1.0000	1.0000	
25	1	1	0	-6	0	10	0	-4	0	1.4142	1.8478	0.7654	
26	1	1	0	-7	0	0	0	0	0	0	0.0000	0.0000	0.0000	2.6458
27	1	1	0	-7	0	5	0	0	0	0	0.0000	0.0000	2.4885	0.8986
28	1	1	0	-7	0	8	0	0	0	0	0.0000	0.0000	2.3583	1.1994
29	2	1	0	-7	0	9	0	0	0	0	0.0000	0.0000	2.3028	1.3028
30	1	1	0	-7	0	9	0	-3	0	0	0.0000	1.0000	2.3344	0.7420
31	1	1	0	-7	0	11	0	0	0	0	0.0000	0.0000	2.1490	1.5434
32	1	1	0	-7	0	11	0	-3	0	0	0.0000	2.2059	1.3376	0.5870
33	1	1	0	-7	0	11	0	-4	0	0	0.0000	2.2216	1.2399	0.7261
34	1	1	0	-7	0	12	0	-4	0	0	0.0000	1.4142	2.1358	0.6622
35	1	1	0	-7	0	12	0	-3	0	0	0.0000	2.1120	1.4964	0.5481
36	1	1	0	-7	0	12	0	-5	0	0	0.0000	2.1566	1.3128	0.7892
37	1	1	0	-7	0	12	0	-7	0	1	1.0000	1.0000	2.1889	0.4596
38	1	1	0	-7	0	13	0	-6	0	0	0.0000	1.4142	2.0743	0.8350
39	1	1	0	-7	0	13	0	-4	0	0	0.0000	2.0000	1.6180	0.6180
40	1	1	0	-7	0	13	0	-5	0	0	0.0000	2.0421	1.5202	0.7203
41	1	1	0	-7	0	13	0	-7	0	1	2.0953	1.3557	0.7376	0.4773
42	1	1	0	-7	0	13	0	-7	0	0	1.0000	1.0000	2.1010	1.2593
43	1	1	0	-7	0	14	0	-7	0	0	0.0000	1.9499	1.5637	0.8678
44	1	1	0	-7	0	14	0	-9	0	1	1.0000	2.0285	1.3213	0.3731
45	1	1	0	-7	0	14	0	-8	0	1	1.9890	1.4863	0.8135	0.4158
46	1	1	0	-7	0	14	0	-8	0	0	0.0000	2.0000	1.4142	1.0000
47	1	1	0	-7	0	15	0	-10	0	1	1.0000	1.8794	1.5321	0.3473
48	1	1	0	-8	0	0	0	0	0	0	0.0000	0.0000	0.0000	2.8284
49	1	1	0	-8	0	6	0	0	0	0	0.0000	0.0000	2.6762	0.9153
50	1	1	0	-8	0	10	0	0	0	0	0.0000	0.0000	2.5396	1.2452
51	1	1	0	-8	0	12	0	0	0	0	0.0000	0.0000	2.4495	1.4142
52	1	1	0	-8	0	11	0	0	0	0	0.0000	0.0000	2.4972	1.3281
53	1	1	0	-8	0	11	0	-4	0	0	0.0000	1.0000	2.5243	0.7923
54	1	1	0	-8	0	14	0	0	0	0	0.0000	0.0000	2.3268	1.6080
55	1	1	0	-8	0	14	0	-4	0	0	0.0000	1.4142	2.3761	0.5952
56	1	1	0	-8	0	14	0	-4	0	0	0.0000	2.3761	0.5952	0.8069
57	1	1	0	-8	0	15	0	0	0	0	0.0000	0.0000	2.2361	1.7321
58	1	1	0	-8	0	15	0	-6	0	0	0.0000	1.4142	2.3344	0.7420
59	1	1	0	-8	0	16	0	-6	0	0	0.0000	2.2552	1.5582	0.6970
60	1	1	0	-8	0	16	0	-8	0	0	0.0000	1.4142	2.2882	0.8740
61	1	1	0	-8	0	15	0	-4	0	0	0.0000	2.3073	1.5356	0.5645
62	1	1	0	-8	0	15	0	-7	0	0	0.0000	2.3467	1.3335	0.8455
63	1	1	0	-8	0	15	0	-10	0	2	1.0000	1.0000	2.3761	0.5952
64	1	1	0	-8	0	17	0	-9	0	0	0.0000	2.2164	1.5121	0.8952
65	1	1	0	-8	0	17	0	-6	0	0	0.0000	1.7321	2.1358	0.6622
66	1	1	0	-8	0	17	0	-7	0	0	0.0000	2.1679	1.6616	0.7345
67	1	1	0	-8	0	17	0	-10	0	0	0.0000	2.2361	1.4142	1.0000

Table of spectral polynomials for trees

code	freq	coefficients										spectrum				
68	1	1	0	-8	0	17	0	-8	0	0	0	0.0000	2.1940	1.5904	0.8106	
69	1	1	0	-8	0	17	0	-11	0	2	0	1.4142	2.2470	0.8019	0.5550	
70	1	1	0	-8	0	17	0	-12	0	2	0	1.0000	2.2638	1.2793	0.4883	
71	2	1	0	-8	0	18	0	-10	0	0	0	0.0000	2.1169	1.6398	0.9110	
72	2	1	0	-8	0	18	0	-12	0	2	0	2.1646	1.5280	0.8536	0.5009	
73	2	1	0	-8	0	18	0	-12	0	0	0	0.0000	1.4142	2.1753	1.1260	
74	1	1	0	-8	0	18	0	-14	0	3	0	1.0000	2.2059	1.3376	0.5870	
75	1	1	0	-8	0	18	0	-16	0	5	0	2.2361	1.0000	1.0000	1.0000	
76	1	1	0	-8	0	19	0	-15	0	2	0	1.4142	2.1192	1.1590	0.4071	
77	2	1	0	-8	0	19	0	-14	0	2	0	1.0000	2.0840	1.5718	0.4317	
78	1	1	0	-8	0	19	0	-12	0	0	0	0.0000	2.0000	1.7321	1.0000	
79	1	1	0	-8	0	19	0	-13	0	2	0	2.0356	1.6907	0.8841	0.4648	
80	1	1	0	-8	0	19	0	-13	0	0	0	0.0000	2.0608	1.5984	1.0946	
81	1	1	0	-8	0	19	0	-16	0	4	0	1.4142	1.0000	2.1358	0.6622	
82	1	1	0	-8	0	19	0	-14	0	3	0	2.0743	1.6180	0.8350	0.6180	
83	1	1	0	-8	0	19	0	-15	0	3	0	1.0000	2.1120	1.4964	0.5481	
84	1	1	0	-8	0	20	0	-16	0	2	0	1.9616	1.6629	1.1111	0.3902	
85	1	1	0	-8	0	20	0	-17	0	4	0	2.0000	1.0000	1.6180	0.6180	
86	1	1	0	-8	0	20	0	-17	0	3	0	2.0153	1.5480	1.1429	0.4858	
87	1	1	0	-8	0	20	0	-18	0	5	0	1.0000	2.0421	1.5202	0.7203	
88	1	1	0	-8	0	20	0	-18	0	4	0	1.4142	2.0529	1.2086	0.5700	
89	1	1	0	-8	0	21	0	-20	0	5	0	1.9021	1.6180	1.1756	0.6180	
90	1	1	0	-9	0	0	0	0	0	0	0	0.0000	0.0000	0.0000	0.0000	3.0000
91	1	1	0	-9	0	7	0	0	0	0	0	0.0000	0.0000	0.0000	2.8531	0.9273
92	1	1	0	-9	0	12	0	0	0	0	0	0.0000	0.0000	0.0000	2.7152	1.2758
93	1	1	0	-9	0	15	0	0	0	0	0	0.0000	0.0000	0.0000	2.6060	1.4862
94	1	1	0	-9	0	16	0	0	0	0	0	0.0000	0.0000	0.0000	2.5616	1.5616
95	1	1	0	-9	0	13	0	0	0	0	0	0.0000	0.0000	0.0000	2.6819	1.3444
96	1	1	0	-9	0	13	0	-5	0	0	0	0.0000	0.0000	1.0000	2.7049	0.8267
97	1	1	0	-9	0	17	0	0	0	0	0	0.0000	0.0000	0.0000	2.5105	1.6423
98	1	1	0	-9	0	17	0	-5	0	0	0	0.0000	0.0000	2.5504	1.4613	0.6000
99	1	1	0	-9	0	17	0	-8	0	0	0	0.0000	0.0000	2.5714	1.2879	0.8541
100	1	1	0	-9	0	19	0	-8	0	0	0	0.0000	0.0000	0.0000	2.3702	1.8390
101	1	1	0	-9	0	19	0	-8	0	0	0	0.0000	0.0000	2.4699	1.5293	0.7488
102	1	1	0	-9	0	19	0	-9	0	0	0	0.0000	0.0000	2.4794	1.4770	0.8192
103	1	1	0	-9	0	20	0	-8	0	0	0	0.0000	0.0000	2.4038	1.6465	0.7146
104	1	1	0	-9	0	20	0	-12	0	0	0	0.0000	0.0000	2.4495	1.4142	1.0000
105	1	1	0	-9	0	21	0	-9	0	0	0	0.0000	0.0000	1.7321	2.3344	0.7420
106	2	1	0	-9	0	21	0	-12	0	0	0	0.0000	0.0000	2.3810	1.5735	0.9246
107	1	1	0	-9	0	18	0	-5	0	0	0	0.0000	0.0000	2.4993	1.5566	0.5747
108	1	1	0	-9	0	18	0	-9	0	0	0	0.0000	0.0000	2.5321	1.3473	0.8794
109	1	1	0	-9	0	18	0	-13	0	3	0	0.0000	1.0000	1.0000	2.5576	0.6772
110	1	1	0	-9	0	21	0	-8	0	0	0	0.0000	0.0000	2.3155	1.7797	0.6864
111	1	1	0	-9	0	21	0	-14	0	0	0	0.0000	0.0000	1.4142	2.4065	1.0994
112	1	1	0	-9	0	21	0	-11	0	0	0	0.0000	0.0000	2.3668	1.6310	0.8592
113	1	1	0	-9	0	21	0	-15	0	3	0	0.0000	0.0000	1.4571	0.8494	0.5801
114	1	1	0	-9	0	21	0	-13	0	0	0	0.0000	0.0000	1.0000	2.3942	1.5060
115	1	1	0	-9	0	21	0	-17	0	4	0	0.0000	1.0000	2.4325	1.2963	0.6342
116	1	1	0	-9	0	22	0	-15	0	0	0	0.0000	0.0000	2.3433	1.5308	1.0797
117	1	1	0	-9	0	22	0	-9	0	0	0	0.0000	0.0000	2.1987	1.9122	0.7135
118	1	1	0	-9	0	22	0	-11	0	0	0	0.0000	0.0000	2.2646	1.7893	0.8185
119	1	1	0	-9	0	22	0	-17	0	4	0	0.0000	2.3623	1.5085	0.8258	0.6796
120	1	1	0	-9	0	22	0	-17	0	3	0	0.0000	1.0000	2.3649	1.4693	0.4985
121	1	1	0	-9	0	23	0	-15	0	0	0	0.0000	0.0000	2.2361	1.7321	1.0000
122	1	1	0	-9	0	23	0	-17	0	3	0	0.0000	2.2711	1.6637	0.9038	0.5072
123	1	1	0	-9	0	23	0	-14	0	0	0	0.0000	0.0000	2.2047	1.8039	0.9408
124	1	1	0	-9	0	23	0	-16	0	0	0	0.0000	0.0000	2.2616	1.6571	1.0673
125	1	1	0	-9	0	23	0	-19	0	4	0	0.0000	0.0000	2.3073	1.5356	0.5645
126	1	1	0	-9	0	23	0	-18	0	4	0	0.0000	2.2882	1.6180	0.8740	0.6180
127	1	1	0	-9	0	23	0	-17	0	0	0	0.0000	0.0000	2.2835	1.5678	1.1510
128	1	1	0	-9	0	23	0	-20	0	4	0	0.0000	1.4142	2.3244	1.1472	0.5304
129	1	1	0	-9	0	24	0	-20	0	4	0	0.0000	1.0000	2.2143	1.6751	0.5392
130	1	1	0	-9	0	24	0	-20	0	0	0	0.0000	0.0000	2.2361	1.4142	1.4142
131	1	1	0	-9	0	22	0	-13	0	0	0	0.0000	0.0000	2.3087	1.6728	0.9336
132	1	1	0	-9	0	22	0	-19	0	5	0	0.0000	1.0000	2.3867	1.3497	0.6941
133	1	1	0	-9	0	22	0	-16	0	3	0	0.0000	2.3503	1.5517	0.8826	0.5381
134	1	1	0	-9	0	22	0	-16	0	0	0	0.0000	0.0000	1.4142	2.3583	1.1994
135	1	1	0	-9	0	22	0	-22	0	9	1	1.0000	1.0000	1.0000	2.4142	0.4142

422 Polynomials

code	freq	coefficients										spectrum				
136	1	1	0	-9	0	24	0	-21	0	3	0	0	0.0000	2.2458	1.5260	1.2049	0.4195
137	1	1	0	-9	0	24	0	-20	0	3	0	0	0.0000	2.2201	1.6416	1.0888	0.4365
138	1	1	0	-9	0	24	0	-17	0	0	0	0	0.0000	0.0000	2.1289	1.8296	1.0586
139	1	1	0	-9	0	24	0	-18	0	3	0	0	0.0000	2.1474	1.8199	0.9186	0.4825
140	1	1	0	-9	0	24	0	-18	0	0	0	0	0.0000	0.0000	1.7321	2.1753	1.1260
141	1	1	0	-9	0	24	0	-19	0	3	0	0	0.0000	1.7321	1.0000	2.1889	0.4569
142	1	1	0	-9	0	24	0	-23	0	6	0	0	0.0000	1.4142	2.2764	1.1859	0.6416
143	1	1	0	-9	0	24	0	-21	0	4	0	0	0.0000	2.2410	1.5784	1.1070	0.5107
144	1	1	0	-9	0	24	0	-19	0	4	0	0	0.0000	2.1813	1.7600	0.8995	0.5792
145	1	1	0	-9	0	24	0	-19	0	0	0	0	0.0000	0.0000	2.2089	1.6287	1.2116
146	1	1	0	-9	0	24	0	-21	0	5	0	0	0.0000	2.2361	1.0000	1.6180	0.6180
147	1	1	0	-9	0	24	0	-24	0	9	0	-1	1.0000	2.2853	1.4534	0.6880	0.4376
148	1	1	0	-9	0	24	0	-23	0	7	0	0	0.0000	1.0000	2.2725	1.4924	0.7801
149	1	1	0	-9	0	24	0	-20	0	5	0	0	0.0000	2.2082	1.7048	0.8614	0.6895
150	1	1	0	-9	0	24	0	-22	0	6	0	0	0.0000	1.0000	2.2552	1.5582	0.6970
151	1	1	0	-9	0	24	0	-22	0	5	0	0	0.0000	2.2596	1.5072	1.1349	0.5786
152	1	1	0	-9	0	24	0	-25	0	9	0	0	0.0000	1.0000	1.0000	2.3028	1.3028
153	1	1	0	-9	0	25	0	-24	0	4	0	0	0.0000	1.4142	1.4142	2.1889	0.4569
154	1	1	0	-9	0	25	0	-23	0	4	0	0	0.0000	2.1543	1.6504	1.1878	0.4736
155	1	1	0	-9	0	25	0	-25	0	7	0	0	0.0000	2.2001	1.5336	1.1632	0.6741
156	1	1	0	-9	0	25	0	-22	0	4	0	0	0.0000	2.1067	1.7716	1.0862	0.4934
157	1	1	0	-9	0	25	0	-23	0	6	0	0	0.0000	1.7321	1.0000	2.1358	0.6622
158	1	1	0	-9	0	25	0	-24	0	6	0	0	0.0000	2.1753	1.6180	1.1260	0.6180
159	1	1	0	-9	0	25	0	-25	0	8	0	0	0.0000	1.0000	2.1940	1.5904	0.8106
160	1	1	0	-9	0	25	0	-21	0	0	0	0	0.0000	0.0000	1.7321	2.1010	1.2593
161	1	1	0	-9	0	25	0	-23	0	5	0	0	0.0000	2.1455	1.6941	1.1025	0.5580
162	1	1	0	-9	0	25	0	-25	0	9	0	-1	1.0000	2.1889	1.6180	0.6180	0.4569
163	1	1	0	-9	0	25	0	-22	0	3	0	0	0.0000	1.7321	2.1192	1.1590	0.4071
164	1	1	0	-9	0	25	0	-24	0	7	0	0	0.0000	1.0000	2.1679	1.6616	0.7345
165	1	1	0	-9	0	25	0	-24	0	5	0	0	0.0000	2.1823	1.5610	1.2316	0.5330
166	1	1	0	-9	0	25	0	-28	0	12	0	-1	1.0000	1.0000	2.2504	1.3519	0.3287
167	1	1	0	-9	0	25	0	-26	0	10	0	-1	1.0000	2.2120	1.5462	0.7515	0.3891
168	1	1	0	-9	0	25	0	-26	0	8	0	0	0.0000	1.4142	2.2216	1.2399	0.7261
169	2	1	0	-9	0	26	0	-27	0	8	0	0	0.0000	2.0886	1.6810	1.1491	0.7011
170	1	1	0	-9	0	26	0	-26	0	5	0	0	0.0000	2.0698	1.6689	1.2967	0.4992
171	1	1	0	-9	0	26	0	-25	0	4	0	0	0.0000	2.0000	1.8019	1.2470	0.4450
172	1	1	0	-9	0	26	0	-26	0	7	0	0	0.0000	2.0314	1.7881	1.1192	0.6508
173	1	1	0	-9	0	26	0	-26	0	6	0	0	0.0000	1.7321	2.0529	1.2086	0.5700
174	1	1	0	-9	0	26	0	-28	0	10	0	-1	2.1192	1.6180	1.1590	0.6180	0.4071
175	1	1	0	-9	0	26	0	-27	0	10	0	-1	1.0000	2.0615	1.7640	0.6938	0.3963
176	2	1	0	-9	0	26	0	-28	0	9	0	0	0.0000	2.1268	1.5764	1.1971	0.7475
177	1	1	0	-9	0	26	0	-27	0	9	0	0	0.0000	1.7321	1.0000	2.0743	0.8350
178	1	1	0	-9	0	26	0	-27	0	7	0	0	0.0000	2.1010	1.6180	1.2593	0.6180
179	1	1	0	-9	0	26	0	-28	0	11	0	-1	1.0000	2.1085	1.6724	0.7935	0.3574
180	1	1	0	-9	0	26	0	-29	0	11	0	0	0.0000	1.0000	1.0000	2.1490	1.5434
181	1	1	0	-9	0	26	0	-30	0	13	0	-1	1.0000	1.0000	2.1701	1.4812	0.3111
182	1	1	0	-9	0	26	0	-29	0	11	0	-1	2.1507	1.5049	1.2209	0.6987	0.3622
183	1	1	0	-9	0	26	0	-28	0	8	0	0	0.0000	1.4142	1.4142	2.1358	0.6622
184	1	1	0	-9	0	27	0	-30	0	9	0	0	0.0000	1.7321	1.9696	1.2856	0.6480
185	1	1	0	-9	0	27	0	-32	0	14	0	-1	1.0000	1.0000	2.0491	1.6473	0.2963
186	1	1	0	-9	0	27	0	-31	0	12	0	-1	2.0066	1.7070	1.1897	0.7288	0.3367
187	1	1	0	-9	0	27	0	-32	0	13	0	-1	2.0642	1.5574	1.2679	0.7791	0.3149
188	1	1	0	-9	0	27	0	-31	0	11	0	0	0.0000	2.0237	1.6546	1.2340	0.8027
189	1	1	0	-9	0	27	0	-31	0	11	0	-1	2.0285	1.6180	1.3213	0.6180	0.3731
190	1	1	0	-9	0	27	0	-32	0	12	0	0	0.0000	1.4142	1.4142	2.0743	0.8350
191	1	1	0	-9	0	28	0	-35	0	15	0	-1	1.9190	1.6825	1.3097	0.8308	0.2846
192	1	1	0	-10	0	0	0	0	0	0	0	0	0.0000	0.0000	0.0000	0.0000	3.1623
193	1	1	0	-10	0	8	0	0	0	0	0	0	0.0000	0.0000	0.0000	3.0204	0.9364
194	1	1	0	-10	0	14	0	0	0	0	0	0	0.0000	0.0000	0.0000	2.8839	1.2974
195	1	1	0	-10	0	18	0	0	0	0	0	0	0.0000	0.0000	0.0000	2.7651	1.5344
196	2	1	0	-10	0	20	0	0	0	0	0	0	0.0000	0.0000	0.0000	2.6900	1.6625
197	1	1	0	-10	0	15	0	0	0	0	0	0	0.0000	0.0000	0.0000	2.8570	1.3556
198	1	1	0	-10	0	15	0	-6	0	0	0	0	0.0000	0.0000	1.0000	2.8766	0.8515
199	1	1	0	-10	0	20	0	-6	0	0	0	0	0.0000	0.0000	2.7222	1.4920	0.6031
200	1	1	0	-10	0	20	0	-10	0	0	0	0	0.0000	0.0000	2.7415	1.3048	0.8840
201	1	1	0	-10	0	23	0	0	0	0	0	0	0.0000	0.0000	0.0000	2.5326	1.8936
202	1	1	0	-10	0	23	0	-10	0	0	0	0	0.0000	0.0000	2.6191	1.6044	0.7526
203	1	1	0	-10	0	23	0	-12	0	0	0	0	0.0000	0.0000	2.6328	1.5242	0.8632

Table of spectral polynomials for trees

code	freq	coefficients											spectrum				
204	1	1	0	-10	0	24	0	0	0	0	0	0	0	0.0000	0.0000	0.0000	2.4495	2.0000
205	1	1	0	-10	0	24	0	-12	0	0	0	0	0	0.0000	0.0000	2.5832	1.6273	0.8241
206	1	1	0	-10	0	24	0	-10	0	0	0	0	0	0.0000	0.0000	2.5665	1.6992	0.7251
207	1	1	0	-10	0	24	0	-16	0	0	0	0	0	0.0000	0.0000	1.4142	2.6131	1.0824
208	1	1	0	-10	0	26	0	-12	0	0	0	0	0	0.0000	0.0000	2.4495	1.8478	0.7654
209	2	1	0	-10	0	26	0	-16	0	0	0	0	0	0.0000	0.0000	2.4998	1.6893	0.9472
210	1	1	0	-10	0	26	0	-18	0	0	0	0	0	0.0000	0.0000	2.5207	1.5886	1.0595
211	1	1	0	-10	0	27	0	-18	0	0	0	0	0	0.0000	0.0000	2.4495	1.7321	1.0000
212	1	1	0	-10	0	21	0	-6	0	0	0	0	0	0.0000	0.0000	2.6830	1.5694	0.5817
213	1	1	0	-10	0	21	0	-11	0	0	0	0	0	0.0000	0.0000	2.7101	1.3573	0.9016
214	1	1	0	-10	0	21	0	-16	0	4	0	0	0	0.0000	1.0000	1.0000	2.7321	0.7321
215	1	1	0	-10	0	25	0	-15	0	0	0	0	0	0.0000	0.0000	2.5529	1.6113	0.9415
216	1	1	0	-10	0	25	0	-10	0	0	0	0	0	0.0000	0.0000	2.5027	1.8012	0.7015
217	1	1	0	-10	0	25	0	-11	0	0	0	0	0	0.0000	0.0000	2.5138	1.7673	0.7465
218	1	1	0	-10	0	25	0	-18	0	0	0	0	0	0.0000	0.0000	1.4142	2.5779	1.1637
219	1	1	0	-10	0	25	0	-14	0	0	0	0	0	0.0000	0.0000	2.5438	1.6551	0.8887
220	1	1	0	-10	0	25	0	-19	0	4	0	0	0	0.0000	2.5811	1.4874	0.8809	0.5914
221	1	1	0	-10	0	25	0	-16	0	0	0	0	0	0.0000	0.0000	1.0000	2.5616	1.5616
222	1	1	0	-10	0	25	0	-22	0	6	0	0	0	0.0000	1.0000	2.6012	1.3104	0.7186
223	1	1	0	-10	0	27	0	-20	0	0	0	0	0	0.0000	0.0000	2.4749	1.6238	1.1129
224	1	1	0	-10	0	27	0	-12	0	0	0	0	0	0.0000	0.0000	2.0000	2.3344	0.7420
225	1	1	0	-10	0	27	0	-14	0	0	0	0	0	0.0000	0.0000	2.3836	1.9084	0.8226
226	1	1	0	-10	0	27	0	-21	0	0	0	0	0	0.0000	0.0000	2.4864	1.5513	1.1881
227	1	1	0	-10	0	27	0	-15	0	0	0	0	0	0.0000	0.0000	2.4028	1.8655	0.8640
228	1	1	0	-10	0	27	0	-23	0	6	0	0	0	0.0000	2.4976	1.5827	0.8567	0.7233
229	1	1	0	-10	0	27	0	-22	0	4	0	0	0	0.0000	1.0000	2.4903	1.5953	0.5034
230	1	1	0	-10	0	27	0	-24	0	6	0	0	0	0.0000	1.0000	2.5080	1.5147	0.6448
231	1	1	0	-10	0	28	0	-20	0	0	0	0	0	0.0000	0.0000	2.3894	1.7872	1.0473
232	1	1	0	-10	0	28	0	-22	0	4	0	0	0	0.0000	2.4115	1.7495	0.9294	0.5101
233	1	1	0	-10	0	28	0	-18	0	0	0	0	0	0.0000	0.0000	2.3482	1.8900	0.9560
234	2	1	0	-10	0	28	0	-22	0	0	0	0	0	0.0000	0.0000	2.4220	1.6701	1.1596
235	1	1	0	-10	0	28	0	-26	0	6	0	0	0	0.0000	2.4620	1.5426	1.1034	0.5845
236	1	1	0	-10	0	28	0	-24	0	6	0	0	0	0.0000	2.4361	1.6787	0.8929	0.6708
237	1	1	0	-10	0	28	0	-28	0	8	0	0	0	0.0000	1.4142	2.4812	1.1701	0.6889
238	2	1	0	-10	0	29	0	-24	0	0	0	0	0	0.0000	0.0000	1.7321	2.3583	1.1994
239	1	1	0	-10	0	29	0	-27	0	6	0	0	0	0.0000	2.3934	1.6658	1.0842	0.5666
240	1	1	0	-10	0	29	0	-21	0	0	0	0	0	0.0000	0.0000	2.2801	1.9271	1.0430
241	2	1	0	-10	0	29	0	-25	0	6	0	0	0	0.0000	0.0000	2.2801	1.9271	1.0430
242	2	1	0	-10	0	29	0	-22	0	0	0	0	0	0.0000	0.0000	2.3115	1.8630	1.0892
243	2	1	0	-10	0	29	0	-28	0	8	0	0	0	0.0000	1.0000	2.4038	1.6665	0.7146
244	2	1	0	-10	0	29	0	-28	0	6	0	0	0	0.0000	2.4091	1.5836	1.1799	0.5441
245	1	1	0	-10	0	30	0	-28	0	6	0	0	0	0.0000	2.2992	1.8063	1.0714	0.5505
246	1	1	0	-10	0	30	0	-30	0	8	0	0	0	0.0000	2.3384	1.7067	1.0960	0.6467
247	1	1	0	-10	0	30	0	-28	0	0	0	0	0	0.0000	0.0000	1.4142	2.3268	1.6080
248	1	1	0	-10	0	30	0	-32	0	8	0	0	0	0.0000	1.4142	1.4142	2.3761	0.5952
249	1	1	0	-10	0	26	0	-24	0	7	0	0	0	0.0000	1.0000	2.5646	1.3589	0.7592
250	1	1	0	-10	0	26	0	-20	0	4	0	0	0	0.0000	2.5339	1.5660	0.9031	0.5581
251	1	1	0	-10	0	26	0	-20	0	0	0	0	0	0.0000	0.0000	1.4142	2.5396	1.2452
252	1	1	0	-10	0	26	0	-28	0	13	0	-2	0	1.0000	1.0000	1.0000	2.5887	0.5463
253	1	1	0	-10	0	29	0	-27	0	4	0	0	0	0.0000	2.3990	1.6043	1.2205	0.4258
254	1	1	0	-10	0	29	0	-26	0	4	0	0	0	0.0000	2.3824	1.6866	1.1344	0.4387
255	1	1	0	-10	0	29	0	-23	0	4	0	0	0	0.0000	2.3184	1.8719	0.9379	0.4914
256	1	1	0	-10	0	29	0	-23	0	0	0	0	0	0.0000	0.0000	2.3368	1.7998	1.1403
257	1	1	0	-10	0	29	0	-24	0	4	0	0	0	0.0000	1.0000	2.3429	1.8136	0.4707
258	1	1	0	-10	0	29	0	-31	0	10	0	0	0	0.0000	1.4142	2.4412	1.2124	0.7555
259	1	1	0	-10	0	29	0	-25	0	0	0	0	0	0.0000	0.0000	2.3772	1.6511	1.2739
260	1	1	0	-10	0	29	0	-32	0	14	0	-2	0	1.0000	2.4460	1.4831	0.7289	0.5348
261	1	1	0	-10	0	29	0	-26	0	7	0	0	0	0.0000	2.3728	1.7519	0.8855	0.7188
262	1	1	0	-10	0	29	0	-29	0	9	0	0	0	0.0000	1.0000	2.4163	1.5997	0.7761
263	1	1	0	-10	0	29	0	-30	0	10	0	0	0	0.0000	1.0000	2.4280	1.5483	0.8412
264	1	1	0	-10	0	29	0	-29	0	7	0	0	0	0.0000	2.4212	1.5180	1.2184	0.5908
265	1	1	0	-10	0	29	0	-34	0	16	0	-2	0	1.0000	1.0000	2.4659	1.3150	0.4361
266	1	1	0	-10	0	30	0	-32	0	9	0	0	0	0.0000	2.3731	1.5455	1.2441	0.6575
267	1	1	0	-10	0	30	0	-30	0	6	0	0	0	0.0000	2.3459	1.6437	1.2375	0.5133
268	1	1	0	-10	0	30	0	-24	0	0	0	0	0	0.0000	0.0000	2.0000	2.1753	1.1260
269	1	1	0	-10	0	30	0	-26	0	6	0	0	0	0.0000	2.2262	1.9536	0.9260	0.6082
270	1	1	0	-10	0	30	0	-26	0	0	0	0	0	0.0000	0.0000	2.2738	1.8196	1.2324
271	1	1	0	-10	0	30	0	-28	0	7	0	0	0	0.0000	1.0000	2.2939	1.8275	0.6311

424 Polynomials

code	freq	coefficients										spectrum				
272	2	1	0	-10	0	30	0	-34	0	15	0	-2	0	1.0000	2.3897	1.5623	0.7847	0.4827
273	1	1	0	-10	0	30	0	-28	0	8	0	0	0	0.0000	2.882	1.8478	0.8740	0.7654
274	1	1	0	-10	0	30	0	-32	0	10	0	0	0	0.0000	2.3700	1.5946	1.1417	0.7330
275	1	1	0	-10	0	30	0	-34	0	13	0	0	0	0.0000	1.0000	1.0000	2.3942	1.5060
276	1	1	0	-10	0	31	0	-33	0	6	0	0	0	0.0000	1.4142	2.2920	1.5874	0.4760
277	1	1	0	-10	0	31	0	-32	0	6	0	0	0	0.0000	1.7321	2.2638	1.2793	0.4883
278	3	1	0	-10	0	31	0	-34	0	10	0	0	0	0.0000	2.2981	1.6649	1.2196	0.6777
279	2	1	0	-10	0	31	0	-31	0	6	0	0	0	0.0000	2.2280	1.8314	1.1958	0.5020
280	1	1	0	-10	0	31	0	-32	0	9	0	0	0	0.0000	2.2437	1.8222	1.0929	0.6714
281	1	1	0	-10	0	31	0	-34	0	12	0	0	0	0.0000	1.7321	2.2764	1.1859	0.6416
282	1	1	0	-10	0	31	0	-34	0	12	0	0	0	0.0000	1.7321	1.0000	2.2882	0.8740
283	1	1	0	-10	0	31	0	-30	0	6	0	0	0	0.0000	2.1753	1.9319	1.1260	0.5176
284	1	1	0	-10	0	31	0	-29	0	0	0	0	0	0.0000	0.0000	2.1913	1.8561	1.3240
285	1	1	0	-10	0	31	0	-31	0	7	0	0	0	0.0000	2.2193	1.8591	1.1415	0.5618
286	1	1	0	-10	0	31	0	-36	0	12	0	0	0	0.0000	1.4142	1.4142	2.3344	0.7420
287	1	1	0	-10	0	31	0	-37	0	16	0	-2	0	2.3410	1.5407	1.1926	0.7159	0.4592
288	2	1	0	-10	0	31	0	-35	0	12	0	0	0	0.0000	2.3130	1.6351	1.1657	0.7857
289	1	1	0	-10	0	31	0	-32	0	8	0	0	0	0.0000	2.2509	1.7950	1.1609	0.6030
290	2	1	0	-10	0	31	0	-33	0	10	0	0	0	0.0000	2.2707	1.7622	1.1099	0.7121
291	1	1	0	-10	0	31	0	-36	0	14	0	0	0	0.0000	1.0000	1.0000	2.3268	1.6080
292	1	1	0	-10	0	31	0	-32	0	10	0	0	0	0.0000	2.2361	1.0000	1.8478	0.7654
293	1	1	0	-10	0	31	0	-30	0	0	0	0	0	0.0000	0.0000	2.2361	1.7321	1.4142
294	1	1	0	-10	0	31	0	-33	0	8	0	0	0	0.0000	2.2818	1.6972	1.2544	0.5822
295	1	1	0	-10	0	31	0	-36	0	16	0	-2	0	1.0000	2.3203	1.6560	0.8198	0.4489
296	1	1	0	-10	0	31	0	-35	0	15	0	-2	0	1.0000	2.3013	1.7135	0.7219	0.4968
297	1	1	0	-10	0	31	0	-36	0	15	0	-2	0	2.3244	1.6180	1.1472	0.6180	0.5304
298	1	1	0	-10	0	31	0	-38	0	16	0	0	0	0.0000	1.4142	1.0000	2.3583	1.1994
299	2	1	0	-10	0	32	0	-36	0	8	0	0	0	0.0000	1.4142	2.2143	1.6751	0.5392
300	2	1	0	-10	0	32	0	-38	0	12	0	0	0	0.0000	1.4142	2.2552	1.5582	0.6970
301	2	1	0	-10	0	32	0	-38	0	14	0	0	0	0.0000	2.2428	1.6927	1.1919	0.8269
302	2	1	0	-10	0	32	0	-36	0	12	0	0	0	0.0000	2.1753	1.8478	1.1260	0.7654
303	3	1	0	-10	0	32	0	-36	0	10	0	0	0	0.0000	2.1968	1.7755	1.2706	0.6381
304	1	1	0	-10	0	32	0	-38	0	16	0	-2	0	2.2318	1.7441	1.1375	0.6804	0.4695
305	1	1	0	-10	0	30	0	-28	0	4	0	0	0	0.0000	2.3092	1.7592	1.1831	0.4161
306	1	1	0	-10	0	30	0	-31	0	10	0	0	0	0.0000	1.0000	2.3514	1.6830	0.7991
307	1	1	0	-10	0	30	0	-31	0	7	0	0	0	0.0000	2.3616	1.5708	1.2831	0.5558
308	1	1	0	-10	0	30	0	-37	0	19	0	-3	0	1.0000	1.0000	2.4236	1.3602	0.5254
309	1	1	0	-10	0	30	0	-34	0	12	0	0	0	0.0000	1.4142	2.3968	1.2665	0.8069
310	1	1	0	-10	0	30	0	-40	0	25	0	-6	0	2.4495	1.0000	1.0000	1.0000	1.0000
311	2	1	0	-10	0	32	0	-37	0	12	0	0	0	0.0000	1.7321	2.2216	1.2399	0.7261
312	1	1	0	-10	0	32	0	-35	0	7	0	0	0	0.0000	2.1784	1.7825	1.3501	0.5147
313	1	1	0	-10	0	32	0	-34	0	6	0	0	0	0.0000	2.1252	1.8848	1.3087	0.4673
314	1	1	0	-10	0	32	0	-35	0	10	0	0	0	0.0000	2.1358	1.9021	1.1756	0.6622
315	1	1	0	-10	0	32	0	-35	0	9	0	0	0	0.0000	2.1526	1.8637	1.2356	0.6052
316	1	1	0	-10	0	32	0	-39	0	17	0	-2	0	2.2581	1.6695	1.1727	0.7442	0.4298
317	1	1	0	-10	0	32	0	-37	0	16	0	-2	0	1.0000	2.1889	1.8478	0.7654	0.4569
318	0	1	0	-10	0	32	0	-37	0	13	0	0	0	0.0000	2.2135	1.7701	1.1535	0.7977
319	1	1	0	-10	0	32	0	-39	0	16	0	-2	0	2.2638	1.6180	1.2793	0.6180	0.4883
320	1	1	0	-10	0	32	0	-39	0	15	0	0	0	0.0000	2.2672	1.6035	1.2499	0.8524
321	2	1	0	-10	0	32	0	-38	0	13	0	0	0	0.0000	2.2492	1.6428	1.2935	0.7544
322	1	1	0	-10	0	32	0	-36	0	13	0	0	0	0.0000	1.0000	2.1622	1.8813	0.8864
323	1	1	0	-10	0	32	0	-42	0	21	0	-2	0	1.4142	1.0000	2.3138	1.2343	0.3501
324	2	1	0	-10	0	32	0	-40	0	18	0	-2	0	2.2805	1.5820	1.2277	0.7918	0.4032
325	2	1	0	-10	0	32	0	-38	0	17	0	-2	0	1.0000	2.2243	1.7774	0.8451	0.4233
326	1	1	0	-10	0	32	0	-40	0	19	0	-2	0	1.0000	1.0000	2.2754	1.6366	0.3798
327	1	1	0	-10	0	32	0	-43	0	25	0	-5	0	1.0000	1.0000	2.3213	1.4789	0.6513
328	1	1	0	-10	0	32	0	-39	0	19	0	-3	0	1.7321	1.0000	2.2470	0.8019	0.5550
329	1	1	0	-10	0	32	0	-41	0	21	0	-3	0	1.0000	2.2920	1.5874	0.4760
330	1	1	0	-10	0	32	0	-42	0	23	0	-4	0	1.0000	2.3073	1.5356	0.5645
331	1	1	0	-10	0	32	0	-40	0	17	0	0	0	0.0000	1.0000	2.2835	1.5687	1.1510
332	1	1	0	-10	0	32	0	-41	0	20	0	-3	0	2.2966	1.5155	1.2579	0.7576	0.5222
333	1	1	0	-10	0	32	0	-40	0	16	0	0	0	0.0000	1.4142	1.4142	2.882	0.8740
334	2	1	0	-10	0	33	0	-42	0	18	0	-2	0	2.1796	1.6968	1.3023	0.7126	0.4123
335	1	1	0	-10	0	33	0	-40	0	14	0	0	0	0.0000	2.1010	1.8478	1.2593	0.7654
336	1	1	0	-10	0	33	0	-41	0	18	0	-2	0	2.1192	1.8478	1.1590	0.7654	0.4071
337	2	1	0	-10	0	33	0	-41	0	16	0	0	0	0.0000	2.1439	1.7840	1.2183	0.8584
338	1	1	0	-10	0	33	0	-39	0	10	0	0	0	0.0000	1.4142	2.0922	1.8094	0.5907
339	2	1	0	-10	0	33	0	-40	0	13	0	0	0	0.0000	2.1203	1.7943	1.3343	0.7103

Table of spectral polynomials for trees 425

code	freq	coefficients											spectrum					
340	1	1	0	-10	0	33	0	-41	0	15	0	0	0	0.0000	1.7321	2.1566	1.3138	0.7892
341	1	1	0	-10	0	33	0	-41	0	17	0	-2	0	2.1358	1.8019	1.2470	0.6622	0.4450
342	1	1	0	-10	0	33	0	-42	0	20	0	-3	0	2.1603	1.7786	1.1686	0.7179	0.5373
343	1	1	0	-10	0	33	0	-42	0	20	0	-3	0	2.1978	1.6841	1.2170	0.7180	0.4923
344	1	1	0	-10	0	33	0	-42	0	16	0	0	0	0.0000	1.4142	2.1940	1.5904	0.8106
345	2	1	0	-10	0	33	0	-42	0	19	0	-2	0	2.1692	1.7482	1.2000	0.8060	0.3856
346	1	1	0	-10	0	33	0	-43	0	19	0	0	0	0.0000	1.0000	2.2089	1.6287	1.2116
347	1	1	0	-10	0	33	0	-44	0	22	0	-2	0	1.0000	2.2257	1.6018	1.1684	0.3395
348	1	1	0	-10	0	33	0	-42	0	20	0	-2	0	1.0000	1.0000	2.1576	1.7919	0.3658
349	1	1	0	-10	0	33	0	-43	0	20	0	-2	0	2.2043	1.6461	1.2618	0.8389	0.3682
350	1	1	0	-10	0	33	0	-40	0	12	0	0	0	0.0000	1.7321	1.4142	2.1358	0.6622
351	1	1	0	-10	0	33	0	-42	0	18	0	0	0	0.0000	1.7321	1.0000	2.1753	1.1260
352	1	1	0	-10	0	33	0	-41	0	14	0	0	0	0.0000	1.4142	2.1679	1.6616	0.7345
353	2	1	0	-10	0	33	0	-44	0	24	0	-4	0	1.0000	2.2143	1.6751	0.5392	
354	1	1	0	-10	0	33	0	-44	0	23	0	-4	0	2.2216	1.6180	1.2399	0.7261	0.6180
355	1	1	0	-10	0	33	0	-43	0	19	0	-2	0	1.4142	2.2120	1.5462	0.7515	0.3891
356	1	1	0	-10	0	33	0	-44	0	22	0	-3	0	2.2271	1.5680	1.2991	0.8243	0.4632
357	1	1	0	-10	0	33	0	-42	0	17	0	0	0	0.0000	2.1851	1.6775	1.2805	0.8784
358	1	1	0	-10	0	33	0	-42	0	17	0	-2	0	1.4142	2.1889	1.6180	0.6180	0.4569
359	1	1	0	-10	0	33	0	-46	0	28	0	-6	0	1.0000	1.0000	2.2552	1.5582	0.6970
360	1	1	0	-10	0	33	0	-44	0	20	0	0	0	0.0000	2.2361	1.4142	1.4142	1.0000
361	1	1	0	-10	0	33	0	-46	0	26	0	-4	0	1.4142	1.0000	2.2638	1.2793	0.4883
362	1	1	0	-10	0	34	0	-47	0	24	0	-2	0	1.0000	2.1301	1.6880	1.2292	0.3200
363	2	1	0	-10	0	34	0	-46	0	22	0	-2	0	2.0910	1.7563	1.2913	0.8710	0.3424
364	1	1	0	-10	0	34	0	-46	0	21	0	-2	0	1.4142	2.1085	1.6724	0.7935	0.3574
365	1	1	0	-10	0	34	0	-45	0	18	0	0	0	0.0000	1.7321	1.4142	2.0743	0.8350
366	1	1	0	-10	0	34	0	-44	0	16	0	0	0	0.0000	2.0000	1.4142	1.8478	0.7654
367	1	1	0	-10	0	34	0	-45	0	20	0	-2	0	2.0285	1.8478	1.3213	0.7654	0.3731
368	1	1	0	-10	0	34	0	-45	0	19	0	0	0	0.0000	2.0478	1.8152	1.3058	0.8980
369	1	1	0	-10	0	34	0	-45	0	19	0	-2	0	1.4142	2.0615	1.7640	0.6938	0.3963
370	1	1	0	-10	0	34	0	-48	0	27	0	-4	0	1.0000	2.1543	1.6504	1.1878	0.4736
371	1	1	0	-10	0	34	0	-46	0	23	0	-2	0	1.0000	2.0684	1.8214	1.1381	0.3298
372	1	1	0	-10	0	34	0	-47	0	27	0	-5	0	1.0000	1.0000	2.0922	1.8094	0.5907
373	1	1	0	-10	0	34	0	-47	0	25	0	-3	0	1.7321	1.0000	2.1192	1.1590	0.4071
374	1	1	0	-10	0	34	0	-48	0	27	0	-5	0	2.1566	1.6180	1.3138	0.7892	0.6180
375	2	1	0	-10	0	34	0	-47	0	25	0	-4	0	2.1224	1.7099	1.2738	0.8181	0.5289
376	1	1	0	-10	0	34	0	-46	0	24	0	-4	0	2.0529	1.8478	1.2086	0.7654	0.5700
377	1	1	0	-10	0	34	0	-46	0	23	0	-3	0	2.0743	1.8019	1.2470	0.8350	0.4450
378	1	1	0	-10	0	34	0	-46	0	22	0	-3	0	1.7321	2.0953	1.3557	0.7376	0.4773
379	1	1	0	-10	0	34	0	-47	0	23	0	-2	0	1.4142	2.1426	1.5835	0.8902	0.3311
380	1	1	0	-10	0	34	0	-48	0	26	0	-3	0	1.0000	2.1625	1.5944	1.2753	0.3939
381	1	1	0	-10	0	34	0	-46	0	21	0	0	0	0.0000	1.7321	1.0000	2.1010	1.2593
382	1	1	0	-10	0	34	0	-47	0	24	0	-3	0	2.1330	1.6589	1.3309	0.8633	0.4260
383	1	1	0	-10	0	34	0	-46	0	20	0	0	0	0.0000	1.4142	2.1169	1.6398	0.9110
384	1	1	0	-10	0	34	0	-48	0	29	0	-6	0	1.7321	1.0000	1.0000	2.1358	0.6622
385	1	1	0	-10	0	34	0	-49	0	29	0	-5	0	1.0000	2.1823	1.5610	1.2316	0.5330
386	1	1	0	-10	0	34	0	-48	0	26	0	-4	0	1.4142	2.1646	1.5280	0.8536	0.5009
387	1	1	0	-10	0	35	0	-50	0	25	0	-2	0	1.4142	1.9754	1.7820	0.9080	0.3129
388	1	1	0	-10	0	35	0	-51	0	29	0	-5	0	2.0108	1.7692	1.3417	0.8504	0.5509
389	1	1	0	-10	0	35	0	-51	0	28	0	-3	0	1.7321	1.0000	2.0285	1.3213	0.3731
390	1	1	0	-10	0	35	0	-51	0	28	0	-4	0	1.4142	2.0356	1.6907	0.8841	0.4648
391	1	1	0	-10	0	35	0	-52	0	-6	0	-6	0	1.7321	1.0000	2.0529	1.2086	0.5700
392	1	1	0	-10	0	35	0	-52	0	30	0	-4	0	1.4142	1.0000	2.0840	1.5718	0.4317
393	1	1	0	-10	0	35	0	-52	0	31	0	-5	0	1.0000	2.0698	1.6689	1.2967	0.4992
394	1	1	0	-10	0	35	0	-52	0	31	0	-6	0	1.4142	2.0743	1.6180	0.8350	0.6180
395	1	1	0	-10	0	36	0	-56	0	35	0	-6	0	1.7321	1.4142	1.0000	1.9319	0.5176
396	1	1	0	-11	0	0	0	0	0	0	0	0	0	0.0000	0.0000	0.0000	0.0000	0.0000	3.3166
397	1	1	0	-11	0	9	0	0	0	0	0	0	0	0.0000	0.0000	0.0000	0.0000	3.1796	0.9435
398	1	1	0	-11	0	16	0	0	0	0	0	0	0	0.0000	0.0000	0.0000	0.0000	3.0455	1.3134
399	1	1	0	-11	0	21	0	0	0	0	0	0	0	0.0000	0.0000	0.0000	0.0000	2.9226	1.5680
400	1	1	0	-11	0	24	0	0	0	0	0	0	0	0.0000	0.0000	0.0000	0.0000	2.8284	1.7321
401	1	1	0	-11	0	25	0	0	0	0	0	0	0	0.0000	0.0000	0.0000	0.0000	2.7913	1.7913
402	1	1	0	-11	0	17	0	0	0	0	0	0	0	0.0000	0.0000	0.0000	0.0000	3.0233	1.3638
403	1	1	0	-11	0	17	0	-7	0	0	0	0	0	0.0000	0.0000	0.0000	1.0000	3.0402	0.8703
404	1	1	0	-11	0	23	0	0	0	0	0	0	0	0.0000	0.0000	0.0000	0.0000	2.8623	1.6755
405	1	1	0	-11	0	23	0	-7	0	0	0	0	0	0.0000	0.0000	0.0000	2.8886	1.5131	0.6053
406	1	1	0	-11	0	27	0	0	0	0	0	0	0	0.0000	0.0000	0.0000	0.0000	2.7024	1.9228
407	1	1	0	-11	0	23	0	-12	0	0	0	0	0	0.0000	0.0000	0.0000	2.9060	1.3181	0.9044

426 Polynomials

code	freq	coefficients												spectrum					
408	1	1	0	-11	0	27	0	-12	0	0	0	0	0	0.0000	0.0000	0.0000	2.7736	1.6544	0.7549
409	1	1	0	-11	0	27	0	-15	0	0	0	0	0	0.0000	0.0000	0.0000	2.7885	1.5590	0.8909
410	1	1	0	-11	0	29	0	0	0	0	0	0	0	0.0000	0.0000	0.0000	0.0000	2.5726	2.0933
411	1	1	0	-11	0	29	0	-15	0	0	0	0	0	0.0000	0.0000	0.0000	1.7321	2.7049	0.8267
412	1	1	0	-11	0	29	0	-16	0	0	0	0	0	0.0000	0.0000	0.0000	2.713	1.7023	0.8667
413	1	1	0	-11	0	28	0	-12	0	0	0	0	0	0.0000	0.0000	0.0000	1.7321	2.7321	0.7321
414	1	1	0	-11	0	28	0	-20	0	0	0	0	0	0.0000	0.0000	0.0000	1.4142	2.7752	1.1395
415	1	1	0	-11	0	31	0	-15	0	0	0	0	0	0.0000	0.0000	0.0000	2.5919	1.9169	0.7795
416	1	1	0	-11	0	31	0	-20	0	0	0	0	0	0.0000	0.0000	0.0000	2.6377	1.7668	0.9596
417	1	1	0	-11	0	31	0	-24	0	0	0	0	0	0.0000	0.0000	0.0000	2.6682	1.6026	1.1457
418	1	1	0	-11	0	32	0	-16	0	0	0	0	0	0.0000	0.0000	0.0000	2.0000	2.5243	0.7923
419	1	1	0	-11	0	32	0	-24	0	0	0	0	0	0.0000	0.0000	0.0000	1.7321	2.6131	1.0824
420	1	1	0	-11	0	33	0	-24	0	0	0	0	0	0.0000	0.0000	0.0000	2.5451	1.8569	1.0366
421	2	1	0	-11	0	33	0	-27	0	0	0	0	0	0.0000	0.0000	0.0000	1.7321	2.5779	1.1637
422	1	1	0	-11	0	24	0	-7	0	0	0	0	0	0.0000	0.0000	0.0000	2.8576	1.5779	0.5868
423	1	1	0	-11	0	24	0	-13	0	0	0	0	0	0.0000	0.0000	0.0000	2.8803	1.3649	0.9172
424	1	1	0	-11	0	14	0	-19	0	5	0	0	0	0.0000	0.0000	1.0000	1.0000	2.8992	0.7713
425	1	1	0	-11	0	29	0	-18	0	0	0	0	0	0.0000	0.0000	0.0000	2.7235	1.6357	0.9524
426	1	1	0	-11	0	29	0	-12	0	0	0	0	0	0.0000	0.0000	0.0000	2.6846	1.8127	0.7118
427	1	1	0	-11	0	29	0	-13	0	0	0	0	0	0.0000	0.0000	0.0000	2.6916	1.7870	0.7496
428	1	1	0	-11	0	29	0	-22	0	0	0	0	0	0.0000	0.0000	0.0000	1.4142	2.7462	1.2077
429	1	1	0	-11	0	29	0	-17	0	0	0	0	0	0.0000	0.0000	0.0000	2.7175	1.6704	0.9083
430	1	1	0	-11	0	29	0	-23	0	5	0	0	0	0.0000	0.0000	2.7480	1.5091	0.9023	0.5976
431	1	1	0	-11	0	29	0	-19	0	0	0	0	0	0.0000	0.0000	0.0000	1.0000	2.7294	1.5970
432	1	1	0	-11	0	29	0	-27	0	8	0	0	0	0.0000	0.0000	1.0000	2.7666	1.3220	0.7733
433	1	1	0	-11	0	32	0	-25	0	0	0	0	0	0.0000	0.0000	0.0000	2.6218	1.6883	1.1296
434	1	1	0	-11	0	32	0	-15	0	0	0	0	0	0.0000	0.0000	0.0000	2.5091	2.0316	0.7598
435	1	1	0	-11	0	32	0	-17	0	0	0	0	0	0.0000	0.0000	0.0000	2.5382	1.9689	0.8250
436	1	1	0	-11	0	32	0	-27	0	0	0	0	0	0.0000	0.0000	0.0000	2.6381	1.5716	1.2533
437	1	1	0	-11	0	32	0	-19	0	0	0	0	0	0.0000	0.0000	0.0000	2.5630	1.9067	0.8920
438	1	1	0	-11	0	32	0	-29	0	8	0	0	0	0.0000	0.0000	2.6477	1.6365	0.8834	0.7398
439	1	1	0	-11	0	32	0	-27	0	5	0	0	0	0.0000	0.0000	0.0000	1.0000	2.6323	1.6776
440	1	1	0	-11	0	32	0	-31	0	9	0	0	0	0.0000	0.0000	0.0000	2.6584	1.5501	0.7280
441	2	1	0	-11	0	33	0	-28	0	0	0	0	0	0.0000	0.0000	0.0000	2.5877	1.6798	1.2173
442	1	1	0	-11	0	33	0	-16	0	0	0	0	0	0.0000	0.0000	0.0000	2.3914	2.1642	0.7729
443	1	1	0	-11	0	33	0	-19	0	0	0	0	0	0.0000	0.0000	0.0000	2.4704	2.0363	0.8665
444	1	1	0	-11	0	33	0	-31	0	9	0	0	0	0.0000	0.0000	2.6031	1.6886	0.8700	0.7845
445	1	1	0	-11	0	33	0	-31	0	8	0	0	0	0.0000	0.0000	1.0000	2.6044	1.6718	0.6496
446	1	1	0	-11	0	33	0	-25	0	0	0	0	0	0.0000	0.0000	0.0000	2.5567	1.8185	1.0755
447	1	1	0	-11	0	33	0	-27	0	5	0	0	0	0.0000	0.0000	2.5702	1.8001	0.9445	0.5117
448	1	1	0	-11	0	33	0	-22	0	0	0	0	0	0.0000	0.0000	0.0000	2.5192	1.9293	0.9650
449	1	1	0	-11	0	33	0	-33	0	8	0	0	0	0.0000	0.0000	2.6215	1.5490	1.1730	0.5938
450	1	1	0	-11	0	33	0	-30	0	8	0	0	0	0.0000	0.0000	2.5954	1.7178	0.9087	0.6982
451	1	1	0	-11	0	33	0	-36	0	12	0	0	0	0.0000	0.0000	1.4142	2.6404	1.1931	0.7775
452	1	1	0	-11	0	35	0	-32	0	0	0	0	0	0.0000	0.0000	0.0000	2.4828	1.7964	1.2683
453	1	1	0	-11	0	35	0	-35	0	8	0	0	0	0.0000	0.0000	2.5070	1.7694	1.1234	0.5676
454	2	1	0	-11	0	35	0	-28	0	0	0	0	0	0.0000	0.0000	0.0000	2.0000	2.4065	1.0994
455	1	1	0	-11	0	35	0	-32	0	8	0	0	0	0.0000	0.0000	2.4616	1.9114	0.9343	0.6434
456	1	1	0	-11	0	35	0	-27	0	0	0	0	0	0.0000	0.0000	0.0000	2.3781	2.0520	1.0648
457	1	1	0	-11	0	35	0	-33	0	0	0	0	0	0.0000	0.0000	0.0000	1.7321	2.4972	1.3281
458	1	1	0	-11	0	35	0	-37	0	9	0	0	0	0.0000	0.0000	2.5299	1.6681	1.2142	0.5855
459	1	1	0	-11	0	35	0	-33	0	9	0	0	0	0.0000	0.0000	2.4756	1.8796	0.9215	0.6997
460	1	1	0	-11	0	35	0	-30	0	0	0	0	0	0.0000	0.0000	0.0000	2.4495	1.9021	1.1756
461	1	1	0	-11	0	35	0	-38	0	12	0	0	0	0.0000	0.0000	2.5361	1.6732	1.1066	0.7377
462	1	1	0	-11	0	35	0	-37	0	12	0	0	0	0.0000	0.0000	1.7321	1.0000	2.5243	0.7923
463	1	1	0	-11	0	35	0	-31	0	0	0	0	0	0.0000	0.0000	0.0000	2.4670	1.8515	1.2190
464	1	1	0	-11	0	35	0	-36	0	8	0	0	0	0.0000	0.0000	2.5198	1.7117	1.1904	0.5509
465	1	1	0	-11	0	35	0	-39	0	12	0	0	0	0.0000	0.0000	2.5471	1.5978	1.2102	0.7034
466	2	1	0	-11	0	36	0	-33	0	0	0	0	0	0.0000	0.0000	0.0000	2.3874	1.9393	1.2408
467	1	1	0	-11	0	36	0	-39	0	12	0	0	0	0.0000	0.0000	2.4661	1.7933	1.0882	0.7198
468	1	1	0	-11	0	36	0	-39	0	9	0	0	0	0.0000	0.0000	1.7321	2.4737	1.2523	0.5591
469	1	1	0	-11	0	36	0	-36	0	8	0	0	0	0.0000	0.0000	2.4245	1.8930	1.1089	0.5558
470	1	1	0	-11	0	36	0	-40	0	12	0	0	0	0.0000	0.0000	1.7321	2.4812	1.1701	0.6889
471	1	1	0	-11	0	36	0	-36	0	0	0	0	0	0.0000	0.0000	0.0000	2.4495	1.7321	1.4142
472	1	1	0	-11	0	36	0	-44	0	16	0	0	0	0.0000	0.0000	1.4142	1.4142	2.5243	0.7923
473	3	1	0	-11	0	37	0	-42	0	12	0	0	0	0.0000	0.0000	2.4136	1.8086	1.2154	0.6529
474	2	1	0	-11	0	37	0	-39	0	9	0	0	0	0.0000	0.0000	2.3528	1.9494	1.1603	0.5637
475	2	1	0	-11	0	37	0	-41	0	12	0	0	0	0.0000	0.0000	2.3920	1.8742	1.1445	0.6752

Table of spectral polynomials for trees 427

code	freq	coefficients												spectrum					
476	1	1	0	-11	0	37	0	-44	0	16	0	0	0	0	0.0000	0.0000	2.4383	1.7566	1.1386	0.8202
477	2	1	0	-11	0	37	0	-39	0	0	0	0	0	0	0.0000	0.0000	0.0000	1.7321	2.3942	1.5060
478	1	1	0	-11	0	37	0	-44	0	12	0	0	0	0	0.0000	0.0000	2.4495	1.4142	1.6180	0.6180
479	1	1	0	-11	0	30	0	-19	0	0	0	0	0	0	0.0000	0.0000	0.0000	2.6832	1.6988	0.9563
480	1	1	0	-11	0	30	0	-29	0	9	0	0	0	0	0.0000	0.0000	1.0000	2.7368	1.3659	0.8025
481	1	1	0	-11	0	30	0	-24	0	5	0	0	0	0	0.0000	0.0000	2.7111	1.5755	0.9179	0.5703
482	1	1	0	-11	0	30	0	-24	0	0	0	0	0	0	0.0000	0.0000	0.0000	1.4142	2.7152	1.2758
483	1	1	0	-11	0	30	0	-34	0	17	0	-3	0	0	0.0000	1.0000	1.0000	1.0000	2.7578	0.6281
484	1	1	0	-11	0	34	0	-33	0	5	0	0	0	0	0.0000	0.0000	2.5640	1.6534	1.2278	0.4296
485	1	1	0	-11	0	34	0	-32	0	5	0	0	0	0	0.0000	0.0000	2.5534	1.7143	1.1609	0.4400
486	1	1	0	-11	0	34	0	-27	0	0	0	0	0	0	0.0000	0.0000	0.0000	2.5007	1.8762	1.1075
487	1	1	0	-11	0	34	0	-28	0	5	0	0	0	0	0.0000	0.0000	2.5036	1.8928	0.9500	0.4967
488	1	1	0	-11	0	34	0	-28	0	0	0	0	0	0	0.0000	0.0000	0.0000	2.5146	1.8325	1.1483
489	1	1	0	-11	0	34	0	-29	0	5	0	0	0	0	0.0000	0.0000	1.0000	2.5174	1.8527	0.4794
490	1	1	0	-11	0	34	0	-39	0	14	0	0	0	0	0.0000	0.0000	1.4142	2.6073	1.2363	0.8208
491	1	1	0	-11	0	34	0	-35	0	8	0	0	0	0	0.0000	0.0000	2.5794	1.5877	1.2288	0.5620
492	1	1	0	-11	0	34	0	-31	0	8	0	0	0	0	0.0000	0.0000	2.5367	1.8071	0.9328	0.6679
493	1	1	0	-11	0	34	0	-31	0	0	0	0	0	0	0.0000	0.0000	0.0000	2.5509	1.6668	1.3095
494	1	1	0	-11	0	34	0	-35	0	11	0	0	0	0	0.0000	0.0000	1.0000	2.5750	1.6645	0.7738
495	1	1	0	-11	0	34	0	-40	0	19	0	-3	0	0	0.0000	1.0000	2.6100	1.5051	0.7724	0.5708
496	1	1	0	-11	0	34	0	-32	0	9	0	0	0	0	0.0000	0.0000	2.5466	1.7777	0.9043	0.7329
497	1	1	0	-11	0	34	0	-36	0	12	0	0	0	0	0.0000	0.0000	1.0000	2.5832	1.6273	0.8241
498	1	1	0	-11	0	34	0	-37	0	13	0	0	0	0	0.0000	0.0000	1.0000	2.5911	1.5865	0.8771
499	1	1	0	-11	0	34	0	-36	0	9	0	0	0	0	0.0000	0.0000	2.5874	1.5282	1.2702	0.5973
500	1	1	0	-11	0	34	0	-43	0	23	0	-4	0	0	0.0000	1.0000	1.0000	2.6296	1.3253	0.5739
501	1	1	0	-11	0	36	0	-41	0	12	0	0	0	0	0.0000	0.0000	2.4951	1.6559	1.2612	0.2616
502	1	1	0	-11	0	36	0	-39	0	8	0	0	0	0	0.0000	0.0000	2.4761	1.7061	1.3014	0.5145
503	1	1	0	-11	0	36	0	-31	0	0	0	0	0	0	0.0000	0.0000	0.0000	2.3189	2.0673	1.1614
504	1	1	0	-11	0	36	0	-33	0	8	0	0	0	0	0.0000	0.0000	2.3421	1.0590	0.9421	0.6225
505	1	1	0	-11	0	36	0	-35	0	9	0	0	0	0	0.0000	0.0000	1.0000	2.3982	1.9599	0.6383
506	1	1	0	-11	0	36	0	-43	0	15	0	0	0	0	0.0000	0.0000	2.5144	1.5654	1.2787	0.7695
507	1	1	0	-11	0	36	0	-40	0	9	0	0	0	0	0.0000	0.0000	2.4881	1.6460	1.3425	0.5456
508	1	1	0	-11	0	36	0	-34	0	9	0	0	0	0	0.0000	0.0000	2.3707	2.0139	0.9329	0.6735
509	1	1	0	-11	0	36	0	-34	0	0	0	0	0	0	0.0000	0.0000	0.0000	2.4111	1.8786	1.2873
510	1	1	0	-11	0	36	0	-37	0	11	0	0	0	0	0.0000	0.0000	1.0000	2.4342	1.8847	0.7229
511	1	1	0	-11	0	36	0	-45	0	23	0	-4	0	0	0.0000	1.0000	2.5243	1.6180	0.7923	0.6180
512	1	1	0	-11	0	36	0	-44	0	21	0	-3	0	0	0.0000	1.0000	2.5159	1.6475	0.8424	0.4960
513	1	1	0	-11	0	36	0	-36	0	11	0	0	0	0	0.0000	0.0000	2.4136	1.9355	0.8904	0.7974
514	1	1	0	-11	0	36	0	-42	0	15	0	0	0	0	0.0000	0.0000	2.5019	1.6633	1.1468	0.8115
515	1	1	0	-11	0	36	0	-42	0	14	0	0	0	0	0.0000	0.0000	2.5040	1.6321	1.2296	0.7446
516	1	1	0	-11	0	36	0	-43	0	17	0	0	0	0	0.0000	0.0000	1.0000	1.0000	2.5105	1.6423
517	1	1	0	-11	0	36	0	-46	0	23	0	-3	0	0	0.0000	1.0000	1.0000	2.5353	1.5413	0.4432
518	1	1	0	-11	0	37	0	-42	0	8	0	0	0	0	0.0000	0.0000	1.4142	2.4267	1.6955	0.4861
519	1	1	0	-11	0	37	0	-41	0	8	0	0	0	0	0.0000	0.0000	2.4073	1.7911	1.3234	0.4957
520	1	1	0	-11	0	37	0	-43	0	13	0	0	0	0	0.0000	0.0000	2.4295	1.7587	1.2421	0.6793
521	1	1	0	-11	0	37	0	-40	0	8	0	0	0	0	0.0000	0.0000	2.3849	1.8647	1.2565	0.5062
522	1	1	0	-11	0	37	0	-43	0	16	0	0	0	0	0.0000	0.0000	1.0000	2.4199	1.8225	0.9070
523	1	1	0	-11	0	37	0	-38	0	8	0	0	0	0	0.0000	0.0000	2.0000	2.3244	1.472	0.5304
524	1	1	0	-11	0	37	0	-37	0	0	0	0	0	0	0.0000	0.0000	0.0000	2.3412	1.9206	1.3527
525	1	1	0	-11	0	37	0	-39	0	8	0	0	0	0	0.0000	0.0000	2.3583	1.9319	1.1994	0.5176
526	1	1	0	-11	0	37	0	-48	0	20	0	0	0	0	0.0000	0.0000	1.4142	1.4142	2.4885	0.8986
527	1	1	0	-11	0	37	0	-45	0	16	0	0	0	0	0.0000	0.0000	2.4548	1.6758	1.2486	0.7787
528	1	1	0	-11	0	37	0	-49	0	25	0	-4	0	0	0.0000	2.4924	1.5472	1.2219	0.7756	0.5472
529	1	1	0	-11	0	37	0	-45	0	17	0	0	0	0	0.0000	0.0000	2.4522	1.7063	1.1675	0.8441
530	1	1	0	-11	0	37	0	-43	0	14	0	0	0	0	0.0000	0.0000	2.4264	1.7821	1.1846	0.7305
531	1	1	0	-11	0	37	0	-46	0	18	0	0	0	0	0.0000	0.0000	2.4651	1.6491	1.2064	0.8651
532	1	1	0	-11	0	37	0	-47	0	20	0	0	0	0	0.0000	0.0000	1.0000	2.4749	1.6238	1.1129
533	1	1	0	-11	0	37	0	-41	0	14	0	0	0	0	0.0000	0.0000	1.0000	2.3836	1.9084	0.8226
534	1	1	0	-11	0	37	0	-44	0	14	0	0	0	0	0.0000	0.0000	2.4440	1.7035	1.2763	0.7041
535	1	1	0	-11	0	37	0	-43	0	15	0	0	0	0	0.0000	0.0000	2.4232	1.8032	1.1165	0.7939
536	1	1	0	-11	0	37	0	-43	0	11	0	0	0	0	0.0000	0.0000	2.4355	1.7001	1.3516	0.5927
537	1	1	0	-11	0	37	0	-47	0	24	0	-4	0	0	0.0000	1.0000	2.4669	1.7014	0.8312	0.5733
538	1	1	0	-11	0	37	0	-45	0	21	0	-3	0	0	0.0000	1.0000	2.4425	1.7763	0.7895	0.5056
539	1	1	0	-11	0	37	0	-47	0	21	0	-3	0	0	0.0000	2.4737	1.6180	1.2523	0.6180	0.5591
540	1	1	0	-11	0	37	0	-51	0	28	0	-4	0	0	0.0000	1.4142	1.0000	2.5112	1.2165	0.4630
541	1	1	0	-11	0	38	0	-45	0	9	0	0	0	0	0.0000	0.0000	1.7321	2.3649	1.4693	0.4985
542	1	1	0	-11	0	38	0	-49	0	18	0	0	0	0	0.0000	0.0000	1.4142	2.4163	1.5997	0.7761
543	1	1	0	-11	0	38	0	-47	0	15	0	0	0	0	0.0000	0.0000	1.7321	2.3867	1.3479	0.6941

428 Polynomials

code	freq	coefficients											spectrum					
544	1	1	0	-11	0	38	0	-50	0	23	0	-3	0	0	0.0000	2.4205	1.6671	1.2731	0.7240	0.4657
545	1	1	0	-11	0	38	0	-43	0	9	0	0	0	0	0.0000	0.0000	2.3028	1.9319	1.3028	0.5176
546	1	1	0	-11	0	38	0	-47	0	17	0	0	0	0	0.0000	0.0000	2.3788	1.7922	1.2288	0.7870
547	1	1	0	-11	0	38	0	-45	0	12	0	0	0	0	0.0000	0.0000	2.3705	1.8329	1.3206	0.6088
548	2	1	0	-11	0	38	0	-46	0	15	0	0	0	0	0.0000	0.0000	2.3630	1.8242	1.2555	0.7156
549	1	1	0	-11	0	38	0	-48	0	18	0	0	0	0	0.0000	0.0000	1.7321	2.3968	1.2665	0.8096
550	1	1	0	-11	0	38	0	-49	0	21	0	0	0	0	0.0000	0.0000	1.7321	1.0000	2.4065	1.0994
551	1	1	0	-11	0	38	0	-42	0	9	0	0	0	0	0.0000	0.0000	2.2513	2.0255	1.2448	0.5285
552	1	1	0	-11	0	38	0	-44	0	15	0	0	0	0	0.0000	0.0000	2.2971	1.9793	1.0964	0.7769
553	2	1	0	-11	0	38	0	-48	0	23	0	-3	0	0	0.0000	1.0000	2.3796	1.8335	0.8785	0.4519
554	1	1	0	-11	0	38	0	-40	0	0	0	0	0	0	0.0000	0.0000	0.0000	2.2361	2.0000	1.4142
555	1	1	0	-11	0	38	0	-43	0	12	0	0	0	0	0.0000	0.0000	2.0000	2.2764	1.1859	0.6416
556	1	1	0	-11	0	38	0	-41	0	0	0	0	0	0	0.0000	0.0000	0.0000	2.2906	1.8855	1.4826
557	1	1	0	-11	0	38	0	-44	0	14	0	0	0	0	0.0000	0.0000	2.3051	1.9586	1.1560	0.7169
558	1	1	0	-11	0	38	0	-44	0	11	0	0	0	0	0.0000	0.0000	2.3258	1.8933	1.2905	0.5896
559	1	1	0	-11	0	38	0	-45	0	14	0	0	0	0	0.0000	0.0000	2.3401	1.8806	1.2278	0.6924
560	1	1	0	-11	0	38	0	-51	0	26	0	-4	0	0	0.0000	2.4297	1.6620	1.1964	0.7950	0.5208
561	1	1	0	-11	0	38	0	-45	0	16	0	0	0	0	0.0000	0.0000	2.3284	1.9226	1.1121	0.8035
562	2	1	0	-11	0	38	0	-49	0	20	0	0	0	0	0.0000	0.0000	2.4099	1.7005	1.2307	0.8867
563	1	1	0	-11	0	38	0	-51	0	27	0	-4	0	0	0.0000	1.0000	1.0000	2.4267	1.6955	0.4861
564	3	1	0	-11	0	38	0	-47	0	16	0	0	0	0	0.0000	0.0000	2.3828	1.7646	1.2903	0.7373
565	1	1	0	-11	0	38	0	-48	0	24	0	-4	0	0	0.0000	1.0000	2.3761	1.8478	0.7654	0.5952
566	1	1	0	-11	0	38	0	-50	0	25	0	-4	0	0	0.0000	2.4148	1.7227	1.1571	0.7390	0.5622
567	2	1	0	-11	0	38	0	-51	0	23	0	0	0	0	0.0000	1.0000	1.0000	2.4363	1.5929	1.2358
568	1	1	0	-11	0	39	0	-49	0	12	0	0	0	0	0.0000	0.0000	1.7321	2.3073	1.5356	0.5645
569	1	1	0	-11	0	39	0	-51	0	17	0	0	0	0	0.0000	0.0000	2.3395	1.6693	1.4979	0.7049
570	2	1	0	-11	0	39	0	-51	0	20	0	0	0	0	0.0000	0.0000	2.3236	1.8073	1.2828	0.8302
571	1	1	0	-11	0	39	0	-49	0	18	0	0	0	0	0.0000	0.0000	2.2599	1.9462	1.2140	0.7946
572	1	1	0	-11	0	39	0	-49	0	15	0	0	0	0	0.0000	0.0000	2.2864	1.8611	1.3653	0.6666
573	1	1	0	-11	0	39	0	-51	0	23	0	-3	0	0	0.0000	2.3086	1.8665	1.2129	0.7014	0.4725
574	1	1	0	-11	0	39	0	-51	0	21	0	0	0	0	0.0000	0.0000	2.3177	1.8365	1.2097	0.8999
575	1	1	0	-11	0	39	0	-48	0	14	0	0	0	0	0.0000	0.0000	2.2482	1.9399	1.3299	0.6457
576	2	1	0	-11	0	39	0	-52	0	20	0	0	0	0	0.0000	0.0000	1.4142	2.3514	1.6830	0.7991
577	1	1	0	-11	0	39	0	-55	0	28	0	-4	0	0	0.0000	1.4142	2.3897	1.5623	0.7847	0.4827
578	1	1	0	-11	0	39	0	-48	0	12	0	0	0	0	0.0000	0.0000	1.4142	2.2683	1.8772	0.5753
579	1	1	0	-11	0	39	0	-54	0	28	0	-4	0	0	0.0000	2.3681	1.7204	1.2226	0.8429	0.4763
580	1	1	0	-11	0	39	0	-53	0	24	0	0	0	0	0.0000	0.0000	1.7321	1.0000	2.3583	1.1994
581	1	1	0	-11	0	39	0	-50	0	20	0	0	0	0	0.0000	0.0000	2.2882	1.9021	1.1756	0.8740
582	1	1	0	-11	0	39	0	-53	0	27	0	-4	0	0	0.0000	2.3478	1.7866	1.1794	0.8097	0.4993
583	1	1	0	-11	0	39	0	-50	0	16	0	0	0	0	0.0000	0.0000	1.4142	2.3155	1.7797	0.6864
584	1	1	0	-11	0	39	0	-52	0	26	0	-4	0	0	0.0000	2.3244	1.8478	1.1472	0.7654	0.5304
585	1	1	0	-11	0	39	0	-53	0	26	0	-4	0	0	0.0000	2.3525	1.7558	1.2621	0.6992	0.5487
586	2	1	0	-11	0	39	0	-56	0	28	0	0	0	0	0.0000	0.0000	1.4142	1.4142	2.4065	1.0994
587	2	1	0	-11	0	40	0	-56	0	24	0	0	0	0	0.0000	0.0000	1.7321	1.4142	2.2882	0.8740
588	2	1	0	-11	0	40	0	-56	0	28	0	-4	0	0	0.0000	2.2638	1.8478	1.2793	0.7654	0.4883
589	1	1	0	-11	0	35	0	-34	0	5	0	0	0	0	0.0000	0.0000	2.5000	1.7718	1.1972	0.4217
590	1	1	0	-11	0	35	0	-38	0	13	0	0	0	0	0.0000	0.0000	1.0000	2.5343	1.6949	0.8394
591	1	1	0	-11	0	35	0	-38	0	9	0	0	0	0	0.0000	0.0000	2.5413	1.5782	1.3412	0.5692
592	1	1	0	-11	0	35	0	-46	0	26	0	-5	0	0	0.0000	1.0000	1.0000	2.5951	1.3668	0.6304
593	1	1	0	-11	0	35	0	-42	0	20	0	-3	0	0	0.0000	1.0000	2.5661	1.5728	0.8147	0.5268
594	1	1	0	-11	0	35	0	-42	0	16	0	0	0	0	0.0000	0.0000	1.4142	2.5714	1.2879	0.8541
595	1	1	0	-11	0	35	0	-50	0	35	0	-11	0	1	1.0000	1.0000	1.0000	1.0000	2.6180	0.3820
596	1	1	0	-11	0	38	0	-44	0	9	0	0	0	0	0.0000	0.0000	2.3375	1.8431	1.3716	0.5077
597	1	1	0	-11	0	38	0	-43	0	8	0	0	0	0	0.0000	0.0000	2.3101	1.9079	1.3392	0.4792
598	1	1	0	-11	0	38	0	-44	0	13	0	0	0	0	0.0000	0.0000	2.3125	1.9376	1.2051	0.6678
599	1	1	0	-11	0	38	0	-44	0	12	0	0	0	0	0.0000	0.0000	2.3194	1.9159	1.2491	0.6241
600	1	1	0	-11	0	38	0	-46	0	11	0	0	0	0	0.0000	0.0000	2.3801	1.6812	1.4818	0.5594
601	1	1	0	-11	0	38	0	-50	0	24	0	-3	0	0	0.0000	2.4174	1.7028	1.1837	0.8159	0.4357
602	1	1	0	-11	0	38	0	-46	0	17	0	0	0	0	0.0000	0.0000	2.3534	1.8695	1.1318	0.8280
603	1	1	0	-11	0	38	0	-47	0	22	0	-3	0	0	0.0000	1.0000	2.3588	1.8821	0.8153	0.4785
604	1	1	0	-11	0	38	0	-47	0	18	0	0	0	0	0.0000	0.0000	2.3746	1.8167	1.1568	0.8502
605	1	1	0	-11	0	38	0	-50	0	22	0	-3	0	0	0.0000	2.4236	1.6180	1.3602	0.6180	0.5254
606	1	1	0	-11	0	38	0	-46	0	14	0	0	0	0	0.0000	0.0000	2.3675	1.7982	1.3075	0.6722
607	1	1	0	-11	0	38	0	-50	0	21	0	0	0	0	0.0000	0.0000	2.4250	1.6260	1.2896	0.9011
608	1	1	0	-11	0	38	0	-48	0	17	0	0	0	0	0.0000	0.0000	2.4004	1.6962	1.3370	0.7575
609	1	1	0	-11	0	38	0	-45	0	17	0	0	0	0	0.0000	0.0000	1.0000	2.3219	1.9424	0.9142
610	1	1	0	-11	0	38	0	-45	0	13	0	0	0	0	0.0000	0.0000	2.3455	1.8578	1.2752	0.6489
611	1	1	0	-11	0	38	0	-55	0	33	0	-6	0	0	0.0000	1.4142	1.0000	2.4737	1.2523	0.5591

Table of spectral polynomials for trees

code	freq	coefficients											spectrum					
612	1	1	0	-11	0	38	0	-52	0	27	0	-4	0	0	0.0000	2.4434	1.5864	1.2549	0.8337	0.4932
613	1	1	0	-11	0	38	0	-49	0	25	0	-4	0	0	0.0000	1.0000	2.3948	1.7996	0.8560	0.5422
614	1	1	0	-11	0	38	0	-49	0	19	0	0	0	0	0.0000	0.0000	2.4131	1.6607	1.3185	0.8250
615	1	1	0	-11	0	38	0	-52	0	29	0	-5	0	0	0.0000	1.0000	1.0000	2.4348	1.6577	0.5532
616	1	1	0	-11	0	38	0	-56	0	38	0	-11	0	1	1.0000	1.0000	2.4779	1.5012	0.6662	0.4036
617	1	1	0	-11	0	38	0	-50	0	27	0	-5	0	0	0.0000	1.0000	2.4087	1.7659	0.8141	0.6458
618	1	1	0	-11	0	38	0	-53	0	31	0	-6	0	0	0.0000	2.4495	1.0000	1.0000	1.6180	0.6180
619	1	1	0	-11	0	38	0	-54	0	33	0	-7	0	0	0.0000	1.0000	1.0000	2.4600	1.5757	0.6826
620	1	1	0	-11	0	38	0	-51	0	25	0	-3	0	0	0.0000	2.4321	1.6363	1.2318	0.8462	0.4176
621	1	1	0	-11	0	38	0	-53	0	29	0	-5	0	0	0.0000	2.4541	1.5257	1.2889	0.8157	0.5680
622	1	1	0	-11	0	38	0	-48	0	16	0	0	0	0	0.0000	0.0000	1.4142	2.4038	1.6465	0.7146
623	1	1	0	-11	0	38	0	-52	0	24	0	0	0	0	0.0000	0.0000	2.4495	1.4142	1.4142	1.0000
624	1	1	0	-11	0	38	0	-58	0	41	0	-11	0	0	0.0000	1.0000	1.0000	1.0000	2.4972	1.3281
625	1	1	0	-11	0	39	0	-52	0	21	0	0	0	0	0.0000	0.0000	1.7321	2.3467	1.3335	0.8455
626	1	1	0	-11	0	39	0	-48	0	11	0	0	0	0	0.0000	0.0000	2.2769	1.8412	1.4603	0.5418
627	1	1	0	-11	0	39	0	-46	0	9	0	0	0	0	0.0000	0.0000	2.1598	2.0472	1.3793	0.4919
628	1	1	0	-11	0	39	0	-48	0	17	0	0	0	0	0.0000	0.0000	2.2031	2.0330	1.1889	0.7743
629	1	1	0	-11	0	39	0	-48	0	15	0	0	0	0	0.0000	0.0000	2.2361	1.9696	1.2856	0.6840
630	1	1	0	-11	0	39	0	-54	0	27	0	-4	0	0	0.0000	2.3722	1.6794	1.3159	0.7496	0.5089
631	1	1	0	-11	0	39	0	-50	0	25	0	-4	0	0	0.0000	2.0000	1.0000	2.2470	0.8019	0.5550
632	1	1	0	-11	0	39	0	-50	0	19	0	0	0	0	0.0000	0.0000	2.2958	1.8759	1.2446	0.8132
633	1	1	0	-11	0	39	0	-54	0	25	0	0	0	0	0.0000	0.0000	2.3772	1.6511	1.2739	
634	1	1	0	-11	0	39	0	-56	0	30	0	-3	0	0	0.0000	1.0000	2.4018	1.5594	1.2930	0.3577
635	1	1	0	-11	0	39	0	-54	0	26	0	-3	0	0	0.0000	2.3754	1.6450	1.3579	0.8008	0.4076
636	1	1	0	-11	0	39	0	-50	0	24	0	-3	0	0	0.0000	1.0000	2.2565	1.9812	0.8910	0.4348
637	1	1	0	-11	0	39	0	-50	0	18	0	0	0	0	0.0000	0.0000	2.3028	1.8478	1.3028	0.7654
638	1	1	0	-11	0	39	0	-52	0	26	0	-3	0	0	0.0000	1.0000	1.0000	2.3233	1.8549	0.4019
639	1	1	0	-11	0	-39	0	-58	0	38	0	-9	0	0	0.0000	1.0000	1.0000	2.4163	1.5997	0.7761
640	1	1	0	-11	0	39	0	-52	0	28	0	-5	0	0	0.0000	1.0000	2.3133	1.8883	0.8473	0.6042
641	1	1	0	-11	0	39	0	-56	0	32	0	-5	0	0	0.0000	1.0000	2.3962	1.6379	1.1539	0.4937
642	1	1	0	-11	0	39	0	-58	0	39	0	-11	0	1	1.0000	1.0000	2.4142	1.6180	0.6180	0.4142
643	1	1	0	-11	0	39	0	-56	0	32	0	-6	0	0	0.0000	2.3968	1.6180	1.2665	0.8069	0.6180
644	1	1	0	-11	0	39	0	-54	0	24	0	0	0	0	0.0000	0.0000	1.4142	2.3810	1.5735	0.9246
645	1	1	0	-11	0	40	0	-56	0	26	0	-3	0	0	0.0000	2.2782	1.7833	1.3781	0.7479	0.4136
646	3	1	0	-11	0	40	0	-54	0	21	0	0	0	0	0.0000	0.0000	2.2247	1.8878	1.3564	0.8045
647	1	1	0	-11	0	40	0	-55	0	26	0	-3	0	0	0.0000	2.2315	1.9078	1.2634	0.7849	0.4103
648	3	1	0	-11	0	40	0	-55	0	24	0	0	0	0	0.0000	0.0000	2.2466	1.8687	1.2731	0.9166
649	1	1	0	-11	0	40	0	-52	0	14	0	0	0	0	0.0000	0.0000	2.1853	1.8945	1.5087	0.5990
650	1	1	0	-11	0	40	0	-53	0	18	0	0	0	0	0.0000	0.0000	1.4142	2.1987	1.9122	0.7135
651	1	1	0	-11	0	40	0	-53	0	20	0	0	0	0	0.0000	0.0000	2.0000	2.1566	1.3138	0.7892
652	1	1	0	-11	0	40	0	-52	0	15	0	0	0	0	0.0000	0.0000	2.1653	1.9454	1.4595	0.6300
653	1	1	0	-11	0	40	0	-52	0	24	0	-3	0	0	0.0000	2.1889	1.9696	1.2856	0.6840	0.4569
654	1	1	0	-11	0	40	0	-58	0	31	0	-4	0	0	0.0000	2.3149	1.7167	1.3084	0.8926	0.4309
655	2	1	0	-11	0	40	0	-56	0	29	0	-4	0	0	0.0000	2.2549	1.8801	1.2018	0.8507	0.4614
656	1	1	0	-11	0	40	0	-56	0	26	0	0	0	0	0.0000	0.0000	1.0000	2.2738	1.8196	1.2324
657	1	1	0	-11	0	40	0	-57	0	28	0	-4	0	0	0.0000	1.4142	2.3013	1.7135	0.7219	0.4968
658	1	1	0	-11	0	40	0	-55	0	28	0	-4	0	0	0.0000	2.2071	1.9650	1.1667	0.8214	0.4812
659	1	1	0	-11	0	40	0	-53	0	16	0	0	0	0	0.0000	0.0000	2.2253	1.8157	1.5267	0.6485
660	1	1	0	-11	0	40	0	-54	0	19	0	0	0	0	0.0000	0.0000	2.2461	1.8005	1.4766	0.7300
661	1	1	0	-11	0	40	0	-56	0	25	0	0	0	0	0.0000	0.0000	2.2813	1.7809	1.3293	0.9258
662	1	1	0	-11	0	40	0	-57	0	32	0	-6	0	0	0.0000	2.2764	1.8487	1.1859	0.7654	0.6416
663	2	1	0	-11	0	40	0	-58	0	33	0	-6	0	0	0.0000	2.3054	1.7725	1.2312	0.8230	0.5916
664	1	1	0	-11	0	40	0	-56	0	30	0	-5	0	0	0.0000	2.2470	1.9021	1.1756	0.8019	0.5550
665	1	1	0	-11	0	40	0	-56	0	27	0	-4	0	0	0.0000	2.2720	1.8117	1.3467	0.6763	0.5334
666	1	1	0	-11	0	40	0	-57	0	30	0	-5	0	0	0.0000	2.2896	1.7906	1.2986	0.7321	0.5737
667	2	1	0	-11	0	40	0	-59	0	34	0	-6	0	0	0.0000	2.3295	1.6871	1.2947	0.8579	0.5612
668	1	1	0	-11	0	40	0	-58	0	32	0	-5	0	0	0.0000	2.3103	1.7464	1.2677	0.8669	0.5043
669	1	1	0	-11	0	40	0	-56	0	23	0	0	0	0	0.0000	0.0000	2.2948	1.6481	1.5253	0.8313
670	1	1	0	-11	0	40	0	-55	0	23	0	0	0	0	0.0000	0.0000	2.2560	1.8321	1.3454	0.8624
671	1	1	0	-11	0	40	0	-56	0	27	0	-3	0	0	0.0000	2.2705	1.8231	1.3078	0.8089	0.3955
672	2	1	0	-11	0	40	0	-57	0	27	0	0	0	0	0.0000	0.0000	1.7321	1.0000	2.3028	1.3028
673	1	1	0	-11	0	40	0	-58	0	31	0	-3	0	0	0.0000	1.7321	1.0000	2.3138	1.2343	0.3501
674	1	1	0	-11	0	40	0	-56	0	29	0	-3	0	0	0.0000	1.0000	2.2530	1.8887	1.1051	0.3683
675	1	1	0	-11	0	40	0	-57	0	29	0	-3	0	0	0.0000	2.2937	1.7764	1.2817	0.8965	0.3699
676	1	1	0	-11	0	40	0	-54	0	23	0	0	0	0	0.0000	0.0000	2.1958	1.9612	1.2296	0.9057
677	1	1	0	-11	0	40	0	-53	0	17	0	0	0	0	0.0000	0.0000	2.2131	1.8676	1.4665	0.6801
678	1	1	0	-11	0	40	0	-55	0	25	0	0	0	0	0.0000	0.0000	2.2361	1.0000	1.9021	1.1756
679	1	1	0	-11	0	40	0	-55	0	25	0	-3	0	0	0.0000	2.2425	1.8737	1.3252	0.7194	0.4324

430 Polynomials

code	freq	coefficients											spectrum					
680	1	1	0	-11	0	40	0	-54	0	20	0	0	0	0	0.0000	0.0000	2.2361	1.4142	1.8478	0.7654
681	1	1	0	-11	0	40	0	-61	0	36	0	-4	0	0	0.0000	1.4142	1.4142	2.3674	1.1195	0.3773
682	1	1	0	-11	0	40	0	-59	0	32	0	-4	0	0	0.0000	1.4142	2.3374	1.5931	0.9074	0.4185
683	2	1	0	-11	0	40	0	-59	0	33	0	-4	0	0	0.0000	1.0000	2.3326	1.6714	1.2653	0.4054
684	1	1	0	-11	0	40	0	-62	0	41	0	-9	0	0	0.0000	1.0000	2.3731	1.5455	1.2441	0.6575
685	1	1	0	-11	0	40	0	-57	0	30	0	-4	0	0	0.0000	2.2882	1.8019	1.2470	0.8740	0.4450
686	1	1	0	-11	0	40	0	-60	0	36	0	-6	0	0	0.0000	1.0000	2.3459	1.6437	1.2375	0.5133
687	1	1	0	-11	0	40	0	-61	0	39	0	-8	0	0	0.0000	1.0000	2.3583	1.6180	1.1994	0.6180
688	1	1	0	-11	0	40	0	-58	0	29	0	0	0	0	0.0000	0.0000	2.3217	1.6846	1.2426	1.1081
689	2	1	0	-11	0	40	0	-60	0	37	0	-7	0	0	0.0000	1.0000	2.3422	1.6779	1.1693	0.5757
690	1	1	0	-11	0	40	0	-57	0	31	0	-4	0	0	0.0000	1.0000	2.2811	1.8351	1.1163	0.4280
691	1	1	0	-11	0	40	0	-57	0	33	0	-6	0	0	0.0000	1.0000	1.0000	2.2683	1.8772	0.5753
692	2	1	0	-11	0	40	0	-55	0	21	0	0	0	0	0.0000	0.0000	1.7321	2.2725	1.4924	0.7801
693	1	1	0	-11	0	40	0	-58	0	33	0	-5	0	0	0.0000	1.0000	2.3043	1.7837	1.1300	0.4814
694	1	1	0	-11	0	40	0	-57	0	29	0	-4	0	0	0.0000	2.2950	1.7633	1.3317	0.7955	0.4665
695	1	1	0	-11	0	40	0	-58	0	31	0	-5	0	0	0.0000	2.3159	1.6988	1.3637	0.7764	0.5368
696	1	1	0	-11	0	40	0	-57	0	26	0	0	0	0	0.0000	0.0000	1.4142	2.3087	1.6728	0.9336
697	1	1	0	-11	0	40	0	-61	0	41	0	-10	0	0	0.0000	1.0000	1.0000	2.3514	1.6830	0.7991
698	1	1	0	-11	0	40	0	-60	0	40	0	-11	0	1	1.0000	1.0000	2.3311	1.7477	0.5722	0.4290
699	1	1	0	-11	0	40	0	-59	0	37	0	-8	0	0	0.0000	1.0000	1.0000	2.3155	1.7797	0.6864
700	1	1	0	-11	0	40	0	-59	0	35	0	-7	0	0	0.0000	2.3253	1.7182	1.2514	0.7941	0.6664
701	1	1	0	-11	0	40	0	-58	0	30	0	-4	0	0	0.0000	1.4142	2.3203	1.6560	0.8198	0.4489
702	1	1	0	-11	0	40	0	-61	0	40	0	-11	0	1	2.3563	1.6180	1.2918	0.7741	0.6180	0.4244
703	1	1	0	-11	0	40	0	-57	0	27	0	-3	0	0	0.0000	2.3062	1.6665	1.4663	0.7720	0.3981
704	1	1	0	-11	0	40	0	-60	0	35	0	-6	0	0	0.0000	1.4142	2.3503	1.5517	0.8826	0.5381
705	1	1	0	-11	0	41	0	-60	0	30	0	-4	0	0	0.0000	1.4142	2.1889	1.8478	0.7654	0.4569
706	1	1	0	-11	0	41	0	-61	0	34	0	-6	0	0	0.0000	2.2059	1.8478	1.3376	0.7654	0.5870
707	2	1	0	-11	0	41	0	-62	0	36	0	-6	0	0	0.0000	2.2380	1.7876	1.3170	0.8869	0.5252
708	1	1	0	-11	0	41	0	-60	0	32	0	-4	0	0	0.0000	2.1515	1.9449	1.2685	0.8959	0.4026
709	1	1	0	-11	0	41	0	-59	0	26	0	0	0	0	0.0000	0.0000	1.4142	2.1622	1.8813	0.8864
710	2	1	0	-11	0	41	0	-61	0	35	0	-6	0	0	0.0000	2.1921	1.8907	1.2552	0.8648	0.5444
711	2	1	0	-11	0	41	0	-59	0	25	0	0	0	0	0.0000	0.0000	2.1796	1.8217	1.4882	0.8462
712	2	1	0	-11	0	41	0	-61	0	33	0	-5	0	0	0.0000	2.2156	1.8146	1.3734	0.8161	0.4962
713	1	1	0	-11	0	41	0	-63	0	41	0	-11	0	1	2.2470	1.8019	1.2470	0.8019	0.5550	0.4450
714	2	1	0	-11	0	41	0	-60	0	28	0	0	0	0	0.0000	0.0000	1.4142	2.2047	1.8039	0.9408
715	2	1	0	-11	0	41	0	-61	0	32	0	-4	0	0	0.0000	1.4142	2.2243	1.7774	0.8451	0.4233
716	2	1	0	-11	0	41	0	-62	0	32	0	0	0	0	0.0000	0.0000	1.4142	2.2616	1.6571	1.0673
717	1	1	0	-11	0	41	0	-63	0	36	0	-4	0	0	0.0000	1.4142	1.0000	2.2754	1.6366	0.3798
718	1	1	0	-11	0	41	0	-61	0	34	0	-4	0	0	0.0000	1.0000	2.2005	1.8727	1.2219	0.3972
719	2	1	0	-11	0	41	0	-61	0	31	0	0	0	0	0.0000	0.0000	2.2263	1.7914	1.2891	1.0830
720	1	1	0	-11	0	41	0	-63	0	39	0	-7	0	0	0.0000	1.0000	2.2575	1.7655	1.2211	0.5436
721	1	1	0	-11	0	41	0	-63	0	37	0	-4	0	0	0.0000	2.2684	1.7138	1.2157	1.1411	0.3709
722	2	1	0	-11	0	41	0	-63	0	40	0	-8	0	0	0.0000	1.0000	2.2509	1.7950	1.1609	0.6030
723	3	1	0	-11	0	41	0	-63	0	39	0	-8	0	0	0.0000	2.2591	1.7499	1.3046	0.8408	0.6523
724	1	1	0	-11	0	41	0	-62	0	34	0	-4	0	0	0.0000	1.4142	2.2521	1.7091	0.9208	0.3990
725	1	1	0	-11	0	41	0	-59	0	24	0	0	0	0	0.0000	0.0000	1.7321	2.1940	1.5904	0.8106
726	1	1	0	-11	0	41	0	-61	0	31	0	-4	0	0	0.0000	2.2342	1.7007	1.5168	0.7882	0.4402
727	1	1	0	-11	0	41	0	-63	0	37	0	-7	0	0	0.0000	2.2725	1.6180	1.4924	0.7801	0.6180
728	1	1	0	-11	0	39	0	-50	0	17	0	0	0	0	0.0000	0.0000	2.3093	1.8164	1.3578	0.7239
729	1	1	0	-11	0	39	0	-56	0	34	0	-7	0	0	0.0000	1.0000	1.0000	2.3905	1.6902	0.6548
730	1	1	0	-11	0	39	0	-53	0	26	0	-3	0	0	0.0000	2.3517	1.7662	1.2076	0.8533	0.4047
731	1	1	0	-11	0	39	0	-56	0	31	0	-5	0	0	0.0000	2.3996	1.5760	1.3220	0.8604	0.5198
732	1	1	0	-11	0	39	0	-53	0	23	0	0	0	0	0.0000	2.3626	1.6912	1.3118	0.9150	
733	1	1	0	-11	0	39	0	-53	0	23	0	-3	0	0	0.0000	2.3649	1.6180	1.4693	0.6180	0.4985
734	1	1	0	-11	0	39	0	-62	0	47	0	-15	0	1	1.0000	1.0000	1.0000	2.4578	1.3677	0.2975
735	1	1	0	-11	0	39	0	-59	0	41	0	-12	0	1	1.0000	1.0000	2.4260	1.5699	0.7184	0.3655
736	1	1	0	-11	0	39	0	-59	0	38	0	-8	0	0	0.0000	1.4142	1.0000	2.4325	1.2963	0.6342
737	1	1	0	-11	0	41	0	-62	0	34	0	-3	0	0	0.0000	1.7321	1.0000	2.2504	1.3519	0.3287
738	1	1	0	-11	0	41	0	-61	0	32	0	-3	0	0	0.0000	2.2221	1.7948	1.3679	0.9226	0.3441
739	1	1	0	-11	0	41	0	-60	0	29	0	-3	0	0	0.0000	2.1999	1.8087	1.4524	0.7995	0.3749
740	1	1	0	-11	0	41	0	-58	0	23	0	0	0	0	0.0000	0.0000	2.1233	1.9182	1.4745	0.7785
741	1	1	0	-11	0	41	0	-59	0	28	0	-3	0	0	0.0000	2.1292	1.9477	1.3836	0.7805	0.3868
742	1	1	0	-11	0	41	0	-59	0	27	0	0	0	0	0.0000	0.0000	2.1393	1.9358	1.3427	0.9345
743	1	1	0	-11	0	41	0	-59	0	27	0	-3	0	0	0.0000	2.1549	1.8901	1.4454	0.7294	0.4043
744	1	1	0	-11	0	41	0	-60	0	32	0	-3	0	0	0.0000	1.0000	2.1459	1.9579	1.2016	0.3431
745	1	1	0	-11	0	41	0	-60	0	31	0	-3	0	0	0.0000	2.1686	1.9101	1.3010	0.9121	0.3524
746	1	1	0	-11	0	41	0	-64	0	41	0	-8	0	0	0.0000	1.0000	2.2818	1.6972	1.2544	0.5822
747	1	1	0	-11	0	41	0	-62	0	35	0	-4	0	0	0.0000	1.0000	2.2435	1.7695	1.2980	0.3881

Table of spectral polynomials for trees 431

code	freq	coefficients											spectrum					
748	1	1	0	-11	0	41	0	-62	0	34	0	-5	0	0	0.0000	2.2537	1.6785	1.4740	0.8376	0.4788
749	1	1	0	-11	0	41	0	-60	0	27	0	0	0	0	0.0000	0.0000	1.7321	2.2164	1.5121	0.8952
750	1	1	0	-11	0	41	0	-60	0	31	0	-4	0	0	0.0000	2.1726	1.8971	1.3442	0.8266	0.4367
751	1	1	0	-11	0	41	0	-60	0	29	0	0	0	0	0.0000	0.0000	1.0000	2.1913	1.8561	1.3240
752	1	1	0	-11	0	41	0	-60	0	29	0	-4	0	0	0.0000	2.2025	1.7888	1.4899	0.7030	0.4847
753	1	1	0	-11	0	41	0	-65	0	45	0	-12	0	1	1.0000	2.2942	1.6893	1.1949	0.5470	0.3947
754	1	1	0	-11	0	41	0	-62	0	38	0	-7	0	0	0.0000	1.0000	2.2193	1.8591	1.1415	0.5618
755	1	1	0	-11	0	41	0	-63	0	43	0	-12	0	1	1.0000	1.0000	2.2295	1.8654	0.6390	0.3763
756	2	1	0	-11	0	41	0	-64	0	40	0	-7	0	0	0.0000	1.0000	2.2870	1.6539	1.3249	0.5279
757	1	1	0	-11	0	41	0	-62	0	40	0	-9	0	0	0.0000	1.0000	2.1987	1.9122	0.7135	
758	1	1	0	-11	0	41	0	-62	0	36	0	-5	0	0	0.0000	2.2361	1.0000	1.8019	1.2470	0.4450
759	1	1	0	-11	0	41	0	-64	0	41	0	-9	0	0	0.0000	2.2831	1.6747	1.3436	0.8150	0.7165
760	1	1	0	-11	0	41	0	-61	0	36	0	-7	0	0	0.0000	2.1792	1.9207	1.2228	0.8156	0.6339
761	1	1	0	-11	0	41	0	-62	0	37	0	-7	0	0	0.0000	2.2301	1.8189	1.2768	0.8549	0.5975
762	1	1	0	-11	0	41	0	-65	0	44	0	-12	0	1	2.3001	1.6180	1.3693	0.8294	0.6180	0.3828
763	1	1	0	-11	0	41	0	-63	0	38	0	-7	0	0	0.0000	2.2653	1.7124	1.3538	0.8812	0.5717
764	1	1	0	-11	0	41	0	-61	0	34	0	-5	0	0	0.0000	2.2033	1.8606	1.2899	0.8917	0.4742
765	1	1	0	-11	0	41	0	-61	0	32	0	-5	0	0	0.0000	2.2264	1.7572	1.4577	0.7434	0.5275
766	1	1	0	-11	0	41	0	-62	0	33	0	-3	0	0	0.0000	2.2585	1.6447	1.4880	0.9312	0.3365
767	1	1	0	-11	0	41	0	-64	0	39	0	-6	0	0	0.0000	1.4142	1.0000	2.2920	1.5874	0.4760
768	1	1	0	-11	0	41	0	-65	0	43	0	-9	0	0	0.0000	1.0000	2.3028	1.6180	1.3028	0.6180
769	1	1	0	-11	0	41	0	-64	0	39	0	-5	0	0	0.0000	2.2909	1.6320	1.2873	1.1224	0.4139
770	1	1	0	-11	0	41	0	-63	0	37	0	-5	0	0	0.0000	1.0000	2.2698	1.6919	1.3405	0.4344
771	1	1	0	-11	0	41	0	-63	0	37	0	-6	0	0	0.0000	1.4142	2.2711	1.6637	0.9038	0.5072
772	2	1	0	-11	0	41	0	-66	0	46	0	-11	0	0	0.0000	1.0000	2.3172	1.5850	1.2698	0.7111
773	1	1	0	-11	0	41	0	-64	0	44	0	-11	0	0	0.0000	1.0000	1.0000	2.2646	0.7853	0.3185
774	1	1	0	-11	0	-65	0	-65	0	47	0	-14	0	1	1.0000	1.0000	2.2840	1.7508	0.7853	0.3185
775	1	1	0	-11	0	41	0	-67	0	50	0	-14	0	0	0.0000	1.0000	1.0000	1.0000	2.3268	1.6080
776	1	1	0	-11	0	41	0	-68	0	53	0	-17	0	1	1.0000	1.0000	1.0000	2.3404	1.5646	0.2731
777	1	1	0	-11	0	41	0	-64	0	45	0	-13	0	1	1.0000	1.0000	2.2595	1.8069	0.7161	0.3420
778	1	1	0	-11	0	41	0	-66	0	47	0	-13	0	1	1.0000	2.3138	1.6180	1.2343	0.6180	0.3501
779	1	1	0	-11	0	41	0	-64	0	40	0	-8	0	0	0.0000	1.4142	2.2882	1.6180	0.8740	0.6180
780	1	1	0	-11	0	41	0	-65	0	42	0	-8	0	0	0.0000	1.4142	1.0000	2.3073	1.5356	0.5645
781	1	1	0	-11	0	41	0	-67	0	49	0	-14	0	1	1.0000	2.3314	1.5233	1.3005	0.6696	0.3234
782	1	1	0	-11	0	41	0	-66	0	44	0	-8	0	0	0.0000	1.4142	1.4142	2.3244	1.1472	0.5304
783	1	1	0	-11	0	42	0	-67	0	40	0	-4	0	0	0.0000	1.4142	2.1690	1.7019	1.0758	0.3517
784	1	1	0	-11	0	42	0	-68	0	44	0	-7	0	0	0.0000	2.2122	1.7074	1.3109	1.1146	0.4794
785	1	1	0	-11	0	42	0	-66	0	39	0	-4	0	0	0.0000	2.1385	1.8583	1.2810	1.0973	0.3580
786	1	1	0	-11	0	42	0	-67	0	44	0	-9	0	0	0.0000	1.0000	2.1526	1.8637	1.2356	0.6052
787	1	1	0	-11	0	42	0	-67	0	42	0	-6	0	0	0.0000	2.1753	1.8019	1.2470	1.1260	0.4450
788	1	1	0	-11	0	42	0	-68	0	45	0	-10	0	1	1.0000	1.4142	2.2082	1.7048	0.8614	0.6895
789	2	1	0	-11	0	42	0	-67	0	42	0	-8	0	0	0.0000	1.4142	2.1813	1.7600	0.8995	0.5792
790	1	1	0	-11	0	42	0	-65	0	36	0	-4	0	0	0.0000	1.4142	2.0977	1.8938	0.9310	0.3824
791	1	1	0	-11	0	42	0	-66	0	41	0	-8	0	0	0.0000	2.1090	1.9134	1.3248	0.8797	0.6014
792	1	1	0	-11	0	42	0	-66	0	40	0	-6	0	0	0.0000	1.0000	2.1252	1.8848	1.3087	0.4673
793	2	1	0	-11	0	42	0	-66	0	39	0	-6	0	0	0.0000	1.4142	2.1474	1.8199	0.9186	0.4825
794	1	1	0	-11	0	42	0	-67	0	45	0	-10	0	0	0.0000	1.0000	2.1358	1.9021	1.1756	0.6622
795	3	1	0	-11	0	42	0	-67	0	43	0	-8	0	0	0.0000	1.0000	2.1665	1.8248	1.2924	0.5563
796	1	1	0	-11	0	42	0	-66	0	37	0	-4	0	0	0.0000	2.1732	1.6835	1.5566	0.9382	0.3742
797	1	1	0	-11	0	42	0	-65	0	35	0	-4	0	0	0.0000	2.1262	1.8123	1.5073	0.8768	0.3927
798	1	1	0	-11	0	42	0	-66	0	39	0	-7	0	0	0.0000	2.1514	1.7971	1.4628	0.8248	0.5672
799	1	1	0	-11	0	42	0	-67	0	41	0	-6	0	0	0.0000	1.7321	1.4142	1.0000	2.1889	0.4569
800	1	1	0	-11	0	42	0	-64	0	31	0	0	0	0	0.0000	0.0000	2.0870	1.8647	1.5041	0.9512
801	1	1	0	-11	0	42	0	-65	0	36	0	-5	0	0	0.0000	2.1053	1.8715	1.4563	0.8594	0.4535
802	1	1	0	-11	0	42	0	-65	0	34	0	0	0	0	0.0000	0.0000	1.4142	2.1289	1.8296	1.0586
803	1	1	0	-11	0	42	0	-66	0	38	0	-5	0	0	0.0000	2.1612	1.7660	0.9298	0.4285	
804	1	1	0	-11	0	42	0	-66	0	39	0	-5	0	0	0.0000	1.0000	2.1431	1.8400	1.3592	0.4172
805	2	1	0	-11	0	42	0	-67	0	41	0	-5	0	0	0.0000	2.1862	1.7577	1.3332	1.0926	0.3995
806	1	1	0	-11	0	42	0	-64	0	32	0	-4	0	0	0.0000	2.0840	1.8478	1.5718	0.7654	0.4317
807	1	1	0	-11	0	42	0	-66	0	40	0	-7	0	0	0.0000	2.1307	1.8668	1.3671	0.9032	0.5387
808	1	1	0	-11	0	42	0	-65	0	36	0	-6	0	0	0.0000	2.1120	1.8478	1.4964	0.7654	0.5481
809	2	1	0	-11	0	42	0	-68	0	47	0	-11	0	0	0.0000	1.0000	2.1867	1.8131	1.2032	0.6953
810	1	1	0	-11	0	42	0	-69	0	49	0	-12	0	0	0.0000	1.7321	1.0000	2.2216	1.2399	0.7261
811	1	1	0	-11	0	42	0	-68	0	48	0	-13	0	1	1.0000	2.1779	1.8377	1.1827	0.5962	0.3543
812	1	1	0	-11	0	42	0	-68	0	44	0	-9	0	0	0.0000	2.2164	1.6180	1.5121	0.8952	0.6180
813	3	1	0	-11	0	42	0	-67	0	43	0	-9	0	0	0.0000	2.1698	1.8067	1.3606	0.8720	0.6450
814	1	1	0	-11	0	42	0	-68	0	47	0	-13	0	1	2.1916	1.7845	1.3288	0.8209	0.6717	0.3490
815	2	1	0	-11	0	42	0	-69	0	48	0	-11	0	0	0.0000	1.0000	2.2291	1.6858	1.3200	0.9987

432　Polynomials

code	freq	coefficients											spectrum					
816	1	1	0	-11	0	42	0	-67	0	45	0	-12	0	1	2.1446	1.8758	1.2961	0.8428	0.5821	0.3909
817	1	1	0	-11	0	42	0	-68	0	46	0	-12	0	1	2.2012	1.7404	1.3828	0.8746	0.5345	0.4038
818	1	1	0	-11	0	42	0	-69	0	49	0	-13	0	1	1.0000	2.2231	1.7176	1.2879	0.5652	0.3598
819	1	1	0	-11	0	42	0	-66	0	40	0	-8	0	0	0.0000	1.4142	2.1358	1.8478	0.7654	0.6622
820	1	1	0	-11	0	42	0	-66	0	38	0	-4	0	0	0.0000	1.4142	1.0000	2.1576	1.7919	0.3658
821	1	1	0	-11	0	42	0	-68	0	43	0	-6	0	0	0.0000	1.4142	2.2201	1.6416	1.0888	0.4365
822	2	1	0	-11	0	42	0	-68	0	45	0	-9	0	0	0.0000	1.7321	1.0000	2.2059	1.3376	0.5870
823	1	1	0	-11	0	42	0	-69	0	47	0	-9	0	0	0.0000	2.2344	1.6609	1.2684	1.1559	0.5514
824	1	1	0	-11	0	42	0	-68	0	44	0	-8	0	0	0.0000	1.4142	1.0000	2.2143	1.6751	0.5392
825	1	1	0	-11	0	42	0	-65	0	33	0	0	0	0	0.0000	0.0000	1.7321	1.0000	2.1490	1.5434
826	2	1	0	-11	0	42	0	-67	0	41	0	-7	0	0	0.0000	2.1915	1.6976	1.4839	0.9165	0.5229
827	1	1	0	-11	0	42	0	-70	0	53	0	-15	0	0	0.0000	2.2361	1.7321	1.0000	1.0000	1.0000
828	1	1	0	-11	0	42	0	-70	0	52	0	-15	0	1	1.0000	2.2441	1.6767	1.2569	0.6926	0.3053
829	1	1	0	-11	0	42	0	-69	0	47	0	-10	0	0	0.0000	2.2361	1.4142	1.0000	1.6180	0.6180
830	2	1	0	-11	0	42	0	-69	0	48	0	-13	0	1	2.2323	1.6180	1.4693	0.8654	0.6180	0.3536
831	1	1	0	-11	0	42	0	-65	0	35	0	-3	0	0	0.0000	2.1208	1.8381	1.4619	0.9391	0.3237
832	1	1	0	-11	0	42	0	-71	0	56	0	-18	0	1	1.0000	1.0000	1.0000	2.2569	1.6844	0.2631
833	1	1	0	-11	0	42	0	-69	0	50	0	-14	0	1	1.0000	2.2152	1.7584	1.2137	0.6492	0.3258
834	1	1	0	-11	0	42	0	-69	0	46	0	-8	0	0	0.0000	1.4142	2.2410	1.5784	1.1070	0.5107
835	1	1	0	-11	0	42	0	-71	0	54	0	-16	0	1	1.0000	2.2682	1.5737	1.3277	0.7296	0.2892
836	1	1	0	-11	0	42	0	-71	0	52	0	-12	0	0	0.0000	1.4142	1.4142	2.2764	1.1859	0.6416
837	1	1	0	-11	0	43	0	-72	0	49	0	-10	0	0	0.0000	1.4142	1.0000	2.0922	1.8094	0.5907
838	1	1	0	-11	0	43	0	-71	0	44	0	-5	0	0	0.0000	2.0767	1.7846	1.4922	1.0638	0.3801
839	1	1	0	-11	0	43	0	-71	0	45	0	-8	0	0	0.0000	2.0660	1.7932	1.5398	0.9268	0.5350
840	1	1	0	-11	0	43	0	-70	0	41	0	-4	0	0	0.0000	2.0000	1.0000	1.8794	1.5321	0.3473
841	1	1	0	-11	0	43	0	-71	0	46	0	-9	0	0	0.0000	2.0264	1.8866	1.4689	0.9137	0.5847
842	1	1	0	-11	0	43	0	-71	0	45	0	-6	0	0	0.0000	1.4142	2.0444	1.8677	1.0742	0.4223
843	1	1	0	-11	0	43	0	-71	0	45	0	-7	0	0	0.0000	1.0000	2.0563	1.8331	1.4785	0.4747
844	2	1	0	-11	0	43	0	-73	0	53	0	-14	0	1	1.0000	2.1240	1.7762	1.3750	0.5756	0.3349
845	2	1	0	-11	0	43	0	-72	0	49	0	-11	0	0	0.0000	2.0895	1.7768	1.4807	0.8886	0.6760
846	1	1	0	-11	0	43	0	-72	0	51	0	-14	0	1	2.0467	1.8989	1.3870	0.8625	0.6557	0.3280
847	2	1	0	-11	0	43	0	-72	0	50	0	-11	0	0	0.0000	1.0000	2.0647	1.8750	1.3481	0.6355
848	1	1	0	-11	0	43	0	-72	0	50	0	-13	0	1	2.0807	1.8275	1.4439	0.8954	0.5584	0.3643
849	2	1	0	-11	0	43	0	-73	0	52	0	-12	0	0	0.0000	1.7321	1.4142	1.0000	2.1358	0.6622
850	2	1	0	-11	0	43	0	-72	0	49	0	-9	0	0	0.0000	2.0851	1.8371	1.3289	1.1086	0.5316
851	2	1	0	-11	0	43	0	-72	0	48	0	-8	0	0	0.0000	1.4142	2.1067	1.7716	1.0862	0.4934
852	1	1	0	-11	0	43	0	-73	0	52	0	-13	0	1	1.0000	2.1388	1.7050	1.4599	0.4898	0.3835
853	2	1	0	-11	0	43	0	-73	0	52	0	-11	0	0	0.0000	2.1317	1.7635	1.3013	1.1395	0.5950
854	1	1	0	-11	0	43	0	-72	0	47	0	-7	0	0	0.0000	2.1327	1.6766	1.5239	1.0724	0.4547
855	1	1	0	-11	0	43	0	-72	0	48	0	-9	0	0	0.0000	1.7321	1.0000	2.1120	1.4964	0.5481
856	1	1	0	-11	0	43	0	-75	0	59	0	-18	0	1	1.0000	2.1870	1.6523	1.3484	0.7734	0.2653
857	1	1	0	-11	0	43	0	-74	0	56	0	-15	0	0	0.0000	1.7321	1.0000	2.1566	1.3138	0.7892
858	1	1	0	-11	0	43	0	-73	0	55	0	-16	0	1	1.0000	2.0816	1.8861	1.2325	0.7115	0.2904
859	1	1	0	-11	0	43	0	-73	0	54	0	-14	0	1	0.0000	1.0000	2.1010	1.8478	1.2593	0.7654
860	1	1	0	-11	0	43	0	-74	0	59	0	-19	0	1	1.0000	1.0000	1.0000	2.1149	1.8608	0.2541
861	1	1	0	-11	0	43	0	-74	0	57	0	-17	0	1	1.0000	2.1468	1.7684	1.2779	0.7445	0.2769
862	1	1	0	-11	0	43	0	-74	0	55	0	-15	0	1	1.0000	2.1701	1.6180	1.4812	0.6180	0.3111
863	1	1	0	-11	0	43	0	-74	0	56	0	-16	0	1	1.0000	2.1592	1.7113	1.3648	0.6795	0.2918
864	1	1	0	-11	0	43	0	-73	0	54	0	-15	0	1	1.0000	2.1058	1.8322	1.3036	0.6435	0.3090
865	1	1	0	-11	0	43	0	-73	0	53	0	-15	0	1	2.1284	1.7448	1.4505	0.8466	0.7147	0.3068
866	1	1	0	-11	0	43	0	-74	0	54	0	-12	0	0	0.0000	1.4142	2.1753	1.6180	1.1260	0.6180
867	1	1	0	-11	0	43	0	-73	0	51	0	-10	0	0	0.0000	1.4142	2.1455	1.6941	1.1025	0.5580
868	1	1	0	-11	0	43	0	-74	0	55	0	-14	0	1	2.1673	1.6783	1.3427	1.1358	0.5246	0.3436
869	1	1	0	-11	0	43	0	-75	0	58	0	-16	0	1	2.1935	1.6180	1.2950	1.1935	0.6180	0.2950
870	1	1	0	-11	0	43	0	-74	0	55	0	-14	0	0	0.0000	1.4142	1.0000	2.1679	1.6616	0.7345
871	1	1	0	-11	0	43	0	-73	0	51	0	-11	0	1	0.0000	1.0000	2.1490	1.6180	1.5434	0.6180
872	1	1	0	-11	0	43	0	-75	0	58	0	-16	0	0	0.0000	1.4142	1.0000	2.1940	1.5904	0.8106
873	1	1	0	-11	0	44	0	-77	0	55	0	-11	0	0	0.0000	1.9796	1.8193	1.5115	1.0813	0.5635
874	1	1	0	-11	0	44	0	-79	0	64	0	-20	0	1	1.0000	2.0550	1.7909	1.3629	0.8068	0.2471
875	1	1	0	-11	0	44	0	-78	0	60	0	-17	0	1	1.0000	2.0135	1.8142	1.4583	0.6704	0.2800
876	1	1	0	-11	0	44	0	-79	0	63	0	-18	0	1	2.0727	1.7469	1.3363	1.1658	0.6596	0.2687
877	1	1	0	-11	0	44	0	-78	0	59	0	-14	0	0	0.0000	1.4142	2.0314	1.7881	1.1192	0.6508
878	1	1	0	-11	0	44	0	-78	0	59	0	-15	0	1	2.0397	1.7531	1.4722	1.0979	0.5388	0.3211
879	1	1	0	-11	0	44	0	-79	0	63	0	-19	0	1	1.0000	2.0793	1.6946	1.4756	0.7493	0.2567
880	1	1	0	-11	0	44	0	-78	0	59	0	-15	0	0	0.0000	1.7321	1.0000	2.0421	1.5202	0.7203
881	1	1	0	-11	0	44	0	-79	0	62	0	-16	0	0	0.0000	1.4142	2.0886	1.6810	1.1491	0.7011
882	1	1	0	-11	0	44	0	-79	0	62	0	-17	0	1	2.0928	1.6180	1.5137	1.1176	0.6180	0.2825
883	1	1	0	-11	0	45	0	-84	0	70	0	-21	0	1	1.9419	1.7709	1.4970	1.1361	0.7092	0.2411

Spectral polynomials for cubic graphs

code	coefficients										
C1	1	0	-6	-8	-3						
C2	1	0	-9	-4	12	0	0				
C3	1	0	-9	0	0	0	0				
C4	1	0	-12	-4	38	16	-36	-12	9		
C5	1	0	-12	-2	36	0	-31	12	0		
C6	1	0	-12	-8	38	48	-12	-40	-15		
C7	1	0	-12	0	34	-16	-20	16	-3		
C8	1	0	-12	0	30	0	-28	0	9		
C9	1	0	-15	-4	71	28	-121	-48	64	24	0
C10	1	0	-15	-2	71	8	-132	-2	91	-8	-12
C11	1	0	-15	0	69	-12	-117	36	59	-12	-9
C12	1	0	-15	-4	69	32	-105	-64	23	20	3
C13	1	0	-15	-2	67	12	-96	-22	35	12	0
C14	1	0	-15	-6	69	48	-96	-76	30	26	3
C15	1	0	-15	-6	75	48	-144	-114	75	68	12
C16	1	0	-15	-2	69	12	-116	-24	54	26	3
C17	1	0	-15	-8	71	68	-93	-132	-36	0	0
C18	1	0	-15	-4	73	28	-141	-52	99	16	-21
C19	1	0	-15	0	71	-16	-133	64	76	-48	0
C20	1	0	-15	-4	75	24	-157	-36	144	16	-48
C21	1	0	-15	-8	71	64	-101	-104	44	48	0
C22	1	0	-15	-4	63	36	-61	-56	-12	0	0
C23	1	0	-15	0	65	-4	-85	-20	35	20	3
C24	1	0	-15	0	65	0	-105	0	55	0	-9
C25	1	0	-15	-8	63	64	-37	-56	-12	0	0
C26	1	0	-15	0	63	0	-85	0	36	0	0
C27	1	0	-15	0	75	-24	-165	120	120	-160	48
C28	1	0	-18	-2	113	16	-307	-42	354	36	-135	0	0
C29	1	0	-18	-2	113	18	-313	-56	390	74	-184	-36	9
C30	1	0	-18	-2	111	14	-281	-18	269	-4	-60	0	0
C31	1	0	-18	-4	111	42	-278	-126	261	102	-63	0	0
C32	1	0	-18	-6	115	66	-309	-226	309	244	-68	-48	0
C33	1	0	-18	0	111	-10	-286	54	277	-54	-63	0	0
C34	1	0	-18	-4	115	44	-328	-164	419	244	-198	-120	9
C35	1	0	-18	0	111	-8	-292	40	323	-48	-118	0	9
C36	1	0	-18	-4	115	40	-320	-128	375	136	-154	-36	9
C37	1	0	-18	-4	113	40	-304	-116	360	128	-152	-48	0
C38	1	0	-18	0	113	-12	-312	76	368	-128	-136	48	0
C39	1	0	-18	-2	115	12	-327	-12	413	-16	-193	18	9
C40	1	0	-18	0	113	-10	-314	54	386	-76	-179	30	9
C41	1	0	-18	-2	115	10	-325	10	397	-76	-148	48	0
C42	1	0	-18	-2	111	18	-285	-50	277	40	-48	0	0
C43	1	0	-18	-2	111	20	-291	-64	317	72	-121	-18	9
C44	1	0	-18	-6	115	68	-311	-248	317	308	-57	-66	9
C45	1	0	-18	-2	111	16	-287	-32	309	20	-117	6	9
C46	1	0	-18	-2	109	20	-267	-62	254	60	-63	0	0
C47	1	0	-18	-4	115	38	-322	-110	401	122	-179	-48	0
C48	1	0	-18	-4	113	42	-302	-134	334	140	-123	-30	9
C49	1	0	-18	-6	111	68	-275	-220	257	236	-61	-54	9
C50	1	0	-18	-4	117	38	-346	-118	482	148	-283	-66	45
C51	1	0	-18	-2	115	14	-333	-26	453	12	-256	0	36
C52	1	0	-18	-4	113	38	-298	-102	326	88	-119	-6	9
C53	1	0	-18	-2	109	16	-263	-26	234	4	-39	0	0
C54	1	0	-18	-8	113	92	-276	-312	188	300	16	-48	0
C55	1	0	-18	0	109	-8	-264	40	220	-32	-48	0	0
C56	1	0	-18	0	109	-4	-272	4	284	8	-96	0	0
C57	1	0	-18	-4	113	48	-308	-188	348	264	-112	-96	0
C58	1	0	-18	-2	113	20	-315	-78	410	120	-227	-60	36
C59	1	0	-18	-4	109	44	-256	-128	188	64	-48	0	0
C60	1	0	-18	-4	113	44	-300	-152	300	160	-48	0	0
C61	1	0	-18	-2	107	18	-237	-42	153	0	0	0	0
C62	1	0	-18	0	113	-12	-308	68	340	-88	-96	0	9
C63	1	0	-18	-4	115	40	-320	-128	371	136	-126	-12	9
C64	1	0	-18	-6	117	68	-335	-262	398	392	-127	-192	-36
C65	1	0	-18	-4	113	38	-294	-98	290	44	-95	-6	9
C66	1	0	-18	0	107	-6	-246	26	201	-14	-39	0	0
C67	1	0	-18	-4	111	46	-282	-154	237	142	-39	0	0
C68	1	0	-18	-6	113	64	-295	-202	334	252	-135	-108	0

434 Polynomials

code	coefficients												
C69	1	0	-18	-6	113	64	-291	-198	294	204	-83	-48	0		
C70	1	0	-18	0	115	-12	-340	76	479	-148	-282	84	45		
C71	1	0	-18	-6	111	60	-271	-152	273	124	-97	-18	9		
C72	1	0	-18	-4	109	40	-256	-100	216	56	-60	0	0		
C73	1	0	-18	-4	109	36	-256	-64	228	16	-48	0	0		
C74	1	0	-18	-6	111	62	-265	-166	213	92	-60	0	0		
C75	1	0	-18	0	111	-8	-292	40	327	-56	-138	24	9		
C76	1	0	-18	0	115	-16	-328	104	387	-176	-102	24	9		
C77	1	0	-18	0	109	-8	-260	32	192	0	0	0	0		
C78	1	0	-18	-10	113	120	-263	-434	90	468	209	-48	-36		
C79	1	0	-18	-2	109	20	-267	-58	250	40	-75	0	0		
C80	1	0	-18	-4	109	40	-260	-100	248	72	-72	0	0		
C81	1	0	-18	0	109	0	-288	0	340	0	-144	0	0		
C82	1	0	-18	-4	107	48	-248	-152	219	144	-70	-36	9		
C83	1	0	-18	-8	115	92	-300	-332	263	420	30	-108	-27		
C84	1	0	-18	-4	111	36	-276	-76	279	44	-106	0	9		
C85	1	0	-18	-8	113	88	-280	-280	244	296	-36	-72	0		
C86	1	0	-18	-6	109	68	-247	-198	146	88	-39	0	0		
C87	1	0	-18	-2	103	18	-201	-26	105	0	0	0	0		
C88	1	0	-18	-8	111	92	-252	-292	119	180	-34	-36	9		
C89	1	0	-18	-6	105	60	-211	-122	146	52	-39	0	0		
C90	1	0	-18	-2	111	18	-293	-42	333	44	-120	-36	0		
C91	1	0	-18	0	105	0	-236	0	180	0	0	0	0		
C92	1	0	-18	-4	117	36	-344	-96	468	80	-240	0	0		
C93	1	0	-18	-2	117	12	-355	-18	534	8	-387	0	108		
C94	1	0	-18	0	105	-8	-216	40	96	0	0	0	0		
C95	1	0	-18	0	113	-16	-304	112	304	-192	0	0	0		
C96	1	0	-18	0	117	-16	-360	112	532	-256	-304	192	0		
C97	1	0	-18	-8	111	88	-260	-264	199	232	-42	-48	9		
C98	1	0	-18	-4	105	44	-228	-104	184	72	-36	0	0		
C99	1	0	-18	-8	113	88	-272	-272	176	192	0	0	0		
C100	1	0	-18	-8	109	84	-240	-220	172	168	0	0	0		
C101	1	0	-18	-10	109	112	-223	-326	58	196	9	-36	0		
C102	1	0	-18	-4	105	44	-216	-104	96	0	0	0	0		
C103	1	0	-18	0	117	-18	-354	126	486	-272	-207	162	-27		
C104	1	0	-18	0	105	0	-228	-24	180	16	-48	0	0		
C105	1	0	-18	-8	117	96	-316	-384	240	512	192	0	0		
C106	1	0	-18	0	105	0	-232	0	144	0	0	0	0		
C107	1	0	-18	-8	111	96	-268	-336	207	416	30	-168	-63		
C108	1	0	-18	-4	101	36	-176	-40	84	0	0	0	0		
C109	1	0	-18	-6	117	72	-339	-306	414	532	-99	-324	-108		
C110	1	0	-18	0	111	0	-316	0	447	0	-306	0	81		
C111	1	0	-18	-12	111	144	-216	-480	-117	256	138	-36	-27		
C112	1	0	-18	0	97	0	-144	0	0	0	0	0	0		
C113	1	0	-21	-4	168	50	-652	-218	1296	400	-1275	-284	547	48	-72
C114	1	0	-21	-2	166	18	-627	-38	1174	-36	-1003	142	283	-76	3
C115	1	0	-21	-2	166	20	-631	-64	1216	74	-1136	-22	442	-2	-57
C116	1	0	-21	-2	164	22	-601	-84	1065	138	-840	-94	221	24	-9
C117	1	0	-21	-4	166	54	-622	-262	1129	550	-884	-462	207	108	0
C118	1	0	-21	-2	162	22	-575	-74	962	88	-691	-42	163	0	-9
C119	1	0	-21	-2	166	24	-635	-112	1240	262	-1176	-314	434	150	-9
C120	1	0	-21	-2	166	22	-633	-90	1232	178	-1165	-176	436	72	-36
C121	1	0	-21	-2	162	20	-579	-48	1012	-2	-812	86	23	-42	-9
C122	1	0	-21	-2	162	18	-575	-22	970	-104	-695	202	131	-52	3
C123	1	0	-21	-4	162	58	-570	-286	909	550	-544	-350	71	48	0
C124	1	0	-21	0	162	-6	-584	46	1027	-110	-814	96	218	-30	-9
C125	1	0	-21	-2	164	24	-609	-94	1127	134	-981	-40	320	-30	-9
C126	1	0	-21	0	162	-8	-580	68	991	-176	-743	164	187	-36	-9
C127	1	0	-21	-4	164	52	-594	-224	1018	364	-768	-188	233	28	-21
C128	1	0	-21	-2	162	28	-575	-156	952	394	-644	-386	90	94	15
C129	1	0	-21	-2	160	24	-553	-90	899	138	-637	-88	160	18	-9
C130	1	0	-21	-2	162	26	-575	-126	954	264	-655	-218	139	36	-9
C131	1	0	-21	-2	164	24	-605	-106	1095	218	-885	-196	224	42	-9
C132	1	0	-21	-2	162	24	-573	-96	934	120	-606	26	119	-24	0
C133	1	0	-21	0	162	-6	-580	38	991	-46	-750	-24	202	18	-9
C134	1	0	-21	-2	162	28	-579	-144	984	298	-708	-206	154	18	-9
C135	1	0	-21	-2	160	26	-553	-108	889	158	-616	-58	157	0	-9
C136	1	0	-21	-2	162	26	-579	-118	986	220	-727	-154	167	24	-9
C137	1	0	-21	-2	164	26	-611	-124	1147	272	-1016	-272	316	96	0
C138	1	0	-21	0	166	-8	-642	64	1293	-172	-1301	176	536	-48	-36

Table of spectral polynomials for cubic graphs

code	coefficients													
C139	1	0	-21	-2	164	26	-605	-132	1093	306	-884	-294	229	72	-9
C140	1	0	-21	-4	166	54	-622	-262	1133	546	-912	-458	235	100	-12
C141	1	0	-21	0	164	-8	-608	64	1104	-156	-896	124	252	-32	-12
C142	1	0	-21	-2	164	26	-609	-124	1129	258	-992	-222	345	56	-33
C143	1	0	-21	0	162	-8	-578	64	969	-140	-677	88	140	-24	0
C144	1	0	-21	-4	164	50	-592	-198	1008	260	-775	-88	219	4	-12
C145	1	0	-21	0	162	-10	-574	86	937	-214	-620	154	135	-36	0
C146	1	0	-21	-2	164	22	-599	-88	1047	168	-800	-160	216	40	-12
C147	1	0	-21	-4	166	56	-630	-276	1197	584	-1061	-496	344	96	-36
C148	1	0	-21	-4	166	52	-622	-232	1141	408	-973	-248	340	32	-24
C149	1	0	-21	0	162	-10	-576	94	943	-270	-582	244	62	-34	3
C150	1	0	-21	-4	166	56	-624	-288	1143	656	-895	-616	159	148	15
C151	1	0	-21	-2	164	22	-603	-76	1079	72	-868	40	252	-32	-12
C152	1	0	-21	-2	162	26	-577	-118	964	210	-673	-116	164	16	-12
C153	1	0	-21	-2	164	24	-603	-106	1077	208	-869	-164	259	32	-24
C154	1	0	-21	0	164	-6	-612	38	1152	-60	-1051	-8	403	36	-36
C155	1	0	-21	0	164	-10	-606	86	1094	-232	-875	218	216	-42	-9
C156	1	0	-21	-2	164	22	-603	-76	1079	72	-864	40	220	-48	0
C157	1	0	-21	-4	166	52	-622	-232	1137	416	-941	-288	268	64	-12
C158	1	0	-21	0	164	-10	-604	86	1068	-232	-791	200	159	-36	0
C159	1	0	-21	0	162	-8	-578	68	965	-180	-645	152	92	-24	0
C160	1	0	-21	0	162	-8	-576	60	955	-116	-663	36	163	0	-9
C161	1	0	-21	-2	166	22	-635	-82	1242	124	-1183	-70	463	16	-57
C162	1	0	-21	-4	166	54	-624	-258	1155	514	-994	-392	350	86	-33
C163	1	0	-21	-2	162	24	-575	-96	960	130	-692	-42	170	6	-9
C164	1	0	-21	0	164	-10	-608	94	1104	-292	-871	332	179	-100	12
C165	1	0	-21	-2	162	20	-569	-56	914	32	-598	38	119	-24	0
C166	1	0	-21	-2	160	20	-545	-42	835	-54	-521	136	80	-34	3
C167	1	0	-21	-4	164	50	-598	-206	1070	360	-879	-262	256	54	-9
C168	1	0	-21	-4	162	54	-572	-242	947	450	-654	-324	122	42	-9
C169	1	0	-21	-2	162	18	-573	-30	960	-46	-697	108	156	-36	0
C170	1	0	-21	-6	162	80	-559	-336	868	506	-592	-270	158	42	-9
C171	1	0	-21	-2	160	24	-545	-98	827	170	-509	-100	124	18	-9
C172	1	0	-21	-4	166	50	-622	-214	1149	386	-968	-262	283	28	-12
C173	1	0	-21	-2	164	16	-597	-10	1039	-126	-773	216	176	-70	3
C174	1	0	-21	-6	164	84	-583	-394	925	708	-565	-448	87	72	0
C175	1	0	-21	-2	162	24	-577	-104	982	224	-734	-234	183	72	0
C176	1	0	-21	-2	162	24	-579	-96	992	166	-740	-114	170	6	-9
C177	1	0	-21	-4	166	50	-624	-210	1171	358	-1050	-228	382	26	-33
C178	1	0	-21	-2	164	20	-605	-54	1107	26	-933	48	272	-30	-9
C179	1	0	-21	-4	164	56	-600	-272	1056	564	-800	-480	172	128	12
C180	1	0	-21	-6	164	86	-583	-424	911	844	-452	-604	-80	56	12
C181	1	0	-21	-4	166	52	-626	-240	1185	508	-1049	-496	312	176	12
C182	1	0	-21	-6	164	84	-581	-394	903	690	-509	-352	116	42	-9
C183	1	0	-21	-4	164	52	-592	-228	1000	392	-724	-236	192	40	-12
C184	1	0	-21	-2	164	18	-599	-36	1055	-20	-812	64	208	-8	-12
C185	1	0	-21	-4	164	52	-594	-224	1022	356	-788	-160	233	-12	-9
C186	1	0	-21	-2	162	22	-575	-74	966	76	-707	2	175	0	-9
C187	1	0	-21	-4	162	56	-568	-260	895	448	-539	-216	119	24	-9
C188	1	0	-21	-2	162	22	-573	-78	944	114	-653	-72	176	16	-12
C189	1	0	-21	-4	164	54	-594	-254	1010	496	-703	-350	128	42	-9
C190	1	0	-21	-4	160	50	-546	-186	866	252	-595	-102	152	6	-9
C191	1	0	-21	-4	162	52	-568	-220	923	360	-643	-208	163	36	-9
C192	1	0	-21	-4	160	54	-542	-226	814	316	-519	-142	124	18	-9
C193	1	0	-21	-6	164	84	-585	-390	939	686	-589	-400	112	54	-9
C194	1	0	-21	-4	166	48	-626	-184	1197	268	-1109	-104	396	-32	-12
C195	1	0	-21	-4	166	54	-622	-262	1129	546	-876	-434	179	52	-12
C196	1	0	-21	-4	168	52	-654	-244	1310	512	-1300	-472	545	148	-57
C197	1	0	-21	-2	166	22	-637	-82	1268	122	-1261	-48	516	-24	-36
C198	1	0	-21	-2	166	20	-629	-68	1194	108	-1062	-94	355	32	-24
C199	1	0	-21	-6	166	86	-613	-434	1052	922	-673	-752	-12	104	12
C200	1	0	-21	-2	166	20	-629	-64	1190	72	-1046	-26	339	8	-24
C201	1	0	-21	-2	168	18	-659	-44	1343	4	-1356	72	556	-32	-48
C202	1	0	-21	-6	166	82	-613	-382	1076	722	-821	-520	200	88	-12
C203	1	0	-21	-2	164	18	-597	-32	1033	-70	-764	174	161	-52	3
C204	1	0	-21	-4	164	52	-592	-228	996	392	-692	-220	180	40	-12
C205	1	0	-21	-2	166	18	-629	-38	1196	-30	-1057	128	320	-56	-12
C206	1	0	-21	-4	168	52	-656	-244	1332	520	-1356	-496	576	160	-48
C207	1	0	-21	-2	164	20	-597	-58	1027	22	-741	88	156	-46	3

436 Polynomials

code		coefficients												
C208	1	0	-21	-2	166	20	-629	-64	1190	68	-1042	6	323	-20	-12
C209	1	0	-21	-2	166	20	-627	-68	1168	106	-976	-94	286	22	-21
C210	1	0	-21	-6	166	82	-615	-378	1098	696	-911	-490	323	104	-33
C211	1	0	-21	-6	166	84	-615	-408	1084	834	-796	-674	142	154	15
C212	1	0	-21	-4	164	56	-600	-272	1056	556	-784	-432	128	48	0
C213	1	0	-21	-2	162	28	-581	-140	994	296	-730	-234	163	28	-12
C214	1	0	-21	-6	166	88	-611	-456	1012	974	-524	-718	-94	70	15
C215	1	0	-21	-6	168	86	-643	-444	1199	1004	-956	-960	156	272	48
C216	1	0	-21	-6	168	86	-639	-448	1155	1016	-808	-920	28	192	36
C217	1	0	-21	0	166	-10	-636	82	1235	-210	-1134	172	378	-6	-9
C218	1	0	-21	0	166	-12	-632	104	1199	-284	-1043	260	343	-64	-33
C219	1	0	-21	0	166	-14	-628	130	1151	-386	-858	372	114	-46	3
C220	1	0	-21	0	164	-12	-598	104	1010	-264	-644	172	109	-40	3
C221	1	0	-21	0	166	-12	-632	104	1199	-284	-1039	252	323	-48	-9
C222	1	0	-21	0	164	-8	-608	60	1116	-136	-952	96	288	0	0
C223	1	0	-21	-2	168	16	-657	-14	1323	-150	-1285	384	444	-234	27
C224	1	0	-21	-2	168	20	-659	-74	1341	144	-1361	-172	591	92	-60
C225	1	0	-21	-2	166	18	-629	-38	1200	-38	-1089	184	356	-136	12
C226	1	0	-21	-6	166	84	-611	-408	1044	810	-704	-602	86	106	15
C227	1	0	-21	0	166	-12	-634	112	1209	-348	-1025	384	244	-80	-12
C228	1	0	-21	-2	164	16	-597	-6	1035	-162	-745	264	96	-46	3
C229	1	0	-21	0	168	-14	-662	130	1346	-416	-1311	530	452	-218	15
C230	1	0	-21	-2	166	22	-631	-90	1210	168	-1107	-130	383	24	-9
C231	1	0	-21	0	160	-12	-546	112	826	-280	-456	196	73	-40	3
C232	1	0	-21	-4	162	58	-574	-278	941	522	-640	-374	127	92	12
C233	1	0	-21	0	158	-6	-528	54	799	-150	-482	156	74	-34	3
C234	1	0	-21	0	160	-4	-552	16	876	24	-612	-56	164	16	-12
C235	1	0	-21	-4	162	58	-576	-274	955	498	-662	-312	154	54	-9
C236	1	0	-21	-2	164	22	-601	-88	1065	182	-828	-206	221	60	-9
C237	1	0	-21	0	160	-2	-558	-2	930	48	-675	-78	152	6	-9
C238	1	0	-21	0	160	-6	-550	42	858	-80	-543	38	132	-6	-9
C239	1	0	-21	-4	164	60	-598	-324	1014	748	-620	-652	-51	76	15
C240	1	0	-21	-4	164	56	-598	-264	1030	476	-756	-256	221	24	-9
C241	1	0	-21	-4	164	60	-604	-312	1068	680	-784	-576	112	96	0
C242	1	0	-21	0	160	-8	-550	76	846	-224	-476	192	45	-28	3
C243	1	0	-21	-2	160	28	-555	-138	909	292	-649	-256	159	72	0
C244	1	0	-21	-4	164	56	-592	-276	980	536	-620	-312	132	40	-12
C245	1	0	-21	0	162	-8	-574	60	933	-128	-605	100	104	-24	0
C246	1	0	-21	0	162	-6	-576	30	959	6	-706	-80	186	30	-9
C247	1	0	-21	-2	166	22	-629	-94	1188	202	-1037	-192	312	40	-12
C248	1	0	-21	-2	164	24	-599	-114	1041	256	-769	-216	163	28	-12
C249	1	0	-21	0	162	-4	-582	16	1005	12	-765	-64	188	16	-12
C250	1	0	-21	0	158	-12	-518	120	701	-312	-241	164	-24	0	0
C251	1	0	-21	-4	160	56	-540	-248	780	364	-412	-120	72	0	0
C252	1	0	-21	-2	162	24	-581	-92	1006	148	-762	-106	175	24	0
C253	1	0	-21	0	158	-4	-526	20	785	0	-473	-36	72	0	0
C254	1	0	-21	-2	160	24	-547	-86	833	84	-497	8	79	-12	0
C255	1	0	-21	-4	162	52	-566	-212	893	288	-569	-84	112	-12	0
C256	1	0	-21	0	158	-6	-522	46	741	-86	-388	58	55	-12	0
C257	1	0	-21	-4	164	52	-602	-216	1094	336	-960	-156	365	-4	-33
C258	1	0	-21	0	164	-12	-604	112	1072	-328	-792	328	112	-48	0
C259	1	0	-21	0	160	-8	-548	68	836	-160	-500	104	92	-24	0
C260	1	0	-21	0	164	-16	-598	160	1014	-496	-608	480	-67	-16	3
C261	1	0	-21	0	164	-10	-604	82	1072	-188	-827	96	251	-16	-24
C262	1	0	-21	0	164	-14	-598	130	1014	-356	-651	266	108	-46	3
C263	1	0	-21	0	164	-12	-602	104	1062	-264	-812	212	209	-48	-9
C264	1	0	-21	-4	164	52	-596	-220	1040	328	-832	-104	256	-48	0
C265	1	0	-21	-4	162	46	-570	-146	961	118	-724	58	171	-36	0
C266	1	0	-21	-4	164	52	-598	-228	1062	416	-852	-300	233	60	-9
C267	1	0	-21	-6	166	84	-615	-400	1084	758	-844	-522	250	90	-9
C268	1	0	-21	-2	162	20	-575	-44	968	-54	-712	174	154	-58	3
C269	1	0	-21	-4	164	48	-594	-172	1038	164	-864	60	281	-88	3
C270	1	0	-21	-2	164	22	-599	-88	1047	168	-800	-160	216	40	-12
C271	1	0	-21	0	160	-6	-550	46	850	-108	-511	102	92	-34	3
C272	1	0	-21	-4	162	52	-564	-220	887	344	-599	-192	151	36	-9
C273	1	0	-21	-4	166	52	-624	-232	1159	424	-1003	-304	335	68	-33
C274	1	0	-21	0	162	-4	-584	20	1027	-28	-819	16	227	-12	-9
C275	1	0	-21	-2	164	28	-609	-154	1123	394	-941	-444	244	154	15
C276	1	0	-21	0	164	-12	-606	116	1094	-368	-852	428	157	-116	15

Table of spectral polynomials for cubic graphs

code	coefficients													
C277	1	0	-21	-2	166	24	-631	-124	1208	354	-1096	-502	346	254	39
C278	1	0	-21	0	166	-10	-640	94	1267	-310	-1202	424	406	-206	15
C279	1	0	-21	-4	166	54	-624	-258	1151	518	-962	-396	290	78	-9
C280	1	0	-21	-2	164	26	-607	-124	1103	252	-904	-184	260	16	-12
C281	1	0	-21	-2	166	26	-641	-130	1292	314	-1309	-368	548	168	-36
C282	1	0	-21	0	164	-8	-608	64	1104	-160	-888	152	208	-48	0
C283	1	0	-21	-2	166	20	-629	-64	1190	64	-1034	30	303	-72	0
C284	1	0	-21	-4	164	56	-600	-264	1052	496	-816	-368	208	96	0
C285	1	0	-21	0	164	-8	-612	68	1152	-200	-1024	240	320	-96	0
C286	1	0	-21	0	164	-6	-610	34	1130	-20	-995	-90	344	78	-9
C287	1	0	-21	-4	166	56	-630	-276	1197	584	-1061	-496	344	96	-36
C288	1	0	-21	-4	160	58	-544	-270	804	456	-431	-240	55	24	0
C289	1	0	-21	-2	164	24	-609	-94	1131	130	-1013	-36	380	-22	-33
C290	1	0	-21	-4	166	58	-630	-306	1189	730	-1004	-778	223	292	60
C291	1	0	-21	0	166	-8	-642	64	1293	-168	-1313	160	584	-32	-84
C292	1	0	-21	0	166	-14	-632	134	1199	-422	-1014	484	238	-134	15
C293	1	0	-21	-2	164	24	-605	-106	1099	214	-913	-200	264	66	-9
C294	1	0	-21	-2	162	24	-577	-100	982	180	-738	-150	191	48	0
C295	1	0	-21	-4	160	54	-544	-230	836	356	-551	-196	139	28	-12
C296	1	0	-21	-6	162	88	-565	-424	870	792	-462	-490	23	48	0
C297	1	0	-21	-8	162	118	-544	-574	683	1022	-34	-452	-110	46	15
C298	1	0	-21	-6	162	82	-559	-354	862	532	-615	-286	199	40	-21
C299	1	0	-21	-8	164	112	-578	-520	910	964	-552	-688	69	148	15
C300	1	0	-21	-8	162	114	-548	-530	759	926	-302	-548	-18	94	15
C301	1	0	-21	-6	162	86	-567	-406	906	780	-563	-582	51	112	15
C302	1	0	-21	-6	162	84	-561	-388	866	700	-502	-430	87	72	0
C303	1	0	-21	-6	160	88	-537	-418	759	754	-325	-464	-28	70	15
C304	1	0	-21	-6	164	82	-591	-380	1019	764	-764	-660	152	184	24
C305	1	0	-21	-8	166	116	-606	-584	1005	1252	-557	-1072	-136	208	60
C306	1	0	-21	-4	162	52	-578	-216	1021	376	-869	-264	312	48	-36
C307	1	0	-21	-8	164	114	-572	-542	840	992	-383	-652	-37	112	24
C308	1	0	-21	-4	162	50	-568	-198	935	302	-702	-176	222	34	-21
C309	1	0	-21	-6	162	86	-559	-410	830	760	-387	-474	-9	76	15
C310	1	0	-21	-6	164	82	-587	-372	979	664	-720	-440	216	80	-24
C311	1	0	-21	-6	164	84	-589	-398	983	774	-657	-556	104	78	-9
C312	1	0	-21	-6	162	86	-559	-418	834	828	-363	-582	-109	52	15
C313	1	0	-21	-4	164	48	-598	-180	1078	264	-924	-144	321	16	-21
C314	1	0	-21	-6	164	84	-589	-398	987	774	-689	-588	140	142	15
C315	1	0	-21	-8	164	116	-570	-568	802	1068	-220	-608	-107	64	15
C316	1	0	-21	-8	162	114	-544	-522	727	842	-322	-492	-2	82	15
C317	1	0	-21	-2	158	16	-519	4	752	-142	-428	138	74	-34	3
C318	1	0	-21	-4	164	48	-594	-180	1034	244	-804	-80	241	4	-21
C319	1	0	-21	-2	160	20	-547	-46	849	4	-521	36	103	-12	0
C320	1	0	-21	-4	162	46	-572	-150	983	166	-770	-36	210	-6	-9
C321	1	0	-21	-4	164	52	-604	-224	1116	424	-976	-352	304	96	0
C322	1	0	-21	-2	160	22	-551	-72	891	96	-608	-48	108	0	0
C323	1	0	-21	-4	162	52	-568	-220	923	360	-635	-220	131	24	-9
C324	1	0	-21	-4	162	52	-570	-212	933	308	-657	-128	164	16	-12
C325	1	0	-21	-2	158	22	-517	-66	720	42	-381	16	64	-12	0
C326	1	0	-21	-6	164	84	-581	-398	903	734	-489	-468	48	94	15
C327	1	0	-21	-2	160	26	-549	-120	857	246	-548	-178	113	24	-9
C328	1	0	-21	-4	166	50	-624	-214	1171	398	-1030	-316	342	74	-33
C329	1	0	-21	-2	164	18	-601	-36	1081	-22	-896	102	269	-48	-9
C330	1	0	-21	-6	164	86	-583	-420	911	800	-480	-492	44	80	12
C331	1	0	-21	-4	162	56	-570	-268	921	536	-585	-424	56	80	12
C332	1	0	-21	-4	160	58	-540	-278	772	492	-355	-244	31	24	0
C333	1	0	-21	-4	162	54	-564	-242	871	406	-514	-232	102	30	-9
C334	1	0	-21	-6	162	82	-561	-362	868	618	-509	-364	68	48	0
C335	1	0	-21	-8	164	112	-572	-516	848	892	-420	-512	8	48	0
C336	1	0	-21	-6	162	80	-565	-340	922	572	-658	-350	179	52	-12
C337	1	0	-21	-4	160	56	-542	-256	806	428	-440	-192	101	24	-9
C338	1	0	-21	-2	158	24	-521	-88	750	112	-422	-10	79	-12	0
C339	1	0	-21	-6	164	86	-585	-416	925	774	-504	-418	101	60	-9
C340	1	0	-21	-2	160	22	-549	-64	865	26	-584	74	133	-40	3
C341	1	0	-21	-4	162	54	-570	-234	925	354	-624	-98	167	-24	0
C342	1	0	-21	-4	164	50	-596	-198	1044	280	-831	-100	231	-36	0
C343	1	0	-21	-2	158	26	-523	-110	770	164	-467	-86	111	12	-9
C344	1	0	-21	-4	164	52	-594	-236	1022	476	-740	-388	137	60	-9
C345	1	0	-21	-2	164	18	-599	-36	1055	-20	-812	68	204	-36	0

438 Polynomials

code					coefficients									
C346	1	0	-21	-6	164	82	-581	-368	917	602	-596	-338	149	60	-9
C347	1	0	-21	-6	166	84	-613	-404	1066	788	-794	-602	183	140	12
C348	1	0	-21	-2	164	18	-603	-32	1095	-48	-896	136	220	-48	0
C349	1	0	-21	-4	166	54	-622	-262	1129	558	-888	-522	187	160	24
C350	1	0	-21	-4	166	52	-622	-236	1137	452	-917	-344	220	64	-12
C351	1	0	-21	-4	166	52	-624	-232	1159	416	-991	-248	299	-12	-9
C352	1	0	-21	-4	166	50	-620	-206	1123	298	-914	-56	286	-58	3
C353	1	0	-21	-2	160	26	-549	-112	853	178	-548	-114	137	24	-9
C354	1	0	-21	-2	160	26	-551	-104	863	120	-556	12	116	-24	0
C355	1	0	-21	-4	164	54	-596	-254	1032	504	-751	-392	135	72	0
C356	1	0	-21	-2	164	26	-615	-116	1179	232	-1108	-208	428	64	-48
C357	1	0	-21	-6	168	84	-641	-418	1191	882	-981	-732	284	158	-33
C358	1	0	-21	-2	164	20	-599	-58	1045	36	-773	52	171	-36	0
C359	1	0	-21	-2	164	24	-611	-94	1149	144	-1045	-76	399	16	-48
C360	1	0	-21	-2	166	18	-631	-34	1218	-68	-1127	238	379	-152	15
C361	1	0	-21	-2	166	20	-633	-52	1222	-24	-1122	206	375	-148	12
C362	1	0	-21	-6	168	82	-643	-392	1223	796	-1100	-664	396	160	-48
C363	1	0	-21	-4	164	54	-594	-246	1006	424	-711	-226	160	18	-9
C364	1	0	-21	-8	168	116	-626	-592	1046	1240	-576	-924	1	200	39
C365	1	0	-21	-2	160	28	-551	-142	869	304	-533	-240	55	24	0
C366	1	0	-21	-4	164	56	-594	-276	998	564	-660	-440	97	100	15
C367	1	0	-21	-2	164	16	-625	-12	1154	-140	-926	282	195	-72	0
C368	1	0	-21	-2	168	20	-661	-70	1363	106	-1433	-64	680	2	-105
C369	1	0	-21	-4	164	58	-594	-306	990	696	-587	-606	-52	70	15
C370	1	0	-21	-6	168	84	-641	-418	1191	886	-981	-768	260	214	15
C371	1	0	-21	-8	166	118	-594	-602	861	1186	-176	-626	-145	44	12
C372	1	0	-21	-6	168	86	-641	-448	1177	1030	-868	-990	49	264	63
C373	1	0	-21	-6	166	86	-611	-426	1026	828	-639	-486	143	60	-9
C374	1	0	-21	-8	164	116	-574	-568	842	1104	-304	-760	-187	52	15
C375	1	0	-21	0	168	-16	-658	156	1298	-520	-1120	648	201	-180	27
C376	1	0	-21	0	166	-12	-634	108	1221	-324	-1105	372	372	-144	0
C377	1	0	-21	-4	168	48	-650	-188	1282	252	-1264	-48	529	-60	-45
C378	1	0	-21	0	164	-12	-606	124	1074	-416	-740	460	-3	-28	3
C379	1	0	-21	-4	168	52	-652	-248	1288	544	-1216	-544	416	192	0
C380	1	0	-21	0	166	-12	-634	104	1225	-284	-1125	272	392	-48	-36
C381	1	0	-21	-4	168	56	-656	-300	1316	768	-1256	-944	368	448	96
C382	1	0	-21	0	168	-12	-664	100	1372	-272	-1432	272	656	-64	-96
C383	1	0	-21	0	168	-12	-668	112	1404	-376	-1488	544	624	-288	0
C384	1	0	-21	-4	158	50	-514	-170	713	122	-424	14	79	-12	0
C385	1	0	-21	-2	160	12	-545	46	855	-278	-509	308	-8	-22	3
C386	1	0	-21	-4	160	48	-546	-168	882	220	-648	-104	201	16	-21
C387	1	0	-21	0	160	-12	-548	120	836	-344	-432	304	-48	0	0
C388	1	0	-21	0	160	-4	-556	24	916	-56	-656	48	144	0	0
C389	1	0	-21	0	158	0	-536	0	831	0	-527	0	127	0	-9
C390	1	0	-21	0	164	-12	-602	108	1054	-288	-772	204	185	-12	-9
C391	1	0	-21	-2	158	30	-521	-162	740	326	-369	-196	40	24	0
C392	1	0	-21	-2	162	20	-571	-56	936	42	-660	-2	198	-2	-21
C393	1	0	-21	-2	156	24	-505	-74	751	62	-505	-4	132	-6	-9
C394	1	0	-21	-4	160	56	-550	-260	886	516	-592	-424	85	100	15
C395	1	0	-21	0	160	-4	-550	8	862	88	-592	-140	125	24	-9
C396	1	0	-21	0	160	-8	-546	68	810	-168	-408	128	57	-28	3
C397	1	0	-21	0	164	-8	-610	64	1126	-144	-956	64	305	24	-9
C398	1	0	-21	0	160	0	-568	0	980	0	-736	0	144	0	0
C399	1	0	-21	-4	162	60	-572	-300	907	552	-519	-244	131	24	-9
C400	1	0	-21	0	158	-4	-524	28	755	-76	-395	96	63	-28	3
C401	1	0	-21	0	156	0	-508	0	728	0	-404	0	72	0	0
C402	1	0	-21	-4	162	60	-568	-312	875	640	-427	-416	15	76	15
C403	1	0	-21	0	158	-4	-520	12	735	52	-447	-56	111	12	-9
C404	1	0	-21	0	158	0	-532	-20	839	72	-579	-68	147	12	-9
C405	1	0	-21	-2	164	26	-603	-136	1071	340	-816	-348	156	72	0
C406	1	0	-21	-2	154	26	-473	-102	604	146	-273	-48	36	0	0
C407	1	0	-21	-4	156	56	-492	-228	624	280	-276	-84	36	0	0
C408	1	0	-21	-2	158	16	-521	4	766	-136	-406	138	31	-12	0
C409	1	0	-21	0	156	-6	-496	46	660	-76	-335	52	55	-12	0
C410	1	0	-21	-4	162	54	-566	-242	885	418	-516	-226	99	36	0
C411	1	0	-21	0	158	-10	-522	94	749	-234	-368	150	31	-12	0
C412	1	0	-21	-2	156	24	-491	-78	629	24	-321	28	55	-12	0
C413	1	0	-21	-2	162	18	-573	-26	948	-70	-621	128	52	-12	0
C414	1	0	-21	0	156	-2	-500	6	688	-8	-355	40	55	-12	0

Table of spectral polynomials for cubic graphs

code	coefficients													
C415	1	0	-21	0	160	-8	-552	68	876	-152	-556	96	72	0	0
C416	1	0	-21	0	160	-10	-552	102	864	-300	-483	260	7	-12	0
C417	1	0	-21	-2	158	28	-525	-132	778	240	-470	-158	79	24	0
C418	1	0	-21	0	160	-10	-548	94	828	-232	-427	112	55	-12	0
C419	1	0	-21	-2	158	28	-521	-128	730	188	-358	-18	67	-12	0
C420	1	0	-21	-2	160	22	-547	-68	847	44	-516	44	88	-12	0
C421	1	0	-21	0	158	-8	-520	76	723	-208	-375	148	51	-28	3
C422	1	0	-21	-4	166	52	-620	-236	1123	432	-931	-268	343	48	-45
C423	1	0	-21	0	162	-12	-572	112	911	-300	-519	212	79	-40	3
C424	1	0	-21	0	162	-8	-584	76	1027	-240	-811	300	199	-116	15
C425	1	0	-21	-2	160	26	-555	-104	907	128	-652	-4	164	-24	0
C426	1	0	-21	-6	166	84	-611	-404	1040	766	-704	-458	206	82	-21
C427	1	0	-21	-4	166	56	-622	-292	1125	688	-857	-688	124	192	36
C428	1	0	-21	-6	164	78	-595	-324	1075	548	-956	-360	380	64	-48
C429	1	0	-21	0	164	-8	-606	56	1094	-96	-900	8	301	8	-33
C430	1	0	-21	-2	162	24	-577	-96	970	160	-690	-102	167	16	-12
C431	1	0	-21	-2	164	26	-607	-128	1115	264	-936	-192	252	0	0
C432	1	0	-21	-2	164	22	-603	-76	1083	68	-900	60	276	-72	0
C433	1	0	-21	0	162	-4	-586	20	1053	-20	-917	-20	344	24	-36
C434	1	0	-21	-2	164	28	-613	-146	1155	358	-1033	-416	332	178	15
C435	1	0	-21	0	164	-4	-616	16	1188	8	-1120	-96	400	96	0
C436	1	0	-21	-4	162	58	-570	-286	901	570	-500	-414	-17	24	0
C437	1	0	-21	-10	166	148	-581	-752	754	1472	86	-782	-345	-4	12
C438	1	0	-21	-4	162	52	-574	-212	977	328	-777	-192	244	28	-12
C439	1	0	-21	-6	158	88	-505	-400	610	592	-194	-242	7	24	0
C440	1	0	-21	-8	162	116	-542	-548	689	908	-157	-388	-4	48	0
C441	1	0	-21	-8	164	116	-574	-560	842	1020	-364	-560	65	96	-9
C442	1	0	-21	-6	156	82	-487	-336	619	496	-260	-236	16	24	0
C443	1	0	-21	-8	160	110	-524	-478	696	776	-247	-400	-41	24	0
C444	1	0	-21	-6	164	76	-593	-302	1067	474	-957	-284	384	42	-45
C445	1	0	-21	-4	158	56	-518	-252	737	428	-393	-240	60	36	0
C446	1	0	-21	-4	162	50	-572	-198	975	314	-778	-176	262	22	-21
C447	1	0	-21	-6	164	82	-591	-372	1023	680	-836	-488	316	112	-48
C448	1	0	-21	-8	166	114	-604	-558	1003	1138	-638	-948	38	270	63
C449	1	0	-21	-6	166	80	-621	-360	1174	700	-1110	-586	495	172	-84
C450	1	0	-21	-8	162	116	-542	-552	689	956	-133	-520	-144	32	12
C451	1	0	-21	-4	158	60	-526	-280	777	476	-461	-268	108	40	-12
C452	1	0	-21	-4	158	58	-516	-278	711	518	-338	-340	14	70	15
C453	1	0	-21	-6	162	84	-557	-392	830	724	-438	-498	23	112	24
C454	1	0	-21	-8	166	116	-602	-584	965	1220	-457	-944	-184	80	12
C455	1	0	-21	-4	162	54	-576	-242	987	478	-750	-424	174	130	15
C456	1	0	-21	-4	162	52	-570	-224	941	412	-657	-300	132	40	-12
C457	1	0	-21	-8	164	118	-572	-598	804	1224	-103	-832	-441	-72	0
C458	1	0	-21	-6	166	82	-619	-390	1142	832	-963	-798	247	272	39
C459	1	0	-21	-6	164	84	-589	-402	983	822	-641	-700	32	170	39
C460	1	0	-21	-6	160	88	-537	-410	755	702	-357	-444	-16	70	15
C461	1	0	-21	-8	166	112	-602	-528	1001	988	-737	-752	216	188	-24
C462	1	0	-21	-4	162	52	-570	-224	945	404	-677	-292	168	72	0
C463	1	0	-21	-10	166	146	-583	-726	798	1396	-127	-866	-217	116	39
C464	1	0	-21	-4	160	44	-542	-124	854	92	-584	12	149	-12	-9
C465	1	0	-21	-6	166	84	-609	-408	1022	796	-650	-530	103	64	-12
C466	1	0	-21	-6	162	78	-561	-322	892	526	-581	-308	116	48	0
C467	1	0	-21	-6	164	78	-587	-328	991	548	-720	-348	156	72	0
C468	1	0	-21	-4	160	48	-540	-160	820	128	-548	24	116	-24	0
C469	1	0	-21	-6	164	78	-587	-320	991	468	-760	-172	236	-24	0
C470	1	0	-21	-6	162	86	-563	-418	874	848	-439	-646	-101	64	15
C471	1	0	-21	-6	160	80	-529	-322	739	394	-481	-152	140	6	-9
C472	1	0	-21	-4	158	56	-516	-236	711	308	-427	-152	107	24	-9
C473	1	0	-21	-4	162	50	-566	-186	913	182	-684	6	183	-36	0
C474	1	0	-21	-2	160	26	-555	-112	907	208	-624	-144	108	0	0
C475	1	0	-21	-4	164	52	-596	-232	1044	448	-816	-368	208	96	0
C476	1	0	-21	-2	166	16	-629	-12	1198	-120	-1046	214	279	-32	-12
C477	1	0	-21	-4	166	50	-626	-206	1189	334	-1100	-198	419	28	-48
C478	1	0	-21	-4	168	56	-664	-288	1392	704	-1488	-832	640	384	0
C479	1	0	-21	-2	160	26	-551	-108	859	164	-520	-56	96	0	0
C480	1	0	-21	-8	168	116	-628	-592	1068	1256	-624	-992	-80	96	0
C481	1	0	-21	-6	164	80	-589	-350	1003	610	-741	-364	192	30	-9
C482	1	0	-21	-4	166	56	-626	-284	1169	616	-997	-528	296	96	-36
C483	1	0	-21	-4	168	52	-654	-244	1310	508	-1296	-444	549	108	-81

440 Polynomials

code			coefficients											
C484	1	0	-21	-6	160	78	-535	-308	799	436	-528	-232	144	40	-12
C485	1	0	-21	-10	162	148	-529	-716	562	1236	186	-578	-329	-48	0
C486	1	0	-21	-10	164	146	-555	-716	667	1324	136	-648	-344	-48	0
C487	1	0	-21	-10	164	144	-561	-690	755	1274	-201	-844	-144	158	39
C488	1	0	-21	-6	162	84	-561	-380	870	636	-582	-390	151	64	-12
C489	1	0	-21	-6	160	86	-531	-396	715	656	-280	-320	12	36	0
C490	1	0	-21	-2	168	22	-667	-88	1415	164	-1580	-144	828	48	-144
C491	1	0	-21	-6	166	88	-613	-460	1038	1020	-582	-838	-129	68	12
C492	1	0	-21	-6	168	84	-641	-414	1191	842	-1017	-636	432	162	-81
C493	1	0	-21	-2	168	18	-655	-48	1299	28	-1224	36	452	-48	-36
C494	1	0	-21	0	162	0	-598	0	1113	0	-981	0	328	0	-36
C495	1	0	-21	-2	162	24	-585	-84	1038	100	-834	-6	223	-48	0
C496	1	0	-21	0	164	-8	-604	48	1084	-32	-912	-112	304	96	0
C497	1	0	-21	0	164	-8	-608	64	1104	-160	-880	128	192	0	0
C498	1	0	-21	0	168	-16	-656	152	1276	-480	-1056	528	176	-96	0
C499	1	0	-21	0	168	-8	-676	64	1488	-192	-1776	256	1024	-128	-192
C500	1	0	-21	-4	168	52	-650	-248	1266	540	-1160	-556	369	216	27
C501	1	0	-21	-4	162	44	-574	-124	1013	68	-857	128	264	-112	12
C502	1	0	-21	-4	156	46	-496	-134	712	132	-435	-20	91	-12	0
C503	1	0	-21	-4	158	56	-534	-232	861	384	-633	-244	180	40	-12
C504	1	0	-21	0	166	-16	-626	160	1125	-528	-729	576	-108	0	0
C505	1	0	-21	-2	154	22	-477	-50	636	22	-321	24	36	0	0
C506	1	0	-21	-2	156	22	-499	-60	691	72	-348	-48	36	0	0
C507	1	0	-21	0	152	-8	-444	80	480	-176	-148	88	-12	0	0
C508	1	0	-21	-2	156	22	-499	-48	679	-28	-304	84	0	0	0
C509	1	0	-21	0	156	-8	-496	72	656	-160	-272	96	0	0	0
C510	1	0	-21	-2	160	18	-543	-12	811	-176	-448	236	-24	0	0
C511	1	0	-21	-2	158	24	-521	-76	742	28	-438	38	79	-12	0
C512	1	0	-21	0	158	-4	-522	12	753	60	-457	-92	88	24	0
C513	1	0	-21	-2	156	30	-495	-148	647	216	-276	-48	36	0	0
C514	1	0	-21	0	162	-16	-566	160	857	-464	-373	320	-60	0	0
C515	1	0	-21	-6	160	74	-539	-264	851	332	-616	-116	172	-12	0
C516	1	0	-21	-4	162	48	-560	-168	863	148	-603	-44	187	4	-21
C517	1	0	-21	0	160	-8	-550	72	862	-208	-560	168	117	-24	-9
C518	1	0	-21	-4	164	60	-602	-312	1046	668	-732	-524	129	112	15
C519	1	0	-21	0	160	0	-566	0	958	0	-704	0	181	0	-9
C520	1	0	-21	0	160	0	-558	-32	934	176	-720	-256	189	112	15
C521	1	0	-21	-10	160	144	-501	-646	495	918	-53	-464	-96	58	15
C522	1	0	-21	-8	160	116	-518	-528	614	800	-176	-404	-35	64	15
C523	1	0	-21	-6	160	82	-531	-340	731	440	-384	-132	72	0	0
C524	1	0	-21	-6	158	84	-501	-356	606	456	-302	-222	51	36	0
C525	1	0	-21	-4	162	48	-566	-168	921	160	-693	12	196	-48	0
C526	1	0	-21	-8	166	116	-602	-580	965	1180	-497	-852	-12	144	0
C527	1	0	-21	-6	158	76	-509	-280	710	360	-426	-186	87	36	0
C528	1	0	-21	-8	160	108	-530	-444	770	648	-520	-340	177	52	-21
C529	1	0	-21	-8	162	112	-550	-508	781	872	-321	-444	20	48	0
C530	1	0	-21	-4	162	46	-544	-142	860	128	-579	4	131	-24	0
C531	1	0	-21	-10	158	144	-477	-644	398	928	206	-298	-169	-24	0
C532	1	0	-21	-4	160	54	-548	-238	872	456	-579	-352	91	60	0
C533	1	0	-21	-6	164	86	-599	-416	1067	872	-840	-768	188	192	0
C534	1	0	-21	-4	158	60	-526	-284	773	520	-421	-328	36	36	0
C535	1	0	-21	-4	160	56	-542	-272	814	580	-432	-464	-35	64	15
C536	1	0	-21	-4	160	60	-558	-292	926	604	-648	-516	101	124	15
C537	1	0	-21	-4	164	48	-598	-184	1082	300	-940	-216	349	48	-45
C538	1	0	-21	-6	160	90	-535	-440	719	808	-180	-428	-120	0	0
C539	1	0	-21	-4	156	44	-498	-104	738	4	-492	116	97	-40	3
C540	1	0	-21	-6	160	84	-541	-374	823	658	-517	-468	80	106	15
C541	1	0	-21	-6	160	74	-543	-260	883	320	-664	-84	188	-24	0
C542	1	0	-21	-4	160	48	-540	-164	812	176	-484	-56	96	0	0
C543	1	0	-21	-4	158	56	-526	-232	789	344	-517	-212	116	48	0
C544	1	0	-21	-8	166	112	-602	-532	989	1016	-617	-684	132	144	0
C545	1	0	-21	-4	162	44	-566	-120	929	12	-685	148	148	-48	0
C546	1	0	-21	-8	162	112	-542	-500	713	768	-285	-372	20	48	0
C547	1	0	-21	-8	162	112	-546	-504	753	816	-349	-416	76	64	-12
C548	1	0	-21	-4	162	56	-566	-264	877	480	-493	-292	40	24	0
C549	1	0	-21	-4	164	52	-594	-224	1018	356	-756	-148	225	16	-21
C550	1	0	-21	-8	166	112	-610	-536	1073	1104	-805	-928	168	192	-36
C551	1	0	-21	-8	168	120	-624	-648	988	1472	-224	-1136	-592	-96	0
C552	1	0	-21	-10	164	148	-557	-742	675	1446	179	-864	-592	-138	-9

Table of spectral polynomials for cubic graphs 441

code				coefficients										
C553	1	0	-21	-8	162	116	-550	-556	769	1036	-281	-708	-116	120	36
C554	1	0	-21	-10	162	148	-525	-716	522	1192	266	-378	-161	20	12
C555	1	0	-21	-8	158	108	-494	-436	585	556	-269	-244	40	24	0
C556	1	0	-21	-6	160	82	-535	-348	771	528	-428	-260	84	36	0
C557	1	0	-21	-6	156	90	-483	-416	531	648	-28	-220	-60	0	0
C558	1	0	-21	0	168	-12	-662	96	1350	-232	-1368| 156	621	0	-81
C559	1	0	-21	0	156	0	-510	0	750	0	-444	0	109	0	-9
C560	1	0	-21	0	162	-12	-566	108	849	-292	-357	228	-36	0	0
C561	1	0	-21	-6	162	90	-553	-450	732	806	-93	-252	-8	24	0
C562	1	0	-21	-4	168	48	-656	-192	1344	320	-1392| -192	576	0	0
C563	1	0	-21	-2	162	24	-585	-84	1038	100	-834	-6	223	-48	0
C564	1	0	-21	-8	168	120	-622	-648	966	1456	-168	-1056	-571	-120| -9
C565	1	0	-21	0	168	-14	-658	122	1302	-336	-1183| 294	392	-70	3
C566	1	0	-21	-2	152	26	-443	-84	479	-4	-184	48	0	0	0
C567	1	0	-21	-4	158	40	-518	-72	785	-48	-485	108	80	-24	0
C568	1	0	-21	-4	154	52	-474	-196	637	308	-337	-184	40	24	0
C569	1	0	-21	-2	152	14	-447	36	539	-188	-192	112	-12	0	0
C570	1	0	-21	-4	156	56	-500	-232	688	368	-320	-192	0	0	0
C571	1	0	-21	0	152	-8	-444	72	484	-112	-148	48	0	0	0
C572	1	0	-21	0	150	0	-430	0	493	0	-229	0	36	0	0
C573	1	0	-21	-4	158	56	-522	-236	741	352	-345	-120	36	0	0
C574	1	0	-21	0	154	-12	-470	128	553	-300	-109	88	-12	0	0
C575	1	0	-21	-4	154	56	-462	-220	513	200	-237	-48	36	0	0
C576	1	0	-21	0	154	-8	-462	72	497	-152	-157	88	-12	0	0
C577	1	0	-21	-4	164	52	-602	-208	1094	268	-1004| -68	401	-40	-33
C578	1	0	-21	0	164	0	-632	0	1296	0	-1360| 0	576	0	0
C579	1	0	-21	0	162	-8	-582	72	1017	-216	-837	248	260	-96	0
C580	1	0	-21	-12	162	176	-506	-832	377	1288	463	-380	-284	-48	0
C581	1	0	-21	-12	162	176	-510	-832	421	1320	343	-532	-280	8	12
C582	1	0	-21	-8	164	112	-574	-508	882	832	-628	-512	245	108	-45
C583	1	0	-21	-4	162	52	-570	-220	941	364	-657	-192	144	0	0
C584	1	0	-21	-4	154	48	-466	-152	581	160	-297	-52	48	0	0
C585	1	0	-21	-10	164	138	-567	-624	851	1116	-480	-764	76	168	0
C586	1	0	-21	-10	158	140	-477	-592	438	748	-58	-310	-41	24	0
C587	1	0	-21	-4	154	56	-474	-220	601	280	-285	-88	48	0	0
C588	1	0	-21	-8	162	112	-554	-504	837	872	-561	-640	136	168	0
C589	1	0	-21	-4	166	44	-626	-132	1213	68	-1177	168	444	-144	0
C590	1	0	-21	-10	160	142	-503	-640	495	980	180	-256	-96	0	0
C591	1	0	-21	-8	164	112	-576	-528	880	1024	-368	-704	-192	0	0
C592	1	0	-21	-8	162	116	-550	-556	753	1036	-165	-588	-180	0	0
C593	1	0	-21	-8	158	112	-494	-488	553	728	-61	-240	-8	24	0
C594	1	0	-21	-8	162	108	-554	-468	845	812	-481	-516	48	72	0
C595	1	0	-21	-8	160	112	-526	-488	710	760	-368	-464	29	88	15
C596	1	0	-21	-8	158	120	-490	-568	465	888	175	-280	-160	-24	0
C597	1	0	-21	-12	164	180	-530	-904	398	1572	836	-228	-327	-96	-9
C598	1	0	-21	-8	160	120	-518	-592	574	1080	176	-504	-363	-96	-9
C599	1	0	-21	-8	160	120	-526	-576	646	1000	-64	-472	-83	64	15
C600	1	0	-21	-6	156	82	-487	-332	615	456	-244	-144	36	0	0
C601	1	0	-21	-4	162	60	-566	-324	861	740	-357	-576	-208	-24	0
C602	1	0	-21	0	162	-12	-574	108	933	-244	-573	60	136	24	0
C603	1	0	-21	0	154	0	-476	-4	623	-56	-343	84	63	-28	3
C604	1	0	-21	0	154	0	-476	0	595	0	-343	0	91	0	-9
C605	1	0	-21	-6	152	86	-435	-348	415	388	-88	-96	0	0	0
C606	1	0	-21	-4	154	60	-470	-284	577	484	-181	-256	-60	0	0
C607	1	0	-21	0	154	0	-478	0	609	0	-301	0	36	0	0
C608	1	0	-21	-8	154	120	-442	-520	321	592	47	-184	-60	0	0
C609	1	0	-21	-12	158	176	-454	-800	177	1064	635	-20	-112	-24	0
C610	1	0	-21	-4	154	60	-466	-260	533	292	-249	-88	48	0	0
C611	1	0	-21	-6	156	78	-487	-280	635	288	-376	-88	84	0	0
C612	1	0	-21	-8	154	116	-446	-492	385	604	-13	-220	-60	0	0
C613	1	0	-21	-8	164	104	-584	-432	1008	736	-784	-448	192	0	0
C614	1	0	-21	-4	156	44	-496	-104	704	16	-368	96	0	0	0
C615	1	0	-21	-12	164	172	-546	-816	638	1460	52	-828	-199	152	39
C616	1	0	-21	0	156	0	-512	0	768	0	-432	0	0	0	0
C617	1	0	-21	0	148	0	-408	0	448	0	-144	0	0	0	0
C618	1	0	-21	-12	154	172	-402	-708	53	628	263	-80	-48	0	0
C619	1	0	-21	-12	162	180	-506	-876	333	1388	687	-168	-144	0	0
C620	1	0	-21	0	148	-16	-392	160	320	-256	48	0	0	0	0
C621	1	0	-21	0	168	0	-700	0	1680	0	-2352| 0	1792	0	-576

Spectral polynomials for quartic graphs

code	coefficients									
Q1	1	0	-10	-20	-15	-4				
Q2	1	0	-12	-16	0	0				
Q3	1	0	-14	-14	21	14	-7	-4		
Q4	1	0	-14	-12	13	12	0	0		
Q5	1	0	-16	-12	44	24	-32	0	0	
Q6	1	0	-16	-14	48	44	-43	-24	16	
Q7	1	0	-16	-8	32	0	0	0	0	
Q8	1	0	-16	-16	52	64	-48	-64	0	
Q9	1	0	-16	-16	48	64	0	0	0	
Q10	1	0	-16	0	0	0	0	0	0	
Q11	1	0	-18	-14	77	74	-99	-92	28	16
Q12	1	0	-18	-12	73	52	-88	-40	32	0
Q13	1	0	-18	-10	71	26	-89	-2	25	-4
Q14	1	0	-18	-14	75	78	-81	-94	5	12
Q15	1	0	-18	-10	69	30	-71	-8	16	0
Q16	1	0	-18	-16	75	100	-46	-76	13	12
Q17	1	0	-18	-12	77	44	-124	-32	64	0
Q18	1	0	-18	-8	63	20	-66	4	17	-4
Q19	1	0	-18	-16	81	96	-112	-144	48	64
Q20	1	0	-18	-8	69	0	-92	48	0	0
Q21	1	0	-18	-20	77	148	4	-128	-64	0
Q22	1	0	-18	-4	53	-12	-36	16	0	0
Q23	1	0	-18	-18	81	126	-75	-216	-108	-16
Q24	1	0	-18	-6	63	-18	-45	18	9	-4
Q25	1	0	-18	-12	69	60	-52	-48	0	0
Q26	1	0	-18	-12	81	36	-168	0	144	-64
Q27	1	0	-20	-14	108	104	-183	-188	80	68	-16
Q28	1	0	-20	-12	106	80	-196	-148	125	80	-16
Q29	1	0	-20	-12	108	72	-208	-100	140	20	-16
Q30	1	0	-20	-10	104	48	-187	-44	96	0	0
Q31	1	0	-20	-14	108	104	-183	-188	80	68	-16
Q32	1	0	-20	-16	106	132	-128	-200	17	60	0
Q33	1	0	-20	-16	110	132	-176	-272	29	132	32
Q34	1	0	-20	-16	110	132	-172	-272	-15	60	0
Q35	1	0	-20	-12	106	72	-180	-76	109	16	-16
Q36	1	0	-20	-12	102	88	-160	-148	69	48	-16
Q37	1	0	-20	-14	110	100	-203	-178	105	60	0
Q38	1	0	-20	-10	100	56	-151	-52	64	0	0
Q39	1	0	-20	-14	112	100	-231	-212	156	144	0
Q40	1	0	-20	-10	102	52	-171	-42	93	-20	0
Q41	1	0	-20	-8	98	28	-148	0	69	-20	0
Q42	1	0	-20	-10	104	48	-187	-48	112	4	-16
Q43	1	0	-20	-12	106	80	-192	-156	97	64	-16
Q44	1	0	-20	-10	106	44	-207	-34	125	-20	0
Q45	1	0	-20	-10	106	48	-219	-62	165	16	-16
Q46	1	0	-20	-8	102	20	-184	8	101	-20	0
Q47	1	0	-20	-8	102	24	-200	0	133	-16	-16
Q48	1	0	-20	-6	98	-4	-163	66	45	-20	0
Q49	1	0	-20	-20	106	188	-60	-300	-155	36	32
Q50	1	0	-20	-16	106	144	-140	-320	-91	96	48
Q51	1	0	-20	-12	102	80	-140	-100	73	32	-16
Q52	1	0	-20	-16	110	136	-180	-320	9	200	80
Q53	1	0	-20	-12	104	80	-168	-112	64	0	0
Q54	1	0	-20	-12	102	84	-148	-132	65	60	0
Q55	1	0	-20	-12	106	76	-188	-116	133	52	-32
Q56	1	0	-20	-12	108	72	-204	-104	96	0	0
Q57	1	0	-20	-8	94	48	-148	-72	89	32	-16
Q58	1	0	-20	-12	110	72	-236	-132	193	72	-48
Q59	1	0	-20	-12	112	68	-260	-112	248	48	-64
Q60	1	0	-20	-8	100	28	-180	-8	104	-32	0
Q61	1	0	-20	-8	104	12	-196	64	72	-32	0
Q62	1	0	-20	-6	92	20	-147	-4	68	-16	0
Q63	1	0	-20	-4	90	-12	-124	36	53	-20	0
Q64	1	0	-20	-20	102	188	-20	-220	-95	52	32
Q65	1	0	-20	-18	104	156	-71	-168	4	48	0
Q66	1	0	-20	-14	104	112	-147	-192	32	64	0
Q67	1	0	-20	-10	100	52	-143	-20	68	-16	0
Q68	1	0	-20	-16	106	128	-124	-160	53	48	-16
Q69	1	0	-20	-4	88	-8	-108	48	0	0	0

Table of spectral polynomials for quartic graphs

code	coefficients											
Q70	1	0	-20	-4	92	-24	-112	64	0	0	0	
Q71	1	0	-20	-10	110	36	-255	10	225	-100	0	
Q72	1	0	-20	-14	100	112	-103	-116	56	36	-16	
Q73	1	0	-20	-16	110	136	-180	-320	9	200	80	
Q74	1	0	-20	-16	108	128	-144	-192	0	0	0	
Q75	1	0	-20	-16	102	144	-100	-240	-31	112	48	
Q76	1	0	-20	-8	102	24	-196	-24	161	8	-48	
Q77	1	0	-20	-8	106	8	-220	88	117	-88	16	
Q78	1	0	-20	-8	100	32	-192	-32	128	0	0	
Q79	1	0	-20	-20	110	196	-100	-460	-375	-100	0	
Q80	1	0	-20	-8	96	32	-128	0	0	0	0	
Q81	1	0	-20	-12	94	108	-100	-180	-7	84	32	
Q82	1	0	-20	-24	102	248	60	-360	-479	-248	-48	
Q83	1	0	-20	-28	94	284	220	-100	-263	-156	-32	
Q84	1	0	-20	0	70	0	-100	0	65	0	-16	
Q85	1	0	-20	0	80	-64	0	0	0	0	0	
Q86	1	0	-22	-16	143	160	-290	-372	177	256	-8	-32
Q87	1	0	-22	-16	145	164	-320	-448	172	332	24	-32
Q88	1	0	-22	-16	143	166	-286	-446	33	214	29	-20
Q89	1	0	-22	-14	143	130	-317	-306	229	216	-40	-32
Q90	1	0	-22	-14	139	142	-277	-366	85	200	20	-16
Q91	1	0	-22	-16	145	166	-316	-482	100	364	141	12
Q92	1	0	-22	-14	143	136	-325	-368	203	274	13	-20
Q93	1	0	-22	-14	145	130	-347	-328	284	228	-72	-32
Q94	1	0	-22	-12	137	106	-272	-214	184	136	-27	-20
Q95	1	0	-22	-12	139	104	-302	-208	257	144	-72	-32
Q96	1	0	-22	-14	145	128	-347	-302	314	208	-87	-36
Q97	1	0	-22	-14	143	132	-317	-328	191	202	-19	-20
Q98	1	0	-22	-12	141	102	-320	-234	256	172	-43	-20
Q99	1	0	-22	-12	139	106	-302	-234	229	154	-51	-20
Q100	1	0	-22	-12	141	100	-316	-208	236	96	-64	0
Q101	1	0	-22	-12	141	104	-328	-240	280	176	-56	-32
Q102	1	0	-22	-14	145	132	-347	-358	254	292	21	-20
Q103	1	0	-22	-12	139	110	-310	-266	221	178	-19	-20
Q104	1	0	-22	-10	137	74	-303	-104	272	20	-84	16
Q105	1	0	-22	-10	135	82	-281	-182	205	120	-44	-16
Q106	1	0	-22	-10	139	70	-325	-90	317	4	-100	16
Q107	1	0	-22	-12	143	100	-350	-232	345	188	-116	-48
Q108	1	0	-22	-14	147	128	-377	-332	387	282	-135	-68
Q109	1	0	-22	-14	145	134	-351	-376	264	300	-36	-48
Q110	1	0	-22	-14	143	138	-321	-406	145	324	96	0
Q111	1	0	-22	-14	145	132	-343	-362	214	264	5	-20
Q112	1	0	-22	-12	139	112	-306	-308	173	252	64	0
Q113	1	0	-22	-12	143	100	-350	-224	325	132	-96	0
Q114	1	0	-22	-10	135	84	-289	-184	211	126	-35	-20
Q115	1	0	-22	-12	143	98	-342	-214	281	138	-51	-20
Q116	1	0	-22	-12	145	94	-372	-182	400	68	-151	28
Q117	1	0	-22	-12	143	98	-342	-214	281	138	-51	-20
Q118	1	0	-22	-12	141	108	-328	-296	228	240	4	-16
Q119	1	0	-22	-12	145	96	-372	-208	368	92	-116	16
Q120	1	0	-22	-14	147	132	-377	-388	327	366	-27	-52
Q121	1	0	-22	-12	145	98	-376	-230	380	140	-115	12
Q122	1	0	-22	-10	139	72	-321	-132	271	86	-67	-20
Q123	1	0	-22	-8	135	42	-290	-14	229	-42	-43	12
Q124	1	0	-22	-10	137	78	-299	-176	212	120	-28	-16
Q125	1	0	-22	-12	145	96	-372	-208	368	92	-116	16
Q126	1	0	-22	-10	137	80	-307	-178	222	116	-43	-20
Q127	1	0	-22	-12	141	106	-324	-270	208	168	-27	-20
Q128	1	0	-22	-8	139	36	-338	4	293	-72	-52	16
Q129	1	0	-22	-10	139	72	-321	-128	267	38	-75	12
Q130	1	0	-22	-10	143	64	-369	-88	379	-18	-111	28
Q131	1	0	-22	-8	137	44	-324	-56	292	4	-84	16
Q132	1	0	-22	-8	139	38	-342	-18	309	-34	-75	12
Q133	1	0	-22	-8	137	46	-332	-58	304	-16	-67	12
Q134	1	0	-22	-10	139	78	-333	-186	285	128	-76	-16
Q135	1	0	-22	-10	143	66	-369	-122	361	88	-104	-32
Q136	1	0	-22	-6	135	10	-313	78	245	-108	-36	16
Q137	1	0	-22	-10	145	62	-399	-84	468	-40	-172	48
Q138	1	0	-22	-8	137	46	-328	-74	288	52	-75	-20
Q139	1	0	-22	-12	145	100	-376	-260	352	212	-72	-32
Q140	1	0	-22	-8	139	40	-350	-28	353	-40	-120	32

444 Polynomials

code				coefficients							
Q141	1	0	-22	-10	141	76	-363	-186	374	168	-115	-52
Q142	1	0	-22	-8	135	52	-306	-124	249	104	-44	-16
Q143	1	0	-22	-6	133	18	-299	20	240	-52	-52	16
Q144	1	0	-22	-8	139	38	-342	-14	301	-74	-43	12
Q145	1	0	-22	-10	143	70	-385	-138	437	52	-164	16
Q146	1	0	-22	-10	141	74	-355	-176	340	136	-92	-16
Q147	1	0	-22	-8	139	40	-342	-52	301	28	-64	0
Q148	1	0	-22	-6	135	14	-321	34	285	-68	-68	16
Q149	1	0	-22	-8	141	36	-372	-12	392	-72	-100	16
Q150	1	0	-22	-6	135	12	-313	44	243	-66	-43	12
Q151	1	0	-22	-20	137	220	-148	-420	-100	180	108	16
Q152	1	0	-22	-20	139	226	-166	-522	-267	58	69	12
Q153	1	0	-22	-18	139	190	-209	-378	61	232	24	-32
Q154	1	0	-22	-14	137	144	-251	-362	30	208	93	12
Q155	1	0	-22	-12	135	110	-250	-230	149	146	-19	-20
Q156	1	0	-22	-16	145	164	-316	-456	140	332	28	-48
Q157	1	0	-22	-14	143	130	-317	-306	229	216	-40	-32
Q158	1	0	-22	-14	139	142	-273	-378	61	220	64	0
Q159	1	0	-22	-16	143	170	-290	-494	5	298	133	12
Q160	1	0	-22	-12	141	100	-320	-208	288	152	-88	-32
Q161	1	0	-22	-12	139	106	-302	-234	229	154	-51	-20
Q162	1	0	-22	-18	143	194	-253	-498	-47	252	124	16
Q163	1	0	-22	-14	135	138	-225	-258	117	144	-12	-16
Q164	1	0	-22	-16	141	166	-264	-406	44	176	5	-20
Q165	1	0	-22	-18	145	198	-283	-576	-52	348	200	32
Q166	1	0	-22	-14	141	130	-291	-276	212	188	-40	-32
Q167	1	0	-22	-16	137	170	-220	-382	0	200	93	12
Q168	1	0	-22	-16	141	158	-264	-314	184	204	-39	-36
Q169	1	0	-22	-16	139	162	-234	-338	65	158	-3	-20
Q170	1	0	-22	-16	143	164	-286	-428	65	284	124	16
Q171	1	0	-22	-18	143	200	-249	-564	-197	126	85	12
Q172	1	0	-22	-18	147	196	-309	-588	11	414	209	28
Q173	1	0	-22	-14	139	140	-273	-356	91	250	101	12
Q174	1	0	-22	-16	147	160	-346	-432	269	352	-60	-80
Q175	1	0	-22	-12	135	116	-258	-280	89	148	32	0
Q176	1	0	-22	-14	145	128	-347	-302	314	208	-87	-36
Q177	1	0	-22	-16	149	162	-376	-490	308	472	-15	-68
Q178	1	0	-22	-12	137	112	-280	-268	144	136	-28	-16
Q179	1	0	-22	-14	141	132	-287	-302	130	156	-11	-20
Q180	1	0	-22	-14	141	96	-316	-156	292	72	-96	0
Q181	1	0	-22	-10	135	78	-281	-118	225	40	-48	0
Q182	1	0	-22	-12	135	116	-262	-268	113	128	-12	-16
Q183	1	0	-22	-10	135	74	-265	-106	177	36	-32	0
Q184	1	0	-22	-10	141	100	-320	-196	256	76	-48	0
Q185	1	0	-22	-16	147	162	-342	-458	189	306	-15	-36
Q186	1	0	-22	-14	145	132	-347	-362	266	320	-19	-52
Q187	1	0	-22	-14	145	132	-347	-358	254	292	21	-20
Q188	1	0	-22	-14	149	130	-411	-384	472	408	-192	-128
Q189	1	0	-22	-10	137	82	-315	-184	252	96	-64	0
Q190	1	0	-22	-10	141	70	-351	-128	360	64	-128	0
Q191	1	0	-22	-8	131	60	-270	-116	169	36	-32	0
Q192	1	0	-22	-14	143	134	-313	-354	117	144	-12	-16
Q193	1	0	-22	-10	139	74	-321	-162	257	104	-44	-16
Q194	1	0	-22	-14	147	130	-373	-362	309	284	-52	-48
Q195	1	0	-22	-10	143	62	-365	-66	361	-52	-68	16
Q196	1	0	-22	-10	137	74	-291	-132	184	40	-32	0
Q197	1	0	-22	-10	141	68	-351	-90	358	-32	-103	28
Q198	1	0	-22	-10	137	80	-303	-194	214	144	-27	-20
Q199	1	0	-22	-10	141	70	-347	-136	316	104	-88	-32
Q200	1	0	-22	-10	143	66	-373	-114	405	48	-144	0
Q201	1	0	-22	-12	143	100	-342	-244	257	192	-12	-16
Q202	1	0	-22	-10	143	64	-365	-100	347	42	-91	12
Q203	1	0	-22	-6	131	20	-269	4	203	-34	-43	12
Q204	1	0	-22	-8	135	50	-302	-106	245	90	-51	-20
Q205	1	0	-22	-8	129	68	-264	-148	184	104	-28	-16
Q206	1	0	-22	-8	133	50	-276	-66	204	-4	-51	12
Q207	1	0	-22	-12	143	100	-346	-228	289	84	-100	16
Q208	1	0	-22	-10	141	66	-339	-92	296	-16	-68	16
Q209	1	0	-22	-10	141	74	-359	-168	372	144	-116	-48
Q210	1	0	-22	-12	143	104	-358	-264	337	212	-84	-48

Table of spectral polynomials for quartic graphs

code	coefficients										
Q211	1	0	-22	-8	141	28	-352	68	284	-184	32	0
Q212	1	0	-22	-8	135	52	-310	-104	241	68	-32	0
Q213	1	0	-22	-12	145	100	-376	-264	364	240	-112	-64
Q214	1	0	-22	-12	147	96	-402	-240	437	204	-116	-48
Q215	1	0	-22	-12	147	94	-398	-214	417	122	-111	-36
Q216	1	0	-22	-12	149	94	-436	-230	576	164	-279	28
Q217	1	0	-22	-10	143	68	-373	-140	363	102	-67	-20
Q218	1	0	-22	-14	149	130	-403	-396	380	404	-8	-32
Q219	1	0	-22	-8	141	34	-372	26	388	-164	-55	28
Q220	1	0	-22	-6	129	34	-279	-64	232	48	-60	-16
Q221	1	0'	-22	-10	141	72	-347	-166	294	148	-43	-20
Q222	1	0	-22	-12	143	108	-358	-324	281	336	52	-16
Q223	1	0	-22	-10	141	72	-347	-170	314	136	-59	-20
Q224	1	0	-22	-6	131	22	-269	-26	185	4	-32	0
Q225	1	0	-22	-12	147	98	-410	-250	485	186	-191	28
Q226	1	0	-22	-8	139	38	-342	-14	301	-74	-43	12
Q227	1	0	-22	-10	143	70	-381	-154	417	128	-132	-48
Q228	1	0	-22	-10	145	62	-399	-84	468	-40	-172	48
Q229	1	0	-22	-10	145	62	-395	-96	436	20	-152	32
Q230	1	0	-22	-12	147	98	-406	-266	465	270	-179	-84
Q231	1	0	-22	-10	145	64	-399	-118	450	60	-139	-20
Q232	1	0	-22	-10	145	64	-399	-114	438	32	-99	12
Q233	1	0	-22	-8	139	44	-362	-52	381	-28	-100	16
Q234	1	0	-22	-8	143	30	-390	26	413	-130	-79	28
Q235	1	0	-22	-4	133	-24	-292	180	148	-152	32	0
Q236	1	0	-22	-4	129	-4	-288	80	216	-88	-36	16
Q237	1	0	-22	-6	137	6	-331	80	272	-120	-36	16
Q238	1	0	-22	-4	129	-10	-256	54	184	-56	-35	12
Q239	1	0	-22	-6	137	4	-323	94	202	-64	-35	12
Q240	1	0	-22	-4	133	-22	-300	178	160	-172	49	-4
Q241	1	0	-22	-6	133	20	-295	-34	238	56	-59	-20
Q242	1	0	-22	-6	137	8	-339	74	294	-104	-71	28
Q243	1	0	-22	-18	131	198	-117	-318	-79	84	32	0
Q244	1	0	-22	-18	137	192	-179	-378	-30	192	93	12
Q245	1	0	-22	-20	143	222	-226	-546	-59	346	193	28
Q246	1	0	-22	-14	135	146	-225	-350	-23	116	32	0
Q247	1	0	-22	-14	133	140	-203	-246	102	140	-11	-20
Q248	1	0	-22	-16	139	166	-238	-386	37	242	101	12
Q249	1	0	-22	-18	141	204	-227	-570	-258	84	77	12
Q250	1	0	-22	-14	141	132	-295	-294	214	212	-39	-36
Q251	1	0	-22	-18	147	198	-313	-614	21	512	292	48
Q252	1	0	-22	-12	137	108	-268	-248	120	152	32	0
Q253	1	0	-22	-12	141	96	-316	-156	292	72	-96	0
Q254	1	0	-22	-14	145	132	-355	-346	338	308	-95	-68
Q255	1	0	-22	-10	133	84	-259	-170	190	116	-43	-20
Q256	1	0	-22	-14	145	132	-343	-362	214	264	5	-20
Q257	1	0	-22	-12	131	116	-218	-188	129	68	-32	0
Q258	1	0	-22	-18	145	194	-279	-528	-24	264	96	0
Q259	1	0	-22	-14	141	128	-291	-242	230	92	-83	12
Q260	1	0	-22	-20	139	224	-170	-496	-195	116	92	16
Q261	1	0	-22	-18	137	190	-179	-348	-8	148	48	0
Q262	1	0	-22	-12	137	108	-284	-208	232	112	-64	0
Q263	1	0	-22	-16	141	168	-260	-440	-20	192	64	0
Q264	1	0	-22	-14	137	146	-251	-376	-16	120	32	0
Q265	1	0	-22	-10	133	78	-243	-124	152	40	-32	0
Q266	1	0	-22	-16	147	168	-346	-544	133	544	292	48
Q267	1	0	-22	-16	151	160	-406	-496	417	544	-108	-144
Q268	1	0	-22	-12	141	100	-316	-208	236	96	-64	0
Q269	1	0	-22	-12	145	92	-376	-144	460	0	-208	64
Q270	1	0	-22	-14	141	142	-299	-404	68	224	64	0
Q271	1	0	-22	-14	149	126	-403	-332	436	224	-192	0
Q272	1	0	-22	-8	133	48	-268	-72	220	32	-64	0
Q273	1	0	-22	-4	121	20	-228	-24	160	8	-32	0
Q274	1	0	-22	-10	141	64	-331	-78	238	-12	-51	12
Q275	1	0	-22	-12	145	96	-372	-204	356	72	-96	0
Q276	1	0	-22	-10	137	80	-303	-194	214	144	-27	-20
Q277	1	0	-22	-6	129	32	-279	-30	238	-8	-67	12
Q278	1	0	-22	-4	127	-8	-238	96	117	-88	16	0
Q279	1	0	-22	-8	137	44	-320	-76	300	40	-96	0
Q280	1	0	-22	-12	145	100	-376	-264	364	240	-112	-64

446 Polynomials

code		coefficients									
Q281	1	0	-22	-8	141	32	-364	24	388	-112	-144	64
Q282	1	0	-22	-12	147	96	-402	-240	437	204	-116	-48
Q283	1	0	-22	-6	133	18	-299	24	216	-20	-48	0
Q284	1	0	-22	-10	141	76	-367	-170	394	92	-147	12
Q285	1	0	-22	-6	137	4	-335	134	274	-248	65	-4
Q286	1	0	-22	-14	149	132	-407	-422	402	484	-27	-84
Q287	1	0	-22	-10	145	60	-391	-70	410	-48	-103	28
Q288	1	0	-22	-12	147	100	-410	-284	461	304	-124	-80
Q289	1	0	-22	-12	149	96	-440	-252	588	216	-288	0
Q290	1	0	-22	-8	141	32	-360	24	324	-144	0	0
Q291	1	0	-22	-8	141	36	-368	-28	380	-24	-96	0
Q292	1	0	-22	-8	141	32	-356	8	300	-32	-64	0
Q293	1	0	-22	-6	135	14	-325	58	265	-136	16	0
Q294	1	0	-22	-6	133	20	-303	2	242	-28	-51	12
Q295	1	0	-22	-8	139	40	-338	-64	269	88	-44	-16
Q296	1	0	-22	-4	123	20	-258	-44	197	56	-44	-16
Q297	1	0	-22	-8	143	32	-398	16	457	-136	-124	48
Q298	1	0	-22	-2	127	-46	-233	190	41	-72	16	0
Q299	1	0	-22	-4	127	0	-258	32	165	-12	-32	0
Q300	1	0	-22	-2	121	-16	-231	54	166	-48	-35	12
Q301	1	0	-22	-16	141	160	-268	-336	196	256	-48	-64
Q302	1	0	-22	-8	135	56	-318	-144	249	160	-12	-16
Q303	1	0	-22	-6	141	-6	-375	192	324	-368	132	-16
Q304	1	0	-22	-8	133	40	-252	16	140	-48	0	0
Q305	1	0	-22	-8	135	40	-290	24	221	-120	16	0
Q306	1	0	-22	-8	129	72	-268	-192	160	128	0	0
Q307	1	0	-22	-8	135	52	-318	-76	281	-20	-68	16
Q308	1	0	-22	-4	129	-12	-252	88	108	-48	0	0
Q309	1	0	-22	-20	133	220	-100	-352	-100	128	64	0
Q310	1	0	-22	-22	137	252	-107	-514	-334	8	61	12
Q311	1	0	-22	-16	129	176	-132	-296	-56	88	32	0
Q312	1	0	-22	-18	137	196	-187	-406	-38	176	37	-20
Q313	1	0	-22	-18	139	194	-213	-418	21	248	80	0
Q314	1	0	-22	-14	139	134	-265	-294	117	192	48	0
Q315	1	0	-22	-14	137	140	-243	-330	50	152	5	-20
Q316	1	0	-22	-10	127	102	-217	-218	85	132	32	0
Q317	1	0	-22	-16	141	172	-260	-492	-76	216	96	0
Q318	1	0	-22	-16	149	164	-372	-524	228	520	160	0
Q319	1	0	-22	-12	145	96	-376	-204	412	120	-160	0
Q320	1	0	-22	-16	143	164	-294	-412	145	260	-20	-48
Q321	1	0	-22	-16	139	164	-230	-364	-15	116	32	0
Q322	1	0	-22	-10	133	86	-259	-184	124	80	0	0
Q323	1	0	-22	-6	121	58	-223	-132	112	64	0	0
Q324	1	0	-22	-6	129	26	-263	20	176	-64	0	0
Q325	1	0	-22	-12	141	104	-320	-252	200	160	0	0
Q326	1	0	-22	-14	135	146	-233	-342	41	224	108	16
Q327	1	0	-22	-10	141	64	-335	-78	290	44	-75	-20
Q328	1	0	-22	-18	141	192	-227	-438	-34	164	21	-20
Q329	1	0	-22	-12	141	108	-324	-312	228	256	-48	-64
Q330	1	0	-22	-2	129	-52	-255	258	-6	-80	33	-4
Q331	1	0	-22	-22	133	248	-63	-402	-222	68	77	12
Q332	1	0	-22	-24	137	284	-64	-604	-596	-232	-32	0
Q333	1	0	-22	-20	137	232	-140	-548	-408	-96	0	0
Q334	1	0	-22	-8	129	64	-248	-136	140	80	0	0
Q335	1	0	-22	-16	133	160	-156	-224	44	80	0	0
Q336	1	0	-22	-16	143	156	-290	-316	237	164	-96	0
Q337	1	0	-22	-4	129	-4	-292	96	224	-128	0	0
Q338	1	0	-22	-22	143	264	-165	-748	-693	-286	-55	-4
Q339	1	0	-22	0	121	-66	-176	154	44	-88	33	-4
Q340	1	0	-22	-26	127	298	79	-318	-343	-128	-16	0
Q341	1	0	-22	-16	153	160	-440	-528	548	704	-240	-320
Q342	1	0	-22	-12	141	108	-332	-288	260	240	0	0
Q343	1	0	-22	-20	129	228	-56	-352	-244	-48	0	0
Q344	1	0	-22	-12	133	108	-212	-200	76	80	0	0
Q345	1	0	-22	-4	125	4	-232	0	128	0	0	0
Q346	1	0	-22	-26	125	296	97	-262	-246	-20	45	12
Q347	1	0	-22	0	117	-48	-172	96	76	-48	0	0
Q348	1	0	-22	-12	125	140	-168	-320	-128	0	0	0
Q349	1	0	-22	-8	123	68	-190	-36	121	-36	0	0
Q350	1	0	-22	-28	117	316	220	-72	-148	-48	0	0

NOTES AND REFERENCES

Chapter 1: Graphs The methods used to produce the diagrams in this book have been described at some length in our article [R7] and will not be repeated here. For the enumeration of graphs, see Harary [H1]. King and Palmer [K1] gave numerical values for the numbers of graphs on up to 24 vertices. Recently Brendan McKay produced an extended computation as far as 30 vertices, from which the table on page 3 was taken. The numbers of connected graphs (pages 4–5) follow from a standard result—see the classic book by Harary and Palmer [H4, page 90]. The more detailed tables on pages 6–7 come from the data in Stein and Stein [S2]. 2-connected and 3-connected graphs were enumerated by Robinson and Walsh [R13], who gave numerical values up to 25 vertices; see also [R9], [R12] and [W1]. The information required to draw the diagrams of graphs comes from a catalogue of graphs on up to 10 vertices, the generation of which was described in [C2]. The methods used to compute the graph properties on pages 31–54 were also described in detail in [R7]. Note that the diameter of a disconnected graph is often given as ∞; we prefer to regard it as undefined, and denote it by a dash (-) in the d-column. In either case the symbol conveys no new information, since the k-column shows when the graph is disconnected.

Chapter 2: Trees The enumeration of rooted and unrooted trees has a long history; see [C1] and [O1]. Homeomorphically irreducible trees and identity trees were enumerated in [H7], in which the numbers up to 39 vertices are given. The identity trees in this chapter were generated by Ron Dupuis [D1]. The binary trees were generated by the method given in [R4]. The remaining trees were generated using the methods described in [B4] and [W7], suitably adapted. We are indebted to Steve Hedetniemi for help in the computation of the centroidal/bicentroidal property.

Chapter 3: Regular graphs The numbers in the tables on page 126 come from Robinson and Wormald [R14] and the numbers of quartic graphs were supplied by Gordon Royle and Brendan McKay; see their Internet home pages for much information on numbers of graphs of various kinds. The drawings were produced from data from the same sources.

The polyhedral graphs were generated by methods similar to those described by Engel [**E1**]; the basic data for the symmetric graphs came from the Foster census [**F1**]. The properties on pages 169–188 were computed much as for the graphs in Chapter 1. Since these graphs are connected, the improved method given in [**R6**] was used to compute their chromatic polynomials (see Chapter 10).

Chapter 4: Types of graphs The numbers of bipartite graphs were computed by Robinson and Nymeyer [**R12**]. The unicyclic graphs were enumerated by adding rooted trees at the vertices of a cycle, and using Pólya's Theorem (see [**P1**]). They were generated by the same process, using an orderly algorithm (see [**R3**]). Even graphs and Eulerian graphs were independently enumerated by Liskovets [**L3**] and Robinson [**R8**]. The numbers of line graphs were extracted from the data in [**S2**], with some extensions. The numbers of Hamiltonian cubic graphs were computed by McKay using his general purpose program *Nauty* [**M1**].

Chapter 5: Planar graphs For some enumeration results for planar graphs, see Wormald ([**W5**], [**W6**]). The planar graphs shown here were generated using the graph grammar method given by Läuchli [**L1**]. This method produces duplicates—the same graph may be produced several times. These duplicates **were** eliminated by use of a coding procdure based on Tarry's maze-tracing algorithm, for which see [**T1**]. Outerplanar graphs were enumerated (under a different name) in [**R5**], and the numbers of these graphs are given in that paper.

Chapter 6: Special graphs The drawings of cages and non-Hamiltonian graphs are adapted from Bondy and Murty [**B7**] and from [**B3**]. Most of the information on snarks was provided by Gordon Royle (private communication); see also [**W2**] and [**W3**]. The minimum crossing diagrams are taken from Guy's paper [**G1**]; see also [**H3**]. The smallest identity cubic graphs are adapted from [**B1**]. For the Biggs-Smith graph see [**B5**] and [**B6**]. Kuratowski's theorem on forbidden subgraphs for planar graphs is well known; see [**K2**]. For the corresponding result for outerplanar graphs see [**C3**], for interval graphs see [**L2**], for line graphs see [**B2**], and for an introduction to the idea of obstruction sets, see [**W4**].

Chapter 7: **Digraphs**   For the enumeration of digraphs, see Harary [H1]. Strong digraphs were enumerated by Liskovets [L4] and computed up to 18 vertices in [R12]. There is no known theoretical formula for the numbers of unilateral digraphs; the numbers given here were extracted from Cameron's catalogue of digraphs on up to 6 vertices (see [R3]). Acyclic graphs were enumerated by Robinson; see [R10], [R11]. Self-complementary digraphs were enumerated in [R2]. For the enumeration of self-converse digraphs, see Harary and Palmer [H4]. The diagrams for the digraphs in this chapter (except for the tournaments) were drawn from the data in Cameron's catalogue, just mentioned. The tournaments were generated by Thompson [T2], using the orderly algorithm described in [R3]. The digraph properties on pages 332–334 were computed by more-or-less brute force methods, this being possible since the digraphs are small.

Chapter 8: **Signed graphs**   For the enumeration of signed graphs see [H6]. For the enumeration of balanced signed graphs, see [H2], [H5]. The numbers of cycles in the tables on pages 365–372 were computed by brute force methods.

Chapter 9: **Ramsey numbers**   The table of Ramsey numbers on page 373 is adapted from that given in [C4] and [C5]. Most of the other information in this chapter was supplied to us by Stefan Burr. The R-numbers are taken from the catalogue prepared by Burr [B8] and extended by Hendry [H8], [H9]. Later results on Ramsey numbers can be found in [R1].

Chapter 10: **Polynomials**   The methods used to prepare the data in these tables have already been described. Since the spectral polynomials for trees with an even (odd) number of vertices have only even (odd) powers of the variable, the roots occur in equal and opposite pairs, with an extra zero root if the order is odd. This property has been used to condense the spectra for trees to more manageable proportions, as explained on page 381.

Finally, we remark that much information concerning the numbers of graphs of various kinds can be found in Sloane and Plouffe's catalogue [S1]. Sometimes this gives values beyond those given in this *Atlas*; sometimes it is the other way round.

References

B1. A. T. Balaban, R. O. Davies, F. Harary, A. Hill and R. Westwick, Cubic identity graphs and planar graphs derived from trees, *J. Austral. Math. Soc.* **11** (2) (1970), 207–215.

B2. L. W. Beineke, Derived graphs and digraphs, in *Beiträge zur Graphentheorie* (ed. H. Sachs, H. Voss and H. Walther), Teubner, 1968, pp. 17–33.

B3. J.-C. Bermond, Hamiltonian graphs, in *Selected Topics in Graph Theory* (ed. L. W. Beineke and R. J. Wilson), Academic Press, 1978, pp. 127–167.

B4. T. Beyer and S. M. Hedetniemi, Constant time generation of rooted trees, *SIAM J. Comput.* **9** (1980), 706–712.

B5. N. L. Biggs, Three remarkable graphs, *Canadian J. Math* **25** (1973), 397–411.

B6. N. L. Biggs and D. H. Smith, On trivalent graphs, *Bull. London Math. Soc.* **3** (1971), 155–158.

B7. J. A. Bondy and U. S. R. Murty, *Graph Theory with Applications*, American Elsevier, 1979.

B8. S. A. Burr, Diagonal Ramsey numbers for small graphs, *J. Graph Theory* **7** (1983), 57–69.

C1. A. Cayley, On the analytical forms called trees, *Amer. J. Math.* **4** (1881), 266–269.

C2. R. D. Cameron, C. J. Colbourn, R. C. Read and N. C. Wormald, Cataloguing the graphs on 10 vertices, *J. Graph Theory* **9** (1985), 551–562.

C3. G. Chartrand and F. Harary, Planar permutation graphs, *Ann. Inst. Henri Poincaré (B)* **3** (1967), 433–438.

C4. V. Chvátal and F. Harary, Generalized Ramsey theory for graphs III, Small off-diagonal numbers, *Pacific J. Math.* **41** (1972), 335–345.

C5. M. Clancy, Some small Ramsey numbers, *J. Graph Theory* **1** (1977), 89–91.

D1. R. Dupuis, *Identity trees: Generation*, Master's Essay, University of Waterloo, 1990.

E1. P. Engel, On the enumeration of polyhedra, *Discrete Math.* **41** (1982), 215–218.

F1. R. M. Foster, The Foster census of connected symmetric trivalent graphs (extended and edited by I. Z. Bouwer), The Charles Babbage Research Centre, Winnipeg, 1988.

G1. R. K. Guy, Crossing numbers of graphs, in *Graph Theory and Applications* (ed. Y. Alavi *et al.*), Lecture Notes in Mathematics **303**, Springer, 1972, pp. 111–124.

H1. F. Harary, The number of linear, directed, rooted, and connected graphs, *Trans. Amer. Math. Soc.* **78** (1955), 445–463.

H2. F. Harary and J. A. Kabell, Counting balanced signed graphs using marked graphs, *Proc. Edinburgh Math. Soc. (2)* **24** (1981), 99–104.

H3. F. Harary and A. Hill, On the number of crossings in a complete graph. *Proc. Edinburgh Math. Soc. (2)* **13** (1962-63), 333–338.

H4. F. Harary and E. M. Palmer, On the number of balanced signed graphs, *Bull. Math. Biophys.* **29** (1967), 759–765.

H5. F. Harary and E. M. Palmer, *Graphical Enumeration*, Academic Press, 1973.

H6. F. Harary, E. M. Palmer, R. W. Robinson and A. Schwenk, Enumeration of graphs with signed points and lines, *J. Graph Theory* **1** (1977), 285–308.

H7. F. Harary, R. W. Robinson and A. Schwenk, A twenty step algorithm for determining the asymptotic number of trees of various species, *J. Austral. Math. Soc.* **A20** (1975), 483–503.

H8. G. R. T. Hendry, Ramsey numbers for graphs with five vertices, *J. Graph Theory* **13** (1989), 245–248.

H9. G. R. T. Hendry, *Diagonal Ramsey numbers for graphs with seven edges*, Research Report, University of Aberdeen.

K1. C. King and E. M. Palmer, *Calculation of the number of graphs of order $p = 1(1)24$*, unpublished report supported by the National Science Foundation.

K2. K. Kuratowski, Sur le problème des courbes gauches en topologie, *Fund. Math.* **15** (1930), 271–283.

L1. P. Läuchli, Generating all planar 0-, 1-, 2-, 3-connected graphs, in *Graph-theoretic Concepts in Computer Science* (ed. H. Holte), Proc. Internat. Workshop WG 80, Bad Honnef, 1980.

L2. C. Lekkerkerker and C. Boland, Representation of a finite graph by a set of intervals on the real line, *Fund. Math.* **51** (1962), 45–64.

L3. V. A. Liskovets, Perechislenie Eulerobich grafov (Enumeration of Eulerian graphs), *Vesci Akad. Navuk BSSR, Ser. Fiz. Mat. Navuk* **6** (1970), 38–46.

L4. V. A. Liskovets, Chislo sil'no svyaznich orientiravannich grafov (The number of strongly connected directed graphs), *Mat. Zametki* **6** (1970), 721–732.

M1. B. D. McKay, *Nauty user's guide*, Computer Science Department, Australian National University Technical Report TR-CS-87-3, 1987.

O1. R. Otter, The number of trees, *Ann. of Math. (2)* **49** (1948), 583–599.

P1. G. Pólya and R. C. Read, *Combinatorial Enumeration of Groups, Graphs, and Chemical Compounds*, Springer, 1987.

R1. S. P. Radziszowski, Small Ramsey numbers, *Electronic J. Combinatorics* **1** (1994), DS1 (on the Internet).

R2. R. C. Read, On the number of self-complementary graphs and digraphs, *J. London Math. Soc.* **38** (1963), 99–104.

R3. R. C. Read, Every one a winner, or How to avoid isomorphism search when cataloguing combinatorial configurations, in *Algorithmic Aspects of Combinatorics* (ed. B. Alspach et al.), North-Holland, 1978, pp. 107–120.

R4. R. C. Read, A survey of graph generation techniques, *Combinatorial Mathematics, VIII*, Lecture Notes in Math. **884**, Springer, pp. 77–89.

R5. R. C. Read, On general dissections of a polygon, *Aequationes Math.* **18** (1978), 370–388.

R6. R. C. Read, An improved method for computing the chromatic polynomials of sparse graphs, Research report, CORR 87-20, University of Waterloo, 1987.

R7. R. C. Read and R. J. Wilson, The making of an atlas of graphs, *Bull. Inst. Combinatorics and its Applications* **12** (1994), 44–54.

R8. R. W. Robinson, Enumeration of Euler graphs, in *Proof Techniques in Graph Theory* (ed. F. Harary), Academic Press, 1969, pp. 147–153.

R9. R. W. Robinson, Enumeration of non-separable graphs, *J. Combinatorial Theory* **9** (1970), 327–356.

R10. R. W. Robinson, Enumeration of acyclic digraphs, in *Combinatorial Mathematics and its Applications* (ed. R. C. Bose *et al.*), University of North Carolina, 1970, pp. 391–399.

R11. R. W. Robinson, Counting unlabeled acyclic digraphs, *Combinatorial Mathematics, V*, Lecture Notes in Math. **622**, Springer, 1976, pp. 28–43.

R12. R. W. Robinson and A. Nymeyer, *Numerical implementation of graph counting algorithms*, Project F75/15164, University of Newcastle, 1978.

R13. R. W. Robinson and T. R. S. Walsh, Inversion of cycle index sum relations for 2- and 3-connected graphs, *J. Combinatorial Theory (B)* **57** (1993), 289–308.

R14. R. W. Robinson and N. Wormald, Numbers of cubic graphs, *J. Graph Theory* **7** (1983), 463–467.

S1. N. J. A. Sloane and S. Plouffe, *The Encyclopedia of Integer Sequences*, Academic Press, 1995.

S2. M. L. Stein and P. R. Stein, *Enumeration of linear graphs and connected linear graphs up to $p = 18$ points*, Report LA-3775, Los Alamos Scientific Lab. of the Univ. of California, 1967.

T1. G. Tarry, Le problème des labyrinthes, *Nouvelles Annales de Math. (3)* **14** (1895), 187–190.

T2. T. J. Thompson, *The generation of a catalogue of tournaments on 8 nodes*, Graduate course project, University of Waterloo, 1976.

W1. T. R. S. Walsh, Counting labelled three-connected and homeomorphically irreducible two-connected graphs, *J. Combinatorial Theory (B)* **32** (1982), 12–32.

W2. J. J. Watkins, On the construction of snarks, *Ars Combinatoria* **16B** (1983), 111–123.

W3. J. J. Watkins and R. J. Wilson, A survey of snarks, in *Graph Theory, Combinatorics and Applications* (ed. Y. Alavi *et al.*), Wiley, 1991, pp. 1129–1144.

W4. H. Wilf, Finite lists of obstructions, *American Math. Monthly* **94** (1987), 267–271.

W5. N. Wormald, On the number of planar maps, *Canadian J. Math.* **38** (1981), 1–11.

W6. N. Wormald, Counting unrooted planar maps, *Discrete Math.* **36** (1981), 205–225.

W7. R. A. Wright, B. Richmond, A. Odlyzko and B. D. McKay, Constant time generation of free trees, *Siam J. Comput.* **15** (1986), 540–548.

INDEX OF DEFINITIONS

acyclic digraph	290
adjacency matrix	1
adjacent edges	1
adjacent vertices	1
antiprism	263
arc of digraph	289
Archimedean graph	263
automorphism of digraph	290
automorphism of graph	1
balanced signed graph	335
bicentral tree	63
bicentroidal tree	63
bicubic graph	125
Biggs–Smith graph	264
binary tree	63
bipartite graph	2, 189
cage	263
central tree	63
centroidal tree	63
chromatic index	2
chromatic number	2
chromatic polynomial	2, 381
Chvátal's graph	265
circumference	2
clique number	1
closed trail in digraph	289
closed trail in graph	2
complement of digraph	289
complement of graph	1
component	1
connected digraph	290
connected graph	1
converse digraph	289
cube	263
cubic graph	125
cycle in digraph	289
cycle in graph	2
degree of vertex	1

degree sequence	1
diagonal Ramsey number	373
diameter of digraph	289
diameter of graph	2
digraph	289
disconnected digraph	290
disconnected graph	1
dodecahedron	263
edge of graph	1
edge-connectivity	1
edge-transitive graph	125
end-vertices of tree	63
Euler's formula	229
Eulerian digraph	290
Eulerian graph	2, 189
even graph	189
face	229
falling factorial form of polynomial	381
finite topology	290
Folkman's graph	264
forbidden set	265
forest	2
Franklin's graph	265
frequency of polynomial	381
generalized Petersen graph	263
girth	2
Goldner–Harary graph	264
graph	1
Greenwood–Gleason graph	264
Grötzsch's graph	265
Hamiltonian digraph	290
Hamiltonian graph	2, 189
Herschel graph	265
homeomorphically irreducible tree	63
hypercube	264

Index of Definitions

icosahedron	263
identity tree	63
in-degree of vertex	289
independence number	1
k-connected graph	1
k-edge-connected graph	1
length of trail in digraph	289
length of trail in graph	1
line graph	189
Meredith's graph	265
Möbius ladder	263
Moser spindle	265
Mycielski's graph	265
negative cycle	335
obstruction set	265
octahedron	263
one-way connected digraph	290
out-degree of vertex	289
outerplanar graph	229
path in digraph	289
path in graph	1
Petersen graph	263
planar graph	2, 229
Platonic graph	263
polyhedral graph	125
positive cycle	335
power form of polynomial	381
prism	263
quartic graph	125
quintic graph	125
Ramsey number	373
regular digraph	289
regular graph	125
root	63

rooted tree	63
Royle's graph	265
self-complementary digraph	289
self-complementary graph	189
self-converse digraph	289
sextic graph	125
signed graph	335
signed tree	335
snark	263
spectral polynomial	1, 381
strong digraph	290
strongly-connected digraph	290
symmetric graph	125
symmetry of digraph	290
symmetry of graph	1
tetrahedron	263
Tietze's graph	264
topology	290
tournament	289
trail in digraph	289
trail in graph	1
transitive digraph	290
transitive graph	125
tree	2, 63
tree form of polynomial	381
triangle-free graph	189
unbalanced signed graph	335
underlying graph of digraph	289
unicyclic graph	189
unilateral digraph	290
uniquely colourable graph	2
vertex of digraph	289
vertex of graph	1
vertex-connectivity	1
weakly-connected digraph	290